KERN- UND RADIOCHEMIE

GRUNDLAGEN · PRAKTISCHE METHODEN UND TECHNISCHE ANWENDUNG

VON

ROLAND LINDNER

LEHRSTUHL UND INSTITUT FÜR KERNCHEMIE
DER TECHNISCHEN HOCHSCHULE GÖTEBORG/SCHWEDEN

MIT 140 ABBILDUNGEN

SPRINGER-VERLAG
BERLIN · GÖTTINGEN · HEIDELBERG
1961

ISBN-13: 978-3-642-87163-4   e-ISBN-13: 978-3-642-87162-7
DOI: 10.1007/978-3-642-87162-7

Vorwort

Vorliegendes Buch gibt den Inhalt unserer zweisemestrigen Vorlesung in Kernchemie und Radiochemie an der hiesigen Technischen Hochschule wieder. Der entsprechende Unterricht galt ursprünglich Hörern der Fachabteilungen Chemie, Elektrizitätslehre und Mechanik sowie Medizinern der hiesigen Universität, hat sich aber in den letzten Jahren hauptsächlich auf Chemiker und Technische Physiker beschränkt.

Der Mangel an zusammenfassenden Darstellungen des umfangreichen Gebietes in *einer* Schrift führte zunächst zu einem Manuskript in schwedischer Sprache, dann zur Übersetzung ins Deutsche. Seit der Fertigstellung des ursprünglichen Manuskriptes hat sich der Mangel an deutschsprachiger Literatur auf unserem Arbeitsgebiet verringert [so sind u. a. inzwischen Bücher über die kernchemischen Grundlagen, über die Analyse des zu radiochemischen Trennungen so oft verwendeten Ionenaustauschverfahrens, über Einzelheiten der Kernbrennstoffaufbereitung und über die Berücksichtigung des Strahlenschutzes bei Arbeiten mit hochradioaktiven Stoffen erschienen, vgl. Literaturhinweise Kap. 1—3: 4, Kap. 7: 20 und Kap. 9: 9 und 14].

Dennoch haben wir von dem ursprünglichen Plan einer zusammenfassenden Darstellung nicht Abstand genommen, da wir es für wesentlich halten, den Studierenden eine im Umfang noch einigermaßen leicht zu bewältigende Einführung in das gesamte Fachgebiet in die Hände zu geben. Die Form einer *Einführung* führt mit sich, daß wir von dem üblichen System der Literaturhinweise in Form von Zitaten Abstand nehmen. Jedoch erwies es sich als zweckmäßig, zumindest die Namen einiger Verfasser an den entsprechenden Textstellen zu erwähnen. (Bei der gedrängten Auswahl sind möglicherweise führende Forscher ungenügend oder überhaupt nicht erwähnt worden.)

Ein Literaturanhang umfaßt die speziellen Monographien sowie die Zeitschriftenliteratur auf dem Fachgebiet, anhand welcher leicht zur Originalliteratur vorzudringen ist.

Vorlesung und Buch sollen:

1. die für die Durchführung experimenteller Arbeiten notwendigen Kenntnisse vermitteln;

2. die Hörer mit den Möglichkeiten von Kernchemie und Radiochemie bei der Lösung von Fragen, die früher oder später in ihrem Arbeitskreis auftauchen können, vertraut machen;

3. eine erste Einführung geben für Chemiker, Physiker und Ingenieure, die später in der Kerntechnik arbeiten wollen.

4. Schließlich wendet sich das Buch an den Praktiker, der sich schnell einen Überblick verschaffen will.

Für Physiker dürften die Kapitel über kernphysikalische Grundlagen trivial sein, während Hinweise auf analytische und physikalisch-chemische Grundlagen dem Chemiker nichts Neues bieten werden. Dies — wie auch stellenweise Überschneidung mit dem Inhalt der hiesigen Kurse in Reaktortechnik — mußte in Kauf genommen werden, um eine einigermaßen abgeschlossene Darstellung zu erreichen.

Für Ratschläge bei der Durchsicht einiger Kapitel der Korrekturen danke ich den Herren Proff. Dr. H. NEUERT (Hamburg) und E. GLUECKAUF (Harwell). Von den Mitarbeitern des Institutes haben sich dankenswerter Weise die Herren Civ.ing. T. LAGERWALL, Dipl.-Chem. W. KNOCH und Dipl.-Phys. HJ. MATZKE an Korrekturarbeiten beteiligt. Frl. C. DIRKSEN-SCHWANENLAND danke ich für die mühsame Arbeit beim Ausschreiben des Typoskriptes; dem Springer-Verlag für das verständnisvolle Entgegenkommen bei der Drucklegung.

Göteborg, Oktober 1960   R. LINDNER

Inhaltsverzeichnis

Kapitel 5

Strahlengefährdung und Strahlenschutz

Kapitel 6

Radioaktivitätsbestimmungen

Kapitel 7

Übliche Verfahren der Radiochemie

Einleitung

Zum Inhalt:

Die vorliegende Darstellung umfaßt folgende Kapitel:

Zunächst kurze Hinweise auf für den Chemiker wichtige Kenntnisse des *Atomkerns*. Danach werden die „spontanen" Kernreaktionen, also die natürliche und künstliche *Radioaktivität* und die dabei ausgesandten Strahlen behandelt. Von induzierten *Kernreaktionen* werden hauptsächlich die durch Bestrahlung mit Neutronen hervorgerufenen und die technisch nutzbaren *Kernkettenreaktionen* besprochen. Soweit das Gebiet der *Kernchemie* im engeren Sinne.

Auch der Chemiker braucht heutzutage Kenntnisse der technischen Ausnutzung der Kernreaktionen, der „*Kerntechnik*". Hierbei beschränkt sich die Darstellung hauptsächlich auf eine Angabe über konventionelle *Spaltreaktoren*.

Strahlenschutz und *Meßtechnik* bilden den Übergang zur „*Radiochemie*", d.h. der Wissenschaft vom chemischen Arbeiten mit radioaktiven Atomarten.

Dieser Teil berührt zwangsläufig die durch Wechselwirkung mit der Radiochemie erzielten Fortschritte der anorganischen und analytischen Chemie, insbesondere auf dem Gebiet der Komplexbildungsreaktionen und des Ionenaustausches und ihre Verwendung für radiochemische Trennverfahren. Als Systeme werden wichtige Leitisotope, Uranspaltprodukte und Transurane näher besprochen.

Die Überführung radiochemischer Methoden in die Skala der „*Chemischen Kerntechnik*" dürfte in Zukunft eine größere Anzahl spezialausgebildeter Chemiker erfordern und wird ebenfalls behandelt. Hierbei erfolgt als natürliche Überleitung von der Radiochemie die Besprechung der Kernbrennstoff-Aufbereitungsverfahren und der bei dem Aufbau und dem Betrieb von Kernreaktoren auftretenden chemischen Fragen.

Abschließend wird die zunehmende *Verwendung* der radioaktiven Atomarten in *Technik* und *Forschung* mit einigen Beispielen illustriert.

Nur am Rande behandelt wird die Strahlenchemie, die sich offenbar zu einem eigenen großen Arbeitsgebiet entwickelt.

Die Radiochemie hat bisher hauptsächlich zwei Aufgaben erfüllt: Einerseits hat sie entscheidende Beiträge zur Erforschung der Kernreaktionen geliefert, andererseits vielen Zweigen der Naturwissenschaft, besonders der Chemie, wichtige neue Methoden gegeben, die bald zum festen Bestand der entsprechenden Forschungsrichtungen gehören werden.

Neue Aufgaben werden von der Kerntechnik gestellt. Grundlegende chemische Untersuchungen im Zusammenhang mit der wirtschaftlichen Gewinnung der Kernenergie stehen zur Zeit im Vordergrund radiochemischer Forschung. Bisher verwendete Verfahren sind oft nicht optimal; auch kleine Laboratorien können wichtige Beträge zu ihrer Verbesserung geben.

Zu Nomenklaturfragen:

Die Bezeichnungen Kernchemie und Radiochemie werden häufig nebeneinander benutzt, wobei Bedeutungsinhalt und -umfang sowie die Grenzziehung gegenüber der Kernphysik Schwankungen unterworfen sind. Während in der Frühzeit der Radioaktivität nur der Ausdruck Radiochemie existierte, wurde vor etwa 30 Jahren die Bezeichnung Kernchemie eingeführt, um — in Analogie zur Kernphysik einerseits und zur konventionellen Chemie andererseits — das Gebiet der Reaktionen der Atomkerne zu kennzeichnen.

Der Ausdruck Kernchemie hat später an Boden gewonnen und wird von manchen Verfassern benutzt, um alle „chemischen Aspekte" der Atomkernforschung zu bezeichnen. Kernchemie als Sammelbegriff hat sicher Vorteile praktischer Art, jedoch hat dies auch zu fragwürdigen Begleiterscheinungen geführt: Einerseits werden neuerdings Dinge, die mit Reaktionen des Atomkerns nichts mehr zu tun haben, in den Rahmenbegriff „Kernchemie" einbezogen (wie z. B. Isotopentrennungen), andererseits ist auch versucht worden, den Begriff Radiochemie weiter einzuengen und nur auf die Anwendung radioaktiver Atomarten zur Lösung chemischer Probleme zu beziehen (eigentlich „angewandte Radiochemie").

Die Entwicklung des Gesamtgebietes der Atomkernforschung führt in neuerer Zeit im angelsächsischen Schrifttum dazu, den Ausdruck Kernchemie nur für Untersuchungen von Kernreaktionen und insbesondere neuer Reaktionstypen zu benutzen. Infolgedessen mußte, um eine einigermaßen zutreffende Bezeichnung des Inhalts vorliegender Darstellung zu finden, der Titel: „Kern- und Radiochemie" gewählt werden, ein sprachlich unschöner Kompromiß, zu dem auch seinerzeit FRIEDLANDER und KENNEDY bei der Benennung ihres amerikanischen Standardwerkes: „Nuclear and Radiochemistry" gelangt sind.

Kapitel 1

Das Atom und der Atomkern

In diesem Kapitel soll in Kürze für den Radiochemiker Wissenswertes der kernphysikalischen Grundlagen gebracht werden. Die Darstellung ist im wesentlichen chronologisch: Die ursprünglich von Chemikern aufgestellte Atomhypothese wird behandelt sowie die physikalisch grundlegenden Experimente, die Eigenschaften der kleinsten Teilchen der Elektrizität im direkten Versuch zu messen. Die Frage nach der Lokalisierung der positiven Ladung und der Hauptmasse der Atome konnte erst beantwortet werden nach der Entdeckung der Radioaktivität, nach der Identifikation der α-Strahlen und ihrer Anwendung als Sonden zum Abtasten des „Atomkerns".

Der nicht mit Ladung behaftete Teil der Masse des Atomkerns fand seine Deutung nach Entdeckung des Neutrons; und allmählich wurden eine Anzahl „Elementarteilchen" aufgefunden, von denen einige integrierende Bestandteile der Atomkerne sind. Der Kern wird außer durch Masse und Ladung durch Spin, magnetisches Moment, statistisches Verhalten und Parität definiert; seine Feinstruktur wird durch Streuversuche mit hochenergetischen Teilchen durchforscht.

Der Isotopiebegriff ergab sich als Folge verfeinerter Massenbestimmung der Kerne wie auch als Folge der Radioaktivität. Die allgemeine Äquivalenz von Masse und Energie ist zu prüfen in der Beziehung zwischen der Masse der Kerne und ihrem Energieinhalt. Das „Energietal" und seine Feinstruktur regen an zur Aufstellung von Kernmodellen, nachdem (zunächst empirisch) die Isobaren-Regeln bei der Erforschung des Nuklidsystemes von Nutzen waren.

1. Ladung und Masse des Elektrons

Da die wichtigsten Tatsachen des Atombaus in elementarer Darstellung aus dem physikalischen und chemischen Grundunterricht bekannt sind, wird in den ersten Paragraphen nur an einige Tatsachen erinnert zur Vorbereitung späterer Ausführungen.

Die „Atomhypothese", die sich im Laufe des 19. Jahrhunderts in konsequenter Erklärung der Verhältnisse bei der Bildung chemischer Verbindungen (Gesetz der konstanten und multiplen Proportionen) entwickelte, wurde durch die Elektrochemie und die Experimentalphysik bestätigt.

Die Bestimmung von Ladung und Masse wurde zunächst bei den Elementarteilen der Elektrizität, den Elektronen, durchgeführt. Aus der Faraday-Konstanten, d.h. der durch ein Äquivalent Ionen transportierten Ladung und der Anzahl Ionen pro Äquivalent konnte die elektrische Elementarladung berechnet werden, die auch unabhängig im Millikan-Versuch als der unteilbare Bestandteil einer elektrischen Ladung festgestellt wurde.

Der weitere Schritt war die Bestimmung des Verhältnisses e/m, des Verhältnisses von Ladung und Masse. Dieses sowie die Elektronengeschwindigkeit v konnte dank der vervollkommneten Technik bei der Herstellung hoher Vakua sowie der Untersuchung von Gasentladungen gemessen werden (THOMSON; LENARD).

Die Einflüsse elektrischer und magnetischer Felder auf frei im Gasraum bewegliche Elektronen sind leicht zu erfassen:

1. Im in der Bewegungsrichtung der Elektronen wirkenden elektrischen Feld werden diese beschleunigt, und ihre potentielle Energie eV in kinetische Energie $mv^2/2$ umgewandelt. Beim Austritt gilt also:

$$\frac{e}{m} = \frac{v^2}{2\,V},\tag{1.1}$$

wobei V das Potentialgefälle ist.

2. Es gilt für den Fall des Elektrons im zur Bewegungsrichtung senkrechten elektrischen Felde:

$$y = \frac{e}{m}\,\frac{x^2}{2\,v^2}\,E,\tag{1.2}$$

wobei y die Fallstrecke nach Durchlaufen der Strecke x in einem Feld (Feldstärke E) mit der Geschwindigkeit v ist.

Für e/m gilt also:

$$\frac{e}{m} = \frac{2\,v^2}{E\,x^2}\,y.\tag{1.3}$$

3. Schließlich gilt für die Bewegung (Kreisbahn mit Radius r) im transversalen Magnetfeld (Feldstärke H) für den Gleichgewichtszustand zwischen Zentrifugalkraft und der durch das Magnetfeld ausgeübten Kraft:

$$\frac{m\,v^2}{r} = He\,v.\tag{1.4}$$

Hieraus resultiert eine weitere Beziehung für e/m:

$$\frac{e}{m} = \frac{v}{H\,r}.\tag{1.5}$$

Aus je zwei der genannten Gleichungen kann v eliminiert (alternativ kann die Elektronengeschwindigkeit v auch mittels geeigneter Meßmethoden direkt bestimmt werden) und das Verhältnis e/m berechnet werden.

So ergibt sich zusammen mit dem vorher bekannten elektrischen Elementarquantum für die „Ruhemasse" des Elektrons ein Wert von $9{,}11 \cdot 10^{-28}$ g, 1/1836 der Masse eines Wasserstoffatoms. Dies wirft die Frage auf nach der restlichen Masse und der positiven Ladung der Atome.

2. Einiges zur Entdeckung der Radioaktivität und der Natur der α-Strahlen

Die Radioaktivität gab einen überzeugenden direkten Beweis für die Gültigkeit der Atomhypothese und ein neues Mittel für die Untersuchung der Struktur des Atoms. Sie wurde als Folge der Entdeckung der Röntgenstrahlung aufgefunden, da ein allgemeiner Zusammenhang zwischen Fluorescenz (Glaswand der Röntgenröhre) und durchdringender Strahlung vermutet wurde, der auch für fluorescierende Stoffe wie z. B. Uransalze gültig sein sollte. Diese fehlerhafte Fragestellung führte zu einem sehr erfolgreichen Versuch:

BECQUEREL zeigte 1896, daß eine — an und für sich durch schwarzes Papier geschützte — photographische Platte eine Schwärzung zeigte, wenn fluorescierende Uransalze auf sie aufgelegt waren. Dies trat auch ein, wenn die Exposition im Dunkeln geschah, also kein Fluorescenzlicht vorhanden war. Offenbar hatten die Kristalle von sich aus Strahlen ausgesandt, die undurchsichtiges Material durchdringen konnten. Diese „radioaktive" Strahlung wurde näher untersucht und man fand, daß sie außerdem die Eigenschaft hatte, Gase zu ionisieren, welche Eigenschaft zur Messung der Strahlung benutzt wurde.

Als so die qualitative und quantitative Bestimmung radioaktiver Strahlung möglich war, zeigte sich, daß drei verschiedene Arten deutlich voneinander unterschieden werden können:

1. Eine Komponente hat begrenzte Reichweite (< 10 cm) in Luft und wird von dünnen Absorbern, wie z. B. einem Blatt Papier, vollständig zurückgehalten. Sie wurde *α-Strahlung* genannt.

2. Die zweite Komponente zeigt größere Reichweite (Meter) in Luft und wird erst von Glasplatten absorbiert, kräftig in magnetischen und elektrischen Feldern abgelenkt und ist mit negativer Ladung verknüpft. Die Messung der spezifischen Ladung ergab, daß diese Strahlung aus Elektronen hoher Geschwindigkeit besteht: sie wurde *β-Strahlung* genannt.

3. Die dritte Komponente dagegen wird nicht durch elektrische und magnetische Felder beeinflußt und besteht infolgedessen nicht aus geladenen Teilchen, sondern aus elektromagnetischen Wellen von noch geringerer Länge als die der Röntgenstrahlen. Sie wird erst von mehreren Zentimetern Blei absorbiert und erhielt den Namen *γ-Strahlung*.

Nähere Bestimmung der Natur der α-Strahlen

Die *Ladung* (e) kann auf folgende Art ermittelt werden: α-Strahlen werden im Vakuum (um Ionisation und Erzeugung sekundärer β-Strahlen zu vermeiden) auf einer Elektrode aufgefangen, um die gesamte auf diese Art überführte Elektrizitätsmenge zu bestimmen. Aus der

Kenntnis (etwa durch Zählung der hervorgerufenen „Szintillationen") der Anzahl der von dem Präparat im entsprechenden Raumwinkel ausgehenden α-Teilchen ergibt sich die Ladung des einzelnen Teilchens.

Schon die ersten Versuche von RUTHERFORD und GEIGER (1908) ergaben, daß ein α-Teilchen die positive Ladung von $9{,}3 \cdot 10^{-10}$ esE trägt. Die Hälfte dieses Wertes, $4{,}65 \cdot 10^{-10}$ esE stimmt gut mit dem Wert für das elektrische Elementarquantum ($4{,}8029 \cdot 10^{-10}$ esE) überein, die Ladung des α-Teilchens beträgt also zwei positive Einheiten.

Wie in § 1 erwähnt, ist zur Bestimmung der Masse mit Hilfe des Verhältnisses e/m die Untersuchung sowohl im elektrostatischen wie im magnetischen Feld notwendig, da die Kenntnis der Geschwindigkeit v nicht vorausgesetzt werden kann.

Bei den ersten Untersuchungen im elektrostatischen Feld ließ man die Strahlen eines α-strahlenden Präparates im Vakuum längs zweier paralleler Platten eines Kondensators hindurchtreten und auf einer Photoplatte registrieren. Aus der Linienverschiebung bei Umkehr des Feldes konnte mv^2/e berechnet werden ($6{,}1 \cdot 10^{14}$ — wenn e in emE, m in g, v in cm sec^{-1} — für α-Strahlen des „RaC" — vgl. § 10).

Die Ablenkung im Magnetfeld (vgl. § 1) wurde ebenfalls durch Abbildungen auf einer photographischen Schicht nach Passieren des Feldes festgestellt und ergab einen Wert für mv/e ($3{,}6 \cdot 10^5$ — wenn e in emE — für RaC). Hieraus folgte für $e/m = 4{,}8 \cdot 10^3$ emE/g $= 1{,}45 \cdot 10^{14}$ esE/g. Mit obengenanntem Wert für e_α folgte $m_\alpha = 6{,}4 \cdot 10^{-24}$ g, also innerhalb der damaligen Fehlergrenzen vier atomare Masseneinheiten.

Hiernach war also bewiesen, daß α-Teilchen die Ladung $+2$ und die Masse 4 haben, es sich also um Heliumkerne handelt.

Auch durch spektroskopische Analyse konnte festgestellt werden, daß entladene α-Teilchen mit Heliumatomen identisch sind. Zu diesem Zwecke wurden 100 mC Radon (§ 10) in einer Glascapillare von weniger als 0,02 mm Wandstärke eingeschlossen. Die α-Strahlen durchdrangen die Capillare und blieben in der Glaswand eines umgebenden evakuierten Rohres stecken; die Heliumatome diffundierten von dort aus allmählich wieder in den evakuierten Raum zurück und konnten zwecks Untersuchung in ein Capillarrohr überführt werden, in dem bei Gasentladung die charakteristische Heliumlinien sichtbar wurden, im vorliegenden Fall schon nach zwei Tagen (RUTHERFORD und ROYDS 1909).

Durch gleichzeitige Bestimmung der totalen α-Strahlungsintensität des Präparates und Messung des Volumens des entwickelten Heliumgases kann ein sehr anschaulicher direkter Beweis für den atomaren Charakter der Materie gegeben werden.

3. α-Teilchen als Projektile; die Rutherfordsche Streuformel

Die verhältnismäßig schweren α-Teilchen, die etwa 5% der Lichtgeschwindigkeit haben, sind wegen ihrer großen Energie geeignete „Geschosse", um die Struktur des Atoms näher zu untersuchen.

Es zeigte sich bei der Bestrahlung der Materie mit α-Strahlen, daß im allgemeinen nur unbedeutende Richtungsänderung, in wenigen Fällen aber doch Streuung über große Winkel eintritt, welches bedeutet, daß das α-Teilchen sich einer großen und konzentrierten positiven Ladung genähert haben muß.

Unter der Annahme, daß die positive Ladung des ganzen Atoms in einem Punkt, dem sog. Atom*kern* konzentriert ist, konnte RUTHERFORD quantitativ die Verhältnisse bei der Streuung von α-Strahlen beim Durchgang durch die Materie berechnen. Das α-Teilchen beschreibt im äußeren Kraftfeld des Kernes eine Hyperbelbahn, falls die abstoßende Kraft COULOMBs Gesetz gehorcht (vgl. Abb. 1). Bei maximaler Annäherung an den Kern

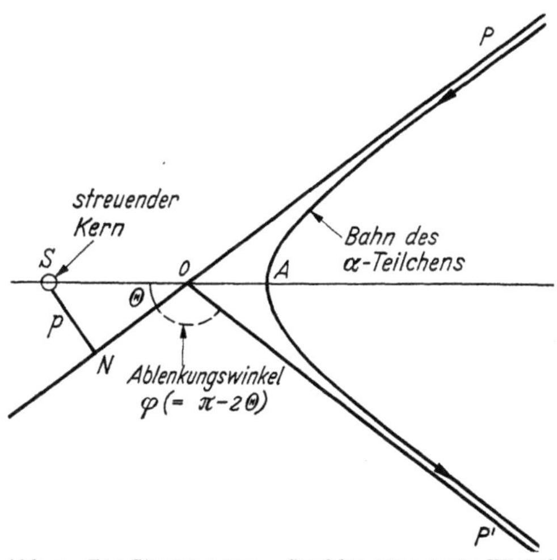

Abb. 1. Zur Streuung von α-Strahlen über große Winkel (nach RUTHERFORD)

mit der Ladung Ze (und minimaler Geschwindigkeit v_0) gilt laut Energieerhaltungssatz (bei der Anfangsgeschwindigkeit v_α):

$$\frac{m v_\alpha^2}{2} = \frac{m v_0^2}{2} + \frac{2Z e^2}{\overline{SA}}. \tag{1.6}$$

Aus dieser Gleichung kann schon ein interessantes Ergebnis gewonnen werden, nämlich der Minimalabstand zwischen α-Teilchen und Kern, der erreicht wird, wenn die Bahn genau auf den Kern gerichtet ist, und das Teilchen in seiner ursprünglichen Bahn zurückläuft. Im Wendepunkt muß die Teilchengeschwindigkeit gleich Null sein, was nur der Fall sein kann, wenn für genannten Minimalabstand gilt:

$$\overline{SA} = \frac{4Z e^2}{m v_\alpha^2} \; (= b). \tag{1.7}$$

Beim Einsetzen von Zahlenwerten in diese Gleichung, z. B. für den Fall der Reflexion an Kupferkernen (Kernladungszahl $Z = 29$) unter der Annahme einer Anfangsgeschwindigkeit des α-Teilchens von $1 \cdot 10^9$ cm sec^{-1}, folgt als oberer Grenzwert für den Radius des Kupferkernes: $1{,}5 \cdot 10^{-12}$ cm.

Weiterhin läßt sich auf einfache Weise unter Benutzung der Figur eine Beziehung zwischen dem Stoßparameter p (Normale vom Kern auf die Verlängerung der ursprünglichen Strahlenrichtung) und der oben definierten Größe b (hauptsächlich gegeben durch Kernladung und Anfangsgeschwindigkeit) aufstellen: $b = 2p \cdot \mathrm{ctg}\,\Theta$, die aber wegen der Unmöglichkeit, p experimentell zu bestimmen, nicht ohne weiteres zur Prüfung der Theorie geeignet ist.

Experimentell läßt sich hingegen die relative Wahrscheinlichkeit verschiedener Ablenkungswinkel bestimmen. Es ergibt sich so für die Anzahl y der unter dem Winkel $\varphi = \pi - 2\Theta$ gestreuten α-Teilchen pro Flächeneinheit des Detektorschirmes:

$$y = \frac{Q\,n\,t\,b^2}{16\,r^2}\,\frac{1}{\sin^4\left(\dfrac{\varphi}{2}\right)}, \quad (1.8)$$

wobei Q die Anzahl der einfallenden Teilchen, n die Atomanzahl pro Volumeneinheit, t die Schichtdicke und r der Abstand zwischen Detektorschirm und der streuenden Folie ist (RUTHERFORD 1911).

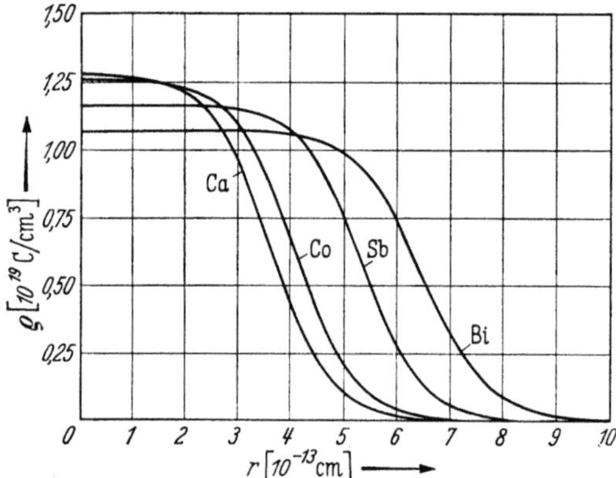

Abb. 2. Ladungsverteilung in Atomkernen, ermittelt durch Streuung schneller Elektronen (nach HOFSTADTER)

Offenbar kann die Formel und damit unter anderem die Gültigkeit der zugrunde liegenden Annahme der Konzentration der positiven Kernladung in einem Punkt durch Variation der vier Veränderlichen: Streuwinkel φ, Schichtdicke t, Geschwindigkeit v und Kernladungszahl Z geprüft werden (GEIGER und MARSDEN 1913).

CHADWICK konnte 1920 letztere Bestimmung mit 1% Genauigkeit durchführen und so die Kernladung *direkt* messen, ein wesentlicher Fortschritt gegenüber den mittelbaren Aussagen des Moseleyschen Gesetzes der Röntgenspektroskopie.

Darüber hinaus wurde mit Hilfe einer von DARWIN aufgestellten Beziehung durch Untersuchung der Geschwindigkeitsabhängigkeit der Streuung das Kraftgesetz in Kernnähe geprüft. Im untersuchten Bereich von 7 bis $14 \cdot 10^{-12}$ cm Entfernung vom Mittelpunkt des Kernes ergab sich der „Abstoßungsexponent" 2, also das Coulombsche Gesetz.

Spätere Untersuchungen von RUTHERFORD und CHADWICK dehnten diesen Bereich von 10^{-12} bis 10^{-10} cm aus und bewiesen, daß keine Elektronen zwischen Kern und K-Schale vorhanden sind.

Die Deutung moderner Streuversuche mit Elektronen von 183 MeV (§ 19) führt zur Annahme eines „Kernradius" von $1{,}07 \cdot A^{\frac{1}{3}} \cdot 10^{-13}$ cm (in diesem Abstand vom Mittelpunkt fällt die Ladungsdichte steil auf 50% des Maximalwertes ab — vgl. Abb. 2) und einer praktisch von der Massenzahl A unabhängigen Begrenzungsschicht von $2{,}4 \cdot 10^{-13}$ cm, innerhalb derer die Ladungsdichte von 90 auf 10% des Maximalwertes abfällt. Ganz ähnlich, aber mit praktisch konstantem Maximalwert, verhält sich die Verteilung der (Massen-)Dichte.

4. Nukleonen; Eigenschaften des Atomkerns

Nachdem festgestellt worden war, daß die Kernladungszahl Z im allgemeinen nicht mehr als den halben Wert der Massenzahl A betrug, mußte die Frage nach der Natur der restlichen Kernmasse beantwortet werden. Die ursprüngliche Annahme war, daß positive Ladung und entsprechende Masse von Z Protonen (Wasserstoffkernen, $Z = 1$, $A \approx 1$) getragen wurde und die positive Ladung weiterer $(A - Z)$ Protonen durch Elektronen abgesättigt sei, doch zeigten nähere Überlegungen, daß Elektronen nicht integrierende Kernbausteine sein können. Hiergegen sprach schon die aus der Wellenmechanik ableitbare Länge ihrer Materiewelle (DE BROGLIE), die gegeben ist durch $\lambda = \dfrac{h}{mv}$, wobei h das Plancksche Wirkungsquantum, m die Masse und v die Geschwindigkeit des Elektrons ist. Beim Einsetzen von Zahlenwerten erhält man einen „Raumbedarf" des Elektrons, der etwa hundertmal größer als der oben bestimmte Kernradius ist.

Die Frage wurde endgültig gelöst durch die Entdeckung des Neutrons (welche später, in § 21, näher beschrieben wird), eines Teilchens mit der Masse ~ 1 und der Ladung 0.

Hiernach ist der Kern als aus Protonen und Neutronen bestehend zu beschreiben, wobei Protonen und Neutronen als verschiedene Zustände des „Nukleons" anzusehen sind (s. weiter unten). Außer Ladung und Masse sind sie durch weitere Eigenschaften charakterisiert, welche die Eigenschaften des aus ihnen zusammengesetzten Kernes bestimmen und welche auf Grund von „Erhaltungssätzen" bei der Behandlung von Kernreaktionen von Bedeutung sind.

Es sind dieses: Bahndrehimpuls, Eigendrehimpuls (Spin), magnetisches Moment, Befolgen einer bestimmten „Statistik", „Parität".

Für den gesamten Drehimpuls p einzelner Nukleonen gilt: $p = \sqrt{j\,(j+1)}\,\dfrac{h}{2\pi}$, wobei die Quantenzahlen j aus den Quantenzahlen für den Bahndrehimpuls (l, mit den Werten: 0, 1, 2 ...) und denen für den Eigendrehimpuls (s, mit dem Wert $\frac{1}{2}$ für Neutron, Proton und Elektron) gemäß $j = l \pm s$ zusammengesetzt sind.

Auch der Drehimpuls des Kernes ist gequantelt, d.h. er kann nur ganz bestimmte, durch das Plancksche Wirkungsquantum gegebene Werte annehmen,

$$P = \sqrt{I(I+1)}\ \frac{h}{2\pi}\ .$$

Er wird auch als *Kernspin* bezeichnet und ist die Vektorsumme von Eigendrehimpuls und Bahndrehimpuls sämtlicher Nukleonen.

Bei gerader Massenzahl ist der Spin ganzzahlig, bei ungerader Massenzahl ist die Spinzahl ein Vielfaches von $\frac{1}{2}$. Die Untersuchungen des Kernspins gaben einen weiteren Beweis für die Unhaltbarkeit der Hypothese des Aufbaus des Atomkerns aus Protonen und Elektronen: So hat z.B. der Kern Stickstoff-14 einen ganzzahligen Spin. Dies ist in Übereinstimmung mit der Zusammensetzung aus 7 Protonen und 7 Neutronen. Wäre er aus 14 Protonen und 7 Elektronen zusammengesetzt, müßte jedoch eine gebrochene Spinzahl resultieren.

Mit der Rotation eines elektrisch geladenen Körpers ist ein *magnetisches Moment* verbunden, das nach der klassischen Physik den Wert $ZeP/2mc$ haben sollte, wobei $Z \cdot e$ die Ladung, P der oben definierte Drehimpuls, m die Masse und c die Lichtgeschwindigkeit ist. Im Falle des Elektrons, bei dem P den Wert $h/4\pi$ hat, würde für das magnetische Moment der Wert $eh/8\pi m_e c = 4{,}63 \cdot 10^{-21}$ erg/Gauß folgen. In Wirklichkeit hat das magnetische Moment des Elektrons den doppelten Wert: ~ 1 „Bohrsches Magneton".

Das Proton müßte gemäß obiger Gleichung ein um das Verhältnis Protonenmasse/Elektronenmasse kleineres magnetisches Moment zeigen: $\frac{1}{2}$ „Kernmagneton". In Wirklichkeit ist der Wert jedoch $\sim 2{,}8$ Kernmagnetonen.

Nukleonen und Kerne sind einer gewissen „*Statistik*" unterworfen. Man unterscheidet zwischen Fermi-Statistik und Bose-Statistik. Ersterer Fall liegt vor, falls sich das Vorzeichen der Wellenfunktion des Systemes ändert, wenn alle Koordinaten zweier gleicher Teilchen vertauscht werden. Ist dies nicht der Fall, so liegt Bose-Statistik vor. Die meisten Elementarteilchen gehorchen der Fermi-Statistik und dem Pauli-Prinzip, d.h. jeder vollständig definierte Quantenzustand kann nur durch ein einziges Teilchen besetzt werden.

Ob ein Kern der einen oder der anderen Statistik gehorcht, hängt ab von der Anzahl der Nukleonen; bei ungerader Anzahl gilt Fermi-Statistik, bei gerader Anzahl Bose-Statistik. Das oben erwähnte Beispiel N-14 gehorcht der Bose-Statistik, was verträglich ist mit der Zusammensetzung aus Protonen und Neutronen, ein weiterer Beweis für die Richtigkeit dieser Annahme.

Eine weitere Eigenschaft des Kernes, die nicht unmittelbar anschaulich ist, ist die sog. *Parität*, welche als „Spiegelungscharakter" der Wellenfunktion des Kernes bezeichnet werden kann. Man spricht von gerader Parität, mit $(+)$ bezeichnet, wenn die Wellenfunktion sich nicht ändert, falls die Raumkoordinaten das Vorzeichen wechseln. Bei ungerader Parität $(-)$ ist dieses der Fall. Zugehörigkeit zur einen oder anderen Art Parität ist abhängig vom Quantzustand des Impulsmomentes. [Die Parität eines Kernes ist gerade, wenn die Summe der einzelnen Quantenzahlen l seiner Nukleonen im entsprechenden Energieniveau (§8, §18) eine gerade Zahl ist.] Es wurde bisher angenommen, daß in einem abgeschlossenen System Parität wie Energie und Drehimpuls bei Kernreaktionen erhalten bleibt. In neuerer Zeit hat man bei „schwachen Wechselwirkungen" — zuerst am Beispiel des β-Zerfalls von Kobalt-60 — nachgewiesen, daß dies nicht allgemein zutrifft.

5. Massenspektroskopie und das Energieäquivalent der Masse

Durch Ablenkung von Ionenstrahlen in elektrischen und magnetischen Feldern in geeigneten Apparaten, sog. *Massenspektrographen* (Registrierung des Ionenstrahls mittels einer photographischen Platte) oder *Massenspektrometern* (Messung der Ionisation) konnte das Vorkommen von *Isotopen* (Kerne verschiedener Neutronen-, aber gleicher Protonenzahl) bewiesen und die Isotopenzusammensetzung aller Elemente untersucht werden. Es zeigte sich, daß die 81 stabilen Elemente der Natur aus zusammen etwa 270 Atomarten bestehen. Eine *Atomart* oder ein *Nuklid* ist durch Z (Protonenzahl im Kern) und N (Neutronenzahl im Kern) (bzw. $A = Z + N$) definiert. Isotope Atomarten (mit gleichem Z, aber verschiedenem A), kurz „*Isotope*" genannt, setzen also das Vorhandensein von mindestens zwei Atomarten des gleichen Elementes voraus; ein „Reinelement" mit nur einer Atomart hat keine Isotope. Die Zusammensetzung variiert von Elementen mit nur einer einzigen stabilen Atomart bis zu Elementen, wie z.B. Zinn, mit zehn stabilen Isotopen. Die Häufigkeit der verschiedenen Kerne ist durch die Kernstabilität gegeben, wofür später einige Beispiele gegeben werden.

Die Definition der Masseneinheit geschah bisher in der Physik so, daß das Gewicht von O-16 = 16,000000 gesetzt wurde.

Diese physikalische Massenskala ist nicht identisch mit der chemischen Massenskala, die das Gewicht der natürlichen Sauerstoffisotopen*mischung* = 16,000000 setzt. Der Unterschied ist 275 ppm (Teile pro Million), da O-17 und O-18 zu 0,037 bzw. 0,02 % in natürlichem Sauerstoff vorkommen. Bei sehr genauen Bestimmungen ist jedoch die Verwirrung, die durch die Verwendung zweier nicht identischer Massenskalen eintreten kann, hinderlich, und man hat vorgeschlagen und sich kürzlich dafür entschieden, die Masse des Kohlenstoffisotops C-12 = 12,000000 zu setzen, welches folgende Vorteile mit sich führt:

1. Die physikalische und die chemische Massenskala werden identisch. Die alte chemische und die neue einheitliche Skala unterscheiden sich nur um 43 ppm voneinander, welches bei chemischen Berechnungen vernachlässigt werden kann.

2. Eine gute Kalibrierung der ganzen Massenskala ist möglich mittels der zahlreichen C—H-Verbindungen, und infolgedessen können sehr genaue vergleichende Massenbestimmungen durchgeführt werden, da C—H-Verbindungen praktisch die gesamte Massenskala dicht überdecken.

Natürlich sind in keinem Fall (außer der Bezugsmasse) die Atommassen der „Atomgewichte" genau ganzzahlig, was schon daraus hervorgeht, daß O-16, das 8 Protonen, 8 Neutronen und 8 Elektronen enthält, eigentlich die etwa 0,9 % größere Summe der Einzelgewichte zeigen sollte ($m_H = 1{,}008\,14$; $m_n = 1{,}008\,98$). Offenbar verschwindet ein meßbarer Gewichtsanteil bei der Zusammenlagerung der Nukleonen zum Kern.

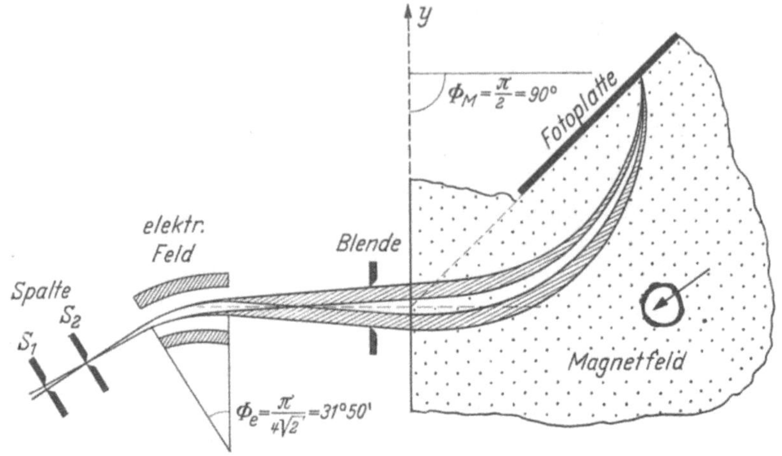

Abb. 3. Doppeltfokussierender Massenspektrograph (nach MATTAUCH und HERZOG). (Erfüllung der Bedingung: $\sqrt{2}\sin\sqrt{2}\ \Phi_e = -\sin\Phi_M$ führt zur Fokussierung, unabhängig vom Radius der Kreisbahn im Magnetfeld, Abbildung der negativen Elektrode nicht wirklichkeitsgetreu)

Dieses entspricht aber der Abgabe einer bedeutenden Energie E gemäß der Einsteinschen Beziehung ($E = mc^2$). „Kernbindungsenergien"

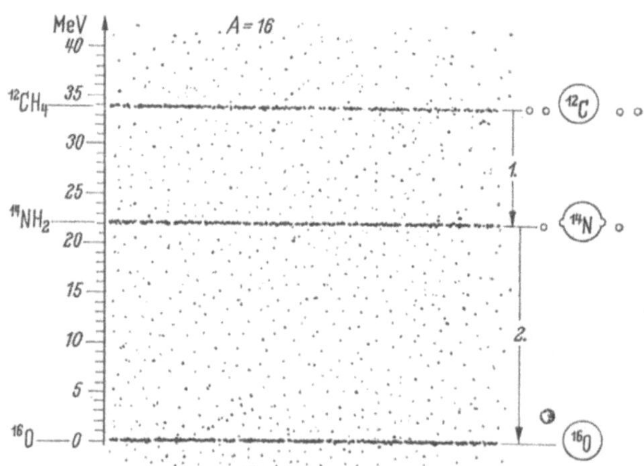

Abb. 4. Bindungsenergie von Nukleonenpaaren bei der Masse 16 (nach MATTAUCH)

können mittels empfindlicher Massenspektrographen mit großer Genauigkeit bestimmt werden. Derartige Apparate erreichen durch sinnvolle Kombination elektrischer und magnetischer Felder „Doppelfokussierung", d.h. Ionenstrahlen gleicher Masse, aber verschiedenen

Einfallswinkels und verschiedener Geschwindigkeit werden wieder in einem Punkt vereinigt, wie z. B. im Massenspektrographen nach MATTAUCH und HERZOG (vgl. Abb. 3).

Als Beispiel werden verschiedene Massenlinien im Gebiet der Masse 16 betrachtet an Hand von neueren genauen Messungen von MATTAUCH u. Mitarb.: Es geht aus Abb. 4 hervor, daß ein erheblicher Unterschied vorliegt, je nachdem, ob die Masse 16 von der Atomart O-16 oder von den Verbindungen NH_2 oder CH_4 bestritten wird. (Anschaulich können die im Massenspektrometer gewonnenen Linien durch Drehung um 90° unmittelbar als ein Energietermschema dargestellt werden.) Aus Abb. 4 ist ersichtlich, daß die Aufnahme eines Deuterons beim Übergang von $^{12}CH_4$ zu $^{14}NH_2$ die Energie des Kernes um etwa 12 MeV senkt, sowie daß beim Übergang von $^{14}NH_2$ zu O-16 sogar 23 MeV „Bindungsenergie" freiwerden (die Vereinigung von vier Nukleonen repräsentiert nämlich eine besonders stabile Konfiguration).

Die Genauigkeit der Massenbestimmungen ist bis auf $1:10^7$ gebracht worden, das bedeutet bei der Bestimmung der Masse 10 eine Genauigkeit von 10^{-6} Masseneinheiten, entsprechend etwa 1keV Bindungsenergie, da eine atomare Masseneinheit gemäß der Einsteinschen Beziehung 931 MeV entspricht.

6. Massendefekt und Bindungsenergie, das „Energietal"

Die massenspektroskopisch aufgefundenen stabilen Nuklide lassen sich in eine „Nuklidkarte" mit den Koordinaten N (Anzahl der Neutronen) und Z (Anzahl der Protonen) einordnen (vgl. Anhang). Wird als dritte Koordinate der „Massendefekt" oder die Bindungsenergie eingeführt und diese — als vom entsprechenden Kern abgegeben — mit negativem Vorzeichen versehen, ergibt sich eine Figur, in der die stabilen Kerne auf einer mit zunehmender Massenzahl fallenden Rinne, dem Grunde des sog. Energietales liegen.

Das Energietal wird zweckmäßigerweise auf zwei verschiedene Arten betrachtet:

1. In Form eines Schnittes im Winkel von 45° gegen N- und Z-Koordinate. Eine solche Linie erfüllt die Bedingung $N + Z = A = \text{const}$ und verbindet miteinander Kerne gleicher Masse, sog. *Isobare* (vgl. Abb. 5).

2. In Form eines longitudinalen „Schnittes" durch das Tal, wobei jeweils die bei jeder Masse tiefstliegenden Nuklide miteinander verbunden werden. Für die meisten Zwecke ist allerdings eine Darstellung besser geeignet, bei der die durch die Massenzahl A dividierte Bindungsenergie, also die Bindungsenergie pro Nukleon, aufgetragen wird.

Die Isobarenregeln. Der „transversale" Schnitt durchs Energietal ergibt die Lage sämtlicher zu einer Massenzahl gehörenden Kerne, wobei zu beiden Seiten der stabilen Kerne auch instabile Kerne von geringerer (negativer) Bindungsenergie vorhanden sind. Dieser Schnitt

ist eine Parabel. Die Anzahl der auf den Parabeln liegenden stabilen
Kerne ist jedoch verschieden, je nachdem ob es sich um gerade oder
ungerade Massenzahlen handelt.

a) *Isobare Kerne mit ungeraden Massenzahlen.* Diese Massenzahlen
können zusammengesetzt werden aus einer geraden Zahl von Protonen
bzw. Neutronen und einer un-
geraden Anzahl des jeweils
entsprechenden anderen Nukleons (g-u- bzw. u-g-Kerne).
Sämtliche isobaren Kerne können auf einer einzigen Kurve
angeordnet werden mit dem
Kern im tiefsten Punkt, der
die Bedingung für maximale
Bindungsenergie erfüllt. Diese
energetisch günstigste Position
wird im allgemeinen nur von
einem einzigen Kern eingenommen und nur dieser ist stabil
gegen spontane Umwandlung
(radioaktiven Zerfall). Unter
dieser Annahme wären nur 105
stabile Kerne ungerader Massenzahl zu erwarten, da der
schwerste praktisch stabile
Kern ungerader Massenzahl
Bi-209 ist.

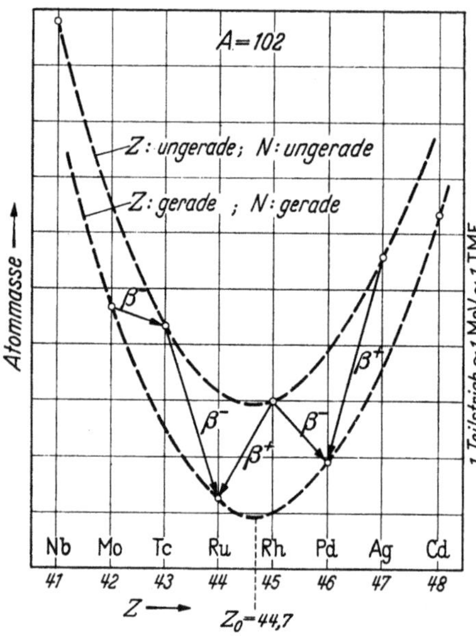

Abb. 5. Stabile (g-g) Isobare der Massenzahl 102
(Ru und Pd) (vgl. Evans)

Die Regel, daß keine stabilen Isobare ungerader Massenzahl existieren
sollten (Mattauchs Regel), ist weitgehend erfüllt, jedoch nimmt man
Ausnahmen hiervon an bei der Massenzahl 113, bei der sowohl stabiles
Indium wie stabiles Kadmium vorkommt, und der Massenzahl 123
(Antimon, Tellur). Dagegen existiert bei $A = 5$ kein stabiles Nuklid,
so daß nach derzeitiger Aufstellung 106 stabile Nuklide ungerader
Massenzahl existieren, die zu etwa gleichen Teilen auf g-u-Kerne und
u-g-Kerne verteilt sind.

b) *Isobare Kerne mit geraden Massenzahlen.* In diesem Fall kann die
gesamte Massenzahl auf zwei verschiedene Arten zusammengesetzt
werden, es kann sich entweder um g-g- oder u-u-Kerne handeln. Wegen
des Sättigungscharakters der Kernkräfte (vgl. § 8) sind die erstgenannten
Kerne stabiler. Sie können infolgedessen einer Kurve zugeordnet werden,
die durchgehend tiefer liegt als die, welche u-u-Kerne miteinander verbindet (Abb. 5). Diese Darstellung macht zwei Konsequenzen anschaulich:
Bei g-g-Kernen ist das Vorkommen stabiler Isobare (durch zwei Einheiten

der Protonenzahl voneinander getrennt[1]) möglich,
da trotz verschiedener Bindungsenergie ein β-Übergang zwischen solchen Kernen nur über den in der
Protonenzahl dazwischenliegenden u-u-Kern geschehen könnte, welches
spontan aus energetischen
Gründen nicht möglich ist.

Infolgedessen gehört
auch die größte Anzahl aller
stabilen Kerne (162) zum
g-g-Typ.

Dagegen sollten stabile
Kerne vom u-u-Typ nicht
vorkommen, da die benachbarten g-g-Kerne energetisch günstiger sind, und
die u-u-Kerne sich spontan
in diese umwandeln sollten.
Zu dieser Regel existieren
nur vier Ausnahmen: Die
Kerne $^2_1$H, $^6_3$Li, $^{10}_5$B und
$^{14}_7$N sind stabil, welches
dadurch erklärt werden
kann, daß die Neigung der
Parabeläste so groß ist, daß
der stabilste Kern auf der
oberen Kurve liegen kann.

Auf Grund der Isobaren-
Regeln konnte man einige
Korrekturen von vorher angenommenen Isotopenhäufigkeiten durchführen. Man
glaubte, daß das chemisch
bestimmte Atomgewicht für
Gold (197,2) Beweis für

---

[1] Das Vorkommen stabiler
Isobare benachbarter Ordnungszahl ist dagegen nicht
möglich (MATTAUCH 1934).

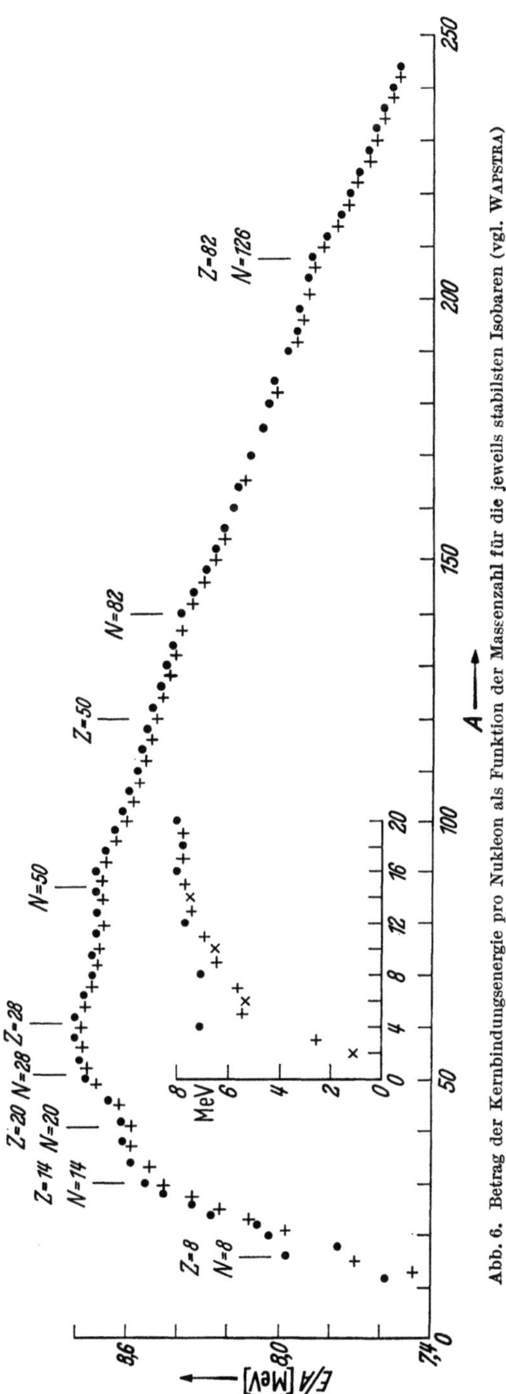

Abb. 6. Betrag der Kernbindungsenergie pro Nukleon als Funktion der Massenzahl für die jeweils stabilsten Isobaren (vgl. WAPSTRA)

Vorkommen von Au-197 und Au-199 sei. Letztgenanntes Isotop wäre jedoch isobar mit Hg-199 und da keine Isobaren mit ungeraden Massenzahlen vorkommen dürfen, müßte Gold doch ein Reinelement mit der Massenzahl 197 sein, was durch massenspektrometrische Kontrolle bewiesen, und wodurch der chemisch bestimmte Atomgewichtswert verbessert wurde.

Ähnlich konnte man voraussehen, daß von den beiden Rubidiumisotopen Rb-85 und Rb-87 das letztere nicht stabil sein dürfte, da stabiles Sr-87 existiert. Infolgedessen konnte Rb-87 für die natürliche Radioaktivität des Elementes Rb verantwortlich gemacht werden, was dadurch bestätigt wurde, daß Strontium, aus sehr alten Rubidiummineralen isoliert, die Masse 87 hat, im Gegensatz zu normalem Strontium, welches eine Isotopenmischung mit nur 6,74% Sr-87 ist.

Der longitudinale „Schnitt" durch das Energietal, welcher den jeweils stabilsten Nukliden folgt, gibt folgendes Bild: Die Bindungsenergie pro Nukleon nimmt im Durchschnitt mit der Massenzahl zu, erreicht den Maximalwert von 8,8 MeV bei mittelschweren Kernen (im Gebiet des Eisens), um schließlich bei den schwersten Kernen wieder abzunehmen. Obwohl die Bindungsenergie eigentlich negativ angegeben werden sollte (was überdies den Vorteil eines unmittelbaren anschaulichen Anschlusses an das Energie„tal" hat), findet man auch Darstellungen der Absolutwerte, wie z. B. in Abb. 6. Außer dem allgemeinen Verlauf läßt sich bei näherer Betrachtung feststellen, daß:

a) anfänglich relative Maxima bei Kernen mit den Massenzahlen $4n$ vorliegen;

b) die Bindungsenergie bei Kernen gerader Massenzahl praktisch stets höher ist als bei benachbarten ungerader Massenzahl und

c) gewisse relative Maxima bei bestimmten Protonen- und Neutronenzahlen (den „magischen Zahlen") festzustellen sind.

Man hat versucht, diese Erscheinungen durch geeignete Kernmodelle zu erklären, wobei hauptsächlich zwei Modelle herangezogen wurden: Das Tropfenmodell und das Schalenmodell, die im folgenden Paragraphen näher erläutert werden sollen.

7. Die Struktur des Atomkerns, Kernmodelle

Kernmodelle und Theorien der Kernkräfte haben unter anderem den Verlauf der Bindungsenergie als Funktion der Nukleonenzahl zu erklären.

Man unterscheidet zwischen solchen Kernmodellen, bei denen starke Wechselwirkung zwischen den Nukleonen angenommen wird und solchen, bei denen die Nukleonen mehr oder weniger unabhängig voneinander sind. Von der ersten Gruppe wird das Flüssigkeitstropfenmodell erwähnt, von der zweiten das Kernschalenmodell.

Das Flüssigkeitstropfenmodell und die Weizsäcker-Bethe-Formel

Die Bindungsenergie pro Nukleon als Funktion der Massenzahl ist
über ein großes Gebiet ($A > 11$) annähernd konstant und beträgt 8,1 MeV
$\pm\, 10\%$. Dieses kann nur so gedeutet werden, daß zwischen den Nukleonen Kräfte verhältnismäßig geringer Reichweite vorliegen, da Fern-
wirkungskräfte, wie z. B. Coulomb-Kräfte, zu einer Erhöhung der Bindungsenergie des Kernes mit dem Quadrat der Ladung und somit
mit der Masse führen sollten.

Außerdem zeigen Streuversuche, daß das Volumen der Atomkerne
ihrer Masse proportional, die Dichte also konstant ist. Es gilt näherungsweise (für genauere Werte vgl. §3)

$$R = r_0\, A^{\frac{1}{3}}, \qquad r_0 = 1{,}2 \cdot 10^{-13}\ \mathrm{cm}. \tag{1.9}$$

Beide Tatsachen lassen es als sinnvoll erscheinen, zunächst den Atomkern in Analogie mit einem Flüssigkeitstropfen zu behandeln, bei dem
ja ebenfalls nur geringe Reichweite der Kräfte und konstante Dichte
vorliegen.

Hierbei müssen verschiedene Kraftwirkungen berücksichtigt werden:

a) Die Anziehungskräfte zwischen den Nukleonen, welche in erster
Linie den Kern zusammenhalten (vgl. § 8).

b) Die Oberflächenspannung infolge der geringeren Bindungsenergie
der an der Oberfläche befindlichen Nukleonen.

c) Die elektrostatische Abstoßungskraft zwischen den Protonen.

Schließlich ist bei der Anziehungskraft noch ein Asymmetrieglied
zu berücksichtigen und überdies muß durch ein weiteres Zusatzglied
das Bestreben der Nukleonen, sich „bindungsmäßig abzusättigen",
wodurch insbesondere Kerne mit gerader Protonen- und gerader Neutronenzahl bevorzugt werden, berücksichtigt werden (vgl. die Isobaren-
regeln).

Die Gesamtbindungsenergie läßt sich aus den oben angegebenen
Anteilen zusammensetzen und ihr Verlauf mit der Massenzahl in guter
Übereinstimmung mit experimentellen Befunden wiedergeben, wobei
die in die entsprechende Gleichung (s. weiter unten) eingehenden
Konstanten aus einfachen Annahmen berechnet bzw. empirisch ermittelt
werden. Die Bedeutung der Gleichung ist, daß sie die Berechnung der
Bindungsenergie bei vorher nicht bekannten Kernen und damit Aussagen
über ihre Stabilität und an ihnen auftretende Kernreaktionen erlaubt.

Die Abhängigkeit der Kernbindungsenergie von der Nukleonenzahl
wird im folgenden für die Bindungsenergie pro Nukleon (positiv
gerechnet) angegeben, um den Anschluß an die Darstellung der Abb. 6
zu finden. Zur Ermittlung der totalen Bindungsenergie sind sämtliche
Terme mit der Gesamtnukleonenzahl A zu multiplizieren.

a) Die spezifische Kernbindungskraft (Austauschkraft, vgl. § 8) gibt einen konstanten Beitrag a. Hierbei muß die Asymmetrie berücksichtigt werden, die vorliegt, wenn die Neutronenzahl N nicht gleich der Protonenzahl Z ist. Das entsprechende Zusatzglied ist gegeben durch: $-b\,\dfrac{(N-Z)^2}{A^2}$, die einfachste Form einer symmetrischen Funktion der Neutronen- und Protonenzahl, bei der letzten Endes nur noch das Verhältnis N/Z vorkommt. Bei $N=Z$ fällt diese Verringerung der Kernbindungsenergie weg, hiernach ist es energetisch günstig, wenn der Kern gleichviel Protonen und Neutronen enthält.

b) Die an der Oberfläche liegenden Nukleonen sind offenbar etwas schwächer an den Kern gebunden, welches zur Verringerung der Bindungsenergie führt. Die Änderung ist proportional zur Oberfläche, die ihrerseits proportional zu $A^{\frac{2}{3}}$ ist. Pro Nukleon folgt also: $-c\cdot A^{-\frac{1}{3}}$.

c) Die Coulombsche Energie der Abstoßung zwischen den Protonen wird unter der Annahme berechnet, daß auf Grund der großen Reichweite dieser Kräfte Wechselwirkung zwischen jedem Proton mit sämtlichen übrigen vorliegt. Die gesamte elektrostatische Energie ist also proportional zu $\frac{1}{2}Z(Z-1)$; welches für große Werte für Z zu $\frac{1}{2}Z^2$ wird. Die Abstoßungsenergie für jedes Protonenpaar ist bei gleichmäßiger Verteilung der Protonen in einem Kern vom Radius $R:\dfrac{6}{5}\dfrac{e^2}{R}$. Die *gesamte* Abstoßungsenergie wird so: $\dfrac{3}{5}\dfrac{e^2}{r_0}Z^2 A^{-\frac{1}{3}}$ $(R=r_0 A^{\frac{1}{3}})$. Pro Nukleon folgt, da $\dfrac{3}{5}\dfrac{e^2}{r_0}$ (im Energiemaß tausendstel atomare Masseneinheiten) 0,78 TME entspricht: $0,78\,Z^2\,A^{-\frac{4}{3}}$.

Schließlich wird noch ein Energieterm δ eingeführt, der die „Paarungsenergie" der Nukleonen berücksichtigt; bei Gebrauch der unten angegebenen Konstanten ist $\delta=0$ für ungerade A, positiv für g-g-Kerne, negativ für u-u-Kerne. δ ist massenabhängig: Eine gebräuchliche Näherung für den Beitrag zur *gesamten* Bindungsenergie (BE) ist $\delta\sim 31\,A^{-\frac{3}{4}}$ tausendstel Masseneinheiten (TME).

Der vollständige Ausdruck („Weizsäcker-Bethe"-Formel) lautet unter Berücksichtigung der neuesten Zahlenwerte für r_0:

$$\frac{\mathrm{B\,E}}{A}=17,0-24,9\,\frac{(N-Z)^2}{A^2}-19,7\,A^{-\frac{1}{3}}-0,78\,Z^2\cdot A^{-\frac{4}{3}}\pm 31\,A^{-\frac{7}{4}}\ (\mathrm{TME}),\quad (1.10)$$

wobei die Wahl der Energieeinheit TME unmittelbaren Vergleich mit massenspektroskopischen Bestimmungen erlaubt.

Zusammenfassend kann folgendes festgestellt werden: Die spezifischen Kernkräfte führen zu der größten Bindungsenergie, wenn $N/Z=1$, welches bei leichten Kernen der Fall sein kann. Bei diesen macht sich jedoch auch die die Gesamtbindungsenergie verringernde Einwirkung der Oberflächenenergie (proportional $A^{-\frac{1}{3}}$) stark bemerkbar. Bei schweren Kernen tritt dagegen die verringernde Wirkung der Coulombschen Abstoßungskräfte (proportional Z^2) in den Vordergrund. Hier muß also, um den Kern stabil zu halten, ein Neutronenüberschuß in Kauf genommen werden. Das Zusammenwirken aller Ausdrücke macht es verständlich, daß die größte Bindungsenergie und größte Kernstabilität etwa in der Mitte des periodischen Systemes, genauer bei Fe-56, vorliegt (Abb. 7).

Während das Flüssigkeitstropfenmodell des Atomkernes so den Verlauf der Bindungsenergie mit der Kernmasse „erklären" kann, versagt es völlig bei anderen Erscheinungen, wie z. B. der Erklärung der sog. „magischen Zahlen". Ein genaues Studium der Bindungsenergie und der Nuklidhäufigkeiten hatte ergeben, daß Kerne mit den Protonen- oder Neutronenzahlen: 2, 8, (14), 20, (40), 50, 82 Protonen oder Neutronen und mit 126 Neutronen besonders stabil sind.

Markante Beispiele dieser Zahlen sind z. B. die große Anzahl der über einen großen Massenbereich vorhandenen stabilen Isotope bei Ca ($Z = 20$); Sn ($Z = 50$) hat mehr stabile Isotope (10) als jedes andere Element. $Z = 82$ (Pb) ist das Endprodukt der natürlich radioaktiven Zerfallsreihen, das häufigste Isotop Pb-208 zeigt außerdem die Neutronenzahl 126.

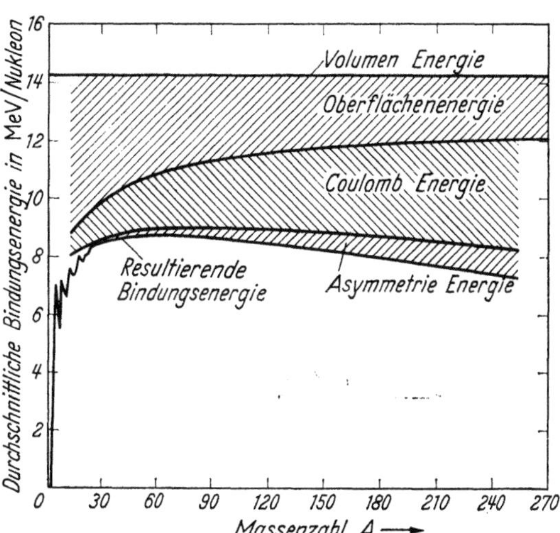

Abb. 7. Beitrag der verschiedenen Terme der Weizsäcker-Bethe-Formel zur Bindungsenergie pro Nukleon (vgl. EVANS)

Das Kernschalenmodell

In Analogie zu den Verhältnissen in der Atomhülle kann das Auftreten besonders stabiler Konfigurationen mit bestimmten Nukleonenzahlen als das Vorhandensein abgeschlossener „Schalen" gedeutet werden. Dieses setzt voraus, daß die Wechselwirkung zwischen den Nukleonen verhältnismäßig schwach ist und daß jedes Nukleon zwischen verschiedenen Energiezuständen („Umlaufbahnen") „wählen" kann in einem Feld, das durch den durchschnittlichen Anziehungseffekt aller anderen Nukleonen zustande kommt.

Wenn in Analogie zur Elektronenhülle des Atoms auch im Kern verschiedene diskrete Energiezustände vorliegen, die jeweils durch eine durch das Pauli-Prinzip (Nukleonen gehorchen der Fermi-Statistik) gegebene Nukleonenzahl besetzt werden können, läßt sich die Besetzungszahl der einzelnen Niveaus angeben.

Hierbei werden die folgenden drei Quantenzahlen berücksichtigt (vgl. §4):

1. Die Hauptquantenzahl n ($n = 1, 2, 3, \ldots$) [mitunter wird ($n - l$) angegeben].

2. Die Bahndrehimpulsquantenzahl l, die die Werte $0, 1, 2, 3, \ldots, (n-1)$ annehmen kann mit den aus der Atomspektroskopie übernommenen Bezeichnungen ($s, p, d, f, g, \ldots$).

3. Die Eigendrehimpuls- oder Spinquantenzahl s, die für Nukleonen stets den Wert $\pm \frac{1}{2}$ hat.

Nach obigem können die Besetzungszahlen der verschiedenen „Kernschalen" angegeben werden: Allerdings folgen hier zunächst noch nicht die magischen Zahlen (vgl. Tabelle 1.1), da zunächst Nukleonen-Gesamtzahlen von 2, 8, 20, dann aber 40, 70, 112 folgen würden.

Tabelle 1.1 *Die „magischen" Zahlen gemäß Kernschalenmodell*
(nach GOEPPERT-MAYER)

Niveau	Niveauplazierung in „Kernschalen"		Besetzungszahl des Niveaus	Besetzungszahl der „Kernschale"	Gesamtzahl der Nukleonen
	schwache L-S-Wechselwirkung	starke Wechselwirkung (j-j-Kopplung)			
n, l	n, l, j	n, l, j	$2j+1$	$2(2l+1)$	
$1s$	$1s_{1/2}$	$1s_{1/2}$	2	2	2
$1p$	$1p_{3/2}$	$1p_{3/2}$	4		
	$1p_{1/2}$	$1p_{1/2}$	2	6	8
$1d$	$1d_{5/2}$	$1d_{5/2}$	6		
	$1d_{3/2}$	$1d_{3/2}$	4		
$2s$	$2s_{1/2}$	$2s_{1/2}$	2	12	20
$1f$	$1f_{7/2}$	$1f_{7/2}$	8		
	$1f_{5/2}$	$1f_{5/2}$	6		
$2p$	$2p_{3/2}$	$2p_{3/2}$	4		
	$2p_{1/2}$	$2p_{1/2}$	2		
$1g$	$1g_{9/2}$	$1g_{9/2}$	10	30	50
	$1g_{7/2}$	$1g_{7/2}$	8		
$2d$	$2d_{5/2}$	$2d_{5/2}$	6		
	$2d_{3/2}$	$2d_{3/2}$	4		
$3s$	$3s_{1/2}$	$3s_{1/2}$	2		
$1h$	$1h_{11/2}$	$1h_{11/2}$	12	32	82
	$1h_{9/2}$	$1h_{9/2}$	10		
$2f$	$2f_{7/2}$	$2f_{7/2}$	8		
	$2f_{5/2}$	$2f_{5/2}$	6		
$3p$	$3p_{3/2}$	$3p_{3/2}$	4		
	$3p_{1/2}$	$3p_{1/2}$	2		
$1i$	$1i_{13/2}$	$1i_{13/2}$	14	44	126

Es wird nun eine starke (jj)-Kopplung zwischen den Bahndrehimpuls- und Eigendrehimpulsvektoren (Quantenzahlen l und s) angenommen, wodurch für die Gesamt-*Drehimpuls-Quantenzahl* $j = l \pm \frac{1}{2}$ folgt. Jedes Niveau kann mit $(2j+1)$, jede „Schale" mit $2(2l+1)$ Nukleonen besetzt werden. Wenn man außer der Aufspaltung von j in $l+\frac{1}{2}$ und $l-\frac{1}{2}$ annimmt, daß der Energieunterschied zwischen diesen beiden Zuständen mit zunehmenden Werten von l ebenfalls zunimmt (etwa proportional zu $2l+1/A^{\frac{2}{3}}$), verschiebt sich der Zustand der höheren Bindungsenergie, also jeweils $l+\frac{1}{2}$, weiter zu höheren Bindungsenergien (sinkt tiefer im „Potentialtopf"), so daß ein „cross-over" von der einen ursprünglichen „Schale" zur nächst tieferen vorliegt. Auf diese Art werden unter anderem die $1g_{9/2}$-, $1h_{11/2}$-, $1i_{13/2}$-Niveaus zur nächst tieferen „Schale" (in Tabelle 1.1 oben stehend) hinabgedrückt, und es entsteht eine Besetzungsverteilung der verschiedenen „Kernschalen", die gerade mit den magischen Zahlen übereinstimmt.

8. Einiges zur Natur der Kernkräfte

Die Kraftwirkungen zwischen einem Neutron einerseits und einem anderen Neutron oder einem Proton andererseits können nicht elektrostatischer Natur sein.

Zum näheren Studium der Kernkräfte kann eine einfache Kernreaktion, nämlich die eines Protons und eines Neutrons zu einem Deuteron, benutzt werden. Zu diesem Zwecke wird die Streuung von Neutronen in wasserstoffhaltigem Material untersucht. Eine elektrostatische Potentialfunktion würde zu vielen, aber kleinen Ablenkungen führen. In Wirklichkeit geschieht die Streuung selten, aber große und kleine Richtungsänderungen kommen in vergleichbarem Maße vor. Hieraus kann berechnet werden, daß die Kernkräfte schon beim Abstand $5 \cdot 10^{-13}$ cm sehr klein geworden sind.

Ähnliche Verhältnisse gelten auch für die Kraftwirkung zwischen zwei Protonen. Hier kommt bei größerem Abstand ein „Potentialwall" zwischen positiv geladenen Teilchen hinzu, aber bei kleinem Abstand ist der Potentialverlauf vergleichbar mit dem zwischen Proton und Neutron. Die Anziehung zwischen Protonen kann sich jedoch nur in komplexen Kernen bemerkbar machen, da kein Kern, der nur aus zwei Protonen besteht, stabil ist: Hier würde durch Oszillation früher oder später ein Abstand entstehen, bei dem die elektrostatische Abstoßungskraft überhand nimmt.

Eine nähere Untersuchung der Kräfte zwischen Protonen und Neutronen führt zu gewissen Analogien mit Kraftwirkungen zwischen Atomen. Die Wechselwirkung zwischen Nukleonen wurde versuchsweise zunächst folgendermaßen formuliert: Ein Neutron erzeugt ein Feld, welches seinerseits auf ein Proton wirkt, oder, was zunächst als äquivalente Beschreibung angesehen wurde, ein Neutron emittiert ein Elektron und ein Neutrino (vgl. § 14), welches vom Proton absorbiert wird $(n \rightarrow p + e^- + \nu')$. Dieses würde einem Austausch von Ladung zwi-

schen Nukleonen entsprechen, welches zum Namen „Austauschkräfte"
für die Kernkräfte führte.

Diese ursprüngliche Auffassung war jedoch nicht haltbar, da Elektro-
nenübergänge nicht ausreichend sind, um die Größe der Kernkräfte
zu erklären. Daher wurde schon 1934 auf theoretischer Grundlage
(von YUKAWA) ein neues Teilchen gefordert, nämlich ein halbschweres
Teilchen, ein „Meson". Die Masse des Mesons konnte zu etwa der
200fachen Elektronenmasse abgeschätzt werden.

Im einzelnen werden geladene sog. π-Mesonen für die Austauschkräfte verantwortlich gemacht. Das zeitweise beim Proton verbleibende π^--Meson ist auch

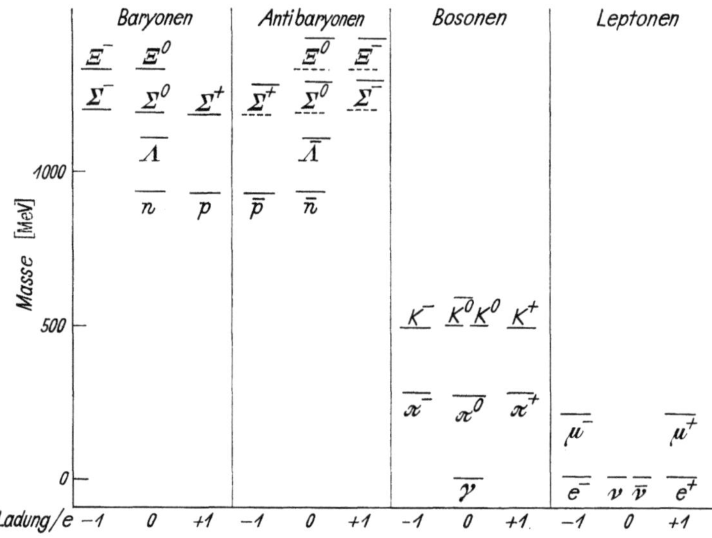

Abb. 8. Die zur Zeit bekannten Elementarteilchen, geordnet nach Masse (in MeV bei μ- und π-Mesonen
überhöht wiedergegeben) und Ladung (nach LEE)

für das hohe magnetische Moment des Protons verantwortlich zu machen. Einen
Teil der Zeit (statistisch gemittelt) befindet es sich beim Neutron und teilt
diesem ein (negatives) magnetisches Moment mit. Die Umwandlung zwischen
Neutronen und Protonen als verschiedene Zustände des „Nukleons" ist auch experimentell nachgewiesen worden.

Die Funktion der Mesonen im Kern kann etwa folgendermaßen definiert werden:

Das Kernfeld ist identisch mit den Mesonen, welche jedoch nicht ohne weiteres
als Teilchen in Erscheinung treten können, da ihre Masse so groß ist, daß die Energie
für die Teilchenerzeugung nicht im Kern zur Verfügung steht; Zerfall in (negative
oder positive) Elektronen und Neutrinos ist jedoch möglich.

Mesonen wurden später auch als Komponenten der kosmischen Strahlung entdeckt, zunächst die sog. μ-Mesonen (207 Elektronenmassen), die mit einer mittleren
Lebensdauer von $2{,}15 \cdot 10^{-6}$ sec in ein Elektron und zwei Neutrinos zerfallen;
später die π-Mesonen (~ 270 Elektronenmassen), die mit noch kürzerer Halbwertszeit auf ähnliche Art zerfallen. Das Energieäquivalent der Massen ist 105—140 MeV
und infolgedessen können in modernen Beschleunigern (§ 19) Mesonen produziert

werden. In späterer Zeit sind eine Reihe von schweren Mesonen (*K*-Mesonen) mit Massen um 965 Elektronenmassen entdeckt worden, deren mittlere Lebensdauer in der Größenordnung 10^{-10} bis 10^{-8} sec liegt. Die Mesonen gehören zu den *Elementarteilchen*, von denen zur Zeit (1960) 30 verschiedene bekannt sind. Sie werden eingeteilt in die leichten *(Leptonen)*, die der Bose-Statistik gehorchenden *(Bosonen)* und die schweren *(Baryonen)* Elementarteilchen (vgl. Abb. 8). In fast allen Fällen werden „Antiteilchen" angenommen (vgl. §12).

Die *K*-Mesonen, Λ-, Σ- und Ξ-Baryonen werden „seltsame" (engl. „strange") Teilchen genannt; zur Erklärung ihrer Reaktionen wird ihnen (wie auch den vorher bekannten Elementarteilchen) eine neue Quantenzahl („strangenes number") zugeordnet, welche hier die Werte ± 1 oder ± 2 annehmen kann, während sie für Nukleonen, Antinukleonen und Pionen den Wert Null hat. Reaktionen, bei denen die „strangeness" nicht erhalten bleibt, wie der Zerfall von „strange"-Teilchen, sind gehemmt und verlaufen so langsam, daß die Lebenslänge der „strange"-Teilchen (im Bereich $10^{-11} - 10^{-6}$ sec) bestimmt werden kann.

Kapitel 2

Radioaktivität

Der Umgang mit Radionukliden erfordert genaue Kenntnis der Radioaktivität. Daher werden u. a. auch die Zerfallsreihen der natürlichen Radioelemente besprochen, da sich bei ihrer Erforschung Kernphysik und Kernchemie soweit entwickeln konnten, daß sie zur Lösung der bei der künstlichen Radioaktivität und den künstlich induzierten Kernreaktionen auftretenden Probleme mit geeigneten physikalischen und chemischen Methoden imstande waren.

Die Hauptmöglichkeiten radioaktiver Umwandlung werden besprochen, sowie die dabei ausgesandten Strahlungen und ihre Absorption.

9. Energetik und Kinetik des radioaktiven Zerfalls

Die (spontane) radioaktive Umwandlung eines Kernes A in einen Kern B kann beschrieben werden durch die Reaktionsgleichung $A \rightarrow B + b + Q$, wobei b ein bei der Umwandlung ausgesandtes Teilchen und Q die Reaktionsenergie („Wärmetönung") ist.

Offenbar ist die Reaktion nur möglich, wenn $Q = m_A - (m_B + m_b) > 0$ (§6). Ob und mit welcher Wahrscheinlichkeit eine Reaktion eintritt, ist eine andere Frage, die in späteren Paragraphen bei den jeweiligen Umwandlungen besprochen werden wird.

Zunächst eine kurze Behandlung der Kinetik der spontanen Kernumwandlungen: Die Ableitung der für den radioaktiven Zerfall geltenden Zeitgesetze geschah ursprünglich empirisch: Man beobachtete, daß die Strahlungswirkung (z. B. die Ionisation der Luft), die von einer bestimmten Menge „Radiumemanation" (vgl. § 10) ausgeübt wird, (nach Abtrennung der Emanation vom Radium) gemäß einer Exponentialfunktion zeitlich abnahm. Wenn man also die Ausgangs„aktivität" mit A_0 bezeichnet, so gilt in jedem Zeitpunkt t:

$$A_t = A_0 \cdot e^{-\lambda t}. \tag{2.1}$$

Da die Gasionisation auf die Wirkung einzelner radioaktiver Atome zurückzuführen ist und so ein Maß für deren Anzahl ist, gilt auch:

$$N_t = N_0 \cdot e^{-\lambda t} \tag{2.2}$$

und

$$dN_t/dt = -\lambda N_0 \cdot e^{-\lambda t} = -\lambda N_t. \tag{2.3}$$

Offenbar ist die Zahl der pro Zeiteinheit zerfallenden Atomkerne proportional zur Zahl der jeweils vorhandenen. Die „Zerfallskonstante" λ ist also ein Maß für die Zerfallsgeschwindigkeit und gibt die Wahrscheinlichkeit für die Umwandlung der noch vorhandenen instabilen Kerne innerhalb der Zeiteinheit an.

In der Praxis wird die Zerfallsgeschwindigkeit oft gekennzeichnet durch die sog. „Halbwertszeit" ($t_{\frac{1}{2}}$), im folgenden Text als HZ bezeichnet, d.h. die Zeit, innerhalb derer die Aktivität eines Präparates auf 50% abnimmt. In diesem Fall gilt also:

$$\frac{N_t}{N_0} = \frac{1}{2} = e^{-\lambda t_{\frac{1}{2}}}; \quad t_{\frac{1}{2}} = \frac{\ln 2}{\lambda} = \frac{0{,}693 \ldots}{\lambda}. \tag{2.4}$$

Analog sinkt die Aktivität nach zwei HZ auf $1/2^2 = 25\%$, nach drei HZ auf $1/2^3 = 12{,}5\%$ usw. (Zehn HZ führen zu einer Verringerung der Aktivität mit etwa drei Zehnerpotenzen, da $\log 2 \sim 0{,}3$.)

Außer der HZ wird (weniger häufig) $\tau = \frac{1}{\lambda}$, die „mittlere Lebensdauer" der radioaktiven Atomkerne, verwendet, bei der Abnahme auf $\frac{1}{e}$ der Ausgangsaktivität vorliegt.

Unabhängig von der Beobachtung läßt sich das Zeitgesetz für den radioaktiven Zerfall aus der Annahme ableiten, daß dieser ein statistisches Phänomen sei, d.h., daß es stets für jeden Kern der radioaktiven Atomart eine bestimmte Wahrscheinlichkeit gibt, daß Zerfall innerhalb der Zeiteinheit eintritt: Die Wahrscheinlichkeit, daß ein Kern das Zeitintervall Δt überlebt, ist $w = 1 - \lambda \Delta t$, wobei λ eine spezifische Konstante ist. Die Wahrscheinlichkeit, die Gesamtzeit $t = k \cdot \Delta t$ zu überleben, ist $w' = (1 - \lambda \Delta t)^k$. Statt dessen kann man auch schreiben:
$$w' = \left[(1 - \lambda \Delta t)^{-\frac{1}{\lambda \Delta t}} \right]^{-\lambda t}. \text{ Wenn } \Delta t \to 0: w' \to e^{-\lambda t}.$$

Dies bedeutet, daß von der ursprünglichen Anzahl N_0 nach der Zeit t nur noch der Bruchteil $N_t/N_0 = e^{-\lambda t}$ vorhanden ist, und dieses ist gerade das empirisch festgestellte Zerfallsgesetz. Der radioaktive Zerfall ist also ein statistisches Phänomen.

Komplexe Zerfälle. Der einfachste Fall ist: A zerfällt gemäß λ_A in B, welches mit λ_B sich in C (stabil) umwandelt.

Während für A Gl. (2.1) für den einfachen Zerfall gilt, ist die allgemeine Gleichung für B (wenn $B_0 = 0$):

$$B_t = A_0 \frac{\lambda_A}{\lambda_B - \lambda_A} \times \\ \times (e^{-\lambda_A t} - e^{-\lambda_B t}). \quad (2.5)$$

In den folgenden wichtigen Sonderfällen können gewisse Vereinfachungen vorgenommen werden:

1. $\lambda_B \gg \lambda_A$: Hier liegt die „Neubildung eines kurzlebigen Radionuklids aus einem langlebigen Mutternuklid" vor (Abb. 9). In diesem Fall wird Gl. (2.5) umgeformt und die Klammer geschrieben als $e^{-\lambda_B t}$ $(e^{(\lambda_B - \lambda_A)t} - 1)$, wodurch die Gleichung übergeht zu:

$$B_t = A_o \frac{\lambda_A}{\lambda_B} e^{-\lambda_B t}(e^{\lambda_B t} - 1),$$

da ja λ_A neben λ_B vernachlässigt werden kann. Hieraus folgt:

$$B_t = A_0 \frac{\lambda_A}{\lambda_B} \times \\ \times (1 - e^{-\lambda_B t}). \quad (2.6)$$

Die Nachbildung geschieht also „mit der HZ des Tochternuklids". Bei großen Werten für t kann die Klammer vernachlässigt werden, und die Zahlen der Atome der Nuklide A und B verhalten sich wie λ_B/λ_A, d. h. sie stehen im Verhältnis der HZ. Dies gilt für den Zustand des „radioaktiven Gleichgewichtes".

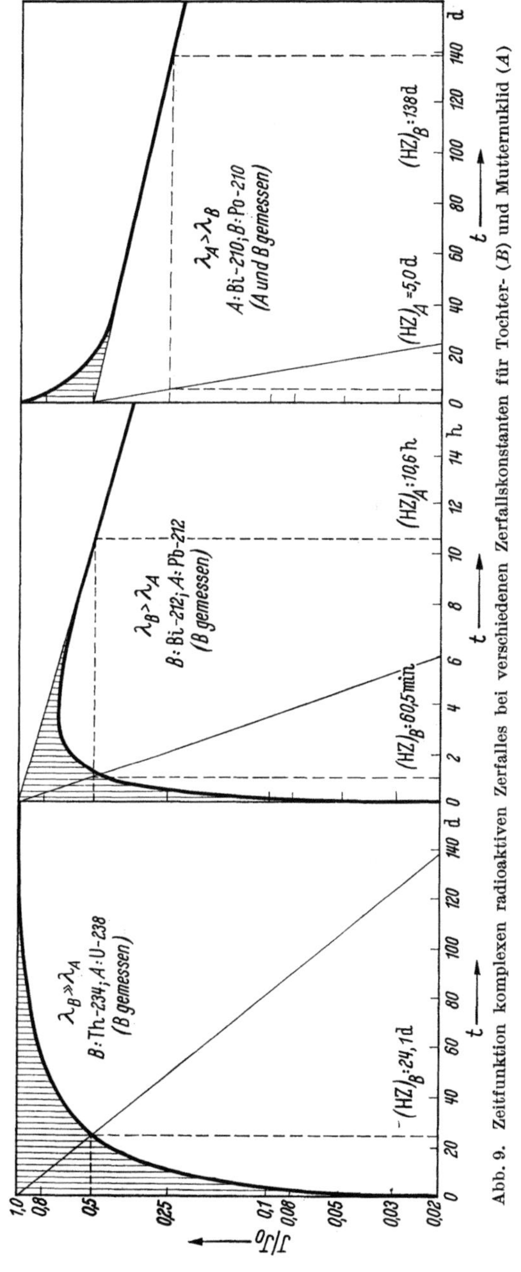

Abb. 9. Zeitfunktion komplexen radioaktiven Zerfalles bei verschiedenen Zerfallskonstanten für Tochter- (B) und Mutternuklid (A)

Ein häufig angeführtes Beispiel ist die Menge Radium, die sich im Gleichgewicht mit Uran befindet (vgl. § 10). Da die HZ $1,6 \cdot 10^3 a$ (Ra) bzw. $4,5 \cdot 10^9$ (UI) betragen, sind rund 0,3 ppm (300 mg/t) Radium in altem Uran enthalten.

2. $\lambda_B > \lambda_A$: Bei großen Werten für t kann der letzte Exponentialterm der allgemeinen Gl. (2.5) vernachlässigt werden. Infolgedessen geschieht der komplexe Zerfall früher oder später mit der HZ des Mutternuklides (Abb. 9). In diesem „laufenden Gleichgewicht" ist das Atomzahlenverhältnis $\dfrac{A}{B} = \dfrac{\lambda_B - \lambda_A}{\lambda_A}$.

3. Wenn $\lambda_A > \lambda_B$, wird der Zerfall des Tochternuklides bei großem t für die gesamte Aktivitäts-Zeitfunktion bestimmend (Abb. 9).

Äußerlich von diesem Fall schwer zu unterscheiden ist die komplexe Zerfallskurve für zwei Nuklide verschiedener HZ, die nicht in genetischem Zusammenhang miteinander stehen. Auch hier können die einzelnen HZ am einfachsten durch graphische Analyse festgestellt werden, wobei die Differenzkurven zwischen der Extrapolation des endgültigen Abfalls und des ersten Teils der Kurve ebenfalls halblogarithmisch aufgezeichnet werden, wodurch die HZ des reinen kurzlebigen Nuklids ermittelt werden kann.

Weiteres über die Bestimmung von Halbwertszeiten. Die direkte Bestimmung der HZ durch zeitliche Verfolgung des Aktivitätsabfalls ist nur bei Radionukliden möglich, deren HZ Sekunden bis Jahre betragen.

Die Ermittlung der Gleichgewichtsmengen (s. oben) kann zur Bestimmung der HZ des einen Nuklids bestimmt werden, wenn die des anderen bekannt ist. So konnte man z. B. die HZ von U-238 im Gleichgewicht mit Ra-226 ermitteln.

Für kürzere HZ (Ra-226) kann man zweckmäßigerweise folgendes Verfahren benutzen: Die Bestimmung der „spezifischen Aktivität" (Zerfälle pro Zeit und Gewichtseinheit) ergibt die Zerfallskonstante gemäß der Zerfallsgleichung (2.3), die umgeformt werden kann zu:

$$\lambda = - \frac{dN_t/dt}{N_t}. \tag{2.7}$$

Die Messung der spezifischen Aktivität kann durch eine Energiemessung ersetzt werden, wenn die Zerfallsenergie bekannt ist. So ist z. B. die HZ von Pu-239 kalorimetrisch bestimmt worden. (Empfindliche Kalorimetrie durch Verdampfung flüssigen Stickstoffs und volumetrische Bestimmung des gasförmigen Stickstoffs nach Kalibrierung des Kalorimeters mit genau bekannten Jouleschen Wärmen.)

Eine Methode, die obigem Gleichgewichtsverfahren ähnelt, benutzt die Bestimmung eines nichtradioaktiven Folgeproduktes. Beispielsweise zerfällt Rb-87 in Sr-87 (stabil) (vgl. § 77). Handelt es sich um ein sehr altes Mineral und kann der Überschuß von Sr-87 (über das natürliche Vorkommen hinaus) bestimmt werden, so kann bei bekanntem Alter des Minerals die Zerfallskonstante von Rb-87 ermittelt werden.

Sehr *kurze HZ* benötigen besondere Meßmethoden. Historisch interessant ist der Versuch, die HZ radioaktiver Nuklide, die aus radioaktiven Gasen entstehen, durch Ausfällung auf einer rotierenden Metallscheibe und Messung der Aktivität in verschiedenen Winkelrichtungen zu bestimmen. Bei hoher Umdrehungszahl können so HZ hinab bis zu msec bestimmt werden. — Noch kürzere Zeiten werden durch „Koinzidenzmessungen" (vgl. § 42) mit variabler Impulsdehnung bestimmt.

10. Die Zerfallsreihen natürlicher Radionuklide

Vor der Entdeckung der künstlichen Radioaktivität im Jahre 1934 waren nur natürlich-radioaktive Stoffe bekannt, mit welchen eine große Zahl fundamental wichtiger Untersuchungen ausgeführt worden sind. Wenngleich heute die Anzahl künstlich hergestellter Radionuklide bedeutend größer ist (etwa 900) als die Anzahl natürlich vorkommender Radionuklide (52), so empfiehlt sich doch ein Studium der natürlich-radioaktiven Zerfallsreihen (Abb. 10), in denen 80% der in der Natur vorkommenden Radionuklide enthalten sind. In allen Reihen kommt α-Zerfall und β^--Zerfall vor. Da hierdurch die Massenzahl A der Kerne entweder um 4 oder um 0 Einheiten abnimmt, können vier und nur vier verschiedene Zerfallsreihen vorkommen, bezeichnet als die $(4n)$-, $(4n+1)$-, $(4n+2)$- und $(4n+3)$-Reihe.

In der Natur vorkommen: Die *Uranreihe*; $(4n+2)$,
           die *Thoriumreihe*; $(4n)$ und
           die *Aktiniumreihe*; $(4n+3)$.

Die Uranzerfallsreihe beginnt mit U-238, dessen HZ von $4{,}5 \cdot 10^9\,a$ vergleichbar ist mit dem Alter der Erde und des Weltalls, und das mit 99,3% das Hauptisotop des Elementes Uran darstellt. U-238 ist praktisch ein reiner α-Strahler und wäre infolgedessen wegen der verhältnismäßig geringen Reichweite seiner α-Strahlung nicht leicht zu bestimmen, wenn sich nicht mit der HZ von $24{,}1\,d$ als Zerfallsprodukt das β-strahlende Isotop Th-234 (UX$_1$) nachbilden würde („historische" Namen in Klammern). Dieses Nuklid und seine Folgekerne sind also verantwortlich für die β-Strahlung reiner gealterter Uransalze. Th-234 ist außerdem ein geeignetes und mit Leichtigkeit abzutrennendes „Leitisotop" (Kap. 10) für Thorium. Es zerfällt seinerseits zu Pa-234, welches in zwei verschiedenen Energiezuständen meßbarer Lebensdauer existieren kann (vgl. § 15). Dessen Zerfall führt zu U-234 (U-II), das auf

Grund der experimentellen Beobachtung entdeckt wurde, daß scheinbar jeder zerfallende U-Kern zwei α-Strahlen verschiedener Reichweite aussandte (2,5 bzw. 2,9 cm in Luft von Normalbedingungen), von denen

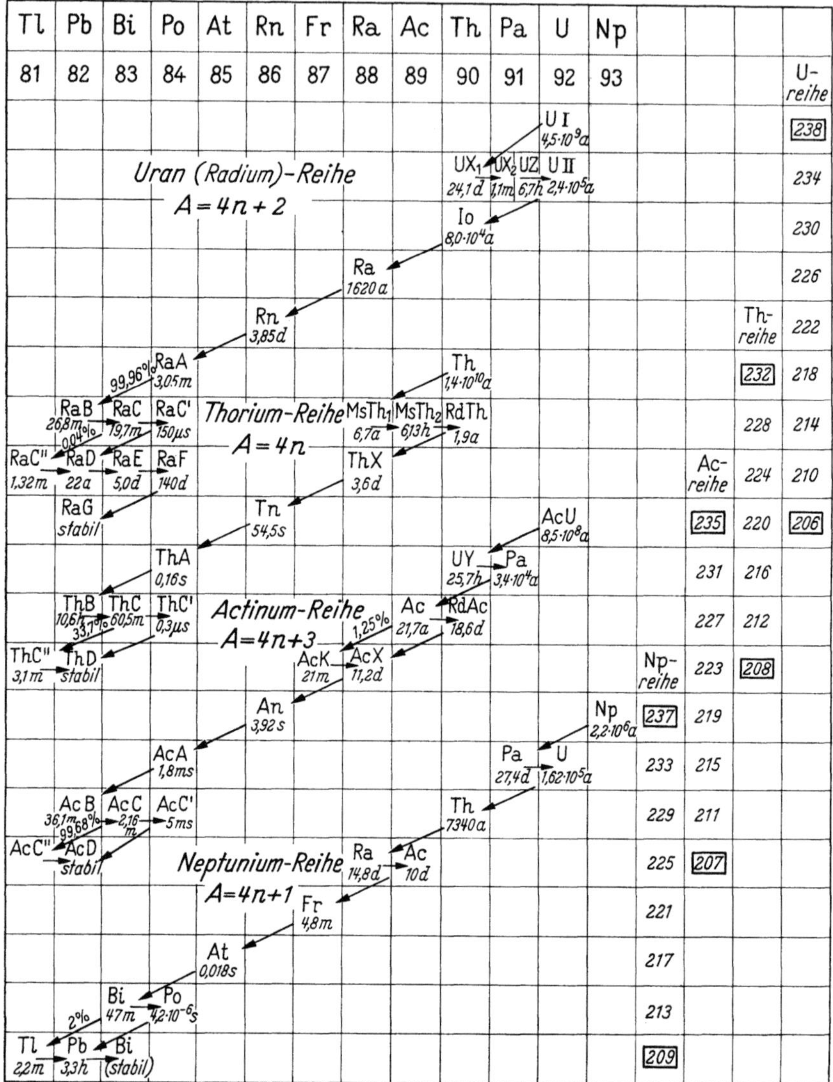

Abb. 10. Die radioaktiven Zerfallsreihen. U-, Th- und Ac-Reihe in der Natur vorkommend. (Zwecks besserer Übersicht sind Nuklide, die zu $< 0{,}05\%$ entstehen — durch β^--Zerfall der „A"-Nuklide — weggelassen)

aber einer als zu U-234 gehörig bestimmt wurde. Mit Hilfe der Geiger-Nuttall-Beziehung (vgl. § 11) kann Abschätzung der HZ geschehen $(2{,}5 \cdot 10^5 a)$.

Durch Zerfall von U-234 bildet sich Th-230 (Ionium), dessen HZ zu $80\,000\,a$ abgeschätzt werden konnte aus der Nachbildungsgeschwindigkeit von Radium aus Uran (die erheblich geringer ist als es bei direkter Entstehung der Fall sein müßte), sowie näherungsweise aus in Uranmineralien befindlichen Thoriummengen, da diese zum Teil aus dem Isotop 230 bestehen. Ionium hat neuerdings gewisse Bedeutung erhalten als Isotop für Altersbestimmungen ozeanischer Sedimente (vgl. § 77).

Durch α-Zerfall von Ionium entsteht Ra-226, das Hauptisotop des Elementes. Es wurde 1898 vom Ehepaar CURIE rein isoliert und war das zweite „entdeckte" radioaktive Element. Dank seiner geringen Zerfallskonstante konnte es in wägbaren Mengen erhalten werden; die Eigenschaften von Radium (unter anderem auch das Atomgewicht) und seiner Verbindungen konnten bestimmt werden.

Die Isolierung dieses „neuen" Elementes war die erste große Leistung der Radiochemie. Aus mehreren Tonnen Erzrückständen wurden einige 100 mg des Elementes isoliert. Stücke mit 65—70% U_3O_8 wurden mit Soda und Salpeter aufgeschlossen, wonach der Sulfidschwefel durch Oxydation entfernt und Natriumuranat gebildet wurde. Uran wurde als Sulfat ausgelaugt und der Rückstand für die Radiumproduktion verwendet. Radium bildet ein schwerlösliches Sulfat, das mit Natronlauge aufgeschlossen werden muß. Nach wiederholtem Auslaugen des Rückstandes mit verd. HCl erhielt man eine Lösung, die (außer Radium) auch Blei enthält, das mit Salzsäure allmählich fällt. Die Erdalkalimetalle wurden als Sulfat ausgefällt und mit Soda aufgeschlossen. Die endgültige Trennung des Radiums von den übrigen Erdalkalimetallen, insbesondere von Barium, erfolgte durch fraktionierte Kristallisation der Chloride oder Bromide.

Ra-226 zerfällt durch α-Umwandlung zu Rn-222, „Radiumemanation" oder „Radon". Dieses Edelgas ist das höhere Homologe des Xenons und kann von Radium abgetrennt werden durch Erhitzen oder Schmelzen von Radiumsalzen bzw. durch Entgasen ihrer Lösungen.

Die Menge Emanation, die im radioaktiven Gleichgewicht mit 1 g Radium steht, wurde als 1 „Curie" bezeichnet, als Untereinheiten sind gebräuchlich Millicurie: mC (10^{-3} C); Mikrocurie: µC (10^{-6} C). Nunmehr werden die Curieeinheiten verwendet, um allgemein die Stärke radioaktiver Präparate zu definieren. 1 C entspricht $3{,}7 \cdot 10^{10}$ tps (Transmutationen, das heißt Umwandlungen, pro Sekunde). 1 µC entspricht also $2{,}23 \cdot 10^{6}$ Umwandlungen/min (tpm).

Die unmittelbaren, kurzlebigen Folgeprodukte von Rn-222: Po-218 (RaA), Pb-214 (RaB), Bi-214 (RaC), Po-214 (RaC'), Tl-210 (RaC") stellen den Hauptteil der in der Atmosphäre (und im Wasser) befindlichen natürlichen Radioaktivität dar, die vom Radiumgehalt der obersten Erdschichten herrührt und aus diesen durch Diffusion aufgenommen wird.

Pb-210 (RaD) ($22\,a$ HZ) ist ein gutes Leitisotop („Tracer") für Blei. Es zerfällt durch β^{-}-Zerfall zu Bi-210 (RaE), welches ein (beinahe) reiner β-Strahler ist. Sein Folgeprodukt, Po-210 (RaF) ist das langlebige Hauptisotop des Elementes Po mit 138d HZ. Es ist ein fast reiner α-Strahler, ist oft verwendet worden, um die Eigenschaften von α-Strahlung zu untersuchen und hat unter anderem praktische Anwendung für die Herstellung von Neutronenquellen (vgl. § 21) gefunden.

Das Endprodukt der Uran-Radiumzerfallsreihe, Pb-206, konnte direkt nachgewiesen werden durch Atomgewichtsbestimmung von Blei aus reinen Uranmineralen. Solche Bestimmungen gaben Werte von 206,05, während das allgemein in der Natur vorkommende Blei das Atomgewicht 207,2 hat.

Die zweitwichtigste natürlich-radioaktive Zerfallsreihe ist die **Thoriumreihe** $(A = 4n)$. Das Ursprungsnuklid ist Th-232 mit $1,4 \cdot 10^{10}$ a HZ. Die Zerfallsreihe ähnelt in ihrem Aussehen der des Urans, auch sie beginnt mit einem α-Zerfall, und der dadurch sich vergrößernde relative Neutronenüberschuß wird durch zwei sukzessive β^--Zerfälle ausgeglichen, wodurch wieder ein Isotop des Ausgangselementes entsteht.

So zerfällt Th-232 zu Ra-228 (MsTh$_1$), welches sich in Radiumpräparaten befindet, wenn an den Fundstellen sowohl Uran- wie Thoriumminerale vorkommen. Seine HZ ist 6,7 a, es wurde 1907 von O. Hahn entdeckt durch exakten Vergleich der Aktivitätsveränderungen frisch isolierter Thoriumsalze mit denen alter Thoriumpräparate oder Thoriumminerale. Ra-228 wird praktisch verwendet in radioaktiven Leuchtfarben. Sein Folgeprodukt ist Ac-228 (Mesothor-2) (6,13 h HZ), das in Th-228 (Radiothor) übergeht.

Radiothor (1,9 a HZ) zeigt den ersten von vier sukzessiven α-Zerfällen, die nacheinander zu Ra-224 (Thorium-X), Rn-220, Po-216 (Thorium-A) und Pb-212 (Thorium-B) führen; dieses in vollständiger Analogie zur Uran-Radiumserie, jedoch mit sehr viel kürzeren HZ. So hat Ra-224 nur 3,65 d HZ, verglichen mit Ra-226 (1620 a), Rn-220 nur 54 sec gegenüber 3,8 d für Rn-222.

Letzteres ist der Grund dafür, daß die Thoriumemanation nicht in gleichem Maße wie Radiumemanation aus den obersten Erdschichten in die Atmosphäre austreten kann, so daß die natürliche Luftaktivität hauptsächlich aus Radiumemanation und deren Folgeprodukten bestehen muß.

Die Folgeprodukte der Thoriumemanation haben praktische Bedeutung, da leicht durch Verwendung von sog. ,,emanierenden'' Radiothorpräparaten (vgl. § 79) geeignete Leitisotope für Blei und Wismut erhalten werden können. (Pb-212: 10,6 h HZ; Bi-212: 60,5 min HZ.) Von Pb-212 geht in Analogie mit Pb-214 verzweigter Zerfall aus, der schließlich mit Pb-208 endet. Das Atomgewicht für Blei aus Thoriummineralen ist zu etwa 208 bestimmt worden.

Die *Aktinium-Zerfallsreihe* $(A = 4n + 3)$, beginnend mit U-235 („Aktinouran"), ist von geringerer praktischer Bedeutung. U-235 kommt nur zu 0,7% in natürlichem Uran vor, seine HZ beträgt $7,1 \cdot 10^8$ a (ein neuerer Wert als in Abb. 10), dies Isotop hat also seit der Entstehung der Erde auf etwa 1% seiner ursprünglichen Menge abgenommen.

Auch die Aktiniumreihe beginnt mit einem α-Zerfall, hierauf folgt jedoch nur *ein* β^--Zerfall, der zu dem langlebigen Isotop des Elementes Protaktinium (Pa-231) mit $3,4 \cdot 10^4$ a HZ führt. Dieses zerfällt durch α-Zerfall zu Ac-227, das der ganzen Reihe den Namen gab (22 a HZ). Es zeigt eine interessante Zerfallsverzweigung: 1,25% der Zerfälle geschehen als α-Umwandlungen zu „Aktinium K", das zuerst entdeckte Isotop des neuen Elementes (87) Francium: Fr-223.

[Dieses Element sowie das Element-85 (Astatium) sind, abgesehen von einigen höheren Transuranen, die einzigen chemischen Elemente, die noch nicht in wägbaren Mengen haben untersucht werden können.] Sowohl Fr-223 (β^-) wie der Hauptzerfallsweg über Th-227 führen zu Ra-223 (AcX), und der weitere Ablauf bis zu Pb-207 ist völlig analog der Thoriumserie, aber mit weiter verringerten HZ.

Die letzte radioaktive Zerfallsreihe $(A = 4n + 1)$ kommt nicht mehr in der Natur vor, da auch das Glied mit der längsten Lebensdauer ausgestorben ist. Durch Reaktorbestrahlung kann jedoch diese Zerfallsreihe synthetisiert werden. Sie wird *Neptuniumreihe* genannt, da Np-237 mit $2,25 \cdot 10^6$ a HZ das Glied mit der längsten Lebensdauer ist. Es zerfällt in Pa-233, das durch β^--Zerfall in U-233, ein wichtiges, mit langsamen Neutronen spaltbares Nuklid übergeht (vgl. § 30). Durch α-Zerfälle bildet sich schließlich Ra-225. Hier tritt jedoch ein wesentlicher Unterschied zu den übrigen Zerfallsreihen auf. Es entsteht nämlich durch β^--Zerfall (statt durch den sonst bei Radioisotopen üblichen α-Zerfall) Ac-225 und erst nun folgen drei bis vier sukzessive α-Zerfälle, wodurch das Element Emanation umgangen wird und in üblicher Reihenfolge Isotope der Elemente Francium, Astatium, Wismut, Polonium, Blei und Tallium gebildet werden.

Außer in den natürlich-radioaktiven Zerfallsreihen kommen auch natürlich-radioaktive Isotope langer Lebensdauer vereinzelt vor, wie K-40, V-50, Rb-87, In-115, Te-130, La-138, Ce-142, Nd-144, Sm-147, Lu-176, W-180, Re-187, Pt-190 und das meist als stabil angesehene Bi-209.

11. α-Strahlung und α-Umwandlung

Die *Reichweite* der α-Strahlung, im allgemeinen in Luft von Normalbedingungen gemessen, ist ziemlich scharf begrenzt (Abb. 11). Unbedeutende Streuungen im letzten Teil der Bahn bewirken geringfügige Unterschiede zwischen mittlerer und maximaler Reichweite.

[Sehr selten kommen auch α-Strahlen ungewöhnlich langer Reichweite vor; diese stammen von direkten Übergängen angeregter Zustände kurzlebiger Mutternuklide zum Grundzustand der Tochternuklide. Diese angeregten Zustände haben nicht in den Grundzustand (unter Aussendung von γ-Quanten) (vgl. § 16) übergehen können, sondern geben ihre Anregungsenergie der α-Strahlung mit.]

Absorption und Reichweite der α-Strahlung werden bestimmt durch die Ionisation des durchdrungenen Mediums. In Luft bilden sich

Abb. 11. α-Strahlen von RaC′ ($R = 6{,}9$ cm), aufgenommen in der Wilsonschen Nebelkammer
(nach PHILIPP)

Ionenpaare, bestehend aus je einem positiven Ion (O oder N) und einem Elektron. Die Bildung dieses Paares erfordert durchschnittlich 32,5 eV, auf seiner ganzen Bahn bildet der α-Strahl etwa 10^5 Ionenpaare, wobei die Ionendichte sich bei verringerter Geschwindigkeit gegen Ende der Bahn auf etwa das Doppelte erhöht. Die Reichweite (Abb. 12) ist einer Potenz der α-Energie proportional (der Exponent n nimmt von 0,75 auf 2,0 mit der Energie zu) sowie umgekehrt proportional der Dichte des Absorbers. Sie ist gemäß:

$$R = C \cdot E_\alpha^n \frac{1}{\varrho} \left(\overline{\frac{A}{B}} \right) \tag{2.8}$$

außerdem abhängig vom über die Absorberatome gemittelten Ausdruck $\overline{A/B}$, wobei ($A = $ Atomgewicht) und B das sog. „relative atomare"

Bremsvermögen ist. Dieses nimmt nicht linear mit der Kernladung des Absorbermaterials zu (Abb. 13), da es unter anderem dem Logarithmus des zunehmenden mittleren Ionisations- und Anregungspotentials umgekehrt proportional ist; mit zunehmendem Z werden die Elektronen stärker an die Kerne des Absorbers gebunden und so weniger „effektiv". Auf diese Art ist die Reichweite in schweren Absorbern größer als es ihrer Kernladung entspräche.

Das relative atomare Bremsvermögen von Verbindungen kann aus den Werten für die Elemente zusammengesetzt werden. 1 cm Luft-

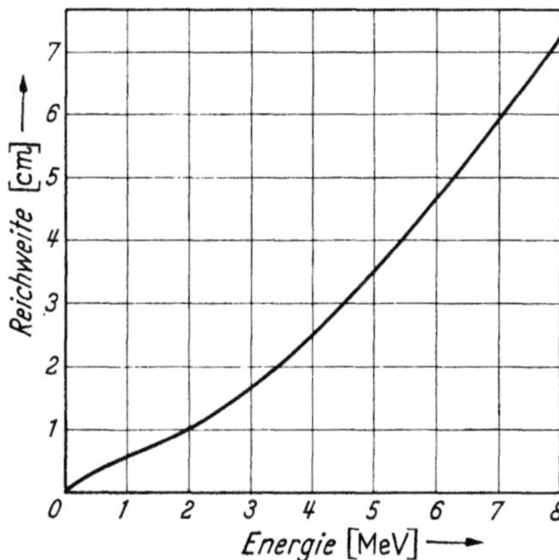

Abb. 12. Reichweite von α-Strahlungen in Luft von Normalbedingungen als Funktion ihrer Energie (nach HOLLOWAY u. LIVINGSTON)

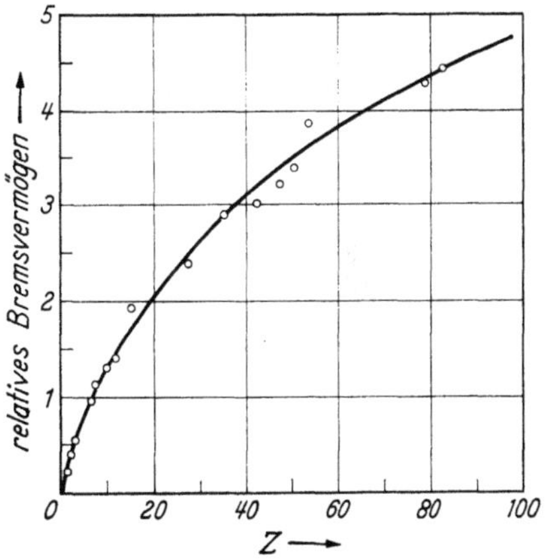

Abb. 13. Bremsvermögen („stopping power"), relativ zu dem von Luft von Normalbedingungen, wiedergegeben als Funktion der Kernladungszahl (Z) des Absorbers (nach LIVINGSTON u. BETHE)

reichweite entspricht etwa $6{,}2\,\mu$ Aluminium, was bedeutet, daß auch die energiereichsten natürlichen α-Strahlen vollständig von $60\,\mu$ Aluminiumfolie absorbiert werden.

Beziehungen zwischen Reichweite (bzw. Zerfallsenergie) und Zerfallskonstante

Schon 1911 wurde ein Zusammenhang zwischen Reichweiten und Zerfallskonstanten von α-Strahlern entdeckt und in der empirischen Beziehung: $\ln \lambda = A + B \ln R$ zusammengefaßt (GEIGER-NUTTALL) (Abb. 14). Da eine Beziehung zwischen Reichweite und Energie besteht, entspricht die Geiger-Nuttall-Beziehung auch einer Beziehung zwischen Zerfallskonstante und Zerfallsenergie: $\ln \lambda \approx A' + B' \ln E_\alpha$. Hierbei ändern sich die Zerfallskonstanten mit 20 Zehnerpotenzen, wenn die Zerfallsenergie sich um den Faktor 2 ändert.

Der wesentliche Inhalt der Geiger-Nuttall-Beziehung wurde von GAMOW sowie GURNEY und CONDON erklärt, wobei folgende Vorstellungen benutzt wurden: Das „vorgebildete" α-Teilchen befindet sich in einem „Potentialtopf" und hat bei Verlassen des Kernes einen „Potentialwall" zu überwinden (Abb. 15). Die Höhe dieses Walles ist durch Kernladung und Kernradius gegeben, nimmt nach außen gemäß dem Coulombschen Kraftgesetz ab und beträgt bei U-238 (genauer dessen Folgekern Th-234) 38 MeV. Diese Annahme ist verträglich mit den Ergebnissen von Versuchen, bei denen die 8,8 MeV α-Strahlen von ThC′ normale Streuung an Urankernen zeigen. Obwohl diese nicht in den Kern eindringen können, verlassen beim Zerfall von U-238 α-Teilchen der halben Energie den Kern.

Diese Diskrepanz wurde aufgeklärt mit Hilfe von Vorstellungen und Berechnungen der Wellenmechanik. Hiernach läßt sich das α-Teilchen als eine Materiewelle auffassen, die an den Wänden des Potentialtopfes nicht total

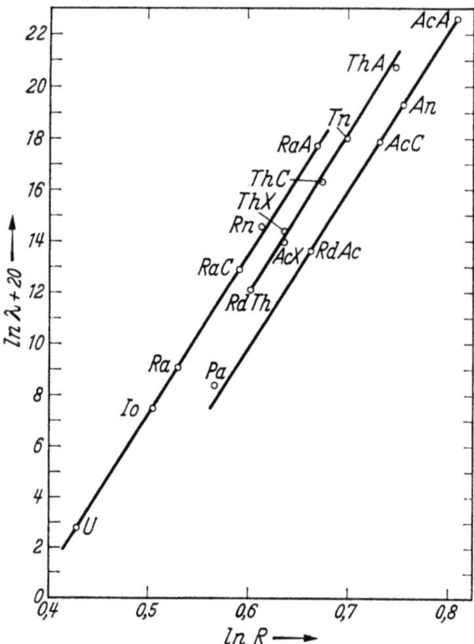

Abb. 14. Die Geiger-Nuttall-Beziehung, demonstriert an den natürlich-radioaktiven Zerfallsreihen

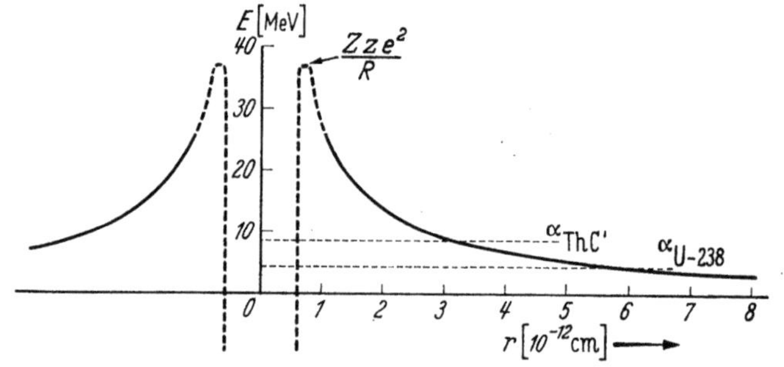

Abb. 15. Potentialwall von U-238 (Th-234) für α-Teilchen

reflektiert zu werden braucht, sondern — je nach Energie — den Potentialwall in geringem Maße durchdringen kann.

Da die zu durchdringende Dicke des Potentialwalles abnimmt mit zunehmender Energie des im Kerne befindlichen α-Teilchens, so nimmt die Wahrscheinlichkeit für den α-Zerfall mit der Energie des α-Teilchens zu und zwar exponentiell (s. unten).

Dieser ,,Tunneleffekt" kann die Geiger-Nuttall-Beziehung auch quantitativ erklären. Eine gute Näherung für die einfachsten Fälle ist der folgende Ausdruck für die Zerfallskonstante:

$$\lambda = \frac{h}{2\pi M r_0^2} \exp\left(- \frac{4\pi}{h} \sqrt{2M} \int\limits_R^{R_1} \sqrt{B\text{-}E}\ dr\right). \qquad (2.9)$$

Obiger Ausdruck setzt sich zusammen aus einem ,,Frequenzfaktor" (Größenordnung 10^{21} sec^{-1}), der die Anzahl der auf die Wand der Potentialsenke erfolgenden

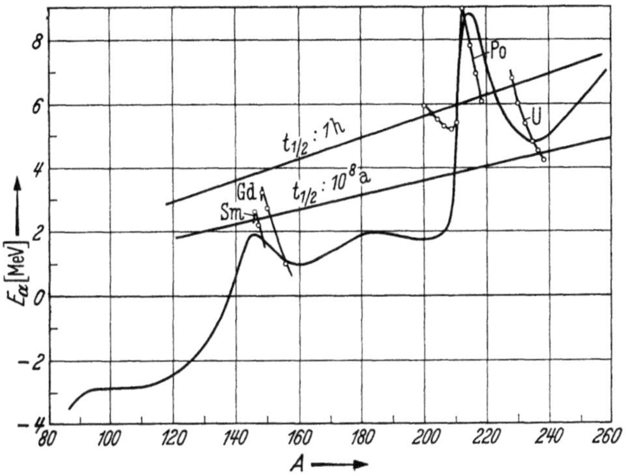

Abb. 16. Die (totalen) α-Zerfallsenergien der stabilsten Isobare bei verschiedenen Massenzahlen (nach PERLMAN u. RASMUSSEN; Vorschlag von KOHMAN). Man sieht, daß die kurze HZ von Kernen, die in der Sohle des Energietales liegen, erst oberhalb der Masse 210 unterschritten wird, während die instabilsten Isotope des Elementes Polonium schon bei der Massenzahl 200 die Bedingung erfüllen

Stöße pro Zeiteinheit angibt, und einem Exponentialausdruck, der ein Maß ist für die ,,Durchlässigkeit" des Potentialwalles. In diesem Ausdruck kommt bestimmend $B - E$ vor, wobei B die Höhe des Potentialwalls und E die totale Energie des α-Teilchens im Kern ist. Je größer E, um so kleiner die Differenz und um so größer die Wahrscheinlichkeit, daß das α-Teilchen den Kern verläßt ($h =$ PLANCKS Konstante, $M =$ Kernmasse).

α-Instabilität im Nuklidsystem ist grundsätzlich möglich, wenn im entsprechenden Kern die Summe der Bindungsenergien von je zwei Neutronen und Protonen kleiner ist als die eines α-Teilchens (28,1 MeV), das sich ja dann unter Energiegewinn bilden und den Kern (mit der durch obige Diskussion gegebenen Wahrscheinlichkeit) verlassen könnte. Diese grundsätzliche Vorbedingung für α-Zerfall ist schon bei Massenzahlen oberhalb 140 erfüllt, wie aus Abb. 16 hervorgeht, auf der der Einfluß der ,,magischen Zahlen" viel stärker hervortritt als bei den über alle Nukleonen gemittelten Werten der Abb. 6.

Allerdings muß hierüber hinaus ein Energieüberschuß verfügbar sein, damit das α-Teilchen innerhalb feststellbarer Zeiten den Kern verlassen kann. In Abb. 16 sind, aus der Theorie des α-Zerfalls hergeleitet, die bei verschiedenen Massen der stabilen Isobare notwendigen α-Energien eingezeichnet, die zu der noch gut zu beobachtenden α-HZ von 10^8 a (bzw. zu der kurzen HZ von 1 h) führen würden.

Man sieht, daß die kurze HZ von Kernen, die in der Sohle des Energietales liegen, erst oberhalb der Masse 210 unterschritten wird, während die instabilsten Isotope des Elementes Polonium schon bei der Massenzahl 200 die Bedingung erfüllen. Bei mittelschweren Elementen ist in der Natur α-Instabilität nur bei Ce-142, Nd-144 und Sm-147 aufgefunden worden. Die Schalenstruktur der Atomkerne macht sich besonders bemerkbar bei der Masse 208 (82 Protonen und 126 Neutronen), welche „Senke" im Energietal zu einer Überhöhung der α-Energie der Kerne mit größerer Massenzahl führt. Von diesem „Grat" fallen mit weiter zunehmender Masse α-Energie und Zerfallskonstante wieder ab zu einem Tal (in dessen tiefsten Punkten Th-232 und U-238 liegen), um dann auf Grund der abnehmenden Nukleonenbindungsenergie im Gebiet der Transurane wieder anzusteigen (Abb. 17).

Man kann also das Vorhandensein der verhältnismäßig kurzlebigen und energiereichen α-Strahler in den Endgliedern der natürlich-radioaktiven Zerfallsreihen (vgl. § 10) als Folge der Auswirkung der magischen Zahlen 82 und 126 erklären.

Die leicht meßbaren α-Zerfallsenergien (vgl. weiter unten) werden zu kernchemischen Stabilitätsberechnungen, besonders im oberen Teil des Periodischen Systems benutzt. Durch Aufstellen von „Kernreaktionszyklen" in Analogie zu chemischen Reaktionszyklen kann die prinzipielle Möglichkeit für verschiedene Zerfallsarten berechnet werden.

Die Messung der α-Energie wird hauptsächlich nach drei verschiedenen Methoden durchgeführt:

Die einfachste Bestimmungsmethode, die in fast jedem radiochemischen Laboratorium möglich ist, ist die Messung des α-Spektrums mittels eines dünnen Szintillationskristalles aus CsJ oder NaJ. Bezüglich der Einzelheiten von Szintillationsmessungen wird auf § 45 verwiesen; die Halbwertsbreite einer α-Linie liegt bei dieser Messung bei etwa 100 keV und infolgedessen können nur α-Energien, die sich um ein Mehrfaches dieses Betrages voneinander unterscheiden, getrennt wahrgenommen werden.

Größere Genauigkeit läßt sich mit „grid"-Ionisationskammern erzielen, die ebenfalls näher in § 45 beschrieben werden (Halbwertsbreite 30 bis 50 keV). Einen weiteren Fortschritt stellen Halbleiterdetektoren dar (§ 45).

Die größte Genauigkeit wird mit magnetischen α-Spektrometern erhalten, die Massenspektrometern vergleichbar sind. Bei der großen Geschwindigkeit der α-Teilchen müssen Magnetfelder von etwa 20000 Gauß verwendet werden. Die Halbwertsbreite einer α-Linie

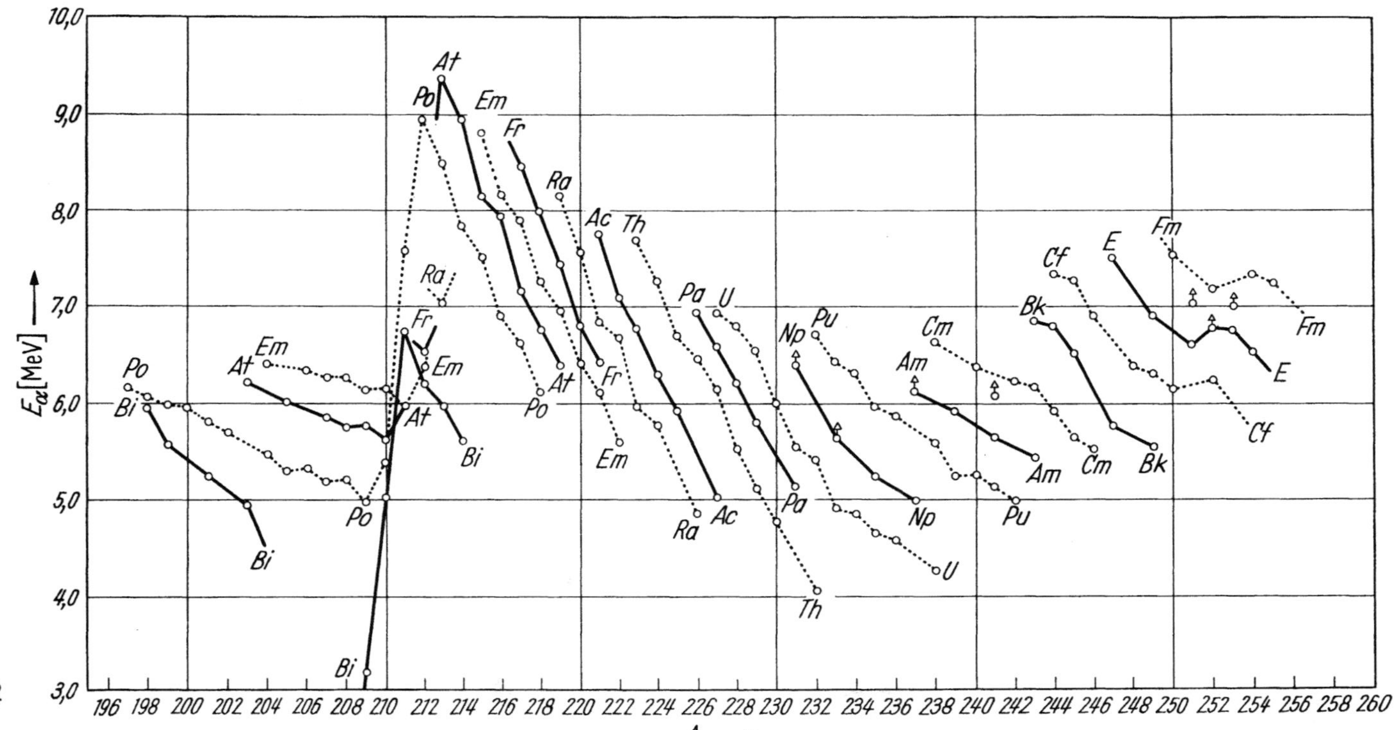

Abb. 17. α-Zerfallsenergien der schweren Kerne. [Im allgemeinen geringere Energien bei zunehmender Neutronenzahl des gleichen Elementes, jedoch starker Einfluß von $N = 126$ bei Pb-208 (Bi-209); nach PERLMAN u. RASMUSSEN]

kann auf 3 keV verringert werden, und die Untersuchung der „Feinstruktur" der α-Spektren ist möglich.

Der α-Übergang kann nämlich zu angeregten Zuständen des Folgekerns führen und auf diese Art können α-Strahlen auftreten, deren Energie bis zu 0,5 MeV unter der häufigsten Energie liegt, dann jedoch nur in sehr geringer Anzahl. Die entsprechenden Energiezustände des Folgekernes können durch Messung des Überganges zum Grundzustand durch γ-Spektroskopie (vgl. § 45) unabhängig bestimmt werden.

12. β-Umwandlung; das Positron; Elektroneneinfang

Alle spontanen Kernumwandlungen, bei denen sich die Kernladungszahl um den Betrag ± 1 ändert, aber keine Veränderung der Gesamtnukleonenzahl A eintritt, werden als β-Umwandlungen bezeichnet.

Im einzelnen können drei Fälle voneinander unterschieden werden: (Die folgenden summarischen Gleichungen sind nicht vollständig, näheres in § 14.)

1. Die β^--Umwandlung, bei der ein Elektron (e^-) ausgesendet wird. Dies entspricht der folgenden Zustandsänderung des Nukleons: $n \to p + \beta^-$.

2. β^+-Umwandlung; hier wird statt des negativen Elektrons ein „Positron" (s. unten) ausgesandt. Die Nukleonzustandsänderung ist also $p \to n + \beta^+$.

3. Elektroneneinfang: Hierbei wird ein Elektron aus der Atomhülle, im allgemeinen aus der K-Schale, vom Kern aufgenommen: Die Zustandsänderung ist also $p + e^- \to n$. Diese Umwandlung macht sich im allgemeinen nicht durch Aussendung von Elektronenstrahlung, sondern durch Aussenden von K-Röntgenlinien des zum Folgekern gehörenden Atomes bemerkbar. (Bei leichten Kernen können auch sog. Auger-Elektronen ausgesendet werden.)

Das Positron. Die Lösung einiger von DIRAC aufgestellten Gleichungen der Quantenmechanik führt zu dem Ergebnis, daß ein Elektron sich auch im Zustand negativer Energie befinden könne. Diese Zustände sind im allgemeinen voll besetzt; Übergänge zwischen diesen Zuständen sind nicht möglich, und die Zustände infolgedessen nicht wahrnehmbar. Wenn jedoch durch Energiezufuhr ein Elektron aus einem Zustand negativer Energie in einen positiver Energie gehoben wird, kann es als gewöhnliches (negativ geladenes) Elektron nachgewiesen werden. Außerdem hinterbleibt ein „Loch" im Gebiet der negativen Energiezustände und nunmehr sind auch hier Übergänge zwischen verschiedenen Energieniveaus möglich: Das Loch manifestiert sich, es ist identisch mit einem Teilchen von der Masse des Elektrons, jedoch positiver Ladung: dem „Positron".

Zur Bildung eines Positrons muß die doppelte Ruhemasse des Elektrons $(2\,m_0\,c^2 = 1{,}02\,\text{MeV})$ aufgebracht werden, da ja die Überführung aus dem Zustand negativer in den positiver Energie geschieht und so gleichzeitig ein Negatron gebildet wird („Paarbildungsprozeß").

Das freie Positron ist nur sehr kurzlebig: „Positronium", bestehend aus dem Positron als Kern und einem Negatron, hat eine Lebensdauer von nur 10^{-10} sec. Bald verschmelzen beide Elektronen — und „vernichten" sich — (ein der Paarbildung entgegengesetzter Vorgang); die hierbei freiwerdende Energie von 1,02 MeV wird (im allgemeinen) in Form von zwei γ-Quanten von 0,51 MeV ausgesandt („Vernichtungsstrahlung", „Annihilationsstrahlung").

Da das Positron ionisiert, kann es wie das Negatron in der Nebelkammer beobachtet werden und wurde auf diese Art erstmalig 1932 von ANDERSON nachgewiesen als Sekundärteilchen energiereicher Höhenstrahlung. Hierbei hatte sich die Energie eines Elektrons beim Durchgang durch einen Bleiabsorber von 63 auf 23 MeV verringert, die Abbeugungsrichtung im Magnetfeld war aber nur mit einem Teilchen von der Masse des Elektrons, aber positiver Ladung, in Einklang zu bringen, da die Alternative — Energiegewinn beim Durchgang durch einen Absorber — unmöglich ist.

Das Positron ist ein sog. „Antiteilchen". Man sollte erwarten, daß weitere Antiteilchen möglich sind, beispielsweise ein negatives Proton. Das Antiproton ist auch künstlich erzeugt worden, allerdings ist die hierzu notwendige Energie 4,3 Milliarden eV. Diese Energie war erstmalig im Synchrotron Bevatron (vgl. § 19) zugänglich. Wenn die Protonen des Accelerators beim Auftreffen auf einem Metallblech Antiprotonen erzeugen, können diese negativen Teilchen durch ein Magnetfeld ausgesondert werden. Allerdings entstehen hierbei auch negative π-Mesonen von gleichem Impuls in großem Überschuß; die Unterscheidung zwischen diesen und den Antiprotonen geschieht (Antiprotonen haben — beim im Entdeckungsversuch ausgesonderten Impuls (1,19 BeV/c) nur 78%, Mesonen aber 99% der Lichtgeschwindigkeit) mittels Čerenkov-Zählern, die gerade für den Geschwindigkeitsbereich der Antiprotonen bzw. Pionen empfindlich sind. Schließlich kann auch die Flugzeit bestimmt werden, die für das Antiproton größer ist als für das π-Meson. [Der Čerenkov-Effekt besagt, daß Ionen, Mesonen und Elektronen, deren Geschwindigkeit $\left(\beta = \dfrac{v}{c}\right)$ die des Lichtes im entsprechenden Medium, z. B. Glas $\left(c' = \dfrac{c}{n}; \; n = \text{Brechungsindex}\right)$ übersteigt, Lichtaussendung in einem Konus vom halben Öffnungswinkel Θ hervorrufen, wobei gilt: $\cos\Theta = \dfrac{1}{\beta n}$. Durch Wahl geeigneter Winkel zwischen Teilchenbahn und Lichtdetektor (vgl. §41) können Geschwindigkeit und Energie sehr schneller Teilchen mit einer Genauigkeit von einigen $^0/_{00}$ bestimmt werden.]

Auch zum Neutron ist ein Antiteilchen vorhanden, das wie dieses ohne Ladung ist, aber ein abweichendes magnetisches Moment von umgekehrtem Richtungssinn hat. Am leichtesten ist es auf Grund der Zerstrahlung beim Zusammentreffen mit dem gewöhnlichen Neutron zu bestimmen. Hierbei entstehen keine γ-Quanten,

sondern π-Mesonen. Die Erzeugung der Antineutronen kann durch Ladungs-
abgabe von Antiprotonen an gewöhnliche Protonen (die dadurch zu Neutronen
werden) erfolgen.

Der Übergang $(p \to n)$ kann außer durch Positronenaussendung durch
Elektroneneinfang in den Kern geschehen (s. oben). Der Unterschied
ist, daß — während im ersten Fall der Energieunterschied zwischen den
beiden Kernen mindestens zur Bildung eines Elektronenpaares ausreichen muß — der Elektroneneinfang schon bei geringeren Energie-
unterschieden möglich ist. Hier muß praktisch nur die Bindungsenergie
des K-Elektrons aufgebracht werden, die auch bei schweren Atomen
nur etwa 10% der Paarbildungsenergie beträgt. Bei schweren Kernen
ist der K-Einfang gegenüber der Positronenausstrahlung begünstigt, da
mit steigender Kernladung:

1. das K-Elektron sich dem Kern nähert,
2. bei Positronenausstrahlung ein höherer Potentialwall zu überwinden ist.

13. β-Strahlen und ihre Absorption

Die β-Strahlen haben die Masse der Elektronen (zuzüglich eines
relativistischen Massenzuwachses) und die Ladung ± 1. Bezüglich der
Bestimmung von Masse, Ladung und Geschwindigkeit wird auf § 1
verwiesen.

Die spezifische *Ionisation* der β-Strahlen ist bedeutend geringer als
die der α-Strahlen und ändert sich überdies stärker mit der Energie.
Während α-Strahlen etwa 30000 Ionenpaare pro Zentimeter Bahnlänge in
Luft von Normalbedingungen erzeugen, variiert dieser Wert bei β-Strahlen
zwischen etwa 50 und 1000 Ionenpaaren, wobei auch hier die höchste
spezifische Ionisation zu den geringsten Energien gehört. Während so
die direkte differentielle Ionisation durch die Strahlung und so deren
Absorption mit zunehmender Energie zunächst abnimmt, tritt bei noch
höheren Energien *Schwächung* auf Grund eines Strahlungsenergie-
verlustes in den Vordergrund („äußere Bremsstrahlung"). β-Teilchen
werden bei der Ablenkung im Kraftfeld der passierten Atome starken
Richtungsänderungen, also Beschleunigungen, unterworfen. Dieses ist
mit dem Aussenden elektromagnetischer Strahlung verknüpft, wodurch
ein erheblicher Teil der Energie verlorengeht. Bremsstrahlung macht
sich bemerkbar bei β-Energien oberhalb etwa 600 keV und ist bei sehr
energiereichen β-Strahlen der Hauptabsorptionsprozeß.

Im Gegensatz zur α-Strahlung kann keine scharfe Reichweite definiert werden, was nicht nur auf der stärkeren Streuung der Strahlung beruht, sondern auch auf der Natur der Strahlung, deren Energie
nicht einheitlich ist, sondern sich über ein breites kontinuierliches Spektrum verteilt (§ 14). Charakteristisch für jeden β-Strahler ist jedoch

die jeweilige Maximalenergie ($E_{\max}$). Die Messung des Spektrums [wie auch der Elektronen der inneren Umwandlung (§ 15)] geschieht mit großer Genauigkeit mittels magnetischer Methoden (β-Spektrometer), während die Maximalenergie auch mit Hilfe von Absorptionskurven ermittelt werden kann (§ 45).

β-Absorption. Die Zahl der β-Teilchen, die in einem Strahl als Funktion der durchdrungenen Absorberdicke x verbleiben, kann näherungsweise mit einer Exponentialfunktion beschrieben werden [analog der Zeitfunktion beim radioaktiven Zerfall (§9), jedoch ist bei β-Strahlung der Absorptionskoeffizient μ keine Konstante]:

$$N = N_0 \cdot e^{-\mu x}. \qquad (2.10)$$

Es kann (entsprechend der HZ) eine „Halbwertsdicke" ($d_{\frac{1}{2}} = \ln 2/\mu$) definiert werden. In der Praxis wird oft diese Halbwertsdicke (gewöhnlich mit Al-Absorber gemessen und in der Einheit mg/cm² angegeben) oder der Massenabsorptionskoeffizient μ/ϱ verwendet.

Die Werte für $d_{\frac{1}{2}}$ und μ/ϱ sind jedoch von der jeweiligen Meßgeometrie abhängig und infolgedessen ist die Angabe der maximalen Reichweite ($R_{\max}$), welche von keinem β-Strahl des entsprechenden Nuklids überschritten wird, geeigneter zur Identifikation (Abb. 18).

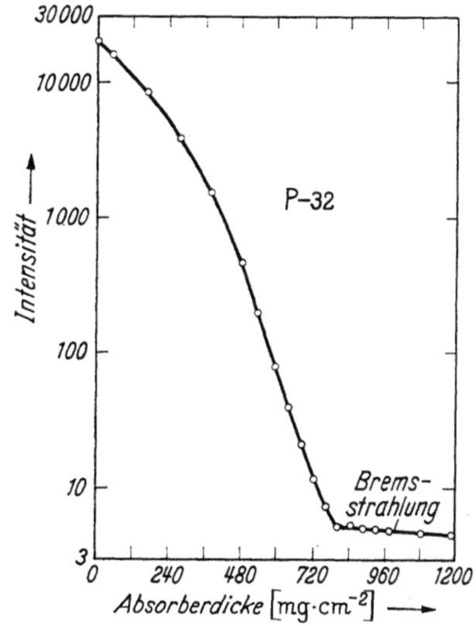

Abb. 18. Halblogarithmische Absorptionskurve der β-Strahlung von P-32 (R max ∼ 800 mg cm⁻²)

Die Werte für $R_{\max}$ können in Beziehung gesetzt werden zu genauen spektrometrischen Bestimmungen von $E_{\max}$, und so kann auf graphischem Wege die $E_{\max}$ für beliebige Radionuklide ermittelt (Abb. 19), oder eine formelmäßige Darstellung des Zusammenhangs zur rechnerischen Auswertung benutzt werden.

Die älteste derartige Beziehung ist die von FEATHER (für β-Maximalenergien oberhalb 0,7 MeV):

$$R_{\max} = 543\,E_{\max} - 160 \qquad (R_{\max} \text{ in mg/cm}^2,\ E_{\max} \text{ in MeV}). \qquad (2.11)$$

Eine neuere Formel, von FLAMMERSFELD aufgestellt, überdeckt die Energieskala bis 3 MeV:

$$R_{\max} = \sqrt{0{,}0121 + 0{,}272\,E_{\max}^2} - 0{,}110. \qquad (2.12)$$

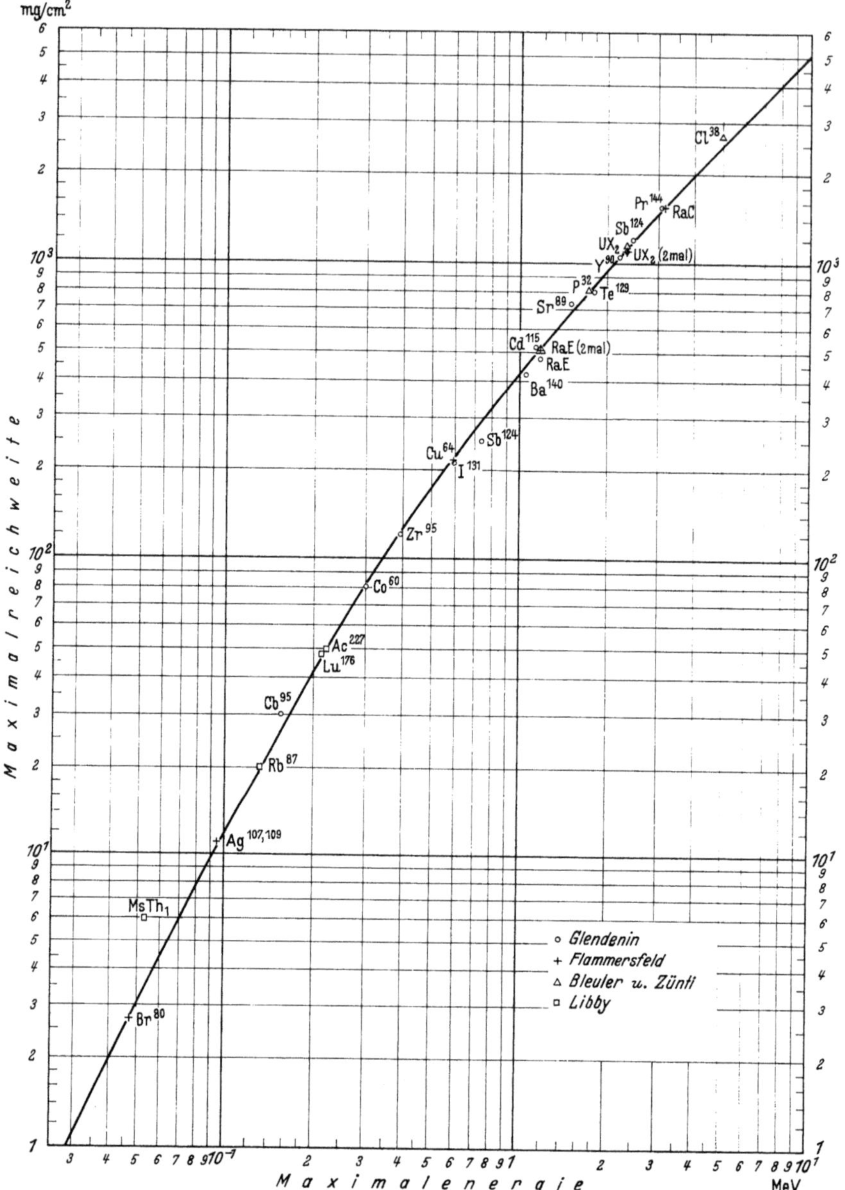

Abb. 19. Maximalreichweite verschiedener β-Strahlen als Funktion ihrer Maximalenergie (Zusammenstellung nach MEYER-SCHÜTZMEISTER; LANDOLT-BÖRNSTEIN I/5)

Neueste Angaben bevorzugen für 10 keV bis 3 MeV:

$$R_{\max} = 412\, E_{\max}^{(1,265\,-\,0,0954\,\ln E_{\max})} \tag{2.13}$$

für 1 bis 20 MeV:

$$R_{\max} = 530\, E_{\max} - 106, \tag{2.14}$$

ähnlich der Feather-Formel.

Die Bestimmung von $R_{\max}$ erfordert starke Präparate, da noch geringe Teile der ursprünglichen Strahlung bestimmt werden müssen. Bei schwächeren Präparaten kann $R_{\max}$ aus $d_{\frac{1}{2}}$ abgeschätzt werden. Das gleiche gilt für $E_{\max}$ ($d_{\frac{1}{2}}$ in mg cm^{-2} $\sim 40\, E_{\max}^{1,14}$). Bessere Methoden nehmen auf die Form des β-Spektrums Rücksicht und versuchen, sich durch Messen von Vergleichsnukliden von der jeweiligen Geometrie unabhängig zu machen (vgl. § 45).

14. β-Spektren, das Neutrino, Zerfallsenergien und -konstanten

Die genaue Untersuchung der Energie- und Impulsverteilung der beim β-Zerfall ausgesandten Elektronen geschieht zweckmäßigerweise mit einem magnetischen β-Spektrometer. Die zugrundeliegenden Bewegungsgleichungen sind in ihrer einfachsten Form schon in § 1 besprochen worden. Als Maß für den Impuls ergibt sich das Produkt von magnetischer Feldstärke und dem Radius der Elektronenbahn $= H \cdot r$, welches bei der üblichen Wiedergabe der β-Spektren als Abszissenwert aufgetragen wird. Die Ordinate bezeichnet die Stärke des Elektronenstroms, also die Häufigkeit der β-Teilchen mit dem entsprechenden Impuls und der entsprechenden Energie.

Es zeigt sich, daß alle primären β-Spektren Kontinua sind, d.h., daß zwischen $E = 0$ und $E = E_{\max}$ sämtliche Energien (in verschiedenem Maße) vertreten sind (vgl. Abb. 22). Dieses entspricht scheinbar nicht der β-Umwandlung, die ja einen Übergang zwischen zwei scharf definierten Energiezuständen darstellt, weshalb eine Spektral*linie* erwartet werden sollte.

Diese Diskrepanz könnte auf zwei Arten erklärt werden:

1. Es wäre denkbar, daß ein Teil der Zerfallsenergie nicht als kinetische Energie der β-Strahlen in Erscheinung tritt, sondern auf dem Weg zum Spektrometer in der Atomhülle der aussendenden Kerne teilweise absorbiert sein könnte.

2. Ein Teil der β-Zerfallsenergie wird nicht durch das β-Teilchen, sondern auf andere Art weggeführt.

Die Entscheidung zwischen den beiden Möglichkeiten ließ sich auf folgende Art treffen: Wird die genau bestimmte β-Maximalenergie (im aktuellen Fall des RaE: 1,17 MeV) verglichen mit der bei der Aussendung einer bekannten Anzahl β-Teilchen durch Absorption in einem Kalorimeter freigesetzten Wärmemenge, so müßte in Fall 1 kalorimetrisch $E_{\max}$ gemessen werden, da Absorption in Atomhüllen schließlich ebenfalls zu Wärmeentwicklung im Kalorimeter führt. Das Experiment ergab jedoch eine Energieabsorption entsprechend 0,32 MeV pro β-Teilchen des RaE in Übereinstimmung mit der mittleren Energie des Spektrums.

Folglich hat ein Teil der Energie in der Form nicht absorbierbarer Strahlung, bestehend aus zunächst hypothetischen Teilchen, das Kalorimeter verlassen. Dieses hypothetische Teilchen kann praktisch keine Masse haben, denn die Massenbilanz unter Berücksichtigung von Ausgangskern, Folgekern und Zerfallsenergie läßt dieses nicht zu. Da es nicht ionisiert, müßte es die Ladung 0 haben. Da es (praktisch) keine Masse hat, aber Energie mitführt, muß seine Geschwindigkeit die Lichtgeschwindigkeit sein. Da beim β-Zerfall Kernspinänderungen entsprechend $n\,h/2\,\pi$ auftreten, das Elektron selber jedoch den Spin $h/4\,\pi$ hat, muß dieses Teilchen ebenfalls den Spin $h/4\,\pi$ haben, damit der Drehimpuls erhalten bleibt. Ein Teilchen mit diesen Eigenschaften wurde von PAULI postuliert und „*Neutrino*" genannt (Symbol: ν).

Das Vorhandensein des Neutrinos erklärt also das kontinuierliche β-Spektrum, und die β-Umwandlungen müssen nun in vollständiger Form folgendermaßen geschrieben werden:

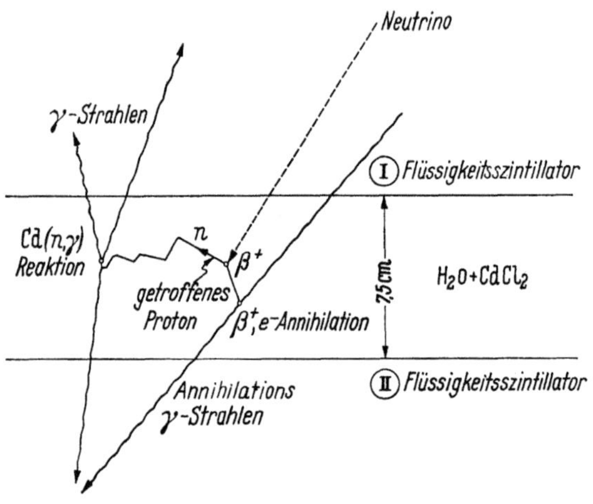

Abb. 20. Der experimentelle Nachweis des Neutrinos (nach REINES und COWAN)

β^--Umwandlung: $n \to p + \beta^- + \nu'$. β^+-Umwandlung: $p \to n + \beta^+ + \nu$ (ν': Antineutrino).

Elektroneneinfang: $p + e^- \to n + \nu$; ebenfalls denkbar: $n + e^+ \to p + \nu'$. Die letztgenannte Reaktion könnte auch in umgekehrter Richtung vonstatten gehen ($p + \nu' \to n + e^+$) und man hat versucht, dies nachzuweisen und so einen direkten Beweis für die Existenz des Neutrinos zu liefern:

Zu diesem Zwecke ist wasserstoffhaltiges Material, eine Lösung von $CdCl_2$ in H_2O, umgeben von „Flüssigkeitsszintillator" (vgl. § 41), dem starken Neutrinofluß eines Kernreaktors ausgesetzt worden. Durch geeignete Schaltung können zwei zueinander gehörige Ereignisse, nämlich die Entstehung eines Positrons und eines Neutrons als zueinander gehörend registriert werden. Während das Positron auf Grund der bei seiner (praktisch sofort auftretenden) „Vernichtung" ausgesandten Strahlung mit dem Szintillator entdeckt und registriert wird, wird das Neutron vom Kadmium durch einen Kernprozeß mit sehr hohem Wirkungsquerschnitt (vgl. § 18) eingefangen, und der bei diesem Kernprozeß freiwerdende γ-Strahl macht sich ebenfalls durch Szintillationen bemerkbar. Die Wahrscheinlichkeit des Prozesses ist gering (ein Wirkungsquerschnitt von 10^{-43} cm² wird erwartet), doch hat man derartige „Koinzidenzen" (die beiden Ereignisse sind zeitlich nur durch wenige μsec voneinander getrennt) mit der Häufigkeit: eine Koinzidenz in 2 bis 3 min messen können und so den experimentellen Nachweis für die Existenz des Neutrinos geliefert (vgl. Abb. 20).

Einiges zur Theorie des β-Zerfalles

Aufgabe der 1934 von FERMI aufgestellten und im folgenden kurz referierten Theorie des β-Zerfalles war unter anderem, einerseits das Aussehen der β-Spektren auf eine möglichst geringe Anzahl Gesetzmäßigkeiten zurückzuführen, andererseits eine von SARGENT 1933 aufgestellte empirische Beziehung zu erklären, nach der die Zerfallskonstante etwa mit $(E_{max})^5$ zunimmt. Dies hatte sich bei einer Betrachtung

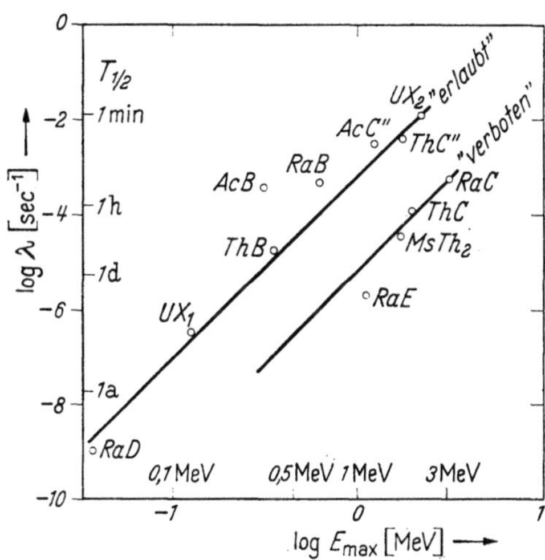

Abb. 21. Sargent-Diagramm für natürlich vorkommende β-Strahler

einiger der damals bekannten β-strahlenden natürlich vorkommenden Nuklide ergeben, wobei sich zwei Gruppen mit um etwa zwei Zehnerpotenzen voneinander verschiedene Zerfallskonstanten zeigten: „Erlaubte" und „verbotene" Übergänge (Abb. 21).

Das Endergebnis der Fermischen Theorie wird wiedergegeben als die Zahl der in einem bestimmten Energie- oder Impulsintervall zu erwartenden β-Teilchen.

Hierbei wird die Form des Spektrums hauptsächlich durch den sog. *statistischen Faktor* dn/dE_0 bestimmt (s. unten). Impuls des Elektrons (p) und des Neutrinos (q) sind durch folgende Gleichungen miteinander verbunden:

$$p = \frac{1}{c}\ \sqrt{E(E + 2\,m_0\,c^2)} \tag{2.15}$$

$$q = \frac{1}{c}\ (E_0 - E), \tag{2.16}$$

wobei E die kinetische Energie des β-Teilchens, E_0 die Zerfalls-Energie ist. Wird die Anzahl der möglichen Elektronenzustände und Neutrinozustände im „Phasenraum" als durch die Größe der Einheitszelle (h^3) begrenzt angenommen, so resultiert schließlich für die Niveaudichte (Anzahl der zugänglichen Zustände pro Einheit der totalen Zerfallsenergie) und damit für die Impulsverteilung der ausgesandten Elektronen:

$$P(p)\,dp = \text{const}\ p^2\,(E_0 - E)^2\,dp. \tag{2.17}$$

Im allgemeinen wird der Impuls in der Einheit $m_0 c$ gemessen und durch die dimensionslose Größe $\eta = p/m_0 c$ ausgedrückt, während für die Energie die Einheit $W = E/m_0 c^2$ gewählt wird. Hierdurch ergibt sich die übliche Form des statistischen Faktors:

$$P(\eta)\, d\eta = \text{const}'\, \eta^2 (W_0 - W)^2\, d\eta. \tag{2.18}$$

Dies ist also ein Maß für die relative Wahrscheinlichkeit, daß Impuls und — nach entsprechender Umrechnung — auch Energie in den entsprechenden Intervallen liegen.

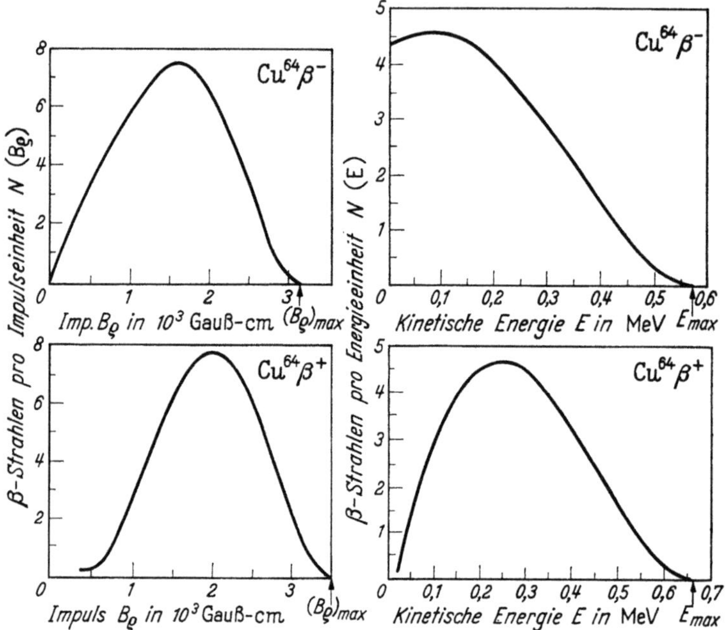

Abb. 22. Impuls- und Energiespektrum der von Cu-64 ausgesandten Negatronen bzw. Positronen (nach REITZ). [B_ϱ entspricht Hr in Gl. (1.5); die Angabe der Induktion B statt H ändert die Zahlenwerte praktisch nicht]

Da der statistische Faktor nur die „a priori"-Wahrscheinlichkeit der Impulsverteilung berücksichtigt, muß auf die Ladung des ausgesandten Teilchens zusätzlich Rücksicht genommen werden. Hierzu dient der Coulomb Faktor der endgültigen Fermi-Gleichung (s. unten). Es wird angenommen, daß ein Negatron von dem Coulomb-Feld des verlassenen positiven Kernes angezogen, also in seiner Bewegung verlangsamt wird. Hiernach sollte man erwarten, daß das β^--Spektrum einen Überschuß langsamer Elektronen zeigt.

Das Gegenteil ist zu erwarten bei der Emission von Positronen, die im Coulomb-Feld zusätzlich beschleunigt werden, weshalb verhältnismäßig wenig langsame Positronen beobachtet werden. Diese Erscheinung wird verstärkt durch die Einwirkung des Kernpotentialwalles, der für Positronen, analog wie in § 11 für α-Teilchen beschrieben, nur mit einer gewissen Wahrscheinlichkeit, abhängig von der Positronenenergie, durchlässig ist. Positronen geringer Energie haben eine geringe Wahrscheinlichkeit, den Kern zu verlassen, wodurch das Positronenspektrum bei geringen Energien weiterhin verarmt.

Das verschiedene Aussehen von Negatronen- und Positronen-Spektren ergibt sich experimentell in völliger Übereinstimmung mit den Voraussagen der Theorie (Abb. 22). Bei gleichen Ausgangsbedingungen (weitgehend verwirklicht bei Cu-64, das mit annähernd gleicher Maximalenergie und Intensität durch Negatronenaussendung zu Zn-64 und durch Positronenaussendung zu Ni-64 zerfällt) zeigt sich, daß das β^+/β^--Verhältnis bei verschiedenen Energien von hohen zu geringen Energien stark abnimmt.

Die endgültige Fermi-Gleichung für das Elektronenspektrum eines „erlaubten" β-Überganges lautet

$$N(\eta)\, d\eta = \mathrm{const}'' \,|\,P\,|^2\, F(Z, \eta)\, \eta^2 (W_0 - W)^2\, d\eta, \qquad (2.19)$$

wonach die Wahrscheinlichkeit für Teilchenemission zwischen η und $\eta + \varDelta\eta$ eine Funktion des Coulomb-Faktors $F(Z, \eta)$, des schon vorher besprochenen statistischen Faktors und des Faktors $|\,P\,|^2$ ist. $|\,P\,|^2$ ist ein Maß für die Wahrscheinlichkeit des Eintretens eines Überganges und ist für „erlaubte" Übergänge von der Größenordnung 1.

Aus (2.19) geht hervor, daß eine Darstellung gemäß:

$$\sqrt{\frac{N(\eta)}{\eta^2 F(Z, \eta)}} = \mathrm{const}\,(W_0 - W) \quad (2.20)$$

eine gerade Linie ergeben müßte, die die Energieskala bei der Zerfallsenergie W_0 schneidet. Diese Art Darstellung wird *Fermi-Kurie-Diagramm* genannt und ist nunmehr die übliche Art, die β-Maximalenergie aus Messungen des Spektrums zu bestimmen. Hierbei ist zu beachten, daß die Strahlungsquelle in Form eines praktisch unendlich dünnen Präparates vorliegen muß, da sonst durch Streuung eine Verzerrung des Spektrums auftritt (Abb. 23). Derartige

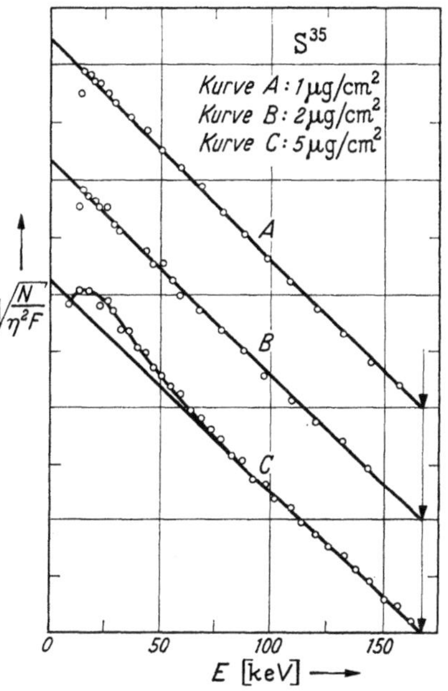

Abb. 23. Kurie-Diagramm des β-Spektrums von S-35 (bei verschiedenen Dicken des Präparates) (nach ALBERT und WU)

Meßungenauigkeiten hatten seinerzeit dazu geführt, eine Abhängigkeit von $(W - W_0)^4$ anzunehmen (KONOPINSKI-UHLENBECK), was sich jedoch bei verbesserter Meßmethodik als unrichtig erwies.

Aus dem geradlinigen Verlauf der Fermi-Kurie-Darstellung bis hinab zu W_0 (gemessen bei H-3) ergibt sich, daß (voraussetzungsgemäß) die Ruhemasse des Neutrinos zu vernachlässigen ist und auf keinen Fall mehr als $0{,}5^0/_{00}$ der Elektronenmasse betragen kann.

Die Fläche unter der Verteilungskurve des ursprünglichen β-Spektrums (Fermische Integralfunktion f) gibt offenbar die totale Wahrscheinlichkeit des β-Zerfalls an und muß proportional der Zerfallskonstante λ sein. Näherungsberechnungen für einfache Fälle zeigen, daß hierbei die Zerfallskonstante etwa der fünften Potenz der Zerfallsenergie proportional ist, wodurch Übereinstimmung mit der empirischen Sargent-Beziehung erreicht ist.

Das Produkt (ft) der Fermi-Funktion und der HZ des β-Strahlers wird „komparative HZ" genannt. Der empirische Zusammenhang zwischen Zerfallsenergie und Zerfallskonstante (Sargent-Diagramm) läßt sich als Konstanz der komparativen HZ (ft) darstellen. Bei näherer Betrachtung zeigt sich, daß verschiedene Gruppen mit verschiedenen ft-Werten zu unterscheiden sind. Die zu den einzelnen Gruppen gehörenden Übergänge werden als erlaubt sowie verboten in erster, zweiter, dritter Ordnung usw. bezeichnet.

Die log ft-Werte sind etwa 3 bis 5 für erlaubte Übergänge und liegen zwischen 7 und 9 für verbotene Übergänge erster Ordnung. Das Eintreten der verschiedenen Arten von Übergängen wird durch sog. *Auswahlregeln* geregelt. Man unterscheidet zwischen: Fermi-Auswahlregeln und Gamow-Teller-Auswahlregeln. Diese Regeln sind aufgestellt unter verschiedener Annahme der Wechselwirkung im System Nukleon-Elektron-Neutrino. Gemäß den GT-Regeln sind erlaubte Übergänge dadurch gekennzeichnet, daß keine Änderung der Parität und eine Änderung des Drehimpulses nur um 0 bzw. ± 1 vorliegt. Verbotene Übergänge erster Ordnung bedeuten Paritätsänderung und Drehimpulsänderung mit den Werten 0, ± 1, ± 2 (aber nicht $0 \to 0$; $\frac{1}{2} \to \frac{1}{2}$; $0 \leftrightarrow 1$).

15. Kernanregung und Kernisomerie, γ-Strahlung und innere Umwandlung

γ-Strahlung wird ausgesendet beim Übergang „angeregter" Kerne in tiefere Energiezustände. Im allgemeinen verlaufen diese Übergänge sehr schnell (in etwa 10^{-14} sec) und oft als Folge von praktisch gleichzeitig ablaufenden β- oder α-Umwandlungen.

In gewissen Fällen kann jedoch der angeregte Zustand eine meßbare Lebensdauer haben, und das angeregte Niveau des Kernes als individuelle Atomart, als „isomerer" Kern, festgestellt werden.

Der erste Fall von Kernisomerie wurde schon 1921 von HAHN entdeckt, der auf chemischem Wege nachwies, daß vom Element Protaktinium innerhalb der Uranzerfallsreihe zwei isotope und isobare Atomarten ($A = 234$) existieren. Im vorliegenden Falle wandelt sich der angeregte Zustand (UX_2) mit 1,14 min HZ durch β^--Zerfall in U-234 um, während der β^--Zerfall des Grundzustandes (UZ) mit 6,7 h HZ vonstatten geht. Nach neuesten Messungen nehmen 0,18% der Zerfallsreihe den Weg über den isomeren Übergang $UX_2 \to UZ$ (Abb. 24).

Eine direkte Bestimmung der HZ eines isomeren Überganges war möglich bei dem zweiten beobachteten Fall von Kernisomerie, der bald nach der Entdeckung der künstlichen Radioaktivität bei der Neutronenbestrahlung von Brom aufgefunden wurde. Da das natürliche Brom aus zwei Isotopen mit der Masse 79 und 81 besteht, erwartet man beim

Einfang langsamer Neutronen (§ 22) die Bildung der radioaktiven Nuklide Br-80 und Br-82. Es wurden indessen drei HZ beobachtet: 18 min, 4,5 h und 36 h. Die beiden ersten entstehen auch, wenn Neutronensubtraktion durch „Kernphotoeffekt" (vgl. § 17) mittels Bestrahlung der stabilen Brom-Isotope mit energiereicher γ-Strahlung vorgenommen wird. Durch diese „Kreuzbestrahlung" wird einwandfrei festgestellt, daß *zwei* HZ zu *einem* Isotop, Br-80, gehören, da nur dieses Isotop durch Neutronenaddition *und* Neutronensubtraktion aus der Mischung der natürlichen Brom-Isotope Br (79+81) entstehen kann. Die HZ des metastabilen Zustandes beträgt 4,5 h, und der Grundzustand geht mittels β^--Strahlung mit 18 min HZ in Kr-80 über.

Der kurzlebige Grundzustand wäre nicht leicht festzustellen, wenn beide Zustände in Gleichgewichtskonzentration aufträten, da er ja dann von vornherein mit der HZ des längerlebigen angeregten Zustandes zerfallen müßte (vgl. § 9). Er entsteht jedoch in überwiegendem Maße und es ergibt sich eine komplexe Zerfallskurve, die leicht zur fehlerhaften Zuordnung der kurzen HZ zum angeregten Zustand führen könnte. Getrennte Messung von β- und γ-Strahlung würde jedoch diesen Irrtum widerlegen.

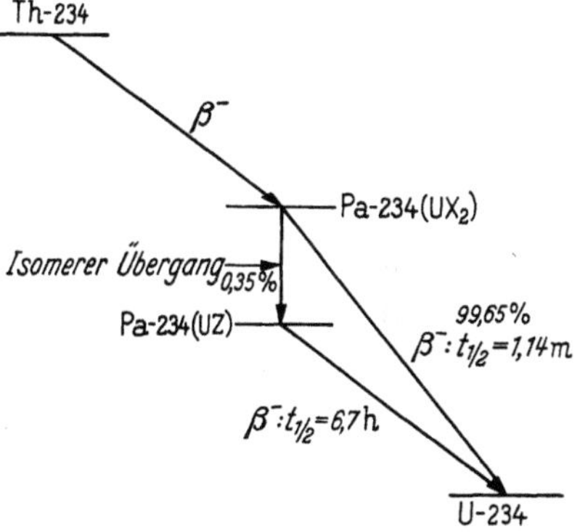

Abb. 24. Kernisomerie bei Pa-234 (vereinfachtes Schema). (0,35 % ein älterer Wert)

In den letzten 20 Jahren sind viele Kernisomere aufgefunden worden, wobei mit der Entwicklung der elektronischen Impulstechnik immer kürzere HZ mit Sicherheit festgestellt und gemessen werden können. So waren 1951 77 Kernisomere mit HZ> 1 sec, 1955 etwa 130 Kernisomere mit HZ$> 10^{-6}$ sec und gleichviele mit kleineren HZ bekannt.

Das Vorkommen der Kernisomere ist in frappanter Weise mit den magischen Zahlen (vgl. § 7) verknüpft. Dies ist ein starkes Argument für die Einführung des Kernschalenmodells gewesen. Die Häufigkeit der Kernisomere als Funktion der Anzahl der ungeradzahlig im Kern vorkommenden Nukleonen erreicht ein Maximum unterhalb der magischen Zahlen 50 und 82, während bei (und etwa 12 bis 18 Nukleonen oberhalb) diesen Zahlen keine Kernisomere aufgefunden wurden (Abb. 25).

Wenn die bekannten Kernisomeren nach Energie und HZ analog der entsprechenden Einteilung der β-Strahler geordnet werden, sind Gruppen zu unterscheiden, die offenbar verschiedenen Übergängen zuzuordnen sind. Als wesentlich bestimmendes Merkmal der HZ des isomeren wie jedes anderen γ-Überganges werden die Änderungen von Spin und Parität angesehen.

Man spricht von Multipolstrahlung und bezeichnet die Änderung der Quantenzahl J (des zu dem entsprechenden Kernenergieniveau gehörenden Drehimpulses) mit einer Einheit als zu Dipolstrahlung, $\Delta J = 2$ zu Quadrupolstrahlung usw. führend. Die elektrische Dipolstrahlung wird auch als $E1$, die Quadrupolstrahlung als $E2$, die Oktopolstrahlung als $E3$ usw. bezeichnet.

Ganz analog wird die durch die γ-Umwandlung beim Kern eintretende Änderung des magnetischen Momentes als zu magnetischer Dipol-, Quadrupolstrahlung usw. führend angenommen ($M1$, $M2$ usw.).

Der Typ $E2$ ist der am häufigsten gefundene.

Auch im Fall der γ-Strahlung liegt eine Beziehung zwischen HZ und Strahlungsenergie vor. Im Falle $E2$-Strahlung kann bei leichten Kernen mit einer Abnahme der mittleren Lebensdauer von 1 auf 10^{-14} sec bei einer Zunahme der γ-Energie von 10 kV auf 10 MeV gerechnet werden.

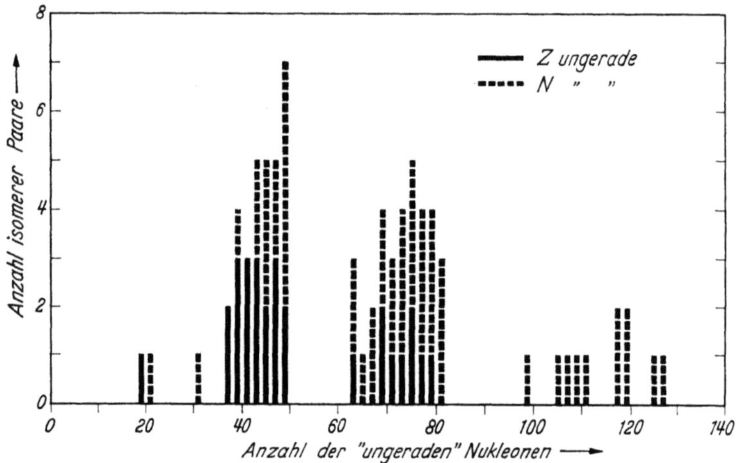

Abb. 25. Häufigkeit von Isomeren(paaren) ungerader Massenzahl bei verschiedenen ungeraden Anzahlen Protonen bzw. Neutronen (vgl. EVANS)

Innere Umwandlung („internal conversion = IC")

Statt der Abgabe der Anregungsenergie durch Aussendung eines oder mehrerer γ-Quanten kann die Energie auf ein Hüllen-Elektron überführt werden, das die Anregungsenergie (abzüglich der Bindungsenergie des Elektrons in der entsprechenden Schale) erhält. Obwohl diese Beziehung formell einem Photoeffekt entspricht, kann die ursprüngliche Annahme eines „inneren" Photoeffektes nicht aufrechterhalten werden, da dieser nicht zu der beobachteten Intensität der Strahlung führen kann. Die Umwandlungselektronen können mittels β-Spektrometer (vgl. § 14) energetisch genau bestimmt werden und überlagern sich im Fall gleichzeitig vorhandener β-Strahlung dem kontinuierlichen β-Spektrum. Sie dürfen aber nicht mehr als zur β-Strahlung gehörig betrachtet werden.

Die Wahrscheinlichkeit der inneren Umwandlung wird durch den Konversionskoeffizienten α, dem Quotienten der Wahrscheinlichkeiten für die Aussendung von Elektronen bzw. von γ-Quanten definiert.

Der Koeffizient der inneren Umwandlung ist umgekehrt proportional einer höheren Potenz der Übergangsenergie und nimmt zu mit zunehmender Spinänderung; bei verbotenen Übergängen höherer Ordnung tritt mehr Konversion ein. Außerdem nimmt der Koeffizient stark mit der Ordnungszahl des γ-Strahlers zu. Hierbei tritt bei großen Werten für Z oder stark verbotenen Übergängen die Aussendung eines Elektrons der L-Schale (bzw. M-Schale) in Konkurrenz mit der von K-Elektronen.

Wenn die Anregungsenergie den Betrag von 1,02 MeV übersteigt, kann „innere Paarbildung" vorkommen; auch hier nimmt die Wahrscheinlichkeit mit der γ-Energie zu (besonders bei Quadrupolstrahlung). Der Koeffizient der inneren Paarbildung liegt jedoch nur in der Größenordnung 10^{-4} bis 10^{-3}.

16. Absorption von γ-Strahlung, γ-Spektren

γ-Absorption. Die Absorption der γ-Strahlung folgt der exponentiellen Beziehung

$$I = I_0 \, e^{-\mu x}. \tag{2.21}$$

Dieses Absorptionsgesetz gilt streng bei kollimierter Strahlung: der Absorptionskoeffizient μ ist eine Konstante für monoenergetische Strahlung.

Der atomare Absorptionskoeffizient $\mu_A = \dfrac{\mu}{\varrho} \dfrac{A}{N_L}$ hat die Dimension cm² und kann als „Wirkungsquerschnitt" des entsprechenden Stoffes für γ-Absorption aufgefaßt werden.

[Die relative Änderung der Intensität I mit der Wegstrecke x folgt:

$$- dI = \mu \, I \, dx \tag{2.22}$$

oder auf die Atomzahl pro cm³ $= n$ bezogen

$$- dI = n \, \mu_A \, I \, dx \tag{2.23}$$

$\mu_A = \dfrac{\mu}{n} = \dfrac{\mu}{\varrho} \dfrac{A}{N_L}$ ist also der Wirkungsquerschnitt (§ 18) der Reaktion.]

Die γ-Absorption geschieht durch drei verschiedene Prozesse, die sich in verschiedenem Maße, abhängig von der Energie, beteiligen. Formell kann der totale Absorptionskoeffizient μ dargestellt werden als Summe dreier partieller Absorptionskoeffizienten $\tau, \sigma, \varkappa$, die den Beitrag des Photoeffektes, des Compton-Effektes und des Paarbildungsprozesses angeben (vgl. Abb. 26).

1. Der Photoeffekt. Beim Zusammenstoß zwischen γ-Quant und Hüllen-Elektron wird im Falle des Photoeffektes die ganze Energie übertragen. Der Energiezuwachs des Elektrons ist also gleich der Differenz der γ-Energie und der Elektronenbindungsenergie. Folglich kann durch Messung der kinetischen Energie des Elektrons bei bekannter

Bindungsenergie die des stoßenden γ-Quantes bestimmt werden. Der entsprechende Photoabsorptionskoeffizient ist proportional $\sim Z^5$ und E_γ^{-n}, wobei n den Wert 3,5 bei tiefen Energien hat, um später bis auf 1 (γ-Energie 5 MeV) zu sinken. Wenn die γ-Energie gleich der Bindungsenergie des Elektrons in K-, L- oder M-Schale ist, tritt Resonanzabsorption ein.

2. Der Compton-Effekt. Beim Compton-Effekt gibt das Photon einen Teil seiner Energie an ein „freies" Elektron ab. Der Energieverlust entspricht einer Wellenlängenvergrößerung, die mit Hilfe von Energie- und Impulssatz berechnet werden kann:

Gemäß dem Energiesatz gilt: Die Summen von Photonen- und Elektronenenergien vor und nach dem Stoß sind gleich, d.h.

$$h\,\nu + m_0\,c^2 = h\cdot\nu' + m\,c^2 \right\} \tag{2.24}$$

(Elektron ursprünglich in Ruhe).

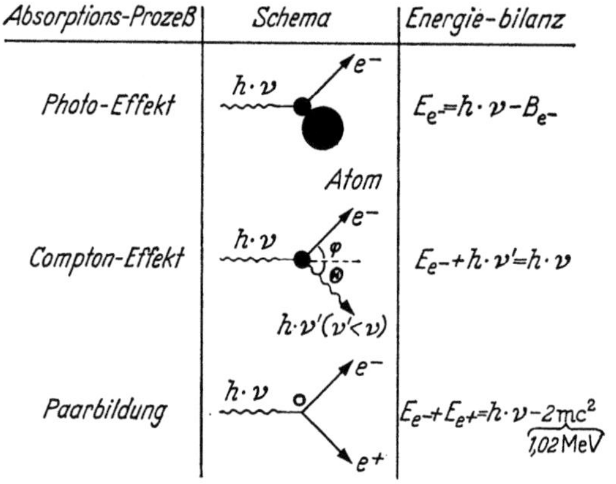

Absorptions-Prozeß	Schema	Energie-bilanz
Photo-Effekt	$h\cdot\nu \to e^-$, Atom	$E_e = h\cdot\nu - B_{e^-}$
Compton-Effekt	$h\cdot\nu$, φ, Θ, $h\cdot\nu'\,(\nu'<\nu) \to e^-$	$E_e + h\cdot\nu' = h\cdot\nu$
Paarbildung	$h\cdot\nu \to e^-,\ e^+$	$E_{e^-} + E_{e^+} = h\cdot\nu - 2m\,c^2$ (1,02 MeV)

Abb. 26. Schematische Darstellung der drei Teilprozesse der γ-Strahlungsabsorption

Gemäß Impulssatz gilt:

$$\frac{h\,\nu}{c} = \frac{h\,\nu'}{c}\cos\Theta + m\,v\cos\varphi \tag{2.25}$$

Analog gilt für die zur Einfallsrichtung senkrechten Vektorkomponenten:

$$O = \frac{h\,\nu'}{c}\sin\Theta - m\,v\sin\varphi \tag{2.26}$$

(vgl. Abb. 26). Aus diesen Gleichungen kann letztlich berechnet werden, daß

$$\lambda' - \lambda = \frac{h}{m_0\,c}\,(1 - \cos\Theta), \tag{2.27}$$

wobei $\dfrac{h}{m_0\,c} = \lambda_0$ die „Compton-Wellenlänge" $= 24{,}2$ X ist (1 X-Einheit $\approx 10^{-11}$ cm). Nach Umformung gilt:

$$\lambda' - \lambda = 2\,\lambda_0 \sin^2\frac{\Theta}{2}. \tag{2.28}$$

Die Änderung von Wellenlänge und Restenergie des γ-Quants ist also abhängig vom Streuwinkel, wie experimentell bewiesen.

Die Energieverringerung der γ-Strahlung ist auch stark abhängig von der ursprünglichen Energie, da eine (beim gleichen Streuwinkel)

gleich große absolute Änderung der Wellenlänge bei kürzeren Wellenlängen, also höheren Energien, relativ größer wird. Nach dem Stoß
hat das γ-Quant die Energie:

$$E_\gamma = \frac{E_{\gamma_0}}{1 + (E_{\gamma_0}/m_0 c^2)(1 - \cos \Theta)} \qquad (2.29)$$

Dies bedeutet, daß bei $\Theta \sim 0$ keine Wechselwirkung vorliegt, während
bei hohen γ-Energien und dem Streuwinkel $\Theta = 90°$ E_γ gegen den Grenzwert $m_0 c^2$, bei $\Theta = 180°$ gegen den Grenzwert $m_0 c^2/2$ geht.

3. Paarbildung. Bei γ-Energien $> 2 m_0 c^2$ kann die Photonenergie
zur Bildung eines Negatrons und eines Positrons führen, welche Über-
schußenergie als kinetische Energie aufnehmen. Während beim Photon
das Verhältnis zwischen Impuls und Energie $\frac{p}{E} = \frac{h\nu/c}{h\nu} = \frac{1}{c}$ ist, gilt
für jedes Elektron $\frac{p}{E} = \frac{m v}{m c^2} = \frac{v/c}{c} = \frac{\beta}{c}$.

Da $\beta < 1$, wird nicht der ganze Impuls verbraucht, und der Rest muß
von einem Kern (oder Elektron) aufgenommen werden. Der Paarbil-
dungsabsorptionskoeffizient $\varkappa$ nimmt bis 1 MeV annähernd mit Z^2 zu,
um zwischen 1 bis 5 MeV annähernd linear mit Z zuzunehmen.

Der totale Absorptionskoeffizient μ sinkt zunächst mit zunehmender Energie, da τ und σ bei höherer Energie abnehmen, steigt aber später
wieder, da dann $\varkappa$ in den Vordergrund tritt (vgl. Abb. 69). Dieses ist
besonders der Fall bei Blei, das so ein hervorragender Absorber auch für
höchste γ-Energien ist. 17 g/cm², d.h. 1,5 cm Blei reichen aus, um auch
die energiereichste kollimierte γ-Strahlung auf die Hälfte herabzusetzen;
der Massenabsorptionskoeffizient von Blei ist bei tiefen und sehr hohen
γ-Energien dem leichterer Metalle erheblich überlegen.

Zur Messung des γ-Spektrums. Die Wellenlänge der γ-Strahlung
kann mittels der Energiedefinition für elektromagnetische Strahlung berechnet werden: $E = h\nu = hc/\lambda$; 1 MeV entspricht $1,6 \cdot 10^{-6}$ erg, 1 MeV-
γ-Strahlung hat die Wellenlänge $12,3 \cdot 10^{-11}$ cm ($\sim 12,3$ X). Als geeignetes Energiemaß kann die Ruhemasse des Elektrons benutzt werden
($m_0 c^2 = 9,108 \cdot 10^{-28}$ g $\cdot 8,988 \cdot 10^{20}$ cm² $= 8,19 \cdot 10^{-7}$ erg oder 0,51 MeV)
(genaue Werte im Tabellenanhang).

Bei nicht zu kurzen Wellenlängen (> 16 X) kann die Energie der
γ-Strahlung durch direkte optische Spektrographie mit Hilfe von
Kristallinterferenzen bestimmt werden. Bei geringen Wellenlängen und
geringen Ablenkungswinkeln ist die Ausbeute gering; starke Präparate
werden benötigt.

Für sehr hohe Energien (10 bis 15 MeV) kann die Paarbildungs-
strahlung zu γ-Spektrometern benutzt werden, da die Summe der kinetischen Energie von Elektron und Positron gleich $E_\gamma - 2 m_0 c^2$ sein muß.
Es handelt sich also darum, Elektron-Positron-„Koinzidenzen" zu

messen und gleichzeitig die Summe der Radien bei der Ablenkung im magnetischen Feld zu bestimmen.

Während die bisher beschriebenen Meßmethoden verhältnismäßig teuere Meßapparaturen erfordern, ist in gewöhnlichen radiochemischen Laboratorien das sog. Szintillationsspektrometer gebräuchlich zur Bestimmung von γ-Spektren mit geringerer Genauigkeit. Im „Detektor" [NaJ(Tl)-Kristall] wird die Energie der Photoelektronen (und Compton-Elektronen) in Lichtblitze („Szintillationen") umgewandelt. Die Anzahl der Lichtquanten ist proportional zur absorbierten γ-Strahlungsenergie. Diese Lichtblitze erzeugen ihrerseits Photoelektronen in der Photokathode eines „Photomultiplikatorrohres", die nach Beschleunigung sukzessive auf eine Reihe Elektroden auftreffen und aus diesen eine exponentiell zunehmende Anzahl Photoelektronen auslösen. So resultiert ein bedeutender photoelektrischer Strom, der — mit geeigneter elektronischer Schaltung verstärkt — einen Impuls in Form eines Spannungsabfalls über einen Widerstand ergibt. Die Höhe der Impulse ist proportional zu den γ-Energien, die auf diese Art bestimmt werden können. (Mehr über Szintillationsspektrometer in § 45.)

Kapitel 3

Kernreaktionen

Die Lehre von den induzierten oder binukleären Kernreaktionen (in Analogie zu bimolekularen chemischen Reaktionen) ist die Grundlage der Kern*chemie* im engeren Sinne.

Gerade auf diesem Gebiet sind theoretische Forschung und Fortschritte in der Arbeitsmethodik in den entscheidenden Experimenten eng miteinander verknüpft. Die Hauptentwicklung dieses Gebietes fällt in einen verhältnismäßig geringen Zeitraum, besonders in die Zeit 1930 bis 1940.

Einen entscheidenden Aufschwung nahm das Arbeitsgebiet nach der Entdeckung des Neutrons und der Möglichkeit, natürliche und künstliche Neutronenquellen herzustellen. Die nähere Untersuchung der neutroneninduzierten Reaktionen führte schließlich zur Entdeckung der Uranspaltung und der technischen Verwertung von Kernreaktionen.

17. Induzierte Kernreaktionen

In Analogie mit chemischen Reaktionen können Kernreaktionen auf folgende Art beschrieben werden:

Ein Ausgangskern A reagiert mit (einem Projektil) a und bildet einen Produktkern B, wobei ein Teilchen oder ein Quantum b ausgesendet und die Energie Q freigemacht oder absorbiert wird.

Eine annehmbare Schreibweise wäre $A + a \rightarrow B + b + Q$ oder im allgemeinen verkürzt zu $A(a, b) B + Q$. Wie bei den spontanen Kernreaktionen muß die Energie auch hier erhalten bleiben, jedoch kann der Folgekern B einen höheren Energieinhalt haben als A.

Als Projektile (a) für Kernreaktionen können leichte Kerne wie Protonen, Deuteronen, (Tritonen) oder α-Teilchen, neuerdings auch schwerere Kerne im Massenbereich 6 bis 20 verwendet werden; andererseits auch Neutronen und γ-Quanten. Die gleichen Partikel können den Platz von b einnehmen (selten das Deuteron). Bei diesen Prozessen muß die Verteilung der Gesamtenergie auf sämtliche Stoßpartner berücksichtigt werden und dieses geschieht in der sog. „Q-Gleichung": Bei der Reaktion des Kernes A mit dem Projektil a zum Kern B unter Aussendung des Teilchens b gilt (M: Masse des Nuklides = Kern + Elektronen):

$$Q = E_b \left(1 + \frac{M_b}{M_B} \right) - E_a \left(1 - \frac{M_a}{M_B} \right) - \frac{2 \sqrt{M_a\, E_a\, M_b\, E_b}}{M_B} \cos \delta \,, \quad (3.1)$$

wobei δ der Winkel zwischen der ursprünglichen Einfallsrichtung von a und der Ausgangsrichtung von b ist. (Hierbei wird A als ursprünglich in Ruhe angenommen.) In einem isolierten System ergibt sich (3.1) aus den Sätzen der Erhaltung von Energie und Impuls. Im System erhalten bleiben auch die Summen der Kernladungs- und Massenzahlen; die Statistik und die Parität (bei starken Wechselwirkungen) (vgl. § 4), sowie der Gesamt-Drehimpuls. — Die Gl. (3.1) erlaubt also die Bestimmung von Reaktionsenergien, etwa mit Hilfe von Bahnspuren in der Wilson-Kammer (s. u.).

Außerdem können in gewissen Fällen erhebliche Teile der beschossenen Kerne entfernt werden (Spallation, § 20) oder diese in zwei Teile vergleichbarer Größe zersprengt werden (Kernspaltung, § 23).

Die verschiedenen Reaktionsmöglichkeiten sind auf Seite 348 zusammengefaßt, aus welcher die Änderung von Kernladung und Masse bei der entsprechenden Reaktion hervorgeht. Offenbar gibt es mehrere Möglichkeiten, um von einem Kern zu einem anderen zu gelangen, so sind beispielsweise (n, γ)-Reaktionen gleichwertig mit (d, p)-Reaktionen.

Die erste echte binukleare Kernreaktion („künstliche Kernumwandlung") wurde 1919 von RUTHERFORD entdeckt. Stickstoff in einem abgeschlossenen Behälter wurde mit α-Strahlen von Radium-C' (7 MeV kinetischer Energie) bestrahlt. Bei geeigneten Abstand- und Absorberverhältnissen können diese α-Teilchen nicht mehr auf einem Zinksulfidszintillationsschirm wahrgenommen werden. Man beobachtete jedoch seltene Lichtblitze, die infolgedessen von Teilchen größerer Reichweite herrühren mußten; wie sich herausstellte, von Protonen, die durch eine

Kernreaktion entstanden waren (s.u.). Es wurde folgende (α, p)-Reaktion angenommen: $^{14}_{17}\mathrm{N} + ^4_2\mathrm{He} \rightarrow ^{17}_8\mathrm{O} + ^1_1\mathrm{H} + Q$, die veranschaulicht werden konnte durch eine Aufnahme in der Wilsonschen Nebelkammer.

In der *Nebelkammer* nach WILSON (1911) wird der Umstand ausgenutzt, daß bei Übersättigung eines Gases (wie Luft; Edelgas) mit einem Dampf (wie Wasser; Alkohol), hervorgerufen z. B. durch adiabatische Expansion (mittels Kolben oder Membrane) Tropfenbildung an Kondensationskernen auftritt. Als solche dienen die durch radioaktive Strahlung (oder Rückstoßstrahlen) erzeugten Gasionen und so wird die Bahn der Strahlen als Nebelspur sichtbar gemacht (vgl. z.B. Abb. 11 und 33).

Vergleichbar ist die Funktionsweise der *Blasenkammer* (GLASER 1952), in welcher der Strahl Dampfblasen aus einer überhitzten Flüssigkeit auslöst. Als solche wird vorzugsweise verwendet: Propan, Xenon (Dichte: 2,3) und Wasserstoff (27 °K, 6 atm), welcher leichte Auswertung der Bahnen [Gl. (3.1)] ermöglicht.

Als Vorteile (gegenüber der Nebelkammer) sind zu nennen: Stärkere Absorption energiereicher Strahlung; geringere Gefahr, daß die Spuren durch Strömung des Mediums verzerrt werden; kurze „Blockierungszeit" ($<$ 1 sec) nach einer Aufnahme. Gegenüber Kernphotoemulsionen (§ 46) hat die Blasenkammer den Vorteil, daß das Bild wegen der kürzeren Dauer der Registrierfähigkeit kaum durch unerwünschte Spuren gestört ist. Von großer Bedeutung ist die Blasenkammer bei der Entdeckung und Erforschung neuer Elementarteilchen (§ 8).

Es wurde beobachtet, daß α-Strahlen in sehr wenigen Fällen (für die Beobachtung von acht derartigen Prozessen wurden 23 000 Aufnahmen gemacht, und die Spuren von 415 000 α-Strahlen untersucht) einen Stickstoffkern getroffen hatten, wobei die Nebelspur sich aufteilte in ein kurzes Stück (Spur des Sauerstoffkernes) und eine lange Spur, die dem Proton zuzuschreiben war, wie mittels Impuls- und Energiesatz bewiesen werden konnte.

Mit Hilfe der massenspektrometrisch genau bestimmten Massen der an der Reaktion teilnehmenden Kerne konnte die Energiebilanz der Reaktion aufgestellt werden. Es zeigte sich, daß die Summe der Massen für N-14 und He-4 etwas geringer ist als die für die Massen O-17 und H-1; dieser Massenunterschied entspricht einer negativen Reaktionsenergie von 1,12 MeV, die Reaktion ist also „endotherm".

Ein historisch interessantes Beispiel ist die Umwandlung von Li-7 mit Protonen, wobei zwei Heliumkerne entstehen. Es war dies die erste künstlich durchgeführte Kernreaktion (COCKROFT und WALTON 1932). Im Gegensatz zur oben erwähnten Umwandlung von Stickstoff in Sauerstoff ist diese Reaktion mit einer großen positiven Wärmetönung verbunden.

Die Masse zweier Heliumkerne ist um 18,53 TME geringer als die Summe der Massen von Li-7 und H-1. Dies entspricht einer Energie von 17,3 MeV, woraus sich nach Multiplikation mit dem kalorimetrischen Äquivalent ($3,8 \cdot 10^{-14}$ cal/MeV) und der Loschmidtschen Zahl für die molare Reaktionswärme $4 \cdot 10^{11}$ cal ergibt. Da eine normale chemische

Reaktionswärme wie z. B. die Verbrennung von Kohlenstoff mit Sauerstoff zu Kohlendioxyd in der Größenordnung 10^5 cal liegt, ist diese nukleare Reaktion um den Faktor $4 \cdot 10^6$ energiereicher: Die Umwandlung von 7 g Li entspricht also der Verbrennung von 50 t Kohle.

Die Reaktion kann ebenfalls qualitativ und quantitativ am besten veranschaulicht werden durch Nebelkammeraufnahmen: Hierbei zeigt sich, vom bestrahlten Li ausgehend, die Aussendung zweier energiereicher α-Strahlen.

18. Der Zwischenkern; Kernenergieniveaus; Wirkungsquerschnitt

Bei *hoher* Anregung eines Kernes gibt das Kernschalenmodell keine geeignete Beschreibung der vorliegenden Verhältnisse; die Energieniveaus sind dem Kern in seiner Gesamtheit zuzuordnen (d.h. auch dem „Zwischenkern" (s. unten), der sich nach Wechselwirkung mit Nukleonen oder γ-Quanten bildet).

Während bei der Wechselwirkung mit der Elektronenhülle einfallende Teilchen mit einem einzigen Elektron kollidieren können, sind ähnliche Vorgänge beim Atomkern wegen dessen „dichter" Struktur nicht möglich. Eine Ausbreitung der Stoßenergie auf die gesamten Nukleonen des Kernes geschieht sehr schnell, und während einer begrenzten Zeit liegt der Kern in „angeregtem" Zustand vor. Die Zeit ist von der Größenordnung 10^{-17} sec oder mehr, eine lange Zeit, verglichen mit der, die ein Teilchen braucht um den Kern zu durchqueren (10^{-12} cm/10^9 cm sec^{-1} $= 10^{-21}$ sec).

Dieser „Zwischenkern" (Compound nucleus, N. Bohr 1935) kann seine Anregungsenergie auf verschiedene Arten abgeben mit bestimmten Wahrscheinlichkeiten für verschiedene Übergänge, unabhängig davon, wie er gebildet worden ist. Dieses kann gezeigt werden an der Bildung des Zwischenkernes Zn-64 (angeregt), bei dem die Wahrscheinlichkeiten für die verschiedenen Zerfallsarten nur abhängig vom Energieinhalt sind, dagegen unabhängig davon, ob der Kern durch Bestrahlung von Cu-63 mit Protonen oder von Ni-60 mit α-Teilchen gebildet wurde (Abb. 27). Ein anderes Beispiel ist angeregtes Al-28, welches durch Protonenaussendung in Mg-27, durch α-Teilchenaussendung in Na-24, durch γ-Emission in Al-28 oder durch Emission zweier Neutronen in Al-26 übergehen kann. Dieses bedeutet also, daß die Reaktion auf folgende Art vonstatten geht: $A + a \to C \to B_1 + b_1 + Q_1$ oder aber $C \to B_2 + b_2 + Q_2$ usw.

Man unterscheidet zwischen „gebundenen" Niveaus, deren Energien unterhalb der Bindungsenergie des am wenigsten gebundenen Nukleons liegen und darüber liegenden „virtuellen" Niveaus, von denen aus die „Deexcitation" des Kernes durch Aussendung von Nukleonen erfolgen kann. Mit zunehmender Anregungsenergie erhöht sich die Niveaudichte.

Die Kern-Energieniveaus machen sich unter anderem bemerkbar beim Einfang von Nukleonen. Hierbei bildet sich ein Zwischenkern mit einer Anregungsenergie entsprechend der Massendifferenz $(A + a) - C$ zuzüglich der kinetischen Energie des zugeführten Nukleons (berechnet nach Schwerpunktskoordinaten); der sich ergebende Gesamtbetrag kann gerade mit einem Niveau des Zwischenkernes zusammenfallen. In diesem Fall geht die Kernreaktion mit hoher Ausbeute vonstatten: „Resonanz" liegt vor, und aus den zu den Resonanzlinien gehörenden Energien können die Kernniveaus bestimmt werden. Ein Beispiel ist die Reaktion Al-27(p, γ)Si-28, bei der bei Variation der Protonengeschwindigkeit scharfe Maxima der Intensität der ausgesandten γ-Strahlung beobachtet werden können (Abb. 28).

Kern-Energieniveaus sind nicht ganz scharf, sondern haben eine gewisse Breite, gegeben durch die Heisenbergsche Unschärfebeziehung, gemäß welcher die Unbestimmtheit des Produktes zweier „konjugierter" Variabler den Wert

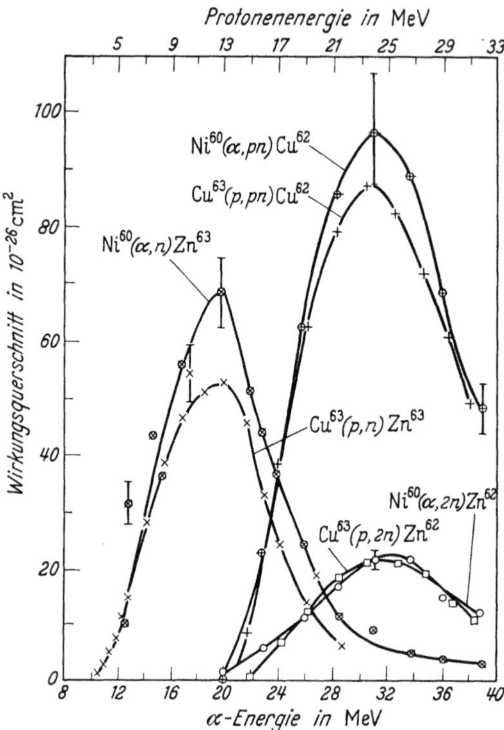

Abb. 27. Die verschiedenen Zerfallswahrscheinlichkeiten des Zwischenkernes (Zn-64)* (nach GHOSHAL) (abhängig von der Anregungsenergie; unabhängig davon, ob durch Aufnahme von α oder p entstanden)

$h/2\pi$ hat. Dieses gilt auch für die Unbestimmtheit der Energie (Niveaubreite Γ) und der Zeit (mittlere Lebenszeit τ), während derer der Energiezustand vorliegen kann:

$$\Gamma \cdot \tau = \frac{h}{2\pi} \tag{3.2}$$

Zur Größenordnung der Beträge: Der Zahlenwert der „Wirkung" $h/2\pi$ ist $0{,}65 \cdot 10^{-15}$ eV sec, das bedeutet bei mittleren Lebenszeiten von 10^{-15} sec eine „Unschärfe" der Energie von 0,65 eV.

Die zu angeregten Zuständen meßbarer Lebensdauer (§ 15) gehörenden Niveaus können trotz ihrer geringen Breite beobachtet werden, z. B. mittels „Kernresonanzfluorescenz". Wenn ein γ-Quant, ausgesandt von einem angeregten Kern, einem scharf definierten Übergang: Anregungszustand → Grundzustand entsprechend, auf einen zweiten, völlig gleichen Kern trifft, kann Resonanzabsorption und Aussendung von Streustrahlung eintreten.

Im allgemeinen bewegt sich jedoch der aussendende (wie auch der getroffene) Kern auf Grund des Impulses des γ-Quantes (Rückstoß). Die hierdurch auftretenden Änderungen der kinetischen Energie — die Rückstoßenergie $\sim 10^{-3}$ eV übertrifft die Linienbreite mit vielen Zehnerpotenzen — ließen bisher Resonanzfluorescenz nur unter schwierigen Bedingungen (schnelle Relativbewegung von Strahler und Absorber) erzielen.

1958 fand MÖSSBAUER, daß „rückstoßfreie" Absorption beobachtet werden kann, wenn die Kerne fest „verankert" sind in einem tiefgekühlten Kristallgitter,

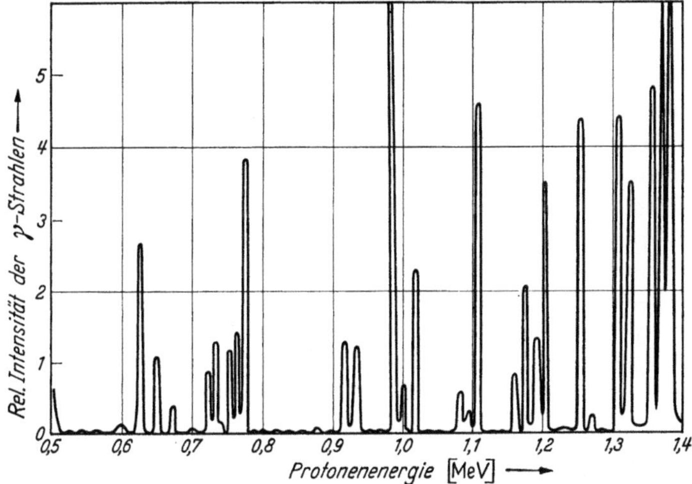

Abb. 28. Ausbeute der Reaktion Al-27 (p, γ) Si-28 in Abhängigkeit von der Protonenenergie (nach BROSTRÖM, HUUS und TANGEN)

das *als ganzes* den Rückstoßimpuls (mit verschwindender Energie) aufnimmt. Dann reichen Relativbewegungen von Quelle und Absorber in der Größenordnung cm/min aus, um die Resonanz verschwinden zu lassen. Hierbei sind noch Frequenzänderungen von $5 \cdot 10^{-16}$ nachweisbar. Der Mössbauer-Effekt ist an mehreren Isomeren beobachtet worden; häufig untersucht ist das durch (Co-57) β^+ entstehende (Fe-57)*, 14 keV, $\sim 10^{-7}$ sec HZ, $\Gamma \sim 10^{-8}$ eV. Der Effekt hat große Bedeutung erlangt, unter anderem bei der Prüfung der allgemeinen Relativitätstheorie (Einwirkung des Gravitationsfeldes auf γ-Quanten, gezeigt durch Frequenzerhöhung beim (zur Erdoberfläche) senkrechten Fall); bei der Untersuchung der atomaren Beweglichkeit in flüssigen und festen Stoffen.

Wenn die Anregungsenergie eines Kerns den Betrag von 15 MeV übersteigt, können mehrere Nukleonen ausgesandt werden. Man kann hier vom „Verdampfen" des Kernes und von „Kerntemperaturen" sprechen, 1 eV Anregungsenergie entspricht etwa 11 000 °C.

Die Ausbeute von Kernreaktionen mit Ionen nimmt stark zu mit deren Energie, da sich auch hier der Einfluß eines Coulomb-Walles (§ 11) geltend machen muß, der seinerseits mit der Kernladungszahl zunimmt.

Die Ausbeute von Kernreaktionen wird durch den „Wirkungsquerschnitt" angegeben.

Wenn ein Strom bestrahlender Teilchen eine Probe durchsetzt, ist die relative Verminderung des Flusses Φ abhängig von der Dicke (dx) der Schicht, der Anzahl (n) der in der Volumeneinheit vorhandenen Atome und schließlich von einer Materialkonstante, eben dem „mikroskopischen Wirkungsquerschnitt" σ:

$$-\frac{d\Phi}{\Phi} = \sigma n \, dx. \tag{3.3}$$

(Wenn man $\sigma \cdot n$ zusammenfaßt zu Σ, entsteht die übliche Absorptionsgleichung, bei der Σ, der „makroskopische Wirkungsquerschnitt", den Absorptionskoeffizienten darstellt, vgl. § 16.) Die Einheit des Wirkungsquerschnittes σ ist 10^{-24} cm², auch „barn" genannt, gemäß dem englischen Wort für Scheune (Scheunentor), was nach kernphysikalischen Gesichtspunkten ein großer Wirkungsquerschnitt ist, praktisch identisch mit dem geometrischen Querschnitt des Atomkerns (Fläche der „Zielscheibe").

Zur Veranschaulichung des Begriffes Wirkungsquerschnitt folgt eine Abschätzung der Absorberdicke, die den Fluß auf $^1/_{10}$ herabsetzt („Dezimierungsdicke"):

Wenn der Fluß nach dem Passieren des Absorbers auf $I = I_0 e^{-\sigma n x}$ gesunken ist, so ist offenbar die Anzahl $I_0(1 - e^{-\sigma n x})$ steckengeblieben, hat also in irgendeiner Form reagiert. Da $e^{-1,8} = 0,1$ gefordert und n gewöhnlich etwa $0,05 \cdot 10^{24}$ cm⁻³ beträgt, liegt Abnahme auf 10% vor bei $\sigma x = 36$ cm⁻¹; d.h. 36 barns bei 1 cm Absorberdicke.

Der „Gesamt"-Wirkungsquerschnitt setzt sich zusammen aus der Wirkung der Streuung und der eigentlichen Absorption, welche zu neuen radioaktiven Nukliden („Aktivierungsquerschnitt") führen kann.

19. Beschleuniger für Kernumwandlungen

Zur Erzeugung eines Stromes hochenergetischer Ionen (oder Elektronen) für Kernreaktionen und zur Untersuchung des Kernfeldes dienen Apparate, welche zum Teil erheblich höhere Intensität geben als natürlich radioaktive Stoffe, darüber hinaus auch zu erheblich höheren Teilchenenergien führen können.

Durch Ionisation von H, D oder He mit folgender Beschleunigung in elektrischen (und magnetischen) Feldern können Protonen-, Deuteronen- und α-Strahlen hergestellt werden. Die Intensität der Strahlung ist jedoch bedeutend größer als die von natürlich radioaktiven Präparaten, die bislang verwendet wurden. 1 mA Heliumionen entspricht $3 \cdot 10^{15}$ α-Teilchen/sec, also etwa der α-Strahlung von 100 kg Radium.

Die Beschleunigung kann entweder in einer einzigen Beschleunigungsstrecke (Kaskadengenerator, Van de Graaff-Bandgenerator), oder wiederholt (Linear-Accelerator) auf das Teilchen einwirken, wobei bei gleichzeitig normal zur Teilchenbahn angelegtem Magnetfeld Kreis- oder Spiralbahnen entstehen (Zyklotrone in ihren verschiedenen Formen).

Das erste Prinzip liegt vor in der Anlage nach COCKROFT und WALTON, die eine Anzahl Hochspannungsgleichrichter (Kondensatoren und Ventilrohre) in Serie verwendet, und ihre gesamte Gleichspannung von maximal 4 MV in einem Beschleunigungsrohr auf die Ionen wirken läßt. Die maximale Stromstärke bei dieser Spannung beträgt 3 mA, wovon $1/_3$ durch die gewünschten Ionen und der Rest durch Elektronen getragen wird. Die Spannung kann beliebig variiert und mit ($\sim 1\%$) Genauigkeit konstant gehalten werden, welches ein Vorteil ist bei genauen kernphysikalischen Experimenten wie z.B. der Bestimmung des Wirkungsquerschnittes als Funktion der Teilchenenergie.

Noch höhere Spannungen werden im *Van de Graaff-Generator* erzielt [10 MeV, 0,3 mA auf 0,1% konstant, davon 1% Ionenstrom]. In diesem Apparat wird elektrische Ladung auf ein Band aus isolierendem Material, wie z.B. Gummi, aufgesprüht, das mit Geschwindigkeiten bis zu 100 km/h die Ladung ins Innere einer großen isolierten Metallkugel transportiert und dort durch Absprühen wieder abgibt. Hierdurch erhält die Hohlkugel eine hohe Ladung, die zur Beschleunigung von Ionen verwendet werden kann. Die erreichbare Spannung wird durch die Gefahr des Überschlags begrenzt, weshalb das ganze System zweckmäßigerweise in einem Drucktank unter etwa 5 Atmosphären Stickstoff oder organische Fluorverbindungen gesetzt wird.

Bei den folgenden Apparaten werden elektrische Wechselfelder zur Beschleunigung der Teilchen benutzt: Im *Linear-Beschleuniger* passiert der Ionenstrahl mehrere Rohrstümpfe (Hohlelektroden an Wechselspannung), deren Längen so gewählt werden, daß das Ion trotz zunehmender Geschwindigkeit in Resonanz mit der Spannung bleibt. Bei hohen Teilchengeschwindigkeiten werden hohe Frequenzen benötigt, wie sie in den Generatoren der Radartechnik erzeugt werden. Diese Acceleratoren sind besonders geeignet zur Beschleunigung schwerer Ionen (Beispiel: 200 MeV Neonionen).

Das Prinzip des *Zyklotrons* beruht auf dem Zusammenwirken von magnetischen und elektrischen Feldern. Im konventionellen Zyklotron wird der Ionenstrahl in der Mitte des Apparates injiziert und geht zwischen (zwei) D-förmigen Elektroden über, zwischen denen ein periodisch wechselndes Feld herrscht. Die Elektroden befinden sich in einer Vakuumkammer zwischen den Polschuhen eines großen Magneten. Wenn die Ionen beim Übergang von der einen zur anderen Hälfte beschleunigt werden, wächst sowohl die Geschwindigkeit wie auch der Durchmesser der Kreisbahn, die unter dem Einfluß des Magnetfeldes beschrieben wird, und es resultiert eine spiralförmige Bahn (Abb. 29).

Die Wechselspannung wird mit einem Kurzwellenradioszillator für etwa 10 bis 30 Megahertz erzeugt. Bei hohen Geschwindigkeiten wird die Beschleunigung beschränkt durch die relativistische Massenerhöhung, welche dazu führt, daß die Ionen nicht mehr synchron mit der Radiofrequenz den Zwischenraum zwischen den Halbelektroden passieren.

Die Funktionsweise des Zyklotrons kann mit einigen einfachen Formeln verdeutlicht werden:

1. Die Gleichgewichtsbedingung für die Bahn eines elektrisch geladenen Teilchens innerhalb eines transversalen Magnetfeldes, d.h. das Gleichgewicht zwischen der Zentrifugalbeschleunigung und der Lorentz-Kraft lautet (§ 1):

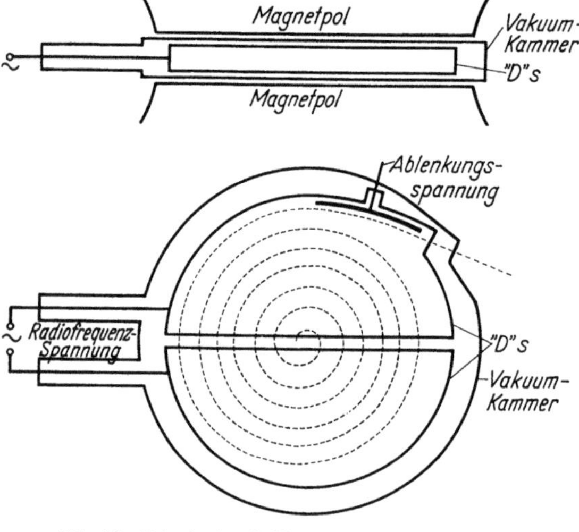

Abb. 29. Prinzip des Zyklotrons (nach LAWRENCE)

$$m\,v^2/r = \mathrm{evH}. \qquad (3.4)$$

Folglich gilt für die Winkelgeschwindigkeit:

$$\omega = v/r = \mathrm{eH}/\mathrm{m}. \qquad (3.5)$$

Sie ist proportional zur Hochfrequenz f, die an den Elektroden des Zyklotrons liegt ($\omega = 2\pi f$). Zur Erfüllung von (3.4) muß $H = \dfrac{2\pi f}{e/m}$ sein, was bei $f = 10^7$ Hertz für Deuteronen ($e/m = 4789$) ein Magnetfeld von 13120 Örsted erfordert.

2. Die Geschwindigkeit bei einem Bahnradius von 50 cm wird: $v = \mathrm{erH}/\mathrm{m} = 4798 \cdot 50 \cdot 1{,}312 \cdot 10^4 = 3{,}15 \cdot 10^9$ cm sec^{-1}. Hierbei beträgt die kinetische Energie des Deuterons 10,8 MeV.

Um die volle Beschleunigung des Zyklotrons auszunutzen, muß der Ionenstrahl auf seiner Bahn gehalten und es muß verhindert werden, daß die umlaufenden Ionen sich zu sehr der Elektrodenbegrenzung in der Vertikalebene nähern. Dieses wird durch (im inneren Drittel effektive) elektrische Fokussierung bei der Passage zwischen den Elektroden erreicht, da hier die Feldlinien so verlaufen, daß die Wirkung einer Bikonvexlinse vorliegt. An der äußeren Kante des Zyklotrons wird außerdem magnetische Fokussierung erreicht (durch den speziellen Verlauf der magnetischen Feldlinien), die durch absichtliche Verzerrung des Magnetfeldes weiter ins Innere ausgedehnt werden kann.

Dem gewöhnlichen Zyklotron ist durch relativistische Massenzunahme (von $\sim 1\%$) der Teilchen bei etwa 10 MeV/Masseneinheit eine Grenze gesetzt. Um höhere Energien zu erreichen, wird im „*Synchrozyklotron*" dem Massenzuwachs durch eine bei konstantem Magnetfeld zeitlich abnehmende Hochfrequenz (Frequenzmodulation) Rechnung getragen. Beim Synchrozyklotron können nur Teilchen eines verhältnismäßig engen Energiebereiches beschleunigt werden, die Stromstärke (zeitlicher Mittelwert von Strom„stößen") — liegt infolgedessen nur in der Größenordnung μA statt mA. Die bisher erreichte maximale Protonenenergie ist 720 MeV (148″ Berkeley-Zyklotron, 4300 t-Magnet).

Die weitere Entwicklung führte zum „*Protonensynchrotron*", in welchem die Hochfrequenz und das inhomogene Magnetfeld während

Abb. 30. Das Cosmotron (Brookhaven National Laboratory, USA)

des Beschleunigungsvorganges zeitlich zunehmen. Auf diese Art werden die Teilchen auf einer Kreisbahn gehalten und wegen des konstanten Radius kann Magnetmaterial eingespart werden. Auch beim Synchrotron ist nur ein kurzer Impulsstoß möglich, und die mittleren Stromstärken sind um drei Zehnerpotenzen kleiner als beim Synchrozyklotron, die Energien jedoch erheblich höher [Brookhaven, USA: „Cosmotron": 3 Milliarden Volt (GeV) (9 m Bahnradius) (vgl. Abb. 30); Berkeley, USA: „Bevatron": 6,3 GeV (15 m Bahnradius)]. Erhebliche Vorbeschleunigungen der Protonen mittels Van de Graaff-Generator oder Linear-Beschleuniger sind notwendig. Bei konstantem Bahnradius muß bei der Beschleunigung von Protonen von 10 MeV auf

10 GeV die Feldstärke etwa um den Faktor 50 steigen, auch ist eine Frequenzmodulation um den Faktor 30 notwendig. Der Ringmagnet ist üblicherweise in kleinere Stücke unterteilt, wodurch Beschleunigungsstufen untergebracht werden können. Im Bevatron ist das gesamte Magneteisengewicht 13000 t, also geringer als in einem entsprechenden Synchrozyklotron.

Für die Verzehnfachung der Teilchenenergie nach dem Synchrotronprinzip würde auch das Gewicht des Magneten um den entsprechenden Betrag zunehmen. Es läßt sich jedoch wieder eine Einsparung erzielen durch Verwendung des sog. „alternierenden Gradienten". In diesem Fall wird der Magnetring in einzelne Sektoren geteilt, in welchen die magnetische Fokussierung abwechselnd senkrecht und waagerecht wirkt. Nach diesem Prinzip ist das Gerät des CERN (Genf) für 25 GeV gebaut mit einer verhältnismäßig kleinen Vakuumkammer von $8 \cdot 12$ cm Querschnitt. Der Radius des Umlaufkreises ist 100 m, und das gesamte Eisengewicht der Magnete nur 4000 t. Die Baukosten einer solchen Anlage betragen etwa 100 Millionen Mark, nur etwa doppelt soviel wie die der größten Protonensynchrotrone ohne alternierenden Gradienten. Mit diesen Maschinen ist Annäherung an Teilchenenergie von 10^{11} eV möglich, wodurch der Anschluß an die untere Grenze der Energien der Höhenstrahlung erreicht ist.

Schließlich sei kurz die *Beschleunigung von Elektronen* besprochen:

Hier stehen zwei verschiedene Maschinen zur Wahl, einerseits das Betatron (Maximalenergie 350 MeV), andererseits das Elektronensynchrotron (Maximalenergie etwa 10 GeV). Die Herstellung von β-Strahlen sehr hoher Energie spielt unter anderem eine Rolle zur Erzeugung sehr harter γ-Strahlen, die für Kernphotoreaktionen benutzt werden können.

Das *Betatron* arbeitet nach dem Prinzip des Transformators: Ein Wechselstrom durchfließt die Primärwicklung, und induziert in der Sekundärwicklung einen Strom. In diesem Fall ist in der „Sekundärwicklung" eine „Elektronenwolke" in einer ringförmigen Vakuumkammer (zwischen den Polschuhen eines wechselstromgespeisten Elektromagneten) enthalten und diese Elektronen bewegen sich als Folge der Induktion mit konstantem Radius. Die induzierte Spannung ist gegeben durch

$$E\, 2\pi\, R = d\,\Phi/dt, \tag{3.6}$$

wobei R der Radius, Φ der magnetische Fluß und E die induzierte elektrische Feldstärke ist. Beschleunigung durch die magnetische Induktion auf der Bahn mit dem Radius R liegt vor, wenn $eE = \dfrac{d}{dt}\,(mv)$.

Unter Benutzung von (3.6) bzw. (3.4) gilt dann:

$$\frac{e}{2\,\pi\,R}\,\frac{d\,\Phi}{dt} = e\,R\,\frac{d\,H}{dt}\,, \tag{3.7}$$

woraus letztlich folgt, daß

$$\Phi = 2\,\pi\,R^2\,H \tag{3.8}$$

ist, die sog. Betatronbedingung.

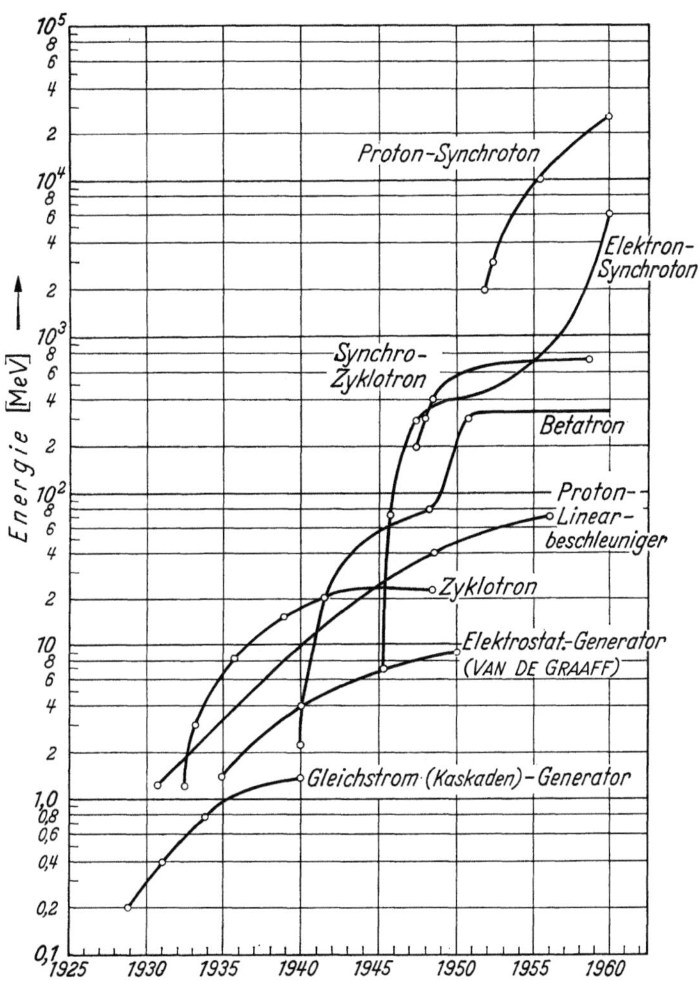

Abb. 31. Die mit verschiedenen Beschleunigern erhaltenen Teilchenenergien (nach LIVINGSTONE)

100 MeV-Elektronen können mit Magneten von 130 t und Feldstärken von 4000 Gauß erzielt werden; die maximalen Elektronenenergien, die bisher nach diesem Prinzip erhalten wurden, betragen 340 MeV.

Das Elektronensynchrotron arbeitet nach dem gleichen Prinzip wie das weiter oben besprochene Protonensynchrotron. Auch hier werden die höchsten Energien (6000 MeV) durch Verwendung eines alternierenden Gradienten erreicht.

Die mit Fortschreiten der Entwicklung mit Beschleunigern erhaltenen Energien sind in Abb. 31 dargestellt.

20. Kernreaktionen, hervorgerufen durch Ionen und γ-Quanten

Der Wirkungsquerschnitt der Reaktionen mit „geladenen" Teilchen nimmt mit der Partikelenergie zu, da der Coulomb-Wall mit höherer Energie des eintreffenden Teilchens leichter überwunden wird. Darüber hinaus kann jedoch auf Grund der diskreten Kernenergieniveaus Resonanz bei verhältnismäßig tiefen Partikelenergien eintreten, welches besonders bei (p, γ)-Reaktionen leicht beobachtet werden kann.

Reaktionen mit α-Teilchen

Dieser Reaktionstyp war vor der Entwicklung ausreichender Acceleratoren (vgl. § 19) der einzig zugängliche. Das klassiche Beispiel N-14 (α, p) O-17 ist bereits besprochen. Ein anderes Beispiel ist die Umwandlung des ebenfalls noch leichten Kernes Al-27 (α, p) Si-30. Bei der Betrachtung der entsprechenden Protonen in der Nebelkammer zeigten sich Gruppen definierter Reichweite (Resonanzniveaus im Zwischenkern).

Praktisch größere Bedeutung haben die (α, n)-Reaktionen: Hier spielt besonders die Reaktion Be-9 (α, n) C-12 eine Rolle. (Reaktionsenergie: 5,75 MeV). Die Reaktion ist für Neutronenquellen (vgl. § 21) zu verwenden.

Entdeckung der künstlichen Radioaktivität

(α, n)-Reaktionen führten zur Entdeckung der künstlichen Radioaktivität (CURIE und JOLIOT 1934). Bei Bestrahlung von Bor mit α-Teilchen wurden sowohl Neutronen wie Positronen festgestellt. Die ursprüngliche Annahme einer $(\alpha; n, e^+)$-Reaktion war nicht stichhaltig, als gezeigt wurde, daß die Strahlung auch anhielt, nachdem die Strahlungsquelle entfernt worden war, und daß die „induzierte Radioaktivität" exponentiell mit der Zeit abfiel. Daß Kernumwandlungen vorgelegen hatten, konnte auf chemische Art bewiesen werden. Nach der Bestrahlung von BN mit α-Strahlen wurde durch Zusatz von Natronlauge Stickstoff als Ammoniak freigemacht und gezeigt, daß die induzierte Radioaktivität einem Stickstoffisotop zugehörte. Als erste wurden die (α, n)-Reaktionen B-10 $\rightarrow$ N-13; Al-27 $\rightarrow$ P-30; Mg-24 $\rightarrow$ S-27 aufgefunden, die zu Radionukliden mit HZ zwischen 5 sec und 10 min führten.

Protoneninduzierte Kernreaktionen

Ein hierbei häufig untersuchter Kern ist Li-7, bei dem drei verschie-dene Reaktionen — (p, α), (p, n) und (p, γ) — gefunden worden sind. In allen Fällen kann die Bildung des angeregten Zwischenkerns Be-8 angenommen werden, der entweder in zwei He-4, in Be-7 (radioaktiv) oder in den Grundzustand von Be-8 zerfallen kann. (Auch letzterer zerfällt in zwei He-4.) Die Wahrscheinlichkeiten der verschiedenen Zer-fallswege von Be-8 (angeregt) hängen — außer von der Anregungs-energie — davon ab, welche Werte für Drehimpuls (und welche Parität) dem entsprechenden Niveau zukommen, insbesonders relativ zu den ver-schiedenen möglichen Zerfallsprodukten. So muß z.B. — wegen Hin-derung des Zerfalls in 2 He-4 — der mit 17,63 MeV angeregte Zustand statt dessen durch Aussendung von γ-Quanten von maximal 17,63 MeV in den Grundzustand übergehen, und so können sehr energiereiche γ-Strahlen, geeignet für „Kernphotoreaktionen" (s. unten) erzeugt werden.

Auch B-11 kann nach Protoneneinfang in (drei) α-Partikel zerfallen, da als hochangeregter Zwischenkern sogar C-12 mit großem Energie-gewinn in die besonders stabilen He-4-Kerne übergehen kann.

(p, p)-Prozesse, also unelastische Streuung von Protonen an Kernen führen manchmal zu isomeren Kernen und können so auch als indu-zierte Kernreaktionen betrachtet werden.

(p, n)-Prozesse verlaufen an und für sich leichter, da das Neutron keinen Coulomb-Wall überwinden muß. Sie sind jedoch stets endotherm: Der Massenunterschied zwischen dem leichteren Proton und dem schwe-reren Neutron muß ja von der kinetischen Energie des Projektils (E_p) bestritten werden. Der gebildete Kern kann unter Positronenstrahlung zerfallen, wenn E_p die n-p-Massendifferenz (abzüglich der Ruhemasse eines Elektrons) und die Paarbildungsarbeit bestreitet; sonst tritt K-Einfang ein.

Die entsprechenden Zahlenwerte sind leicht mit Hilfe der atomaren Massen-Energie-Skala zu erhalten. Das *Atom A′* wandelt sich durch den (p, n)-Prozeß in das *Atom B′* um, jedoch abzüglich eines Hüllenelektrons. Das Energieäquivalent des Massenunterschiedes $[p - (n - e)]$ beträgt 0,78 MeV. Dieses ist in jedem Fall die untere Grenze des Absolutbetrages der negativen Energietönung. — Der Kern B ist stets instabil (isobar zu A, $\Delta Z = 1$) und meist einer β^+-Umwandlung unterworfen. Für einen K-Strahler gilt: $|Q| > 0,78$ MeV $+$ Bindungsenergie des K-Elektrons; für einen Positronenstrahler: $|Q| > (0,78 + 1,02$ MeV$)$.

Ein Beispiel ist die Reaktion Li-7 (p, n) Be-7, die eine nega-tive Reaktionsenergie von 1,646 MeV und — gemäß Impulssatz $\left(\text{Schwellenenergie} \sim - Q\left(\dfrac{M_a + M_A}{M_A}\right)\right)$ einen Schwellenwert von 1,88 MeV hat.

Deuteroneninduzierte Reaktionen

Da die Bindungsenergie des Deuterons klein ist (2,23 MeV), sind deuteroneninduzierte Reaktionen im allgemeinen exotherm, denn bei der Aufnahme eines Nukleons des Deuterons in einem Kern wird mehr Energie frei als zur Zerlegung des Deuterons verbraucht wird.

(d, α)-Reaktionen sind möglich bei leichten Kernen. Sie verändern nicht das Neutronen-Protonen-Verhältnis, und es brauchen keine radioaktiven Kerne zu entstehen. Von wichtigen Reaktionen seien die der beiden Li-Isotope erwähnt.

Li-6 (d, α) führt zur Bildung der stabilen He-4-Kerne. Diese Reaktion ist mit der großen Energieentwicklung von 22 MeV verknüpft mit einer Luftreichweite von 13,4cm pro Heliumkern.

Li-7 (d, α) führt ebenso zu zwei He-4-Kernen, doch wird außerdem ein Neutron frei. Die gesamte Reaktionsenergie ist 14,6 MeV, und die Neutronenenergie kann bis zu 13 MeV betragen. So ist also die Bestrahlung von Lithium mit Deuteronen eine sehr geeignete Art, energiereiche Neutronen herzustellen (vgl. § 21). Der Prozeß kann auch als eine (d, n)-Reaktion aufgefaßt werden.

(d, p)-Reaktionen. Diese Reaktionen haben einen hohen Wirkungsgrad und sind eigentlich maskierte Neutronenadditionen, da das Deuteron im Kernfeld polarisiert wird, so daß das Neutron in den Kern eindringt und das Proton reflektiert wird. Die Gesamtwirkung dieses *Oppenheimer-Phillips*-Prozesses ist also einem Neutroneneinfang (n, γ) vergleichbar. Mit Deuteronen von 14 MeV kann der (d, p)-Prozeß praktisch bei allen Elementen durchgeführt werden. Neutronenaddition durch Deuteronenbestrahlung kann auch auf Deuterium selbst angewendet werden, in welchem Fall Tritium und ein Proton von großer Reichweite gebildet wird. Der Prozeß kann jedoch auch zur Bildung von He-3 und einem Neutron führen, und dieses stellt eine Neutronenquelle für Neutronen bis zu 3,2 MeV dar (vgl. § 21, § 32).

Auch bei schweren Kernen kann Aktivierung durch Deuteronen durchgeführt werden. Die (d, p)-Reaktion bei Bi-209 führt zu Bi-210, identisch mit RaE (5 d HZ); die (d, n)-Reaktion mit Bi-209 führt analog zu Po-210 (RaF, 140 d HZ).

Reaktionen mit Kernen der Masse 3

Neuerdings werden auch beschleunigte H-3 (*t*)- und He-3-Ionen zur Einleitung von Kernreaktionen benutzt. Hierbei werden durch einen (*t, p*)-Prozeß *zwei* Neutronen und durch einen (He-3, *n*)-Prozeß *zwei* Protonen in *einem* Schritt dem bestrahlten Kern zugeführt. Auf diese Art können β^-- bzw. β^+-aktive Radionuklide erzeugt werden, darunter solche, die sonst nur durch „Spallation" (s. unten) zu erhalten sind.

Ausreichend hohe Tritonenflüsse können unter anderem durch Neutronenbestrahlung von Lithiumverbindungen auf Grund der Reaktion Li-6 (n, α) H-3 erzielht werden (s. unten).

„Spallations"reaktionen

Bei Bestrahlung von Kernen mit Protonen, Deuteronen, α-Teilchen (oder γ-Quanten) von 50 MeV oder mehr Energie tritt ein neuer Reaktionstyp: „Spallation" auf. Bei diesen Reaktionen, die über die ganze Massenskala beobachtet werden können, verliert der bestrahlte Kern eine größere Anzahl Nukleonen, und mehrere Elemente treten als Spallationsprodukte auf, wobei sowohl β^-- als auch β^+-Strahler vorkommen können. — Spallationen verlaufen sehr schnell; es kommt nicht zur Bildung eines Zwischenkernes üblicher Lebenslänge.

Die relative Ausbeute von Spallationsprodukten nimmt mit ihrem Abstand (im Nuklidsystem) vom bestrahlten Kern ab. 5 bis 10 Einheiten in der Massenzahl senken die Ausbeute um eine Zehnerpotenz. (Vgl. Abb. 32.)

Die mittlere freie Weglänge der spallationsinduzierenden Teilchen ist vergleichbar mit dem Kernradius; das Projektil kann den Kern passieren, wobei nur einige wenige Nukleonen berührt werden. Auf diese Art werden aus dem Kern

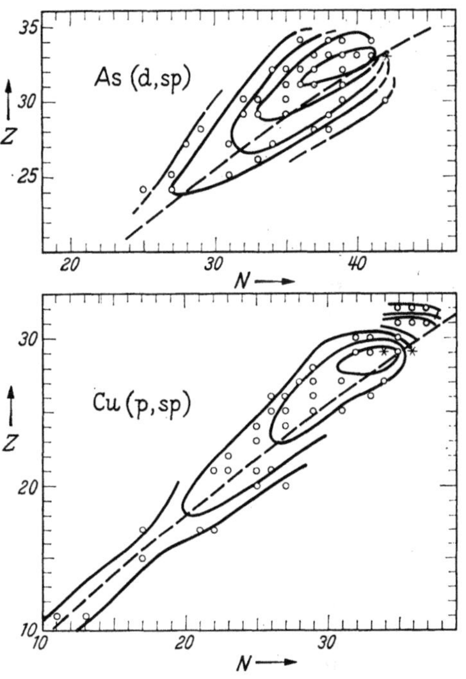

Abb. 32. Spallation von As mit 190 MeV-Deuteronen (nach HOPKINS) und von Cu mit 340 MeV-Protonen (nach BATZEL, MILLER und SEABORG). Die „Niveaulinien" verbinden Spallationsprodukte vergleichbarer Ausbeute

unmittelbar (10^{-22} sec) eine Anzahl von Nukleonen ausgestoßen (in „Kaskade"), wonach der Kern in angeregtem Zustand zurückbleibt (10^{-20} sec) und durch „Verdampfung" von Nukleonen oder α-Teilchen seine Energie wieder abgibt. Die Entstehungswahrscheinlichkeit der bei einer Bestrahlung entstehenden Kerne kann mittels statistischer Methoden durch Verwendung des Kaskadenmodells berechnet werden (Monte Carlo-Berechnung). (Die gleiche Methode kann auch auf den Verdampfungsprozeß angewendet werden.) Diese Berechnungen können mittels einfacher Roulettes oder elektronischer Rechenmaschinen ausgeführt werden. Gute Übereinstimmung zwischen Berechnung und Experiment ist in einigen Fällen gefunden worden.

Bei Spallationen können gleichzeitig eine größere Anzahl wichtiger Leitisotope entstehen; so treten bei der Spallation von Chlor unter anderem Na-24, Mg-28, P-32, S-35 und Si-32 auf. Spallation kann sowohl zu Isotopen mit großem Neutronenüberschuß wie auch zu früher unbekannten Positronenstrahlern wie z. B. Zn-62 und Fe-52 (bei der Bestrahlung von Kupfer) führen.

Kernphotoreaktionen

γ-Quanten, deren Energie die Bindungsenergie eines Nukleons übersteigt, können zu Kernphotoreaktionen (unter Aussendung eines Nukleons aus dem Kern) führen. Die Schwellenenergie der Reaktion ist mit der Nukleonenbindungsenergie identisch, die auf diese Art sehr genau bestimmt werden kann, da γ-Strahlen genau bestimmter Maximalenergie durch Abbremsung von Elektronen bekannter Energie erhalten werden können (vgl. § 13).

Die geringsten Schwellenenergien zeigen die Reaktionen: H-2 (γ, n) H-1 (2,23 MeV) und Be-9 (γ, n) 2 He-4 (1,67 MeV). Diese Reaktionen können durch die γ-Strahlung einiger natürlicher (ThC''(Tl-208): 2,62 MeV) und künstlicher Radionuklide (Sb-124: 2,06 MeV; Y-88: 2,8 MeV; Co-55: 3,25 MeV) herbeigeführt werden und gleichzeitig zur Erzeugung freier monoenergetischer Neutronen (vgl. § 21) benutzt werden (Wirkungsquerschnitt bei diesen Energien maximal einige mb).

Kernphotoreaktionen durch Radionuklid-γ-Strahlung sind also nur in wenigen Fällen möglich, was für die mitunter auftauchende Frage nach der Möglichkeit „induzierter" Radioaktivität durch Einwirkung starker γ-Strahlungsquellen [benutzte Kernreaktorbrennstoffelemente (vgl. § 69)] von Bedeutung ist.

Von obigen Ausnahmen abgesehen, liegt die Bindungsenergie eines Neutrons jedoch über 5 MeV, (Mg: 10 MeV; O: 15 MeV; Bi: 8 MeV) und infolgedessen sind γ-Strahlen höherer Energie notwendig. Diese können durch Kernreaktionen [wie z. B. Li-7 (p, γ) 2 He-4, 17,6 MeV] oder mittels Betatron (vgl. § 19) erhalten werden.

Der Wirkungsquerschnitt für (γ, n)-Reaktionen hat den maximalen Wert (210 mb bei leichten, etwa 1 b bei sehr schweren Kernen) bei γ-Energien von etwa 20 MeV, bei höheren Energien können $(\gamma, 2n)$-Reaktionen auftreten.

(γ, p)-Reaktionen sollten von vornherein wegen der Coulomb-Potentialschwelle für das austretende Proton gegenüber (γ, n)-Reaktionen benachteiligt sein; dies ist in vielen Fällen nicht im erwarteten Ausmaß der Fall: In geringem Maße scheint ein direkter Photoprotoneffekt vorzuliegen.

Bei sehr hohen γ-Energien kann Spallation (s. oben) und Spaltung (vgl. § 24) auftreten.

21. Entdeckung und Eigenschaften des Neutrons; Neutronenquellen

1930 entdeckten Bothe und Becker eine durchdringende Strahlung, die bei der Bestrahlung von Beryllium mit α-Teilchen entstand. Nebelkammerspuren zeigten, daß diese Strahlung, etwa bei der Einwirkung

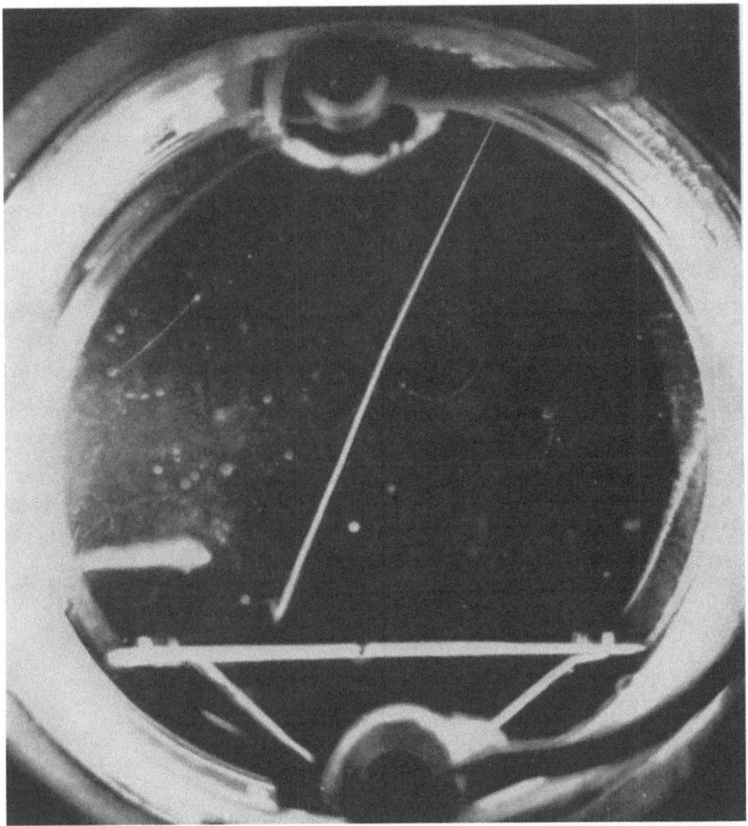

Abb. 33. Protonenbahn, entstanden durch Einwirkung eines Neutrons (aus einem Po-Be-Präparat unter der Wilson-Kammer) auf einen Paraffinschirm (nach Curie und Joliot)

auf Stickstoff, zu Rückstoßatomen hoher Energie führt. Protonen von 26 cm Luftreichweite entstanden durch Einwirkung der Strahlung auf Paraffin (Curie und Joliot) (vgl. Abb. 33). Falls Photonenstrahlung vorgelegen hätte, so hätte diese eine Energie von 55 MeV haben müssen, um gemäß Impulssatz die Energie der Rückstoßprotonen von 5,7 MeV zu bewirken. So hohe γ-Strahlungsenergien sind jedoch unwahrscheinlich und hätten im Falle der Reaktion mit Stickstoffatomen diesen nur 0,45 MeV Rückstoßenergie mitgeteilt, während experimentell 1,6 MeV gefunden wurde. Aus den Impulssätzen für beide Reaktionen läßt sich die Masse eines stoßenden materiellen Teilchens als einzige Unbekannte ermitteln; sie wurde 1932 von CHADWICK zu ~1 angegeben.

Da die Rückstoßspuren in der Nebelkammer ausgelöst wurden, ohne daß ein ionisierendes Teilchen zu dem entsprechenden Ort führte, mußte es sich um ein neutrales Teilchen handeln: der experimentelle Nachweis des „Neutrons" war geführt.

Die Bestrahlung von Beryllium mit α-Teilchen oder γ-Strahlung war auch im folgenden eine der effektivsten Arten, Neutronen freizumachen. Hierbei können sich zwei verschiedene Reaktionen abspielen: Be-9 (α, n) C-12; Be-9 (γ, n) Be-8 (vgl. § 20, § 25). Im letztgenannten Fall ist die „Photoneutronen"-Ausbeute pro Curie γ-Strahler (z. B. Sb-124 in Mischung mit dem gleichen Volumen Be) etwa 10% von der einer „Radium-Beryllium-Neutronenquelle", bei der Radiumsalz in inniger Mischung mit Berylliummetallpulver benutzt wird ($\sim 10^7$ Neutronen pro sec und g Ra). Ebenfalls verwendet werden Polonium-Beryllium-Quellen, die — strahlenschutztechnisch — den Vorteil der Abwesenheit von γ-Strahlung, aber den Nachteil der geringeren Lebensdauer auf Grund des Abfalls des Poloniums (138 d HZ) haben; noch billiger und kurzlebiger sind Radon-Beryllium-Quellen (3,85 d HZ).

Auch die Bestrahlung von Be mit Deuteronen führt zu Neutronen (bei 1 MeV Deuteronen entsprechend 7 g Ra/Be pro μA Deuteronen-strom) von Energien bis zu 8 MeV, ebenso die Deuteronenbestrahlung von Lithium (die zu sehr schnellen Neutronen bis zu 15 bis 20 MeV führt) oder Deuterium (etwa in Form von schwerem Eis), deren Ausbeute bis hinauf zu 720 kV der anderer Prozesse überlegen ist.

Die Ausbeute bei solchen künstlichen Neutronenquellen übersteigt die natürlicher Neutronenquellen erheblich, und man kann auf diese Art Neutronenquellen von „100 kg" Radium-Beryllium-Äquivalent erhalten. Die stärkste aller Neutronenquellen ist der Kernreaktor, dessen Neutronenstrahlung einer Radium-Beryllium-Quelle von 100 t Radium oder mehr entspricht.

Die Neutronengeschwindigkeit ist besonders wichtig im Zusammenhang mit Kernprozessen und kann mit modernen elektronischen Meßmethoden direkt bestimmt werden, etwa durch Messung der Flugzeit von Neutronen„pulsen" — z. B. durch Stoßbestrahlung einer Li- oder Be-Probe im Zyklotron erhalten — zwischen Neutronenquelle und einem geeigneten Detektor. Bei 100 eV Energie haben die Neutronen eine Geschwindigkeit von 140 km/sec (14 cm/μsec). Kurze Pulsdauern (von μsec) sind nötig für genaue Messungen.

Das gleiche Prinzip wird auch bei Reaktorneutronen angewendet, bei denen Neutronenpulse durch eine im Strahlengang rotierende Scheibe mit neutronenabsorbierenden Segmenten erzeugt werden. Zunehmende Umdrehungszahl ergibt mehr und kürzere Pulse, deren Flugzeit bis hinauf zu einer Neutronenenergie ~ 30 keV gemessen werden kann. Die Flugstrecke kann auf 100 m ausgedehnt, und so die Meßgenauigkeit erhöht werden.

Auch mechanische Geschwindigkeitsselektoren oder „Monochromatoren" (Absorbersegmente in Scheiben, die auf gemeinsamer Achse schnell rotieren — Analogie zum Fizeau-Experiment zur Bestimmung der Lichtgeschwindigkeit—) können zur Messung der Neutronengeschwindigkeit benutzt werden. Aus der Rotationsgeschwindigkeit und der relativen Lage der Segmente kann die Neutronengeschwindigkeit und ihre Verteilung ermittelt werden. Letztere entspricht der Maxwell-Verteilungskurve eines Gases. Die Temperatur des Neutronengases ist nach Durchlaufen ausreichend dicker Bremsschichten gleich der Temperatur der Umgebung. Die „mittlere" (eigentlich die zur wahrscheinlichsten Geschwindigkeit, 2198 m/sec, gehörende) Energie ($E = kT$) ist bei Zimmertemperatur (20°C) 0,0253 eV (thermische Neutronen).

Die Materiewellenlänge (DE BROGLIE) für diese Neutronen ist ($\lambda = h/mv = h/\sqrt{2mE}$) 1,8 Å und kann mit Kristalldiffraktionsmethoden gemessen werden. Bei ausreichend großen Neutronenintensitäten kann auch durch Ablenkung an Kristallen (NaCl) monochromatische Neutronenstrahlung erzeugt, und deren Wellenlänge durch Beugung an einem anderen Kristall bestimmt werden.

Bei bekannter Wellenlänge kann die Beugung benutzt werden, um die Struktur eines Kristalles zu bestimmen (Neutronenspektrometer). Diese Methode ergänzt die Röntgenbeugung und ist ihr überlegen, in den Fällen, in denen die Abbeugung von Neutronen durch Kerne stärker ist als die Abbeugung von Röntgenstrahlung durch Elektronen, wie im Fall der Wasserstoffatome, welche nur unbedeutend Röntgenstrahlung ablenken und so schwer im Kristallgitter zu lokalisieren sind.

22. Neutroneninduzierte Reaktionen

Das Neutron kann leicht in alle Kerne (ohne Rücksicht auf deren Ladung) eindringen; die Reaktionen, insbesondere mit thermischen Neutronen, zeigen hohe Wirkungsquerschnitte. Mit Hilfe des hohen Neutronenflusses von Kernreaktoren können daher viele Radionuklide in großen Mengen hergestellt werden.

Nach Einfang eines langsamen Neutrons treten hauptsächlich folgende Reaktionen des Zwischenkerns auf: Aussendung eines Neutrons, was einer Streuung entspricht; Aussendung eines γ-Quants. Der Gesamtwirkungsquerschnitt ist in Streuquerschnitt und Absorptionsquerschnitt aufzuteilen: der Streuquerschnitt ist nur bei leichten Kernen erheblich und übersteigt sonst nicht den Wert 20 barns. Der Absorptionsquerschnitt für thermische Neutronen kann dagegen sehr verschiedene

Werte annehmen: von leichten Elementen hat B den hohen Wert 718 b, während σ_a für D, He, Be und C nur von der Größenordnung mb ist. Cd hat den Wert 3500 b; Pb und Bi aber nur 200 bzw. 10 mb.

(n, γ)-Reaktionen. Der Neutronenabsorptionsquerschnitt zeigt in vielen Fällen starke Energieabhängigkeit. Für die Materiewellenlänge des Neutrons gilt (s. oben):

$$\lambda = \frac{2{,}87 \cdot 10^{-9}}{\sqrt{E\text{(eV)}}} \text{ cm} \tag{3.9}$$

Im Falle der „Resonanz" mit Energieniveaus des Zwischenkernes gilt (wobei λ_r die zur entsprechenden Neutronenenergie gehörende Materiewellenlänge ist):

$$\sigma_{\max} = \frac{\lambda_r^2}{4\pi}. \tag{3.10}$$

In der Umgebung einer Resonanzlinie gilt ein von BREIT und WIGNER abgeleiteter Ausdruck, der — für langsame Neutronen — den Einfangquerschnitt $\sigma(n, \gamma)$ mit der Neutronenenergie E, der Resonanzenergie E_r (eigentlich der Betrag über Bindungsenergie des Neutrons) und den partiellen Niveaubreiten für Neutronen- bzw. γ-Emission (Γ_n bzw. Γ_γ) verbindet:

$$\sigma(n, \gamma) = \frac{\lambda^2}{4\pi} \frac{\Gamma_n \Gamma_\gamma}{(E - E_r)^2 + \frac{1}{4}(\Gamma_n + \Gamma_\gamma)^2}. \tag{3.11}$$

Hieraus läßt sich zunächst die Größe des maximal möglichen Absorptionsquerschnittes abschätzen (3.10): bei $E = E_r$ wird der zweite Faktor maximal $= 1$, nämlich wenn $\Gamma_n = \Gamma_\gamma$. Im allgemeinen (d.h. bei kleinem E und nicht zu leichten Kernen) ist $\Gamma_n \ll \Gamma_\gamma$, aber auch für $\Gamma_n/\Gamma_\gamma = 10^{-2}$ ergibt sich noch ein Wert in der Größenordnung 10^{-20} cm² $= 10^4$ barns, wenn die Neutronenenergie 1 eV beträgt.

Im folgenden wird der Verlauf von σ als Funktion der Variablen E betrachtet, wobei als wesentliche Parameter der Wert von E_r und das Verhältnis Γ/E_r ($\Gamma = \Gamma_n + \Gamma_\gamma$) beachtet werden müssen

Zu diesem Zweck wird (3.11) in eine weiter vereinfachte Form gebracht. Γ_n ist für *langsame* Neutronen $\approx \Gamma_n^0$, der Niveaubreite für *elastische* Streuung, Γ_n^0 und in diesem Fall auch Γ_n ist aber proportional ($\propto$) $\sqrt{E}$.

Andererseits ist $\lambda^2 \propto 1/E$ und schließlich ist $\Gamma_\gamma \approx$ const, so daß sich (3.11) vereinfacht zu:

$$\sigma(n, \gamma) \propto \frac{1}{\sqrt{E}\,[(E - E_r)^2 + \frac{1}{4}\Gamma^2]}. \tag{3.12}$$

Aus (3.12) lassen sich unmittelbar folgende wichtige Fälle ablesen:

1. Bei *kleinen* E kann stets der Ausdruck in der eckigen Klammer von (3.12) als konstant angesehen werden, woraus folgt: $\sigma \propto \dfrac{1}{\sqrt{E}}$ oder $\sigma \propto \dfrac{1}{v}$, das „$\dfrac{1}{v}$"-Gesetz ($v$: Neutronengeschwindigkeit).

2. Wenn E gegen E_r geht und $\Gamma \ll E_r$, erreicht σ ein scharfes Maximum (Beispiel In, vgl. Abb. 34).

3. Wenn E gegen E_r geht, Γ jedoch $\sim E_r$ ist, verflacht das Maximum und — wenn E_r im thermischen Gebiet liegt — es entsteht ein Gebiet eines annähernd konstanten Wertes für σ bei tiefen Energien (Beispiel Cd, vgl. Abb. 34).

4. Wenn E_r oberhalb des thermischen Gebietes liegt, erhält das $\frac{1}{v}$-Gebiet ausgedehnte Gültigkeit; sehr deutlich ist dies der Fall, wenn $\Gamma > E_r$, also bei Kernen großer Zerfallswahrscheinlichkeit, besonders bei leichten Kernen. Das bekannteste Beispiel ist B (bei welchem allerdings die (n, α)-Reaktion B-10 $\rightarrow$ Li-7 vorliegt), vgl. Abb. 34.

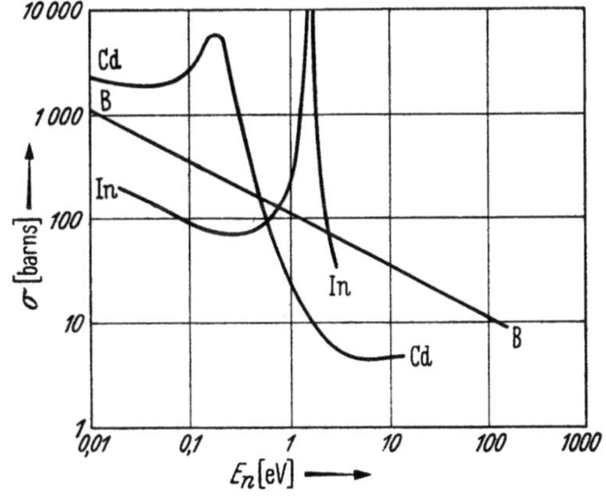

Abb. 34

Die experimentelle Bestimmung des Wirkungsquerschnittes von (n, γ)-Reaktionen kann geschehen durch:

Absorptionsmessung gemäß: $-d\Phi / dx = \sigma\, n\, \Phi$ (vgl. 3.3), z. B. mittels Aktivierung von „Detektoren" nach dem Passieren verschiedener Absorberschichten, d. h. der jeweilige Neutronenfluß wird bestimmt mittels Messung der in neutronenaktivierten Stoffen hervorgerufenen Radioaktivität (der gleichzeitige wirksame Querschnitt wird gesondert gemessen und berücksichtigt).

(n, p)-Reaktionen erfordern im allgemeinen schnelle Neutronen, jedoch gibt es zwei wichtige Reaktionen, die auf Grund exothermen Charakters schon mit langsamen Neutronen ablaufen (da die β-Energie der entstandenen Nuklide $< 0{,}78$ MeV, d. h. kleiner ist als das Energieäquivalent von $M_n - M_p + M_e$).

1. $^{14}_{7}\mathrm{N}\,(n, p)\,^{14}_{6}\mathrm{C}$. C-14 hat ~ 5700 a HZ, und die Reaktion einen Wirkungsquerschnitt von $1{,}75$ b. Wie erwähnt, führte die Nebelkammerspur dieses Prozesses zur Entdeckung des Neutrons.

Der Prozeß ist von großer Bedeutung, da er zum Entstehen von C-14 in der Atmosphäre durch Einwirkung von Neutronen aus der kosmischen Strahlung führt (vgl. § 77). Die gleiche Reaktion spielt sich in geringem Maße auch in der Nähe von Kernreaktoren ab.

2. Die andere (n, p)-Reaktion mit langsamen Neutronen (Wirkungsquerschnitt 33 b) ist $^{35}_{17}\mathrm{Cl}$ (n, p) $^{35}_{16}\mathrm{S}$ (87 d HZ).

(n, p)-Prozesse haben den Vorteil, daß das radioaktive Isotop mit hoher spezifischer Aktivität trägerfrei gewonnen werden kann (§ 62).

$(n, 2n)$-*Reaktionen* erfordern im allgemeinen hohe Neutronenenergien, denn die Bindungsenergie eines Neutrons (meistens $\sim 7-8$ MeV) muß aufgebracht werden. Diese ist nur in seltenen Fällen gering: Be-9 $(n, 2n)$ Be-8 hat eine Schwellenenergie von nur $\sim 1{,}8$ MeV.

(n, α)-Reaktionen. Auch diese Reaktionen kommen meistens bei leichten Kernen vor, bei denen der Coulomb-Wall leicht zu durchdringen ist. Ein wichtiges Beispiel ist die früher genannte Reaktion $^{10}_{5}\mathrm{B}$ (n, α) $^{7}_{3}\mathrm{Li}$. [Auf Grund der großen Reaktionsenergie (3,6 MeV) läuft diese Reaktion schon mit thermischen Neutronen ab und kann zum Neutronennachweis verwendet werden.] Das α-Teilchen erhält 2,5 MeV kinetische Energie und kann mit Zählrohren oder Ionisationskammern nachgewiesen werden. Ein geeigneter Detektor für Neutronen von < 1 keV Energie ist also ein mit BF_3-Gas gefülltes Zählrohr.

Eine weitere wichtige Reaktion ist: Li-6 (n, α) H-3, die ebenfalls mit thermischen Neutronen möglich ist ($\sigma = 950$ b). Sie findet Verwendung zum Nachweis von Neutronen (§ 41), mitunter zur Bestimmung von Li(-6) (§ 46) und spielt eine besondere Rolle bei thermonuklearen Reaktionen (§ 32).

Die Wahrscheinlichkeit für (n, p)- und (n, α)-Prozesse nimmt mit der Neutronenenergie zu, aber mit zunehmender Kernladungszahl ab (Potentialschwelle, vgl. § 11).

Für schnelle Neutronen kann näherungsweise der gesamte Wirkungsquerschnitt als durch Kernradius R und die Materiewellenlänge des Neutrons gegeben angesehen werden:

$$\sigma = 2\pi\,(R + \lambda/2\pi)^2. \tag{3.13}$$

Da $\dfrac{\lambda}{2\pi} = \dfrac{4{,}55 \cdot 10^{-13}}{\sqrt{E(\text{MeV})}}$ cm, also bei hohen Energien klein gegenüber R, kann es vernachlässigt werden, und der Wirkungsquerschnitt wird proportional zu R^2 oder zu $(A^{\frac{1}{3}})^2$, da ja $R = r_0 A^{\frac{1}{3}}$. Die Proportionalität zwischen $\sqrt{\sigma}$ und $\sqrt[3]{A}$ ist durch das ganze Periodische System hindurch annähernd bestätigt worden.

Während so der Wirkungsquerschnitt annähernd energieunabhängig sein sollte, wird bei leichten Kernen (und bei Neutronenenergien von 100 MeV auch bei mittelschweren Kernen) eine Abnahme des Wirkungsquerschnittes mit zunehmender Neutronenenergie beobachtet: Der Kern ist also „durchsichtig" für sehr schnelle Neutronen.

Für Kernreaktionen mit Neutronen bedeutet dieses, daß thermische (und „epithermische" $-0{,}1$ bis 1 eV$-$) Neutronen meistens nur zu (n, γ)-

Prozessen führen können. Epithermische und Resonanzneutronen können bevorzugt gestreut werden. Erst schnelle Neutronen können allgemein (n, p)- und (n, α)-Prozesse hervorrufen. Zusammenfassend kann bemerkt werden, daß vom kernchemischen Standpunkt aus die thermischen und die schnellen Neutronen von größter Bedeutung sind.

23. Die Uranspaltung und ihre Entdeckung

Nach der Entdeckung des Neutrons und der künstlichen Radioaktivität wurde die Einwirkung von Neutronenbestrahlung auf praktisch alle Elemente des Periodischen Systems untersucht. Bei Bestrahlung des Urans mit langsamen Neutronen beobachtete man eine ungewöhnlich große Anzahl radioaktiver Atomarten. Die chemische Untersuchung dieser Produkte, ausgeführt mittels „Trägerfällungen" (§ 49) zeigte, daß verschiedene Elemente entstanden waren, zwischen denen in mehreren Fällen genetische Zusammenhänge bestanden. Da die meisten der neuentstandenen Radionuklide chemisch nicht identisch mit dem Element Uran und seinen unmittelbaren Vorgängern waren, nahm man zunächst an, daß „Transuranelemente" gebildet worden seien.

Die nähere chemische Analyse deutete aber auch an, daß Radium gebildet worden sei. Als vorläufige Annahme wurden drei Radiumisotope mit verschiedenen HZ (14 min, 85 min, 13 d) angegeben, die sich durch sukzessiven β^{-}-Zerfall über Aktinium in Thorium umwandeln sollten. Das Vorkommen dieser Radiumisotope bei Neutronenbestrahlung von Uran war jedoch schwer zu erklären, sowohl aus kernphysikalischen Gründen [bei der entsprechenden $(n, 2\alpha)$-Reaktion hätte der hohe Coulomb-Wall des Urans von zwei α-Teilchen durchdrungen werden müssen] wie aus Gründen der Plazierung im periodischen System: ein $(n, 2\alpha)$-Prozeß mit U-235 hätte zu Ra-228 geführt, das als MsTh$_1$ (6,7 a HZ) bekannt war und dann also drei Isomere besitzen müßte. Bei der alternativen Masse 231 (aus U-238) würden Plazierungsschwierigkeiten bei Th-231 (Uran Y, 25,6 h HZ) entstehen.

Die Aufklärung gelang der Chemie nach genauer Untersuchung der bis dahin verwendeten Analysenmethoden. Die „Radiumisotope" waren mit Barium-„Trägern" isoliert worden (da Radiumisotope wegen ihrer eigenen Radioaktivität als Träger für die geringen Aktivitäten nicht in Betracht kamen), welche Methode seinerzeit für die Reinherstellung von Radium verwendet worden war (§ 10). Es war wohl bekannt, daß bei fraktionierter Kristallisation oder Ausfällung von Barium-Radium-Halogeniden Radium in der festen Phase angereichert und so eine partielle Trennung erzielt wird (§ 49).

Als HAHN und STRASSMANN 1938 die fraktionierte Kristallisation mit den neuen „Radiumisotopen" versuchten, verblieb die Verteilung zwischen Bariumträger und „Radiumisotopen" in den verschiedenen Kristallfraktionen konstant. Um die Wirksamkeit der Methode sicherzustellen, wurde das Verfahren wiederholt unter Zusatz eindeutig definierter Radiumisotope wie ThX und MsTh$_1$. Diese wurden erwartungsgemäß in den ersten Barium-Halogenid-Fraktionen angereichert (Abb. 35), nicht aber die gleichzeitig zugesetzten neuen Radiumisotope, die sich trotz zahlreicher sukzessiver Umwandlungen über verschiedene schwerlösliche Bariumsalze nicht vom Träger „abschütteln" ließen. Hieraus mußte chemisch eindeutig der Schluß gezogen werden, daß bei der Bestrahlung von Uran mit Neutronen nicht Radium entstanden war, sondern Barium, ein Element, dessen Kernladungszahl (56) sich erheblich von der des Urans (92) unterscheidet. Eine solche Reaktion war mit keiner bis dahin bekannten Reaktion zu vergleichen: Offenbar war der Urankern völlig „zerplatzt" oder zerspalten, wobei die gesamte Kernladungszahl erhalten bleibt, denn auch Krypton (Ordnungszahl $36 = 92 - 56$) wurde unter den Uranspaltprodukten aufgefunden.

Die obengenannten Zerfallsreihen Radium → Aktinium → Thorium mußten also umgetauft werden zu Barium → Lanthan → Cer. Im Laufe der Jahre wurden mehr als 200 radioaktive Spaltprodukte entdeckt, verteilt auf die Elemente 30 bis 65 (Zink bis Terbium).

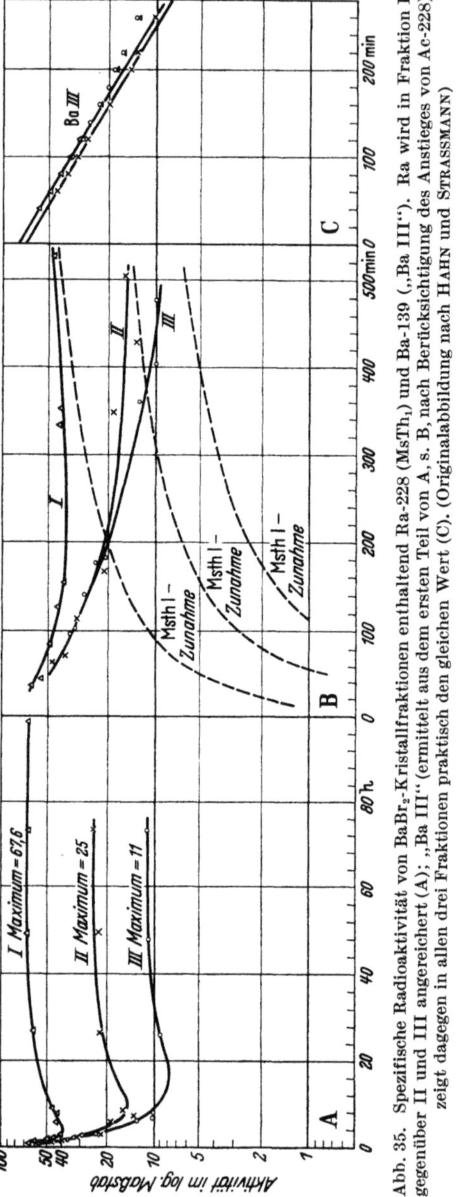

Abb. 35. Spezifische Radioaktivität von BaBr$_2$-Kristallfraktionen enthaltend Ra-228 (MsTh$_1$) und Ba-139 („Ba III"). Ra wird in Fraktion I gegenüber II und III angereichert (A); „Ba III" (ermittelt aus dem ersten Teil von A, s. B, nach Berücksichtigung des Anstieges von Ac-228) zeigt dagegen in allen drei Fraktionen praktisch den gleichen Wert (C). (Originalabbildung nach HAHN und STRASSMANN)

Die Ausbeute an den verschiedenen Elementen variiert erheblich: Die Massen um 140 und 95 überwiegen; die Spaltung ist vorwiegend asymmetrisch; annähernd symmetrische Spaltung kommt bei thermischen Neutronen nur mit etwa hundertfach geringerer Wahrscheinlichkeit vor (Abb. 96).

Auf die chemische Entdeckung der Uranspaltung folgten unmittelbar in verschiedenen Laboratorien anschauliche physikalische Nachweise: Einerseits konnten die durch Rückstoß aus neutronenbestrahlten dünnen Uranpräparaten herausgeschleuderten Spaltproduktteilchen auf Grund der hervorgerufenen starken Ionisation mit Ionisationskammern nachgewiesen und von der natürlichen α-Radioaktivität unterschieden werden; andererseits konnten die radioaktiven Spaltprodukte nach erwähntem Rückstoß noch in einem Abstand aufgefangen werden, der größer war als der eines α-Rückstoßes. Der besondere Charakter der Spaltproduktstrahlen wurde auch in der Nebelkammer sichtbar gemacht.

Die große Bedeutung der Uranspaltung ist gegeben durch folgende zwei Befunde:

Da die Bindungsenergie/Nukleon im Gebiete des Urans nur etwa 7,5 MeV beträgt, für die Spaltprodukte jedoch im Durchschnitt 8,4 MeV (Abb. 6), werden durch die bei der Spaltung erfolgende Erhöhung der von den Kernen abgegebenen Bindungsenergie etwa $0,9 \cdot 236$, also etwa 200 MeV frei, eine Energie, die erheblich über der von bis dahin bekannten Kernreaktionen liegt. Wenn die elektrostatische Abstoßungsenergie zwischen zwei Ladungen von der Größe der halben Kernladung des Urans im Abstand $1,8 \cdot 10^{-12}$ cm berechnet wird, erhält man etwa 170 MeV (ein Teil der Reaktionsenergie wird nicht von den Spalttrümmern übernommen, sondern auf andere Art abgestrahlt).

Außer der großen Reaktionsenergie folgte ohne weiteres aus der Entdeckung der Spaltprodukte, daß eine große Anzahl Neutronen frei werden muß, da der schwere Urankern ja aus Stabilitätsgründen ein größeres N/Z-Verhältnis hat als die mittelschweren Spaltprodukte (vgl. § 7). Falls die überschüssigen Neutronen frei werden, könnte man an eine Kettenreaktion denken, die — einmal in Gang gebracht — abläuft, bis eine große Menge Uran der Spaltung unterworfen wird. In Wirklichkeit wird ein großer Teil des Neutronenüberschusses durch die Spaltprodukte selbst mitgeführt und durch deren sukzessiven β^--Zerfall verbraucht; die unmittelbar freiwerdenden Neutronen sollten sich doch als ausreichend zur Verwirklichung einer Kettenreaktion erweisen (vgl. § 25).

24. Zur Theorie der Kernspaltung

Das Flüssigkeitstropfenmodell des Atomkernes (vgl. § 7) kann mit Erfolg die Bedingungen für das Eintreten der Kernspaltung anschaulich machen und wurde zu diesem Zwecke von Bohr und Wheeler 1939 verwendet.

In diesem Zusammenhang werden nur die Terme betrachtet, die die Oberflächenspannungsenergie σ und die elektrostatische Abstoßungsenergie zwischen den Protonen beschreiben, da sich nur diese nennenswert mit der Größe des Kernes ändern.

Vor der Spaltung gilt für den Kern mit dem Radius R für diesen Anteil der Gesamtenergie:

$$E_0 = 4\pi R^2 \sigma + \frac{3}{5}\frac{Z^2 e^2}{R}, \tag{3.14}$$

während nach der Spaltung in zwei gleichgroße Kerne (vereinfachende Annahme) mit dem Radius R_1 gilt:

$$E_1 = 2\left(4\pi R_1^2 \sigma + \frac{3}{5}\frac{Z_1^2 e^2}{R_1}\right). \tag{3.15}$$

Dies kann auch umgeformt werden zu:

$$E_1 = 2\left(4\pi\sigma\frac{R^2}{\sqrt[3]{4}} + \frac{3}{5}\sqrt[3]{2}\frac{Z^2 e^2}{4R}\right) \tag{3.16}$$

da ja $R_1 = R/\sqrt[3]{2}$ und $Z_1 = Z/2$ ist.

Folglich ist der durch die Spaltung freigewordene Energiebetrag:

$$E_0 - E_1 = \Delta E = 4\pi\sigma R^2\left(1 - \sqrt[3]{2}\right) + \frac{3}{5}\frac{Z^2 e^2}{R}\left(1 - \frac{1}{\sqrt[3]{4}}\right). \tag{3.17}$$

Der Wert der ersten Klammer ist negativ $(-0{,}26)$, der der zweiten positiv $(+0{,}37)$.

Dies bedeutet, daß bei der Spaltung die Oberfläche mit 26% erhöht wird, was energetisch ungünstig ist und durch den zweiten Term überkompensiert werden muß, damit die notwendige, wenn auch nicht hinreichende Vorbedingung einer Kernspaltung, nämlich eine positive Energietönung bei der Spaltung mit thermischen Neutronen, vorliegt. Offenbar muß dann gelten, daß $\Delta E \geq 0$ oder:

$$\frac{\frac{3}{5}\frac{Z^2 e^2}{R}}{4\pi\sigma R^2} \geq \sqrt[3]{4}\,\frac{\sqrt[3]{2}-1}{\sqrt[3]{4}-1}\left(=1{,}59\,\frac{0{,}26}{0{,}59}=0{,}7\right) \tag{3.18}$$

$$\text{oder (mit } R = r_0 A^{\frac{1}{3}}): \frac{3}{5}\frac{e^2}{4\pi\sigma r_0^3}\frac{Z^2}{A} \geq 0{,}7. \tag{3.19}$$

Wenn $Z = A/2$ und die Oberflächenspannung $\sigma = 10^{20}$ erg cm^{-2}, wird $A^2/4A \sim 23$ und $A \sim 90$. Eine genaue Berechnung zeigt, daß Spaltung energetisch günstig ist, wenn $A > 100$. Dies bedeutet aber keineswegs, daß spontane oder leichte Spaltung bei diesen Massenzahlen auftritt, da zur

Einleitung der Spaltung zunächst eine erhebliche Aktivierungsenergie notwendig ist. Offenbar muß der als Tropfen betrachtete Kern Schwingungen ausführen und Deformationen erleiden, ehe eine Unterteilung und völlige Abschnürung mit nachfolgender Trennung in zwei Fragmente geschehen kann. Hierbei muß zunächst gegen die Oberflächenenergie Arbeit geleistet werden, ehe die Coulombsche Abstoßungsenergie überhand nimmt und die beiden Bruchstücke auseinandertreibt. Die „Aktivierungsenergie" wird erst dann Null, wenn der Coulomb-Anteil der Energieänderung gleich dem doppelten Anteil der Oberflächenenergie wird, was bei $Z^2/A \sim 45$ eintritt (augenblickliche, „spontane", Spaltung). Mit zunehmendem Wert von Z^2/A wird also die Aktivierungsenergie geringer und kann (beim Einfang thermischer Neutronen) in günstigen Fällen von der Bindungsenergie des Neutrons aufgebracht werden (vgl. Abb. 36). Deren Betrag ist also u. a. bestimmend für die Wahrscheinlichkeit der Spaltbarkeit mit

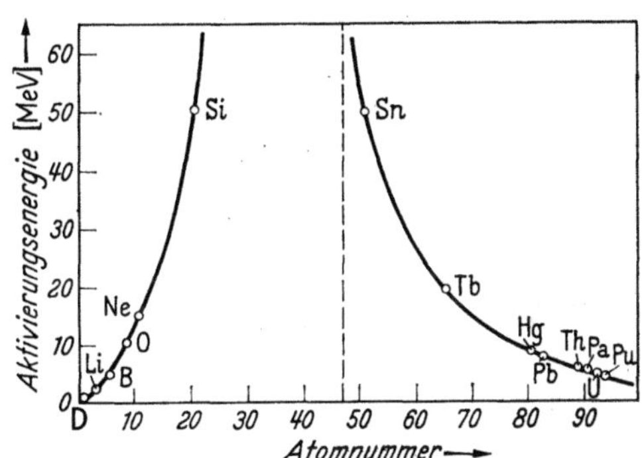

Abb. 36. Aktivierungsenergie für Kernverschmelzung (links) bzw. Kernspaltung (rechts) bei verschiedenen Werten für Z (Ordnungszahl, Atomnummer)

thermischen Neutronen. Da die Bindungsenergie eines Neutrons abhängig ist von der Konfiguration des gebildeten Zwischenkerns, ist auch die Spaltwahrscheinlichkeit davon abhängig. Sie muß am größten sein bei Kernen, die (außer zu einem möglichst großen Verhältnis Z^2/A) durch Neutroneneinfang zur Bildung einer energetisch bevorzugten Zwischenkernes führen, was die Entwicklung einer größeren Bindungsenergie bedeutet.

Aus diesem Grund sind von den schweren Elementen vorzugsweise die leichtesten Isotope vom g-u-Typ mit thermischen Neutronen spaltbar: Die wichtigsten Beispiele sind: U-233, U-235 und Pu-239 (die sog. „Drei Großen"). Bei U-235 z. B. beträgt die Bindungsenergie für ein Neutron 6,6 MeV, also mehr als die Spaltungs-Aktivierungsenergie von 5,5 MeV.

Die Kerne dagegen, bei denen durch Neutroneneinfang ein Kern mit ungerader Massenzahl entsteht, zeigen geringere Neutronenbindungsenergie (U-238 beispielsweise 5,9 MeV) und sind infolgedessen nur mit schnellen Neutronen (>1 MeV) spaltbar. Hierzu gehören als wichtigste Kerne: Th-230, Th-232, U-238. Die Energiezufuhr kann außer durch schnelle Neutronen auch durch Ionen oder durch γ-Quanten von mehr als 5 MeV geschehen.

Neutronen bei der Uranspaltung

Während die totale Protonenzahl sich in den Spalttrümmern wieder-
findet, ist dieses nicht der Fall für die Neutronenzahl der (inaktiven
oder auf Grund ausreichender Langlebigkeit noch gut zu erfassenden radioaktiven) Spaltprodukte.

1. Die fehlenden Neutronen sind z. T. in Zerfallsreihen durch β^--Umwandlung in Protonen verwandelt worden, d. h. die primären Spaltprodukte zerfallen sukzessiv unter Passieren mehrerer Elemente in stabile Endprodukte.

2. Außerdem entstehen unmittelbar bei der Spaltung (d. h. innerhalb 10^{-17} sec) eine

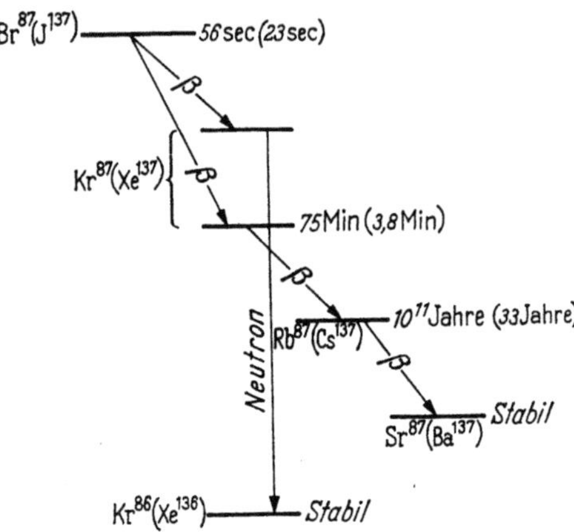

Abb. 37. Entstehung verzögerter Neutronen mit der HZ von Kr-87 bzw. Xe-137

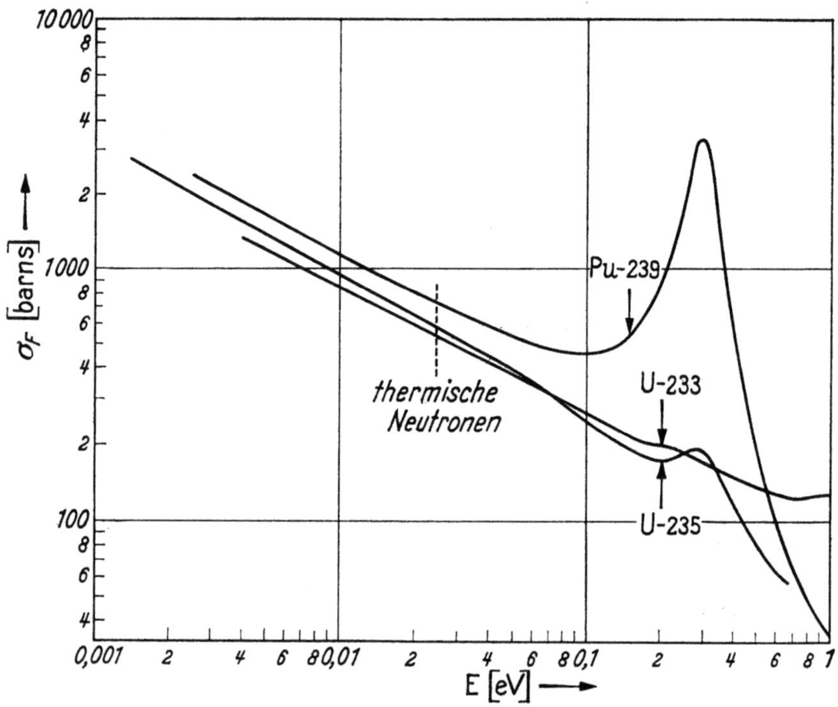

Abb. 38. Spaltquerschnitte von U-233, U-235 und Pu-239 als Funktion der Neutronenenergie
(nach BNL-325)

Anzahl freier Neutronen, deren Bedeutung im § 25 über Kernketten-reaktionen eingehend behandelt wird. Sie überdecken ein breites Energiespektrum mit einem Häufigkeitsmaximum bei 0,8 MeV. Es gibt eine große Anzahl schneller Neutronen und Maximalneutronenenergien in der Gegend von 25 MeV.

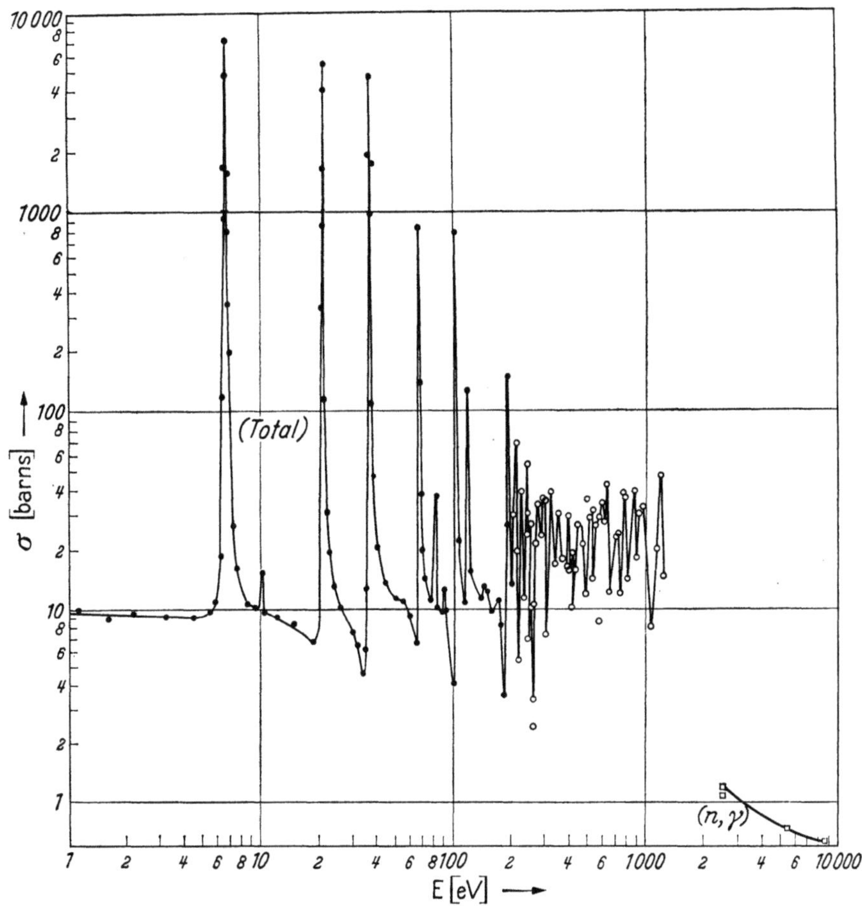

Abb. 39. Gesamtwirkungsquerschnitt von U-238 im Resonanzgebiet (nach BNL-325)

3. Schließlich treten eine kleine Anzahl (bei der Spaltung von U-235 0,7%) sog. „verzögerte" Neutronen auf (Abb. 37).

Nach Aufhören des die Spaltung induzierenden Neutronenflusses verbleibt nämlich eine schwache Neutronenstrahlung, die exponentiell gemäß einem komplexen Zerfall mit verschiedenen HZ (hauptsächlich 55,6, 22,0, 4,5, 1,5 und 0,4 sec) abnimmt. Die ersten beiden dieser HZ sind identisch mit der HZ der Spaltprodukte Br-87 und J-137. Der Gedanke liegt also nahe, daß die Aussendung der Neutronen mit dem

Zerfall dieser Kerne zusammenhängt, daß also in diesen Fällen der β^--Zerfall außer in den Grundzustand der Folgekerne Kr-87 bzw. Xe-137 auch in einem angeregten Zustand dieser Kerne erfolgen kann, der sich nicht durch Aussenden eines γ-Quants, sondern eines Neutrons umwandelt (in den Grundzustand von Kr-86 bzw. Xe-136) (Abb. 37). Die kurzen drei HZ sind bisher noch nicht bestimmten Isotopen zugeordnet worden.

Der Neutronen-Wirkungsquerschnitt für Spaltung ist von großer praktischer Bedeutung. Bei U-235, Pu-239 und U-233 folgt er bis hinauf zu etwa 0,1 eV streng dem $1/v$-Gesetz. Bei Zimmertemperatur (0,0253 eV) liegen die Werte bei 582 b für U-235, 746 b für Pu-239 und 527 b für U-233 (Abb. 38). Im Bereich 1 bis 1000 eV zeigen diese Kerne einige schmale Resonanzlinien für Spaltung mit Werten von maximal 1000 b.

Die Einfangsquerschnitte für thermische Neutronen sind demgegenüber geringer und betragen in genannter Reihenfolge: 108, 303 und 69 b.

U-238 dagegen zeigt erst bei Neutronenenergien oberhalb 0,5 MeV meßbare Spaltung, und der Wirkungsquerschnitt ist auch bei hohen Energien nur in der Größenordnung 1 b. Auch der Einfangsquerschnitt für thermische Neutronen ist mit 2,8 b gering, dagegen treten im Resonanzgebiet zwischen 5 und 1000 eV sehr starke Linien von hohem Einfangquerschnitt auf, insbesondere drei Linien bei 7, 21 und 37 eV mit Maximalwerten von etwa 7000, 5500 und 4800 b (Abb. 39).

Kapitel 4

Kernkettenreaktionen und Kernreaktoren

Wegen der Bedeutung chemischer Untersuchungen für kerntechnische Fragen sollte auch der Radiochemiker über wesentliche Grundzüge der Reaktortechnik orientiert sein. [Zukunftsreiche Entwicklungen wie z. B. die des „thermischen Brutreaktors" (§ 30) sind in erster Linie an die Lösung chemischer Fragen geknüpft.] Deshalb werden in diesem Kapitel in kurzer Form einige Begriffe der Kernreaktortheorie sowie einiges über die Ausführung verschiedener Reaktoren, die Bedeutung der Kernkettenreaktionen für Energiegewinnung in großem Maßstabe und schließlich auch über die Entwicklung der Kernfusionsforschung mitgeteilt.

25. Kernkettenreaktionen

Die Uranspaltung zeichnet sich vor anderen Kernreaktionen dadurch aus, daß sowohl sehr große Energien frei werden, als auch die Möglichkeit zu Kernkettenreaktionen gegeben ist. Da bei jedem Spaltungsprozeß Neutronen frei werden, besteht die prinzipielle Möglichkeit, daß diese Neutronen ihrerseits neue Spaltungen induzieren, so daß innerhalb kurzer Zeit eine große Anzahl Kerne gespalten werden und eine „Kettenreaktion" mit sehr großer Energieentwicklung zustande kommen kann.

Die Verwirklichung einer kontrollierten Kettenreaktion geschieht im *Kernreaktor*. Im folgenden wird hauptsächlich der mit auf thermische Energie „moderierten" Neutronen und „Natururan" (99,27% U-238, 0,72% U-235) betriebene Reaktor betrachtet.

Ein Maß für die Möglichkeit einer Kettenreaktion ist der Reproduktionsfaktor k, der bei unendlich großer „Reaktor"-Masse, aus der keine Neutronen durch Oberflächenverluste verlorengehen, als $k_\infty = n/n_0$ bezeichnet wird, d.h. gleich ist dem Verhältnis der Neutronenanzahl in zwei aufeinanderfolgenden Neutronengenerationen. (In praktischen Fällen ist der kleinere effektive Wert k_{eff} zu verwenden.) k_∞ wird als Produkt vierer Faktoren dargestellt:

$$k_\infty = \eta\,\varepsilon\,p\,f. \tag{4.1}$$

Hierbei ist η die Anzahl der pro im Kernbrennstoff absorbiertem thermischen Neutron freigemachten Neutronen. Wichtige Werte sind die für U-235: 2,07; U-233: 2,28; Pu-239: 2,09.

Diese Werte sind geringer als die Anzahl (ν) der Neutronen, die je Spaltung insgesamt frei werden, da ja auch Einfang thermischer Neutronen ohne Induzierung von Spaltung erfolgt. Bei U-235 ist der Spaltungsquerschnitt ungefähr $^6/_7$ des gesamten Absorptionsquerschnittes, durchschnittlich werden pro Spaltung frei: 2,47 Neutronen; bei U-233 2,52 Neutronen, bei Pu-239 2,91 Neutronen.

Für natürliches Uran gilt, daß pro eingetretene Spaltung 2,47 Neutronen frei werden, η aber nur den Wert 1,34 hat, da der totale Absorptionsquerschnitt für thermische Neutronen beinahe das Doppelte des Spaltquerschnittes beträgt (7,68 b gegenüber 4,18 b).

Der Faktor ε ist ein Maß für die Vergrößerung der Neutronenanzahl durch Spaltung mit *schnellen* Neutronen. Da der Querschnitt für unelastische Streuung schneller Neutronen bei natürlichem Uran etwa 10mal so groß ist wie für Spaltung, hat ε auch im Fall von Uranmetall ohne „Moderator" (s. u.) nur den Maximalwert 1,2; in praktisch vorkommenden Raktoren mit C oder D_2O als Moderator ist ε nur $\sim 1,03$.

Der Faktor p gibt die Wahrscheinlichkeit für die Vermeidung des nicht erwünschten Resonanzeinfangprozesses von Neutronen in U-238 an. Dieser Faktor muß abhängig sein von der Geometrie des Reaktors; in praktischen Fällen muß p_{eff} verwendet werden. Bei ausreichend schnellem Abbremsen der Neutronen durch den Moderator kann ein

Wert von 0,8 für p angenommen werden, d.h. nur 20% der Neutronen gehen durch Resonanzabsorption verloren.

Der Faktor (der thermischen Ausnutzung) f gibt den Bruchteil der thermischen Neutronen an, die im Brennstoff absorbiert werden und nicht im Moderator und Verunreinigungen. Auch dieser Faktor ist abhängig von der Geometrie des Reaktors, darüber hinaus von der Menge des Moderators und dessen Reinheit; f nimmt im Gegensatz zu p mit der Moderatormenge ab: in einer homogenen Mischung von 1 Teil Natururan und 400 Teilen reinsten Graphits beträgt f etwa 0,8.

Moderatoren. Aufgabe der als Moderator verwendeten Kerne ist es, (bei Verwendung von natürlichem Uran als Kernbrennstoff) die Neutronenenergie möglichst schnell unter das Gebiet des Resonanzeinfanges in U-238 zu senken (vgl.Abb. 39). (Auch in U-235 nimmt der Spaltquerschnitt mit verringerter Neutronengeschwindigkeit zu.)

Hierbei kann die Bremswirkung gemäß der einfachen Annahme der Impulsübertragung beim Zusammenstoß zweier harter Kugeln (Billiardkugel-Modell) betrachtet werden. In diesem Fall gilt für die durchschnittliche relative Energieverringerung

$$\frac{\overline{E}}{E_0} = 1 - \frac{2A}{(A+1)^2}. \tag{4.2}$$

Bei zentralem geraden Stoß gilt:

$$\frac{E}{E_0} = \left(\frac{A-1}{A+1}\right)^2, \tag{4.3}$$

hier gelangt das Neutron beim Zusammenstoß mit einem Wasserstoffkern völlig zur Ruhe.

Für Berechnungen besser geeignet ist das für viele sukzessive Stöße charakteristische logarithmische Energiedekrement pro Stoß $\xi = \overline{\ln(E_0/E)}$. Es gilt: $\xi \approx \dfrac{2}{A+\frac{2}{3}}$, der Fehler wird $<1\%$ wenn $A>10$ ist.

Gemäß dieser Formel kann leicht berechnet werden, wieviel Zusammenstöße eines Neutrons mit Kohlenstoffkernen notwendig sind, um von 2 MeV auf thermische Energie abzubremsen. Dieser Wert beträgt für C: 114, dagegen für H: nur 18 und D: 25 Zusammenstöße im Durchschnitt. Hiernach würde leichter Wasserstoff als der beste aller Moderatoren erscheinen, jedoch ist auch der Absorptionsquerschnitt σ_a zu berücksichtigen, der für thermische Neutronen bei H_2O 660 mb, bei D_2O jedoch nur 0,9 mb und bei Kohlenstoff 4,5 mb beträgt.

Ein geeignetes Maß für die Tauglichkeit als Moderator ist das sog. Moderationsverhältnis: $\xi\dfrac{\Sigma_s}{\Sigma_a}$ in das die makroskopischen Wirkungsquerschnitte ($\Sigma = n\sigma$) für Streuung epithermischer und Absorption thermischer Neutronen eingehen. Die entsprechenden Werte sind:

D_2O: 5860, C: 166, Be: 138 und H_2O: 62. Hiernach ist also schweres Wasser bei weitem der beste aller Moderatoren und auch Graphit übertrifft noch leichten Wasserstoff und seine Verbindungen.

26. Einiges über Wahl und Anordnung von Brennstoff und Moderator

Im folgenden werden hauptsächlich die Verhältnisse im Natururan-Graphit-Reaktor betrachtet: Bei einer *homogenen* Mischung würde das molare Verhältnis: 1 Uran/400 Graphit den Maximalwert von k_∞ ergeben. Hierbei ergibt sich für den Faktor der thermischen Ausnutzung

$$\left(f = \frac{\text{Mol } U \cdot \sigma_U}{\text{Mol } U \cdot \sigma_U + \text{Mol } C \cdot \sigma_C} \right); \quad f = \frac{7{,}68}{7{,}68 + 400 \cdot 0{,}0045} = 0{,}81 \, .$$

Der p-Faktor nimmt durchgehend zu mit Erhöhung des Verhältnisses Graphit/Uran, da bei zunehmender Moderatormenge die Wahrscheinlichkeit zunimmt, daß Neutronen bis unterhalb des Resonanzgebietes für den Einfang in U-238 abgebremst werden, ehe sie Urankerne treffen. p beträgt bei genanntem Uran/Graphit-Mischungsverhältnis 0,75, pf also 0,604. Da hier $\eta \, \varepsilon \approx 1{,}3$, folgt $k_\infty \approx 0{,}79$. Eine Kettenreaktion ist also in einer homogenen Mischung von Natururan und Graphit nicht möglich.

Die Verwirklichung der Kettenreaktion ist hauptsächlich an das Erreichen noch größerer Werte für p gebunden. Diese werden erreicht, wenn der Brennstoff in Form von Brennstoffelementen (meist Stäben) im Moderator untergebracht ist („heterogener" Reaktor). In diesem Fall geschieht die noch vorhandene Resonanzabsorption nur in einer dünnen Oberflächenschicht des Natururans, während die darunterliegende Brennstoffmasse mit langsamen Neutronen reagieren kann. (Innerhalb des Brennstoffes nimmt zwar der thermische Fluß ab, die Erhöhung von p ist jedoch überwiegend, solange der Durchmesser der Brennstoffstäbe nicht zu groß wird.)

Im heterogenen Reaktor aus Natururanmetall und Graphit sind molare Mengenverhältnisse im Bereich 1:100 bis 200 optimal; der Radius der Brennstoffstäbe sollte 1 bis 2 cm, ihr Abstand voneinander 15 bis 25 cm betragen. Es läßt sich so $k_\infty \sim 1{,}1$ erreichen; allerdings wird die Größe des Reaktors erheblich: die Kantenlänge eines kubischen „Stapels" („pile") liegt bei etwa 10 m, etwa 50 t Natururan und 300 t Graphit werden benötigt.

Bei Verwendung von schwerem Wasser als Moderator kann k_∞ den Wert 1,3 betragen und im heterogenen Reaktor die Kettenreaktion in Gang gehalten werden mit nur etwa 3 t Natururan und 6 t D_2O. In diesem Fall ist auch ein homogener Reaktor möglich.

Der stationäre Zustand eines „kritischen" Reaktors (homogen und ohne Reflektor) wird durch die „kritische" Gleichung beschrieben, die — mit Hilfe der

Neutronendiffusionstheorie und der „Alterstheorie" — die ungefähre Vorausberechnung der kritischen Größe eines Reaktors ermöglicht:

$$\frac{k_\infty \, e^{-\mathbf{B}^2 \tau}}{1 + L^2 B^2} = 1. \tag{4.4}$$

Hierbei bedeuten: B^2 die Konstante der „geometrischen Krümmung" des Neutronenflusses (Dimension cm^{-2}); τ das „Fermi-Alter" (Dimension cm^2), $\tau \approx \frac{1}{6}\overline{r^2}$, wobei $\overline{r^2}$ das mittlere Quadrat des Abstandes vom Ort der Entstehung der Neutronen bis zum Ort des Erreichens thermischer Energien ist; L ist die (thermische) „Diffusionslänge", gegeben durch $L^2 = \frac{1}{6}\overline{r_a^2}$, wobei $\overline{r_a^2}$ das mittlere Quadrat des Abstandes vom Ort des Erreichens thermischer Energie bis zum Ort des Einfanges ist. (Näheres in der angeführten Spezialliteratur.)

Die Genauigkeit ähnlicher Berechnungen ist jedoch nicht ausreichend; um die kritische Größe des Reaktorkernes festzustellen, muß von Messungen ausgegangen werden: so wird beim homogenen Reaktor (unter definierten Bedingungen) der *reziproke* Neutronenfluß als Funktion der zugesetzten Menge Brennstofflösung verfolgt, wodurch die kritische Größe durch Extrapolation auf den Wert Null vorherbestimmt werden kann.

Die Bedeutung verzögerter Neutronen für die Reaktorkontrolle

Bei der Kernkettenreaktion nimmt die pro Sekunde entstehende Neutronenzahl exponentiell zu, gemäß $n = n_0 \exp\left((k_{\mathrm{eff}} - 1)/l\right)$, wobei l die mittlere Lebenslänge der Neutronen ist, die von der Größenordnung 10^{-3} sec sein kann. $\left(\dfrac{l}{k_{\mathrm{eff}} - 1} = T\right.$: ist die Reaktorperiode oder Relaxationszeit.) Bei $(k_{\mathrm{eff}} - 1) = 10^{-3}$, also $1^0/_{00}$ (Überschuß)-Reaktivität steigt also die Neutronenzahl pro Sekunde um den Faktor e (2,7316..); bei 1% Reaktivität jedoch schon um den Faktor $2,2 \cdot 10^4$. Es wäre dann sehr schwer, einen Reaktor zu regeln, wenn nicht die Wirkung der „verzögerten" Neutronen (§ 24) zur Hilfe käme. Ihre Wirkung ist eine Erhöhung der durchschnittlichen Neutronenlebensdauer gemäß den Anteilen β_i der entsprechenden Spaltprodukte und deren mittleren Lebensdauern t_i (~ 10 sec im Durchschnitt). Für die Reaktorperiode bestimmend wird dann $\sum \beta_i \cdot t_i + l = 10^{-1} + 10^{-3}$ sec. Hierbei kann die Lebensdauer der unmittelbaren („prompten") Spaltungsneutronen vernachlässigt werden; die Reaktorperiode nimmt um den Faktor 10^2 zu und leichte Regelbarkeit ist möglich, wenn k_{eff} zwischen 1 und 1,0075 (bei U-235, $\beta = 0,0075$) gehalten wird.

[Im Sinne der zeitlichen Verzögerung der Neutronenvervielfachung wirken bei Moderatoren, enthaltend D und Be, auch Photoneutronen, entstanden durch (γ, n)-Prozesse infolge der γ-Strahlung der Spaltprodukte.]

Die verzögerten Neutronen bestimmen auch den endgültigen zeitlichen Abfall des Neutronenflusses (80 sec Lebensdauer) nach Abschalten des Reaktors.

27. Mögliche Reaktortypen

Als wesentliche Merkmale und Einteilungsmöglichkeiten für verschiedene Reaktortypen können die folgenden herangezogen werden:

1. Die Geometrie: Heterogene oder homogene Anordnung von Brennstoff und Moderator.

2. Der Brennstoff: Natururan oder konzentrierter Spaltstoff (U-235, Pu-239, U-233).

3. Moderator: Graphit, schweres oder leichtes Wasser (Beryllium). Der Reflektor (neutronenreflektierende Umhüllung des Reaktorkernes) besteht im allgemeinen aus den gleichen Stoffen wie der Moderator.

4. Kühlung: Wasser, Gas, organische Flüssigkeiten, Metall- oder Salzschmelzen.

5. Reaktoren können aus spaltstoffwirtschaftlichen Gründen für Konversion (Umwandlung) oder „breeding" (Brutreaktoren) ausgebildet werden.

Im ersten Fall wird ein mit thermischen Neutronen spaltbarer Stoff wie U-235 zur Erzeugung eines ähnliches Stoffes wie Pu-239 (aus U-238) verwendet; im letzten Fall liegt der gleiche Stoff als Brennstoff wie als Produkt vor: Ein Beispiel wäre ein mit Plutonium (§ 65) betriebener Reaktor, der in einer Hülle (blanket) aus U-238 neues Plutonium erzeugt.

Der erste Reaktor wurde am 2. Dezember 1942 kritisch; in Chicago von FERMI u. Mitarbeitern gebaut. Da zu jener Zeit weder angereichertes Uran noch schweres Wasser in ausreichenden Mengen zur Verfügung stand, mußte dieser Reaktor ein graphitmoderierter Natururanreaktor werden. Die gesamte Menge Uran und Uranoxyd betrug etwa 40 t, und die Graphitmenge im Moderator und Reflektor 375 t. Der Reaktor wurde ohne Kühlung mit einem Effekt von 0,5 W betrieben und hatte einen Neutronenfluß von $4 \cdot 10^6$ nv (nv = Neutronen pro Sekunde und cm²; n: Dichte der Neutronen pro cm³; v: Neutronengeschwindigkeit [cm sec^{-1}]). (Neutronenflüsse werden im folgenden auf diese Art angegeben und beziehen sich auf thermische Neutronen.)

Nachdem so im „Chicago-pile" 1 (CP 1) die prinzipielle Möglichkeit der Kernkettenreaktion gezeigt worden war, wurden sofort erheblich kräftigere Reaktoren gebaut, teils für Forschung und Isotopenproduktion wie der Reaktor X-10 in Oak Ridge, teils als plutoniumproduzierende Reaktoren wie die drei großen Reaktoren in Hanford. Diese werden mit Wasser vom Columbia-River gekühlt und sollen einen Effekt von 1000 MW haben, entsprechend einer Plutoniumproduktion von 0,75 kg/d. Weitere fünf Reaktoren ähnlicher Größe sind in Savannah-River in Gang gesetzt worden. Zum Plutonium kamen unter anderem für Kernwaffenverwendung aber noch die Mengen U-235 aus

Gasdiffusionsisotopentrennanlagen und zunächst auch elektromagnetischen Trennanlagen.

Die Savannah-River-Reaktoren produzieren auch Tritium durch Bestrahlung von Li-6 (vgl. § 20) und angeblich soll bei wieder in den Markt gelangten Lithiumsalzen eine Abreicherung von Li-6 feststellbar sein. Auch in England (Windscale) sind plutoniumproduzierende Reaktoren gebaut worden.

28. Forschungsreaktoren: Beispiele

Die Unterteilung in Forschungsreaktoren und Kraftreaktoren kann nach dem Gesichtspunkt geschehen, daß Forschungsreaktoren im allgemeinen möglichst großen Neutronenfluß bei möglichst niedrigem Effekt zeigen sollen, während bei Kraftreaktoren das umgekehrte der Fall ist. Außerdem können als intermediärer Typ die Hochflußforschungsreaktoren, sog. Materialprüfreaktoren unterschieden werden, bei denen der thermische und schnelle Neutronenfluß den Wert 10^{13} nv übersteigt.

Natururan-Graphitreaktoren

Als große Graphitforschungsreaktoren sind außer X-10 in Oak Ridge (1943), der Reaktor BEPO in Harwell (1948) und der Reaktor in Brookhaven, USA (1950) zu nennen. Graphitreaktoren haben im allgemeinen einen Neutronenfluß von 10^{12} nv, sind notgedrungenerweise groß und bieten auf diese Art auch große Bestrahlungsräume u. a. für Radioisotopenproduktion. Diese Reaktoren sind jedoch so teuer, daß nur größere Organisationen sie bauen und betreiben können.

Im Reaktor BEPO beträgt die Uranmenge 40 t, die Graphitmenge 280 t. Der Reproduktionsfaktor k_∞ wäre 1,06 und als maximaler Neutronenfluß (bei 6 MW Effekt) wird $1,5 \cdot 10^{12}$ nv angegeben. Der Reaktor ist für eine Überschußreaktivität von 1,4% ausgelegt, und eine Brennstofffüllung reicht 5 bis 10 Jahre. Der Konversionskoeffizient der Umwandlung von U-238 in Plutonium ist 0,75.

Schwerwassermoderierte Natururanreaktoren

Wegen der besseren Moderatoreigenschaft (verglichen mit Graphit) verbinden diese Reaktoren höhere Neutronenflüsse (10^{13} nv) mit geringerem Wärmeeffekt. Die Brennstoffökonomie ist also besser, dagegen bedingt der hohe Preis von schwerem Wasser eine Millioneninvestition. Vom ersten schwerwassermoderierten Reaktor CP-3 im Argonne National Laboratory leiten sich auch unter anderem die beiden zur Zeit in Gang befindlichen skandinavischen Forschungsreaktoren JEEP in Kjeller, Norwegen, (1951) und R-1 in Stockholm (1954) ab, die einen Effekt von etwa 0,5 MW und einen Neutronenfluß von 10^{12} nv haben. Mit forcierter Kühlung kann mit diesem Typ ein noch höherer Neutronenfluß erzielt werden wie in den großen kanadischen Reaktoren NRX (1947) und NRU (1958). NRX erreicht einen Neutronenfluß von $6{,}8 \cdot 10^{13}$ nv bei 40 MW und enthält 10,5 t Uran und 18 t D_2O. Der Konversionsfaktor Uran/Plutonium ist 0,8 und bei der derzeitigen Lebenslänge der Brennstoffelemente von etwa 3000 MW d/t sollte ein Satz Brennstoffelemente 2 Jahre ausreichen.

Der neue Reaktor NRU wird mit bedeutend höherem Effekt (200 MW) betrieben und wird als das z. Z. teuerste Forschungsinstrument (~ 200 Mill. DM) der Welt bezeichnet. Die Lebenslänge seiner Brennstoffelemente soll erhöht werden durch Verwendung von Urandioxyd statt Uranmetall (vgl. § 72).

Schwerwassermoderierte Reaktoren mit angereichertem Uran

Diese Reaktoren erzielen noch höheren Fluß (10^{14} nv) und leiten sich vom ersten Reaktor dieses Typs CP-5 (1954) im Argonne National Laboratory ab (Abb. 40). Dieser benutzt 1,5 kg U-235 in 90%iger Anreicherung und 6,8 t D_2O. Bei 1 MW ist der Neutronenfluß $2{,}8 \times 10^{13}$ nv und der effektive Reproduktionsfaktor 1,125. Der Verbrauch von U-235 ist 0,84 g/d. Vom CP-5-Tankreaktor stammen einige kommerzielle Reaktoren ab wie z. B. der englische Reaktor DIDO (1956), der 2,5 kg U-235 und 10 t D_2O enthält (10 MW-Effekt, thermischer Fluß 10^{14} nv).

Leichtwassermoderierte Reaktoren mit an U-235 angereichertem Uran

Heterogene Reaktoren dieses Typs werden zunehmend verwendet. Die bekannteste Konstruktion ist der Material Testing Reactor in Arco, Idaho, USA, der mit 40 MW-Effekt einen Fluß von $2 \cdot 10^{14}$ erzielt. Die wegen der hohen Wärmeentwicklung und -ableitung speziell konstruierten Brennstoffsätze (MTR-Elemente) kehren mit geringen Modifikationen in anderen Reaktoren wieder, so auch in den zunehmend in Gebrauch kommenden „Swimmingpool"-Reaktoren, bei denen der Reaktorkern in ein großes Wasserbecken von etwa 10 m Tiefe gesenkt wird, was die direkte optische Beobachtung des in Betrieb befindlichen Reaktors ermöglicht (Abb. 41). Der Swimmingpool-Reaktor hat außerdem den Vorteil einer großen Anzahl experimenteller Bestrahlungsmöglichkeiten und den einer weitgehend selbststabilisierenden Wirkung. Wenn der Effekt verhältnismäßig gering (100 kW) gehalten wird, genügt die durch Konvektion der großen Wassermenge, die gleichzeitig als Moderator dient, erhaltene Kühlung.

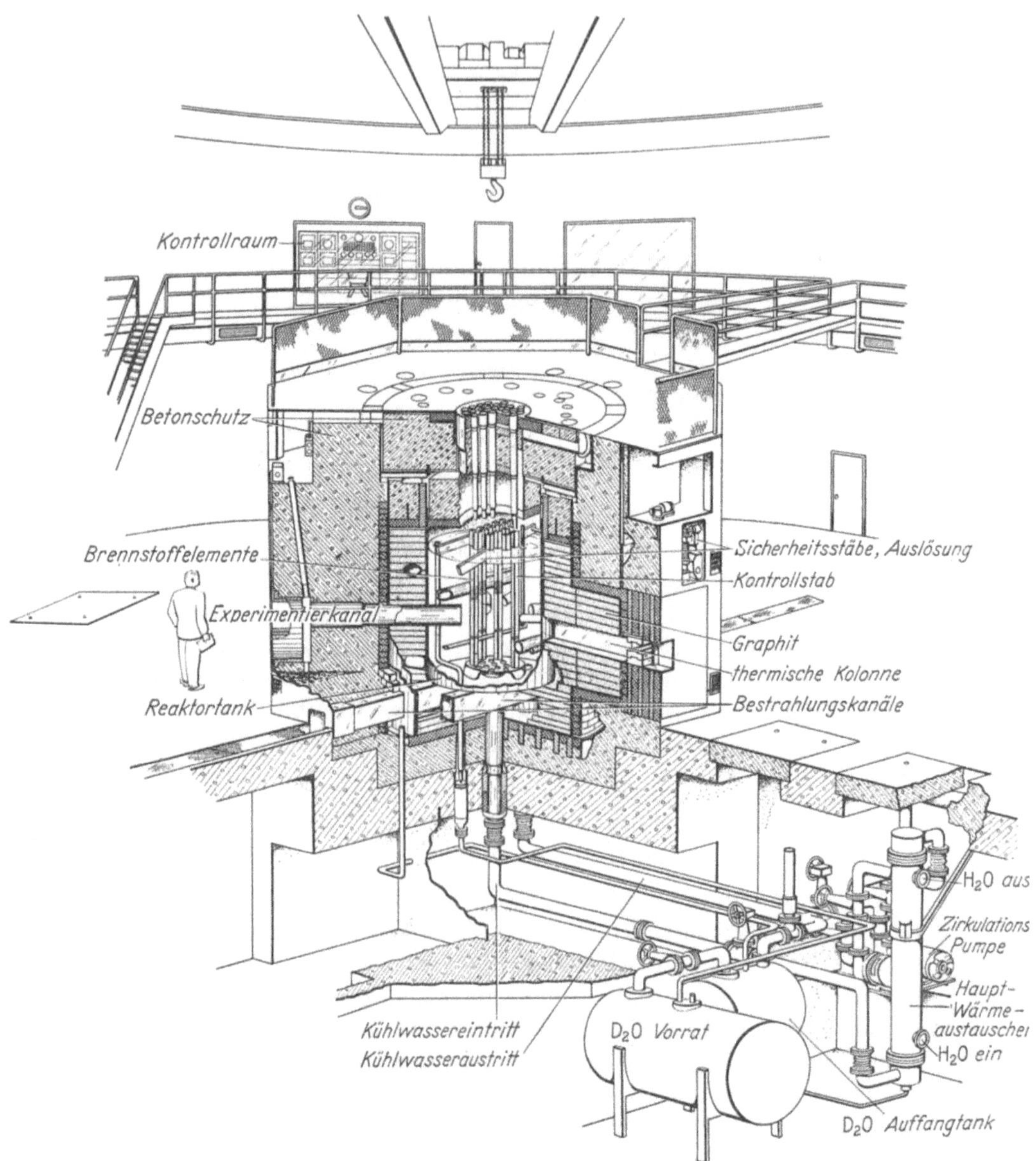

Abb. 40. Der Forschungsreaktor CP-5 (Argonne Nat. Lab., USA)

Homogene Reaktoren

In homogenen Reaktoren werden hauptsächlich wäßrige Lösungen angereicherter Uransalze verwendet („water-boilers"), und dieser Typ hat gewisse Vor- und Nachteile im Vergleich mit heterogenen Reaktoren.

Der Effekt ist im allgemeinen nicht sehr hoch (Forschungsreaktoren werden bisher für maximal 50 kW ausgelegt), aber der Neutronenfluß kann doch bis 10^{12} nv betragen, ein für einen Forschungsreaktor günstiges Verhältnis. [In besonderen Konstruktionen ist der homogene Reaktor unter Umständen geeignet für Kraftproduktion und als Brutreaktor (s. § 30).] Der Reaktor ist billig und kann mit weniger als 1 kg U-235 betrieben werden. Er reguliert sich selbst auf Grund des nega-

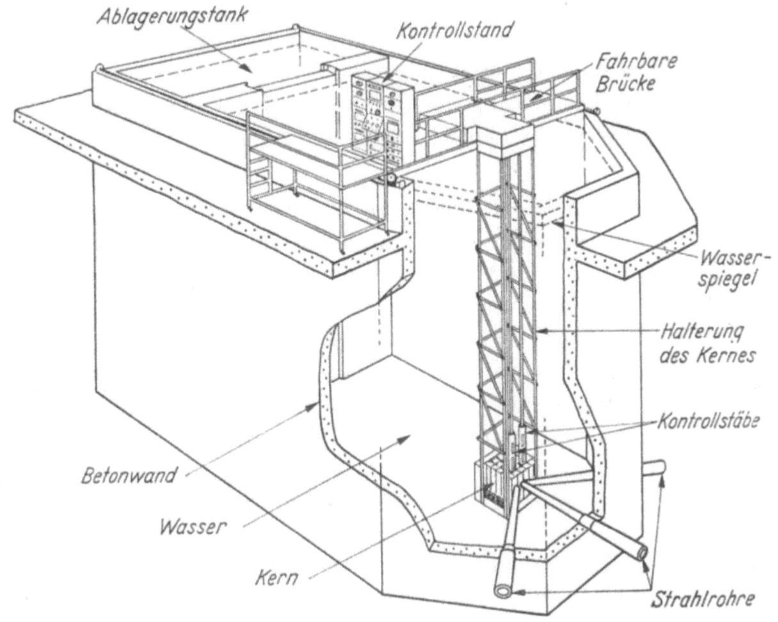

Abb. 41. Ein Bassin („Swimming-Pool")-Reaktor

tiven Reaktivitätskoeffizienten der Lösung bei Erhitzung und kann infolgedessen kaum außer Kontrolle geraten. [Überdies können flüchtige Spaltprodukte (§ 64), darunter das stark neutronenabsorbierende Xe-135 (σ_{therm}: $2{,}7 \cdot 10^6$ b) laufend entfernt werden.]

Diesen Vorteilen stehen die Nachteile gegenüber, daß die Korrosion des Reaktorgefäßes und der dazugehörenden Zirkulationssysteme durch die warme Uranylsulfatlösung im intensiven Strahlungsfeld erheblich ist, und daß jedes Leck äußerst unangenehme Folgen hätte. Durch strahlungschemische Dekomposition (hauptsächlich durch den Rückstoß der Spaltprodukte) entwickelt sich Knallgas im Reaktor (§ 73), das rekombiniert werden muß, ehe überschüssiges Gas entlassen werden kann. Während der Entwicklungszeit dieses Typs entstanden Schwierigkeiten durch Gasblasen im Reaktorkern, doch ist nunmehr auch der Homogenreaktor ein voll zuverlässiges Forschungsinstrument, und dieser

Typ wurde von Amerika an mehrere Forschungsinstitute (Deutschland: Frankfurt und Berlin, Dänemark und Japan) exportiert.

Ein anderer verbreiteter Forschungsreaktortyp: TRIGA (Training, Research, Isotope Production) ist als fester homogener Reaktor anzusehen. Der Kern besteht aus angereichertem Uran in Zirkoniumhydrid; bei 100 kW wird ein thermischer Fluß von 10^{12} nv überschritten.

29. Energiebedarf der Welt; Wärme- und Kraftreaktoren

Eine Frage von primärer Bedeutung ist die Deckung des Energiebedarfs der Bewohner der Erde aus dem Vorrat der vorhandenen Brennstoffe. (Direkte Ausnutzung der Sonnenenergie ist im Prinzip möglich, wird aber als für großtechnische Ausnutzung zunächst noch zu teuer angesehen.)

Brennstoffe können gebildet werden durch Fixierung der Sonnenenergie als der Energie, die bei chemischen Reduktionsprozessen festgelegt worden ist und zu fossilen Brennstoffen (Kohle, Öl, Erdgas) geführt hat bzw. zu organischen Brennstoffen (Holz) ständig führt, welche jedoch zum Teil für chemische Veredlung reserviert bleiben sollten. Der Vorrat an fossilen Brennstoffen entspricht etwa $25 \cdot 10^{15}$ kWh, was bei dem jetzigen jährlichen Energieverbrauch von $4 \cdot 10^{13}$ kWh etwa 700 Jahre lang die Erde versorgen könnte. Diesem begrenzten Vorrat fossilen Brennstoffs steht ein leicht zugänglicher Vorrat von Kernbrennstoff gegenüber, wozu $20 \cdot 10^{6}$ t Uran und etwa $5 \cdot 10^{6}$ t Thorium mit Herstellungskosten von weniger als 100 \$/kg gerechnet werden können. Da der jährliche Energieverbrauch von $4 \cdot 10^{9}$ t Kohlenstoff durch 1300 t Uran ersetzt werden könnte (bei vollständiger Ausnutzung), würden die zunächst und leicht zugänglichen Kernbrennstoffreserven beim *heutigen* Energieverbrauch etwa 15 000 Jahre lang ausreichen.

Die Bevölkerungsanzahl der Erde hat jedoch zur Zeit eine Verdopplungszeit von 40 Jahren, und es ist auf lange Sicht mit einer erheblich höheren Bevölkerungsziffer und entsprechendem Energieverbrauch zu rechnen. Als Gleichgewichtswert wird (aus Ernährungsgründen) eine Bevölkerungsanzahl von $7 \cdot 10^{9}$ abgeschätzt mit einem Energieverbrauch von $7 \cdot 10^{14}$ kWh/a, entsprechend etwa $7 \cdot 10^{10}$ t Kohleäquivalent. In diesem Fall würde der fossile Brennstoff nur 40 Jahre, der leicht zugängliche Kernbrennstoff nur etwa 900 Jahre reichen, so daß auf lange Sicht sowohl 100%ige Ausnutzung des einmal gewonnenen Kernbrennstoffes, wie auch Ausnutzung eines größeren Teiles des Gesamtvorrates der Erde an Uran und Thorium ($16 \cdot 10^{13}$ bzw. $50 \cdot 10^{13}$ t) notwendig ist. Bei totaler Ausnutzung würden diese Vorräte für einen Zeitraum reichen, der groß ist, verglichen mit dem bisherigen Alter der Erde.

Jedoch ist nicht alles Uran und Thorium zugänglich; ein Teil liegt unter den Weltmeeren, ein anderer Teil ist enthalten in Mineralen von so geringem Gehalt, daß zur Gewinnung mehr Energie verbraucht würde, als der fertige Brennstoff liefern könnte. Etwa 20% der gesamten Vorräte sind in verhältnismäßig leicht auslaugbaren Teilen granitischer Bergarten enthalten, und zu ihrer Gewinnung würden nur einige Promille ihrer späteren Verbrennungsenergie benötigt. Dies allerdings unter der Annahme, daß der gesamte Kernbrennstoff verwendet wird; wird nur U-235 selektiv verbrannt (wie es zur Zeit meistens der Fall ist), würde in vielen Fällen die Gewinnung energetisch und wirtschaftlich nicht lohnend sein. Infolgedessen ist die Entwicklung der Kernenergie auf lange Sicht unlöslich verknüpft mit der Frage der „Brutreaktoren" (vgl. § 30).

Die derzeitigen Atomkernenergieprogramme seien kurz behandelt an folgenden Fällen:

Im EURATOM-Gebiet soll die Kohleneinfuhr, die etwa 30% des gesamten Verbrauches beträgt, auf dem Niveau von 1962, $1,6 \cdot 10^8$ t/a, stabilisiert werden, und die Steigerung durch Kernkraft aufgefangen werden, was 1967 einem Kohleäquivalent von $1,5 \cdot 10^7$ t und einer Reaktorleistung von $1,4 \cdot 10^4$ MW entspräche.

Pläne anderer Größenordnung liegen in Großbritannien vor, wo Anlagen für $2 \cdot 10^3$ MW(e) im Betrieb sind und wo man beabsichtigt, im Jahre 1966 annähernd $6 \cdot 10^4$ MW (e) Kernkraft installiert zu haben. [Leistung (e) = elektrische Leistung, $\sim 25-30\%$ der thermischen Leistung.] In Frankreich sollen 1965 $2 \cdot 10^3$ MW(e) installiert sein.

Eine wichtige Frage in der derzeitigen Entwicklung der Kernenergie ist die der wirtschaftlichen Konkurrenzfähigkeit. Man nimmt schätzungsweise an, daß für ein Kohlenkraftwerk die Investierung pro kW installierter Leistung 100 $ beträgt, und die kWh etwa 8 „mil" (tausendstel Dollar) kostet. Auch optimistische Abschätzungen veranschlagen bei einem Kernkraftwerk eine Investierung von mindestens 150 bis 200 $/kW, während die kWh allerdings billiger sein könnte und günstigenfalls nur 3 mil kosten sollte.

Dieses sind jedoch abgeschätzte Werte der ferneren Zukunft; die derzeitige Lage sieht noch erheblich ungünstiger aus (Abb. 42). Die Investierungs- und Stromkosten eines Kernkraftwerkes beginnen gerade, sich dem eines Kohlenkraftwerkes anzunähern und dieses um so mehr, je größer die Leistung ist. Größen von 100 MW elektrischer Leistung oder 300 MW thermischer Leistung sind mindestens notwendig.

Bei einem Ausnutzungszeitfaktor von 0,75 wird für den Calder-Hall-Reaktor (s. u.) im Jahre 1961 8,6 mil/kWh errechnet bei einer Investition von 300 $/kW. Für einen verbesserten Typ des gasgekühlten Natururanreaktors (im Jahre 1970) werden geringere Investierungskosten von 200 $ und Stromkosten von 4,5 mil abgeschätzt.

Etwas höher liegen die Kosten bei den Reaktortypen, die in den USA auf Grund der zur Zeit vorhandenen Erfahrungen unmittelbar installiert werden könnten: 9 bis 12 mil, die nach zu erwartenden technologischen Verbesserungen auf 7 bis 9 mil herabgehen würden. Dieses weitgehend unabhängig von dem Typ des verwendeten Reaktors, inner-

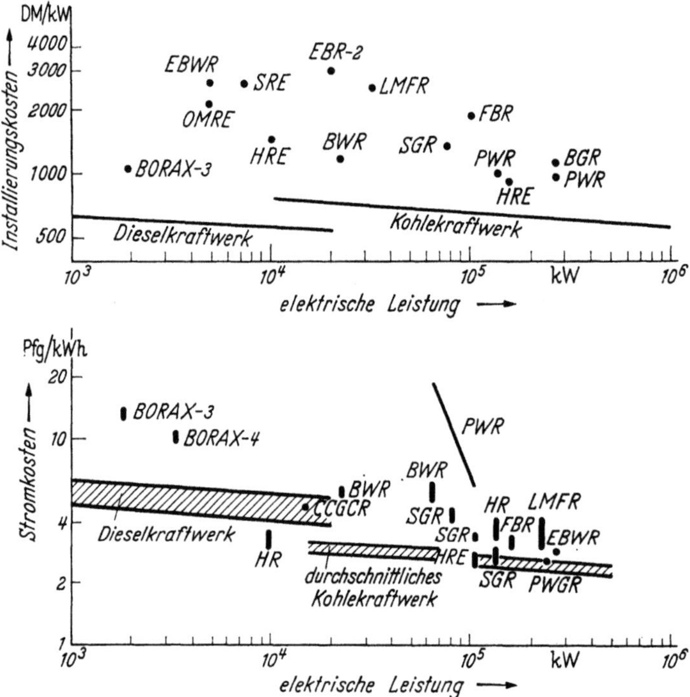

Abb. 42. Installierungs- und Stromkosten bei Kraftreaktorversuchsanlagen verschiedener Leistung

halb der amerikanischen Entwicklungstendenz sind hauptsächlich vertreten: PWR (Pressurized Water Reactor), BWR (Boiling Water Reactor), OMR (Organic Moderated Reactor) aber auch ein schneller Brutreaktor (vgl. § 30).

Zusammenfassend kann also festgestellt werden, daß die Kernenergie allmählich wirtschaftlich konkurrenzkräftig wird, es zur Zeit aber noch nicht vollständig ist.

Kraftreaktoren

Die Energiedichte im Kern eines Kraftreaktors kann sehr hoch werden (einige 100 W/cm³) und folglich treten Fragen der Materialbeständigkeit gegen Temperatur und Strahlung sowie Fragen der Wärmeleitfähigkeit und der Resistenz gegen thermischen Schock in den Vordergrund. Die entsprechenden Komponenten sind vor dem Einbau eingehend im Materialprüfreaktor zu untersuchen. Aus wirtschaftlichen Gründen wird größtmögliche Ausnutzung des Brennstoffes gefordert, und man muß infolgedessen auch den sekundären Brennstoff ausnutzen, der im Reaktor entsteht (wie Pu-239 aus U-238). Das übliche Maß für die Ausnutzung des Brennstoffes ist der Abbrand („burn-up"), gewöhnlich in 1000 MWd/t angegeben. Wie leicht zu zeigen, sollten in günstigen Fällen mit Natururan 7000 MWd/t erreicht werden können, falls nur das darin enthaltene U-235 verbraucht wird. Es sind höhere Werte möglich, wenn auch das neugebildete Pu-239 verbraucht wird.

Verschiedene Kraftreaktoren

Zur Zeit werden hauptsächlich die folgenden Typen als für Energieproduktion geeignet betrachtet:

1. Gasgekühlte Uran-Graphitreaktoren;
2. Druckwasserreaktoren;
3. Tauchsiederreaktoren;
4. Natrium-Graphitreaktoren;
5. homogene Reaktoren;
6. organisch-moderierte Reaktoren;
7. „schnelle" Brutreaktoren.

Nur die ersten vier Typen sind zur Zeit für Energieproduktion in größerer Skala gebaut und erprobt worden.

Gemeinsam für alle Kraftreaktoren ist ein wärmeaufnehmendes Medium (Kühlmittel), das durch den Reaktor zirkuliert, und die aufgenommene Wärme in einem Wärmeaustauscher (im allgemeinen) an ein sekundäres Medium abgibt, das seinerseits eine Turbine treibt, die an einen Generator zur Erzeugung elektrischer Spannung angeschlossen ist, da elektrische Energie die allseitig bevorzugte Endform ist.

Von den oben genannten sieben Typen ist bisher der gasgekühlte Uran-Graphitreaktor in größter Skala ausgeführt worden und in Calder-Hall, England, sind seit 1956 große Reaktoren in Gang. Einige wichtige Kenndaten sind die folgenden: 182 MW thermische und 61 MW elektrische Leistung; 120 t Uran und 1200 t Graphit; Eingangs- und Ausgangstemperatur des Kühlgases 140 bzw. 336 °C; Kühlgas: CO_2 unter 6 Atm Druck in Tanks aus 15 cm dicken Stahlplatten. Die Dichtigkeit jedes einzelnen Brennstoffelementes (insgesamt 1696) wird laufend kontrolliert.

1961 sollen zwei Weiterentwicklungen der Calder-Hall-Reaktoren in Betrieb genommen werden bei der Berkeley Power Station. Diese

Reaktoren haben folgende Daten: 550/170 MW, 250/2000 t U/C, 7 Atm CO_2, 100/350 °C Gastemperaturen.

1962 sollen noch größere Reaktoren dieser Art bei der Hinkley Point Power Station in Gang gesetzt werden. Hier sind die Daten: 966/250 MW, 370/3500 t, 13 Atm CO_2, 180/350 °C.

Der Wirkungsgrad dieses Typs soll im AGCR (Advanced Gas Cooled Reactor) 28% erreichen; Gastemperaturen (20 atm He) 250/575 °C. Noch höhere Temperaturen (350/750 °C) sollen im DRAGON-Versuchsreaktor erzielt werden, wobei die Maximaltemperatur im Brennstoff (Urankarbid, §72) 1700 °C betragen kann. Der Reaktor soll U-233 aus Thorium-(karbid) erzeugen; er ist ein gemeinsames Projekt der OEEC-Länder.

In den USA hat sich die technische Entwicklung anfangs auf den Druckwasserreaktor konzentriert, in welchem angereichertes Uran angewendet wird (Abb. 43). Hier wird Wasser unter einem Druck von 200 Atm bis auf nahezu 300 °C erhitzt. Im Kocher des Wärmeaustauschers wird dann Dampf erzeugt, der eine Turbine treibt. Die Daten des bisher größten amerikanischen Kraftreaktors Shippingport sind 231/68 MW Leistung, 269/281 °C Wassertemperatur bei Ein- und Ausgang. Im Reaktorkern sind außer angereichertem Uran auch Brennstäbe aus natürlichem Uranoxyd enthalten, die zur Herstellung von Plutonium dienen. Als Hülle der Brennstoffelemente wird die Zirkonlegierung Zircaloy-2 verwendet. Reaktoren dieses Typs werden hauptsächlich in den amerikanischen „Atomunterseebooten" verwendet.

Mit leichtem Wasser als Moderator und angereichertem Uran als Brennstoff arbeitet der im Prinzip sehr einfache Kocherreaktor (Boiling Water Reactor). Der Reaktorkern wirkt hier etwa wie ein Tauchsiederelement. Der entstehende Dampf kann direkt für den Betrieb einer Turbine verwendet werden, im allgemeinen geschieht auch hier die Wärmeüberführung an einen Sekundärkreis durch einen Wärmeaustauscher. Der „Experimental Boiling Water Reactor" des Argonne National Laboratory hat bis zu 60 MW Wärmeeffekt erreicht.

Da der Wärmeaustausch von entscheidender Bedeutung für die Effektivität eines Kraftreaktors ist, sind auch flüssige Metalle wie Natrium als Wärmeüberführungsmedium untersucht worden. In diesem Fall kann der thermische Wirkungsgrad auf Grund der möglichen höheren Temperaturen 30% erreichen. Jedoch wird Natrium neutronen-aktiviert, und die Wärmeüberführung an einen sekundären Natriumkreis muß geschehen, ehe der Dampf für die Turbine erzeugt werden kann. Der natriumgekühlte Reaktor kann als thermischer graphitmoderierter Reaktor ausgeführt werden und ist geplant für 300 MW elektrischen Effekt. Brennstofftemperaturen von 700 °C und Kühlmitteltemperaturen von 500 °C werden erwartet, und die Anforderungen an die Reaktorwerkstoffe sind erheblich.

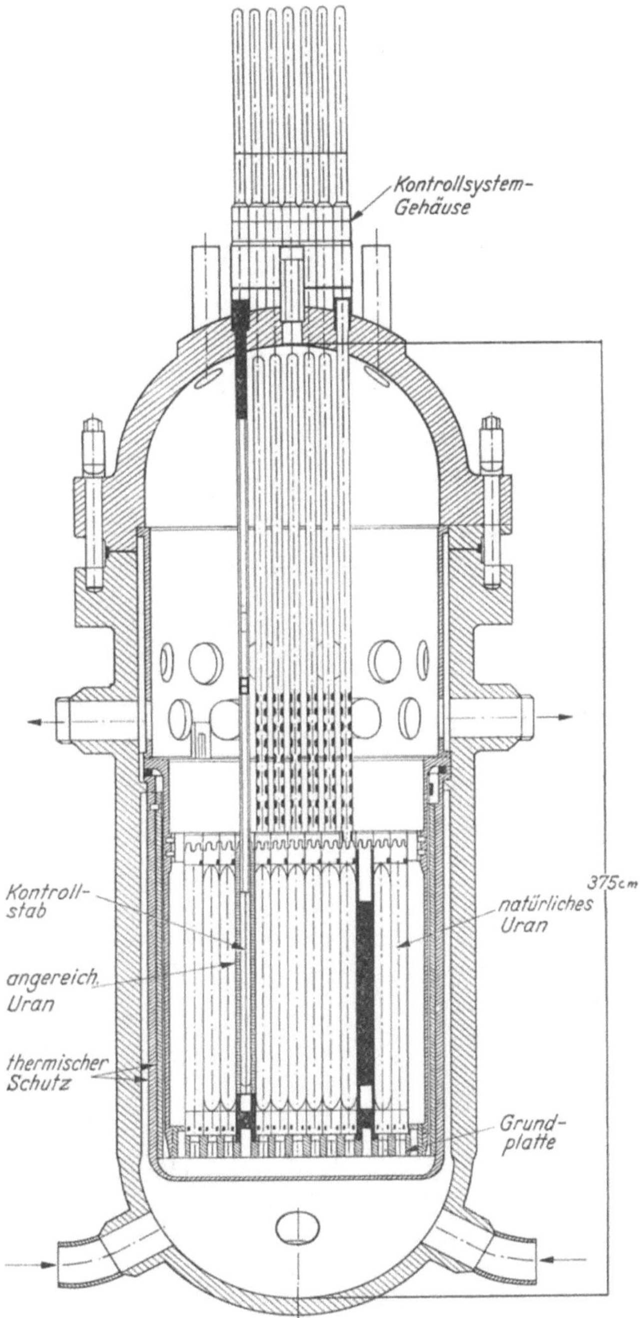

Abb. 43. Schnitt durch den P(ressurized) W(ater) R(eaktor)-Tank (Shippingport, USA)

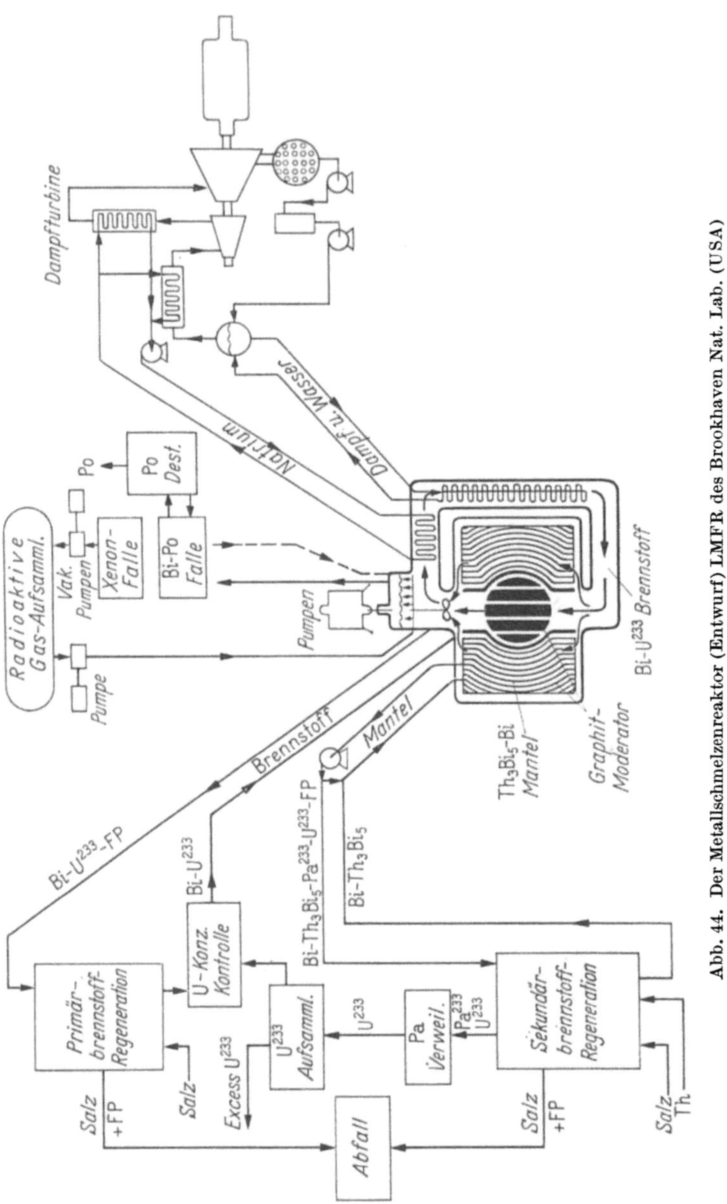

Abb. 44. Der Metallschmelzenreaktor (Entwurf) LMFR des Brookhaven Nat. Lab. (USA)

Der natriumgekühlte Reaktor kann auch als schneller Breeder-Reaktor ausgeführt werden, und hierbei ist ein Reaktor von 20 MW thermischem Effekt geplant.

Homogene Kraftreaktoren können auch als Breeder konstruiert werden durch Verwendung einer homogenen Mischung von beispielsweise U-233 und Th-232 oder durch Unterbringung von Brennstoff und „blanket" in zwei voneinander getrennten Zirkulationskreisen (Näheres im § 30).

Ebenfalls als homogener Reaktor ist der Flüssigmetallreaktor des Brookhaven National Laboratory zu bezeichnen, dessen Brennstoff eine Lösung von Uran in geschmolzenem Wismutmetall ist. Die Wärmeüberführung geschieht mittels geschmolzenem Natrium; der endgültige Kraftreaktor (zur Zeit werden noch Vorstudien betrieben) soll für 200 MW Leistung konstruiert werden. Eine interessante Eigenart dieses Reaktors ist, daß in einem Nebenkreis aus der zirkulierenden Schmelze die festen Spaltprodukte mit einer Salzschmelze, vorzugsweise Chlorideutektica von Na, K und Mg, laufend entfernt werden können (Abb. 44).

30. Stand der Kraft- und Brutreaktorentwicklung

Wie im vorigen Paragraphen erwähnt, ist der alleinige Abbrand von U-235 nicht ausreichend für eine wirtschaftliche Kernenergiegewinnung auf lange Sicht. Es läßt sich abschätzen, daß für Stromkosten in der Größenordnung 1 mil/kWh etwa 10% des gewonnenen Urans und Thoriums „verbrannt" werden müssen. Es müssen also außer dem mit langsamen Neutronen spaltbaren Kern U-235 auch die Hauptisotope U-238 bzw. Th-232 nach Umwandlung in die Sekundärbrennstoffe Pu-239 bzw. U-233 verwendet werden (beide Umwandlungen geschehen durch Durchlaufen der Zwischenstufen U-239 bzw. Th-233 durch Neutroneneinfang mit darauffolgendem zweimaligen β^--Zerfall über Np-239 bzw. Pa-233). Eine solche Konversion wird in den meisten Reaktoren durch geeignete Wahl des „Mantels" („blanket") angestrebt. Das Endziel ist jedoch ein Prozeß, bei dem der Brennstoff während seines Verbrauchs mehr vom gleichen Brennstoff erzeugt als verbraucht wird, d.h. etwa ein mit Pu-239 betriebener Reaktor, der während seines Betriebes neues Pu-239 aus U-238 herstellt, und zwar mehr als zum Ersatz des ursprünglich vorhandenen notwendig ist. Das „Brutverhältnis", d. h. das Verhältnis der Anzahl der gebildeten, mit thermischen Neutronen spaltbaren Kerne zu der Anzahl der verbrauchten, muß also größer als 1 sein. [Anders ausgedrückt: η (§25) muß > 2 sein, ein Neutron hält die Kettenreaktion in Gang, (mindestens) ein weiteres bewirkt den „Ersatz" des gespaltenen Kernes.] Hieraus folgt eine „Verdopplungszeit", d.h. die Zeit, die zur doppelten Menge Spaltmaterial führt, die gleich ist mit:

$$T_2 = \frac{1}{\text{spez. Effekt (Brutverhältnis} - 1)} \; .$$

Es ist also sowohl ein hoher Wert des Brutverhältnisses als auch des spezifischen Effektes (etwa in kW pro Tonne Spaltstoff anzugeben) wünschenswert.

Wenn alle Reaktoren der Welt als Brutreaktoren ausgebildet wären, würde der Brutfaktor 1 ausreichen, da hierbei (bei konstanter Spaltstoffmenge, z.B. Pu,) der gesamte Kernbrennstoff durchgesetzt werden

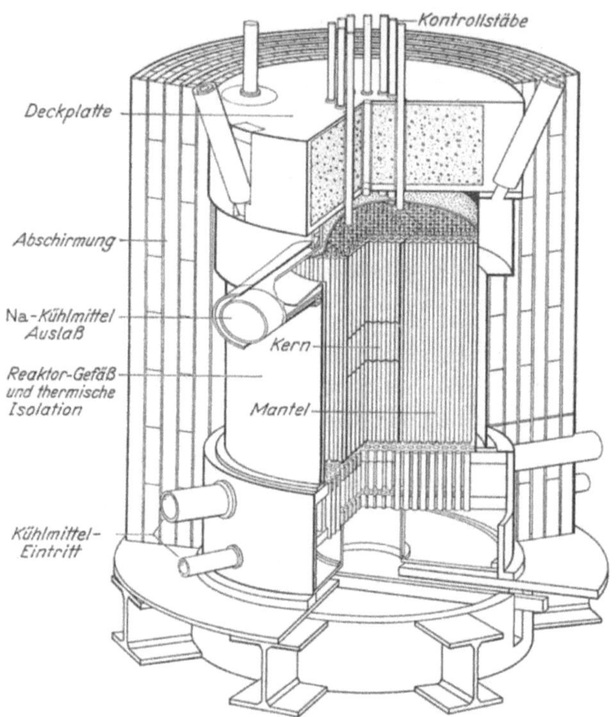

Abb. 45. Schnitt durch EBR-2 (Höhe 4 m). (Argonne Nat. Lab., USA)

könnte. In Wirklichkeit werden einige Reaktoren stets ohne Ausnutzung der „fruchtbaren" („fertile") Kernbrennstoffe benutzt werden, so daß man für die eigentlichen Brutreaktoren eine Verdopplungszeit von etwa 10 Jahren mit entsprechendem Brutfaktor anstreben wird.

Bei der praktischen Ausführung von Brutreaktoren ist das in § 25 angeführte Verhältnis zu beachten, daß bei Pu-239 zwar 2,9 Neutronen pro Spaltung erzeugt werden, jedoch als thermische Neutronen nur noch 2,09 zur Verfügung stehen. Da im Brutreaktor eine erhebliche Anzahl Neutronen aus dem Reaktorkern in die Umhüllung (blanket) hinausdiffundieren müssen, um neues Spaltmaterial zu erzeugen, und mehr Brennstoff erzeugt werden soll als verbrannt wird, wird ein Wert von η

angestrebt, der $\geqq 2{,}2$ ist. Dieses bedeutet im Falle Pu-239, daß der Reaktor als „schneller" Reaktor (Kettenreaktion durch schnelle Neutronen) ausgeführt sein muß.

Der Unterschied zwischen der Anzahl der ursprünglichen schnellen und der thermischen Neutronen ist geringer im Falle U-233 (durchschnittlich 2,5 schnelle, 2,3 thermische Neutronen/Spaltung). In diesem Fall kann der Reaktor als thermischer Reaktor ausgebildet werden.

Beide Linien, der schnelle Plutoniumbrüter und der thermische Uranbrüter, sind in Versuchsformen weitgehend gediehen, doch berechnet man, daß die endgültige Entwicklung eines industriell verwertbaren Typs noch Jahrzehnte dauern wird.

„Schneller" Brüter

Die weit vorgeschrittene Ausführung ist der [20 MW(e)] „Experimental Breeding Reactor 2" = EBR 2 in Arco, Idaho, USA (Abb. 45). Da infolge Fehlens von Moderator die Reaktorleistung aus einem sehr kleinen Volumen Reaktorkern herausgezogen werden muß, ist der spezifische Effekt begrenzt [zur Zeit 300 kW elektrische Leistung/t (nat.) Uran (Hülle und Ausgangsuran für die primäre U-235-Beschickung einbegriffen)], wodurch die hohe Investition von 1000 $/kW entsteht (infolge der langzeitigen Festlegung des teuren Hüllenmaterials). Durch Verbesserungen hofft man jedoch, eine Investition von 300 $/kW zu erreichen, was auf lange Sicht jedoch immer noch ein sehr hoher Preis ist. Die während des Abbrandes eines Pu-Brennstoffsatzes notwendige fünf- bis zehnmalige Aufbereitung soll pyrometallurgisch (vgl. § 71) geschehen.

Der im Bau befindliche Enrico Fermi-Reaktor [100 MW(e)], zunächst mit 485 kg U-235 (als Konverter von abgereichertem Uran mit dem Konversionsverhältnis 1,12) betrieben, hat eine Energiedichte von 800 W/cm³. Die Arbeitstemperatur soll 400 °C betragen, die Kühlung geschieht durch geschmolzenes Natrium.

Der thermische Brüter

Dieser Typ ist leichter zu bauen und regeltechnisch zu beherrschen, seine Lebensdauer ist weniger durch Strahlenschäden (vgl. § 73) begrenzt, ein höherer Abbrand ist möglich. Es kann flüssiger Brennstoff benutzt werden, der Reaktor kann zweckmäßigerweise mit schwerem Wasser, moderiert werden und wird zunächst als homogener Reaktor ausgebildet. Die Verdopplungszeiten sind denen des schnellen Brüters vergleichbar, da das geringere Brutverhältnis durch den höheren spezifischen Effekt kompensiert wird. Wenn pro t Thorium ein Effekt von 1,5 MW(e) abgeleitet wird, sollte die Investierung auf 70 $/kW gesenkt werden können. Der Wert $\eta = 2{,}28$ für U-233 ist nach neuesten Messungen bestätigt worden, während vor einiger Zeit auf Grund der alarmierenden Mitteilung, daß dieser Wert nur 2,18 betrüge, die ganze Entwicklung der thermischen Brutreaktoren auf unsicherer Basis zu stehen schien.

Die praktische Ausführung des thermischen Breeders basiert zur Zeit auf dem Konstruktionsprinzip des HRE 2 (Homogeneous Reactor Experiment 2), der — als homogener Zweizonenreaktor (Abb. 46) (Kern: U-233 (als 0,04 M Sulfat mit Zusatz von 0,02 M Kupfersulfat — §73) in D_2O, Hülle: Th-232 als Oxydaufschwemmung in D_2O) — letztlich als Breederreaktor betrieben werden sollte (zunächst bis zu 10 MW Leistung).

Hierbei steht das ganze Zirkulationssystem unter hohem Druck (200 Atm), die Temperatur der Lösung kann 300 °C betragen, von welchem Temperaturniveau aus Abkühlung auf 250 °C durch einen Wärmeaustauscher erfolgt. Im Wärmeaustauscher wird wie üblich Dampf zum Betreiben einer Turbine erzeugt. Ein solches System hat eine selbststabilisierende und regulierende Wirkung, die Energieproduktion ist abhängig vom entnommenen Effekt. Die Hauptschwierigkeit ist die Frage der Korrosion, insbesondere des Reaktorgefäßes, durch die agressive Uranylsulfatlösung.

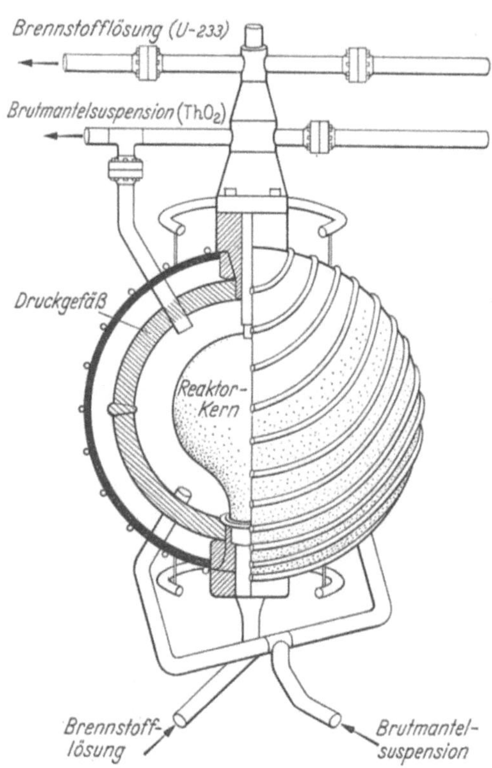

Abb. 46. Der thermische Brüter HRE-2. (Oak Ridge Nat. Lab., USA.) (Durchmesser des Kerngefäßes aus Zircaloy-2: 81 cm; Wanddicke des Druckgefäßes aus rostfreiem Stahl: 11 cm. Die Strömungsrichtung mußte später umgekehrt werden, um Absetzungen im Kerngefäß zu vermeiden)

31. Kernverschmelzung, kosmisches Vorkommen

Der Kernspaltungsreaktor ist nicht die einzige denkbare Möglichkeit Atomkernenergie in großem Maßstabe freizumachen. Der Vollständigkeit halber wird im folgenden die Alternative, die Kernverschmelzung oder „Kernfusion", behandelt, die — wenn technisch verwirklichbar — folgende Vorteile bieten könnte: Verhältnismäßig leicht zugängliche praktisch unbegrenzte (Deuterium: Gesamtenergieinhalt $2,4 \cdot 10^{20}$ MWd) Vorräte; keine radioaktiven Rückstände; direkte Umwandlung von Kernenergie in elektrische Energie.

Wie in § 6 erwähnt, sind die leichtesten Kerne instabil im Verhältnis zu den mittelschweren: Eine „Kernverschmelzung" ist denkbar durch Zusammenfügen leichter Kerne, wobei bedeutende (Bindungs-)Energie frei werden sollte. Durch genügend hohe Erhitzung sollte leichte Kernmaterie ausreichende kinetische Energie erlangen, um die Coulombsche Abstoßung zwischen den Kernen zu überwinden.

Bekanntlich ist folgender Zusammenhang zwischen der (bei der häufigsten Geschwindigkeit vorliegenden) Energie eines Teilchens in eV und der absoluten Temperatur (in °K) eines Gases vorhanden: $E = k \cdot T$, wobei 1 eV $= 1,6 \cdot 10^{-12}$ erg und (die Boltzmann-Konstante) $k = 1,38 \cdot 10^{-16}$ erg/Grad ist. Die „kinetische" Temperatur $T = E/k$ ist also $1,16 \cdot 10^4$ Grad bei 1 eV.

Die kinetische Energie eines Teilchens im Mittelpunkt der Sonne (Temperatur $2 \cdot 10^7$ Grad) beträgt etwa 2 keV, welches ausreichend ist, um Kernreaktionen auszulösen [unter Berücksichtigung der Maxwell-Boltzmannschen Energieverteilung, welche auch Teilchen von bedeutend größerer Energie auftreten läßt, und des Tunneleffektes, der eine gewisse Wahrscheinlichkeit für die Durchdringung von Coulomb-Barrieren auch für Teilchen von verhältnismäßig kleiner Energie erlaubt (vgl. § 11)].

Kernverschmelzungen sind so die Ursachen der Energieproduktion der Sonne. Die unter den entsprechenden Bedingungen (Temperatur und Dichte) möglichen Kernreaktionen wie auch die mittlere Lebensdauer verschiedener leichter Kerne sind schon 1938 von BETHE angegeben worden. Hierbei zeigte sich, daß alle leichten Kerne eine geringere Lebensdauer haben als das Alter der Sonne mit der Ausnahme von H-1, He-4 (sowie C-12 und N-14, welche — einmal vorhanden — durch regenerierende zyklische Prozesse ungeachtet ihrer prinzipiellen Instabilität eine bedeutende Lebensdauer erhalten). Die Kernreaktionsprozesse für die Energieproduktion der Sterne gründen sich letzten Endes auf die Verschmelzung von Wasserstoff zu Helium unter katalytischer Mitwirkung anderer leichter Kerne.

1. Bei verhältnismäßig tiefen Temperaturen (unterhalb 10^7 Grad) steht die sukzessive Verschmelzung von Wasserstoffkernen im Vordergrund: Die Reaktion von zwei Protonen zu einem Deuteron $(+\beta^+ + \nu)$ liefert schon 1,43 MeV, welches ausreichend wäre, um die Energieausstrahlung der Sonne (2 erg/gsec) zu erklären, wenn die Sonnenmaterie zu 35 Gewichtsprozent aus Wasserstoff bestünde. (In diesem Fall wäre die Temperatur $2 \cdot 10^7$ Grad und die Dichte im Zentrum der Sonne 80 g/cm³.)

Durch weitere Addition von Protonen kann mit einem Energiegewinn von 5,5 MeV He-3 aufgebaut werden, das mit He-4 zu Be-7 reagieren kann, welches seinerseits durch K-Einfang in Li-7 übergeht. Li-7 kann nach Protoneneinfang unter erheblicher Energieproduktion (17,3 MeV) in zwei He-4-Kerne zerfallen. Hiernach wäre der Aufbau von Helium aus Wasserstoff mit Be-7 als Katalysator abgeschlossen, wobei ein Reaktionszyklus etwa 10^{11} Jahre in Anspruch nimmt. Hierbei ist die (p, p)-Reaktion als langsamste Teilreaktion zeitbestimmend. Die Summenreaktion $4 \text{ H-1} + e^- \rightarrow \text{He-4} + \beta^+ + 2\nu + 3\gamma$ liefert ~ 27 MeV.

Nach neuerer Annahme verläuft jedoch die „Proton-Proton-Reaktionskette" anders nach dem zweiten Glied: $\text{He-3} + \text{He-3} \rightarrow \text{He-4} + 2 \text{ H-1}$, und soll in dieser Form den größten Teil der Sonnenenergie erzeugen.

2. Bei höheren Temperaturen überwiegt ein zweiter Reaktionszyklus: Der Kohlenstoff-Stickstoff-Reaktionszyklus. Hierzu ist eine geringe Menge C-12, die sich primär unter früheren Entwicklungsstadien gebildet hat, als Katalysator notwendig. Der Reaktionszyklus verläuft bei der Temperatur der Sonne etwa in $5 \cdot 10^7$ Jahren.

C-12 fängt sukzessiv vier Protonen ein, welches zu folgenden Zwischenprodukten führt: Zunächst bildet sich N-13 mit einer Reaktionsenergie von 1,85 MeV, welches β^+-instabil ist und C-13 bildet. Dieses fängt das nächste Proton ein mit einem Energiegewinn von 7,4 MeV und bildet N-14. N-14 bildet analog durch Protoneneinfang O-15, das durch β^+-Übergang in N-15 zerfällt. N-15 seinerseits zerfällt nach Einfang des vierten Protons zu C-12 und He-4 (Reaktionsenergie 4,8 MeV). Die mittleren Lebenslängen für C-12, C-13, N-14 und N-15 unter solaren Bedingungen sind $3 \cdot 10^6$, $5 \cdot 10^4$, $5 \cdot 10^7$ und $2 \cdot 10^3$ Jahre.

Die „Verbrennung" des Wasserstoffs zu Helium stellt den ersten Schritt der Elementsynthese dar. Danach erfolgt in Sternen Erhöhung der Temperatur ($\rightarrow 10^8$, später 10^9 Grad) als Folge einer Kontraktion durch Gravitationskräfte, wodurch auch die Synthese höherer Elemente möglich wird. Die „Verbrennung" von He (bei $1-2 \cdot 10^8$ °K) führt zu $A = 4n$; die bevorzugte Bildung solcher Kerne führt dann auch zu Reaktionen wie: Ne-20 (γ, α) O-16 (bei $\sim 10^9$ °K); C-13 (α, n) O-16, Ne-21 (γ, n) Ne-20, Ne-21 (α, n) Mg-24 usw.

Die freiwerdenden Neutronen können auf zwei Arten wirken (BURBIDGE, BURBIDGE, FOWLER und HOYLE 1957): einerseits im s-(slow)-Prozeß, dem langsamen sukzessiven Aufbau höherer Elemente durch Einfang von Neutronen ($\Delta A = +1$) und β^--Zerfall ($\Delta Z = +1$); andererseits dem r-(rapid)-Prozeß, dem schlagartigen Einfang vieler Neutronen im hohen Neutronenfluß sehr heißer Sterne (Abschätzung für Supernovae: $\sim 10^{32}$ nv, vgl. auch § 66).

32. Kernverschmelzungsversuche

Auf der Erde können außer den genannten kosmischen Reaktionen auch andere Reaktionen leichter Kerne mit hoher Energieausbeute und größerer Geschwindigkeit untersucht werden (H-2: D; H-3: T).

Deuterium kann beispielsweise auf zwei verschiedene Arten reagieren: 1. $\text{D} + \text{D} = \text{He-3} + n$ $(Q = 3{,}3$ MeV$)$, 2. $\text{D} + \text{D} = \text{T} + \text{H}$ $(Q = 4{,}0$ MeV$)$. Die Reaktionsprodukte können ihrerseits mit Deuterium reagieren: $\text{D} + \text{He-3} = \text{He-4} + \text{H}$ $(Q = 18{,}3$ MeV$)$ und $\text{D} + \text{T} = \text{He-4} + n$ $(Q = 17{,}6$ MeV$)$. Überdies ist die Reaktion $\text{T} + \text{T} = \text{He-4} + 2n$ $(Q = 11{,}4$ MeV$)$ möglich. Die Sekundärreaktionen führen also in allen Fällen zur Bildung von He-4 mit der entsprechenden großen Reaktionsenergie.

Bei einigen Reaktionen werden Neutronen frei, die ihrerseits reagieren können, beispielsweise gemäß $\text{Li-6} + n = \text{He-4} + \text{T}$. Die so entstehen-

den Tritonen können wiederum nun auch an der D, T-Reaktion teilnehmen. Auf diese Art wird die Reaktionsenergie für die gesamte
Bruttoreaktion Li-6 + D = 2 He-4 22,2 MeV, da bei der „Spaltung"
von Li-6 4,6 MeV freiwerden. (Man kann annehmen, daß dieser Reaktionszyklus in der Wasserstoffbombe abläuft, die möglicherweise
^{6}LiD enthält.)

Als technisch durchführbar werden die (D, D)-Reaktionen sowie
die (D, T)-Reaktion angesehen, eventuell begleitet von der Lithium-
„spaltung".

Zur Feststellung der technisch zu
verwirklichenden Versuchsbestimmun-
gen muß der Wirkungsquerschnitt der
Reaktion als Funktion der Teilchenenergie untersucht werden.

Die (D, D)-Reaktion erreicht den
Wirkungsquerschnitt 1 mb bei etwa
23 keV, die (D, T)-Reaktion den gleichen
Wert schon bei 9 keV. Der Unterschied
bleibt auch bestehen für das (mittlere)
Produkt des Wirkungsquerschnittes
und der Geschwindigkeit der Teilchen,
welches zusammen mit der Dichte der
reagierenden Teilchen (n [cm^{-3}]) und

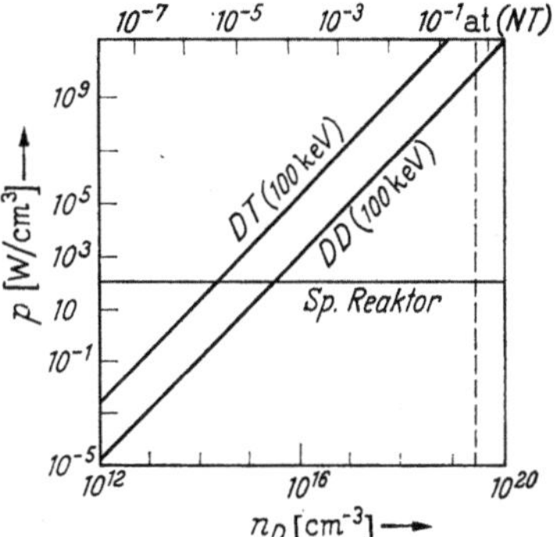

Abb. 47. Leistungsdichte von Fusions-
reaktoren als Funktion der Gasdichte bei
einer durchschnittlichen Plasmaenergie
von 100 keV

der Wärmetönung der Kernreaktion die Wärmeentwicklung pro Volumeneinheit Reaktionsraum bestimmt.

Dieser Wert liegt bei Spaltreaktoren beispielsweise bei 100 W/cm^3;
die gleiche Energieentwicklung wäre im „Fusionsreaktor" mit einer (D, T)-
Mischung und einer Temperatur von 100 keV bei einer Teilchendichte
von etwas mehr als 10^{14} Teilchen pro cm^3 möglich, während für die
(D, D)-Reaktion die Dichte etwa 15mal höher sein muß (Abb. 47).

Bei Atmosphärendruck und 100 keV Temperatur würde eine (D, D)-
Mischung bei vollständiger Reaktion zu einer Energiedichte von 10^{10} W
pro cm^3 führen, dies ist offensichtlich eine Explosion.

Die Forderung, die an einen Fusionsreaktor gestellt wird, kann also
zusammengefaßt werden als etwa 10^8 — 10^9 Grad Temperatur bei einer Deu-
teriumdichte von 10^{14} bis 10^{17} Ionen/cm^3. Diese Energien werden leicht
z.B. in Acceleratoren erreicht, die Teilchendichte liegt dort jedoch
auch bei verhältnismäßig hohen Acceleratorströmen (§ 19) sechs bis
acht Zehnerpotenzen tiefer.

Die mittlere Reaktionszeit (der reziproke Wert der Anzahl effektiver
Zusammenstöße pro Sekunde, welche ihrerseits gegeben sind durch
Partikeldichte, Wirkungsquerschnitt und Teilchengeschwindigkeit) sollte
in der Größenordnung Millisekunden bis Sekunden sein, in welcher

Zeit jedoch enorme lineare Wegstrecken von den Teilchen zurückgelegt würden. Infolgedessen muß man die reagierende Gasmasse auf irgendeine Art konzentrieren, um annehmbare Dimensionen des Reaktionsgefäßes zu erhalten.

Die Verteilung der Reaktionsenergie auf Ionen und Neutronen muß beachtet werden. Bei der (D, T)-Reaktion nimmt das Neutron etwa 80%, bei der (D, D)-Reaktion etwa $^1/_3$ der totalen Reaktionsenergie auf. Dieser Teil kann nicht für direkte Erzeugung von Elektrizität ausgenutzt werden, sondern muß unter Umständen in angeschlossenen Spaltreaktoren ausgenutzt werden.

Außerdem treten große Energieverluste ein durch Aussendung elektromagnetischer Strahlung (zum größten Teil Elektronenbremsstrahlung), welche jedoch nur mit der Wurzel aus der Temperatur zunehmen, während die Energieentwicklung in ihrer Gesamtheit exponentiell mit der Temperatur zunimmt. Es gibt also eine Mindesttemperatur, bei der die Energieentwicklung die Energieverluste übersteigt. Diese Temperatur ist für (D, D)-Reaktionen etwa 10^8 Grad, für (D, T)-Reaktionen nur 10^7 Grad, und auch aus diesem Grunde wäre ein (D, T)-Reaktor vorzuziehen.

Einiges über bisher ausgeführte Versuche

Die praktischen Probleme sind: 1. Erhitzung der Reaktionsgasmischung auf ausreichend hohe Temperatur. 2. Zusammenhalten der Gasmasse während ausreichend langer Zeit, damit eine ausreichende Anzahl der Kerne miteinander reagieren kann.

Im Prinzip könnte das Problem 2 gelöst werden durch Verwendung verhältnismäßig dichter Gase, da die Trägheit des Gases eine große Energieentwicklung zulassen würde. Diese wird jedoch so groß, daß das System im höchsten Maß instabil ist. Das Prinzip wird in der Wasserstoffbombe verwendet, bei der die Zündung und die Erhitzung der Gasmasse durch eine Initialzündung mittels einer gewöhnlichen Uranspaltbombe angenommen wird. Diese erreicht $7 \cdot 10^7$ Grad, welches ausreichend ist, um auch die (D, T)-Reaktion mit einer Schwellentemperatur von etwa $3 \cdot 10^7$ Grad in Gang zu setzen.

Im Laboratorium müssen andere Mittel für die Erhitzung und die Konzentrierung des reagierenden Gases verwendet werden. Oft wird der sog. Pinch-Effekt ausgenutzt, bei welchem eine völlig ionisierte leitende Gasmasse („Plasma") sich zusammenzieht, wenn sie von starken Strömen durchflossen wird (da ja parallele Ströme einander anziehen).

Auf diese Art wird der direkte Kontakt des Plasmas mit den Wänden des Behälters vermieden, was notwendig ist, da das Plasma nicht verunreinigt werden darf und außerdem kein Gefäßmaterial den hohen Temperaturen widerstehen würde.

Das Plasma steht also unter der Wirkung von zwei verschiedenen Drucken, einerseits des kinetischen Drucks $p = 2n\,kT$ (Annahme: $n_1 = n_2 = n$), andererseits des magnetischen Drucks $i^2/2\pi\,a^2$ (wobei i die Stromstärke und a der ursprüngliche Radius des Plasmazylinders ist). Offenbar liegt Gleichgewicht vor, wenn $i^2 = 4\pi\,a^2\,n\,kT$ (wobei $H_0 = 2i/a$ die Stärke des Magnetfeldes ist, das durch den Strom erzeugt wird). Aus diesen Formeln kann berechnet werden, daß bei experimentellen Gasdichten und Temperaturen ein kinetischer Druck von etwa 100 Atm vorliegt, welcher durch magnetische Induktionen von etwa 10^5 Gauß kompensiert wird, erzeugt durch Ströme von etwa 10^6 A.

Eine große praktische Schwierigkeit ist es, die Pinch-Entladung ausreichend lange zu stabilisieren (der Plasmafaden ist sehr empfind-

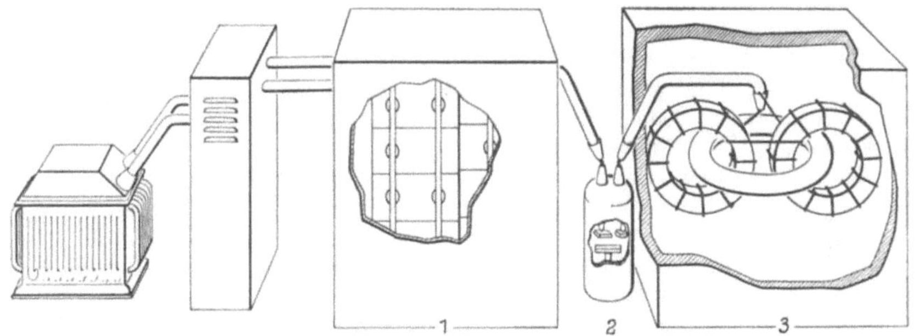

Abb. 48. Schema der ZETA-Anlage (von links nach rechts: Stromversorgung, Kondensator-Batterie (1), Schalter (2), ZETA-Gerät (3)]

lich gegen Deformation). Zu diesem Zwecke wird dem selbsterzeugten Magnetfeld ein äußeres Magnetfeld überlagert, welches in der Richtung des Stromes wirkt.

Bei den ersten veröffentlichten Versuchen (KURCHATOV 1956) wurde eine Pinch-Entladung von 10^5 bis 10^6 A während 1 bis 10 μsec verwendet. Die Spannung war 10 bis 100 kV, der Maximaleffekt $4 \cdot 10^{10}$ W, jedoch nur während 10^{-6} sec, so daß pro Entladung nur 3 kWh entwickelt wurden („family samovar").

Man konnte durch Aktivierung von Silberdetektoren Neutronen nachweisen, und wenn auch diese Neutronen als Folge des Zusammenstoßes zwischen Deuteriumkernen erzeugt worden sind, wurde es nicht als bewiesen angesehen, daß es sich um eine echte thermonukleare Reaktion handelt, denn es hatte eine Beschleunigung der Deuteriumkerne während der Kontraktion des Plasmas stattgefunden.

Der bisher größte Pinch-Apparat ist die ZETA-Maschine in Harwell, England. Das Reaktionsgefäß besteht aus einem Ring von 1 m Dicke und 3 m Durchmesser. Dieser sog. Torus ist umschlossen von zwei Magneteisenkernen, die mit Leitungen zu einer Stromquelle bewickelt sind. Der Plasmafaden hat also die Funktion der Sekundärwicklung eines Transformators (Abb. 48).

Für die Stabilisierung des Plasmafadens sorgt eine Toruswicklung, die ein Feld von 400 Gauß erzeugen kann. Als Stromquelle wird eine Kondensatorbank für $5 \cdot 10^5$ Joule verwendet. Die Sekundärstromstärke erreicht $0,2 \cdot 10^6$ A. Das Plasma wird zu einem Ring mit einem Durchmesser von 20 bis 40 cm kontrahiert, und eine Ionentemperatur von bis zu $5 \cdot 10^6$ Grad wurde angenommen. Bei einer solchen Entladung werden etwa 10^6 Neutronen ausgesandt, für welche ursprünglich homogene und isotrope Verteilung angegeben wurde.

Spätere Messungen zeigten doch, daß die im ZETA-Reaktor entstandenen Neutronen nicht auf exotherme nukleare Reaktionen zurückzuführen sind, sondern daß es einige wenige sehr energiereiche Deuteronen von 20 keV Temperatur gibt, deren Entstehung noch nicht völlig geklärt war. Die Entladungszeit von 5 msec ist überdies nicht ausreichend, sondern müßte noch mit einem Faktor 100 vergrößert werden.

Beim weiteren Ausbau des ZETA-Apparates hofft man, $1 \cdot 10^7$ Grad und auf diese Art echte thermonukleare Reaktionen zu erreichen. (Bei der Stromstärke 10^6 A und Entladungen von 0,1 sec Dauer.) Das schließliche Ziel für die (D, T)-Reaktionen müssen jedoch Temperaturen von $4 \cdot 10^7$ Grad und für die (D, D)-Reaktionen von $4 \cdot 10^8$ Grad sein.

Ganz allgemein ist der Wirkungsgrad — das Verhältnis zwischen der aufgewandten und der erzeugten Energie — solcher Apparate zur Zeit noch gering (10^{-12}).

Auch schnelle Pinch-Entladungen von Mikrosekunden Zeitdauer können in geeigneten Apparaturen verwendet werden. Hierbei führen Stoßwellen im Plasma zu Erhitzungen bis einigen Millionen Grad. In diesem Falle müßte doch, um ausreichende Energie freizusetzen, die Plasmadichte sehr groß sein und etwa Atmosphärendruck entsprechen, welches andererseits zu einer zu schnellen Energieentwicklung und einer Explosion führen würde. Man hat mit derartigen Apparaten $3 \cdot 10^9$ Neutronen pro Puls erzeugen können.

Ein Versuch, das Plasma mit einem äußeren Magnetfeld zu stabilisieren, liegt im sog. „Stellarator" vor. Wenn der Torus von einer stromdurchflossenen Wicklung umgeben wird, bildet sich ein axiales Magnetfeld, welches an sich nicht ausreichend homogen ist. (Ladungstrennung erfolgt im Gase, ein störendes elektrisches Feld wird gebildet, das Plasma „treibt" an die Gefäßwand.) Um die Stabilität des Plasmas zu erreichen, muß das Reaktionsgefäß z. B. so geformt werden, daß die Feldlinien „versetzt" verlaufen (eine „magnetische Fläche" bilden), wodurch eine größere Stabilität für die Plasmateilchen erzielt wird. Die Erhitzung des Plasmas im Stellarator geschieht in zwei Schritten: Teils induktiv mittels eines Eisenmagnetkerns (analog dem ZETA-Apparat) bis hinauf zu 10^6 Grad, teils durch periodische Veränderung des elektrischen Feldes transversal zur Stromrichtung, wodurch Kompression und Expansion erzeugt wird (magnetische Pumpen). Der im Bau befindliche Apparat Stellarator C soll Bahnlängen von 15 m und Magnetfeldstärken von 50 Kilogauß erhalten und eine Temperatur von $2 \cdot 10^8$ Grad erzielen.

Die dritte Hauptlinie in der Entwicklung von Kernfusionsversuchsapparaturen benutzt die sog. magnetischen Fallen oder „Spiegel". Ein Magnetfeld funktioniert wie ein Behälter für Ionen und hält diese zusammen, wenn sie transversal gegen die Achse des entsprechenden Rohres eingeschossen werden; schräg einfallende Teilchen könnten dagegen den Behälter auf Spiralbahnen verlassen. Wenn das Magnetfeld lokal längs der Achse verstärkt wird, so ziehen sich die Kraftlinien an diesen Stellen zusammen, und das Plasma wird auf diese Art komprimiert. Die eingeschlossenen Teilchen können nun von diesen „Korken" in der magnetischen „Flasche" reflektiert werden und auf diese Art ausreichend lange im Reaktionsraum gehalten werden. Die Erhitzung wird durch magnetische Kompression (entweder radiell oder axial) durchgeführt.

Die Hauptschwierigkeit eines solchen Apparates liegt in der Injektion der Ionen, welche nach einem Umlauf im Magnetfeld auf die Ionenquelle zurücklaufen können. Dieses wird vermieden durch folgenden Kunstgriff: Es werden Deuterium-Molekülionen mit 600 keV injiziert (,,direct current experiment" DCX in Oak Ridge/USA), die im Plasmarohr eine Kohlenbogenentladung passieren und auf diese Art in ein neutrales Atom und ein positives Ion dissoziiert werden, welchletzteres nun auf Grund seiner geringeren Masse auf einer Bahn mit dem halben Radius umläuft und auf diese Art im Rohr verbleibt. Derartige ,,magnetische Spiegel"-apparate sind in Funktion sowohl in den USA wie in Rußland; der größte Apparat OGRA von 20 m Länge (Rußland) ist zur Zeit die größte existierende Fusions-apparatur.

Eine weitere Möglichkeit wäre das ,,*Astron*" (CHRISTOFILOS), bei dem die Ein-schließung des Plasmas geschieht durch Zusammenwirken eines (äußeren) Magnet-feldes und der ,,E-Schicht", bestehend aus in das Reaktionsrohr injizierten relati-vistischen (50 MeV) Elektronen, die im Magnetfeld auf Spiralbahnen umlaufen. Sie sorgen (durch Coulomb-Streuung) für Ionisation und Aufheizung des Fusions-gases und müssen laufend ergänzt werden.

Die Aussichten für eine technisch verwirklichbare Kernfusion können nicht mit Sicherheit abgeschätzt werden: Während einige Forscher an eine derartige Möglichkeit innerhalb einiger weniger De-cennien glauben, sind andere der Meinung, daß in diesem Jahrhundert eine technische Kernfusion nicht zu erwarten ist. Zur Zeit scheint sich die Forschung auf ein eingehendes Grundlagenstudium der Plasma-physik zu konzentrieren.

Kapitel 5

Strahlengefährdung und Strahlenschutz

Ausreichende Kenntnis der verschiedenen Gesichtspunkte des Strah-lenschutzes insbesondere der verschiedenen Strahlungsgefahren sowie der notwendigen Schutzmaßnahmen ist notwendig für Personal mit radiologischer Arbeit. Heutzutage werden im allgemeinen diese Ge-sichtspunkte in ausreichendem Maße beachtet. In gewisser Hinsicht kann die Entwicklung leicht über das Ziel hinausgehen dergestalt, daß von ungenügend Informierten die Strahlungsgefahren übertrieben werden. Gerade auf diesem Gebiet hat unzureichende Kenntnis und mitunter sensationsbetonte Darstellung im Zusammenhang mit den kriegerischen Aspekten der Atomkernenergie zu Unsicherheit und zu einer gewissen Reservation gegen radioaktive Arbeitsmethoden geführt.

Dies ist nicht berechtigt, wenn Strahlenschutzmaßnahmen dis-zipliniert befolgt werden: Die Gefahr durch radioaktive Strahlung ist zwar unmittelbar schwer zu erkennen, da der Organismus hierfür kein Gefühlsorgan besitzt. Die bei anderen Gesundheitsgefahren warnenden Schmerzwahrnehmungen müssen im Fall radioaktiver Strahlung ersetzt werden durch Intelligenzleistungen, d.h. durch die notwendige Kenntnis und ihre Anwendung auf die jeweilige Lage, durch vorausschauende Planung der entsprechenden Experimente, durch Zugang zu und richtige Handhabung von physikalischen Meßinstrumenten.

Wenn diese, von einem experimentierenden Naturwissenschaftler in jedem Fall zu fordernden Vorbedingungen vorhanden sind, braucht die Arbeit mit Radionukliden keinerlei Gefährdung mit sich zu bringen, sondern kann mit Hilfe außerordentlich empfindlicher Meßmethoden zu einem Arbeitszweig mit praktisch zu vernachlässigendem gesundheitlichen Risiko gemacht werden.

33. Einheiten der Bestrahlungsdosis; die als maximal zulässig betrachteten Werte

Die Definition der Bestrahlungsdosiseinheit

Die nunmehr allgemein gebrauchte Einheit 1 *rad* ist definiert als die von Quanten- oder Teilchenstrahlung herrührende Energieabsorption von 100 erg pro 1g des entsprechenden Stoffes. Diese Einheit ist also unabhängig von der Art der Strahlung, der zugrundeliegende Vorgang ist Energieabsorption.

Früher wurde als Einheit das Röntgen (r) verwendet, definiert durch die von Photonenstrahlung verursachte Ionisation, welche (durch Sekundärelektronen) zu der Bildung einer Ladungsmenge von je einer elektrostatischen Einheit (positive und negative Ionen) pro cm^3 Luft von Normalbedingungen führt; der zugrundeliegende Vorgang ist Ionisation. Da diese Menge der Produktion von $2 \cdot 10^9$ Ionenpaaren mit der Bildungsenergie von je 32,5 eV entspricht und die Dichte der Luft NTP $1,2393 \cdot 10^{-3}$ ist, entspricht 1 Röntgen Photonenstrahlung $5,24 \cdot 10^{13}$ eV oder 84 erg/g Luft. 1 Röntgen führt also zu einer Energieabsorption, die 1 rad vergleichbar ist, weshalb diese Einheiten in der Praxis nebeneinander verwendet werden, ungeachtet ihrer verschiedenen Dimensionen.

Schon vor der Einführung der rad-Einheit hatte man versucht, sich von der engen Definition der Röntgen-Einheit freizumachen durch Verwendung der Einheit *rep* (roentgen-equivalent-physical). Diese wurde definiert als die Dosis von Strahlung beliebiger Natur, die die gleiche Energieabsorption wie 1 Röntgen in Luft gibt, unabhängig vom Absorbator. 1 rep entspricht also 0,84 rad, später wurde die Einheit bezogen auf die Absorption von 1 Röntgen in Wasser und entspricht in diesem Fall 0,93 rad.

Verwendet wird auch die Einheit *rem* (roentgen-equivalent-man) definiert als die absorbierte Dosis, verursacht von Strahlung beliebiger Natur, die im entsprechenden Gewebe die gleiche biologische Wirkung zeigt wie 1 rad. Um das Verhältnis zwischen der biologischen Wirksamkeit verschiedener Strahlenarten zu definieren, wurde der Begriff *RBE* (relative biological effectiveness) eingeführt: Ein Faktor, der

1 bei Photonenstrahlung (und β-Strahlung) ist, jedoch größer bei Strahlungen mit hoher spezifischer Ionisation und z. B. bei α-Strahlung den Wert 10 bis 20 erreicht. Die RBE-Faktoren sind unsicher, da sie mehr als die rein physikalisch meßbare Absorption angeben und die verschiedene biologische Wirksamkeit der verschiedenen Strahlungen nicht quantitativ festgelegt ist.

Die gleichzeitige Verwendung verschiedener Einheiten bringt so viel Nachteile mit sich, daß es wünschenswert erscheint, nur die von der Strahlung und dem Absorbator unabhängig definierte *rad-Einheit* (und bei Inkorporationsbestrahlung die rem-Einheit) zu verwenden.

Maximal zulässige Bestrahlung

Die zulässige Menge Bestrahlung für „radiologisches Personal" (und für verschiedene Bevölkerungsschichten) muß auf folgende Art festgelegt werden:

Auf der einen Seite wird der menschliche Körper stets radioaktiver Strahlung ausgesetzt; diese hat ihren Ursprung teils in der kosmischen Strahlung, teils in radioaktiven Stoffen außerhalb und innerhalb des Körpers (§ 34). Dieser „*Nullpegel*" läßt sich nicht vermeiden und ist von der menschlichen Rasse in ihrer jetzigen Form im Laufe der Zeit akzeptiert worden *(untere Grenze)*.

Andererseits hat man bei radiologischer Arbeit, besonders in den ersten Dezennien, eindeutige Fälle von Strahlenschäden festgestellt, wobei sowohl Erfahrungen mit der Wirkung von Röntgenstrahlung (äußere Bestrahlung) vorliegen, wie auch mit der Inkorporation radioaktiver Stoffe, die infolge Unvorsichtigkeit oder mangelnder Kenntnis in den Körper eingeführt worden sind. Dadurch, daß man sowohl für äußere wie für innere Bestrahlung einen Grenzwert feststellt, unterhalb dessen keine sichtbaren Schäden innerhalb der Lebensdauer des Individuums auftreten, kann eine *obere Grenze* für die zulässige Bestrahlungsdosis gesetzt werden.

Die sich ergebende *zulässige* Grenze, insbesondere wenn es sich um größere Bevölkerungsschichten handelt, hat eine schärfere Definition erhalten durch die biologisch-radiologische Mutationsforschung. Die genetische Wirkung bestimmt schließlich die allgemein annehmbare Strahlungsdosis und im Abwarten auf weitere Forschungsergebnisse auf diesem Gebiet (die Forschungen am Menschen müssen notwendigerweise längere Zeit in Anspruch nehmen) hat die internationale Kommission (International Commission on Radiological Protection, ICRP) Empfehlungen bezüglich der Grenzwerte herausgegeben. Diese Werte haben also einen *vorläufigen Charakter*, werden jedoch wahrscheinlich nicht mehr in größerem Umfang geändert werden.

Hierbei erscheint es zweckmäßig, die Gesamtbevölkerung in verschiedene Gruppen aufzuteilen, nämlich:

1. Das eigentliche „Personal in radiologischer Arbeit".

2. Hilfspersonal an Kernforschungs- und Röntgenanlagen.

3. Die Bevölkerung in weiterem Umkreis größerer kerntechnischer Anlagen.

4. Die Gesamtbevölkerung der Erde (die also die Gruppen 1—3 einschließt).

Zahlenmäßig unterscheiden sich diese vier Gruppen erheblich: Die ersten drei Gruppen fallen zahlenmäßig — und dieses ist für die Betrachtung genetischer Folgen der Kernstrahlung von Bedeutung — gegenüber der letzten wenig ins Gewicht.

Die maximal zulässige Bestrahlungsdosis beträgt für das radiologisch arbeitende Personal: 100 mrem/Woche (bei 50 Arbeitsstunden sind dies 2 mrem/Arbeitsstunde). Dieses entspricht etwa 5 rem/Jahr und 150 rem während der 30 Jahre der „Standard"-Generationsperiode.

Die Werte für Gruppe 2 liegen bei einem Drittel, also 50 rem/Generationsperiode, für Gruppe 3 bei einem Zehntel; 15 rem/30 Jahre und für Gruppe 4: 5 rem/30 Jahre.

Diese (vorläufigen) Werte gelten zusätzlich zu der allgemein vorhandenen Strahlungsbelastung (vgl. § 34).

Die Werte sind auf Bestrahlung des gesamten Körpers bzw. seiner empfindlichsten Teile bezogen: Die „kritischen" Organe des Körpers sind besonders die blutbildenden Organe, die Gonaden (Geschlechtszellen) und die Augen (Schutzbrillen bei β-Strahlern!).

Die zulässigen Werte für strahlungsunempfindliche Teile, beispielsweise die Haut, sind höher: Bei radiologischem Personal 200 mrem pro Woche, die Hände dürfen sogar 1 rem/Woche erhalten. Im allgemeinen soll jedoch kein Teil des Körpers mehr als 100 mrem/Woche erhalten.

Dabei ist die verschiedene Wirkung radioaktiver Strahlungsarten zu berücksichtigen. α-Strahlung kann nicht das äußere Hornlager der Haut durchdringen und ist infolgedessen nur bei Inkorporation von Bedeutung. Das gleiche gilt für β-Strahlung von weniger als 70 keV; bei 1 MeV Energie wird der MPL-Wert für radiologisches Personal bei 30 β-Strahlen pro cm² und sec erreicht, entsprechend einer Zählrohraktivität (§ 40) von einigen 1000 ipm.

Der entsprechende Wert für γ-Strahlung von 1 MeV ist 1000 Photonen/cm² sec, für thermische Neutronen 600/cm² sec, für schnelle Neutronen (5 MeV) nur 9/cm² sec.

Man unterscheidet maximal erlaubte (maximum permissible) Werte für Strahlungsniveau (level: MPL), Strahlungsdosis (MPD), maximal erlaubte Konzentration (MPC) in den Medien der Umgebung: Luft und

Wasser und die maximal im menschlichen Körper zulässigen Mengen der verschiedenen Radionuklide (maximum permissible body burden: MPBB).

Zwischen diesen Größen bestehen einfache Beziehungen: Die Dosis MPD wird gegeben durch das jeweilige Strahlungsniveau MPL und die zeitliche Dauer dessen Einwirkung. Die Konzentration MPC läßt sich ableiten aus der Dosis MPD und dem Aufnahmegrad durch Resorptionsprozesse mittels Atmung bzw. durch den Magendarmtrakt unter Berücksichtigung der gleichzeitigen Ausscheidung und des so bei längerer Einwirkung hergestellten Gleichgewichtszustandes (wird jedoch meist an den „Standard" Ra-226 angeschlossen — § 35).

Genetische Beobachtungen

Nach den derzeitigen Erfahrungen der Strahlungsbiologie wird eine Verdopplung der Mutationsfrequenz durch eine Dosis von etwa 30 rad (wahrscheinlichster Wert, Grenzen: 10 bzw. 100 rad) herbeigeführt. Dieser Wert wird also von einem Teil des radiologisch tätigen Personals erreicht, was doch keine größeren Wahrscheinlichkeiten der Erbgutverschlechterung zur Folge hat, da die Mutationen im allgemeinen zu rezessiven Genen führen und sich auch in ungünstigen Fällen nur dann manifestieren würden, wenn sie bei einer größeren Bevölkerungsschicht auftreten. Dies kann jedoch auch bei kräftiger Erweiterung der radiologischen Arbeitsgebiete kaum erwartet werden (bei geeigneten Sicherheitsmaßnahmen), sondern hier sind Fragen wie die des radioaktiven „fall-outs" (§ 34), die die Gesamtbevölkerung der Erde berühren, von größerer Bedeutung.

Das individuelle Erbgut braucht auch durch bedeutend höhere Bestrahlungsdosis nach derzeitigen Erfahrungen keine in der ersten Generation manifesten Schäden davonzutragen, wie durch zufällige hohe Bestrahlungen an amerikanischen Kernforschungsanlagen gezeigt worden ist, wobei Personal mit einer einmaligen Bestrahlungsdosis von 100 rad und mehr keine sichtbaren Folgen an der Erstgeneration von Abkömmlingen gezeigt hat. Der bekannte Fall der Bevölkerung von Hiroshima und der dabei beobachteten Strahlenschäden gilt in erster Linie Menschen, die in fötalem Zustand (in dem große Zellteilungsgeschwindigkeit mit großer Strahlungsempfindlichkeit verbunden ist) intensiver Bestrahlung ausgesetzt wurden.

Zusammenfassend kann also festgestellt werden, daß die derzeit zugelassenen Bestrahlungsdosen kaum zu beobachtbaren Schäden des Erbgutes führen, daß aber die strahlungsbiologische Forschung noch nicht so weit gekommen ist, daß eine endgültige Feststellung der erlaubten Bestrahlungsdosis mit Sicherheit gemacht werden kann, sondern daß eine geringfügige Verschiebung der Werte nach unten oder oben möglich sein kann. In Erwartung der endgültigen Forschungsergebnisse wird allgemein Vorsicht zu empfehlen sein.

Es kann angenommen werden, daß in Kernforschungs- und industrieanlagen mehr als 90% des Personals weniger als 10% der MPD erhalten. Der hierdurch entstehende Beitrag zur Bestrahlungsdosis der *Gesamtbevölkerung* ist z.Z. weniger als $1^0/_{00}$ der natürlichen Untergrundsstrahlung (s. unten).

34. Natürliche Strahlenbelastung; Einflüsse der Zivilisation

Die allgemeine Strahlungsbelastung, der der heutige zivilisierte Mensch ausgesetzt ist, kann in einen natürlichen und in einen von der Zivilisation verursachten Teil unterteilt werden.

Die *natürliche Untergrundstrahlung* führt zu etwa 3—6 rem Gesamtkörperbestrahlung pro Generationsperiode. Hiervon rühren $^3/_4$ von äußerer Bestrahlung (aufgeteilt auf kosmische Strahlung, γ-Strahlung der Umgebung und der Radioaktivität der Luft) her, $^1/_4$ von interner Bestrahlung durch im Körper enthaltenes Kalium-40 (10^{-1} μC), Kohlenstoff-14 (0,1 mC), Radon-222 und normalerweise etwa 10^{-4} bis 10^{-3} μC Radium-226 und Folgeprodukte (die lokal — Osteocyten — 38 mrem/Jahr verursachen).

Die natürliche Strahlenbelastung kann jedoch in einzelnen Fällen den doppelten Normalwert erreichen, so beispielsweise in Häusern aus Leichtbeton mit Zuschlag aus (leicht uranhaltigem) Schiefer.

Der von den natürlichen radioaktiven Gasen gelieferte γ-Strahlungsbeitrag ist verhältnismäßig gering und beträgt in freier Natur etwa 1,4 mrad/Jahr, hauptsächlich verursacht durch eine Radon- (und Folgeprodukt-)konzentration von 10^{-16} C/ml, erreicht im Durchschnitt in Leichtbetonhäusern den Wert 26 mrad/Jahr, verursacht durch $1,9 \cdot 10^{-15}$ C/ml.

Die lokale Lungendosis übersteigt auch in letzterem Fall wahrscheinlich nicht den Wert von 20 mrem/Woche, wenn für ausreichende Ventilation gesorgt wird (genaue Werte sind schwer anzugeben).

Der *Beitrag der Zivilisation* zur permanenten Strahlenbelastung beträgt etwa 25% der natürlichen Untergrundstrahlung. Der Hauptanteil wird hierbei von diagnostischen Röntgenuntersuchungen geliefert, denen die meisten Kulturmenschen ausgesetzt sind.

Ein häufig diskutierter „zivilisatorischer" Beitrag zur allgemeinen Strahlenbelastung ist der des radioaktiven „fall-outs" von Kernbombenversuchsexplosionen. Hauptsächlich die langlebigen Spaltprodukte Sr-90 und Cs-137 sind bisher in Mengen von annähernd 100 kg entsprechend 10 Megacurie erzeugt und mit den Explosionswolken zum großen

Teil in die Stratosphäre geführt worden, von wo sie nun — adsorbiert an Staubteilchen — einen großen Teil der bewohnten Erdoberfläche mit Niederschlag belegen. Die Belegungsdichte kann in ungünstigen Fällen (Schweden Ende 1958) den Wert 100 mC/km² übersteigen, wovon etwa $^1/_3$ Sr-90 ist. Im Mai 1959 betrug hier die von den Spaltprodukten ausgesandte γ-Strahlung etwa 20% des natürlichen Strahlungsuntergrundes, doch ist normalerweise (1960) dieser Betrag nur einige Prozent der natürlichen Untergrundstrahlung. Die Aufenthaltsdauer der Spaltprodukte in der tieferen Stratosphäre der gemäßigten Zonen ist neuerdings zu etwa einem Jahr festgestellt worden.

Der radioaktive „fall-out" ist hauptsächlich bedenklich wegen der Inkorporation in den menschlichen Organismus. Allerdings wird Sr-90, auf Grund der Knochenaffinität das gefährlichste Spaltprodukt, im tierischen Organismus weitgehend mit Calcium verdünnt aufgenommen. Später wird es, z.B. mit der Kuhmilch, vom Menschen inkorporiert; 1 mμC führt zu einer inneren Körperbestrahlung von 1 mrem/Jahr, etwa 1% der natürlichen Untergrundstrahlung. [Dieser Körpergehalt wird z.Z. nur selten überschritten; die entsprechende *Konzentration*, etwa in μμC Sr-90 pro g Ca des Körpers, ist naturgemäß am höchsten bei Kindern: in Neugeborenen (Japan) sind bis zu 5mal höhere Werte festgestellt worden.] Der normale Körpergehalt an Cs-137 beträgt zur Zeit $\sim$5 mμC, was einer Gonaddosis von 1 mrem/Jahr entspricht.

Die genetischen Einwirkungen der inkorporierten Spaltprodukte sowie die eventuelle Induktion von Leukämie sind Gegenstand eingehender Diskussionen gewesen. Theoretisch kann schon der jetzige Gehalt zu unerwünschten Mutationen und damit zur Erhöhung der normalen Anzahl defekter Neugeborener führen, doch ist der Zahlenwert zur Zeit noch zu gering, um außerhalb der statistischen Schwankungen mit Sicherheit festgestellt zu werden. — Ein Beweis für die Induzierung von Knochenkrebs durch die derzeit inkorporierten Mengen Sr-90 hat nicht geführt werden können.

35. Aufnahme und Abgabe radioaktiver Stoffe (Inkorporation und Dekorporation)

Die Strahlungsgefährdung durch Inkorporation radioaktiver Stoffe im menschlichen Körper stellt im allgemeinen die Hauptgefahr bei radiochemischem Arbeiten dar.

Auf Grund der Erfahrung mit den Folgen größerer oder geringerer Radiumvergiftungen sind die zulässigen Mengen für die Inkorporation verschiedener radioaktiver Stoffe festgesetzt worden. Die größte Erfahrung liegt mit Ra-226 vor, von welchem Isotop zunächst 1 μg, später (1941) 0,1 μg als zulässig erachtet wurden. Dieses entspricht etwa dem 1000- (bis 10000-)fachen natürlichen Radiumgehalt des Menschenkörpers und einer Wochendosis von 800 mrem auf die blutbildenden Organe (Osteocyten).

(Gewisse Spätbeobachtungen an „Radiumpatienten" nach 30 Jahren lassen die Festsetzung als sicher erscheinen, da 10fach höhere Inkorporation in einigen Fällen gut vertragen wurde; andere Forscher befürworten eine noch tiefere Grenze.)

Die maximal zulässige Inkorporationsmenge ist verschieden für verschiedene Elemente und deren Radioisotope (vgl. Tabelle 5.1, die die Werte für einige gebräuchliche Radionuklide gibt, z. T. gemäß der Internationalen Atomenergie Agentur IAEA). Die Konzentrationen in Luft und Wasser beziehen sich auf ständige Exposition breiter Bevölkerungsschichten. Die Körpergehalte (meist nach SCHUBERT und LAPP) beziehen sich dagegen auf radiologisches Personal und sind für die Gesamtbevölkerung um den Faktor 10, für Jugendliche um den Faktor 20 zu verringern. Die Werte sind in den meisten Fällen an den Wert (0,1 μC) für Ra-226 angeschlossen und würden sich mit diesem ändern.

Tabelle 5.1

Radionuklid	max. zul. Körpergehalt in μC	in Luft μC/cm^3	im Wasser μC/cm^3
H-3	10000	$5 \cdot 10^{-5}$	0,4
C-14 (als Karbonat)	260	10^{-5}	
C-14	30	10^{-6}	$3 \cdot 10^{-3}$
P-32	10	$2 \cdot 10^{-8}$	$2 \cdot 10^{-4}$
Ca-45	14	$8 \cdot 10^{-9}$	10^{-4}
Fe-59	13	$2 \cdot 10^{-8}$	10^{-4}
Sr-90 (+Y-90)	0,5 bis 1	$2 \cdot 10^{-10}$	$8 \cdot 10^{-7}$
J-131	0,3 bis 0,7	$3 \cdot 10^{-8}$	$3 \cdot 10^{-5}$
Xe-133	320	$4 \cdot 10^{-6}$	$4 \cdot 10^{-3}$
Pb-210 und Folgeprodukte	0,2	$8 \cdot 10^{-11}$	$2 \cdot 10^{-6}$
Po-210, löslich; unlöslich	0,04; 0,02	$5 \cdot 10^{-10}$ (l)	$3 \cdot 10^{-5}$
Rn-222 + Fp		10^{-7}	
Ra-226 + 55% Fp	0,1	$8 \cdot 10^{-12}$	$4 \cdot 10^{-8}$
U (natürlich)	0,01 (30 mg)	$3 \cdot 10^{-11}$ (l)	$2 \cdot 10^{-6}$
Pu-239, löslich; unlöslich	0,04; 0,005 bis 0,02	$2 \cdot 10^{-12}$ (l)	$3 \cdot 10^{-6}$

Offensichtlich sind bei der Festsetzung der maximal zulässigen Werte folgende Faktoren bestimmend:

1. Der Ort der Ablagerung im Körper: Verschiedene Radionuklide zeigen ungleiche Resorption in den entsprechenden Organen von unterschiedlicher Strahlungsempfindlichkeit.

2. Die Dauer der Bestrahlung, bestimmt durch die radioaktive Lebensdauer des Nuklides sowie durch die sog. biologische Lebensdauer, gegeben durch die Geschwindigkeit der endgültigen Ausscheidung. (Auch bei starker Resorption findet im Laufe der Zellenerneuerung eine allmähliche Ausscheidung statt.)

3. Schließlich ist die spezifische Ionisation von Bedeutung.

Aus all diesen Gesichtspunkten ist *Ra-226* einer der gefährlichsten Stoffe. Die Resorption ist zwar nicht vollständig, jedoch geschieht eine Anreicherung im strahlungsempfindlichen blutbildenden Knochenmark. Physikalische und biologische Halbwertszeit (etwa 45 Jahre) sind groß, ebenso die lokale Ionisation auf Grund der α-Strahlung von Radium und vieler seiner Folgeprodukte. Ähnliche Gesichtspunkte gelten für *Th-232*, das bei geringerer spezifischer Aktivität weniger versehentlich inkorporiert werden kann, jedoch in Form des seinerzeit häufig verwendeten Röntgenkontrastmittels „Thorotrast" verabfolgt wurde und unter anderem in der Leber angereichert wird. (15 g Thoriumsalz entsprechen etwa 4 μg Radium.)

Wegen der starken Anreicherung in der Schilddrüse ist die MPD für *J-131* erstaunlich gering, welches bei den häufigen Stoffwechseltesten mit Radiojod in Zukunft bei verbesserter Meßtechnik beachtet werden sollte. (Die MPBB entspricht bereits einer lokalen Bestrahlungsdosis von etwa 1 rad.)

Während diese Angaben sich auf Untersuchungen von Spätschäden (bzw. deren Abwesenheit) durch Ra-226 gründen, kann eine andere Berechnung auf die Anreicherung in gewissen strahlungsempfindlichen Geweben gegründet werden unter der Annahme, daß nach der Einführung der zugelassenen Menge während der gesamten Lebensdauer des Organismus die maximal erlaubte Bestrahlungsdosis in irgendeinem Teil des Körpers nicht überschritten wird. Diese Betrachtungsweise benutzt also nicht die im Körper praktisch fixierte Menge, sondern die auf verschiedenen Wegen eingeführte Menge und muß infolgedessen die verschiedenen Resorptionsmöglichkeiten und ihre Vollständigkeit berücksichtigen.

Bei Inhalation liegen die MPD-Werte im allgemeinen höher als bei vollzogener Inkorporation, da die unlöslichen inhalierten Teilchen zum großen Teil wieder aus den Atmungsorganen oder nach Passieren des Magen-Darmkanals mit den Exkrementen ausgeschieden werden. So werden für Inhalation 0,3 μC statt 0,1 μC Ra-226 zugelassen. Im Fall Plutonium ist das Verhältnis jedoch entgegengesetzt, da eine lokale Anreicherung von Plutonium im Lungengewebe stattfindet, und die MPD hier 0,02 μC statt 0,04 μC beträgt.

Ähnliches gilt für die direkte Einführung in den Blutkreislauf, in welchem Fall die zugelassene Menge Pu 20mal geringer als die des Ra-226 ist. Polonium wird verhältnismäßig schlecht, Strontium-90 recht gut resorbiert, so daß hier die Toleranzdosis der Inhalation und anderer Einführungsmöglichkeiten in den Körper nur 10mal über der zugelassenen Radiummenge liegen (also 1 μC).

Die Resorption aus dem Magen-Darmtrakt ist glücklicherweise für aus dem Blutkreislauf stark resorbierbare Ionen mit hoher Valenz, wie Seltene Erden und Plutonium, verhältnismäßig gering (0,1 bis 1%). Erdalkalimetalle (Calcium, Strontium, Radium) werden hier jedoch zu 50% aufgenommen.

Als Hauptanlagerungsstelle von großer Strahlungsempfindlichkeit sind außer dem Knochenmark Leber, Milz und das Skelet in seiner Gesamtheit zu erwähnen.

Wichtige Fälle von Vergiftungsmöglichkeiten und Gegenmaßnahmen

Von zur Zeit größter Bedeutung ist die Möglichkeit der Plutonium-Vergiftung. Plutonium kommt in besonders gefährlicher Form als Metall- oder Oxydstaub technisch vor. Das Oxyd wird in den Bronchien und Lungen angereichert (s. oben), wie durch Tierexperimente gezeigt. Außerdem geschieht eine Anreicherung in den Knochen, jedoch nicht im Knochenmark wie im Falle Radium.

Die Versuche, inkorporiertes Plutonium wieder aus dem Körper zu entfernen, haben — gestützt durch die vielfache Anwendung von Chelatbildnern (vgl. § 52) in der analytischen und präparativen Radiochemie — zur Verwendung von CaEDTA als Desorptionsmittel geführt. Wenn dieses bald nach Eintreten der Vergiftung appliziert wird, kann die normalerweise unbedeutende Exkretion von Plutonium um den Faktor 100 erhöht werden; man kann innerhalb eines Monats etwa 50% des inkorporierten Plutoniums desorbieren (Abb. 49). EDTA muß als Calciumsalz zugeführt werden, da es sonst das im Kreislauf befindende Calcium bindet mit unerwünschten physiologischen Nebenerscheinungen. Die Spaltung des CaEDTA-Komplexes geht mit ansehnlicher Geschwindigkeit vonstatten, wie man durch Austausch (§ 48) zwischen inaktivem und aktivem Calcium feststellen kann, der auch im Organismus innerhalb 24 Std zu 95% abläuft. Eine Überdosis von CaEDTA kann allerdings zu Nierenschäden führen.

Noch besser erscheint die Anwendung von Zirkoniumcitrat, welches im Organismus dissoziiert, wobei kolloidale Zirkoniumsalzpartikel Plutonium aus der Blutzirkulation adsorptiv entfernen. In Tierversuchen hat man die Plutoniummenge in Skelet bis auf 30% verringern können (mit 25 mg Zirkoniumcitrat/kg Körpergewicht), in der Leber bis auf 50% (100 mg pro kg). Die Zirkoniumcitratinjektion muß innerhalb 1 Std nach der Plutoniumaufnahme durchgeführt werden.

Zur Zeit am besten scheint die gemeinsame Applikation von CaEDTA und Zirkoniumcitrat zu sein mit einem Zusatz von Calciumglukamat, um den Ca-Spiegel des Blutes aufrecht zu halten.

Obwohl die endgültige Resorption von Radiumsalzen verhältnismäßig gering ist (nach 20 Jahren ist etwa 1% der ursprünglich zugeführten Menge vorhanden), konnten Vergiftungen in vielen Fällen konstatiert werden, in denen aus „Gesundheitsgründen" bis zu 100 µg Ra ordiniert worden waren. Die Resorption von 1 bis 10 µg führte in vielen Fällen zu einer kräftigen Schadenwirkung auf die Knochensubstanz.

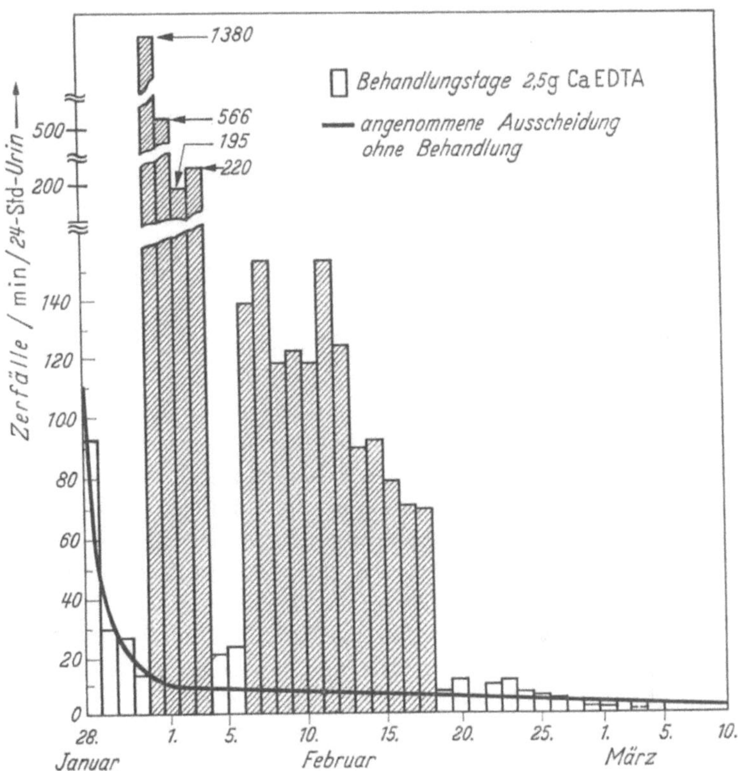

Abb. 49. Plutoniumausscheidung beim Menschen nach Injektion von Ca EDTA

Man nimmt an, daß der in Form von feinen Nadeln mit großer spezifischer Oberfläche im Knochenmark eingelagerte Calciumhydroxylapatit durch Ionenaustauschwirkung das Radium absorbiert.

Radioaktives Jod kann durch Zusatz größerer Mengen (etwa 10 mg) inaktiven Jods zum Teil wieder entfernt, und die Aufnahme bei normalen Patienten auf 10% der Totalmenge reduziert und innerhalb kurzer Zeit auf 2 bis 3% gesenkt werden, während 95% mit dem Urin abgehen.

(Diese Tatsache macht es andererseits notwendig, daß bei Stoffwechseljodtesten (§ 76) oder Jodschilddrüsenbestrahlungen keine nennenswerte Menge inaktives Jod in der applizierten Lösung vorhanden sein darf.)

36. Einwirkung äußerer Strahlung; Strahlenschäden und ihre Behandlung

Schwere Strahlenschäden, die verhältnismäßig schnell zu letalem Ausgang führen, sind im allgemeinen nur durch äußere Bestrahlung bei Katastrophenfällen herbeigeführt worden, welche (abgesehen von Atombombenexplosionen) bisher äußerst selten eingetroffen sind. Die Unglücksfrequenz in der Kernindustrie ist sehr gering im Vergleich mit anderen Industrien.

Die hochdifferenzierten Organismen, also auch der Mensch, sind bedeutend strahlungsempfindlicher als Bakterien oder Viren. Die Empfindlichkeit kann definiert werden durch Angabe der Strahlungsdosis, die innerhalb 30 Tagen in 50% der betrachteten Fälle den Tod herbeiführt. Dieser sog. Letaldosiswert LD-50/30 liegt beim Menschen bei 400 bis 500 rad für Ganzkörperbestrahlung mit einmaliger Dosis, bei den im allgemeinen verwendeten Versuchstieren Ratten und Kaninchen bei 600 bzw. 800 rad.

Unterhalb dieser Grenze können doch schon Strahlenschäden beobachtet werden. Man nimmt an, daß unter Umständen schon unterhalb 25 rad gewisse Blutveränderungen entstehen können; mit Sicherheit treten Veränderungen der weißen Blutkörperchen zwischen 25 und 50 rad auf, wobei jedoch keine ausgeprägte Strahlenkrankheit beobachtet wird. Diese beginnt zwischen 50 und 100 rad mit Müdigkeit, Übelkeit, Brechreiz, geht hier aber im allgemeinen ohne bleibende Folgen vorüber. Auch 150 rad werden noch überlebt, während 150 bis 200 rad Strahlungskrankheit bei 25 bis 50% des Versuchsmaterials herbeiführen, und eine Arbeitsunfähigkeit von 3 Wochen vorliegt, die Mortalität jedoch nur 5% beträgt. Bei noch höheren Bestrahlungsdosen nimmt der Strahlenschaden schnell zu, bei 400 rad 50% Letalität in 30 Tagen (LD 50/30), und bei 600 bis 800 rad kann im allgemeinen 100% Tödlichkeit innerhalb 14 Tagen angenommen werden.

Die meisten Angaben sind aus Tierversuchen entnommen mit gewisser Extrapolation auf den Menschen; jedoch sind seit 1945 beim Zusammensetzen sog. kritischer Versuchsanordnungen, unvorsichtigen Reaktorversuchen und neuerdings auch bei Unglücksfällen innerhalb der kernbrennstoffproduzierenden und -aufbereitenden Industrie klinisch auswertbare Fälle beobachtet worden; außerdem hat die durch die Wasserstoffbombenexplosion am 1. März 1954 und den dabei entstehenden „fall-out" betroffene Besatzung eines japanischen Fischerbootes zum Untersuchungsmaterial beigetragen.

Das Wesen der Strahlenschäden ist eingehend untersucht worden. Auch die letale Bestrahlungsdosis stellt physikalisch nur eine verhältnismäßig geringe Energieabsorption dar, etwa 1 von 10^7 Molekülen wird getroffen. Durch strahlungschemische Zersetzung des Zellenmaterials, also auch des Wassers, entstehen jedoch freie Radikale, die sich zu Peroxyden zusammenschließen können, welche ihrerseits für den Lebensprozeß wichtige Enzyme zerstören. Auf diese Art entsteht eine beträchtliche katalytische Verstärkung des Primärschadens. Der Strahlenschaden greift offenbar an dem beim Sauerstoffwechsel der Zellen wichtigen Zwischenprodukt *Desoxyribonucleinsäure* (DNS) an. In Tierversuchen hat man (mit P-32 als Leitisotop) die Bildungsgeschwindigkeit dieser Verbindung messen können sowie deren Verringerung durch Bestrahlung. Nach Bestrahlungen der Mausmilz mit 300 rad ging die Bildungsgeschwindigkeit von DNS erheblich herab, die eingebaute Phosphoraktivität betrug innerhalb weniger Tage nur 2% des normalen Wertes.

Mit Tierversuchen ist bewiesen, daß die strahlungsempfindlichsten Körperteile in der Bauchhöhle liegen, insbesondere *Milz* und *Nebennieren*. Eine Strahlungsdosis von 8000 rad wurde in Versuchen an weißen Mäusen in Form eines scharf ausgeblendeten Bündels auf verschiedene Körperteile gegeben. Bei Bestrahlung der Brustgegend betrug die Überlebenszeit maximal 35 Tage, bei Bestrahlung des Kopfes sowie der Bauchhöhle nur 4 bis 5 Tage.

Stoffe, die, vor der Bestrahlung eingenommen, Strahlenschäden herabsetzen, haben allgemeine Bedeutung für Kernwaffenkriegsfall und stehen hier neben dem *allgemein physiologischen Schutz*, der sich auf die Abschirmung gewisser besonders strahlungsempfindlicher Körperteile wie Milz und Knochenmark; Stabilisierung mit eiweißreicher Diät, Immunisierung des Blutserums gründet. Es handelt sich hauptsächlich um die Verringerung der Peroxydbildung (s. oben) durch verringerte Sauerstoffzufuhr in der Atemluft, eine gewisse Blockierung des Atemmechanismus durch Cyanverbindungen, Einnahme organischer Schwefelverbindungen wie Cystein und Cystamin. Auch Antihistamine, gewisse Vitamine und Hormone sind mit Erfolg benutzt worden (und als geeignetes Reduktionsmittel kann auch Äthylalkohol verwendet werden).

Die Wirkung von Cystaminhydrochlorid ist quantitativ an Mäusen untersucht worden, die mit und ohne Einnahme des Mittels mit 1100 rad bestrahlt wurden. Ohne den chemischen Strahlungsschutz betrug (bei zehn Versuchstieren) nach 5 Tagen die Mortalität 100%, während die Einnahme von 400 mg/kg Körpergewicht innerhalb 30 min nach der Bestrahlung die Mortalität auf nur 20% (innerhalb 14 Tagen) herabsetzte.

Wenn Strahlungsschäden schon eingetreten sind, können Spezialbehandlungen helfen, die außer allgemeinen medizinischen Maßnahmen wie Ruhe, Eiweißzufuhr, Bluttransfusion, Verabreichung von Antibiotica, Vitaminen, Hormonen und Enzymen, auch Spezialpräparate wie Calciumpräparate und Antischock- und zirkulationsfördernde Mittel verwenden. In schwierigen Fällen kann auch Milzgewebe und DNS zugeführt werden. Die neueste Entwicklung hat sogar die Injektion von Knochenmarkpräparaten bei Menschen als entscheidende Hilfe benutzt: Bei den Opfern eines Reaktorunglücks in Jugoslawien 1958 konnten so fünf der sechs über LD 50/30 exponierten Wissenschaftler durch diese Injektion am Leben erhalten werden.

Wie erwähnt, kommen derartige Strahlenschäden sehr selten vor und sind von allgemeinem Interesse eigentlich nur im Zusammenhang mit eventuellen Atombombenexplosionen. Im alltäglichen Leben kann man die Betrachtungen auf die Möglichkeit erheblich geringerer Strahleneinwirkung beschränken. Hierbei steht weniger das Arbeiten mit radioaktiven Substanzen im Vordergrund als die Einwirkung, die durch Röntgenbestrahlung verursacht werden kann, der ja verhältnismäßig breite Bevölkerungsschichten ausgesetzt werden. Hierbei werden oft große Teile des Körpers und oft auch solche in der Nähe der Geschlechtszellen bestrahlt. Bei einer Röntgenphotographie des Lungengewebes können 300 mrad Hautdosis und bei der des Magengebietes 5 rad verabfolgt werden. Bei fluoroskopischen Untersuchungen sind die Dosen erheblich höher und können bei Lungenröntgen bis zu 10 rad/min und bei Magendurchleuchtungen bis zu 50 rad/min betragen. Offenbar sollten wiederholte Röntgenuntersuchungen und insbesondere Durchleuchtungen bei breiten Bevölkerungsgruppen in möglichem Ausmaße vermieden werden, falls nicht starke medizinische Gründe dafür sprechen.

37. Strahlenschutz durch Abschirmung

Da bei modernen kerntechnischen Prozessen sehr starke Strahlungsquellen vorliegen, die zu Strahlungsdosen von vielen tausend rad in direkter Berührung führen würden, ist hier die Abschirmung eine wichtige Frage, die in bedeutend geringerer Ausdehnung auch in gewöhnlichen radiochemischen Laboratorien vorkommt.

Für die nähere Beschreibung des Zusammenhangs zwischen der Stärke einer γ-Strahlungsquelle in Curie und der Bestrahlungsdosis unter verschiedenen Verhältnissen wird der sog. *rhm-Wert* benutzt, der die Strahlungsdosis in Röntgen/Std im Abstand 1 m von der Strahlungsquelle angibt. Diese Bestrahlungsintensität („Dosisgeschwindigkeit") ist für 1 C Ra etwa 1 rhm. Für 1 mC ist die Dosis in 1 m Abstand folglich etwa ~ 50 mrad/Arbeitswoche, was also ohne Abschirmung toleriert werden könnte (aber nicht sollte). Die rhm-Werte nehmen mit der γ-Energie zu, 1 mC Co-60 gibt 1,4 rhm, 1 mC Na-24 2 rhm (Abb. 50).

Bei stärkeren Strahlungsquellen ist der Abstandsschutz unzureichend, und Abschirmung mittels Absorber — hauptsächlich aus Blei — muß durchgeführt werden. Die notwendige Absorberdicke ist abhängig von

der Massenzahl des Absorbers und der γ-Strahlungsenergie. Oft wird
die Dicke angegeben, die notwendig ist, um die Strahlungsintensität um
den Faktor 10 herabzusetzen (Abb. 51).

Bei *kollimierter* γ-Strahlung reichen hierzu 5 cm Blei für beliebige
γ-Energien, während in den meisten praktisch vorkommenden Fällen
die Streuung (Compton-Effekt) dickere Absorberschichten notwendig
macht. Das Verhältnis zwischen den verbleibenden Werten der Dosis

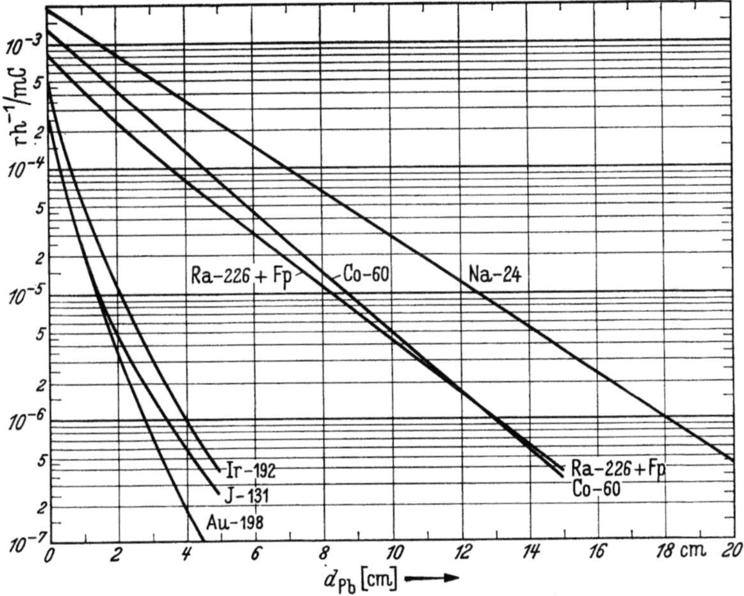

Abb. 50. γ-Strahlungsdosis in Röntgen pro Stunde in 1 m Abstand als Funktion der Bleischutzdicke

in den beiden Fällen wird durch den sog. „*buildup*"-*Faktor B* gegeben, der
zunächst mit der Absorberdicke x zunimmt. [Näherungsweise gilt:
B proportional $(1 + \mu x)$; μ: Absorptions-Koeffizient.] So wird z. B. die
kollimierte γ-Strahlung von Co-60 ($\sim 1{,}3$ MeV Energie) von 5,3 cm Eisen
auf $^1/_{10}$ herabgesetzt, bei nicht kollimierter Strahlung erhöht sich die
notwendige Schichtdicke auf 8,6 cm. Im Falle Blei sollten bei kollimierter Strahlung der gleichen γ-Energie ~ 3 cm ausreichen, während
andernfalls ~ 4 cm notwendig sind.

Außer γ-Strahlung sind besonders schnelle Neutronen durchdringend
und überdies physiologisch wirksam wegen der durch sie im wasserhaltigen Gewebe hervorgerufenen Rückstoßprotonen.

Ein geeigneter Schutz (Moderator) ist hier Wasser und eine Verringerung um den Faktor 10 der Bestrahlungsdosis (kollimierte Strahlung)
wird durch Wasserschichten von etwa 22 bis 25 cm erreicht (abhängig

von der Neutronenenergie). Meterdicke Wasserschichten setzen also die Neutronendosis arbeitender Kernreaktoren bis auf das erlaubte Niveau herab.

Neutronenbremsung und -absorption geschieht auch stark im (wasserhaltigen) Beton: So wird bei größeren Forschungsreaktoren die

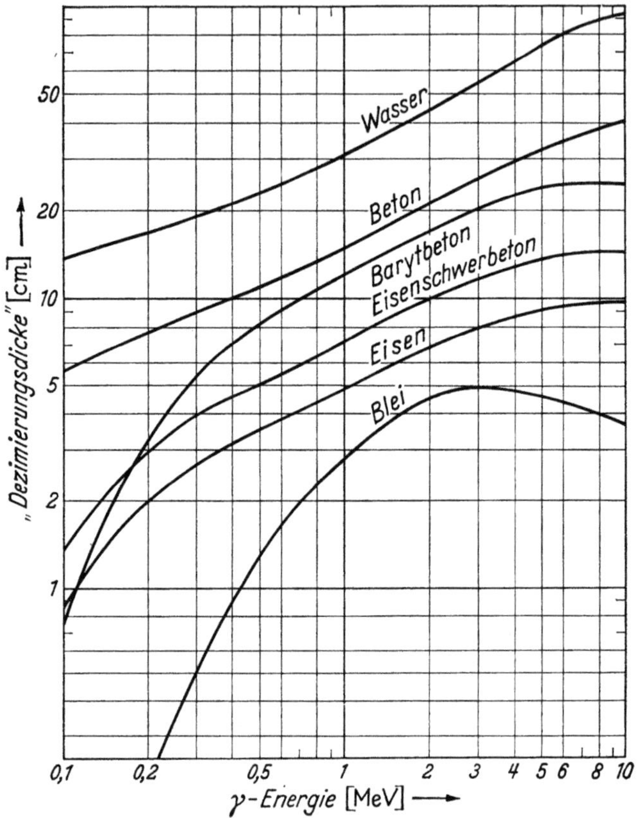

Abb. 51. Die zur Herabsetzung der Intensität kollimierter γ-Strahlung auf $^1/_{10}$ notwendigen Schichtdicken verschiedener Absorber

(thermische) Neutronendosisleistung durch Gesamtabsorberschichten von 1,5 m Beton (außer 1 m Graphit) und die γ-Dosisleistung durch 3 m Totalabsorber (Beton und Graphit) auf den zulässigen Wert verringert.

38. Strahlungsüberwachung

Die ständige Überwachung der von radiologischem Personal jeweils erhaltenen äußeren Bestrahlungsdosis und die Kontrolle der vollständigen Vermeidung von Inkorporation ist der wesentliche Inhalt der Strahlenschutzkontrolle.

Gegen *Inkorporation* schützt vor allem die Beachtung der Verhaltungsmaßregeln (§ 60) für radiochemisches Arbeiten sowie die Benutzung der „Glove-box" (§ 60). Die eventuell verunreinigten Flächen, Arbeitswerkzeuge, Schutzhandschuhe müssen mit besonderen Meßinstrumenten *(Monitore)* kontrolliert werden, die in gewissen Fällen auch α-Strahlung bestimmen sollen.

Die Gefahr der Inkorporation durch Einatmung muß regelmäßig und notfalls kontinuierlich durch Messungen der Luftaktivität überwacht werden, wobei auch Differenzierung zwischen β- und α-Strahlung vorgenommen werden sollte. Letzteres spricht gegen die oft verwendeten verhältnismäßig dicken Papier- oder Asbestfilter, geeigneter ist die elektrostatische Abscheidung der (an Staubteilchen adsorbierten) Radioaktivität durch eine auf eine Meßplatte brennende Coronar-Entladung.

Besondere Sorgfalt hat man dem Schutz gegen Inkorporation von Stoffen wie Radium und Plutonium gewidmet. Hier ist eine über das normale Maß hinausgehende laufende Kontrolle der Atmungsluft durchzuführen, was entweder durch wiederholte Messungen mittels elektrostatischer Staubabscheider oder durch laufende Messung der durch eine Differentialzählkammer durchgesaugten Luft geschehen kann. Im letzteren Fall kann durch „Koinzidenzmessungen" von α- und β-Strahlung die Messung der natürlichen Luftradioaktivität eliminiert und nur der α-Strahlungsüberschuß einem registrierenden Meßgerät zugeführt werden, das bei einem eingestellten Strahlungsniveau notfalls einen Alarm auslöst.

Selbstverständlich muß bei Luftaktivitätsmessungen der natürliche Gehalt der Atmosphäre an radioaktiven Stoffen, hauptsächlich an den natürlich radioaktiven Edelgasen Radon und Thoron berücksichtigt werden (§ 34).

Die Kontrolle auf inkorporierte radioaktive Stoffe kann bei γ-Strahlern durch Messungen des gesamten Körpers in empfindlichen sog. „*body-counters*" geschehen. Ein guter „body-counter" muß sowohl den natürlichen Kaliumgehalt des menschlichen Körpers (etwa 10^{-1} μC) nachweisen können, wie auch den natürlichen (oder zusätzlich inkorporierten) Radiumgehalt. Letzterer liegt, wie erwähnt, in der Größenordnung 10^{-4} bis 10^{-3} μC, und 10^{-3} μC Radium können durch „bodycounters" festgestellt werden. Hierbei wird der Körper entweder mit einem Kranz von Ionisationskammern (§ 40), oder in einem Rohr, außen mit Flüssigkeitsszintillator gefüllt und mit einer entsprechenden Anzahl von Multiplikatorröhren bestückt oder mit einem oder mehreren großen Szintillationsdetektoren (§ 41) gemessen. Es ist heutzutage in jedem Fall festzustellen: außer dem (natürlichen) Gehalt an Kalium-40 (γ-Energie 1,46 MeV) der an Cäsium-137 (γ-Energie 0,67 MeV), das als

Folge des Kernbombenausfalles in den menschlichen Körper (allgemein durch Aufnahme von Milch) gelangt ist (§ 34).

Die Kontrolle der *äußeren Bestrahlung* geschieht bei geringen Aktivitäten durch Dosimeterfilme, bei denen die Schwärzung ein Maß der Strahlungsdosis ist. Wenn Gefahr stärkerer Bestrahlung vorhergesehen wird, werden sog. Taschendosimeter verwendet, d.h. kleine Ionisationskammern, mit welchen die empfangene Strahlungsdosis kontinuierlich abgelesen werden kann. Dies, um notfalls die Arbeit abzubrechen, sobald die gesamt zulässige Dosis für den betreffenden Arbeitsabschnitt erreicht ist.

Die etwaige biologische Wirkung von Bestrahlungen wird durch laufende Kontrolle des Blutbildes festgestellt, wobei insbesondere der Leukocytengehalt beachtet wird. Laut Angaben der Literatur soll die zulässige Strahlungsdosis von 20 mrad/Arbeitstag während 2 Jahren ein oder einige Prozent Minderung der Leukocytenzahl herbeiführen, während 20 bis 30 mrad/Tag während einiger Jahre in einigen Fällen eine statistisch etwas besser gesicherte Minderung um 9% herbeigeführt haben. Andererseits hat man bei Plutoniumarbeitern mit einer durchschnittlichen Bestrahlungsdosis von 100 mrad/Tag nur sehr geringe Blutveränderungen gefunden. Einige Verfasser geben bei akkumulierenden geringen Strahlungsdosen eine kleinere Erhöhung der Lymphocytenzahl (sowie die vermehrte Bildung doppelkerniger Lymphocyten) und eine Minderung der Leukocytenzahl an.

Hiervon müssen klar unterschieden werden die — mitunter erheblich größeren — individuellen Schwankungen der Leukocytenzahl als Folge von Veränderung der Umweltsbedingungen, von Erregungszuständen, Infektionen usw.

Infolgedessen ist der Wert der Blutbildkontrolle für diese Zwecke umstritten; nur lange Meßserien (etwa 10 Jahre) und ausreichend statistisch unterlegte Beobachtungen können für Normalzwecke Bedeutung haben, falls es gelingt, störende Einflüsse eindeutig auszuschalten.

Kapitel 6

Radioaktivitätsbestimmungen

Die Arbeit des Radiochemikers ist abhängig von der Möglichkeit, Radionuklide mittels Radioaktivitätsbestimmungen qualitativ zu erkennen und quantitativ zu bestimmen.

Trotz ihrer Empfindlichkeit und Eleganz sind diese Meßmethoden nicht ohne Gefahren: Kritiklose Verwendung abgelesener Werte kann zu Trugschlüssen und falschen Versuchsresultaten führen. Eine ausreichende Kenntnis der Meßapparate, ihrer Leistungsfähigkeit, ihrer Zuverlässigkeit und ihrer Fehlerquellen ist für den Radiochemiker unerläßlich.

39. Allgemeines zur Technik radioaktiver Messungen

Alle radiochemischen Arbeiten gründen sich letzten Endes auf radioaktive Messungen. Diese bestimmen radioaktive Stoffe quantitativ und qualitativ.

Die *quantitative* Bestimmung basiert (außer auf der Isotopie) auf der Proportionalität (gemäß der Zerfallskonstante) zwischen der Anzahl der pro Zeiteinheit zerfallenden Kerne (Strahlungsintensität) und der Gesamtanzahl der Atome des entsprechenden Radionuklids.

Im folgenden soll die Anzahl der in der Zeiteinheit (z. B. pro Minute: pm) stattfindenden radioaktiven Umwandlungen („absolute Aktivität") versuchsweise als „Intensität" bezeichnet werden (Einheit: „Transmutationen" oder „Disintegrationen" pro Minute: tpm, dpm im Anschluß an das angelsächsische Schrifttum). Die vom „Zähler" erfaßte „Aktivität" wird in ipm (Impulse pro Minute) angegeben.

Die *qualitative* Bestimmung von Radionukliden wird ermöglicht durch die Bestimmung der für das entsprechende Nuklid charakteristischen Zerfallskonstante und Zerfallsenergie. (Dieses analog zu der qualitativen Analyse der Chemie, bei der gewisse Eigenschaften eines Elementes oder seiner Verbindungen, wie z. B. Löslichkeit oder Schmelzpunkt, für die Identifikation verwendet werden.)

Im allgemeinen kann schon durch eine genaue Bestimmung der Zerfallskonstanten und/oder Zerfallsenergien eine quantitative Bestimmung mehrerer Radionuklide nebeneinander durchgeführt werden. Die chemische Trennung (§47) gewinnt an Bedeutung bei zunehmender Anzahl der nebeneinander vorkommenden Radionuklide, da dann die rein meßtechnische Analyse zu kompliziert werden kann.

Die gewöhnlichen radiochemischen Meßprobleme können also auf zwei Hauptaufgaben zurückgeführt werden:

1. Bestimmung der Intensität der Strahlung (und ihrer zeitlichen Veränderung) mit großer Genauigkeit, etwa im Bereich 1 bis 10^5 Zerfälle/min.

2. Die Bestimmung der Strahlungsenergien, auch bei der gleichzeitigen Messung mehrerer Radionuklide. Dieses erfordert eine Unterscheidung der verschiedenen Strahlungsarten (α-, β- und Photonenstrahlung) sowie innerhalb jeder dieser Gruppe eine Energieanalyse größtmöglicher Genauigkeit.

Oft wird an radioaktive Messungen die Forderung der schnellen und kontinuierlichen Ausführung gestellt. Die hochentwickelte elektrische Meßtechnik läßt daher im allgemeinen elektrische Methoden vorziehen. Diese gründen sich auf die Ionisationswirkung radioaktiver Strahlung (Elektronen werden aus den Atomhüllen freigemacht), oder auf die Anregungswirkung (Änderung im Quantenzustand der Elektronen durch zugeführte Strahlungsenergie). Da die Ionisationswirkung quantitativ nur bestimmt werden kann, wenn die durch Ionisation entstandenen Ladungen (Ionen und Elektronen) vor eventueller Rekombination voneinander getrennt werden, um registriert oder gemessen zu werden, und da die Beweglichkeit der Ionen am größten in Gasen ist, sind offensichtlich zunächst gasgefüllte „Detektoren" besonders geeignet als Strahlungsdetektoren.

Hierbei gibt es folgende Möglichkeiten:

a) Die Ionisation wird gemessen, am einfachsten durchzuführen bei kräftig ionisierenden Strahlen, im allgemeinen in Form einer integrierenden (Dosis-) Messung.

b) Der Ionisationsakt wird gezählt, als Spannungs- oder Stromimpuls. Das Wort „Zähler" soll im folgenden den „Detektor" (s. u.) einschließlich eines geeigneten elektronischen Verstärkers und einer Registrieranordnung, beispielsweise eines Zählwerkes, bedeuten.

Bei der Zählung von Spannungsimpulsen ist oft eine erhebliche „Verstärkung" notwendig. Folgende Forderungen werden an einen Impulszähler gestellt:

1. Verstärkung, entweder durch elektronische Schaltungen oder/und als „Gasverstärkung" (§ 40).

2. Hohe Zählgeschwindigkeit, erreicht durch kurze Impulse.

3. Es ist anzustreben, der Einfachheit halber auch die Strahlungsenergiemessung mit dem gleichen Apparat durchzuführen. In diesem Fall soll der schließlich entnommene Impuls proportional zur primären Ionisation und hiermit auch zur Energie der einfallenden Strahlung sein.

40. Gasionisations-Detektoren

Ein wesentlicher Teil radioaktiver Meßanordnungen ist der Detektor, in welchem die Wechselwirkung mit der radioaktiven Strahlung eintritt. Diese führt zur Erzeugung eines Stromes bzw. eines Impulses, der nach geeigneter Verstärkung zur Registrierung durch Meßinstrumente oder Zählwerke weitergeleitet wird.

Bei gasgefüllten Detektoren, bestehend aus einer gasgefüllten Kammer mit zwei Elektroden, besteht die Möglichkeit der „Gasverstärkung", d. h. der Vergrößerung der Anzahl der auf den Elektroden des Detektors aufgefangenen Elektronen und Ionen. Diese ist abhängig von der an die Elektroden gelegten Spannung, welche zwischen Null und einigen 1000 V variieren kann.

Bei der Spannung Null ist die Rekombination von positiven und negativen Gasionen (bzw. Elektronen) möglich, und es kann keine Ladung aufgesammelt werden. Erst bei einer gewissen Spannung arbeitet der Detektor im „Ionisationskammergebiet", d.h. die durch die Ionisation entstandenen entgegengesetzten Ladungen werden ausreichend voneinander getrennt und auf der entsprechenden Elektrode aufgesammelt, um gemessen zu werden. Diese Ladungsmenge ist abhängig von der spe-

zifischen Ionisation der Strahlung in dem entsprechenden Gas und ist infolgedessen bedeutend größer für α-Strahlung als für β-Strahlung (α-Strahlung erzeugt etwa 10^4 Ionenpaare/cm in Gas von Normalbedingungen; für die Erzeugung eines Ionenpaares in Luft sind 33, in Argon 26 eV notwendig).

Bei weiter erhöhter Spannung tritt Gasverstärkung ein (vgl. Abb. 52), d.h. die primär gebildeten Ionen (Elektronen) werden in dem elektrischen Feld des Detektors beschleunigt und führen zu Sekundärionisation und einer erhöhten Gesamtladung.

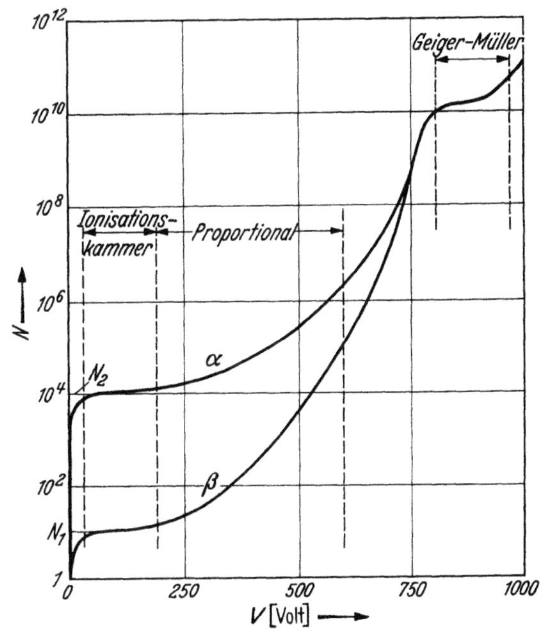

Abb. 52. Die Zahl der auf den Elektroden der Zählkammer aufgesammelten Ionen (Impulshöhe) als Funktion der Spannung; Gasverstärkung im Gebiet von Proportional- und Geiger-Müller-Zählrohr (nach MONTGOMERY und MONTGOMERY)

Die Proportionalität zwischen der primär entstandenen und der endgültig aufgesammelten Ladung besteht hier immer noch, dieses Gebiet wird Proportionalzählgebiet genannt.

Bei weiterer Erhöhung der Spannung (nachdem ein Gebiet sog. begrenzter Proportionalität passiert worden ist) gelangt man zu einem Gebiet mit großer Gasverstärkung, in dem der Stromimpuls schließlich unabhängig von der Größe der primären Ionisation ist. In diesem Spannungsgebiet werden die Auslöse- oder Geiger-Müller-Zählrohre betrieben.

Die Ionisationskammer

Für Dosismessungen kräftig ionisierender Strahlung (oder hoher Intensitäten) ist Messung im Ionisationskammergebiet empfehlenswert. Die Elektrizitätsmenge, die von den beiden Ionenkolonnen transportiert wird, kann wie folgt abgeschätzt werden: Wenn ein α-Strahl in der

Ionisationskammer 5 MeV Energie verliert, entspricht dieses der Produktion von etwa $2 \cdot 10^5$ Ionenpaaren (in Argon). Jedes Ion (bzw. Elektron) transportiert eine Elementarladung ($1,6 \cdot 10^{-19}$ C), so daß pro Elektrode etwa $3 \cdot 10^{-14}$ C abgeführt werden. Ein α-strahlendes Präparat mit der „Aktivität" von 60 ipm (Impulse pro Minute) erzeugt also einen durchschnittlichen Strom von $3 \cdot 10^{-14}$ A.

Derartige Ströme können zur Entladung eines Kondensators, etwa in Form zweier voneinander isoliert im Gasraum angebrachter Platten, führen. Analog kann der Ladungszustand eines in einem geerdeten Gehäuse isolierten, aufgeladenen metallischen Stiftes und die Geschwindigkeit der Entladung auf Grund der durch Strahlung verursachten Ionisation verfolgt werden durch die Beobachtung der Bewegung (des „Abfalles") eines von jenem Stifte im aufgeladenen Zustand abgestoßenen Goldblättchens oder eines metallisierten Quarzfadens, die im Laufe der Entladung durch Gravitation oder elastische Kräfte wieder in die ursprüngliche Lage zurückgeführt werden. Dies ist das älteste „elektrische" Radioaktivitätsmeßgerät, das „Elektroskop"; das Lauritsen-Elektroskop, eine der empfindlichsten modernen Ausführungen, erlaubt es, schon 50 ipm β-Strahlung wahrzunehmen. Ähnlich arbeiten die „Taschendosimeter" (§ 38).

Für die kontinuierliche Messung der aktuellen Entladungsstromstärke in einer Ionisationskammer mit einfachen Instrumenten ist die Stromstärke 10^{-14} A zu gering, da auch empfindliche Spiegelgalvanometer einen Strom in der Größenordnung 10^{-9} A benötigen. In diesem Fall ist eine Verstärkung um den Faktor 10^5, beispielsweise durch elektronische Verstärker, notwendig.

Wenn der Ionisationskammerimpuls gezählt werden soll (Impulskammer statt Stromkammer), so muß zunächst die Spannungsänderung im Detektorsystem abgeschätzt werden. Diese ist gegeben als der Quotient der pro Impuls transportierten Ladungsmenge und der Kapazität des Systems ($\Delta V = Q/C$). Die letztgenannte liegt in der Größenordnung 10^{-11} Farad, woraus ein Spannungsimpuls in der Größenordnung 1 mV folgt. Der Betrieb mechanischer Registrierwerke benötigt jedoch Spannungsänderungen in der Größenordnung 10 V, so daß sogar im Falle der kräftig ionisierenden α-Strahlung der Verstärkungsfaktor 10^4 notwendig ist. (Bei schwach ionisierender Strahlung ist ein Verstärkungsfaktor in der Größenordnung 10^7 bis 10^9 notwendig.)

Außer der Größe des Pulses[1] ist die Dauer des Pulses von Bedeutung, da hierdurch die maximal mögliche Zählgeschwindigkeit bestimmt wird. Die Länge des Pulses ist abhängig von der Transportgeschwindigkeit der Ladungsträger im entsprechenden Gase, wobei die Elektronen unter üblichen Bedingungen mit einer Geschwindigkeit von etwa 10 cm/μsec das Gas durchlaufen, während die schweren positiven Ionen etwa 1000mal geringere Geschwindigkeit haben.

---

[1] Im folgenden Text wird statt „Impuls" mitunter der Ausdruck „Puls" verwendet.

Ein Vorteil der Ionisationskammer ist, daß sie die Messung von α-Strahlung ohne nennenswerte Beeinflussung durch vergleichbare Mengen β- und γ-Strahlung erlaubt.

Detektoren mit Gasverstärkung

Für Gasverstärkung mittels Sekundärionisation durch beschleunigte Ionen und Elektronen ist eine hohe elektrische Feldstärke notwendig. Hierbei ist ein radialsymmetrisches elektrisches Feld geeignet, erzeugt durch Ausbildung der einen Elektrode als Draht, der in der Längsachse der anderen Elektrode, eines Zylinders, aufgespannt ist. Dieses ist der Prototyp eines „Zählrohres", wobei im allgemeinen der Draht ein positives Potential von etwa 1000 V erhält (V_0). Die Feldstärke in diesem System ist gemäß der Beziehung $E = \dfrac{V_0}{r \ln (r_2/r_1)}$ bei Zahlenwerten von 1 cm für den Radius des Zylinders (r_2) und 0,01 cm für den Radius des Drahtes (r_1) ungefähr 150 V/cm an der Kathode, jedoch 15000 V/cm an der Anode, dem positiv geladenen zentralen Draht, in dessen Nähe die größte Beschleunigung und Sekundärionisation eintritt.

Das Proportionalzählrohr

Im Proportionalzählgebiet beträgt die Gasverstärkung etwa $(10^2 -)\,10^4$. Dieses bedeutet, daß bei der Stoßionisation der Hauptteil der Ionen innerhalb eines Abstandes von etwa 14 mittleren freien Elektronen-Weglängen (zu $2 \cdot 10^{-4}$ cm in Ar) von der Anode entstehen ($2^{14} = 10^4$). Die Ionisation breitet sich hier nicht im Gas am Draht entlang aus, die Entladungen sind also lokal begrenzt und die zu entnehmenden Impulse klein; elektronische Nachverstärkung ist notwendig. Der Hauptanteil des Pulses wird durch den Transport positiver Ionen nach außen gestellt, da diese Ladungsverschiebung größer ist als die verhältnismäßig kleine Verschiebung der Elektronen gegen den Draht.

Ein erheblicher Vorteil des Proportionalrohres ist dessen geringe Auflösungszeit (vgl. Abb. 55) auf Grund der lokalen Begrenzung der Entladungen, die innerhalb von kurzen Zeiten an verschiedenen Stellen des Zähldrahtes eintreten können: Aktivitäten von 10^6 ipm können ohne nennenswerte statistische Verluste (§ 43) gezählt werden.

Häufig werden die Meßpräparate direkt in das Zählrohr eingeführt (Abb. 53) und günstigstenfalls auf diese Art sämtliche ausgesandten Strahlen registriert („absolute" Messung). Wenn der Raumwinkel 4π ausgenutzt wird, werden solche Zähler auch „4π-Zähler" genannt.

Die Proportionalität von Primärionisation und dem schließlich erhaltenen Puls erlaubt die Unterscheidung von α- und β-Strahlung. Bei Verwendung von 1 atm Methan als Zählgas werden bei üblicher elektronischer Verstärkung α-Teilchen ab 3000, β-Teilchen ab 4000V Zählrohrspannung registriert; Verwendung von 90% Ar und 10% CH_4 erfordert „Einsatz"-Spannungen von 2000 bzw. 2500 V.

Das Diskriminationsvermögen des Proportionaldetektors wird auch in Neutronenzählern, (Proportionalzählrohre, gefüllt mit BF_3-Gas) ausgenutzt, wobei praktisch nur die durch B-10 (n, α)-Prozeß entstandenen α-Teilchen gezählt werden.

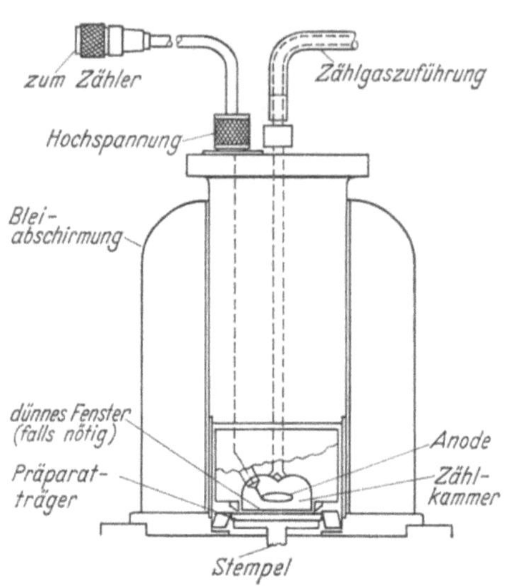

Abb. 53. Beispiel eines Proportionalzählrohres (Nuclear Chicago Corp.)

Geiger-Müller-Zählrohre

Bei noch höheren Feldstärken tritt ein Phänomen auf, das zu sehr hoher Gasverstärkung (10^{10} Ionenpaare pro Primärionenpaar können gebildet werden) führt. Durch die in der Nähe des Zähldrahtes stark beschleunigten Elektronen werden Gasatome ionisiert, wodurch die Anzahl der gleichzeitig neu gebildeten freien Elektronen weiterhin nach Art einer Kettenreaktion zunimmt („Townsend-Lawine").

Allmählich erreichen auch die positiven Ionen ihre Elektrode, an der sie entladen werden. Ihre Wanderungszeit ist gegeben durch Zählrohrdimensionen (r_1, r_2) und Spannung (V), Gasdruck (p) und Ionenbeweglichkeit (μ, für Ar^+: $\sim 10^3$ cm sec^{-1} pro V cm^{-1} bei 1 Torr) gemäß folgendem Ausdruck: $t_+ = \dfrac{(r_2^2 - r_1^2)\, p \ln (r_2/r_1)}{2\,V\,\mu}$, was bei Einsetzen von 10^{-2} bzw. 1 cm, 1000 V und 100 Torr 230 μsec ergibt.

Hiernach sollte die Entladung beendet sein; jedoch kann die Neutralisation der Argonionen (Ionisationspotential 15,7 V) oder die Abgabe der Anregungsenergie metastabiler Atome an der Oberfläche des Kathodenmetalls (Austrittsarbeit 4—5 V) zu der Auslösung von Photoelektronen (unter anderem durch Photonen von Rekombinationsstrahlung) und so zu neuen Entladungen führen, was den Detektor für Zählzwecke unbrauchbar machen würde.

Die notwendige „Löschung" der Entladung kann durch äußere elektronische Löschkreise erfolgen, welche die Anodenspannung vorübergehend unter den für die Auslösung von Elektronenlawinen notwendigen Wert senken.

Üblicher ist es, dem Zählgas einen löschenden Zusatz beizufügen: ein gebräuchliches Gemisch ist eine Zählrohrfüllung mit 90 Torr Argon und 10 Torr Äthylalkohol. Die Alkoholmoleküle mit geringerem Ionisationspotential (11,3 V) als Argon übernehmen bei Zusammenstößen dessen Ladung; bei ihrer Entladung an der Kathode findet Dissoziation ohne Aussendung von Photonen statt. Photonen, die am Zählrohrdraht oder bei obigen Zusammenstößen im Zählrohrvolumen erzeugt werden, werden im ultravioletten Absorptionsspektrum des Alkohols absorbiert, wodurch ebenfalls die Aussendung unerwünschter Photoelektronen verhindert und die Entladung zum Abreißen gebracht wird. — Eine Zählrohrentladung verbraucht etwa 10^9 Moleküle Alkohol, so daß die Lebenszeit des Rohres auf etwa 10^{10} Impulse beschränkt ist.

Daher wird nunmehr oft eine andere Möglichkeit selbstlöschender Zusätze, nämlich geringe Halogenmengen (0,1% Cl_2 oder Br_2 in 10 bis 100 Torr Neon mit Spuren Ar), bevorzugt. Das Halogen übernimmt die Rolle des Alkohols; das ionisierte Molekül rekombiniert jedoch an der Anode und wird so nicht verbraucht, was dem Zählrohr praktisch unbegrenzte Lebensdauer gibt.

An sich ist der Zusatz elektronegativer Komponenten der Funktionsweise eines Zählrohres abträglich, da negative Ionen bei Eintritt in das Gebiet um den Zähldraht durch Elektronenabgabe neue Entladungen herbeiführen können oder — bei Bildung in Zähldrahtnähe — durch Bildung eines kleineren Impulses die Impulshöhenverteilung beeinflussen und die „Charakteristik" (s. weiter unten) verschlechtern können. In diesem Sinne nachteilig wirken unter anderem O_2 (Lufteinbruch), H_2O, Hydroxylradikale aus verbrauchtem Alkohol sowie Halogene in höherer Konzentration. Bei obengenannter geringer Konzentration jedoch (und der geringen Elektroneneinfangwahrscheinlichkeit von $5 \cdot 10^{-4}$ pro Kollision) ist die Bildung negativer Ionen praktisch zu vernachlässigen.

Halogengefüllte Zählrohre sind für verhältnismäßig niedrige Arbeitsspannung (minimal 250 V; durchschnittlich 600 bis 700 V) hergestellt worden; dem Vorteil der langen Lebensdauer steht der Nachteil der geringeren Länge und größeren Steigung des „Plateaus" der Zählrohrcharakteristik gegenüber.

Die „Charakteristik" gibt die Abhängigkeit der vom Rohr gezählten Impulse von der Elektrodenspannung wieder; bei der „Einsatzspannung" erreichen die Impulse ausreichende Größe, um von der entsprechenden elektronischen Verstärkungs- und Meßanordnung registriert zu werden: das Rohr beginnt zu arbeiten. Von einer gewissen Spannung ab führen alle einfallenden Strahlen zu Impulsen praktisch gleicher Größe, die alle registriert werden. Hiernach verläuft die Kurve: „Zählrate" (Aktivität) als Funktion der Zählrohrspannung flach, das Rohr ist im „Plateau" seiner Charakteristik. Bei diesen Spannungswerten liegt die zu wählende Betriebsspannung; bei ausreichender Länge (200 bis 400 V für alkohol-, 100 bis 200 V für halogengelöschte Rohre) und geringer Neigung (2% auf 100 V bei alkohol-, 10% bei halogengelöschten Rohren) des Plateaus ist die Zählrate in ausreichendem Maße unabhängig von Spannungsschwankungen.

Form (und Dauer) der registrierfähigen Impulse werden durch die Wahl der Komponenten des „Kreises" bestimmt, mit dem das Rohr an den verstärkenden und registrierenden Teil der Apparatur (vgl. § 42) angeschlossen ist. Während die Ladungsaufsammlungszeit durch die Dimensionen des Rohres, Gasdruck und Ionenbeweglichkeit gegeben war [die immer noch den aufsteigenden Ast der Spannungsänderungskurve (Abb. 54) bestimmen], wird Form und Dauer durch das angeschaltete „RC"-Glied bestimmt, gegeben durch Widerstände (R) gegen Hochspannung und Erde sowie durch Kopplungs- und Eigenkapazität (C) des GM-Rohres.

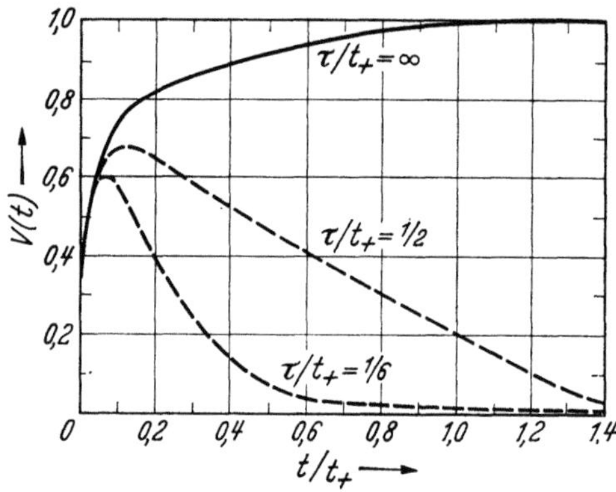

Abb. 54. Impulsformen bei verschiedenen Verhältnissen von Zeitkonstante τ zur Ionenwanderungszeit $t_+ (r_2/r_1 = 100)$

Die zeitliche Spannungsänderung (abfallender Teil der Kurve) folgt der Beziehung $V = V_0 \exp (-t/RC)$; RC wird auch als „Zeitkonstante" τ bezeichnet, die Zeit, innerhalb der die Pulshöhe auf $1/e$ abgesunken ist. Mit beispielsweise $R = 10^7\,\Omega$ und $C = 10^{-11}$ Farad wird τ 100 µsec; τ wird zu einem Bruchteil von t_+ gewählt, die dabei entstehenden charakteristischen Pulsformen sind in Abb. 54 wiedergegeben.

Zur Beschreibung der zeitlichen Effektivität eines GM-Zählrohres werden folgende drei Zeitangaben benutzt (Abb. 55):

1. Die „Totzeit", während der das Rohr blockiert ist, so daß keine neuen Impulse gebildet werden. Dieses wird dadurch erklärt, daß bei der Ladungstrennung (nach der Ionisation) sich eine Wolke positiver Ionen um den Zähldraht herum bildet und die lokale Feldstärke so weit herabsetzt, daß keine neuen Elektronenlawinen gebildet werden können, solange bis die Wolke ausreichend weit zur Kathode gewandert ist. Hiernach können Pulse entstehen, doch sind diese im allgemeinen zu klein, um bei der entsprechenden Diskriminatoreinstellung registriert werden zu können.

2. Erst wenn sie dieses Niveau überschreiten, werden sie registriert, die hierfür notwendige Zeit wird „Auflösungszeit" genannt und ist bei empfindlichen Verstärkern nur geringfügig größer als die Totzeit.

3. Die „Erholungszeit“ ist die Zeit, innerhalb derer das Anodenpotential den Wert der Arbeitsspannung wieder erreicht hat.

Die Auflösungszeit liegt bei gebräuchlichen GM-Rohren bei etwa 200 μsec, welches die Möglichkeit ergäbe, 300000 Impulse in der Minute zu zählen, wenn diese gleichmäßig innerhalb der Zeit verteilt wären. In Wirklichkeit ist jedoch ein solches GM-Rohr auf Grund der statistischen Verteilung der Pulse nicht verwendbar für Zählgeschwindigkeiten größer als einige 10000 ipm, wobei jedoch immer noch einige „Koinzidenzverluste“ (vgl. § 43) auftreten.

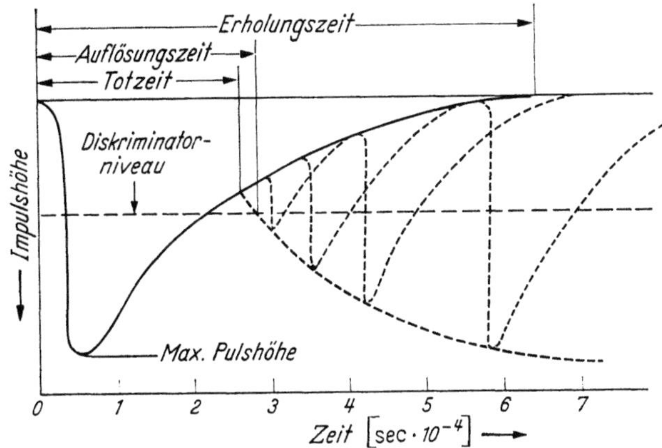

Abb. 55. Zeitgrößen eines GM-Rohres (Impulshöhe negativ)

Verschiedene Typen von GM-Zählrohren

Die ursprüngliche Grundausführung, ein Metallrohr mit Verschlußstopfen, ist in den Hintergrund getreten gegenüber Weiterentwicklungen, wobei besonders das Endfenster- oder Glockenzählrohr (vgl. Abb. 56) vorherrscht, bei dem der Zähldraht in einer Glasperle endet und ein dünnes (1 bis 2 mg/cm²) Glimmerfenster von 2 bis 3 cm Durchmesser (oft mit einer leitenden lichtundurchlässigen Schicht aus kolloidalem Graphit versehen) das Rohr abschließt. Der geometrische Wirkungsgrad kann 40% erreichen; auch α-Strahlung wird erfaßt.

Für viele Zwecke, insbesondere für „Tauchzählrohre“, ist ein Glasrohr vorteilhaft, in dem der Draht axial eingeschmolzen und die Kathode als elektrolytischer Kupfer- oder Graphitbelag die Innenwand des Rohres bedeckt, Abb. 57. Dünne Glaswände hoher Leitfähigkeit erlauben die Anbringung einer äußeren Kathode, bei genügender Leitfähigkeit sogar in der umgebenden (und zu messenden) Flüssigkeit. [Bei der Ausführung des Zählrohres als doppelwandiges abgeschmolzenes Gefäß (Zählgas zwischen den Wänden) können sogar beide Elektroden in der Flüssigkeit (in bzw. außerhalb des Gefäßes) angebracht sein.]

Ein Tauchzähler hat einen hohen geometrischen Wirkungsgrad, wenn auch die Zählausbeute durch Strahlungsabsorption in der Flüssigkeit begrenzt ist. Einen noch höheren (nahe 100%igen) geometrischen Wirkungsgrad für flüssige (und feste) Proben erreicht man durch Einführen der Probe in die (hohle) Anode bzw. durch Umwickeln eines zentralen Glasrohres mit dem Anodendraht.

Eine erhebliche Herabsetzung des Strahlungsuntergrundes („Nulleffekt") (vgl. § 44), wie sie für gewisse Messungen (vgl. § 77) nötig ist, kann durch Verwendung eines „Hohlanodenschirmzählrohres" erreicht werden. In diesem ist das registrierende Zählrohr untergebracht,

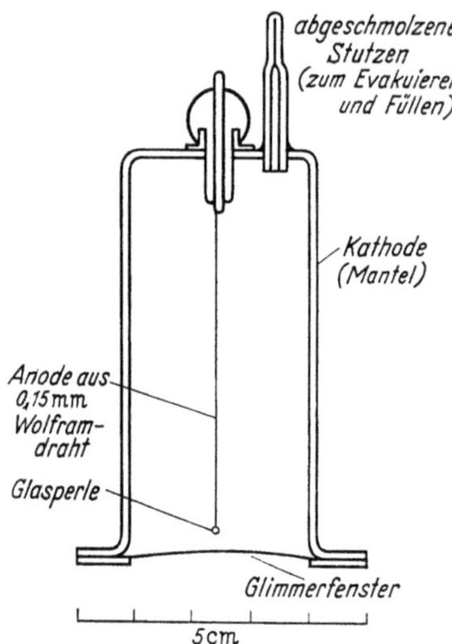

Abb. 56. Glockenzählrohr

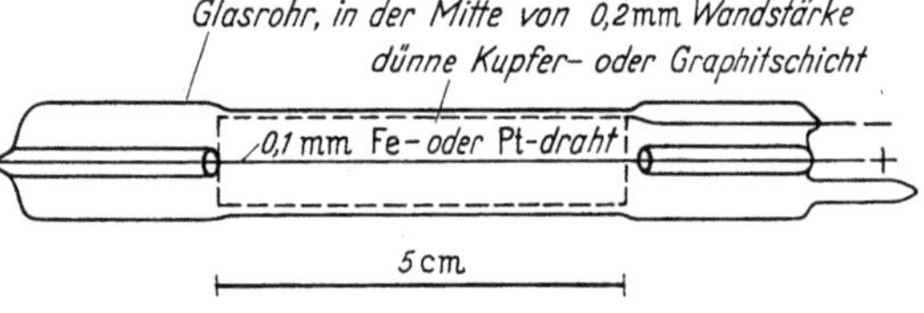

Abb. 57. Glaszählrohr

welches dank der „Antikoinzidenzschaltung" (§ 42) zum Schirmzählrohr nicht auf kosmische und Umgebungsstrahlung anspricht, wodurch der Nulleffekt auf etwa 1 ipm gehalten werden kann.

41. Szintillationsdetektoren

Das Ansprechen von Phosphoren auf radioaktive Strahlung wurde frühzeitig erkannt und zum Strahlungsnachweis ausgenutzt. Die hierbei auftretenden „Szintillationen" können gezählt und auf diese Art können sehr schwache Strahlungsintensitäten quantitativ gemessen werden: Eine mühsame Methode (vgl. § 2).

Erst durch Verwendung geeigneter Multiplikationsverfahren (in Analogie zur Gasverstärkung, aber auf anderen Grundsätzen beruhend) werden Szintillationen zu ausreichend starken elektrischen Impulsen umgewandelt, welche automatisch registrierende Apparate betreiben können. [Im folgenden soll unter Szintillationsdetektor die Kombination des eigentlichen Szintillators mit dem Photoelektronenvervielfacher (s. unten) verstanden werden.]

Szintillatoren können ansprechen auf α-, β- oder γ-Strahlung.

Als geeignete α-Szintillatoren sind hauptsächlich die Sulfide von Zink und Cadmium, aktiviert durch geringe Zusätze von Silber oder

Kupfer sowie Zinkoxyd und manganaktiviertes Zinksilikat, wie auch die Wolframate von Magnesium und Calcium zu nennen.

Zum Nachweis von β-Strahlung dienen Kristalle organischer Verbindungen wie Naphthalin, Anthracen, Phenanthren, Terphenyl und Stilben.

γ-Strahlung wird nachgewiesen mit auf geeignete Art aktivierten Kristallen aus Alkalijodiden, meist thalliumaktiviertem NaJ, KJ, CsJ oder LiJ.

Während diese Szintillatoren feste Körper, vorzugsweise Einkristalle, sind, lassen sich durch Auflösung geeigneter Szintillatoren in organischen Lösungsmitteln, beispielsweise Terphenyl in Toluol bzw. Polystyrol flüssige bzw. plastische Detektoren herstellen.

Größere Flüssigkeitsszintillatoren registrieren auch γ-Strahlung und finden unter anderem Anwendung in „body-counters" (vgl. § 38). Zusammen mit Paraterphenyl wird (zwecks Verschiebung des Emissionsspektrums in Richtung der maximalen Empfindlichkeit des Photovervielfachers) die Verbindung 1,4-di-$\left(2\text{-}(5\text{-phenyloxazolyl})\right)$-Benzol benutzt, auch als POPOP bezeichnet. Aus entsprechenden Lösungen kann durch Zusatz einiger Gewichtsprozente Aluminiumstearat ein szintillierendes Gel hergestellt werden. Als glasförmiger Szintillationsdetektor wird ceraktiviertes Silikat verwendet.

Auch die Edelgase und ihre Mischungen haben Szintillationseigenschaften. Das ausgesandte Licht muß durch Zusatz organischer Szintillatorsubstanzen in das sichtbare Gebiet verschoben werden, um vom Photomultiplikator erfaßt zu werden. Gas-Szintillatoren sind besonders geeignet zum Nachweis und zur Energiemessung von schweren Teilchen geringer Reichweite, beispielsweise α-Teilchen. Bei Zusatz von He-3 zur Kammerfüllung müßte der Nachweis von Neutronen auf Grund der Reaktion He-3 (n, p)H-3 möglich sein und aus der gesamten freiwerdenden Energie die Energie des einfallenden Neutrons bestimmt werden können (Neutronenspektrometer).

Zur Funktionsweise eines anorganischen Szintillators ist folgendes zu bemerken: Die einfallende Strahlung führt mit einer Ausbeute von maximal etwa 20% zur Verschiebung von Elektronen aus dem „Valenzband" in das „Leitfähigkeitsband". In letzterem sind die Elektronen frei beweglich und können mit Hilfe der (etwa durch die aktivierenden Zusätze erzeugten) Gitterdefekte wieder ins Valenzband zurückgelangen, wobei die für den entsprechenden Szintillator charakteristischen Lichtquanten ausgesendet werden. Die primäre Photonenausbeute ist abhängig von der lokalen Energieabsorption, so löst z. B. ein α-Teilchen 10^5 Lichtquanten bei der vollständigen Absorption in Zinksulfid aus, während 1 MeV β-Strahlung etwa 10^4 Photonen in Anthracen erzeugt. Auf Grund der Unmöglichkeit, ausreichend große Zinksulfidkristalle herzustellen, wird für γ-Strahlung ausschließlich Alkalijodid in Form großer Kristalle benutzt, wobei die Anregung des Szintillators durch die bei der Absorption der γ-Strahlung entstehenden Sekundärelektronen (Photo-, Compton- bzw. Paarbildungseffekt) geschieht.

Mit dem Szintillator in gutem optischen und mechanischen Kontakt steht der Photovervielfacher, im deutschen Schrifttum auch als Sekundäremissionsvervielfacher (SEV) bezeichnet (Abb. 58). Zu diesem Zwecke werden Szintillator und die Photokathode des Vervielfachers in unmittelbaren Kontakt miteinander gebracht mit Hilfe eines Mediums von dem Szintillationskristall entsprechendem Brechungsindex, etwa des Silikonöles DC 200; alternativ wird aus apparativen — oder Kolli-

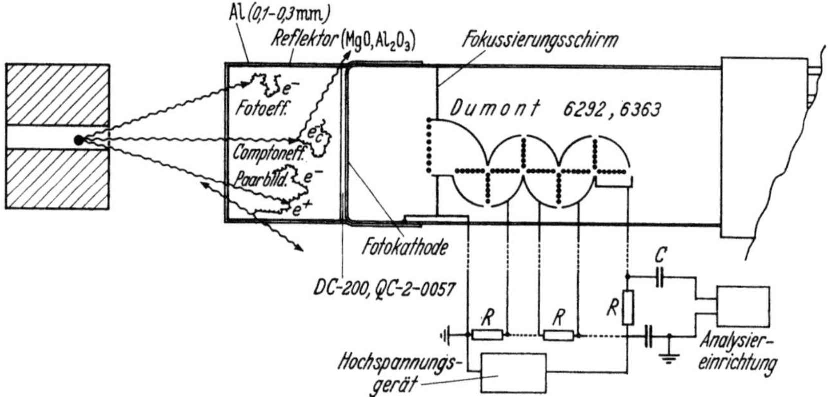

Abb. 58. Funktionsweise eines Szintillationsdetektors (schematisch)

mationsgründen der optische Kontakt mit einem Lichtleiter, etwa aus dem Kunststoff ,,Lucit", ,,Plexiglas" hergestellt. Aus der Photokathode, einer auf der Innenseite des Glaszylinders aufgedampften Cäsium-Antimonschicht werden Photoelektronen herausgelöst und mit einer Beschleunigungsspannung von etwa 150 V mit Hilfe einer fokussierenden Elektrode der ersten von etwa 10 Vervielfachungselektroden (bestehend aus einer Silber-Magnesiumlegierung) zugeführt. Der Photoelektronenstrom passiert nun die weiteren Elektroden, zwischen den jeweils eine Spannung von etwa 100 V liegt, wobei jeder Schritt zu einer Erhöhung der Elektronenzahl mit dem Faktor 4 bis 5 führt, was bei 10 Dynoden eine Gesamtvervielfachung in der Größenordnung 10^6 zur Folge hat.

Das Photovervielfacherrohr liefert hiernach an seinem Ausgang einen Impuls, der größer ist als der eines Proportionaldetektors, aber geringer als der eines GM-Zählrohres und infolgedessen noch weiter verstärkt werden muß. Im Laufe der Erzeugung der primären Lichtquanten im Szintillator, der Auslösung der Photoelektronen in der Photokathode und der Vervielfältigung des Photostroms in den Beschleunigerstufen sind Laufzeit-Schwankungen am Ausgang des Photovervielfachers zu erwarten, die zu einer zeitlichen Pulsbreite führen von der gleichen Größenordnung wie die Abklingzeit der „schnellsten" Szintillatorsubstanzen (10^{-9} bis 10^{-8} sec).

Eine überragende Bedeutung haben Szintillationsdetektoren bei der Zählung von γ-Quanten mit hohem Wirkungsgrad, der bei 1 MeV γ-Energie in einem 2 Zoll-Natriumjodidkristall etwa 65% beträgt, also dem Wirkungsgrad eines Zählrohres (etwa 1%) weit überlegen ist.

Auch Neutronen können mit Szintillationsdetektoren nachgewiesen werden, beispielsweise mit Zinksulfid, vermischt mit Stoffen, die zu (n, p)- oder (n, α)-Reaktionen mit Neutronen führen wie Bor oder Lithium, auch LiJ (Eu-aktiviert) wird hierzu verwendet. Wasserstoffhaltige Substanzen sind auf Grund des Protonenrückstoßes in Kombination mit Zinksulfid als Neutronendetektoren geeignet. (Umgekehrt kann auf diese Art Bor oder Lithium durch Neutronenbestrahlung nachgewiesen werden, wobei beachtet werden muß, daß bei hohen Neutronenenergien Impulse auch durch Rückstoß der Schwefelatome des Zinksulfids entstehen können.)

42. Impulszähler, Aufbau und Hilfsanordnungen

Wie früher erwähnt, ist der Spannungsimpuls, insbesondere aus einem Proportional- oder Szintillationsdetektor, nicht ausreichend für mechanische Registrierung, sondern muß elektronisch verstärkt werden.

Das Hauptprinzip der elektronischen Verstärkung ist das gleiche wie in der Radiotechnik: Der Spannungsimpuls wird dem Gitter einer Elektronenröhre zugeführt und gemäß der Charakteristik der Röhre verstärkt. Durch Kopplung einer Anzahl Elektronenröhren als „Stufen" wird die gewünschte Verstärkung erhalten.

Die Ankopplung des GM-Zählrohres an den Verstärker geschieht mit einem sog. Eingangskreis. Im allgemeinen liegt die (positive) Hochspannung am Zähldraht, der Mantel an Erde. Drei Schaltelemente sind in diesem Fall zu unterscheiden: Der Zählrohrableitwiderstand R_Z ($\sim$1 MΩ), der Kondensator C ($\sim$1 pF) und der Gitterableitwiderstand R_g ($\sim$1 MΩ). (Wenn dagegen der Zähldraht an Erde und die negative Hochspannung am Mantel liegt, genügt — bei selbstlöschenden Zählrohren — ein Ableitwiderstand, außerdem entfällt der Kopplungskondensator C.)

Die beiden Widerstände und die Gesamtkapazität (einschließlich Zählrohr, die Leitungskapazität kann demgegenüber vernachlässigt werden und lange Leitungen sind bei unmittelbarer Anschaltung der ersten Verstärkerstufe möglich, wenn C groß genug gewählt wird) bestimmen durch den RC-Wert die Zeitkonstante des Zählkreises.

Über den Kondensator, der die am Zähldraht liegende Hochspannung aushalten muß, wird der Spannungsimpuls auf das Gitter der ersten Verstärkerröhre gegeben. Über den Gitterableitwiderstand fließen die negativen Ladungen letztlich ab. Beim Eintreffen eines Spannungspulses werden auf der Sekundärseite des Kondensators positive Ladungen influenziert, wodurch das Gitter der ersten Verstärkerröhre negativ wird. Hierdurch wird das Rohr gesperrt und seine Anodenspannung steigt vorübergehend. An diese Anode ist das Gitter der Röhre der zweiten Verstärkerstufe kapazitiv angekoppelt und man erhält so einen positiven Spannungsstoß.

Bei der Verwendung nichtlöschender Zählrohre wurden zwecks Abreißen der Entladung auch besondere Eingangskreise verwendet. Ein Beispiel ist die Schaltung von NEHER und HARPER. Bei diesem Löschkreis liegen Zählrohrdraht und die Anode der unmittelbar angeschalteten ersten Verstärkerröhre an der gleichen Hochspannung, wodurch ein Puls die Betriebsspannung unter den zulässigen Wert senkt und die Entladung abreißt.

Elektronische Untersetzung der Zählgeschwindigkeit

Da die Maximalgeschwindigkeit jedes mechanischen Zählwerkes begrenzt ist, wird meistens elektronische Unterteilung der Impulszahl durchgeführt. Hierbei kann man in einem sog. „bistabilen Multivibrator-Kreis" die Impulse abwechselnd über zwei verschiedene Elektronenröhren senden, wobei die Anode jeder Röhre in Verbindung steht mit dem Gitter der anderen durch einen Kondensator und Widerstand in Parallelkopplung (vgl. Abb. 59). Wenn durch den Impuls die Gitterspannung der einen Röhre (die bisher leitend war) zu einem negativen Wert gesenkt wird, und der Anodenstrom abgesperrt wird, muß sowohl die effektive Anodenspannung wie auch die Gitterspannung der zweiten Röhre steigen, welche nun einen positiven Wert erhält, wonach der Stromtransport durch diese Röhre geschieht usf. Wenn der Stromdurchfluß mittels Glimmlampen indiziert wird, kann jeder zweite Impuls auf der entsprechenden Lampe abgelesen werden. Durch eine größere Anzahl solcher Schritte erhält man eine Unterteilung mit Potenzen von 2. Ein „scale of 8" ist für die meisten Messungen ausreichend, und bei einem „scale von 64" wird im allgemeinen das Zählrohr zum langsamsten Teil der gesamten Zählapparatur, da der elektronische Teil Auflösungszeiten von einigen µsec zuläßt.

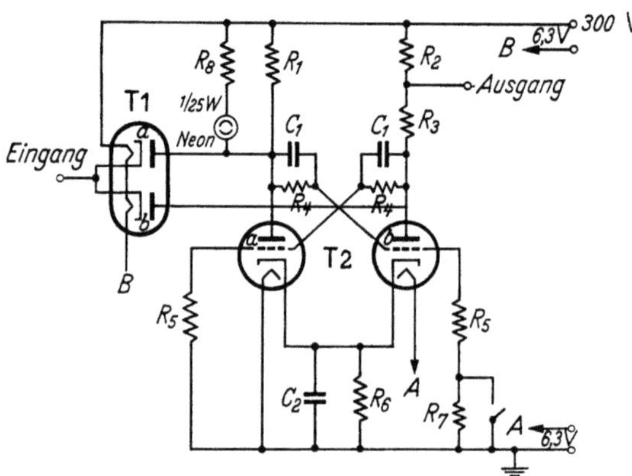

Abb. 59. Schaltung eines binären Untersetzers (nach ELMORE und SANDS)

Auch eine Zehnerteilung ist auf ähnliche Art möglich; wenn nicht allzu hohe Zählgeschwindigkeiten vorliegen, kann diese mit einem „Dekatron" (Auflösungszeit etwa 25 µsec) geschehen, einem Glimmentladungsrohr mit 10 stabilen Lagen, bei denen die Entladung von der einen zur anderen Kathode durch die einkommenden Pulse verschoben wird. Ähnlich arbeitet das Trochotron (Auflösungszeit 5 μsec).

Um zwischen Zählimpulsen und kleineren Impulsen (etwa aus Netzstörungen) unterscheiden zu können, verwendet man einen sog. „Diskriminator".

Eine ähnliche Multivibrator-Schaltung, doch mit nur einer stabilen Lage („SCHMITT's Trigger") kann als „Diskriminator" zur Blockierung von Pulsen führen, die nicht eine gewisse Größe — gemäß dem (einstellbaren) „Niveau" des Diskriminators — erreichen.

Eine weitere wichtige Schaltung ist die „Koinzidenz"- (bzw. Antikoinzidenz-) Schaltung, mittels derer festgestellt werden kann, ob die von zwei Detektoren einkommenden Impulse gleichzeitig ausgelöst worden sind. Die einfachste Ausführung benutzt eine Spezialpentode (6 BN6, E 91 H), bei der Stromfluß nur dann erfolgen kann, wenn zwei Gitter gleichzeitig positive Impulse, ausgehend von den jeweiligen Detektoren empfangen. Die Auflösungszeiten moderner Koinzidenzkreise können kleiner als 10^{-9} sec sein und können nur bei Verwendung schneller Szintillationsdetektoren ausgenützt werden.

Integrierende Radioaktivitätsmeßteile („counting-rate meter") erlauben die kontinuierliche Ablesung der jeweiligen Zählintensität auf einem Zeigerinstrument und die laufende Registrierung mit angeschlossenem Schreiber. Hierbei werden Pulse einem Kondensator zugeführt (der so eine Ladung erhält, die der Impulsfrequenz entspricht), bis hinauf zu einem Gleichgewichtszustand, gegeben durch die Entladung über einen parallelgeschalteten Widerstand. Der Spannungsfall im Gleichgewichtszustand wird mittels Röhrenvoltmeter gemessen.

43. Statistische Schwankungen radioaktiver Meßwerte

Die Angabe der „Aktivität", d.h. der hervorgerufenen Zählimpulse und der daraus zu erschließenden Zahl der radioaktiven Zerfälle pro Zeiteinheit eines radioaktiven Präparates geschieht als Mittelwert, der sich aus einer Messung über einen gewissen Zeitraum ergibt. Die Zerfälle geschehen jedoch nicht mit regelmäßigem Zwischenraum: Der radioaktive Zerfall ist ein statistischer Prozeß (vgl. § 9), welches bedeutet, daß es eine gewisse Wahrscheinlichkeit, jedoch keine Gewißheit gibt, daß stets eine bestimmte Zahl Zerfälle innerhalb eines bestimmten Zeitintervalles geschehen.

Ein Ausdruck für diese Wahrscheinlichkeit p (für kleine Werte von $\bar{n}$) wird von POISSONs Gesetz gegeben (abgeleitet aus dem binomischen Verteilungssatz):

$$p(n) = \frac{\bar{n}^n e^{-\bar{n}}}{n!}, \tag{6.1}$$

wobei n die im Meß-Zeitintervall beobachtete Aktivität und $\bar{n}$ die mittlere Aktivität (über ein sehr großes Zeitintervall beobachtet) ist. Diese Gleichung geht bei größeren Werten von $\bar{n}$ zu einer Gauß-Verteilung beiderseits des Mittelwertes $\bar{n}$ über.

$$p(n) = \frac{1}{\sqrt{2\pi\bar{n}}} \cdot \exp\left(-\frac{(n-\bar{n})^2}{2\bar{n}}\right). \tag{6.2}$$

So ist z.B. die Wahrscheinlichkeit, daß bei der mittleren Aktivität 100 ipm gerade 100 Impulse in einer Minute gezählt werden (da $n=\bar{n}$) $p = 1/\sqrt{2\pi\bar{n}} \approx 1/\sqrt{628} \approx 4\%$. Die Wahrscheinlichkeit für jede andere Impulszahl n ist geringer; die gesamte Fläche unter der Gaußschen „Glockenkurve" muß natürlich 100%ige Wahrscheinlichkeit ergeben.

Anhand der Gauß-Kurve kann die Frage untersucht werden, mit welcher Wahrscheinlichkeit Meßwerte außerhalb einer gewissen Schwankungsbreite auftreten. Nach Einführen von $\sigma = \sqrt{\bar{n}}$ und $\varepsilon = (\bar{n} - n)$ gilt für den Kurvenverlauf:

$$p(\varepsilon) = \frac{1}{\sigma} \sqrt{\frac{2}{\pi}} \exp\left(-\frac{\varepsilon^2}{\sigma^2}\right). \tag{6.3}$$

Die Gesamtwahrscheinlichkeit, daß ein Meßwert außerhalb σ oder der Schwankungsbreite $k\sigma$ (wobei k eine beliebige positive Zahl ist) liegt, ist also gegeben durch:

$$p(k\sigma) = \int_{k\sigma}^{\infty} p(\varepsilon)\, d\varepsilon, \tag{6.4}$$

entsprechend der Fläche zwischen der Glockenkurve (außerhalb $k\sigma$) und der Abszisse.

Die Werte des („Fehler")-Integrals sind aus Tabellenwerken zu entnehmen; einige Werte sind in Tabelle 6.1 wiedergegeben.

Tabelle 6.1

$k =$ Vielfache von $(\sigma = \sqrt{\bar{n}})$	$p(k\sigma)$: Wahrscheinlichkeit von Werten außerhalb der Grenzen	Benennung
0,000	100%	—
0,675	50%	wahrscheinlicher „Fehler"
1,000	31,7%	Standardabweichung
1,645	10%	90% Zuverlässigkeit
1,960	5%	—
3,000	0,3%	—
6,000	$2 \cdot 10^{-9}$	—

Zur Kontrolle, daß Gauß-Verteilung der Meßwerte vorliegt, kann eine größere Anzahl (etwa 100) Messungen auf folgende Art ausgewertet werden:

Der arithmetische Mittelwert der Meßserie wird berechnet und der „wahrscheinliche" Fehler (Standardabweichung) als Quadratwurzel aus dem Mittelwert festgestellt. Hiernach wird das Zahlengebiet zwischen dem tiefsten und dem höchsten gemessenen Wert in (etwa zehn) gleiche Teile geteilt. Die Anzahl der innerhalb jeder Gruppe vorkommenden Fälle wird als Funktion der Impulszahl auf „Wahrscheinlichkeitspapier" aufgezeichnet. Bei Normalverteilung muß sich so eine Gerade ergeben, identisch mit der Linie, die man dadurch erhält, daß man die Werte für $\bar{n}$ — bzw. $+2\sqrt{\bar{n}}$ an den Ordinatbezeichnungen des Papieres: $\Phi(\bar{n}-2\sigma)$ und $\Phi(\bar{n}+2\sigma)$ aufträgt.

Gemäß dem Gesetz für die Zusammensetzung statistischer Ereignisse muß bei radioaktiven Messungen folgende Berechnung ausgeführt werden, die auch die Schwankungen der „Nulleffekt"messungen (§ 44) berücksichtigt. Wenn die Standardabweichung der Bruttoaktivität $A\ (=N/t;$ N: Impulszahl, t: Meßzeit)

$$\sigma(A) = \sqrt{\frac{A}{t}} \qquad (6.5)$$

ist, so gilt analog für den Nulleffekt A_0 und dessen Standardabweichung

$$(\sigma)\,A_0 = \sqrt{A_0/t_0}. \qquad (6.6)$$

Nun gilt gemäß dem Fehlerfortpflanzungsgesetz für den Fehler der Nettoaktivität $A^* = A - A_0$:

$$\sigma(A^*) = \sqrt{\frac{A}{t} + \frac{A_0}{t_0}}. \qquad (6.7)$$

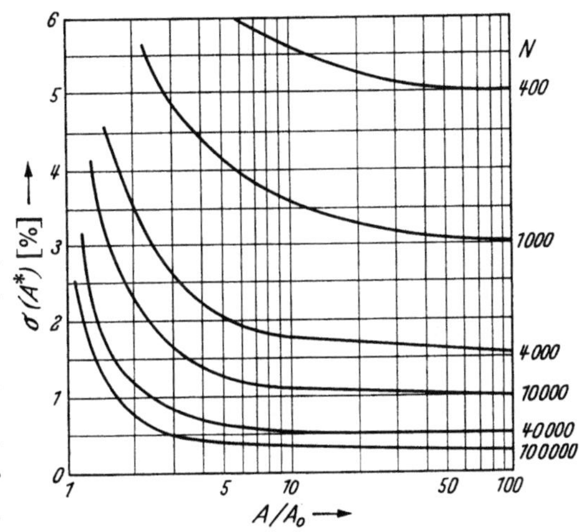

Abb. 60. Standardabweichungen der Nettoaktivität für verschiedene Gesamtzahlen gezählter Impulse (N) als Funktion des Verhältnisses von Bruttoaktivität und Nulleffekt (A/A_0) (nach TAYLOR)

Analog gilt für die Standardabweichung zwischen zwei Meßwerten des gleichen Präparates

$$\sigma = \sqrt{\frac{A_1}{t_1} + \frac{A_2}{t_2}} \qquad (6.8)$$

größere Abweichungen haben gemäß Tabelle 6.1 stark abnehmende Wahrscheinlichkeiten, für häufigeres Vorkommen ist die Meßapparatur verantwortlich zu machen.

Allgemein gilt für die Standardabweichung vom Mittelwert einer *Reihe* von x Messungen:

$$\sigma = \sqrt{\frac{\Sigma\,\varepsilon^2}{x(x-1)}}. \qquad (6.9)$$

Im allgemeinen ist $A_0 < A^*$. $\sigma(A_0)$ geht jedoch in mehrere Messungen ein und sollte einen kleinen Wert haben.

Für beliebige A/A_0 ist $\sigma(A^*)$ für einige Werte von N aus Abb. 60 zu entnehmen.

44. Der Wirkungsgrad von Meßanordnungen

Radioaktive Messungen sollen in vielen Fällen die absolute Anzahl radioaktiver Umwandlungen pro Zeiteinheit angeben, doch kann diese Zahl im allgemeinen nicht unmittelbar bestimmt werden und meistens ist nicht einmal die Anzahl der vom Zähler registrierten Impulse identisch mit der Zahl der den Detektor treffenden Strahlen.

Eine grundsätzliche Schwierigkeit bietet — besonders bei hohen Zählgeschwindigkeiten — die Einwirkung der sog. Koinzidenzverluste einerseits, sowie der zusätzlichen Entladungen im Zählrohr andererseits, die nicht von der radioaktiven Probe herrühren (Untergrundstrahlung, „Nulleffekt"). Die wirkliche (Netto-)Aktivität A^* kann also bezeichnet werden als die Summe der gemessenen (A) und der nicht gezählten Impulse ($d =$ „Koinzidenzverluste"), wobei die Untergrundstrahlung A_0 in Abzug zu bringen ist: $A^* = A + d - A_0$.

Die Untergrundstrahlung A_0 wird zum Teil von der überall vorhandenen kosmischen Strahlung verursacht, die auf die Oberfläche der Erde mit einer Intensität von etwa 1,5 Strahlen/min und cm² einfällt. Ein Zählrohr mit 5 cm² Oberfläche (in der Horizontalprojektion) würde also 7,5 ipm Nulleffekt durch kosmische Strahlung zeigen; dieser Anteil kann durch Abschirmung nicht nennenswert verringert werden (außer durch meterdicke Absorber), sondern nur eliminiert werden durch antikoinzidenzgekoppelte (§ 42) Detektoren.

Ein anderer Teil des Nulleffektes wird durch die Umgebungsstrahlung im Meßraum bewirkt, wobei folgende Möglichkeiten zu beachten sind:

1. Radioaktive Proben in der Nähe des Detektors (können und sollen ausreichend abgeschirmt sein).

2. Strahlung von Wänden des Meßraumes, welche durch geringen Gehalt an radioaktiven Stoffen (Uran im Gleichgewicht mit Radium) γ-Strahlungsuntergrund hervorrufen (§ 34).

3. Abschirmmaterial: Man verwendet im allgemeinen Blei (§37). Neugefördertes Blei kann noch Pb-210 mit Folgeprodukten enthalten; man sollte altes Blei verwenden oder die Innenseite des Bleischutzes mit leichterem Metall auskleiden; dies auch gegen Rückstreuung (s. unten). Auch das Zählrohrmaterial selbst kann radioaktive Isotope enthalten (z.B. K-40 — 1965 tpm/g Kalium — in vielen Gläsern).

Koinzidenzverluste sind auf die „Totzeit" des Zählrohres (§ 40) zurückzuführen, wodurch eine Anzahl Impulse nicht registriert werden. Wenn beispielsweise n_t Impulse per Zeiteinheit einfallen, der Detektor während der Totzeit t_r blockiert ist und nur n_0 registriert, beträgt die gesamte Blockadezeit offenbar $n_0 t_r$. Die wirkliche Anzahl der Impulse ohne Totzeit wäre: $n_t = n_0 + n_t (n_0 t_r)$ oder $n_t = \dfrac{n_0}{1 - n_0 t_r}$.

Bei der Zählgeschwindigkeit von 100 ips und einer Totzeit von 500 µsec ergibt sich eine Abweichung gemäß $\dfrac{10^2}{1 - 10^2 \cdot 5 \cdot 10^{-4}} = \dfrac{100}{0,95} = {\sim}105$, also ein „Koinzidenzverlust" von 5%.

Koinzidenzverluste werden meistens experimentell bestimmt. Ein Radionuklid mit einer Anfangsaktivität, die das „Auflösungsvermögen" des Zählers überfordert, das aber eine verhältnismäßig kurze HZ hat [geeignet sind J-128 (25 min HZ) und Bi-212 (60,5 min HZ)], wird laufend gemessen, wobei man im halblogarithmischen Maßstab eine gekrümmte Kurve erhält, die allmählich in eine Gerade übergeht. Nach Extrapolation der Geraden auf $t=0$ erhält man als Unterschied zwischen der wirklichen und der gemessenen Aktivität den mit der Zählrate veränderlichen Anteil an Koinzidenzverlusten. Auch Impulsgeber (konstante Impulslänge) werden zur Bestimmung von Koinzidenzverlusten benutzt. Hierbei wird eine definierte „Totzeit" erhalten, während diese bei der Verwendung radioaktiver Proben sich mit der Aktivität ändert.

Stetige Kontrolle der zeitlich konstanten Effektivität der gesamten Meßanordnung durch Messung einer sog. Standardprobe ist notwendig. Dieses soll auch eine Korrektur für den etwaigen radioaktiven Zerfall der Meßprobe ermöglichen. Als langlebige Standardprobe können verwendet werden: Uran (im Gleichgewicht mit Uran X), Radium D (im Gleichgewicht mit Radium E und Radium F), Kobalt-60, Cäsium-137. Der Standard soll möglichst die gleichen Strahlungseigenschaften wie die Analysenprobe haben, da der Wirkungsgrad der Meßanlage mit der Strahlungsenergie variieren kann. Die Standardprobe (für α- und β-Strahler) soll eine sehr stabile und reproduzierbare Form haben wie beispielsweise Uranglasplatten, Pulverpräparate, fixiert mit Zaponlack, elektrolytisch ausgefällte Metall- oder Oxydschichten.

Es empfiehlt sich, bei zeitlich ausgedehnten Versuchsreihen eine Probe des jeweils untersuchten Radionuklides als zweiten Standard mitzumessen. Auf diese Art wird außerdem die HZ des betreffenden Nuklides und damit seine radioaktive Reinheit kontrolliert.

In vielen Fällen wird die Frage gestellt nach dem Zusammenhang zwischen der gemessenen Aktivität und der gesamten von der Probe ausgesandten Strahlung. Offenbar mißt man, außer bei „absoluten" Messungen mittels 4π-Zähler, nicht die Gesamtstrahlung, sondern muß folgende Faktoren berücksichtigen:

1. Der Geometriefaktor. Im allgemeinen fällt nur ein Strahlungsbündel, dessen Raumwinkel gegeben ist durch die Abmessungen von Probe und Detektor sowie deren Abstand voneinander, in den Detektor ein. Bei Punktquellen gilt: $\Omega = 2\pi\,(1 - \cos \alpha)$, wobei α der halbe Öffnungswinkel des effektiven Strahlenkegels ist. Für eine Probe von ausgedehnter Fläche wird der effektive Raumwinkel kleiner; entsprechende Berechnungen sind graphisch wiedergegeben worden (vgl. Abb. 61 und 62, aus denen die Änderung des Raumwinkels für verschiedene Abstände und verschiedene Probendurchmesser abgelesen werden kann für einen Zählrohrfensterdurchmesser von 30 mm).

Man sieht, daß die Probe nahe dem Zählrohr nicht zu groß sein oder aber sich in großem Abstand befinden soll, in welchen Fällen

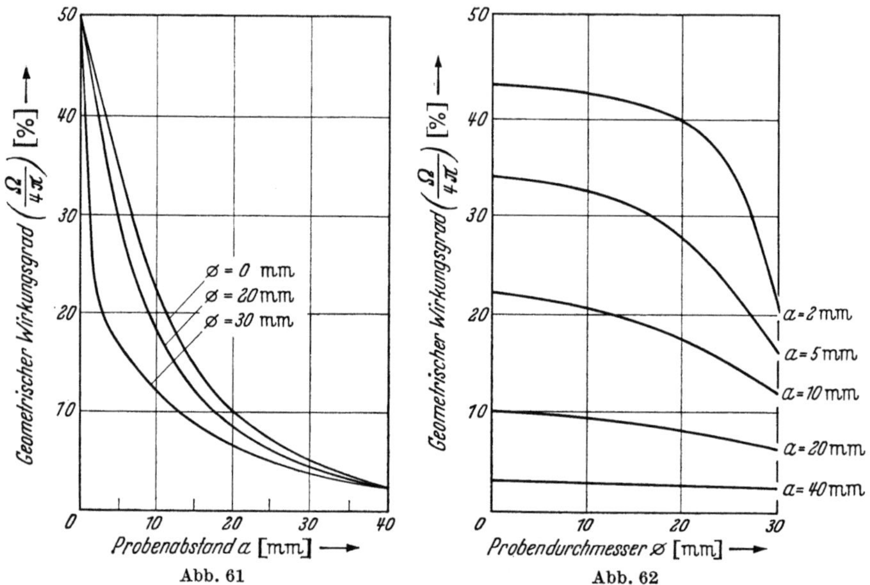

Abb. 61   Abb. 62

Abb. 61. Geometrischer Wirkungsgrad eines 30 mm-Endfenster-Zählrohres als Funktion des Meßprobenabstandes (nach BERNE)

Abb. 62. Geometrischer Wirkungsgrad des gleichen Zählrohres als Funktion des Meßprobendurchmessers (nach BERNE)

kleine Verschiebungen des Präparates nur geringe Abweichungen in der Zählausbeute bewirken.

2. Der Rückstreuungsfaktor. Infolge der Streuung von Elektronen durch die Umgebung des Detektors und die Unterlage der Probe wird eine höhere Impulsanzahl registriert als dem Raumwinkel entspricht. Diese „Rückstreuung" nimmt mit der β-Energie der Kernladungszahl und der Dicke der Unterlage (Abb. 63) zu und erreicht einen Sättigungswert bei einigen 100 mg/cm², der bei Blei als Unterlage bis zu 80% Erhöhung führen kann (Abb. 64). Rückstreuung kann fast völlig vermieden werden durch Verwendung sehr dünner Unterlagen aus Kunstharzen oder Aluminium.

Streueffekte müssen auch beachtet werden bei der Aufnahme von β-Absorptionskurven, die ein ganz verschiedenes Aussehen erhalten, je nach relativer Lage von Probe, Absorber und Detektor. Bei kleinen Abständen werden auch die Streueffekte geringer.

3. Absorptionseffekte treten auf in Zählrohrwand (bzw. -fenster), aber auch in der Meßprobe selbst. Bei konstantem Absorptionskoeffizienten μ und der Probenschichtdicke d gilt für das Verhältnis von gemessener zu gesamter Aktivität

$$\frac{A^*}{A_{\max}} = \frac{1 - e^{-\mu d}}{\mu d}. \qquad (6.10)$$

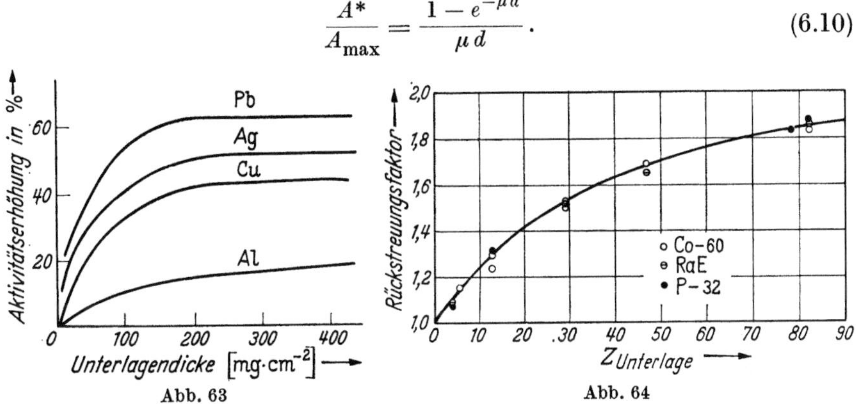

Abb. 63   Abb. 64

Abb. 63. Rückstreuung der β-Strahlung von Rh-106 ($E_{\max} = 3,5$ MeV) als Funktion der Dicke verschiedener Unterlagen

Abb. 64. Sättigungswerte der Rückstreuung verschiedener β-Strahler als Funktion der Ordnungszahl des Unterlagenmaterials

Folgende Möglichkeiten sind zu beachten:

a) Die Probe wird so dünn gehalten, daß die Selbstabsorptionskorrektur vernachlässigt werden kann.

b) Eine Probe bekannter und homogener Dicke wird für Selbstabsorption gemäß obenstehender Näherungsformel korrigiert.

c) Die Probe wird so dick gehalten, daß „Sättigungsabsorption" vorliegt und daß kleinere Variationen in der Dicke der Probe nicht mehr auf die gemessene Aktivität einwirken. Hier ist $A^*/A_{\max}$ umgekehrt proportional d, A^* verbleibt also konstant, wenn $A_{\max}$ mit d zunimmt.

4. Der innere Wirkungsgrad des Detektors. Bei GM-Zählrohren wird der innere Wirkungsgrad für α- und β-Strahlung zu 100% angenommen. Für γ-Strahlung von 1 MeV ist er nur etwa 1% in Aluminiumzählrohren.

5. Die Berechnung der Anzahl Kernumwandlungen aus der Anzahl der registrierten Impulse setzt die Kenntnis des *Zerfallschemas* voraus. Ein Beispiel ist Zink-65, welches nur in 2% aller β^+-Umwandlungen Positronen aussendet, während 98% durch K-Einfang geschehen, die K-Strahlung aber mit anderem Wirkungsgrad registriert wird.

„Simulated Sources". Wenn eine Standardprobe von bekanntem Gehalt des jeweiligen Radionuklids vorliegt, kann das Produkt sämtlicher Korrekturfaktoren durch Vergleich der Meßprobe mit der Stan-

dardprobe bestimmt werden. Es können auch nichtisotope Standard-
proben verwendet werden (sog. simulated sources), welche die gleichen
Strahlungseigenschaften (unter anderem sind die Streuerscheinun-
gen energieabhängig), aber längere HZ haben und während längerer
Zeit verwendet werden können.

Beispielsweise kann eine geeignete Mischung von Uran (und Folgeprodukten) zusammen mit Radium D (und Folgeprodukten) als β-Stan-
dard für P-32, eine Mischung von Co-60 und Cs-137 als „simulated
β-source" für J-131 verwendet werden.

Aus dem vorangegangenen ist ersichtlich, daß — insbesondere bei
quantitativen Untersuchungen an α- und β-Strahlern — Sorgfalt auf
die reproduzierbare Herstellung vergleichbarer Meßproben gelegt werden
muß. Homogene und genau begrenzte Schichten erhält man durch
elektrolytische oder elektrochemische Ausfällung. Im allgemeinen
müssen jedoch chemische Fällungen verwendet werden, die mittels
Wasserstrahlpumpe auf Nutschen in reproduzierbarer gleichmäßiger
Schicht filtriert werden und von Wasser durch Waschen mit Alkohol
und Äther und Trocknen befreit werden. Das Präparat wird dann
auf der Unterlage (Glas- oder Plastscheibe) mittels eines Federringes
festgespannt und notfalls mit dünner Folie überdeckt, um Zerstäuben
zu verhindern. Wenn das Präparat direkt in ein Proportionalzählrohr
eingeführt werden soll, empfiehlt sich die Überdeckung mit dünner
Aluminium- oder metallisierter Plastfolie, um Feldverzerrungen zu
verhindern, die das Meßresultat in unreproduzierbarer Art beeinflussen.

Wenn die Fällung die Neigung hat, sich zusammenzuziehen, zu
schrumpfen und vom Filter abzufallen, wie das bei gewissen wasser-
reichen Hydroxydfällungen der Fall ist, soll man zweckmäßigerweise
etwas Filterpapiermasse als Bindemittel zusetzen.

Eine andere Herstellungsart ist die Aufschwemmung von feinen
Pulvern, die nach gleichmäßiger Sedimentation auf der Unterlage mit
einem Bindemittel, wie beispielsweise Zaponlack, fixiert werden können.

In den einfachsten Fällen werden Meßproben durch das Eindampfen
der radioaktiven Lösung erhalten. Dieses geschieht geeigneterweise auf
einer Glasplatte, wobei jedoch vorher der vorgesehene Bereich mit Fett
abgegrenzt werden soll. Bei Eindampfen in Schalen muß durch geeignete
Zusätze verhindert werden, daß sich die Lösung an den Wänden hoch-
zieht; gleichmäßige Erwärmung ist notwendig. Auch das Versprühen
radioaktiver Lösungen auf Meßplatten zwecks Herstellung dünner
Schichten für α-Messungen wird verwendet.

45. Bestimmung der Energie radioaktiver Strahlung

Die genaue Bestimmung der Energie von Teilchenstrahlung kann
durch magnetische und elektrische Abbeugung geschehen; derartige

Apparaturen sind jedoch auf Grund der hierzu notwendigen starken und konstanten elektrischen und magnetischen Felder teuer und benötigen auf Grund des geringen Wirkungsgrades ziemlich starke Strahlungsquellen. Für das radiochemische Laboratorium kommen im allgemeinen nur Intensitätsmesser und -zähler in Betracht.

Die Bestimmung der α-Strahlungsenergie
mittels Ionisationskammer (FRISCH's „grid-chamber")

An sich ist die Ionisationskammer mit parallelen Elektroden geeignet für α-Strahlungsspektrometrie, da hier die Anzahl der gebildeten Ionen proportional ist zur Energie des entsprechenden α-Strahlers. Wenn die positiven Gasionen und die Elektronen aufgesammelt werden, werden jedoch wegen der langsamen Wanderung der positiven Ionen erhebliche Aufsammlungszeiten benötigt; die Zeitkonstante des Schaltkreises muß zu mindestens 10 msec gewählt werden: man erhält geringe Zählgeschwindigkeiten.

Die Zeitkonstante kann dagegen im μsec-Gebiet gewählt werden,

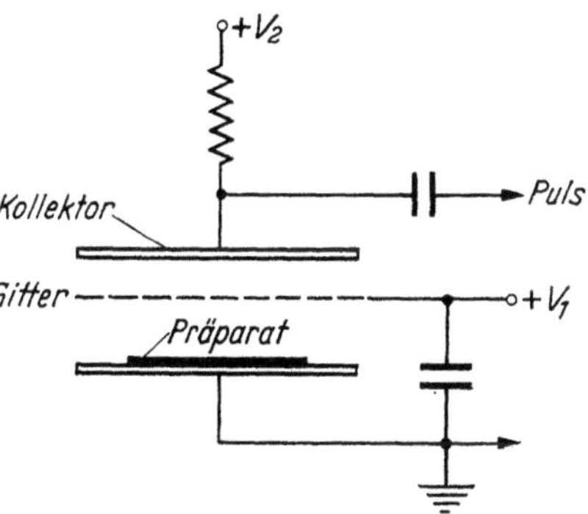

Abb. 65. „Frisch-grid"-Ionisationskammer, schematisch

wenn man nur die Bewegung der Elektronen ausnutzt (Elektronenpulskammer, „schnelle" Ionisationskammer). In diesem Falle wird je nach Lage der primären Ionisationsbahn in der Kammer die Bewegung der Elektronen im Feld kürzer oder länger andauern, und der Impuls zu verschiedenen Werten steigen und somit kein richtiges Bild von der Anzahl der primären Ionen geben. Die primäre Steigung des Impulses ist zwar proportional zur Anzahl der primären Ionen, und durch die Wahl kleiner Zeitkonstanten im elektronischen Kreis können Impulse gleicher Höhe erhalten werden, jedoch auf Kosten der maximalen Impulshöhe und daher mit größerer statistischer Unsicherheit.

Hier hilft folgende Lösung: Zwischen der geerdeten Kathode, die das α-strahlende Präparat trägt, und der Kollektoranode wird die Kammer durch ein Metallgitter unterteilt in einen Raum, in dem die Primärionisation — und einen anderen, in dem ausschließlich die — in jedem einzelnen Fall gleichlange — Bewegung der Elektronen stattfindet (Abb. 65). Bei der Wahl geeigneter Dimensionen und Spannungen wird kein Elektron vom Gitter zurückgehalten und die Streuung der Pulshöhenverteilung auf Grund des Gitters ist geringer als die auf Grund von

Fehlern in der elektronischen Verstärkungsanlage. Ein mit einer Ionisationskammer erhaltenes α-Spektrum von U und Th sowie deren Folgeprodukte ist in Abb. 66 wiedergegeben.

Andere für α-Pulshöhenanalyse geeignete Detektoren sind dünne CsJ(Tl)-Kristallplatten oder Halbleiter (Si mit Au- oder P-Diffusionsoberflächenschicht); letztere erlauben 0,3% Energieauflösung (Linien-Halbwertsbreite) für 5 MeV-α-Teilchen und sind damit der „grid"-Kammer überlegen. Halbleiter als Strahlungsdetektoren und -spektrometer („Festkörperionisationskammern") gewinnen an Bedeutung und können preis- und leistungsmäßig andere Detektoren verdrängen. Das Prinzip ist die durch Strahlung verursachte Ionisation im Übergangsgebiet zwischen p- und n-Leiter der Halbleiterdiode, wodurch ein Stromstoß bewirkt wird, welcher der Strahlungsenergie proportional ist (bei vollständiger Absorption).

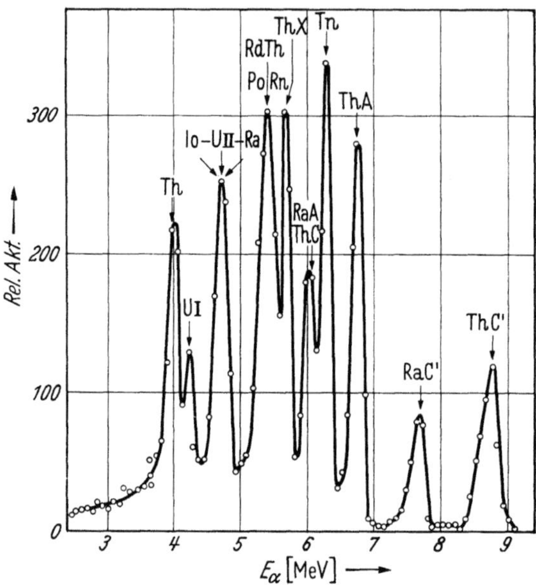

Abb. 66. α-Spektrum von U und Th samt Folgeprodukten

Zur Bestimmung der Energie der β-Strahlung mittels Proportionalzähler und Absorptionskurven

Bei der Messung von β-Spektren in der Proportionalkammer ist es vorteilhaft, die Strahlungsquelle in gasförmiger Form zu verwenden, um Selbstabsorption und Rückstreueffekte zu vermeiden. Da die gesamte Strahlung absorbiert werden muß, sollte die Kammer größer als die Reichweite der entsprechenden Strahlung sein; eventuell muß erhöhter Gasdruck verwendet werden. Die „effektive" Reichweite von β-Strahlern kann auch durch ein axiales magnetisches Feld herabgesetzt werden (die β-Strahlenbahnen werden kreisförmig aufgespult): so setzt ein Magnetfeld von 3500 Gauß die effektive Reichweite für 100 keV Elektronen bei etwa 5 atm Gasdruck auf 2 cm herab.

Bei festen Meßpräparaten muß zur Vermeidung von Rückstreuung die Unterlage des Präparates so dünn wie möglich sein (Plastfilm von

$\sim 10\ \mu\mathrm{g/cm^2}$). Mit den beschriebenen Methoden können auch die Umwandlungselektronen isomerer Übergänge beobachtet werden.

β-Absorptionsmethoden

Am gebräuchlichsten in radiochemischen Laboratorien ist jedoch die Bestimmung der β-Maximalenergie durch Aufnahme von Absorptionskurven. Bei starken Präparaten kann R_{max} bestimmt und unter Verwendung der Formeln von FEATHER, GLENDENIN oder FLAMMERSFELD E_{max} berechnet werden (vgl. § 13). Für schwächere Aktivitäten ist eine genaue Analyse der Absorptionskurve durchzuführen, wobei die folgenden Methoden am besten bekannt sind:

Die Analyse nach Feather. Unter identischen Bedingungen wird die Absorptionskurve eines Vergleichsnuklides, im allgemeinen P-32, gemessen. Die hieran bestimmte Reichweite wird in 10 gleiche Intervalle geteilt. Jedem Intervall entspricht eine gewisse relative Aktivitätsverminderung.

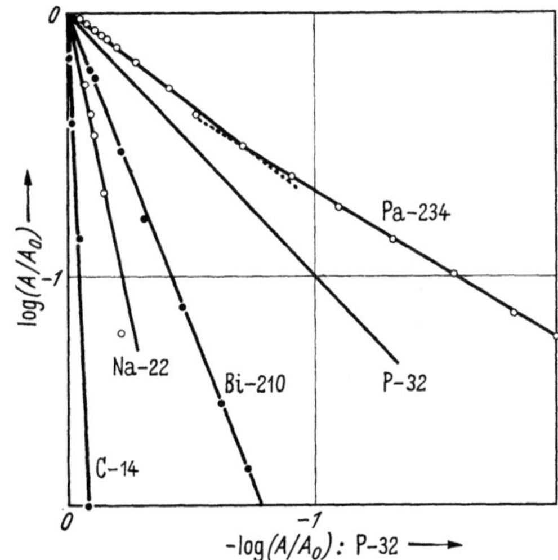

Abb. 67. Harley-Hallden-Kurven für vier Radionuklide, bezogen auf P-32

Diese 10 verschiedenen Werte werden auf eine besondere Meßskala überführt, beispielsweise einen Pappstreifen (den „Feather-Analysator").

Hierauf wird die Absorptionskurve des zu bestimmenden Nuklids gemessen, und die Verbindung zwischen den Ordinaten-Werten des Feather-Analysators und der Kurve gezogen. Hierdurch erhält man die verschiedenen Abschnitte auf der Abszisse, die die Aktivität im gleichen Maße herabsetzen wie die 10 (ebenso großen) Intervalle der P-32-Kurve. Nun wird die Annahme gemacht, daß diese Abschnitte sich zu den entsprechenden Abschnitten auf der P-32-Kurve verhalten wie die Reichweite der Strahlung des untersuchten Nuklids zur Reichweite der Strahlung von P-32. Diese Quotienten haben einen konstanten Wert, wenn der Verlauf der beiden Absorptionskurven gleich ist. Sonst konvergiert der Wert mit zunehmender Absorption gegen einen Grenzwert, der bei Extrapolation das Reichweitenverhältnis ergibt. Der Nachteil dieser Methode ist, daß etwaige Meßfehler der P-32-Absorptionskurve

eingehen, und daß gerade die wichtigen letzten Punkte der Absorptionskurven mit großer Genauigkeit gemessen werden müssen, welches bei
den verhältnismäßig geringen Aktivitäten lange Meßzeiten erfordert.

(Eine Methode, die das verschiedene Aussehen der β-Spektren
besser berücksichtigt, ist die von BLEULER und ZÜNTI, mit der die
β-Maximalenergie auf 1 % genau bestimmt werden kann.)

Bei schwachen Aktivitäten kann eine verhältnismäßig schnelle Be-
stimmung nach der *Methode von Harley und Hallden* ausgeführt werden.
Die Genauigkeit ist etwa 5 % bei 2000 ipm Anfangsaktivität und die
Werte werden nur geringfügig durch Selbstabsorption beeinflußt.

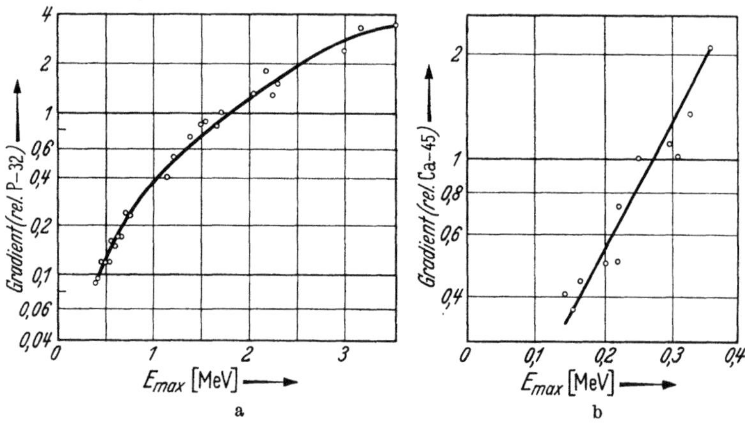

Abb. 68a u. b. Ermittlung der maximalen β-Energie aus der Neigung der Harley-Hallden-Kurven

Folgende Schritte sind auszuführen:

a) Die Absorptionskurven für die Analysenprobe und die Standardprobe P-32 werden in der gleichen Meßanordnung aufgenommen.

b) Auf doppelt logarithmischem Papier wird A/A_0 (A_0: hier Ausgangsaktivität) für die Analysenprobe als Funktion von A/A_0 für die Standardprobe bei der gleichen Absorberdicke aufgezeichnet (Abb. 67). Man
erhält eine Gerade, deren Neigung ein Maß für die maximale β-Energie
ist. Hierbei ergeben Mischungen verschiedener β-Strahler Knickpunkte.

[Um das Aussehen „reduzierter Absorptionskurven" zu erhalten, ist Abb. 67
gegenüber der Originaldarstellung von HARLEY und HALLDEN um 90° im Gegen-
zeigersinn gedreht worden. Wenn im Anschluß hieran die Original-Auswertungs-
kurve (Abb. 68) benutzt wird, ist dort statt Gradient: reziproker Gradient zu
lesen.]

Die „Neigungen" der erhaltenen Kurven als Funktion bekannter
β-Energie ergeben eine kontinuierliche Kalibrierungskurve, mit deren
Hilfe unbekannte β-Maximalenergien bestimmt werden können, bei
geringen β-Energien ist Ca-45 (E_{max} 0,254 MeV) als Vergleichsstandard
anzuwenden, statt P-32 (E_{max} 1,71 MeV) (Abb. 68).

Energiebestimmung von γ-Strahlung

Diese wird im radiochemischen Laboratorium fast ausschließlich mittels Szintillationsspektrometer unter Benutzung der im § 41 behandelten Szintillationsdetektoren durchgeführt.

In diesem Zusammenhang ist es offenbar wünschenswert, daß die gesamte Energie eines γ-Quants im Szintillationskristall absorbiert wird, sowie daß bis zur Registrierung des endgültigen Impulses strenge Proportionalität zwischen der im Szintillator absorbierten Energie und der Höhe des Impulses bewahrt bleibt.

Bei der Absorption des γ-Quants ist die Art der Absorption nicht entscheidend: Es ist durchaus möglich, daß ein γ-Quant seine Energie sukzessiv in Form mehrerer Compton-Stöße verliert. Wenn es auf diese Art völlig absorbiert wird, summieren sich die Energiebeträge innerhalb sehr kurzer Zeit und der entstehende Impuls hat die gleiche Größe wie der, der zu einem Photoelektron gehört. Wie in § 16 eingehend ausgeführt, sind die Beiträge der drei Absorptionsmöglichkeiten energieabhängig, wobei der an sich

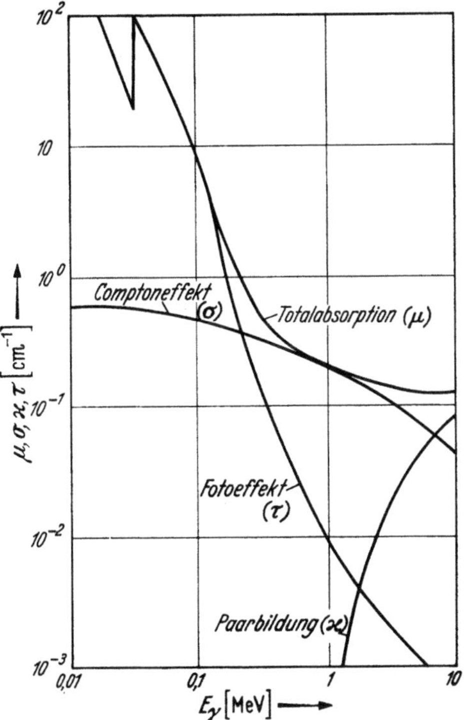

Abb. 69. γ-Absorptionskoeffizienten von NaJ als Funktion der γ-Energie

erwünschte Photoeffekt bei geringeren γ-Energien und hoher Ordnungszahl des Absorbers überwiegt (vgl. Abb. 69).

Charakteristisch für die primäre γ-Energie ist die Linie, die zu der Absorption der Photoelektronen gehört und die auf Grund statistischer Schwankungen (s. weiter unten) Halbwertsbreiten in der Größenordnung von einigen Prozent haben muß. Sie dient (nach geeigneter Kalibrierung der Meßanordnung mit bekannten γ-Energien, vgl. Tabelle 6.2) zur Bestimmung der γ-Energie des zu identifizierenden Radionuklids, wobei die Tabelle über Zuordnung von γ-Energien zu Radionukliden (vgl. Anhang) mit Vorteil benutzt wird.

Außer der Photolinie werden Impulse geringerer Größe registriert, deren Kenntnis (und Bedeutung) für die richtige Deutung eines γ-Spek-

Tabelle 6.2. *Zu Kalibrierungszwecken verwendete γ-Strahler*

Nuklid	γ-Energie (in keV)	HZ	Nuklid	γ-Energie in (keV)	HZ
Am-241	60	458 a	Nb-95	768	35 d
Cd-109	87	1,3 a	Mn-54	842	291 d
(Ag-109^m)			Zn-65	1114	245 d
Hg-203	279	47 d	Co-60	1172	5,2 a
J-131	364	8 d		(1332)	
	(637)		Na-22	1277	2,6 a
Be-7	479	54 d	Na-24	1368	15 h
Cs-137 (Ba-137^m)	662	27 a		(2760)	

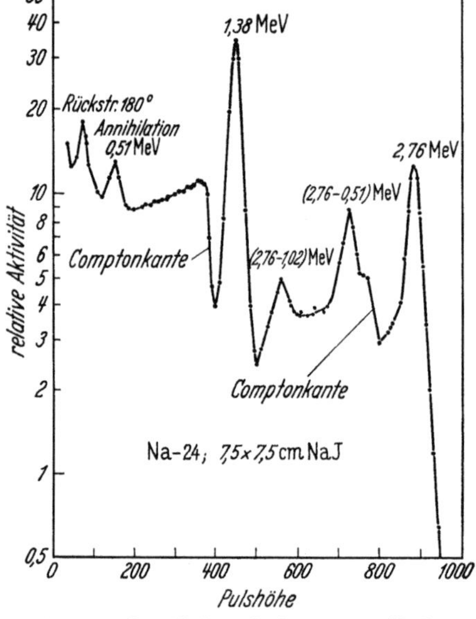

Abb. 70. γ-Szintillations-Spektrum von Na-24 (nach BELL)

trums unerläßlich ist (vgl. Abb. 70, die verschiedene Möglichkeiten bei der Absorption der energiereichen γ-Quanten von Na-24 wiedergibt).

Hierbei ist zunächst der Untergrund, hervorgerufen durch Compton-Elektronen, zu nennen, deren zugehörige γ-Quanten den Kristall verlassen haben. Dieser Anteil nimmt (absolut und relativ zur Anzahl der Photoelektronen) ab mit zunehmender Größe des Szintillators. Gemäß der in § 16 angegebenen Beziehung (2.25) ist die maximale Energie der zugehörigen Elektronen gegeben durch:

$$E_{\text{Compton, max}} = \frac{E_{\gamma_0}}{1 + (m_0 c^2 / 2 E_{\gamma_0})}. \tag{6.11}$$

Es bildet sich also eine „Compton-Kante" aus, deren Lage zur Bestimmung der Energie der primären γ-Quanten benutzt werden könnte.

Durch Compton-Prozesse werden γ-Strahlen von der Umgebung des Szintillators (Abschirmung, Fenster des Photomultiplikators) zurückgestreut, wobei die um große Winkel gestreuten Photonen wieder in den Szintillationskristall gelangen, was zu einer Linie im Energiespektrum führt: der „180°-Rückstreuungslinie" (gemäß (2.25) ist die Energie der rückgestreuten Quanten bei großen Winkeln wenig abhängig von geringen Winkeländerungen und praktisch identisch mit dem Wert für 180°-Streuung). Durch $E_{\gamma_0} = E_{\text{(Comptonkante)}} + E_{\text{(180°-Streuung)}}$, sind die Lagen der 180°-Rückstreuungslinie und der Compton-Kante miteinander verknüpft.

Eine weitere Linie im γ-Szintillationsspektrum, die nicht mit einer primären Photolinie verwechselt werden darf, entsteht durch die Absorption von Annihilationsquanten. Diese entstehen bei der Vernichtung von Positronen, die auch infolge Paarbildung durch γ-Quanten von mehr als 1,02 MeV Energie entstanden sein können.

Der Prozeß der Paarbildung kann außerdem zu zwei weiteren Linien führen mit Energiebeträgen entsprechend der Photolinie abzüglich der Ruhemassenenergie eines Elektrons (falls ein Annihilationsquant entweicht) bzw. zweier Elektronen (beim Entweichen beider Annihilationsquanten). Es kann eine weitere Linie hervortreten, die darauf beruht daß beim Photoeffekt im Jodatom des Szintillators Jodröntgenstrahlung (28 keV) ausgesendet und nicht im Szintillator absorbiert wird, wodurch das zugehörige Elektron eine Linie mit einer um 28 keV gegenüber der Photolinie verringerten Energie erzeugt.

Grundlage der γ-Szintillations-Spektroskopie ist die „lineare" Abbildung der primären Energieabsorption beim Passieren der verschiedenen Umwandlungsprozesse. Summarisch sollte also die Pulshöhe der absorbierten Energie streng proportional sein, welches jedoch nicht ganz streng erfüllt ist und Kalibrierung notwendig macht. Allgemein fällt die Pulshöhe pro Energieeinheit bei NaJ-Szintillatoren zwischen 0,1 und 1 MeV etwa um 10% ab. Es ist möglich, jedoch nicht erwiesen, daß diese Nichtlinearität eine Eigenschaft des Szintillationskristalles darstellt.

Die einzelnen Schritte der Umwandlung sind:

1. Umwandlung der γ-Energie in die kinetische Energie von Elektronen.

2. Einwirkung der Elektronen auf den Szintillator.

3. Abklingen der Szintillatoranregung und Entstehung von Lichtquanten gleicher Größe, deren Anzahl proportional der Energie der Photoelektronen und des primären γ-Quants ist.

4. Lineare Multiplikation der Lichtquanten im Photovervielfacher.

5. Lineare Verstärkung des den Detektor verlassenden Pulses im Verstärker und einwandfreie Angabe der Pulshöhe (s. unten).

Folgende Forderungen werden in diesem Zusammenhang an den Photovervielfacher gestellt: Gute zeitliche Stabilität, geringer Dunkelstrom (durch thermische Emission), hoher Verstärkungsfaktor, hohe Photokathodenempfindlichkeit. Der Multiplikationsfaktor sollte nicht nur groß sein, sondern auch sich bei der entsprechenden Arbeitsspannung am Vervielfacher wenig mit Spannungsschwankungen ändern; in jedem Fall werden hohe Anforderungen an die Konstanz der am Vervielfacher liegenden Spannung gestellt.

Die Pulsanalyse kann entweder durch Einkanal- oder durch Mehrkanalspektrometer geschehen:

Der Einkanalpulshöhenanalysator verwendet einen Differentialdiskriminator, der zur Registrierung von nur solchen Pulsen führt, die in ein bestimmtes Höhenintervall (Kanal) fallen. Die Verschiebung des Kanals über das gesamte Spektrum erfolgt durch manuelle oder automatische Veränderung der Diskriminatorniveaus. Um die vom Diskriminator geforderte Größe der Impulsunterschiede zu erreichen, wird der in den Kanal gelangende Impuls in einem sog. Fensterverstärker verstärkt. Durch einen vom gleichen Eingangsimpuls ausgelösten Sucherimpuls kann der, meistens durch geeignete Schaltung zeitlich gedehnte, Impuls innerhalb des Kanals durch Koinzidenzschaltung zur Auslösung eines Zählimpulses führen.

Das zeitverbrauchende Absuchen eines Impulsspektrums mittels Einkanalpulshöhenanalysator (auch die apparativ einfachste Ausführung der Aufnahme eines integralen Impulsspektrums durch Verschieben des Niveaus eines einzelnen Diskriminators hat den gleichen Nachteil) kann ersetzt werden durch gleichzeitige Registrierung verschiedener Energiebereiche.

Dieses geschieht auf einfachste Weise durch Abbildung zeitlich gedehnter Linien auf dem Kathodenstrahloszillographenschirm durch Photographieren durch einen „Graukeil" hindurch, wodurch auf der Photographie unmittelbar ein logarithmisches Intensitätsspektrum erhalten wird.

Die Registrierung des gesamten Impulsspektrums kann elektronisch geschehen in sog. Mehrkanalanalysatoren. Hierbei ist es zweckmäßig, die Pulshöhe in eine Zeitlänge umzuwandeln, beispielweise durch die Aufladung eines Kondensators durch jeden Puls und eine Entladung mit konstanter Geschwindigkeit. Während der Entladungsdauer werden von einem Oszillator in regelmäßigen Zwischenräumen Impulse gegeben, deren Anzahl ein Maß ist für die Entladungsdauer des Kondensators und somit für die Höhe des ursprünglichen Pulses. Die Anzahl der Oszillatorimpulse kann in einem Zähler ermittelt werden und der letzte Impuls öffnet hier ein Register, welches seinerseits registriert, daß ein Puls im entsprechenden Energieintervall angekommen ist. Nach Ablesen des Registers nach ausreichend langer Zeit läßt sich so die Impulshöhenverteilung feststellen. Zur Speicherung der Information werden mit Vorteil Ferritkerne, wie in Mathematikmaschinen, verwendet.

46. Kernphotoemulsionen und ihre Verwendung

Die Wirkung radioaktiver Strahlung auf Photoschichten ist bedeutungsvoll bei der Entdeckung (§ 2) und der dosimetrischen Bestimmung (§ 38) von Radioaktivität; Photoschichten finden außerdem häufig Verwendung bei der genauen Lokalisierung von radioaktiven Substanzen (§ 76), Durchleuchtungen (§ 75, 76) sowie der Reichweitebestimmungen natürlich vorkommender und künstlich erzeugter Strahlung.

Wie durch sichtbares Licht kann auch durch radioaktive Strahlung ein Elektronenübergang von Bromid- zu Silberionen der Photoschicht und dadurch die Anhäufung von Silberatomen zu einem latenten Bild induziert werden.

Um die Spuren radioaktiver Strahlen genau zu bestimmen, sind spezielle „Kernphotoemulsionen" entwickelt worden, die einen hohen Gehalt an Silberbromid (80 Gewichtsprozent) von geringer, aber erkennbarer Korngröße (0,1 bis 0,6 µ) haben, und in Dicken zwischen 25 und 600 µ hergestellt werden. Eine Spur kann als solche vom Strahlungsuntergrund unterschieden werden, wenn die Korndichte mindestens 20 Körner pro 100 µ beträgt.

Der Schwärzungs-Untergrund durch Strahlung radioaktiver innerer und äußerer Verunreinigungen kann durch Aufbewahren der Photoplatten bei tiefer Temperatur verringert werden. Auch eine leichte Desensibilisierung vor dem Gebrauch durch Baden der Platte in schwach oxydierenden Lösungen wirkt in diesem Sinne.

Die Korndichte einer Spur ist abhängig von der spezifischen Ionisation in der photographischen Schicht. Eine deutliche Spur ist in Spezialemulsionen schon bei einem Energieverlust von $0,5 \text{ kV}/\mu$ Weglänge zu erhalten.

Die photographische Entwicklung dicker Kernphotoemulsionen erfordert besondere Vorsichtsmaßregeln; bei der Untersuchung von α-Strahlern reichen aber schon Emulsionsdicken unter 100μ aus.

Bei der genauen Bestimmung von Bahnspurlängen muß die Schrumpfung (etwa um den Faktor 2,5) berücksichtigt werden, die die Emulsion nach der Entwicklung und Trocknung erfährt. Bei genauen Messungen wird der Schrumpfungsfaktor mit Hilfe von Spuren bekannter Reichweite festgestellt, wobei bei dünnen Schichten die α-Strahlenreichweite von Verunreinigungen der Emulsion oder von künstlich eingebrachten α-Strahlern (Thorium C': Reichweite etwa 50μ in gebräuchlichen Emulsionen) benutzt werden. Es werden Spuren mit kleinen Winkeln gegenüber der Emulsionsebene ausgemessen: Einerseits die Projektion in der Emulsionsebene mittels Okularmikrometer, andererseits die Tiefe des Spurenendes durch Messen des Tiefganges am Feintrieb des Mikroskopes bei Scharfeinstellung auf oberstes und unterstes Schwärzungskorn der Bahn.

Bei der Abbildung der Verteilung von Radionukliden, „Autoradiographie", erstrebt man das größtmögliche „Auflösungsvermögen", mitunter definiert als die Halbwertsbreite der Schwärzung, die von der Abbildung einer sehr dünnen radioaktiven Spur herrührt. Sie wird beeinflußt von der Dicke der Probe, der Luftschicht zwischen Probe und Film, der Dicke der Filmemulsion, der Korngröße der lichtempfindlichen Substanz und der Energie (Reichweite) der Strahlung.

Bei $0,3 \mu$ Korngröße, sehr dünnen Emulsionsschichten und vernachlässigbaren Abständen zwischen Emulsion und radioaktiver Probe können bei dünnen Proben Abstände von weniger als 2μ durch β-Strahlen aufgelöst werden, je nach Reichweite.

Maximale Auflösung (1μ) liegt bei Tritium (β-Strahlung von 18keV) vor, da 99% der Strahlung schon in einer Emulsionsschicht von $0,5 \mu$ Dicke absorbiert werden. Auf Grund der einheitlichen Reichweite von α-Strahlen ist die Lokalisierung von α-Strahlern am schärfsten zu bestimmen, nach Literaturangaben ist die untere Grenze hier $0,2 \mu$.

Die praktische Bestimmung des Auflösungsvermögens kann auf folgende Art geschehen:

Eine Anzahl Strichfiguren von abnehmendem Linienabstand werden in gewöhnlicher Art auf einer photographischen Platte photographiert. Durch Behandlung mit einer Lösung radioaktiven Jodides werden diese Figuren unter Bildung radioaktiven Silberjodids in scharf lokalisierte radioaktive Präparate umgewandelt. Wenn diese in unmittelbaren Kontakt mit verschiedenen radiographischen Emulsionen gebracht werden, kann der Abstand bestimmt werden, in dem bei der endgültigen Radiographie benachbarte Linien noch aufgelöst werden.

Die Notwendigkeit, bestmöglichen Kontakt zwischen Probe und Photoschicht zu erreichen, führte zu der Entwicklung von „stripping-film", bei dem eine dünne Photoschicht vor der Benutzung von einer Trägerglasplatte abgelöst und nach Schwellen unter Wasser auf die Probe direkt aufgebracht und auch auf dieser getrocknet wird.

Außer für den Nachweis unmittelbar ionisierender Strahlung sind Photoschichten auch für den Nachweis von Neutronen geeignet, wenn sie einen Zusatz eines Stoffes enthalten, der mit Neutronen mit hohem Wirkungsquerschnitt reagiert wie z.B. Bor, Uran oder Lithium. Der Wirkungsquerschnitt der mehrfach besprochenen Reaktion Li-6(n, α)H-3 ist — auf natürliche Isotopenzusammensetzung bezogen — für thermische Neutronen 70 b. Die α-Teilchen geben 6 μ lange, die Tritonen 36 μ lange Spuren in entgegengesetzter Richtung in der „Ilford C2"-Emulsion.

Die gleiche Reaktion erlaubt auch den Nachweis von Spuren von Lithium aus Lösungen, in denen die Photoplatte $^1/_2$ Stunde gebadet wird, um dann mit Neutronen bestrahlt zu werden. Man hat auf diese Art Lithium bis zu Konzentrationen von 10^{-7} g/ml auf 10% genau angegeben, falls mit 10^{12} nvt, der höchst zulässigen Dosis bei der der „Schleier" das Ausmessen der Bahnen noch erlaubt, bestrahlt wird. Die Neutronendosis kann mit Hilfe der gleichzeitig aus dem Stickstoff der Emulsion entstehenden 6,4 μ langen Protonenbahnen berechnet werden.

Auch γ-Energien können mit Kernphotoemulsionen (z. B. „Ilford D 1") bestimmt werden, und zwar mit Deuteriumbeladenen Emulsionen, da Deuterium die Kernphotoreaktion D(γ, n)H-1 zeigt, und aus der Reichweite der Protonen die ursprüngliche γ-Energie bestimmt werden kann.

Selbstverständlich erlauben die Photoemulsionen wegen möglicher langer Expositionsdauer die Messung extrem geringer Mengen von Radionukliden, beispielsweise bei Untersuchungen von Harn auf Plutonium. Der maximale Wirkungsgrad liegt vor bei der Sandwich-Methode, wobei ein Tropfen der Analysenlösung nach Eintrocknen in einer Emulsion von etwa 100 μ Dicke mit einer 50 bis 100 μ dicken freitragenden Schicht bedeckt wird. Die beiden Schichten werden dann bei 45 °C miteinander verschweißt, und so werden sämtliche Kernstrahlungsspuren erfaßt.

Etwa 100mal strahlungsempfindlicher als Spezialemulsionen sind die gebräuchlichen Röntgenfilme, die eine Bestrahlungsdichte von größenordnungsmäßig 10^6 β-Strahlen/cm^2 benötigen, um eine sich vom Untergrundschleier deutlich abhebende Schwärzung zu erhalten.

Eine interessante Möglichkeit der Energieunterscheidung bei β-Strahlung ist die Verwendung von Mehrschichtenfarbfilm, dessen resultierende Farbe nach Bestrahlung und Entwicklung von der Reichweite der entsprechenden Strahlung abhängt, wodurch bei Autoradiographien gleichzeitig die Verteilung verschiedener Radionuklide bestimmt werden kann.

Kapitel 7

Übliche Verfahren der Radiochemie

Eine wesentliche Vorbedingung für das Gelingen radiochemischer Arbeiten ist die Wahl der jeweils am besten geeigneten Trennmethode. Daher werden im folgenden Kapitel die wichtigsten in der Radiochemie verwendeten Trennverfahren im Zusammenhang besprochen. Eine scharfe Abgrenzung zwischen den Verfahren und den damit untersuchten Systemen (Kapitel 8) ist oft nicht möglich. Die Verwendung radiochemischer Trennverfahren kann auch als Erforschung chemischer Reaktionen mit radioaktiven Leitisotopen (Kapitel 10) aufgefaßt werden, und infolgedessen dürften die in diesem Kapitel angeführten Gesichtspunkte zum Teil auch für den analytischen Chemiker von Interesse sein.

Es gibt jedoch Methoden, wie z.B. die Ausnutzung der Rückstoßeffekte, die ausschließlich der radioaktiven Chemie angehören. Außerdem sind beim radioaktiven Arbeiten besondere Gesichtspunkte zu beachten. Mit diesem Kapitel wird in erster Linie beabsichtigt, eine ausreichende Grundlage für praktische Arbeiten zu geben.

47. Besonderheiten der Radiochemie und ihrer Trenn- und Herstellungsverfahren

Zur Einleitung seien einige Einteilungsversuche der verwendeten Trennmethoden angegeben, da die große Anzahl der verschiedenen Möglichkeiten zur Trennung und Reindarstellung radioaktiver Stoffe schwer zu überblicken ist.

Bei Trennungen spielen sowohl Gleichgewichtslagen als auch kinetische Effekte eine Rolle und letztere — oft vernachlässigt — sollten ausreichend berücksichtigt werden (vgl. z.B. §55). Oft sind es mehrere Elementarprozesse, die zur Trennung beitragen; durch Kopplung verschiedener „Trennelemente" kann die für spezielle Probleme am besten geeignete Methode „zusammengesetzt" werden (§56).

Zum Zwecke der Trennung müssen die voneinander zu trennenden Radionuklide sich oft in verschiedenem Ausmaß auf verschiedene „Zustände" [Oxydationszustände (§51), Komplexbildungszustände (§52)] verteilen können. Außerdem müssen diese unterschiedlichen Zustände sich im allgemeinen auf verschiedene „Phasen" verteilen zur nachfolgenden Phasentrennung.

Oft gehören die verschiedenen Phasen zu verschiedenen Aggregatzuständen (§49, 50), doch wird — wegen der hohen Austauschgeschwindigkeit — gerade der Übergang zwischen zwei verschiedenen flüssigen Phasen bevorzugt verwendet (§53, 54).

Wenn Konvektion weitgehend vermieden werden kann, ist jedoch im Prinzip auch eine Entmischung in „homogener Matrix" möglich: Verschiedene Gebiete der Phase können einen von mehreren Stoffen anreichern, wenn ausreichende „physikalische" Unterschiede (Größe, Masse, Ladung von Atomen) vorhanden sind, und entweder äußere Kräfte einwirken, wie z. B. die Schwerkraft bei der Zentrifugierung, elektrische Kräfte bei der Ionenwanderung und Elektrophorese, oder Konzentrationsgradienten beim Beginn der Trennung vorhanden sind (Diffusionsmethoden). Diese Verfahren treten naturgemäß in den Vordergrund, wenn die „chemischen" Eigenschaften der voneinander zu trennenden Stoffe praktisch gleich sind wie bei isotopen Atomarten. Die Methoden der Isotopentrennung liegen jedoch außerhalb des Rahmens vorliegender Darstellung.

Insbesondere bei schwer voneinander trennbaren Stoffen, wie sie in wichtigen Systemen der Radiochemie (§64, 66, 67) vorkommen, ist es wünschenswert, daß der Trennschritt schnell, verläuft, reversibel ist, und auf diese Art innerhalb annehmbarer Zeiten vielfach wiederholt werden kann. In diesem Fall können „Kolonnen" benützt werden, auf welchen eine große Zahl elementarer Trenneffekte automatisch wiederholt und der Elementartrennfaktor „potenziert" wird. Beispiele sind Ionenaustauscherkolonnen und Lösungsmittelextraktionen mittels Mixer-Settler-Batterien oder pulsierenden Kolonnen (§53, 55).

Die untere Grenze des Konzentrationsgebietes der Radiochemie ist durch die Nachweisbarkeit einer verhältnismäßig geringen Anzahl Atome auf Grund der hohen Empfindlichkeit der Strahlungsdetektoren gegeben. Aus der Zerfallsgleichung in der Form $N = -\dfrac{dN/dt}{\lambda}$ kann berechnet werden, daß bei einer anfänglichen Aktivität von 10^4 tpm eines Nuklids von 3 min HZ etwa $5 \cdot 10^4$ Atome, also etwa 10^{-17} g vorliegen. Bei den Elementen 100 und 101 sind Trennungen an zwischen 5 und 100 Atomen ausgeführt worden (vgl. § 67). Andererseits arbeitet die technische Radiochemie mit reinen radioaktiven Stoffen in Kilogramm-Mengen (obere Grenze; § 69). (Dieses bedeutet einen Bereich von mehr als zwanzig Zehnerpotenzen.)

Bei verschwindend geringen Mengen ist es nicht von vornherein sichergestellt, daß ihr Verhalten in allen Fällen identisch ist mit dem größerer Mengen: Grenzflächeneffekte treten in den Vordergrund, und insbesondere bei Fällungsmethoden muß die geringe Anzahl Radioatome von einem „Träger" getragen werden (§ 49). Bei großen Mengen radioaktiver Stoffe von hoher spezifischer Aktivität treten besondere Reaktionen als Folge der intensiven Strahlung auf. Überdies sind hier Strahlenschutzfragen besonders zu beachten (§ 68).

48. Isotopenaustausch

Im folgenden wird ausschließlich der Austausch von Isotopen zwischen zwei verschiedenen Zuständen in homogener flüssiger Phase behandelt, während Austausch in homogener fester Phase (Selbstdiffusion) in § 79, und der Übergang zwischen flüssiger und fester Phase im Zusammenhang mit den entsprechenden Trennverfahren besprochen wird.

Wenn ein Atom zwischen zwei verschiedenen Formen in der gleichen Lösungsphase austauscht, beispielsweise ein Jodatom zwischen Jodid und Jodat, so kann im chemischen Gleichgewicht dieser Austausch nur mittels radioaktiver Isotope wahrgenommen und messend verfolgt werden.

Isotopenaustausch ist in manchen Fällen nicht erwünscht (wie z. B. bei der „Szilard-Chalmers-Trennung", vgl. § 57), in anderen Fällen dagegen wird der Isotopenaustausch zwischen primär radioaktiv indizierten und primär inaktiven Molekülen gerade benutzt, um die letztgenannten radioaktiv zu markieren (vgl. § 57, § 62).

Wenn das radioaktive Atom zwei verschiedenen Molekülen (oder Oxydationszuständen usw.) angehören kann, zwischen welchen sein Austausch erfolgen kann, es primär aber nur in einem Molekül vorhanden ist, läßt sich für den fraktionellen Umsatz F (in Bruchteilen des Gleichgewichtswertes) folgender Ausdruck angeben:

$$\ln\,(1 - F) = -\,R\,\frac{a + b}{a\,b}\,t, \tag{7.1}$$

wobei a bzw. b die Konzentration der beiden Moleküle ist. R ist die Reaktionsgeschwindigkeit (in Mol lit^{-1} sec^{-1}), welche naturgemäß konzentrationsabhängig ist. Die exponentielle Abnahme von $(1 - F)$ kann durch den Ausdruck $k = R\,\dfrac{a + b}{a\,b}$ charakterisiert werden: die konzentrationsunabhängige Geschwindigkeitskonstante der Austauschreaktion (in sec^{-1}). In Analogie zum entsprechenden Gesetz für den radioaktiven Zerfall ist $k = \ln 2/($HZ der Austauschreaktion$)$.

Die formelle Analogie zum radioaktiven Zerfall geht weiter: Wenn die austauschenden Atome von mehreren Stellen innerhalb des gleichen

Moleküls herrühren, kann eine komplexe Zeitfunktion auftreten. Beispielsweise können Atome, die an verschiedenen Positionen aromatischer Moleküle (Ortho- bzw. Parastellung) gebunden sind, mit je ihrer eigenen Zeitfunktion austauschen.

Das exponentielle Zeitgesetz für den Isotopenaustausch kann folgendermaßen abgeleitet werden (einfache bimolekulare Reaktion, Konzentrationen in runden Klammern):

Der Austausch von X zwischen AX und BX sei betrachtet: Zunächst enthalte nur BX radioaktive X-Atome: X^*, $(BX^*) = y$; $(AX^*) = x$ sei anfänglich $= 0$. $x + y = z$. Die Gesamtkonzentrationen der entsprechenden Verbindungen, unabhängig, ob radioaktiv indiziert oder nicht, seien $a = (AX) + (AX^*)$ und $b = (BX) + (BX^*)$.

Die Zunahme der Konzentration (AX^*) mit der Zeit (dx/dt) ist offenbar gegeben durch die Bildung von AX^* abzüglich des Zerfalls von gebildetem AX^*.

Die Bildung von AX^* ist gegeben durch die Reaktionsgeschwindigkeit R (Mol $\mathrm{lit}^{-1}\,\mathrm{sec}^{-1}$ reagierende Moleküle), die Konzentration der jeweils noch vorhandenen radioaktiven Moleküle BX^* (gegeben durch y/b, den Bruchteil, der Radioaktivität enthält) sowie durch die Konzentration von AX: $(a - x)/a$. (In allen praktisch vorkommenden Fällen ist jedoch $\dfrac{a - x}{a}$ bzw. $\dfrac{b - y}{b} = 1$). Analog wird der gleichzeitige Zerfall von AX^* behandelt, wonach sich als Differentialansatz ergibt:

$$\frac{dx}{dt} = R\,\frac{y}{b}\,\frac{a - x}{a} - R\,\frac{x}{a}\,\frac{b - y}{b} \tag{7.2}$$

oder nach Umformung

$$\frac{dx}{dt} = \frac{R}{a\,b}\,(a\,y - b\,x). \tag{7.3}$$

Die Klammer kann umgeformt werden zu $(a z - a x - b x)$, wonach folgt:

$$\frac{dx}{dt} = -\frac{a + b}{a\,b}\,R\,x + \frac{z}{b}\,R. \tag{7.4}$$

Die Lösung dieser linearen Differentialgleichung erster Ordnung ist:

$$x = C \exp\left(-\frac{a + b}{a\,b}\,R\,t\right) + \frac{a}{a + b}\,z. \tag{7.5}$$

Der letzte Term ist $= x_\infty$ (x bei t_∞: Gleichgewichtszustand). Die Integrationskonstante C ist offenbar $= -x_\infty$, da bei $t = 0$ auch $x = 0$ ist. Es folgt:

$$1 - \frac{x}{x_\infty} = \exp\left(-\frac{a + b}{a\,b}\,R\,t\right), \tag{7.6}$$

und wenn x/x_∞ als F bezeichnet wird („fractional exchange", Austauschgrad):

$$\ln\,(1 - F) = -\,R\,\frac{a + b}{a\,b}\,t. \tag{7.1}$$

Zur Bestimmung des Austausches ist jeweils eine Trennung der beiden Molekülarten notwendig. Hierbei hat man in einigen Fällen gefunden, daß bei Extrapolation auf die Zeit Null schon ein gewisser „induzierter"

Austausch vorliegt, welcher offenbar eine Folge der Trennmethode ist, durch die im Augenblick der Abtrennung ein stark beschleunigter Austausch hervorgerufen wird. Werden z.B. bei dem Austausch von radioaktivem Thallium zwischen Tl(I) und Tl(III)-Ionen die Tl(III)-Ionen als Tl(OH)$_3$ isoliert, beträgt dieser Wert ~50%. [Dies ist zurückzuführen auf sehr schnellen Austausch zwischen Tl(OH)$_3$ und Tl(I)-Ionen (BORN).]

Im allgemeinen werden Zwischenstufen angenommen, etwa: 1. Ein dissoziierter Zustand der einen Komponente, 2. ein Übergangszustand mit erleichterter Überführung von Elektronen oder 3. ein Übergangszustand, in dem Atome leichter überführt werden.

1. Ein Beispiel ist die Dissoziation eines organischen Halogenides mit darauffolgendem Austausch mit freiem Halogenid, etwa beim Austausch zwischen Butyljodid und Jodidionen.

2. Elektronenaustausch ist die Grundlage vieler Redoxredaktionen (vgl. § 51); so der Austausch zwischen Ferro- und Ferriionen, der bei Zimmertemperatur in 10^{-3} M Lösung eine HZ von etwa 20 sec hat. Der Elektronenaustausch verläuft um so schneller, je weniger Elektronen pro Formelumsatz überführt werden und je geringer ihre Bindungsenergie ist.

3. Beim Austausch von Atomen wird ein Zwischenzustand angenommen. Ein Beispiel ist der Austausch zwischen Jod und Jodat. Aus der Abhängigkeit der Austauschgeschwindigkeit von der Konzentration der verschiedenen Komponenten und der der Wasserstoffionen konnte durch Vergleich mit Literaturangaben über die Bildung von Jodat aus Jodid festgestellt werden, daß der Austausch über Jodid als Zwischenstufe verläuft.

49. Fällung und Adsorption auf Fällungen

Im radiochemischen Laboratorium arbeitet man häufig mit Mengen im Gebiet mμC ($2,22 \cdot 10^3$ tpm) bis μC ($2,22 \cdot 10^6$ tpm), folglich sind bei üblichen HZ die Gewichtsmengen so gering, daß oft ein „Träger" notwendig ist, insbesondere bei Fällungsreaktionen, damit hier das Löslichkeitsprodukt überschritten wird, und nicht Adsorptionseffekte die Trennungen in schwer übersehbarer Weise beeinflussen. Der Träger kann isotop zum entsprechenden Radionuklid sein; da er dann nicht mehr mit gewöhnlichen chemischen Mitteln von diesem abgetrennt werden kann, führt dieses zu herabgesetzter „spezifischer Aktivität" (etwa in ipm/g angegeben), was bei manchen Verwendungszwecken unerwünscht ist. Isotope Träger haben andererseits den Vorteil, daß die Fällungsmethodik gut überblickt werden kann, und eine quantitative Berechnung der Gesamtmenge des Radionuklids möglich ist, wenn die ursprünglich zugesetzte Trägermenge bekannt ist (§ 82).

In den Fällen, in denen hohe spezifische Aktivität erwünscht ist, benutzt man nicht-isotope Träger. Hier ist ein Kompromiß zu finden zwischen dem Ausmaße, in welchem das Radionuklid vom Träger mitgeführt wird und der Möglichkeit, Träger und Radionuklid später wieder voneinander zu trennen.

Mischkristallbildung

Der effektivste Trägermechanismus gründet sich auf die Bildung von „Mischkristallen" zweier Verbindungen (HAHNs Fällungssatz), was bei normalen Mischkristallen gleiche Kristallstruktur Isomorphie voraussetzt. Zwei Grenzfälle sind zu unterscheiden, deren Auftreten von der Abscheidungskinetik für Träger (Makrokomponente) und Radionuklid (Mikrokomponente) abhängt:

1. Beim Auskristallisieren aus einer Lösung, die Träger und Radionuklid enthält, kann sich das Gleichgewicht zwischen dem gesamten Kristall und der Lösung einstellen. In diesem Fall liegt eine homogene Verteilung des Radionuklids im Trägerkristall vor, der Proportionalitätsfaktor zwischen der Konzentration des Radionuklids im Kristall und in der Lösung, der „Verteilungskoeffizient" analog dem Koeffizienten des NERNST-BERTHELOTschen Verteilungssatzes, hat einen konstanten Wert. Das gleiche gilt für den im vorliegenden Fall verwendeten Koeffizienten der homogenen Verteilung (HENDERSON und KRACEK), bezeichnet als D und definiert als der Quotient der Konzentrationsverhältnisse: $\dfrac{(\text{Radionuklid im Kristall}) / (\text{Träger im Kristall})}{(\text{Radionuklid in Lösung}) / (\text{Träger in Lösung})}$. Dieses wird in der Praxis am besten durch Rekristallisation erreicht, d.h. nach der Ausfällung aus einer übersättigten Lösung wird die Kristallmasse in der Lösung so lange gerührt, daß durch Umkristallisation ein Ausgleich etwaiger Konzentrationsunterschiede im Kristall geschehen kann. Ein konstanter Wert für D wird ebenfalls erhalten bei langsamem Auskristallisieren aus (stark) übersättigten Lösungen unter Aufheben der Übersättigung. Wenn $D > 1$ ist, wird definitionsgemäß das Radionuklid in den Kristallen „angereichert".

2. Wenn sich kein Gleichgewicht zwischen dem Inneren des Kristalls und der Lösung einstellt, sondern nur die äußere Schicht sich mit der umgebenden Lösung ins Gleichgewicht setzt, verändert sich die Zusammensetzung der Lösung während der Kristallisation und die „spezifische" Aktivität des Kristalls ist eine Zeitfunktion. Offenbar gilt für jeden Augenblick, daß das Radionuklid x zusammen mit der Trägersubstanz y im Verhältnis $\dfrac{dx}{dy} = \lambda \dfrac{(a-x)/V}{(b-y)/V}$ abgeschieden wird, wobei a bzw. b die Gesamtmengen von Radionuklid und Träger, x bzw. y ihre bereits abgeschiedenen Mengen, V das Volumen der Lösung bedeutet. Nach Integration folgt $\log \dfrac{a}{a-x} = \lambda \log \dfrac{b}{b-y}$ (DOERNER und HOSKINS). Der

„logarithmische Verteilungskoeffizient" λ hat einen zeitlich konstanten Wert, wenn die Kristallisation sehr langsam geschieht (beispielsweise Eindunsten einer gesättigten Lösung), aber auch bei schneller Ausfällung aus einer übersättigten Lösung mit unmittelbar darauffolgendem Filtrieren. $\lambda > 1$ bedeutet Anreicherung des Radionuklids im Inneren des Kristalls. λ kann aufgefaßt werden als das Verhältnis der Geschwindigkeitskonstanten für die Abscheidung von Mikro- bzw. Makrokomponente; hier wirken sich „Affinitäts"unterschiede auf der Oberfläche aus, der Wert für D dagegen gibt das Verhältnis im Inneren des

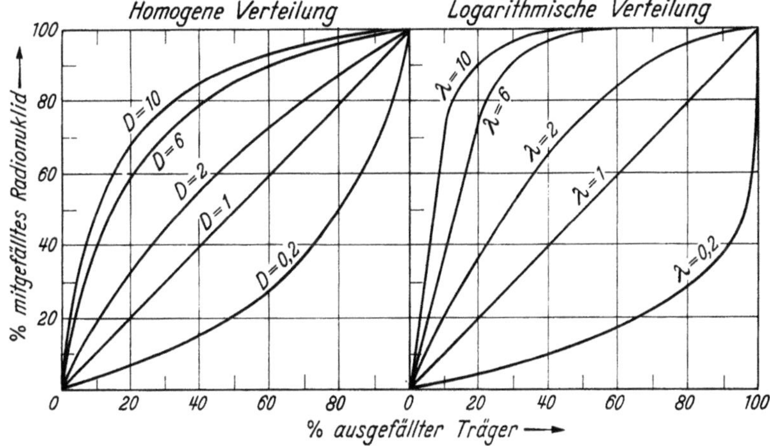

Abb. 71. Mitfällung bei verschiedenen „homogenen" und „logarithmischen" Verteilungsfaktoren (Kurvenverlauf asymptotisch)

Kristalles wieder. Bei logarithmischer Verteilung wird weniger Trägersubstanz verbraucht, um die gleiche Menge Radionuklid auszufällen, und eine höhere spezifische Aktivität wird erzielt.

So zeigt der Vergleich von $D = 10$ und $\lambda = 10$, daß beim Ausfällen der halben Trägermenge im ersten Fall 90% des Radionuklids ausgefällt ist, im anderen Fall dagegen 99,8% (Abb. 71). Aus fabrikationstechnischen Gründen benutzt man entweder schnelle Fällung mit unmittelbar folgender Filtration (Zeitersparnis) oder langsames Eindunsten und Kristallisation aus gesättigter Lösung (Apparaturersparnis), beispielsweise beim Konzentrieren von Radium durch Auskristallisation von Mischkristallen mit $BaCl_2$ oder $BaBr_2$.

Der Anreicherungsfaktor ist oft groß bei einem Salz, mit dessen entgegengesetzt geladenem Ion das Radionuklid eine Verbindung von geringer Löslichkeit bilden würde, jedoch besteht keine lineare Proportionalität; eher sind es die Werte der Fällungsgeschwindigkeiten, die den Anreicherungsfaktor bestimmen. Man hat auch Anreicherung in solchen Fällen konstatieren können, in denen die Radionuklidkomponente eine geringere Löslichkeit als das Trägersalz hat (Radiumnitrat in Bariumnitrat).

Die oben besprochenen Gesetzmäßigkeiten sind eingehend untersucht worden bei der Mischkristallbildung zwischen Radium- und Bariumsalzen. $BaBr_2$ und $BaCl_2$ zeigen die größten Anreicherungsfaktoren ($D = 10$ bzw. 5), aber Anreicherung von Radium geschieht auch in $Ba(NO_3)_2$ und $BaSO_4$.

Oft wirkt $BaSO_4$ auf Grund seiner im allgemeinen hohen spezifischen Oberfläche nur als Adsorbens, es liegt jedoch eine echte Mischkristallbildung mit $RaSO_4$ vor; wenn Radium auf vorher ausgefälltem $BaSO_4$ adsorbiert wird, wird es allmählich im Salz direkt „eingebaut". In diesem Fall variiert der logarithmische Verteilungskoeffizient nur mit der Temperatur; die Werte sind 1,2 bei 90 °C und 1,7 bei 20 °C.

Mitunter unterscheidet man zwischen normalen Mischkristallen, bei welchen makroskopisch Isomorphie festgestellt worden ist, und „anomalen" Mischkristallen, bei denen trotz fehlender Isomorphie der beiden Salze eine gleichmäßige Verteilung einer radioaktiven Mikrokomponente festgestellt worden ist. Die kleine Menge soll doch auch in diesem Fall in fester Lösung aufgenommen werden; der Unterschied zwischen normalen und anomalen Mischkristallen wäre hiernach nur ein Unterschied der Quantität und nicht der Eigenschaft. Die anomalen Mischkristalle werden ihrerseits von den Verbindungen „innerer Adsorption" unterschieden, bei denen die Anlagerung der Mikrokomponente bevorzugt an bestimmten Kristallflächen geschieht. Bei der Untersuchung von Mischkristallbildung muß die etwaige Veränderung der chemischen Form der Mikrokomponente mit der Zusammensetzung der Lösung berücksichtigt werden: So wird z.B. die Mischkristallbildung zwischen $BaCl_2$ und Blei (etwa als RaD) durch zu hohe Chloridkonzentration (z.B. bei der „umgekehrten" Fällung mit HCl) verhindert, da hier das Blei Chlorkomplexe bildet, die nicht „eingebaut" werden.

Aktuelle Beispiele

Wie in §65 erwähnt, wird im Zusammenhang mit der Reindarstellung und der Isolierung von Plutonium $BiPO_4$ und LaF_3 als Träger verwendet. Bei $BiPO_4$ gilt die logarithmische Verteilung bei schneller Ausfällung mit einem Verteilungsfaktor von etwa 10 bei 75 °C; etwa der gleiche Wert gilt für D, wenn die Ausfällung schnell, aber bei konstantem Pu-Bi-Verhältnis in der Lösung geschieht. An sich sind $PuPO_4$ und $BiPO_4$ nicht isomorph, sondern starke innere Adsorption (s. unten) wird angenommen. Seltene Erden werden nur unbedeutend von $BiPO_4$ mitgefällt, jedoch wird Niob ($D = 10$) in $BiPO_4$ angereichert. Pu wird auch stark adsorbiert an vorher ausgefällten Phosphaten; hier kann es sich auch um eine Ionenaustauschadsorption handeln, beispielsweise an Zirkoniumphosphat als spezifischem Adsorbens (§55).

LaF_3 ist der übliche Träger zur Bestimmung kleiner Pu-Mengen. LaF_3 bildet Mischkristalle sowohl mit drei- wie mit vierwertigen Ionen, die Struktur läßt den Ersatz von vier Lanthanionen durch drei vierwertige Ionen und eine Leerstelle zu.

Pu(IV) kann durch Mitfällung mit $Th(JO_4)_4$ von Verunreinigung durch (dreiwertige) Seltene Erden befreit werden, da diese nur zu 1 bis $5^0/_{00}$ mitgefällt werden.

Verwendung radioautographischer Methoden

Zur Untersuchung radioaktiver Mischkristalle besonders geeignet ist die radioautographische Methode, mit der homogener und nichthomogener Einbau anschaulich gezeigt wird, und mit der auch die „innere Adsorption" deutlich gemacht werden kann, bei der die radioaktiven Atome an bestimmten Kristallflächen angereichert werden. Dabei kann zwischen Mischkristallbildung und innerer Adsorption dadurch unterschieden werden, daß adsorptionshemmende Ionen, wie z.B. Bi(III), auf Grund ihrer hohen Ladung die innere Adsorption (etwa von Blei) stark herabsetzen. Auf diese Art konnte gezeigt werden, daß (unbeschadet scheinbar homogener Verteilung) die Aufnahme von radioaktivem Blei in K_2SO_4 auf innerer Adsorption beruht.

Verschiedene Abscheidungsformen für verschiedene Radionuklide im gleichen Kristall konnten bei Kaliumbichromat demonstriert werden, bei dem Blei offenbar ins Gitter aufgenommen wird, während Radium und Polonium auf Grund der Abscheidung an Kristallflächen als innere Adsorptionsverbindungen festgehalten werden.

Adsorption an Fällungen

Die Adsorption der radioaktiven Mikrokomponente kann entweder während der Fällung oder an einer vorgebildeten Fällung eintreten. In beiden Fällen ist (im Gegensatz zur Mischkristallbildung) die Menge mitgefällten Radionuklids stark abhängig von äußeren Gegebenheiten und nimmt zu (wie insbesondere von FAJANS; PANETH; HAHN gezeigt), wenn:

1. Die Fällung eine große spezifische Oberfläche hat;

2. das Radionuklid schwer lösliche Verbindungen mit dem entgegengesetzt geladenen Ion der Fällung bilden würde;

3. die gesamte Fällung in entgegengesetztem Ladungssinn aufgeladen ist (die Aussagen 2 und 3 bilden den Hahnschen Adsorptionssatz).

4. die entgegengesetzt geladenen Ionen hohe Polarität haben und das adsorbierte Ion leicht polarisierbar ist.

In vielen Fällen geschieht die Adsorption in zwei voneinander unterscheidbaren Schritten:

a) Zunächst schnelle und reversible Adsorption, die möglicherweise auf Ionenaustauscherwirkung beruht;

b) später langsame sekundäre Adsorption, wobei Austausch mit Ionen des Kristallinneren und isomorphe Einlagerung in das Kristallgitter stattfindet.

Als Beispiel einer Mitfällung nach obengenannten Regeln kann genannt werden:

Das Bleiisotop Thorium B wird an $CaSO_4$ mitgefällt, wobei der Grad der Mitfällung steigt bei Überschuß von Sulfationen, aber unbedeutend wird bei vorherigem Zusatz von Calciumionen.

Häufig werden oberflächenreiche Hydroxydfällungen zu Mitfällungen durch Adsorption benutzt; so sind Uranspaltprodukte (§64) durch Mitfällung an $Al(OH)_3$ bei verschiedenen p_H-Werten isoliert worden, so z.B. Sr (wahrscheinlich als Aluminat) bei p_H 9; Ce bei p_H 7,5 und Ru bei p_H 7. (In den beiden letztgenannten Fällen nimmt man allerdings Ionenaustauschreaktion an). Einwertige Ionen wie Cs werden dagegen nicht mit $Al(OH)_3$ mitgefällt. Häufig wird auch $Fe(OH)_3$ verwendet, so z.B. als Träger für Th-234, La-140 u.a.

Soll Mitfällung vermieden werden, empfiehlt es sich, die Adsorptionskapazität der Trägerfällung mit einem Überschuß inaktiver Isotope des entsprechenden Radionuklids (oder eines chemisch ähnlichen Elementes) zu besetzen, der als „Rückhalteträger", (hold-back-carrier) bezeichnet wird.

Adsorption an vorgebildeten Fällungen

Hier spielt besonders die elektrische Aufladung der Gesamtfällung eine Rolle. Ein klassisches Beispiel ist AgJ, bei dem ein Überschuß von J-Ionen in der Lösung durch deren feste Adsorption zu einer elektrischen Doppelschicht mit erhöhter Kationenadsorption führt. Ein Überschuß von Ag-Ionen führt analog zu erhöhter Anionenadsorption. Die Adsorption an solchen Fällungen wird besonders kräftig für Ionen hoher Ladung, Polarisierbarkeit und geringer Größe. Bei der Adsorption kann eventuell teilweise Dehydratation eintreten, so daß die Radien der unhydratisierten Ionen bestimmend für die Adsorption werden. Die Adsorption von Pb-212 (ThB) an AgBr in Gegenwart von KBr oder KCl in der Lösung nimmt zu mit der Konzentration der Halogenidionen, wird aber durch Wasserstoffionen herabgesetzt, da diese offenbar die Adsorptionsstellen besetzen. Die gleiche Annahme wird auch bei der p_H-abhängigen Adsorption von Mikrokomponenten an Edelmetalloberflächen gemacht. Die Anionen, die durch überschüssige Aufnahme und Ausbildung der negativen Oberflächenladung für die erhöhte

Adsorption verantwortlich sind, müssen ihrerseits in das Kristallgitter „passen" und daher sind bei AgBr Chloridionen nicht so effektiv wie Bromidionen (FAJANS); kein Effekt ist festzustellen mit Jodat-, Sulfat- oder Oxalationen.

Analog setzt Überschuß von $AgNO_3$-Lösung zur AgJ-Fällung (Adsorption von Ag^+) das Adsorptionsvermögen gegenüber Kationen herab; eine gewisse Adsorption kann jedoch auch noch in Gegenwart von Ionen gleichen Vorzeichens vorhanden sein: so adsorbiert z. B. Ag_3PO_4 radioaktive Bleiionen in Gegenwart von $AgNO_3$, doch nimmt die adsorbierte Menge mit steigender Silbernitratkonzentration ab.

Nach der oben unter 2. genannten Regel tritt starke Adsorption ein, wenn das radioaktive Ion eine schwerlösliche Verbindung mit dem entgegengesetzt geladenen Ion der Fällung bildet. Dieses wie auch der Unterschied zwischen zwei verschiedenen Adsorptionsschritten

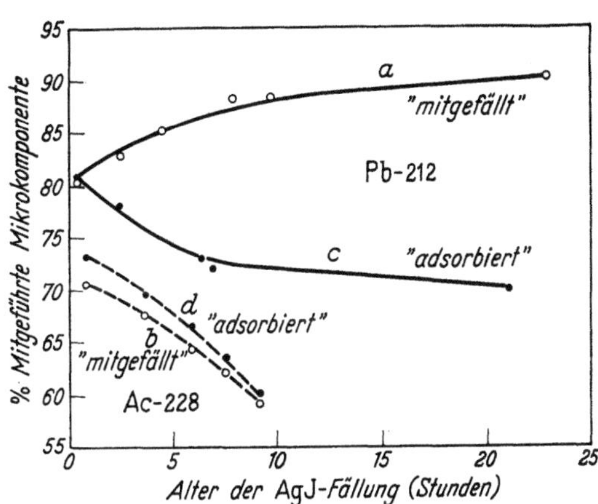

Abb. 72. Adsorption radioaktiven Bleies bzw. Aktiniums an AgJ; bei Mitfällung (a bzw. b) und an der vorgebildeten Fällung (c bzw. d) (nach IMRE)

ist demonstriert worden bei der Adsorption von radioaktivem Pb und Ac an AgJ mit Jodidüberschuß in der Lösung (vgl. Abb. 72): Hierbei wurde in der ersten Versuchsreihe (a und b) gemessen: Gehalt des AgJ an der Mikrokomponente nach verschiedenen Zeiten vom Augenblick der Fällung an gerechnet; hierbei wirkte sich also die „Alterung" des Niederschlages aus. In einer anderen Versuchsreihe (c und d) wurde die radioaktive Lösung der vorgebildeten Fällung erst nach verschiedenen Zeiten zugesetzt.

Im erstgenannten Fall führte die eintretende Verringerung der Oberfläche beim Kristallwachstum auch zu einer Verringerung der Menge mitgeführten Aktiniums (b), welches also nur auf der Oberfläche adsorbiert wird. Dagegen nahm die adsorbierte Menge Blei während eines längeren Zeitraumes zu (a), welches bedeutet, daß ein langsamer Einbau im Gitter stattfindet (innere Adsorption oder sogar Mischkristallbildung).

Im zweiten Fall konnte man nach verschiedenen Zeiten nur die verringerte Adsorption als Folge der Oberflächenverringerung feststellen (c und d), unabhängig von der Art der Mikrokomponente.

50. Radiokolloide

Die Tatsache, daß manche Radioelemente in sehr verdünnter Lösung zur Bildung von Aggregaten, sog. „Radiokolloiden" neigen, ist seit langem bekannt. Schon frühzeitig wurden die beiden Haupteigenschaften der Radiokolloide festgestellt, einerseits die Filtrierbarkeit von Radioelementen aus wäßrigen Lösungen in sehr großer Verdünnung, andererseits der Nachweis, daß zumindest ein Teil der Atome in der Lösung nicht in ionaler Form vorliegt. Es sind hauptsächlich die leicht hydrolysierenden Ionen der Elemente der dritten, vierten und fünften Gruppe des Periodischen Systemes, die diese Eigenschaften zeigen, aber auch bei Elementen der zweiten und sechsten Gruppe hat man ähnliche Erscheinungen festgestellt.

Die Radiokolloidfrage hat in neuerer Zeit wieder an Interesse gewonnen, da manche der in der Kerntechnik wichtigen Elemente Ionen hoher Ladung bilden und zu Hydrolyse und Radiokolloidbildung neigen, unter anderem auch Plutonium. Insbesondere Pu (IV) hydrolysiert, polymerisiert und bildet Radiokolloide. Es wird an Glas schon bei geringen p_H-Werten stark adsorbiert und zeigt maximale Adsorption bei p_H 4. Auch in anderen Fällen ist die Radiokolloidbildung stark p_H-abhängig; beispielsweise tritt sie bei Yttrium im p_H-Gebiet 4 bis 8,6 auf (KURBATOV).

Bei höheren Elektrolytkonzentrationen wird Umladung der Kolloidteilchen oder Komplexbildung angenommen. So werden in alkalischer Lösung manche Radiokolloidbildner zur Anode transportiert, welches als Komplexbildung bei höheren Hydroxylkonzentrationen gedeutet wird.

Auch beim Ionenaustausch ist mitunter Radiokolloidbildung (meist als störende Begleiterscheinung) festzustellen, wie z. B. bei der Aufnahme von Zirkonium und Niob an Kationenaustauschern. Bei Gegenwart höherer Konzentrationen fremder Ionen (z. B. UO_2^{2+}) sollte auf Grund der Massenwirkung verringerte Aufnahme zu erwarten sein (wie es auch für Sr nachgewiesen ist); die Aufnahme von Radiokolloiden wird jedoch nur wenig beeinflußt, ja sogar noch etwas gefördert, da bei der hohen Elektrolytkonzentration die Koagulation der Kolloidpartikel und damit das Festhalten in der Ionenaustauscherkolonne auf Grund einer einfachen Filterwirkung begünstigt wird.

Radiokolloidbildung ist oft präparativ ausgenutzt worden: So ist schon frühzeitig gezeigt worden, daß Th-234 aus verdünnten Uranlösungen durch einfache Filtrierung bei p_H 3 praktisch quantitativ abgetrennt werden kann. Andere Beispiele der neueren Zeit umfassen die Isolierung von Zirkon und Niob aus Uranspaltprodukten (s. weiter unten) und die Abtrennung der „Erden" innerhalb der Spaltprodukte

(Y, La) von ihren radioaktiven Eltern, der Erdalkaligruppe (Sr, Ba).
Auch innerhalb der Reihe der Seltenen Erden läßt sich Ce(IV) durch
Radiokolloidbildung bei pH 3 von La trennen.

Die näheren Untersuchungen von Radiokolloiden geschahen bisher
meist qualitativ (oder halbquantitativ); manche Methoden müssen
kritisch betrachtet werden, da sie einen Eingriff in das System, beispielsweise durch Adsorption, darstellen.

Kolloidartige Aggregate von Radionukliden können leicht radioautographisch nachgewiesen werden (CHAMIÉ). Wenn die Lösung genügend lange auf der durch eine dünne Folie geschützten photographi-

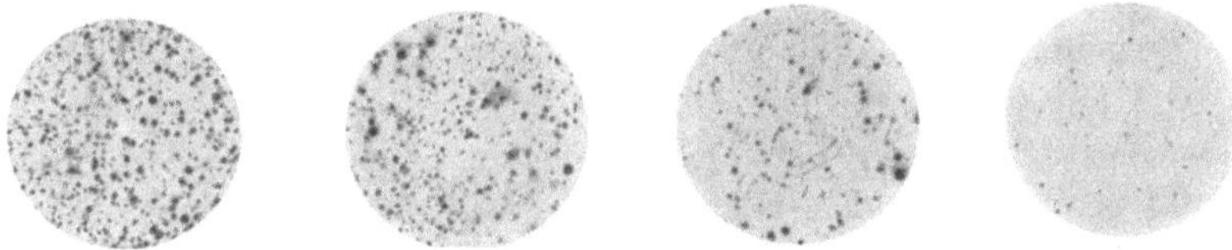

Abb. 73. Die Radiokolloidbildung bei Bi-212 in neutraler Lösung (links) und ihre Abnahme bei den
Säurekonzentrationen 0,003; 0,01 und 0,1 M (nach HAHN und WERNER)

schen Schicht verweilt, zeigt die Radioautographie das radioaktive
Material in Form von Anhäufungen, die als Partikelaggregate gedeutet
werden (vgl. Abb. 73).

Außer durch Abfiltrieren und Radioautographie kann Radiokolloidbildung und auch die annähernde Größe der Aggregate in Lösung mittels
Zentrifugierung und Diffusion untersucht werden. Hierbei liegt keine
ausgeprägte Wechselwirkung mit einer festen Phase vor, und somit ist
die Einwirkung von sekundären Effekten (wie Adsorption) weitgehend
eliminiert.

Beim Zentrifugieren wird qualitativ gefunden, daß, analog den
Ergebnissen von Filtrierversuchen — Radiokolloide sedimentieren; der
Radius r der Teilchen kann aus der Zentrifugierzeit t, der Winkelgeschwin-
digkeit ω, dem Dichteunterschied $\Delta\varrho$ (zwischen Teilchen und Lösung
der Viskosität η) und der Veränderung $(x_2 - x_1)$ im Abstand von der
Rotationsachse („Wanderungsstrecke") berechnet werden (SVEDBERG):

$$r^2 = \frac{9\eta \ln (x_2/x_1)}{2\omega^2 t\, \Delta\varrho}\,. \tag{7.7}$$

Der Radius verhältnismäßig großer Teilchen kann auch durch Sedi-
mendation im Gravitationsfeld der Erde (Konstante g) aus der Fall-
geschwindigkeit $\Delta x/t$ bestimmt werden gemäß:

$$r^2 = \frac{9\eta\, \Delta x}{2gt\, \Delta\varrho}\,. \tag{7.8}$$

Bei Messungen des Diffusionskoeffizienten D gilt nach EINSTEIN (unter Verwendung von STOKES' Gesetz):

$$r = \frac{kT}{6 \pi \eta D} \cdot \qquad (7.9)$$

(Allerdings erscheint es fraglich, daß diese zur Berechnung des Radius verwendete Beziehung bei den kleinsten Partikelgrößen noch verwendbar ist.) Auf diese Art wurden schon von HEVESEY und PANETH für Polonium Radiokolloidteilchengrößen von 7 Å berechnet, offenbar eine untere Grenze, da die Einwirkung gleichzeitig gemessenen ionalen Poloniums nicht quantitativ berücksichtigt werden konnte. Beim Übergang von $p_H 1$ auf $p_H 3$ nimmt gemäß Diffusionsmessungen der Teilchenradius um den Faktor 6 zu. In neuerer Zeit sind durch analoge Versuche für radiokolloidales Zirkonium und Niob Teilchengrößen von 10 Å angegeben worden.

Bei der Behandlung der Frage nach der Natur der Radiokolloide sind die beobachteten Eigenschaften, je nach Ausgangspunkt des entsprechenden Verfassers, als durch verschiedene Tatsachen verursacht erklärt worden. Es haben sich zwei Ansichten herausgebildet: Die eine nimmt an, daß unterhalb des Löslichkeitsproduktes der entsprechenden Verbindung die Bildung von unlöslichen Aggregaten hydrolysierender Kationen durchgehend möglich ist; während die andere Gruppe von Verfassern einen ausschlaggebenden Einfluß von in der Lösung vorhandenen submikroskopischen Verunreinigungen annimmt, die als Adsorptionszentra für Ionen der Radioelemente wirken und das Auftreten von Kolloidpartikeln vortäuschen.

Heute wird im allgemeinen angenommen, daß Einflüsse *beider* Arten wirksam sein können: Die ausschließliche Begründung von Radiokolloiden durch Adsorptionsphänomene jedoch wird im allgemeinen nicht mehr akzeptiert. Es ist möglich, daß auch die geringe Konzentration (von 10^{-14} bis 10^{-10} M) üblicher Lösungen von Radionukliden zur Bildung einer ausreichenden Anzahl wahrer Kolloidpartikel der beobachteten Größe ausreicht.

So tritt z.B. Pb-212 (ThB) in neutralen Lösungen von 10^{-11} M Bleiionenkonzentration radiokolloidal auf, während das Löslichkeitsprodukt von Bleihydroxyd eine Mindestkonzentration von $5 \cdot 10^{-5}$ M für die Ausfällung festen Hydroxydes erfordern würde.

Bei Radio-Wismut (ThC) wird Radiokolloidbildung in 10^{-14} M-Lösungen beobachtet, während das Löslichkeitsprodukt des Wismuthydroxyds ($4,3 \cdot 10^{-31}$) eine Mindestkonzentration von 10^{-10} M (bei BiOOH: 10^{-6} M) erfordert.

Bei Yttrium wird Radiokolloidbildung im Konzentrationsbereich 10^{-7} bis 10^{-13} M beobachtet, während die Löslichkeit von $Y(OH)_3$ noch $1,6 \cdot 10^{-5}$ M-Lösungen zulassen würde.

Vielleicht ist die bisherige Annahme, daß bei Löslichkeitsbestimmungen das Produkt der Ionenkonzentrationen in der Lösung als ausreichend zur Angabe der Löslichkeit angesehen werden kann, kritisch zu betrachten. Man hat nicht immer den ionalen Zustand der mit einer sehr schwer löslichen Fällung im Gleichgewicht stehenden Lösung nachgeprüft. Bei der Formulierung des Löslichkeitsproduktes wird die Konzentration von gelösten undissoziierten Teilchen (sowie Komplexen) vernachlässigt. Diese Annahme ist bei Verbindungen von extremem Ionenbindungscharakter berechtigt, bei Hydroxyden und basischen Salzen ist ihre Gültigkeit nicht immer ausreichend bewiesen. Die Möglichkeit, daß neben der festen kristallinen Phase und den völlig hydratisierten Ionen auch eine dritte Phase in Form undissoziierter und sich leicht agglomerierender Moleküle (oder Komplexe) vorhanden sein könnte, ist nicht ausreichend experimentell widerlegt, sondern bedarf der weiteren Nachprüfung, wozu besonders radioaktive Methoden auf Grund ihrer Empfindlichkeit geeignet erscheinen. (Überdies ist bekannt, daß frisch gefällte Hydroxyde auf Grund hoher zum Teil irreversibler Gitterfehlordnung als thermodynamisch instabile Systeme angesprochen werden können, deren Energieüberschuß im Laufe von „Alterung" und Rekristallisation wieder abgegeben wird.)

Von manchen Verfassern ist die Rolle der Keimbildung für die Aggregation untersucht worden. Hierbei spielen angeblich die polaren Moleküle der Lösung eine Rolle, sowie eventuell die durch die radioaktive Strahlung gebildeten Ionen (HARRINGTON).

Für die Adsorptionstheorie kann angeführt werden, daß die Vorbehandlung des Lösungsmittels durch Ultrafiltrierung oder doppelte Destillation einen herabsetzenden Einfluß auf das Auftreten von Radiokolloiden hat. Zusatz von kolloidalen Adsorptionszentren fördert die Radiokolloidbildung.

Während die Zusammenballung von Radiokolloidpartikeln und die zeitliche Veränderung der Korngrößenverteilung wenig untersucht worden ist, ist über die Adsorption an fremden Oberflächen, meistens Glas, viel bekannt. Diese Adsorption geht zwar mit der Kolloidbildung einher, zeigt jedoch nicht in allen Fällen die gleiche Abhängigkeit vom p_H-Wert der umgebenden Lösung. Dieses unterstützt in gewissem Maße die Annahme wirklicher Kolloide, da sonst der adsorbierende Kern des Kolloidteilchens und adsorbierende Oberflächen sich erheblich voneinander verschieden verhalten müßten.

Die Feststellung des jeweiligen Anteils der „wahren" Radiokolloidbildung und der Einwirkung von Adsorptionszentren sollte von Fall zu Fall getroffen werden durch quantitative Messungen der spezifischen Radioaktivität von Radiokolloidteilchen. Dieses erfordert (ohne durch Adsorptionsvorgänge zu sehr in den aktuellen Zustand der Lösung einzugreifen) unabhängige Bestimmung 1. der von den Teilchen getragenen Menge des entsprechenden Radionuklides, 2. der Gesamtmasse der entsprechenden Teilchen. Angesichts der geringen Konzentrationen und eventuell gleichzeitig gegenwärtiger Neutralsalze ist eine direkte Massenbestimmung durch Wägung (nach Eindampfen der

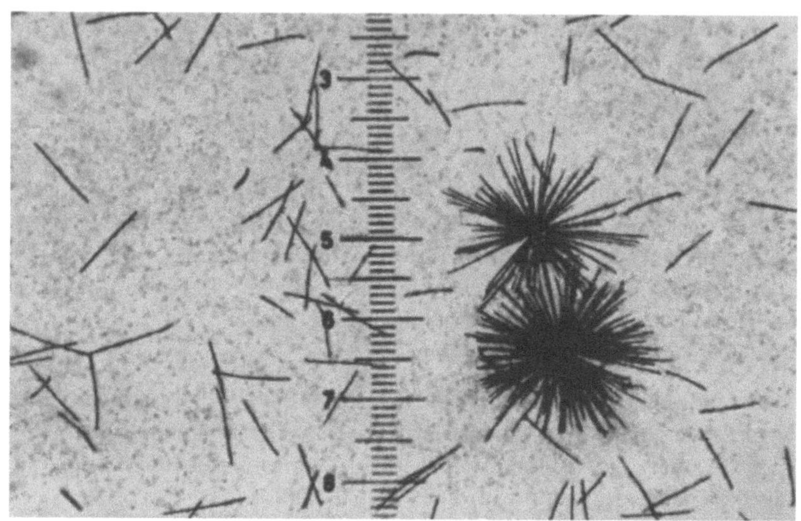

Abb. 74. Spuren der α-Strahlung von Po-210-Radiokolloidteilchen in der Emulsion Ilford E 1 (50 µ); (1 Teilstrich ∼2,5 µ; Spuren durch Nachziehen geringfügig verbreitert)

Lösung) ausgeschlossen, sondern muß durch eine Kombination von Teilchengrößenbestimmung und Teilchendichtebestimmung ersetzt werden. Beides erscheint möglich durch die voneinander unabhängigen Methoden der Diffusion und Sedimentation. Im erstgenannten Fall geht bei Gültigkeit der Einstein-Stokesschen Beziehung (7.9) unabhängig von der Dichte nur der Radius des Kolloidteilchens in den Ausdruck für die Diffusionskonstante ein, und kann so berechnet werden. Der so ermittelte Radius erlaubt, aus Sedimentationsmessungen (7.7) die Dichte des entsprechenden Teilchens und damit auch die Gesamtmasse annähernd zu berechnen und in Beziehung zu setzen zu dem Gehalt an Radionuklid. Dieser wird bestimmt durch Zählung der radioaktiven Impulse, die von einer größeren bekannten Anzahl Radiokolloidpartikel ausgesandt werden, bzw. in einigen Fällen durch Auszählung der von diesen Partikeln ausgesandten radioaktiven Strahlen nach Kontakt mit einer Kernphotoemulsion (Abb. 74).

51. Die Bedeutung von Redoxreaktionen für radiochemische Trennungen

Häufig gründet sich die Methode für die Trennung von Kationen auf deren verschiedene Fähigkeit, in verschiedenen Oxydationszuständen aufzutreten. Infolgedessen ist nähere Kenntnis von Redoxreaktionen notwendig zum Verständnis mancher der später besprochenen Trennmethoden (§ 55, 56, 65, 70).

In diesem Zusammenhang sei erinnert an den Begriff des Oxydations-Reduktions- oder „Redox"-Potentials. Die entsprechende „Halbkette" (Redoxpaar) kann als oxydierten bzw. reduzierten Zustand enthalten: Das Elektrodenmetall und — in Lösung — seine Kationen oder zwei verschiedene Wertigkeitsstufen (Oxydationszustände) des gleichen Elementes (und eine inerte Elektrode).

In der angelsächsischen (kerntechnischen) Literatur wird im allgemeinen immer noch die von LATIMER gebrauchte Definition des Oxydationsreduktionsstandardpotentials verwendet:

Alle Redoxreaktionen werden so geschrieben, daß die reduzierte Form auf der linken Seite der Gleichung, die oxydierte Form und die Elektronen auf der rechten Seite stehen. Das so erhaltene Standardpotential E^0 bezieht sich auf ein Redoxpaar, dessen beide Komponenten sich im Standardzustand befinden.

Der Standardzustand (Aktivität $a = 1$) wird bekanntlich im allgemeinen folgendermaßen gewählt: bei festen oder flüssigen Stoffen: der *reine* Stoff; bei Lösungen geschieht die Wahl so, daß das Verhältnis Aktivität/Konzentration (Molarität M, Molalität m, Molenbruch x) gegen 1 geht, wenn die Konzentration gegen Null geht; bei Gasen gilt analog $a/p \rightarrow 1$, wenn $p \rightarrow 0$.

Das Potential der entsprechenden Kettenhälfte wird angegeben relativ zur Wasserstoffnormalelektrode (bei 25°C), kann also gemessen werden, wenn das entsprechende Redoxpaar (mit einer inerten Elektrode) gegen die Wasserstoffnormalelektrode geschaltet wird. Es kann auch mittels thermodynamischer Beziehungen berechnet werden (s. unten).

Ein positiver Wert von E^0 bedeutet, daß die Reaktion der entsprechenden Halbkette mit Wasserstoff in der angegebenen Richtung (von der reduzierten zur oxydierten Form) ablaufen würde, die reduzierte Form also ein besseres Reduktionsmittel als Wasserstoff ist. (Beispiel: $Zn + 2\,H^+ \rightarrow Zn^{++} + H_2$.) [Diese Festsetzung folgt nicht der internationalen IUPAC-Empfehlung, nach der das Auftreten der Halbkette als Plus- bzw. Minuspol in der Kette gegen die Wasserstoffnormalelektrode das Vorzeichen des Redoxpotentials bestimmen soll; hiernach sollte eigentlich ein negatives Vorzeichen für E^0 für Zn (Zn^{++}) als Minuspol gegenüber der H_2-Normalelektrode gesetzt werden.]

Analog bedeutet nach LATIMER ein negativer Wert von E^0, daß die Reaktion mit Wasserstoff in umgekehrter Richtung abläuft und daß die oxydierte Form ein besseres Oxydationsmittel ist als ionaler Wasserstoff ($Cu^{++} + H_2 \rightarrow Cu + 2\,H^+$).

In gleicher Weise können Ketten aus beliebigen Redoxpaaren zusammengesetzt werden; bei der zugehörigen Reaktion findet der Übergang eines (oder mehrerer) Elektronen von der Red-form der Halbkette mit dem positiveren Wert von E^0 zu der Ox-form der darunterstehenden Halbkette statt (vgl. Tabelle 7.1).

Die zugehörigen Reaktionsgleichungen sind also voneinander „abzuziehen"; ebenso die Standardpotentiale pro Formelumsatz.

Es erscheint zweckmäßig, mit Rücksicht auf die in der Kerntechnik behandelten Systeme (§ 65, 70), die Grenze zwischen Oxydations- und Reduktionsmittel für diesen Fall bei einem Redoxpotential von etwa -1 V zu ziehen. So könnte das wichtige Redoxpaar $Pu\,(III) \leftrightarrow Pu\,(IV) + e^-$ mit dem Standardpotential von -982 mV die Grenze und einen Bezugspunkt von praktischer Bedeutung darstellen. Im folgenden werden im allgemeinen Potentiale für 1 M saure Lösungen angegeben (in den meisten Fällen gehen Wasserstoffionen in die Reaktionsgleichungen ein und die Potentiale sind p_H-abhängig).

Tabelle 7.1

1. Reduktionsmittel gegenüber Pu (IV)

		E^0 (mV)
Schweflige Säure	$H_2SO_3 + H_2O \rightarrow SO_4^{2-} + 4H^+ + 2e^-$	-170
Hydroxylamin	$2NH_3OH^+ \rightarrow H_2N_2O_2 + 6H^+ + 4e^-$	-496
Jodid	$2J^- \rightarrow J_2 + 2e^-$	-535
Ferroionen	$Fe^{2+} \rightarrow Fe^{3+} + e^-$	-771
Salpetrige Säure	$HNO_2 + H_2O \rightarrow NO_3^- + 3H^+ + 2e^-$	-940

2. Oxydationsmittel gegenüber Pu (III)

		E^0 (mV)
Salpetrige Säure (in starker Säure)	$NO + H_2O \leftarrow HNO_2 + H^+ + e^-$	-1000
Bichromat	$2Cr^{3+} + 7H_2O \leftarrow Cr_2O_7^{2-} + 14H^+ + 6e^-$	-1330
Hydroxylamin (in starker Säure)	$NH_4^+ + H_2O \leftarrow NH_3OH^+ + 2H^+ + 2e^-$	-1350
Bromat	$1/2\,Br_2 + 3H_2O \leftarrow BrO_3^- + 6H^+ + 5e^-$	-1520
Permanganat	$MnO_2 + 2H_2O \leftarrow MnO_4^- + 4H^+ + 3e^-$	-1695
Wasserstoffperoxyd	$2H_2O \leftarrow H_2O_2 + 2H^+ + 2e^-$	-1770
Persulfat	$2SO_4^{2-} \leftarrow S_2O_8^{2+} + 2e^-$	-2010
Untersalpetrige Säure	$N_2 + 2H_2O \leftarrow H_2N_2O_2 + 2H^+ + 2e^-$	-2850

Die Auswahl von so definierten Reduktions- und Oxydationsmitteln erfolgt nach dem Gesichtspunkt der Anwendung bei radiochemischen Trennungen, bei denen es weitgehend vermieden werden soll, überflüssige Metallionen einzuführen. Man wird, wo immer möglich, Stoffe verwenden, die im Laufe der Reaktion durch Gasentwicklung aus der Lösung entfernt werden.

Die Gleichgewichtskonstante der Redoxreaktionen

Das Redoxpotential ist mit der Änderung der molaren freien Energie der entsprechenden Redoxreaktion gemäß folgender Beziehung verknüpft: $\Delta F^0 = -n\,\mathfrak{F}\,E^0$. Hierbei ist $\mathfrak{F}$ FARADAYs Konstante (23060 cal $V^{-1}\,val^{-1}$), n: Anzahl Äquivalente. Bei Abweichungen von den Standardzuständen gilt:

$$\Delta F = \Delta F^0 + R\,T \ln \frac{(\mathrm{ox})}{(\mathrm{red})}. \tag{7.10}$$

Infolgedessen gilt ebenfalls

$$-E = -E^0 + \frac{R\,T}{n\mathfrak{F}} \ln \frac{(\mathrm{ox})}{(\mathrm{red})}. \tag{7.11}$$

Wenn die Reaktion zwischen zwei verschiedenen Oxydationszuständen zwei verschiedener Ionen abläuft ($\mathrm{ox}_1 + \mathrm{red}_2 \leftrightarrow \mathrm{ox}_2 + \mathrm{red}_1$), folgt für die Gleichgewichtslage, in der ja $E_1 = E_2$ ist:

$$E_2^0 - E_1^0 = \frac{R\,T}{n\,\mathfrak{F}} \ln \frac{(\mathrm{ox}_2)\,(\mathrm{red}_1)}{(\mathrm{ox}_1)\,(\mathrm{red}_2)}. \tag{7.12}$$

Der letzte Bruch ist identisch mit der Gleichgewichtskonstante der Reaktion, die also als Funktion der Differenz der Standardpotentiale ausgedrückt werden kann:

$$K = \exp\left(\frac{n\,\mathfrak{F}}{R\,T}\,(E_2^0 - E_1^0)\right). \tag{7.13}$$

$\mathfrak{F}/R\,T$ hat bei 25° C den Wert $23060/1{,}986 \cdot 298 = 38{,}93\ V^{-1}$. Offensichtlich weicht K erheblich von 1 ab schon bei geringen Unterschieden der Standardpotentiale.

Von besonderer kerntechnischer Bedeutung ist auch die Kinetik von Redox-Reaktionen, besonders bei Aktiniden. Wie in § 48 erwähnt, verlaufen diese Prozesse schnell, wenn es sich nur um einen Elektronenübergang handelt [Beispiel: $\mathrm{Pu}^*(\mathrm{III}) \rightarrow \mathrm{Pu}(\mathrm{IV})$, HZ einige Sekunden in 10^{-2} M Lösung, 1 M sauer]; langsamer, wenn Me—O-Bindungen gelöst und gebildet werden müssen [$\mathrm{Pu}(\mathrm{VI}) \rightarrow \mathrm{Pu}(\mathrm{IV})$, α-strahlungsinduziert; HZ: $\sim$1000 h, alle Angaben für 25°C Temperatur].

52. Komplexbildungsreaktionen und ihre Verwendung in der Radiochemie

In der radiochemischen Praxis werden hauptsächlich zwei verschiedene Arten von Komplexverbindungen bei der Trennung von Metallionen benutzt: einerseits Komplexe mit Anionen: wie Halogen-, Nitrat- und Sulfatkomplexe, welche eingehend in späteren Paragraphen im Zusammenhang mit der Besprechung des Anionenaustausches, der Extraktionsverfahren und ihrer technischen Verwendung behandelt werden; andererseits Komplexverbindungen mit organischen Komplexbildnern (meist in der analytischen Radiochemie verwendet).

In letzterem Fall sind die sog. „Chelate" besonders wichtig, und deshalb wird im folgenden eine kurze orientierende Zusammenstellung der wichtigsten Tatsachen der Chelatchemie gegeben:

Während die Verbindung eines Metallions mit einem „Elektronen-donator" als Komplexverbindung in größter Allgemeinheit bezeichnet wird, entsteht ein „Chelat", wenn das Metallion sich mit einem Molekül verbindet, das zwei oder mehrere Donatorgruppen enthält (wodurch Ringe gebildet werden).

Je nach der Anzahl Donatorgruppen (als solche wirken im allgemeinen Sauerstoff, Stickstoff und Schwefel) im Chelatbildner (z.B. EDTA: Äthylen-diamin-tetra-essigsäure bzw. ihr Säurerest) kann das Metallion mehrere Bindungen eingehen („bidentate", „tridentate" usw. Komplexe). Der CaEDTA-Komplex (vgl. Abb. 75) z. B. ist sechsdentat (Bindungen zwischen dem zentralen Ca-Atom und vier O- sowie zwei

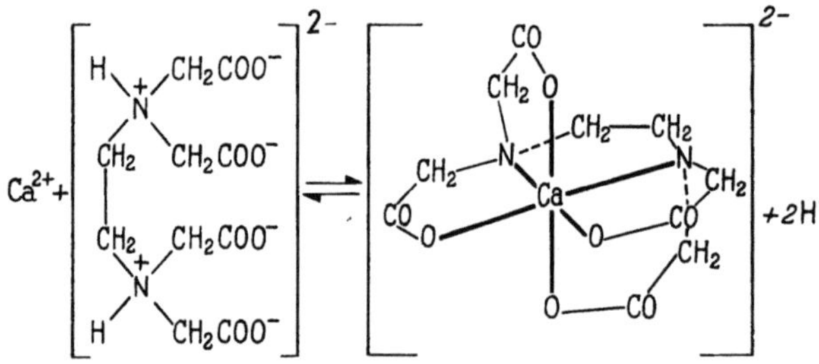

Abb. 75. Bildung und Struktur eines Chelates ($Ca^{++} + [H_2EDTA]^{2-} \rightarrow [CaEDTA]^{2-} + 2H^+$, summarische Reaktionsgleichung)

N-Atomen) und hat fünf Ringe, wobei jeder Ring fünf Atome enthält, welches im allgemeinen die energetisch günstigste Form ist.

Die Zusammensetzung von Chelatkomplexen kann bestimmt werden durch konduktometrische Titration der komplexbildenden Säure mit dem entsprechenden Metallhydroxyd. Wenn kein Komplex gebildet wird, tritt nur Neutralisation ein und nach dem Neutralpunkt steigt die Leitfähigkeit auf Grund der hohen Beweglichkeit der Hydroxylionen.

Der erste Teil der Kurve verläuft ebenso, wenn die Chelatbildung in saurer Lösung unbedeutend ist, beispielsweise bei CaEDTA, bei dem sich zunächst nur ein dissoziiertes Monocalciumsalz bildet entsprechend der Neutralisation von zwei Wasserstoffionen der Äthylen-diamin-tetra-essigsäure.

Der Zusatz des zweiten Moles $Ca(OH)_2$ führt nun zum Austausch der zwei restlichen Wasserstoffionen der EDTA und zur Aufnahme von Calcium, welches im Komplex gebunden wird unter Aufrechterhaltung der doppelten negativen Ladung, während das zweite Mol Hydroxylionen sich mit den freigewordenen Wasserstoffionen vereinigt. Infolgedessen nimmt die Leitfähigkeit nun nicht nennenswert zu, wodurch die Bildung und die stöchiometrische Zusammensetzung des Komplexes festgestellt wird (MARTELL).

Bestimmung der Zusammensetzung durch potentiometrische Titration

Da die Chelate sich durch Austausch von Wasserstoffionen des Chelatbildners gegen Metallionen bilden, muß bei der Titration von Chelatbildnern wie EDTA mit Lauge in Gegenwart von komplexbildenden Kationen auf Grund der freigemachten Protonen der p_H-Wert langsamer zunehmen als dies sonst der Fall wäre: die Abweichungen von der normalen schrittweisen Neutralisationskurve (Abb. 76, Kurve A) deuten also auf Chelatbildung. Die genaue Analyse ermöglicht die Ermittlung der verschiedenen Gleichgewichtskonstanten für dei verschiedenen EDTA-Ionen aus den Wendepunkten der Kurve.

Hierbei reagieren z.B. die Erdalkalien zunächst mit $[H_2EDTA]^{2-}$ zum intermediären wasserstoffhaltigen Komplex $[MHEDTA]^{1-}$, der im Falle des Calciums seine Maximalkonzentration bei p_H 3,8 hat und bei p_H 6 vollständig verschwunden ist zugunsten des Chelates $[CaEDTA]^{2-}$.

Die Bestimmung der Bildungskonstante von Chelatkomplexen kann auch mittels Ionenaustauscher (vgl. § 54) geschehen[1] (SCHUBERT): Hierbei werden nur unkomplexierte (hydratisierte) Metallionen (M) vom Kationenaustauscher (R) aufgenommen, und so kann ihre Konzentration in der Gegenwart von Komplexen bestimmt werden. Es werden zwei Gleichgewichtsmessungen mit Ionenaustauschern ausgeführt: Einmal wird der Verteilungsfaktor in wäßriger Lösung bestimmt $[\lambda_0 = (MR)/(M)]$; das andere Mal der Verteilungsfaktor in Gegenwart des Komplexbildners Ke:

$$\left[\lambda = \frac{(MR)}{(M) + (M\,Ke_n)} \right]$$

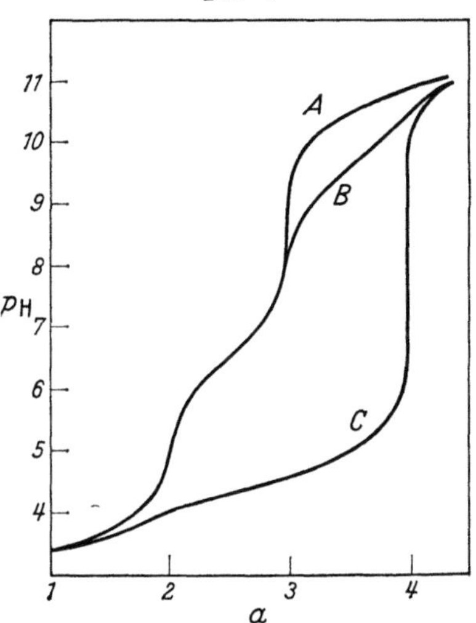

Abb. 76. Änderung des p_H-Wertes von 10^{-3} M EDTA-Lösungen bei Zusatz (a: Anzahl Äquivalente pro Mol EDTA) von KOH (Kurve A): keine Komplexbildung; von LiOH (Kurve B): Bildung schwacher Komplexe und von $Ca(OH)_2$ (Kurve C): Bildung starker Komplexe (nach SCHWARZENBACH)

Im folgenden werden, mit Rücksicht auf die vorkommenden Gleichgewichtskonstanten, durchgehend Aktivitäten, durch ( ) bezeichnet, verwendet, obwohl die Zahlenwerte der Verteilungsfaktoren (s. Abbildungen) auf Konzentrationen basieren. Für die Verteilungsfaktoren werden nebeneinander die Symbole D, K_D und λ gebraucht. Durch jeweilige Wahl eines geeigneten Symbols soll die Gefahr der Verwechslung mit anderen Größen der entsprechenden Gleichungen vermieden und der Anschluß an die Originalliteratur erleichtert werden.

Da die Bildungskonstante des Chelatkomplexes definiert ist als $K = \dfrac{(M\,Ke_n)}{(M)\,(Ke)^n}$ und da $\lambda_0/\lambda = 1 + \dfrac{(M\,Ke_n)}{(M)}$ ist, folgt

$$K = \frac{\lambda_0/\lambda - 1}{(Ke)^n} . \tag{7.14}$$

Die Auswertung geschieht geeigneterweise graphisch in der Form einer Darstellung $\log(\lambda_0/\lambda - 1)$ gegen $\log(Ke)$. Dieses macht mehrere Versuche mit verschiedenen Zusätzen des Komplexbildners notwendig.

---

[1] [falls M in Spurenmengen (Radioisotope) vorliegt und nur *ein* Komplex überwiegend gebildet wird].

Da $\log K = \log\left(\dfrac{\lambda_0}{\lambda} - 1\right) - n \log (Ke)$, ergibt sich n als Steigung der Geraden; $\log K$ als Wert für $-n \log (Ke)$ bei $\log\left(\dfrac{\lambda_0}{\lambda} - 1\right) = 0$.

Man kann Parallelität der Stabilität von Chelaten und dem pK-Wert der entsprechenden Säure beobachten, also der „Affinität" des Chelatbildners für Metallionen und der für Wasserstoffionen. Hierbei zeigen, wie erwähnt, die polydentaten Chelate mit der größtmöglichen Anzahl von Fünferringen die größte Stabilität; jeder neue Fünferring erhöht die Stabilitätskonstante K mit zwei bis drei Zehnerpotenzen („Chelat-Effekt"). Innerhalb einer Reihe der Komplexe des gleichen Chelatbildners mit verschiedenen Kationen kann die Einwirkung elektrostatischer Faktoren beobachtet werden: $\log K$ ist etwa proportional e^2/r (r: Ionenradius). Dies bedeutet, daß z.B. bei den Seltenen Erden („Lanthanidenkontraktion") K mit Z zunimmt (vgl. auch § 56 und Tabelle 7.2).

Tabelle 7.2. $\log K$ für EDTA-Komplexe
(bei 20 °C und der Ionenstärke 0,1; hauptsächlich nach SCHWARZENBACH; wenn nicht anders angegeben, beziehen sich die Werte auf die normale Oxydationsstufe des entsprechenden Kations)

H_4Ke	2,00	Ce	15,98	Zr	$\sim 19{,}9$	Zn	16,50
$[H_3Ke]^-$	2,67	Pr	16,40	Hf	$\sim 19{,}6$	Cd	16,46
$[H_2Ke]^{2-}$	6,16	Nd	16,61	V (III)	25,9	Hg (II)	21,80
$[HKe]^{3-}$	10,26	Sm	17,14	VO	18,77	Al	16,13
Li	2,76	Eu	17,35	Cr	6,5	Ga	20,30
Na	1,66	Eu (II)	7,7	Mo	6,36	In	24,95
Mg	8,69	Gd	17,37	Mn	14,04	Tl (I)	5,81
Ca	10,96	Tb	17,93	Fe (III)	25,1	Pb	18,04
Sr	8,63	Dy	18,30	Fe (II)	14,33	Th	23,20
Ba	7,76	Ho	18,60	Co	16,31	PuO_2	16,39
Sc	23,1	Er	18,85	Ni	18,62	Pu (III)	18,12
Y	18,09	Tm	19,32	Pd	18,50	Am	18,16
La	15,50	Yb	19,51	Cu	18,80	Cm	18,45
		Lu	19,83	Ag	7,30	Cf	19,09

53. Extraktionsverfahren

Die Trennung durch Verteilung auf verschiedene Phasen kann durch Übergang zwischen zwei nicht miteinander mischbaren Lösungsmitteln geschehen. Eine derartige Extraktion kann, z.B. durch das Schütteln der Lösung der entsprechenden Stoffe in der einen Phase mit der reinen anderen Phase als „Einstufen"-Trennung ausgeführt werden. Infolge der dabei erfolgenden Zerteilung der Phasen in kleine Tropfen wird eine große Phasengesamtgrenzfläche erhalten, und die Extraktion geht bis zum Erreichen eines Gleichgewichtszustandes schnell vonstatten.

Für „Mehrstufen"-Trennungen ist eine Kolonne oder eine „Batterie" notwendig. Diese Kolonnen sind nicht so leicht zu betreiben wie Ionenaustauscherkolonnen (§ 55), können aber auch zu kontinuierlichen

Trennungen verwendet werden, bei denen eine große Menge dem Trennprozeß unterworfen werden soll, ohne daß der Betrieb der Apparatur unterbrochen zu werden braucht. Dies ist ein Vorteil, besonders bei kerntechnischen Prozessen, bei denen die direkte Beaufsichtigung der Apparatur aus Strahlenschutzgründen erschwert ist.

Die Wahl der Versuchsbedingungen richtet sich unter anderem nach dem beabsichtigten Extraktionsgrad; von Bedeutung ist die Frage, welche Menge des (organischen) Lösungsmittels hierfür notwendig ist.

Einstufenextraktion. Im folgenden wird die Gleichgewichtskonzentration des zu extrahierenden Stoffes in der organischen Phase mit y, die in der Wasserphase mit x bezeichnet. Der Verteilungsfaktor, auf die organische Phase bezogen, ist $D = y/x$.

Das Volumen der ursprünglichen wäßrigen Lösung („Feed") wird mit F bezeichnet, das Volumen der organischen Phase („Extractant") mit E.

Wenn die wäßrige Lösung ($C_0 = z$) in Kontakt mit der organischen Phase ($C_0 = 0$) gebracht wird und $Fz = Fx + Ey$, gilt

$$y = \frac{Dz}{1 + ED/F} \, . \tag{7.15}$$

y ist also abhängig von D, aber auch vom Verhältnis E/F. Im allgemeinen beabsichtigt man, den entsprechenden Stoff möglichst vollständig zu extrahieren: Für den Extraktionsgrad $\varrho = \dfrac{Ey}{Fz}$ gilt:

$$\varrho = \frac{ED/F}{1 + ED/F} \, . \tag{7.16}$$

Nur bei sehr großen Werten für E (wenn $ED/F \gg 1$) wird praktisch vollständige Extraktion erreicht: ϱ geht gegen 1.

Um einen bestimmten Extraktionsgrad ϱ zu erhalten, ist $(E/F)_{min} = \dfrac{\varrho}{D(1 - \varrho)}$ zu wählen.

Mehrstufenextraktion. Die unwirtschaftliche Verwendung großer Mengen Lösungsmittel kann dadurch vermieden werden, daß der Prozeß als Gegenstrom-Mehrstufentrennung ausgebildet wird. In diesem Fall fließt das Extraktionsmittel gegen die wäßrige Ausgangslösung durch mehrere Trenneinheiten: die „(theoretischen) Böden" einer Kolonne (Abb. 113) oder die Einheiten einer „Mixer-Settler"-Batterie, bestehend aus einer Mischkammer (Mixer) und einer Sedimentationskammer (Settler) (Abb. 115). Hierbei setzt sich die organische Phase von Schritt zu Schritt ins Gleichgewicht mit einer wäßrigen Lösung zunehmender Konzentration. Schließlich gelangt das Lösungsmittel ins Gleichgewicht mit der ursprünglichen wäßrigen Lösung; folglich gilt hier: $y = Dz$. Daher gilt $\varrho = ED/F$; und für das Mindestverhältnis: $(E/F)_{min} = \varrho/D$, dieses ist also geringer als bei der Einstufenextraktion.

Für die Abtrennung von Verunreinigungen (etwa Spaltprodukten) von dem Produkt (etwa Uran) empfiehlt es sich, die das Produkt bevorzugt anreichernde organische Lösung mit unbeladener wäßriger Phase zu waschen („scrubbing"). Dies geschieht ebenfalls in mehreren Stufen, die — in einer Wascheinheit („scrubbing section") zusammengefaßt — unmittelbar an die Extraktionseinheit angeschlossen werden.

Die zu behandelnde wäßrige Lösung wird zwischen den beiden Einheiten zugeführt, das ursprüngliche Volumen F der wäßrigen Phase ist in der Extraktionseinheit um das der auswaschenden wäßrigen Lösung S vermehrt.

Im folgenden wird die Frage gestellt nach zweckmäßiger Wahl der frei verfügbaren Volumina F, S und E. Diese Wahl, und damit auch die der entsprechenden Strömungsgeschwindigkeiten, muß geschehen mit Rücksicht auf die angestrebte Trennung, die teils durch die Ausbeute ϱ an der gewünschten Komponente, teils — und besonders bei kerntechnischen Prozessen — durch den zu erzielenden „Dekontaminationsfaktor" f, definiert als das Verhältnis der Quotienten: Konzentration der Verunreinigung/Konzentration der gewünschten Komponente vor bzw. nach der Extraktion, gegeben wird.

Die Rechnung ergibt für das Mindestverhältnis von $E/(F+S)$:

$$\left(\frac{E}{F+S}\right)_{\min} = \frac{\varrho(f-1)}{D_1(f-\varrho)-fD_2(1-\varrho)}, \qquad (7.17)$$

wobei D_1 der Verteilungsfaktor der gewünschten Komponente, D_2 der der Verunreinigung ist.

Wenn die Flußverhältnisse gewählt sind, kann die Anzahl der zum Erreichen der gewünschten Werte von ϱ und f notwendigen Stufen in Extraktions- und Wascheinheit abgeschätzt werden. Dies geschieht am einfachsten an Hand eines xy-Diagramms (auch *MacCabe-Thiele-Diagramm* genannt) (vgl. Abb. 77).

Das Diagramm enthält drei Linien:

1. Die *Gleichgewichtslinie*, welche die sich gemäß dem Verteilungskoeffizienten D für die jeweilige Konzentration in der wäßrigen Phase (x) ergebenden Werte in der organischen Phase (y) miteinander verbindet. Die Steigung (D) ist oft nicht konstant, da D (z.B. bei Uran in TBP — vgl. § 70) mit steigender Konzentration abnehmen kann.

2. Die *Extraktionslinie* mit der konstanten Steigung $\dfrac{F+S}{E}$, die also nur von der Wahl der Volumina abhängt. Der zugehörige Zusammenhang ergibt sich durch eine einfache Betrachtung der Massenbilanz für eine beliebige Stufe, z.B. die n-te Stufe, in die $E\,y_{n+1}$ und $(F+S)\,x_{n-1}$ ein-

treten und aus der $E\,y_n$ und $(F+S)\,x_n$ austreten (vgl. Abb. 77). Hieraus folgt:

$$y_{n+1} = y_n - \frac{F+S}{E}\,(x_{n-1} - x_n). \qquad (7.18)$$

Der Übergang von y_n zu y_{n+1} auf der Extraktionslinie entspricht also graphisch einer waagerechten Verbindung von x_{n-1} zu x_n, gefolgt von

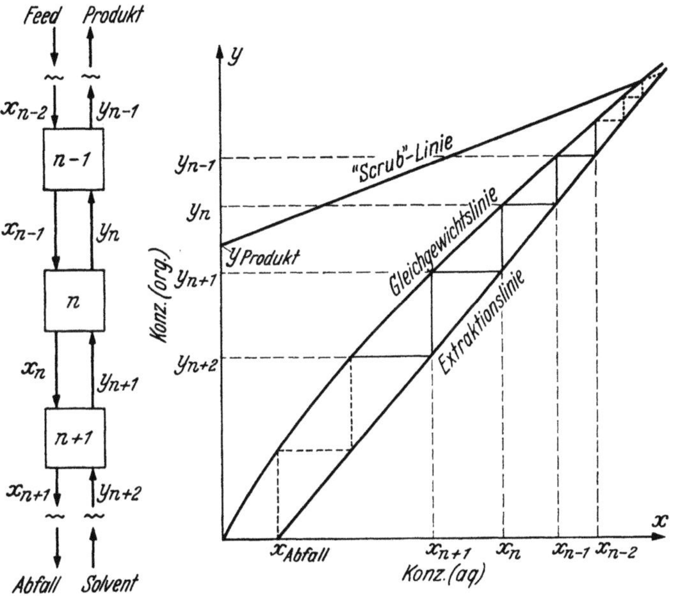

Abb. 77. Schema einer Mehrstufenextraktion und MacCabeThiele-Diagramm (beim Vergleich mit Gl. (7.18) ist S zu F zu addieren]

der senkrechten Verbindung zwischen Gleichgewichts- und Extraktionslinie (vgl. Abb. 77).

Auf diese Art kann auch die Anzahl der Stufen bestimmt werden, die für eine gewünschte Anreicherung in der organischen Phase und Abreicherung in der wäßrigen Phase bei vorgegebenem D, E, F und S nötig sind. Ausgehend von der ursprünglichen Konzentration x_F gelangt man durch waagerechte Verbindung Extraktionslinie—Gleichgewichtslinie mit jeweils folgender senkrechter Verbindung Gleichgewichtslinie—Extraktionslinie schließlich zum Schnittpunkt mit der x-Achse entsprechend der mit frischem Extraktionsmittel in Berührung befindlichen wäßrigen Phase, dieses ergibt die Konzentration im Abfall („waste").

3. Analoges gilt für die Anzahl der Waschstufen, durch Verbindung der *Wasch(Scrub)*-Linie mit der Extraktionslinie gewonnen (vgl. Abb.77).

Der Gesamtvorgang ist die Erhöhung von y, anschaulich zu verfolgen durch Ansteigen der Konzentration bei den Schritten zwischen

Extraktions- und Gleichgewichtslinie, gefolgt von Konzentrations-verringerung (aber gleichzeitiger Reinigung!), bei den rückläufigen Schritten zwischen Gleichgewichts- und Scrubbing-Linie.

Die Anzahl der „Stufen" im Diagramm ist gleich der Anzahl der theoretischen Stufen N_0 der Anlage. In Wirklichkeit werden wegen unzureichender Gleichgewichtseinstellung mehr Stufen (N) benötigt; N_0/N ist der „Wirkungsgrad" der Anlage.

Der Verteilungsfaktor D in aktuellen Fällen

Bei Kernbrennstoffaufbereitungsverfahren (§ 70) kann der mit dem Lösungsmittel (Solvent) „S" aus HNO_3-Lösungen (der am meisten untersuchte Fall) extrahierte Komplex des Metalles M in koordinativer Bindung enthalten: NO_3, H_2O, „S", H.

Im allgemeinen ist der Komplex neutral. Wenn auch gleichzeitig verschiedene Komplexverbindungen gebildet werden und nebeneinander existieren können, kann die allgemeine Diskussion eingeschränkt werden auf eine wahlweise Zusammensetzung, etwa der Form $H_y M(NO_3)_z (H_2O)_n(\text{„}S\text{"})_b$. Hierbei neutralisieren die Nitratgruppen die positive Ladung des zentralen Metallions und etwaige noch vorhandene Wasserstoffionen, während Wasser und Solvent-Moleküle in neutraler Form angelagert werden.

Hiernach kann der Verteilungskoeffizient $D_{(\text{org/aq})}$ mit Hilfe der Gleichgewichtskonstante der entsprechenden Reaktion

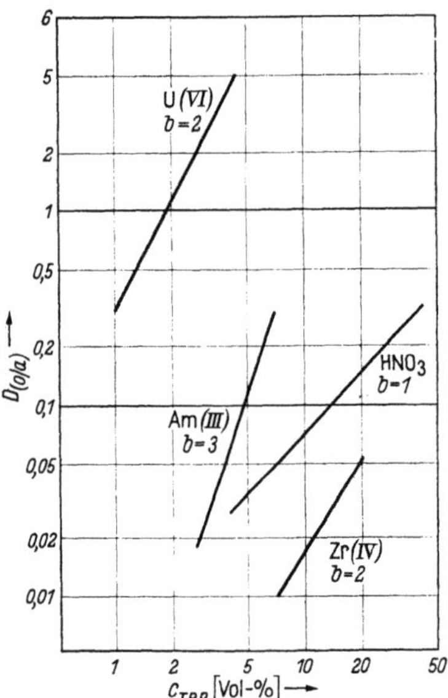

Abb. 78. Verteilungskoeffizienten (im doppelt logarithmischen Maßstab) bei der Extraktion mit Tributylphosphat

$$M^{x+}{}_{\text{aq}} + x\,NO_3^-{}_{\text{aq}} + y\,H^+{}_{\text{aq}} + y\,NO_3^-{}_{\text{aq}} + b\,\text{„}S\text{"}$$

$$\rightleftharpoons [H_y M(NO_3)_z (\text{„}S\text{"})_b (H_2O)_n]_{\text{org}} + m\,H_2O$$

definiert werden.

Es folgt:

$$D = \frac{(M)_{\text{org}}}{(M)_{\text{aq}}} = K\,\frac{(NO_3^-)^z (H^+)^y (S)^b}{(H_2O)^m}. \tag{7.19}$$

Der Verteilungskoeffizient wäre also proportional Potenzen der Aktivitäten von H^+, $(NO_3^-)_{\text{org}}$, (,,S") und umgekehrt proportional einer Potenz der Aktivität des „freien" Wassers (s. aber weiter unten). Alle diese Zusammenhänge treten deutlich hervor bei der doppelt-logarithmischen Darstellung des Verteilungskoeffizienten als Funktion der verschiedenen Variabeln; durch die Neigung der resultierenden Geraden können die Koeffizienten y, z, b und m bestimmt werden (vgl. Abb. 78).

Für effektive Extraktion soll die Gleichgewichtskonstante K genannter Reaktion groß sein. Die Bildung des Komplexes und die Extraktion werden begünstigt durch hohe „S"-Konzentrationen, durch hohen Gehalt an Nitrat, auch in Form von Neutralsalzen („Aussalzung"). HNO_3 erhöht die NO_3- und H^+-Konzentration und verhindert Hydrolyse; kann jedoch selber Komplexe bilden und auf diese Art die Aktivität des „freien" Lösungsmittels $(S)^b$ und den Verteilungsfaktor D herabsetzen.

Daher sind Nitrate vorzuziehen, deren stark hydratisierte Kationen überdies so viel Wasser binden, daß die Aktivität des „freien" Wassers $(H_2O)^m$ sinkt, welches ebenfalls zur Erhöhung des Verteilungskoeffizienten beiträgt.

54. Ionenaustauschgleichgewichte

Der durch eine einzelne Trennoperation, beispielsweise eine Fällung, erzielte Trenneffekt ist oft unzureichend: die Löslichkeiten der Verbindungen einander nahe verwandter Elemente unterscheiden sich unter Umständen nur wenig, oft sind Mitfällung und Adsorption zu erwarten (vgl. § 49).

Die Forderungen der Radiochemie an die Effektivität von Trennungen sind in einigen Fällen sehr hoch: Einige der miteinander nahe verwandten Elemente der Lanthanid- und Aktinidreihe kommen als Spaltprodukte bzw. als Kernbrennstoffe vor; die Anforderungen an die Reinheit der Produkte der Kernbrennstoffaufbereitung übersteigen noch die Forderungen, die an analysenreine Chemikalien gestellt werden (vgl. § 70).

Infolgedessen ist die Radiochemie und die chemische Kerntechnik weitgehend auf Verfahren angewiesen, bei denen der einzelne Trenneffekt mehrfach wiederholt wird. Dieses Prinzip ist bei fraktionierten Kristallisationen bzw. wiederholten Fällungen angewandt worden, doch sind diese Methoden mühsam und zeitraubend.

Infolgedessen mußte sich die Aufmerksamkeit auf Trennmethoden richten, die eine automatische Wiederholung des Einzelprozesses zulassen, dadurch, daß der Gesamtprozeß als „Kolonnen"-Prozeß ausgebildet werden kann. Der Einzelprozeß, der innerhalb der Trennkolonne in großer Anzahl hintereinander abläuft, muß schnell und reversibel verlaufen; es darf keine Rückmischung durch Konvektion eintreten; die Trennung der beiden Phasen, die in jeder Trennkolonne vorkommen, muß quantitativ und leicht möglich sein.

Während dieses Prinzip bei zwei miteinander wenig mischbaren flüssigen Phasen bereits in § 53 besprochen worden ist, soll im folgenden die Ausnutzung von Trennschritten beim Übergang zwischen einer „festen" und einer flüssigen Phase behandelt werden.

Ein solcher Übergang liegt bei jeglicher Art von Adsorptionsprozessen vor, die Wiederholung von Adsorptionsschritten ist bei den seit langem bekannten „chromatographischen" Verfahren durchgeführt worden, soweit bei ihnen die feste Phase als solche in Erscheinung tritt und nicht bloße „Verteilungschromatographie" vorliegt. In neuerer Zeit wird der Übergang weitgehend beim Ionenaustauscherprozeß ausgenützt. Allerdings bedarf der Ausdruck „feste" Phase einer gewissen Einschränkung, da die Forderung nach schnell und reversibel verlaufenden Prozessen bei echten Festkörperreaktionen nicht mehr gewährleistet ist. Unter fester Phase werden bei Adsorptionsmitteln und Ionenaustauschern im allgemeinen Phasen mit einem festen Gerüst (Matrix) verstanden, innerhalb welcher konzentrierte Elektrolytlösungen mit ausreichender Ionenbeweglichkeit vorhanden sind. Es kann sich um das Netzwerk eines organischen Ionenaustauschers (s. weiter unten) handeln, oder um Poren in Körnern anorganischer „Zeolithe".

Die bekanntesten organischen Ionenaustauscher gehören zur Gruppe der Kunstharze. Zur Herstellung von Kationenaustauschern wird u. a. Styrol mit variierendem Gehalt (bis zu 25%) an Divinylbenzol (welches Vernetzung und mechanische Stabilität bewirkt), polymerisiert. Das Produkt wird sulfoniert und die eingeführten Sulfonsäuregruppen („Festionen") können die zu ihnen gehörenden Wasserstoffionen („Gegenionen") gegen andere Kationen austauschen, während die Sulfonsäuregruppe etwaige Anionen weitgehend abstößt.

Auf analoge Art können auch Anionenaustauscher hergestellt werden: In diesem Fall wird in das Polymerisationsprodukt von Styrol und Divinylbenzol zunächst die Methylenchloridgruppe eingeführt, deren Chlor später gegen z. B. Trimethylamingruppen ausgetauscht wird, welche als Festionen wirken und Choridionen als austauschbare Gegenionen festhalten.

Ionenaustauscher können (durch Polymerisation in Suspension) in runden Körnern hergestellt werden, die Größe kleiner Körner [die gerade ein 400 „Mesh"($\sim$130 DIN)-Sieb passieren] beträgt etwa 40 μ Durchmesser. Die Austauschkapazität der kommerziellen organischen Ionenaustauscher beträgt etwa 5 mval/g trockenen Austauschers; bei 10% Divinylbenzol-Gehalt (ein entsprechendes Produkt ist „Dowex-50, X 10") beträgt die Kapazität 2 mval/ml gequollenen Austauschers.

Einige Angaben zur Gleichgewichtslage und den Elementartrenneffekten

Rein formal kann das Ionenaustauschgleichgewicht wie ein chemisches Gleichgewicht behandelt werden, doch kann eine Gleichgewichtskonstante nur in Sonderfällen mit Hilfe der Konzentrationen definiert werden, wobei bei den sehr hohen Konzentrationen — bis zu 10 M — im Austauscherkorn die stark variierenden Aktivitätskoeffizienten beachtet werden müssen. Praktisch häufiger verwendet wird (außer dem *Verteilungsfaktor*, hier meist als λ oder K_D bezeichnet) der für die Trennung zweier verschiedener Ionen maßgebliche Quotient λ_1/λ_2. Dieser sollte konsequenterweise als *Trennfaktor* bezeichnet werden, doch wird auch der Ausdruck *Selektivitätskoeffizient* verwendet (unter

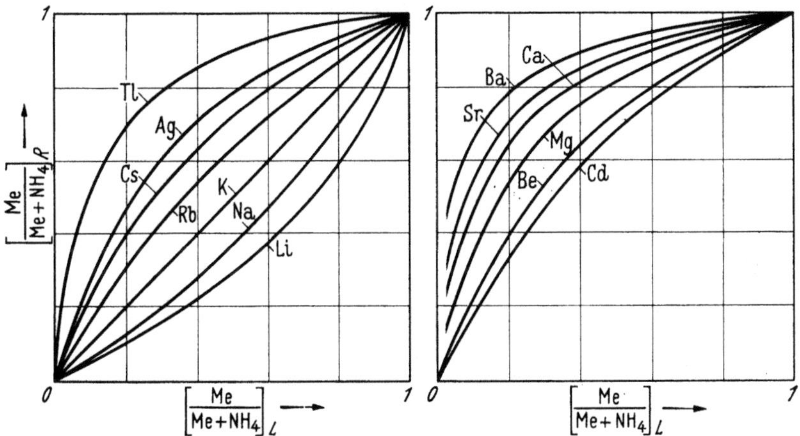

Abb. 79. Austauschisothermen ein- und zweiwertiger Kationen an „Zeokarb 215" (nach KRESSMANN und KITCHENER)

anderem im folgenden). [Letztere Bezeichnung sollte (unter anderem nach HELFERICH) eigentlich für den *Gleichgewichtskoeffizienten* reserviert bleiben, in welchen Quotienten die Ionenwertigkeiten als Exponenten eingehen. Bei zwei Ionen gleicher Wertigkeit haben Trennfaktor und Gleichgewichtskoeffizient den gleichen Zahlenwert.] Ein Selektivitätskoeffizient > 1 bedeutet Anreicherung des betreffenden Ions gegenüber dem ursprünglichen Ion am Austauscher (Ordinate) und Abreicherung in der Lösung (Abszisse der Abb. 79). Im „quadratischen" Diagramm („Austauschisotherme") (vgl. Abb. 79) ergeben sich entsprechend gekrümmte Kurven, aus denen sich der Selektivitätskoeffizient (Trennfaktor) als Verhältnis der Flächen der am jeweiligen Kurvenpunkt unterhalb bzw. oberhalb der Kurve anstoßenden maximalen Rechtecke ablesen läßt.

Der Selektivitätskoeffizient nimmt innerhalb homologer Reihen ab mit zunehmender Größe des hydratisierten Ions, welche ihrerseits im allgemeinen umgekehrt proportional ist zu der des nicht hydratisierten Ions. Folglich nimmt bei den Alkaliionen der Selektivitätskoeffizient an den meisten organischen Austauschern in der Reihe Li—Cs zu,

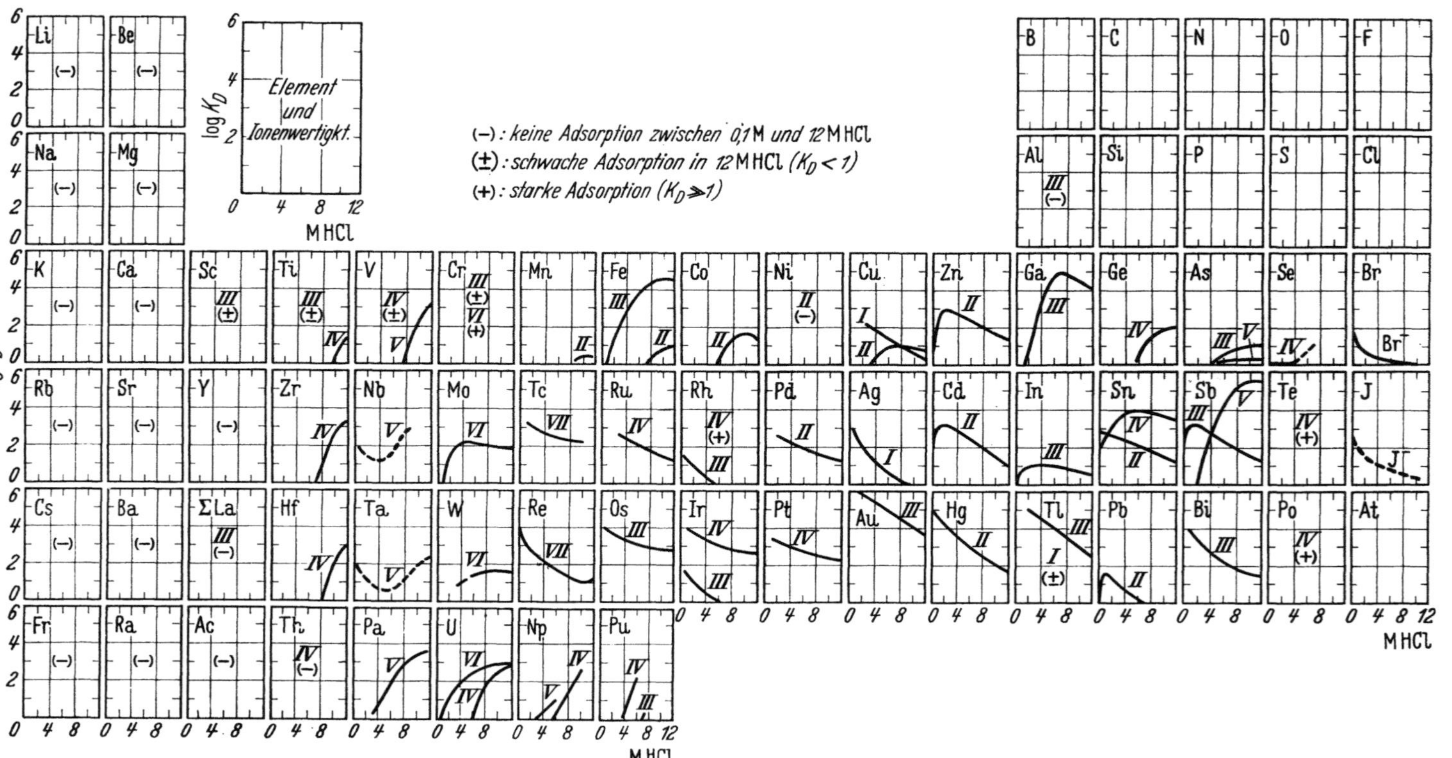

Abb. 80. Logarithmen der Verteilungsfaktoren (Konzentration pro Volumeneinheit Austauscherkolonne/Konzentration pro Volumeneinheit Lösung) verschiedener Elemente zwischen Anionenaustauscher (entsprechend „Dowex-1, X-10") und HCl-Lösungen verschiedener Molarität (nach KRAUS und NELSON). Werte für Np (nach WARD und WELCH, an Amberlite JRA 400) und Pu (nach PREVOT und REYNAULT, an A 300 D), KRAUS gibt dagegen an: Keine Adsorption für Np (V) und Pu (III), dafür starke Adsorption ($K_p > 100$ in 4 MHCl) für Np (VI) und Pu (VI)

während an Ionenaustauschern mit kleinem Porendurchmesser (vgl. Abb. 82) diese Reihenfolge teilweise oder ganz verändert werden kann, da hier die „Hydrathülle" zum Teil abgestreift wird.

Ionen mit höherer Ladung werden stets bevorzugt aufgenommen, infolgedessen werden Erdalkaliionen gegenüber Alkaliionen auf dem Austauscher angereichert. Die Unterschiede im Selektivitätskoeffizienten nehmen im allgemeinen zu mit der Kapazität und der Vernetzung des Austauschers.

Einiges über die praktische Verwendung von Anionenaustauschern

Metallionen von kleinem Radius und hoher Ladung bilden leicht Komplexe mit Anionen, insbesondere mit Halogenidionen. [So bilden die meisten Metalle (mit Ausnahme der Alkalien, Erdalkalien und Erden) leicht Chloridkomplexe.] Derartige Komplexe können voneinander mittels Anionenaustauscher getrennt werden; die Verteilungskoeffizienten zwischen dem Austauscher und der Lösung als Funktion der Molarität der entsprechenden Säure sind für viele Metalle gemessen worden. Die große Bedeutung der Anionenaustauscher für die chemische Kerntechnik liegt darin, daß die dort auftretenden Elemente im Laufe der Kernbrennstoffaufbereitungsprozesse meist in stark saurer (oder nitrathaltiger) Lösung anfallen (vgl. § 70) und daß besonders die Verteilungsfaktoren für Komplexe mit Anionen erstaunlich hohe Werte erreichen (Abb. 80).

Uran (VI) bildet starke Komplexe in verschiedenen Säuren, je nach deren Molarität: In H_2SO_4 ist der Verteilungskoeffizient zugunsten des Ionenaustauschers hoch in verdünnten Lösungen und sinkt bis zum Wert 1 bei 4 M H_2SO_4; in HCl dagegen steigt er mit der Molarität der Säure und erreicht einen Wert von etwa 2000 in 8 M HCl, während in entsprechender HNO_3 der Wert nur < 20 ist (vgl. Abb. 81). Positive, neutrale und negative Komplexe konkurrieren mit den im großen Überschuß vorhandenen Halogenidionen.

Die nähere Analyse zeigt, daß allgemein im zum steigenden Teil der Kurve gehörenden Konzentrationsgebiet überwiegend positiv geladene, beim Maximum der Kurve überwiegend neutrale und im zum absteigenden Teil der Kurve gehörenden Gebiet überwiegend negative Komplexe (Anionen) vorhanden sind (Fronaeus).

U(IV) kann an Anionenaustauschern aus starker HCl adsorbiert werden, wird jedoch bei geringerer Molarität eluiert, und kann auch durch Zusatz von HF zu 8 M HCl eluiert werden. Auf diese Art können die beiden Oxydationszustände des Urans leicht voneinander getrennt werden.

Ähnliche Verhältnisse liegen bei Plutonium vor: Aus konzentrierter HCl wird Pu (IV) stark adsorbiert ($K_D = 10^2$ bei 6 M HCl) während die

Adsorption von Pu(III) nur unbedeutend ist. $K_D = 10^2$ wird auch in 4 bis 5 M HNO_3 erreicht, bei welcher Konzentration der Wert für U(VI) erst etwa 5 beträgt. Infolgedessen ist in konzentrierter Salpetersäure eine Anionenaustauschertrennung zwischen Pu(IV) und U(VI) möglich. Beide werden dabei weitgehend von Spaltprodukten befreit (vgl. § 70)

In konzentrierten LiCl-Lösungen werden die Verteilungskoeffizienten noch größer als in HCl und hier zeigen auch Erdalkalimetalle Komplexbildung und Adsorption. (Offenbar werden die Aktivitätskoeffizienten der Komplexe auch vom Kation beeinflußt.)

Nitrationen werden stärker adsorbiert als Chloridionen; die höhere Konzentration im Ionenaustauscher führt hierbei zu geringerem Wassergehalt und langsamerer Diffusion der Komplexe. Die Komplexadsorption aus Nitratlösungen geht also langsamer vonstatten.

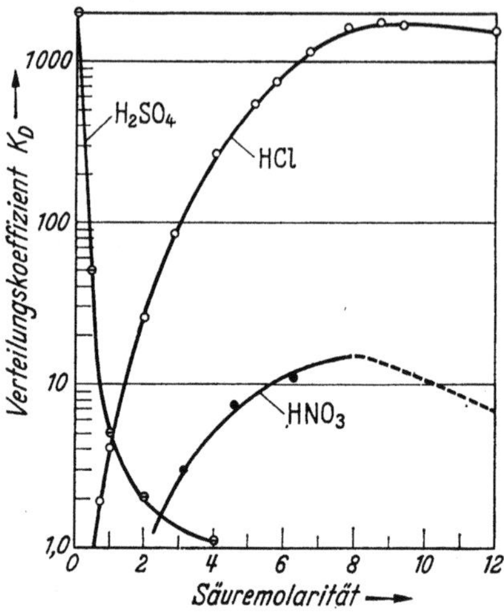

Abb. 81. Faktor der Verteilung von U (VI) zwischen Anionenaustauscher und Säuren verschiedener Molarität (nach KRAUS und NELSON, gestrichelter Verlauf nach BUCHANAN), (K_D enthält hier, im Gegensatz zu Abb. 80, die Konzentration pro Masseneinheit Ionenaustauscher)

Auch Metall-Chelate, z.B. gebildet mit Citronensäure und EDTA, können an Anionenaustauschern voneinander getrennt werden. Durch sukzessive Veränderung der Konzentration des organischen Liganden und des p_H-Wertes kann ausreichende Trennung sogar bei Alkalimetallen erhalten werden, bei denen Li den stärksten EDTA-Komplex bildet (vgl. Tabelle 7.2) und zuletzt vom Ionenaustauscher eluiert wird.

Anorganische Ionenaustauscher und Adsorbentien

Die Kapazität früher verwendeter anorganischer Adsorbentien ist geringer als die der organischen Ionenaustauscher. Die Forderungen, die von der chemischen Kerntechnik an die Strahlungsresistenz von Ionenaustauschermaterial gestellt werden, lassen jedoch in neuerer Zeit auch anorganisches Material wieder in den Vordergrund treten [da die Kapazität des organischen Materials in starken Strahlungsfeldern abnimmt, so bewirken z.B. $\sim 10^9$ rad schnelle Neutronen(rückstoß-strahlung) Abnahme auf 50% bei Anionenaustauschern]: Neue Verbindungen sind geprüft worden und Austauschkapazitäten und -geschwindigkeiten sind gefunden worden, die mit den besten synthetischen, organischen Ionenaustauschern konkurrieren können.

Die seit langem bekannten „Zeolithe" können Porengrößen innerhalb enger Grenzen haben; diese liegen beim Mineral Chabasit zwischen 3 und 3,6 Å, Analcim nimmt keine Ionen von größerem Durchmesser als

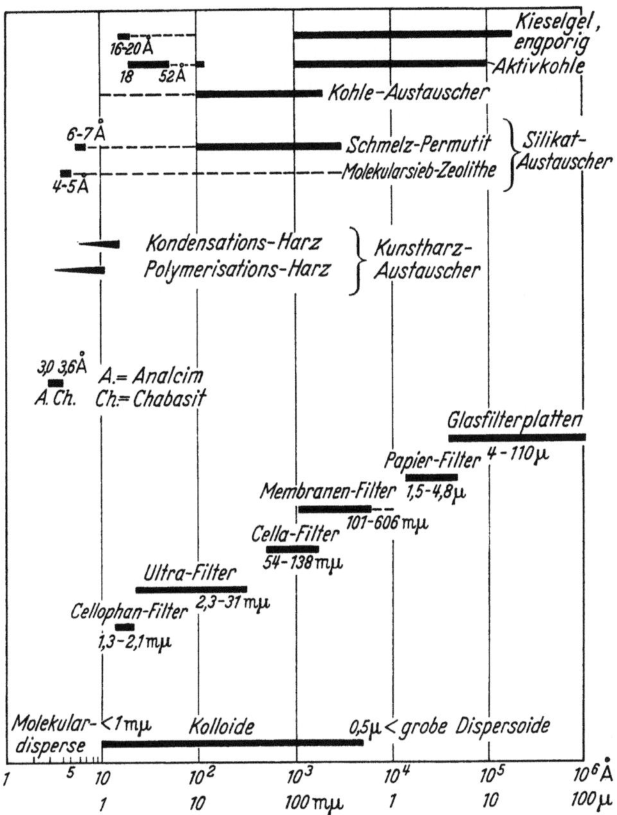

Abb. 82. „Porengrößen"-Bereiche von Ionenaustauschern, Ardsorbentien und Filtermaterial (nach GRIESSBACH)

1,5 Å auf. (Die „Porengröße" von Kunstharzaustauschern liegt, je nach Vernetzungsgrad, im Bereich 3 bis 12 Å) (Abb. 82).

Bei der Adsorption an Zeolithen tritt infolgedessen eine Umstellung in der Adsorptionsreihenfolge auf; hier ist nicht mehr der Radius des hydratisierten Ions, sondern eher der des unhydratisierten Ions bestimmend. Ähnliche Beobachtungen sind bei γ-Al_2O_3 (vorgesättigt mit lose gebundenen Natriumionen) gemacht worden, an dem die Adsorptionsstärke für Lanthaniden mit der Ordnungszahl (und abnehmendem Radius — Lanthanidenkontraktion) zunimmt.

Al_2O_3 ist ein amphoterer Ionenaustauscher, bei $p_H < 6$ werden überwiegend Anionen, bei höherem p_H Kationen adsorbiert. Die Adsorptionskapazität beträgt nur 0,2 mval/g. Dennoch konnte mit verhältnismäßig kurzen Säulen eine ansehnliche Trennung Seltener Erden voneinander erzielt werden (LINDNER): Der Elementartrenneffekt zwischen Dysprosium und Yttrium wird z.B. zu etwa 20% abgeschätzt, welches vergleichbar ist mit der entsprechenden Selektivität organischer Ionenaustauscher. Chelatelution ist hier weniger angebracht, da die Effekte in einander entgegengesetzter Richtung wirken, sich also nicht unterstützen, wie es bei organischen Ionenaustauschern der Fall ist (§ 56).

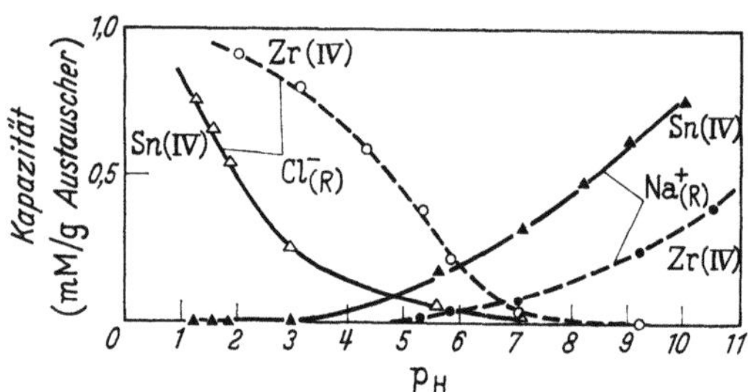

Abb. 83. Aufnahmefähigkeit der Oxydhydrate (etwa der „Kapazität" entsprechend) von Zr (IV) und Sn (IV) für Anionen (im sauren Bereich) und Kationen (im alkalischen Bereich) (nach KRAUS et al.)

Auch andere schwer lösliche Oxyde und Oxydhydrate sind in neuerer Zeit auf ihre Eignung als Ionenaustauschermaterial untersucht worden. Insbesondere sind SnO_2 und ZrO_2 verwendet worden, die beide amphotere Austauscheigenschaften zeigen (Abb. 83). Überwiegende Kationenaustauschereigenschaften zeigen die entsprechenden Phospho-Molybdate und -Wolframate. Die Kapazität liegt zwischen 1 und 4 mval/g für Kationen- und 0,2 bis 1 mval/g für Anionenaustausch, abhängig vom p_H und der Anzahl der eingeführten funktionellen Gruppen.

Durch teilweise Auflösung der Hydroxyde mit der entsprechenden Säure werden basische Salze mit lose gebundenen austauschbaren Anionen erhalten, die nicht höher als auf 150 °C (Zirkoniumwolframat muß sogar bei Zimmertemperatur getrocknet werden) erhitzt werden dürfen.

Die Verwendung von Oxydhydraten als Ionenaustauschermaterial ist nicht neu; schon vor mehreren Jahrzehnten sind mit Aluminiumhydroxyd imprägnierte Papierstreifen für chromatographische Trennungen verwendet worden (FLOOD).

Die Selektivität der neuen anorganischen Ionenaustauscher ist in einigen Fällen ungewöhnlich hoch, insbesonders für Ionen mit hoher Ladung; ihre Reversibilität dagegen ist nicht immer ganz vollständig: z.B. werden Anionenaustauscher auf Hydroxydbasis durch starke Basen beeinflußt, welches dazu führt, daß ein Teil des adsorbierten Stoffes nur langsam austauscht.

„Saure" Salze wie Zirkoniumphosphowolframat oder -molybdat zeigen erhebliche Selektivität sogar für Alkalimetalle (Abb. 84). In diesem Fall werden die höheren Alkalimetalle am stärksten adsorbiert, elektrostatische Wirkungen beziehen sich also auf den Radius des hydratisierten Ions. Diese Rangordnung ändert sich jedoch bei anderen Stoffen wie beispielsweise UO_3.

Die Selektivität ist gebunden an die H^+-Form des Ionenaustauschers und geht bei der NH_4^+-Form mitunter verloren. Auch Erdalkalimetalle können auf analoge Weise an „Zirkoniummolybdat" getrennt werden. Die Alkalien werden an „Zirkoniumphosphat" (wasserstoffbeladen) stärker adsorbiert als die Erdalkalien, während diese Rangfolge sich

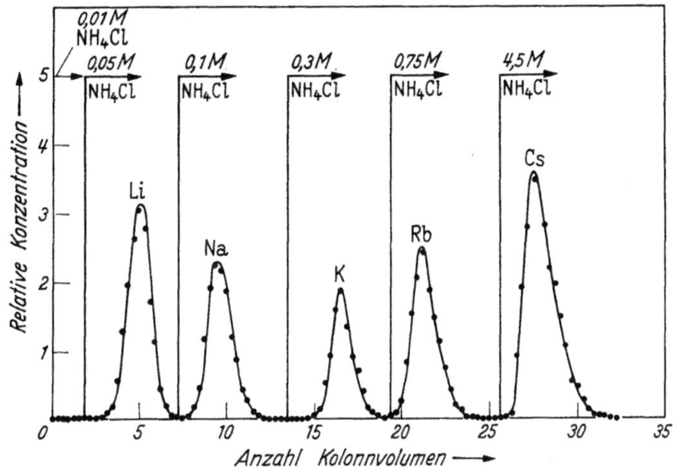

Abb. 84. Elution der Alkaliionen von einer „Zirkoniumwolframat"-Kolonne durch steigende Zusätze von NH_4Cl (nach KRAUS). (Zur Technik der Kolonnenelution vgl. § 55)

bei der NH_4^+-Form umstellt (ein wichtiges Beispiel ist die Trennung Cs-137/Ba-137).

In neuerer Zeit ist auch Ionenaustausch aus Schmelzen als Trennverfahren benutzt worden (GRUEN). So adsorbiert γ-Al_2O_3 aus eutektischen Lösungs-Schmelzen von $LiNO_3$/KNO_3 verschiedene Kationen wie z.B. UO_2^{2+}, das durch Zusatz von Chloridionen (offenbar als Chlorokomplex) wieder eluiert werden kann, sowie Ionen der Übergangselemente und der Seltenen Erden. Die Kapazität für die Adsorption aus Nitratschmelzen ist verhältnismäßig groß: 0,5 mval/g.

Auch Glaspulver ist auf seine Trenneigenschaft gegenüber Kationen aus Schmelzphasen untersucht worden. Offenbar können leicht abdissoziierende Alkali- und Erdalkaliionen gegen andere Metallionen ausgetauscht werden.

Ein Vorteil der Trennung aus Schmelzen wäre die direkte Verarbeitung eutektischer Fluorid- oder Chloridschmelzen, wie sie in der Kerntechnik eine Rolle spielen (§ 29; § 71), wobei zeitraubende Umwandlungsprozesse vermieden werden könnten.

55. Ionenaustauschkinetik; Ionenaustauscherkolonnen

Zur optimalen praktischen Ausführung einer Ionenaustauschtrennung, wie sie gerade in der Radiochemie oft benötigt wird, sind Kenntnisse der Kinetik der beteiligten Teilprozesse notwendig:

Bei der näheren Analyse des zeitlichen Verlaufes eines Ionenaustauscherprozesses müssen hauptsächlich zwei verschiedene Teilprozesse berücksichtigt werden (BOYD).

1. Die Diffusion der Ionen im Ionenaustauscherkorn.

2. Die Diffusion durch einen am Korn „adhärierenden" Flüssigkeitsfilm (von etwa 10^{-3} bis 10^{-2} cm Dicke gemäß vereinfachender Annahme).

Der eigentliche Phasenübergang ist nur in wenigen Fällen (Übergang von H^+-Ionen) zeitbestimmend.

1. Wenn Fall 1 zeitbestimmend ist, gilt für die relative zeitliche Änderung der vom kugelförmigen Korn aufgenommenen Menge Q_t im einfachsten Fall (Vernachlässigung von Diffusionspotentialen; Austausch von Isotopen) die bekannte Lösung der Diffusionsgleichung:

$$F = \frac{Q_t}{Q_\infty} = 1 - \frac{6}{\pi^2} \sum_{n=1}^{\infty} \frac{1}{n^2} \exp\left(- \frac{D_R \, t \, \pi^2 \, n^2}{r^2}\right), \qquad (7.20)$$

wobei D_R die Diffusionskonstante im Korn (resin) und r der Kornradius ist. Hiernach ist die HZ des Austausches: $t_{\frac{1}{2}} \approx 0{,}03 \, r^2/D_R$. Bei $r = 10^{-2}$ cm und $D = 10^{-6}$ cm²/sec erhält man 3 sec HZ. Die Diffusion im Korn bestimmt den Gesamtverlauf bei kleinem D_R und großem r, d.h. wenn

$$\frac{X \, D_R \, \varrho}{C_L \, D_L \, r} < 0{,}1 \, ,$$

wobei X die Konzentration der Festionen (§ 54), ϱ die Dicke des adhärierenden Flüssigkeitsfilmes, C_L die Konzentration in der Lösung und D_L die Diffusionskonstante in der adhärierenden Lösung ist.)

Da bei einwertigen Ionen D_R etwa $^1/_{10} D_L$ (und C_L meist $^1/_{100}$ bis $^1/_{10} X$) ist, sollte r mindestens 10 bis 100ϱ sein, damit in diesem Fall Korndiffusion zeitbestimmend wird. Bei mehrwertigen Ionen kann wegen des erheblich herabgesetzten Wertes für D_R (s. unten) Korndiffusion auch schon bei kleineren Körnern zeitbestimmend werden.

2. Bei sehr kleinen Körnern (sowie großen Strömungsgeschwindigkeiten) und verdünnten Lösungen kann die Diffusion durch die adhärierende Flüssigkeitsschicht zeitbestimmend werden. In diesem Fall gilt für den zeitlichen Verlauf der Aufnahme:

$$F = \frac{Q_t}{Q_\infty} = 1 - \exp\left(- \frac{3 D_L C_L t}{r \varrho C_R}\right) \qquad (7.21)$$

(C_R = Konzentration der aufgenommenen Ionen im Austauscherkorn) woraus die HZ des Austausches berechnet werden kann zu:

$$t_{\frac{1}{2}} = 0{,}23 \, \frac{r \varrho C_R}{D_L C_L} \, .$$

In diesem Fall ist die Zeitfunktion eine reine Exponentialfunktion, und die Geschwindigkeitskonstanten können durch graphische Analyse der entsprechenden Kurven im halblogarithmischen Diagramm bestimmt werden. Durch Variation von r (von dem die Korndiffusion stark abhängig ist) bzw. von C_L (wodurch die Filmdiffusion beeinflußt wird), kann der zeitbestimmende Teilprozeß ermittelt werden.

Vorstehende Angaben gelten für praktisch unveränderte Konzentration in der Außenlösung während des gesamten Prozesses, d. h. für ein sehr großes Volumen oder ständige Erneuerung der Lösung.

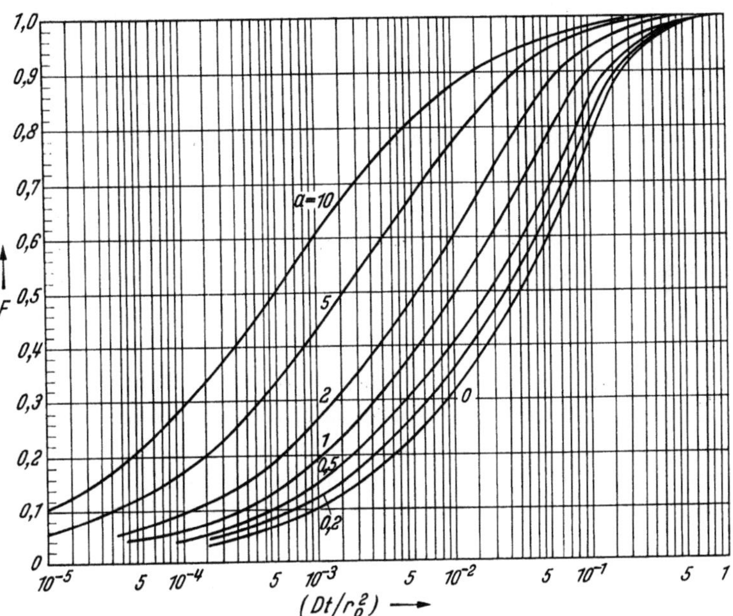

Abb. 85. Zeitfunktion des Ionenaustausches isotoper Atomarten bei bestimmender Diffusion in Kugeln vom Radius r_0 (r) und verschiedenen Verhältnissen (a) der Menge des betreffenden Ions in Austauscher und Lösung; (Diagramm geeignet zur Bestimmung der Diffusionskonstanten D; basiert auf analogen Berechnungen der Wärmeleitung, nach PATERSON)

In vielen Fällen von Gleichgewichtsversuchen („batch"-Versuchen) wird sich jedoch die Konzentration der Lösung während des Versuches ändern. Für diesen Fall sind Näherungslösungen für die Gleichung der zeitbestimmenden Korndiffusion vorhanden und in der Literatur graphisch wiedergegeben im Diagramm: Umsatzbruchteil F (§ 48) als Funktion von τ ($\tau = D_R\, t/r^2$) (vgl. Abb. 85). Aus der Kurvenschar für verschiedene Werte von $a = \dfrac{V_R \cdot C_R}{V_L \cdot C_L}$ [$a = 0$ entspricht dem Grenzfall einer Außenlösung konstanter Konzentration (unendlichen Volumens)] kann bei bekanntem Kornradius die Diffusionskonstante entnommen werden; beim Vorliegen mehrerer Messungen empfiehlt sich zur Kontrolle der Konstanz von D die Auftragung von

$\log \tau$ gegen $\log t$, einer Geraden von der Neigung 1 [$\log \tau = \log t + \log (D/r^2)$].

Außer von äußeren Versuchsbedingungen (wie Konzentrationen, Durchflußgeschwindigkeiten, Korngrößen) wird die Geschwindigkeit des Ionenaustausches und die Art der Zeitfunktion von den Diffusionskonstanten bestimmt. Während sich diese für einfache hydratisierte Ionen in wäßrigen Lösungen nicht nennenswert voneinander unterscheiden (Größenordnung 10^{-5} cm² sec⁻¹), liegen im Ionenaustauscher erhebliche Unterschiede vor (BOYD und SOLDANO): einwertige Kationen 10^{-6}, einwertige Anionen 10^{-7}, zwei-, drei- und vierwertige Kationen: Durchschnittswerte von 10^{-8}, 10^{-9} bzw. 10^{-10} cm² sec⁻¹ in Ionenaustauschern von 8% „Vernetzungsgrad". Die Aktivierungsenergie der Diffusion liegt zwischen 5 und 8 kcal/Mol und ist also vergleichbar mit der in wäßrigen Lösungen.

Die Unterschiede in den Diffusionskonstanten führen zu erheblichen Unterschieden in der Zeit zur Einstellung des Gleichgewichtes und bestimmen also auch die Effektivität von Ionenaustauscherkolonnen.

Ionenaustauscherkolonnen

Bei der am häufigsten angewandten Technik („Bandtrennung") ist die Kolonne mit dem Ion C vorbeladen, die zu trennenden Ionen A und B werden der Kolonne in begrenzter Menge zugeführt und dann wird eine Lösung des Ions D zugegeben, das im Einzelschritt entweder weniger („Elution") oder stärker als A und B adsorbiert wird („Verdrängung").

a) Im erstgenannten Fall hängt der zeitliche Konzentrationsverlauf der zu trennenden Stoffe auf der Kolonne und im Filtrat von den Adsorptionsisothermen ab. Beim Vorliegen einer linearen Adsorptionsisotherme bildet sich allmählich eine glockenförmige Konzentrationskurve aus, die sich auf der Kolonne mit einer gewissen Verzögerung gegenüber dem Flüssigkeitsstrom verschiebt. Die relative Wanderungsgeschwindigkeit ist umgekehrt proportional der Summe des Verteilungsfaktors K_D und des „relativen freien Flüssigkeitsvolumens" α der Kolonne

$$\Delta x/\Delta t = 1/(K_D + \alpha). \tag{7.21}$$

Zu jedem Ion gehört ein Band mit eigener Wanderungsgeschwindigkeit, die Bänder können in günstigen Fällen vollständig voneinander getrennt werden.

b) Falls „Verdrängung" mit einem stärker adsorbierten Ion geschieht, kann keine vollständige Trennung der beiden Ionen erzielt werden. Zwar können die Konzentrationen höher und die Volumina von Lösung und Kolonne geringer gehalten werden; für die Reinherstellung der beiden Stoffe ist jedoch diese Methode weniger geeignet, da eine gewisse Überlappung verbleibt, unabhängig von der Länge der Kolonne. Infolgedessen ist für analytische Zwecke die Elutionsmethode nach a) vorzuziehen.

Die Effektivität von Ionenaustauscherkolonnen

Für eine optimale Trennung ist außer der Wahl eines Systemes mit geeigneten Elementartrennfaktoren die der „freien Parameter" r, C_L und $\overline{F}$ (s. unten) zu treffen.

Der totale Trenneffekt (gegeben durch die Quotienten der Konzentrationsverhältnisse der beiden zu entmischenden Stoffe am Beginn und am Ende der Trennzone) steigt exponentiell mit der Anzahl der Trennschritte. Die Länge, innerhalb derer sich bei dem Durchströmen der Kolonne das Gleichgewicht einstellt, wird als ein „theoretischer Boden" bezeichnet in Analogie zur Destillationstechnik (auf englisch HETP = height equivalent of a theoretical plate). Es ist wünschenswert, den Wert der HETP so klein wie möglich zu halten, damit eine vorgegebene Kolonne so effektiv wie möglich ist, und im folgenden soll der Einfluß der verschiedenen Versuchsbedingungen auf die HETP diskutiert werden (bei sehr kleinen absorbierten Mengen):

HETP kann durch folgenden Ausdruck angenähert werden (GLUECKAUF):

$$\text{HETP} = 1{,}64\,r + \frac{K_D}{(K_D + \alpha)^2} \cdot \frac{0{,}142\,r^2\,\overline{F}}{D_R} + \frac{K_D^2}{(K_D + \alpha)^2} \cdot \frac{0{,}266\,r^2\,\overline{F}}{D_L(1 + 70\,r\,\overline{F})} \quad (7.22)$$

($\overline{F}$: Strömungsgeschwindigkeit in cm sec^{-1}).

Die drei Terme geben die Beiträge zu HETP an, die von folgenden Störerscheinungen geliefert werden.

1. Die untere Grenze ist in jedem Fall gegeben durch die Dicke einer Schicht dichtgepackter Ionenaustauscherkörner, welche zu $1{,}64\,r$ angenommen wird.

2. Der zweite Term gibt die Wirkung der Diffusion in den Austauscherkörnern wieder. Dieser Faktor ist proportional dem Quadrat des Kornradius und zur Strömungsgeschwindigkeit, die also beide die HETP vergrößern.

3. Der dritte Term gibt die Einwirkung der Diffusion durch den adhärierenden Flüssigkeitsfilm wieder. Auch dieser Beitrag nimmt mit Kornradius und Strömungsgeschwindigkeit zu.

Es ist für die Effektivität der Trennkolonne wichtig, Kornradius und Strömungsgeschwindigkeit so klein wie möglich zu wählen. Ein ausreichend großer Wert für den Verteilungskoeffizienten K_D ist ebenfalls günstig (er kann innerhalb gewisser Grenzen beeinflußt werden durch die Wahl des eluierenden Ions, durch die Konzentration und die Ionenstärke; er wird jedoch ungünstig beeinflußt von sehr geringen Konzentrationen), er bedeutet große „Retention" (Verzögerung der transportierten Ionen gegenüber der Lösung).

In Abb. 86 (GLUECKAUF) wird die HETP bei beliebigen Kombinationen von $\log\left(r\overline{F}\left(\dfrac{K_D}{K_D + \alpha}\right)^2\right)$ und $\log K_D$ wiedergegeben unter der Annahme, daß $D_L = 10^{-5}$; $D_R = 3 \cdot 10^{-7}$ cm^2 sec^{-1}. Das Überwiegen von Korndiffusion bzw. Filmdiffusion ist in den entsprechenden Feldern angegeben. Die günstigsten Bedingungen, entsprechend einer HETP von nur einigen wenigen Kornradien, werden bei äußerst geringen Flußgeschwindigkeiten erreicht, bei Kornradien von 10 μ kann man mit einer Kolonne von 1 m Länge mehr als 10^4 theoretische Böden erhalten.

Eine Erhöhung des Verteilungsfaktors K_D über einen mittelgroßen Wert (etwa 10^1 bis 10^2) trägt jedoch nicht mehr zur Verringerung der HETP bei. Dieser Wert wird notfalls durch die Wahl verdünnter Lösungen erzielt; geeigneterweise wird $K_D = D_L/2D_R$ und $\overline{F}$ zu $6D_L/r$ gewählt. Wenn man diese Werte in die Gleichung einsetzt, folgt HETP $= 5r$, welches in der Praxis als Optimalwert angesprochen werden kann.

Die HETP kann mittels obengenannter Gleichung berechnet werden, aber auch experimentell bestimmt werden. Wenn eine Elutionskurve vom Glockentyp resultiert, kann bei kleinem α die Anzahl N der theoretischen Böden aus dem Volumen v des Eluates bis zum Maximum der Konzentrationsverteilung und, in der gleichen Volumeneinheit gemessen, der Bandbreite β, bei $c = c_{\max}/e$, berechnet werden:

$$N = 8 \left(\frac{v}{\beta}\right)^2. \qquad (7.23)$$

Außerdem gilt:

$$c_{\max} = \frac{m}{v} \sqrt{\frac{N}{2\pi}}, \qquad (7.24)$$

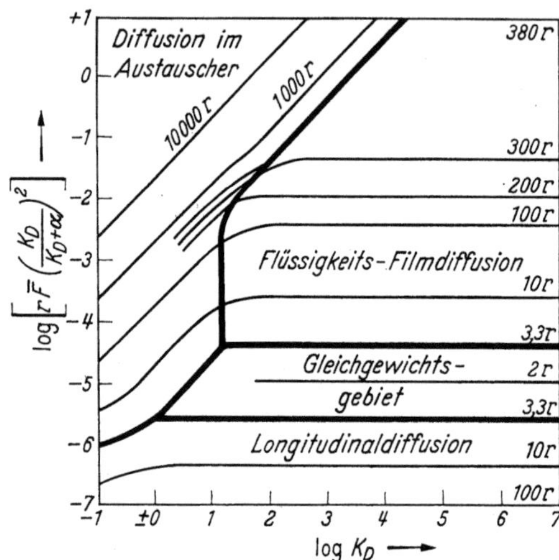

Abb. 86. Die effektive Höhe eines theoretischen Bodens in der Einheit r (Ionenaustauscherkornradius), wiedergegeben (für $D_L = 10^{-5}$ und $D_R = 3 \cdot 10^{-7}$ cm² sec⁻¹) als „Niveaulinien" in Abhängigkeit von den Parametern r, $\overline{F}$, K_D und α (siehe Text) (nach GLUECKAUF). [Bei sehr kleinen Werten von $\overline{F}$ Erhöhung von HETP durch „Longitudinaldiffusion", in Gl. (7.22) vernachlässigt]

wobei m die Gesamtmenge, d.h. die Fläche unter der Glockenkurve ist. Hieraus kann N ebenfalls berechnet werden:

$$N = 2\pi \left(\frac{c_{\max} v}{m}\right)^2. \qquad (7.25)$$

Praktische Ausführungen von Ionenaustauscherkolonnen

Außer der zur Erzielung der gewünschten Trennung notwendigen Dimensionierung einer Ionenaustauscherkolonne nach Länge, Korngröße und Flußgeschwindigkeit sind bei der praktischen Ausführung folgende Gesichtspunkte zu beachten (vgl. Abb. 87):

1. Besonders wichtig und in der Praxis die Effektivität der Kolonne begrenzend ist die Packung der Austauscherkörner; ungleichmäßige Verteilung, die zur „Kanalbildung" und Verwischung scharfer Fronten führt, ist zu vermeiden. Vorteilhaft ist die Verwendung einheitlicher Korngrößen; gleichmäßige Packung kann durch Rütteln des trocken

eingefüllten Austauschers oder Sedimentation aus wäßriger Lösung, eventuell nach Aufwirbeln durch „Backwash" erreicht werden.

2. Die zeitbestimmenden Diffusionsvorgänge laufen schneller ab bei erhöhter Temperatur (Aktivierungsenergie 5 bis 10 kcal Mol^{-1}) und daher nimmt gemäß Gl. (7.22) die HETP ab, die Effektivität der

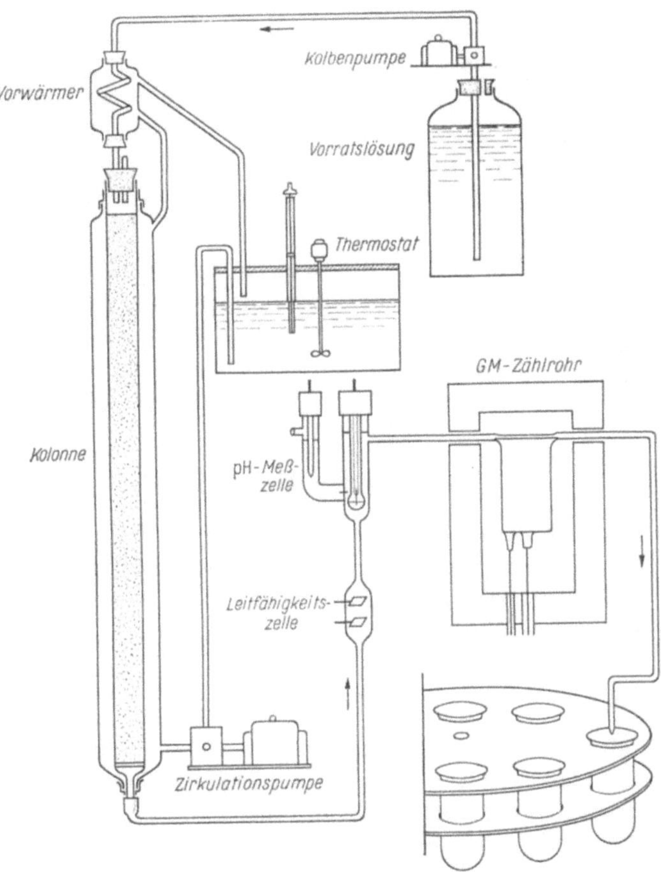

Abb. 87. Beispiel einer Ionenaustauscherkolonne für radiochemische Zwecke (nicht maßstabsgetreu)

vorgegebenen Kolonne nimmt also zu bei Temperaturerhöhung. Ein Wärmemantel, durchströmt von thermostatgeheizter Flüssigkeit oder von Dämpfen konstanter Temperatur (Beispiel Trichloräthylen: 87 °C), muß auch die einlaufenden Lösungen vorerwärmen und von gelösten Gasen befreien, um die spätere Entwicklung flußhemmender Gasblasen in der Kolonne zu vermeiden.

3. Ausreichende Flußgeschwindigkeit muß bei langen Kolonnen, dichtgepackt mit Austauscher geringer Korngröße, durch Überdruck

auf die Lösung aufrechterhalten werden. Konstanter Druck, etwa aus Stickstoffbomben, ist nicht immer ausreichend für konstante Flußgeschwindigkeit, da durch Schwellung und Schrumpfung bei Austausch verschiedener Ionen der Kolonnenwiderstand sich verändert. Besser sind Pumpen konstanter Fördergeschwindigkeit.

4. Bei der Trennung von Radionukliden durch Ionenaustauscherkolonnen wird zweckmäßigerweise die Konzentration der auslaufenden Radionuklide durch laufende Messung des Filtrates festgestellt, z.B. mit Hilfe eines GM-Rohres über einer durchströmten Meßzelle, Passage durch einen durchbohrten Szintillationskristall oder dergleichen.

5. Mitunter ist es angebracht, den p_H-Wert sowie die Leitfähigkeit der auslaufenden Lösung in Durchströmungselektrodengefäßen laufend zu messen.

6. Schließlich muß für eine fraktionierte Aufsammlung des Filtrates gesorgt werden; die Verschiebung der Aufsammlungsgefäße kann mittels Relais, betätigt durch einstellbare Zeituhren, geschehen; bei Mikrokolonnen kann der fallende Tropfen durch Herstellen des Stromschlusses zwischen zwei Platindrähten den auslösenden Impuls geben.

56. „Kombinierte" Trennverfahren

Unter diesem Titel sollen einige Verfahren besprochen werden, welche die Verbindung von mehreren Elementartrenneffekten ausnützen.

Das wichtigste Beispiel ist die Kombination von Chelatbildung (§ 52) und Ionenaustausch (§ 54).

Die Kombination von Ionenaustausch und Chelatelution

Bei großen Komplexbildungskonstanten gilt annähernd $\lambda = \lambda_0/K(Ke)^n$ [§ 52, Gl. (7.14)]; wenn die komplexbildende Säure mit der Dissoziationskonstanten K_A dissoziiert, wird dies zu:

$$\lambda = \frac{\lambda_0(H^+)^n}{K K_A^n (HKe)^n} \,, \qquad (7.26)$$

d.h. der Verteilungskoeffizient zwischen Ionenaustauscher und Lösung ist proportional der n-ten Potenz der Wasserstoffionenkonzentration.

Bei der näheren Analyse des Trennvorganges muß auch das Ionenaustauschgleichgewicht zwischen dem untersuchten Kation und dem (schon vorher adsorbierten) Gegenion des Austauschers berücksichtigt werden. Bei NH_4R gilt:

$$\lambda = \frac{\alpha \, \substack{M^{+n} \\ NH_4^+} \, (NH_4R)^n \, (H^+)^n}{K K_A^n (NH_4^+)^n (HKe)^n} \,, \qquad (7.27)$$

wenn $\alpha_{NH_4^+}^{M^{+n}}$ der Selektivitätskoeffizient (Trennfaktor) für Me^{+n} gegenüber NH_4^+ ist. Bei der Bildung von Citratkomplexen zwischen dreiwertigen Metallionen und H_2Cit^- z. B. (SCHUBERT) wird dieses zu:

$$\lambda = \frac{\alpha_{NH_4^+}^{M^{+3}} (NH_4R)^3 (H^+)^3}{K K_A^3 (NH_4^+)^3 (H_2Cit^-)^3} . \tag{7.28}$$

Der Verteilungskoeffizient λ ist also proportional der dritten Potenz der Wasserstoffionenkonzentration, d.h. im Diagramm $\log \lambda : f(\text{pH})$ sollte die Neigung -3 vorliegen, was bei den Lanthaniden nur näherungsweise erfüllt ist (denn im verwendeten pH-Bereich dissoziiert auch das zweite Wasserstoffion der Citronensäure ab).

Für den elementaren Effekt α der Trennung von zwei Kationen gilt dann: $\alpha = \dfrac{\lambda_1}{\lambda_2} = \dfrac{(\lambda_0)_1 K_2}{(\lambda_0)_2 K_1}$. Die Trennung ($\alpha$ ungleich 1) beruht also auf dem Unterschied der beiden Werte teils für λ_0, teils für K. Bei organischen Ionenaustauschern ist im allgemeinen $(\lambda_0)_1 < (\lambda_0)_2$, wenn $K_1 > K_2$, welches eine Addition der Beträge und Verstärkung der Trennwirkung bedeutet.

In homologen Reihen und innerhalb der Lanthanid- und Aktinidreihe bilden nämlich (auf Grund größerer Werte für e^2/r) kleinere Ionen stabilere Chelatkomplexe, aber auch größere Aquokomplexe. Die geringere Aufnahme der größeren hydratisierten Ionen im Ionenaustauscher wirkt so im gleichen Sinne wie die bevorzugte Ablösung vom Austauscher auf Grund der größeren Chelatbildungskonstante. Hierbei überwiegt im allgemeinen der Beitrag des Komplexbildungstrenneffektes.

Bei der Kombination von Ionenaustausch und Chelatelution ist die Verwendung möglichst stabiler Komplexe zweckmäßig, da in diesem Fall auch der Unterschied der Komplexkonstanten zwischen ähnlichen Elementen am größten ist.

Außerdem ist bei sehr stabilen Komplexen die Einstellungsgeschwindigkeit des Komplexgleichgewichtes von Bedeutung, insbesondere bei Trennungen an Kolonnen. Sie ist am größten bei Komplexbildnern, welche die Karboxylgruppe enthalten. Aus den Komplexbildungskonstanten und -geschwindigkeiten ergibt sich die Wahl des geeigneten Chelatbildners für bestmögliche Trennung: Beispielsweise ist der Unterschied in den Komplexbildungskonstanten innerhalb der Lanthanidenreihe zwischen zwei aufeinanderfolgenden Elementen am größten bei Komplexen der Diamino-Cyclohexan-TA(-TA:-Tetra-Essigsäure); der Unterschied bei EDTA-Komplexen ist geringer, doch stellt sich hier das Gleichgewicht etwa 100fach schneller ein (SCHWARZENBACH), und infolgedessen sind die EDTA-Komplexe für Trennungen vorzuziehen. (Noch schneller bilden sich Citratkomplexe.)

Wenn Trennung aller Lanthaniden voneinander beabsichtigt ist, empfiehlt sich gemäß Gl. (7.26) bis (7.28) Erhöhung des pH-Wertes, um sukzessive die mit abnehmender Ordnungszahl abnehmende Komplexbildungskonstante zu kompensieren. Dies ist laufend geschehen während des in Abb. 88, unten, wiedergegebenen Versuches.

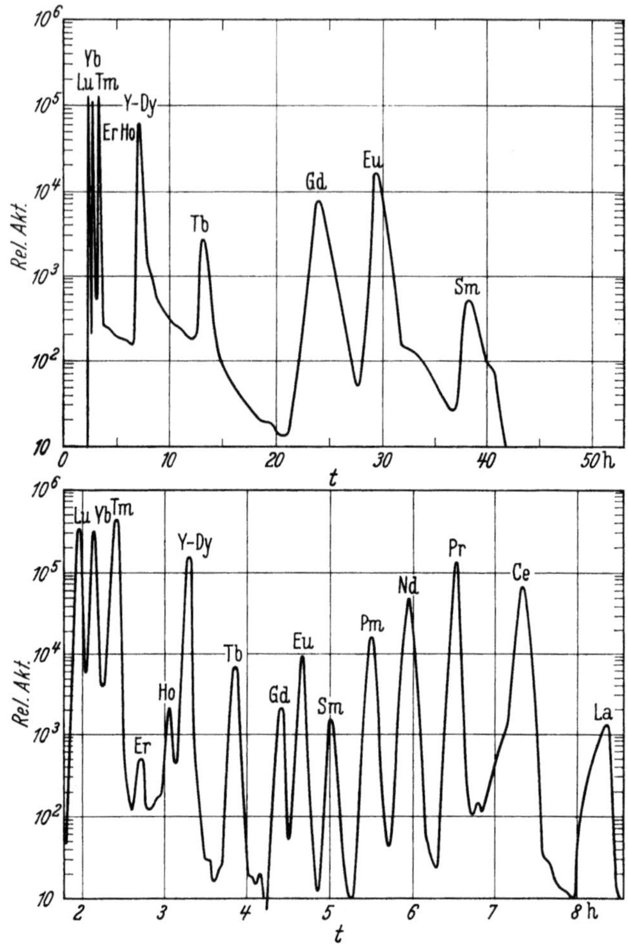

Abb. 88. Elution radioaktiver Seltener Erden von Dowex-50, X-12 < 400 mesh mit 1 M Ammoniumlaktat (nach NERVIK). Oben: pH 3,19; zunehmende Verbreiterung der Elutionsspitzen, Elemente leichter als Sm können innerhalb annehmbarer Zeiten nicht mehr eluiert werden. Unten: laufende Erhöhung des pH-Wertes von 3,19 auf 4,11; gleichmäßige Elution sämtlicher Seltener Erden

Auch innerhalb der Aktinidenreihe nehmen die EDTA-Komplexbildungskonstanten mit der Ordnungszahl zu, die Absolutwerte liegen außerdem höher als in der Lanthanidenreihe [$\log K$: Pu(III): 18,12 gegenüber Sm: 17,14; Am und Cm: 18,16 und 18,45 verglichen mit Eu und Gd: 17,35 und 17,37 (vgl. Tabelle 7.2)]

Extraktion und Komplexbildung

Unterschiede zwischen Chelatbildungskonstanten können auch in den Fällen ausgenutzt werden, in denen die Phasentrennung mittels Extraktion geschieht: Besonders geeignete Chelatbildner sind die β-Diketone wie TTA (Thenoyl-trifluor-aceton). Für den Verteilungskoeffizienten des Metalles zwischen der organischen (o) und der Wasserphase (aq) gilt — unter der Annahme, daß der Komplex nur in der organischen Phase löslich ist — nährungsweise (CALVIN):

$$D_{aq}^{o} = \frac{K(\mathrm{H}Ke)_{o}^{n}}{(\mathrm{H}^{+})_{aq}^{n}}; \qquad (7.29)$$

$\log D_{aq}^{o}$ ist also proportional zum p_H-Wert und infolgedessen können auf Grund ihrer verschiedenen Komplexbildungskonstanten verschiedene Metalle bei sukzessiv zunehmenden p_H-Werten in die organische Phase überführt werden und auf diese Art voneinander getrennt werden. [Bei hydrolysierenden Metallionen muß obige Gleichung umgeformt werden zu:

$$D_{q} = \frac{K(\mathrm{H}Ke)^{n}}{(\mathrm{H}^{+})^{m}}, \qquad (7.30)$$

wobei $(n-m)$ die Anzahl der Hydroxylgruppen im Molekül (Hydroxyd, bas. Salz) ist.]

So wird z. B. trägerfreies Ca-45 von bestrahltem Sc_2O_3 nach Auflösung abgetrennt. Sc wird nämlich vollständig mit TTA in Benzol bei p_H 1,5 extrahiert, während das radioaktive Ca erst bei p_H 8 in die organische Phase übergeht.

Wenn das entsprechende Kation durch Chelatbildung „maskiert" wird, kann es von anderen Kationen getrennt werden, die mit geeigneten Fällungsreagentien ausfallen; durch sukzessive Veränderung des p_H-Wertes können so sogar Lanthanide voneinander getrennt werden. Jedes Element hat ein optimales p_H-Gebiet für die Komplexbildung. In stark sauren Lösungen dissoziiert der Komplex, im alkalischen kann Hydrolyse eintreten.

Verteilungsverfahren

Zusammenwirken mehrerer Trenneffekte liegt auch vor bei der Papierchromatographie, die zunehmend in der analytischen Radiochemie Verwendung findet. Zur Trennung tragen bei: Ionenaustauschereigenschaften, zurückzuführen auf die Karboxylgruppen des Papieres; Adsorptionseigenschaften und — gegebenenfalls — die Verteilung zwischen einer am Papier adsorbierten wäßrigen und einer strömenden organischen Phase. (Dieses Prinzip ist noch besser erfüllt bei Stoffen mit höherer Wasserabsorptionskapazität wie z. B. Silikagel, s. weiter unten.) Manche Ausführungen nutzen außerdem die Komplexbildung aus, wie z. B.

die von Metallionen mit Fluoridionen. Ein Beispiel ist die Trennung einiger Uranspaltprodukte voneinander auf Grund ihrer Wanderung als Fluoridkomplexe, löslich in „Hexon", auf Chromatographiepapier. Die Lokalisierung der einzelnen Nuklide ist radioautographisch leicht festzustellen.

Ein Verteilungsverfahren, das in Kolonnenform ausgebildet werden kann, benutzt die verschiedene Verteilung verschiedener Ionen auf wäßrige und organische Phasen, wobei die wäßrige Phase als „stationäre Phase" an Silikagel adsorbiert ist (HAEFFNER und HULTGREN). Der Verteilungskoeffizient, angegeben für die organische Phase (30 Vol-% TBP), kann z.B. für U(VI) das 1000fache des Wertes für Pu(III) betragen [auch Pu(IV) wird bei geringer HNO_3-Konzentration nur wenig von der organischen Phase aufgenommen], und hierauf kann eine Trennmethode gegründet werden, die unter Umständen auch technische Verwendung finden wird. So kann Uran von einer Silikagelkolonne mit TBP von mäßiger Salpetersäurekonzentration ($\sim 10^{-2}$ M) quantitativ eluiert werden, während Plutonium erst nach Zugabe von ~ 1 M Salpetersäure die Kolonne verläßt und so rein abgetrennt werden kann.

Zusätzliche Einwirkung elektrischer Felder

Trenneffekte der Papierchromatographie können auch mit solchen der Ionenwanderung im elektrischen Felde kombiniert werden (Elektropapierchromatographie). Hierbei ist es zweckmäßig, das Feld transversal zur papierchromatographischen Wanderungsrichtung anzulegen (STRAIN). Auf diese Art werden einerseits Anionen und Kationen in verschiedener Richtung abgelenkt, andererseits Ionen verschiedener Ladung (auf Grund verschiedener Wertigkeit oder Komplexbildung) noch weiter voneinander entfernt, als dieses bei einfacher Papierchromatographie der Fall wäre. So läßt sich z.B. bei Anwesenheit von EDTA Kupfer als starker, negativ geladener Chelatkomplex in Richtung der Anode ablenken und auf diese Art von Silber trennen. Auch die verschiedenen Oxydationspotentiale von Metallionen, die zur Bildung von Anionen führen (Beispiel: Trennung Chrom/Nickel auf Grund von Chromatbildung) führen zur Anionen-Kationen-Trennung. Ein besonderer Vorteil der Elektropapierchromatographie ist es, daß sie als kontinuierliches Verfahren betrieben werden kann und infolgedessen auch für präparative Zwecke in Betracht zu ziehen ist.

Papierchromatographie, Ionenwanderung und Komplexbildung sind die Elementarprozesse, die beim „fokussierenden Ionenaustausch" (SCHUHMACHER) zusammenwirken, der als Schnellmethode für analytische Zwecke auch in der Radiochemie zunehmend an Bedeutung gewinnt. Hierbei wird das zu trennende Ionengemisch auf einen Papierstreifen in Form einer einige Zentimeter langen Zone aufgebracht, und der Papierstreifen mit seinen Enden in das Kathodengefäß (enthaltend den Komplexbildner, beispielsweise alkalische EDTA-Lösung) bzw. in das Anodengefäß (enthaltend eine Säure als „Komplexzerstörer") eingebracht. Die ursprüngliche Trennzone (enthaltend M_1, M_2, ...) befindet sich in dem mittleren Gefäß (vgl. Abb. 89), das mit Kühlflüssigkeit (CCl_4) gefüllt ist, um die bei der einsetzenden Ionenwanderung entstehende Joulesche Wärme abzuführen und Konvektion im Papierstreifen zu verhindern. Durch Capillarkräfte werden die Lösungen aus den Elektrodenräumen in den Papierstreifen gesaugt und gewinnen den Anschluß an die Trennionenzone. Infolge des Gegeneinanderdiffundierens (Einsaugens) von Komplexbildner und Komplexzerstörer stellt sich innerhalb der Trennionenzone ein Konzentrationsgradient der komplexbildenden Anionen ein. Infolgedessen tritt gemäß der Konzentration auch ortsabhängige Komplexbildung ein für die in der Zone ursprünglich in freiem Zustande vorhandenen Kationen.

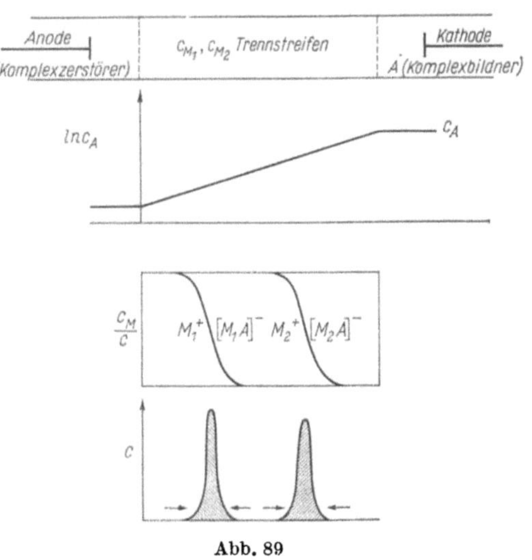

Abb. 89

Die jeweiligen Gebiete der Metallkonzentration ziehen sich nach Anlegen des Feldes zusammen („fokussieren"), da die „freien" Kationen, dem Potentialgradienten folgend, in ein Gebiet hoher Komplexbildnerkonzentration vorstoßen und dort Komplexanionen bilden. Diese gelangen wiederum in ein Gebiet höherer Konzentration der komplexzerstörenden Säure und werden hierdurch zu Kationen. Es wird sich also allmählich das entsprechende Element in Form eines verhältnismäßig schmalen Bandes konzentrieren, wobei die Lage auf dem Trennstreifen nur von der jeweiligen Komplexbildungskonstante abhängig ist, und verschiedene Elemente sich in Form schmaler voneinander deutlich getrennter Linien absetzen. Der Papierstreifen kann danach zerschnitten werden, und die einzelnen Komponenten können durch radioaktive Messungen identifiziert werden. Eine derartige Analyse erfordert nur wenige Minuten.

57. Rückstoßeffekte von Kernumwandlungen als Trenn- und Darstellungsmethode für Radionuklide

Bei Aussendung von Kernstrahlung erhält der entstandene Kern einen „Rückstoß", der gemäß Impulssatz abhängig ist vom Impuls der ausgesandten Strahlung und der Masse des entstandenen Kerns. Rückstoßwirkungen sind schon frühzeitig beobachtet und auch zu Trennungen verwendet worden bei den Folgeprodukten von α-Zerfällen. So erhält z.B. der durch α-Zerfall von ThC (Bi-212) entstandene Kern ThC″ (Tl-208) eine Rückstoßreichweite in Luft NTP von 0,13 mm, welches Reinherstellung durch Auffangen auf einer negativ geladenen Metallplatte ermöglicht (HAHN und MEITNER 1909). Auch in festen Stoffen haben α-Rückstoßkerne eine meßbare Reichweite ($\sim$10 bis 20 mμ).

Kernrückstoß tritt ebenfalls auf bei binuklearen Kernreaktionen, wobei besonders (n, γ)-, (n, p)-, (n, α)- und (n, f)-(Spaltungs)-Reaktionen untersucht worden sind. Ab 1934 wurde die Möglichkeit untersucht, chemische Bindungen mittels Rückstoß bei (n, γ)-Reaktionen zu lösen.

Da damals keine Kernreaktoren (als Neutronenquellen) vorhanden waren, wurden diese Methoden hauptsächlich benutzt, um die bei Neutronenbestrahlung entstandenen Radionuklide mit hoher spezifischer Aktivität für Leitisotopuntersuchungen, medizinische Verwendung usw. zu isolieren (Szilard-Chalmers-Prozeß).

Diese Bedeutung der Prozesse hat nach der allgemeinen Zugänglichkeit von Kernreaktoren abgenommen; dagegen ist die prinzipielle Möglichkeit, durch Rückstoß leicht besondere indizierte organische Verbindungen zu gewinnen, in letzterer Zeit in den Vordergrund getreten.

Der Szilard-Chalmers-Prozeß

Im Versuch von SZILARD und CHALMERS 1934 wurde Äthyljodid mit langsamen Neutronen bestrahlt. Die organische Phase wurde nach der Bestrahlung mit Wasser unter Zusatz von Natriumbisulfit extrahiert. Nach der Phasentrennung wurde in der Wasserphase ein großer Teil des durch (n, γ)-Prozeß gebildeten radioaktiven J-128 wiedergefunden und als Jodid mit Silbersalz als Träger ausgefällt; die spezifische Aktivität war sehr viel höher als die des bestrahlten Äthyljodids: offenbar hatte eine „Anreicherung" der radioaktiven Atome stattgefunden, eine „Isotopentrennung".

Im folgenden betrachten wir die energetischen Verhältnisse bei einem derartigen Prozeß: Die Energie der γ-Strahlung bei (n, γ)-Prozessen liegt in der Größenordnung 5 MeV, woraus eine Rückstoßenergie für das Jodatom von etwa 100 eV resultieren würde, während die Energie der Bindung C—J nur 2 eV ist. Hiernach sollte die Rückstoßenergie also mehr als ausreichend sein, die chemische Bindung zu brechen.

Allerdings muß die Rückstoßenergie aufgeteilt werden auf die kinetische Energie des Gesamtmoleküls (Schwerpunkt) und die (Anregungs- oder) Excitationsenergie der C—J-Bindung: Der Impuls des γ-Quants ist E_γ/c; der Impuls des Jodatoms (A) ist $= \sqrt{2 m_A E_A}$. Hieraus folgt laut Impulssatz für die kinetische Energie des Jodatoms $E_A = E_\gamma^2/2 m_A c^2$.

Diese totale Rückstoßenergie wird aufgeteilt:

$$E_A = E_{\text{exc}} + \frac{m_A + m_B}{2} v_S^2 \tag{7.31}$$

(B gilt für die Äthylgruppe, S für den Schwerpunkt).

v_S kann durch den Impuls p_A ausgedrückt werden: $v_S = p_A/(m_A + m_B)$. Infolgedessen:

$$E_A = E_{\text{exc}} + \frac{(m_A + m_B)\, p_A^2}{2\,(m_A + m_B)^2} \tag{7.32}$$

oder da

$$p_A = \sqrt{2\,m_A\, E_A}, \text{ ist } E_A = E_{\text{exc}} + \frac{2\,m_A\, E_A}{2\,(m_A + m_B)} . \tag{7.33}$$

Hieraus folgt für die Excitationsenergie

$$E_{\text{exc}} = E_A - E_A\, \frac{m_A}{m_A + m_B} = E_A\, \frac{m_B}{m_A + m_B} . \tag{7.34}$$

Wegen $E_A = E_\gamma^2/2\,m_A\, c^2$ (s. oben) ergibt sich schließlich

$$E_{\text{exc}} = \frac{E_\gamma^2}{2c^2} \cdot \frac{m_B}{m_A\,(m_A + m_B)} . \tag{7.35}$$

Bei Angabe von E_{exc} in eV, E_γ in MeV, m in (atom.) Masseneinheiten gilt:

$$E_{\text{exc}} = 536\, E_\gamma^2\, \frac{m_B}{m_A\,(m_A + m_B)} . \tag{7.36}$$

So ergibt sich für Äthyljodid bei der γ-Energie von 4,8 MeV die Excitationsenergie von 20 eV, zehnmal größer als die Energie der C—J-Bindung.

Um die bei dem Rückstoßprozeß aus der organischen Phase entfernten Jodatome zu isolieren, können auch Stoffe verwendet werden, welche die Jodionen entweder adsorbieren oder eine chemische Verbindung mit ihnen eingehen. So hat man z.B. Zinkpulver, Kupfer- oder auch Silberfolie verwendet, doch hat in keinem der untersuchten Fälle das gesamte radioaktive Halogen isoliert werden können. In der Ausgangsphase verbleibt immer ein gewisser prozentueller Anteil, dessen Zahlenwert Wert der „Retention" genannt wird.

Die Retention nimmt ab bei Bestrahlung (von z.B. C_2H_5Br) in Gasphase statt in flüssiger Phase, wie auch bei Bestrahlung von alkoholischen Lösungen geringerer Konzentration. Bei aliphatischen Halogeniden wird die Retention herabgesetzt durch vorangegangenen Zusatz von freiem Halogen oder Anilin, während ein Zusatz nach der Bestrahlung keinen größeren Einfluß hat.

Um alle diese Befunde zu erklären, ist folgende Modellvorstellung aufgestellt wurden (LIBBY):

Die Rückstoßatome verlieren durch Zusammenstöße mit anderen Atomen und Molekülen sukzessive ihre Energie („kühlen ab"). Der Energieverlust pro Zusammenstoß ist abhängig von dem Verhältnis der Massen der Stoßpartner und ist zunächst nur dann erheblich, wenn Zusammenstöße mit anderen Halogenatomen stattfinden. Wenn die Energie des radioaktiven Halogenions auf den Betrag der chemischen Bindungsenergie abgesunken ist, tritt als Kollisionspartner auch das

Molekül in seiner Gesamtheit auf und nimmt Schwingungsenergie auf, die zur Dissoziation führt.

Die entstehenden reaktionsfähigen Äthylradikale können das radioaktive Halogenidion wieder einfangen, ehe es den jeweiligen „Käfig" (FRANCK und RABINOWITSCH) umgebender Moleküle verläßt.

Durch Zusammenstoß mit zugesetztem Lösungsmittel wie Alkohol („Moderator") wird die kinetische Energie des radioaktiven Halogenidions schnell unter die Bindungsenergie des (inaktiven) Halogens herabgesetzt und auf diese Art ist das aktive Atom gegen Einfang geschützt, da kein Austausch eintreten kann.

Ebenfalls herabgesetzt sein muß die Retention in der Gasphase, in der kein „Lösungsmittelkäfig" vorhanden ist.

Die Verringerung der Retention durch Zusatz von Halogen vor der Bestrahlung kann auf Isotopenaustausch (§ 48) der „heißen" Atome beruhen.

Beim Zusatz von Anilin tritt zwischen dem radioaktiven Äthylhalogenid und Anilin eine sog. Mentschutkin-Reaktion ein, wobei das Äthylradikal vom Anilin gebunden und das radioaktive Jodatom wieder freigemacht wird (falls eine gewisse Excitationsenergie noch vorhanden war zum Bestreiten der Aktivierungsenergie der Mentschutkin-Reaktion).

Einige Beispiele, vorzugsweise anorganische Verbindungen

In neuerer Zeit sind außer den klassischen Fällen von Szilard-Chalmers-Reaktionen an organischen Verbindungen auch in großer Zahl solche an anorganischen Verbindungen untersucht worden. Hierbei muß das entsprechende Element in verschiedenen Oxydationszuständen existieren können, damit das radioaktive Isotop chemisch isoliert werden kann. Außerdem darf kein schneller Isotopenaustausch zwischen der bestrahlten Form und der angereicherten Aktivität stattfinden sowie schließlich auch keine Rekombination großer Geschwindigkeit.

Zur Bestrahlung geeignete Verbindungen sind hauptsächlich die Salze von Sauerstoffsäuren wie Phosphate, Acetate und Halogenate oder Komplexionen wie Ferrocyanid, Kobalticyanid, aber auch Äthylendiaminkomplexe, Komplexe mit Salicylaldehyd und Phenyldiamin, Triphenylstilbin und andere mehr.

Es werden hohe Ansprüche an die Stabilität der Komplexe gestellt, falls die Szilard-Chalmers-Trennung an eine Reaktorbestrahlung angeschlossen wird. Auch so stabile Komplexe wie Kupferphthalocyanin werden bei Neutronenflüssen von 10^{12} nv allmählich zersetzt. So wurde nach einer Stunde Bestrahlung $0,3^0/_{00}$ Zersetzung festgestellt, was immerhin noch einen Anreicherungsfaktor von 1720 ermöglichte, während die Zersetzung bei 48 Std schon auf über 1% gestiegen und der Anreicherungsfaktor auf 50 gesunken war.

Ähnliche Beobachtungen sind auch an $KBrO_3$ gemacht worden, das häufig für die Herstellung von Br-82 (36 h HZ) hoher spezifischer Aktivität benutzt wird. [Hier nahm der Gehalt an inaktivem — verdünnendem — Bromid von 18 ppm nach 15 min Bestrahlung auf 6800 ppm nach 64 h Bestrahlung zu, der Anreicherungsfaktor von 22000 auf 47 ab.]

Auch die Retention bei Szilard-Chalmers-Prozessen mit Bromat nimmt mit der Bestrahlungszeit zu. Erwartungsgemäß sollte stets eine kleine Menge radioaktiver Atome durch direkte Kollision mit inaktivem Bromat und folgendem Austausch vor der Extraktion verloren gehen. Außerdem können bei der gleichen Umwandlung mehrere γ-Quanten in verschiedener Richtung ausgesendet werden mit einer gewissen Wahrscheinlichkeit dafür, daß ihre Rückstoßeffekte sich aufheben.

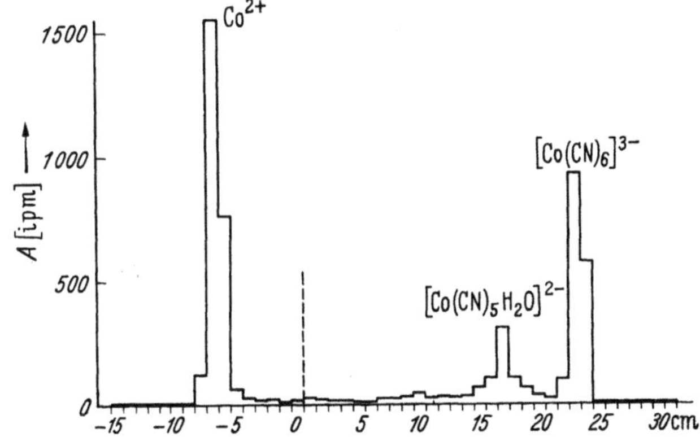

Abb. 90. Elektropapierchromatographische Trennung der bei der Neutronenbestrahlung von $K_3[Co(CN)_6]$ entstandenen Ionen (das schwache Maximum bei 10 cm Wanderungsstrecke gehört zu $[Co(CN)_4(H_2O)]^-$; nach RAUSCHER und HARBOTTLE)

Zur Isolierung radioaktiven Bromids aus bestrahltem Kaliumbromat kann ein besonders für diesen Zweck hergestellter Adsorber (wirksam durch Ionenaustausch oder Fällung), aus Silberoxyd, auf Kieselgur niedergeschlagen, verwendet werden (BERNE). Möglicherweise liegt hier Austausch von Hydroxylionen gegen Halogenidionen vor.

Zur Trennung von radioaktivem Bromid und (inaktivem) Bromat ist auch Papierelektrophorese geeignet. Besonders anschaulich ist die Trennwirkung der Papierelektrophorese bei der Trennung der Produkte einer Neutronenbestrahlung von $K_3[Co(CN)_6]$. Drei komplexe Anionen mit verschiedener Anzahl von Cyan- bzw. Wassergruppen sind identifiziert worden (Abb. 90).

Kernisomerentrennung

Szilard-Chalmers-Reaktionen können auch für die Trennung von Kernisomeren benutzt werden. In diesem Fall ist die γ-Energie gering, größenordnungsmäßig 100 keV, welches Rückstoßenergien von nur 0,05 eV bei direkter γ-Emission und 0,5 eV bei innerer Umwandlung in der K-Schale (größere Masse des Elektrons führt zu größerer

Kernrückstoßenergie als bei der direkten Aussendung von γ-Quanten) entspricht. Dieses ist weniger als die molekulare Bindungsenergie, aber die auf die Emission des K-Elektrons folgenden Neuordnungsprozesse in der Elektronenschale führen zu einem hoch angeregten Zustand des Moleküls und Dissoziation.

Ein Beispiel für die Trennung von Kernisomeren ist die Anreicherung des Folgeproduktes von Br-80^m: Br-80 im Wasserextrakt des bestrahlten Butylbromides (SEGRÉ, HALFORD und SEABORG). Bei der Trennung von Kernisomeren in der Gasphase kann die Retention praktisch gleich Null werden.

Auch die verhältnismäßig stabilen Phtalocyaninkomplexe sind für die Trennung von Kernisomeren verwendet worden wie z. B. im Falle Rh-104 (HERR). In diesem Fall wurde die Komplexverbindung bestrahlt und eine kurze Zeit auf 320°C erhitzt, wobei die primär freigemachten Rückstoßatome der Komplexverbindung wieder zugeführt wurden. Erst dann wurde die Substanz in konzentrierter H_2SO_4 gelöst und nach einer Wartezeit (während der der Grundzustand von Rh-104 mit 42 sec HZ zerfallen konnte) wurde der Komplex wieder ausgefällt durch Verdünnung der Lösung mit Wasser, welches Rh(III) als Träger enthielt. In dieser Lösung wurde ein erheblicher Überschuß von Rh-104 (Grundzustand) aufgefunden, der durch Rückstoß in den Rh(III)-Zustand übergegangen war.

Rückstoßsynthesen durch (n, p)- und (n, α)-Prozesse

Analoge Trennmöglichkeiten wie bei (n, γ)-Prozessen treten auch bei (n, p)- und (n, α)-Prozessen auf. Einer der wichtigsten (n, p)-Prozesse ist N-14 (n, p) C-14; bei der Bestrahlung von Ammoniumnitrat erhält man verschiedene C-14-haltige Verbindungen: hauptsächlich Kohlenoxyde, aber auch Methan, Methylalkohol, Ameisensäure usw. Dies bedeutet also die strahlungschemische Herstellung von hochkonzentrierten radioaktiven organischen Verbindungen — geeignet als Indikatoren — und Umgehung zeitverbrauchender spezifischer Synthesen. Nach der Neutronenbestrahlung von Berylliumnitrid kann C-14 mit guter Ausbeute als Methan erhalten werden.

Derartige „Strahlungssynthesen" ermöglichen auch die Herstellung von in bestimmter Art markierten organischen Stoffen. Beispielsweise entsteht bei der Bestrahlung von Acetamid mit schnellen Neutronen Essigsäure, die mit C-14 markiert ist. Sogar ziemlich komplexe Naturprodukte können auf die gleiche Art radioaktiv indiziert werden. Ähnliche Beobachtungen sind auch bei (n, γ)-Reaktionen gemacht worden: So entsteht bei der Bestrahlung von Methyljodid auch Methylenjodid, bei der Bestrahlung von Bromoform auch Tetrabrommethan.

Auch Tritium kann durch den Rückstoß bei seiner Bildung in organische Verbindungen eingeführt werden. Zu diesem Zwecke wird der entsprechende Stoff in intimem Kontakt mit Lithiumverbindungen bestrahlt, und die durch die Kernreaktion Li-6 (n, α) H-3 entstandenen

Tritonen werden in die Produkte eingebaut. Auf diese Art kann man durch Bestrahlung alkoholischer Lösungen von Lithiumverbindungen u. a. mit Tritium markiertes Methan, Methylalkohol, Äthylalkohol und Acetaldehyd usw. herstellen.

Rückstoß und Diffusion

Außer C-14 kann auch P-32 nach einem (n, p)-Prozess in hoher spezifischer Aktivität isoliert werden. (Neutronenbestrahlung von Schwefel oder dessen Verbindungen.) Am einfachsten ist die Bestrahlung elementaren Schwefels von etwa 5 μ Korngröße. Durch die Rückstoßwirkung werden die radioaktiven Phosphoratome an die Oberfläche des Schwefelkorns überführt, von wo aus sie mit heißem Wasser ausgelaugt werden können. Man nimmt an, daß die Erhitzung des Schwefels auf 95° C zu einer besonders erhöhten Diffusion der Phosphoratome an die Oberfläche im Zusammenhang mit der bei dieser Temperatur eintretenden kristallographischen Umwandlung (Hedvall-Effekt) führt. Der Wasserextrakt enthält mehr als 90% des gesamten Radiophosphors, der so in Konzentrationen von 1 mC/ml Wasserextrakt erhalten werden kann.

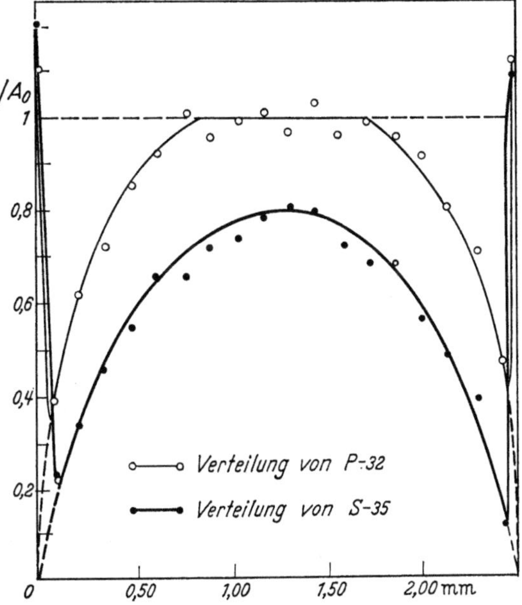

Abb. 91. Konzentrationsverteilung von P-32 und S-35 in einem neutronenbestrahlten NaCl-Kristall nach vierstündiger Erhitzung auf 660 °C (in Stickstoff) (nach CHEMLA)

Die nach dem Kernrückstoß bei (n, p)- und (n, α)-Prozessen mögliche erleichterte Diffusion der chemisch von den Atomen des bestrahlten Kristallgitters abweichenden radioaktiven Atome an die Oberfläche des Festkörpers ist schon frühzeitig als Abtrennungsmethode vorgeschlagen worden (LIBBY).

So sollten bei Erhitzung von mit (schnellen) Neutronen bestrahltem KCl die entstandenen Radioisotope der Elemente P, S und Ar an die Oberfläche der Kristalle diffundieren und dort flüchtig (gemacht) werden können. Dies ist für P-32 und S-35 in NaCl demonstriert worden (vgl. Abb. 91).

Auch nach (n, p)-Prozessen genügt in einigen Fällen (Stoffen mit Schichtengittern oder Ionenaustauschvermögen) die Entfernung aus der normalen Gitterposition, um erhöhte Diffusion des Radionuklides und Abtrennung mit hoher spezifischer Aktivität durch Austausch an der Oberfläche zu ermöglichen (BUSER).

Reaktionen von durch Szilard-Chalmers-Prozesse entstandenen Ionen

Primär können Ionen entstehen, die später durch Sekundärreaktionen wieder verschwinden. So nimmt man z.B. an, daß bei der Neutronenbestrahlung von Permanganatlösungen Mangan als positives MnO_3^+- oder MnO_2^{3+}-Ion auftreten kann (LIBBY). Während in sauren und neutralen Lösungen die Reduktion zu tieferen Oxydationszuständen eintritt [wonach das radioaktive Mangan auf Grund der abweichenden chemischen Eigenschaften isoliert werden kann — etwa als MnO_2-Radiokolloid (§ 50)] — stabilisiert sich Mn(VII) in alkalischen Lösungen und das Permanganation wird zurückgebildet (Retention). Diese Reaktion läuft ebenfalls ab, wenn festes Kaliumpermanganat bestrahlt wird und später in Lösungen mit verschiedenem p_H-Wert aufgelöst wird.

Rückstoßtrennungen bei Aktiniden

Aus bestrahltem Uranyldibenzoylmethan (gelöst in Äthylacetat) können mit Wasser Spaltprodukte, aber auch Neptunium-239 extrahiert werden (GÖTTE). Zur Reinherstellung soll Np-239 zunächst zusammen mit Uran als Natriumuranylacetat abgeschieden werden; es verbleibt später in der Wasserphase, wenn Uran neuerlich mit Dibenzoylmethan extrahiert wird. Auch Uranylbenzoylacetonat ist für Isolierung von Np-239 verwendet worden (STARKE).

Diese Methode wird nach der Bestrahlung angewendet; falls Uran schon als organischer Komplex bestrahlt werden soll, ist das Komplexsalz mit Salicylaldehydorthophenylendiimin vorzuziehen (MELANDER). Bei der Bestrahlung mit schwächeren Neutronenquellen (Radium-Beryllium-Quellen) sollte die Lösung des Komplexes in Pyridin erst von Th-234 (UX_1) durch Schütteln mit Adsorptionskohle befreit werden. Kohle adsorbiert auch die entstandenen Radionuklide U-239 und Np-239, die danach vom Adsorptionsmittel mit gesättigter Ammoncarbonatlösung abgelöst und später mit Ce(IV) als Träger ausgefällt werden können. Der gleiche Komplex, bestrahlt in fester Form, kann auch zur Isolierung des mit schnellen Neutronen entstehenden, als Tracerisotop für Uran geeigneten U-237 (6,6 d HZ) verwendet werden.

Ausnutzung der Rückstoßwirkung bei der Uranspaltung

In den letzten Jahren sind chemische Wirkungen und Trennungen, die auf den Rückstoß der Spaltprodukte bei der Uranspaltung gegründet werden können, eingehend untersucht worden. Die Reichweite der Spaltprodukte liegt (abhängig von der Masse) in Luft NTP zwischen 1,7 und 2,7 cm. Die Massenabhängigkeit der Reichweite kann für eine Trennung zwischen verschieden schweren Spaltprodukten verwendet werden, die z.B. auf einer Reihe hintereinander geschalteter dünner Plastfolien, je nach ihrer Masse, aufgefangen werden können.

Da bei der Absorption der Rückstoßstrahlung eine erhebliche Energie frei wird, wird der bestrahlte Stoff zersetzt, wodurch eine Grenze für die Anreicherung durch Szilard-Chalmers-Prozesse gegeben ist.

So verbleibt z.B. die spezifische Aktivität elementaren Jods aus bestrahltem Uranyljodat praktisch unverändert nach verschiedenen Bestrahlungszeiten, da sowohl die Anzahl radioaktiver Jodatome (hauptsächlich durch Spaltung entstanden) wie die inaktiver Jodatome (durch Strahlungsschaden) der Neutronendosis proportional ist.

Man hat versucht, Spaltprodukte durch Rückstoß in Wasserphasen anzureichern, die im Kontakt mit Uranoxydteilchen äußerst kleiner Dimensionen sind. Es hat sich gezeigt, daß die Spaltprodukte leicht wieder auf den Uranoxydkörnern adsorbiert werden; aber durch Zusatz von gelbildenden Mitteln kann diese Readsorption verhindert werden. Dabei zeigt sich, daß — während die isolierte Uranoxydpulverfraktion von den

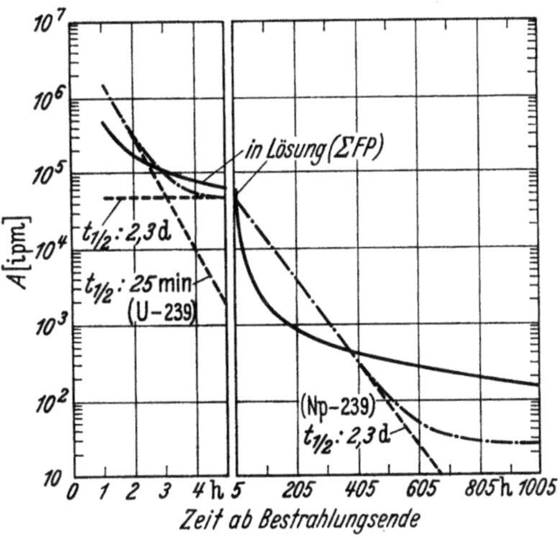

Abb. 92. Zeitlicher (Akt.)-Abfall von in Gelatinelösung neutronenbestrahlten U$_3$O$_8$-Körnern von ~1 μ Durchmesser zeigt U-239 und Np-239 (strichpunktierte Linie); die wäßrige Phase enthält den größten Teil der Spaltproduktaktivität (ausgezogene Linie) (nach WOLFGANG)

entstandenen Nukliden nur U-239 (das auf Grund des geringen Rückstoßes das Uranoxydkorn nicht hat verlassen können) und das Folgenuklid Np-239 enthält — praktisch die gesamte Spaltproduktaktivität in der umgebenden Lösung wiedergefunden wird (vgl. Abb. 92).

Solche Erscheinungen sollten eventuell technische Bedeutung erlangen, wobei es nicht feststeht, ob die Suspension fest/Gas, fest/flüssig oder fest/fest vorzuziehen ist. Der letztgenannte Fall, also eine homogene Verteilung von Uranoxyd oder Uranmetallkörnern in Graphit würde hohe Temperaturen erlauben und geeignet sein für kontinuierliche Abtrennung von Spaltprodukten in einem „pseudohomogenen" Reaktor (WOLFGANG).

Man schlägt vor, die Mischung im Reaktorbetrieb durch Graphitrohre sinken zu lassen und später durch Staubabscheider die schweren Uranoxydkörner von den leichteren Graphitkristallen zu isolieren, welchletztere dann praktisch die Gesamtspaltproduktaktivität enthalten sollten, die nach dem Verbrennen des Graphits als konzentrierter Abfall isoliert werden kann. Der gereinigte Brennstoff wird dem Reaktor wieder zugeführt.

58. Hilfsmittel bei radiochemischen Arbeiten

In der kernchemischen und radiochemischen Praxis häufig vorkommende Fragestellungen erfordern die Identifikation von durch Bestrahlung entstandenen Radionukliden. Obwohl hierbei im allgemeinen eine chemische Trennung nicht umgangen werden kann, können durch Bestimmung von Zerfallskonstante (§ 9) und Strahlungsenergie (§ 46) sowie eventuell des Wirkungsquerschnittes (§ 18) weitgehende Schlüsse gezogen werden: das individuelle Radionuklid wird mit Hilfe seiner „Merkmale' identifiziert.

Hierbei ist die Kenntnis vieler Literaturdaten notwendig. Für diese Zwecke gibt es eine Reihe hervorragender Zusammenstellungen. Die Daten, deren Umfang beschleunigt zunimmt, sind in Tabellenwerken zusammengefaßt, wobei zur Zeit „Table of Isotopes" von STROMINGER, HOLLANDER und SEABORG, Rev. Mod. Phys. **30**, 585—904 (1958) das modernste ist. Hier werden auch die Termschemen der radioaktiven Zerfälle sowie Angaben über die Zuverlässigkeit verschiedener Zahlenwerte und Hinweise auf die Originalarbeiten gegeben.

Für eine schnelle Übersicht ist die von der Firma General Electric herausgegebene Nuklidkarte, basierend auf einem Entwurf von FRIEDLANDER und M. PERLMAN, die geeigneteste (5. Auflage April 1956).

Äquivalent ist die von der Kernreaktor Bau- und Betriebsgesellschaft in Karlsruhe (W. SEELMANN-EGGEBERT u. Mitarb.) aufgestellte und vom Bundesministerium für Atomkernenergie und Wasserwirtschaft vertriebene Nuklidkarte (November 1958, Neuauflage 1961).

Auf diesen Karten sind sämtliche bekannten Nuklide, geordnet nach Neutronen- und Protonenzahl (zwei zueinander winkelrechte Koordinaten) aufgeführt mit Angaben des Nuklidgewichtes, des prozentuellen Anteils an der natürlichen Isotopenmischung, des Absorptionsquerschnittes für thermische Neutronen, der Halbwertszeit, der Art des radioaktiven Zerfalls und der Energie der verschiedenen Strahlungen. Derartige Karten sind zu Rate zu ziehen, um schnell bestimmen zu können, welche Nuklide durch Bestrahlung eines Elementes oder seiner Verbindungen gebildet werden können.

Für schnelle Überschlagsrechnungen können verschiedene Nomogramme mit Vorteil angewendet werden. Praktische Bedeutung haben solche für:

1. Die Auswertung der Exponentialfunktionen für radioaktiven Zerfall und Nachbildung bzw. den Aufbau eines Stoffes bei konstantem Neutronenfluß.

2. Mit Hilfe eines anderen Nomogramms kann bei Kenntnis von Bestrahlungsdosis, Aktivierungsquerschnitt, Halbwertszeit sowie der Atomzahl des bestrahlten Stoffes die bei Ende der Bestrahlung entstandene Aktivität abgelesen werden (vgl. Anhang).

3. Mittels Näherungsberechnungen kann auch der Querschnitt für (n, p)- und (n, α)-Reaktionen aus der Kernladung des bestrahlten Nuklides und der Schwellenenergie für die entsprechende Reaktion abgeschätzt werden. Auch hierfür ist ein Nomogramm vorhanden, welches bei der Identifikation von Neutronenbestrahlungsprodukten nützlich ist (vgl. INTHOFF, Nucleonics **11**, Nov. 1955, S. 67).

Während so die Ausbeute an einem erwarteten Radionuklid abgeschätzt werden kann, wird die Identifikation nicht erwarteter Radionuklide erleichtert durch den Gebrauch von Listen der Radionuklide, wie z. B.

1. Einer Aufstellung der Isotope, die bei Bestrahlung mit langsamen Neutronen entstehen können, geordnet nach der HZ (vgl. Tabelle 1, Anhang).

2. Ein anderes leicht festzustellendes Merkmal eines Radionuklids, die Energie der γ-Strahlung, ist das Ordnungsprinzip in Tabelle 2, Anhang.

3. Bei der Bestrahlung mit dem primären Neutronenspektrum eines Reaktors (vgl. § 25) durch (n, p)-, (n, α)- und $(n, 2n)$-Prozeß entstehende Radionuklide sind geordnet nach der Ordnungszahl des bestrahlten Elementes in Tabelle 3, Anhang wiedergegeben.

59. Weiteres zur Identifikation von Radionukliden

Während die Kernladungszahl von Radionukliden in jedem Fall durch chemische Methoden festgelegt werden sollte, kann die Zuordnung der Massenzahl, wie erwähnt, aus den Strahlungseigenschaften geschehen, falls der Zusammenhang eindeutig ist und den genannten Tabellenwerken entnommen werden kann.

Bestimmung der Massenzahl

Bei der Erweiterung der Tabellen und der Identifikation von noch wenig erforschten Radionukliden ist die Massenzahl auf eine oder mehrere der folgenden Arten zu erschließen:

1. Eindeutig ist die direkte Bestimmung der Masse des durch Bestrahlung entstandenen Radionuklids mittels Massenspektrometer (§ 5). Hierbei werden die auf dem Auffänger des Massenseparators erhaltenen Nuklide zunächst radioautographisch qualitativ auf Radioaktivität geprüft, deren Zerfallskonstante und Strahlenenergie hiernach gemessen werden kann.

2. Der Massenseparator kann auch vor der Bestrahlung eingesetzt werden, d.h. die Bestrahlung wird an einem aus der natürlichen Isotopenmischung isolierten Reinisotop durchgeführt. Wenn die Zahl der bei der Bestrahlung vorliegenden Möglichkeiten von Kernreaktionen stark eingeschränkt, im besten Fall auf nur eine einzelne Reaktion reduziert wird, ist die Zuordnung möglich. Ein Beispiel ist die Bestrahlung mit thermischen Neutronen beim Vorliegen ausreichend hoher Schwellenwerte (vgl. Tabelle 3, Anhang) für (n, p)-, $(n, 2n)$- und (n, α)-Reaktionen, die dann nicht stören können.

3. Bei Bestrahlungen mit Neutronen eines breiteren Energiespektrums kann die Ausführung der Bestrahlung unter sonst identischen Bedingungen mit und ohne Umhüllung der Probe mit einem Cadmiumblech Aufschluß darüber geben, ob eine (n, γ)-Reaktion vorliegt, und so die Zuordnung der Massenzahl erleichtern.

4. Auch die Bestrahlungsausbeute erlaubt Rückschlüsse, da die Häufigkeitsverteilung der bestrahlten stabilen Isotope zusammen mit bekanntem oder abgeschätztem Wirkungsquerschnitt die ungefähre Vorhersage der Ausbeute für verschiedene Massenzahlen ermöglicht.

5. Die bei der Bestrahlung auftretenden Halbwertszeiten und Strahlenenergien müssen zwanglos in ein „Termschema" (s. weiter unten) eingeordnet werden können, das in vielen Fällen durch die vorher bekannten Termschemen der benachbarten Nuklide abgestützt werden kann.

6. Massenzuordnung ist in einigen Fällen auch dann möglich, wenn verschiedene Bestrahlungsmöglichkeiten (thermische und schnelle Neutronen, Protonen, Deuteronen, α-Teilchen, γ-Quanten) zur Verfügung stehen. Oft läßt sich das gleiche Radionuklid auf verschiedene Arten herstellen, und mit Hilfe der Art der zur Bildung führenden Prozesse ist mitunter die Massenzuordnung möglich. Ein Beispiel dieser Art ist im § 15 bei der Feststellung von Kernisomerie an Bromisotopen erwähnt worden.

Wenn beispielsweise bei der Bestrahlung eines Elementes (mit mehreren Isotopen) mit thermischen Neutronen verschiedene Radionuklide entstehen, die gemäß der Isotopenverteilung verschiedenen instabilen Massen oder metastabilen Zuständen stabiler Isotope zugeordnet werden können, kann man versuchen, die gleichen Radionuklide auch durch Bestrahlung mit schnellen Neutronen von Elementen mit einer um ein oder zwei Einheiten höheren Ordnungszahl mittels (n, p)- oder (n, α)-Prozessen zu erhalten.

Steht ein Beschleuniger (§ 19) zur Verfügung, kann diese „Kreuzbestrahlung" erweitert und im allgemeinen eine völlig eindeutige Zuordnung erzielt werden.

Bestimmung von Termschemen

Zur vollständigen Identifikation ist auch die Angabe der Quantenzustände für das Radionuklid und die bei seinem Zerfall auftretenden Zwischenzustände (angeregte Zustände des Folgekernes; vgl. § 18) notwendig. Dieses erfordert genaue Bestimmung der beim Zerfall entstehenden Strahlungsarten und ihrer Energien, Zuordnung von β- und γ-Übergängen zueinander durch Koinzidenzmessungen, chemische Identifikation etwaiger metastabiler Zustände als zum Ausgangs- oder zum Folgekern gehörig.

Die größte Bedeutung hat in diesem Zusammenhang die β-Spektroskopie. Hier können in günstigen Fällen mehrere Aussagen gewonnen werden: Genaue Bestimmung der β-Maximalenergie — zweckmäßigerweise aus dem Impulsspektrum im Fermi-Kurie-Diagramm (§ 14) —, Bestimmung der Art („Verbotenheit") des β-Übergangs aus der Form des Spektrums und dem ft-Wert (§ 14), Bestimmung der γ-Energie durch die genaue Energiebestimmung von Konversionselektronen, Bestimmung der Natur („Multipolarität", § 16) des γ-Überganges aus dem Konversionskoeffizienten und dem Verhältnis der Intensität der K-Konversionslinie einerseits und der L- und M-Konversionslinien andererseits.

60. Zur Praxis in radiochemischen Laboratorien

Der praktische Umgang mit Radionukliden erfordert einerseits genaue Beachtung der Maßnahmen zwecks Schutz gegen äußere und innere Strahleneinwirkung (vgl. § 33 bis 38), andererseits Beachtung von Gesichtspunkten, die eindeutige und zuverlässige Ergebnisse der experimentellen Arbeit ermöglichen.

Die für radiochemische Arbeiten verwendeten Laboratorien können in drei Klassen eingeteilt werden:

1. Laboratorien für schwache Radioaktivitäten (im Mikrocurie- bis Millicuriegebiet),

2. Laboratorien für mittelstarke Radioaktivitäten („warmes" Laboratorium) für Arbeiten im Millicurie- bis Curiegebiet) und

3. Heißlaboratorien für Arbeiten im Curie- bis Multicuriegebiet.

Der dritte Typ wird in § 68 besprochen werden; im folgenden wird auf die ersten beiden Laboratoriumstypen eingegangen.

Die Forderungen, die an ein radiochemisches Laboratorium gestellt werden, sind abhängig von den besonderen Eigenschaften der dort verarbeiteten Radionuklide: Bei α-Strahlern hoher spezifischer Aktivität und Giftigkeit müssen schon bei kleineren Mengen verschärfte Anforderungen an die Sicherheitsmaßnahmen gestellt werden, und die Gesamtheit der Radionuklide wird in verschiedene Klassen eingeteilt von 1. sehr hoher, 2. hoher, 3. mittlerer und 4. geringerer Giftigkeit in bezug auf

Inkorporation, während die Gefährlichkeit auf Grund durchdringender Strahlung ohne weiteres aus der γ-Strahlungsenergie und der Aktivität der Strahlungsquelle gegeben ist (vgl. § 37).

Zur Klasse 1 (sehr hohe Giftigkeit) gehören die in § 35 besonders hervorgehobenen langlebigen und in strahlungsempfindlichen Körperteilen sich anreichernden — meist α-strahlenden — Radionuklide (einige Mitglieder der natürlich radioaktiven Zerfallsreihen, die meisten Aktinide, radioaktive Erdalkalien langer HZ).

Zur Klasse 2 gehören α-Strahler langer HZ sowie im Körper leicht sich anreichernde β-Strahler mittellanger HZ, wie z.B. Ca-45 und Ba-140 sowie langlebige Lanthanide.

Die meisten Radionuklide gehören zur Klasse 3, während ausgesprochen ungefährlich — Klasse 4 — nur wenige Radionuklide mit hoher zulässiger Körperbelastung wie z.B. die Nuklide H-3 und C-14 sind. Der Übergang von einer Klasse geringerer zu der nächst höherer Giftigkeit verschärft die Sicherheitsforderungen mit dem Faktor 10: Dies bedeutet, daß von den Radionukliden der Klasse 1 nur ein Tausendstel (in Curie gerechnet) mit den gleichen Sicherheitsbedingungen verarbeitet werden kann, verglichen mit einem Stoff der Klasse 4.

Die Grenzen sind im einzelnen aus Tabelle 7.3 zu entnehmen, wobei zu beachten ist, daß die dort angegebenen Werte für chemische Standardoperationen gelten, bei ausschließlicher Aufbewahrung des entsprechenden Stoffes um den Faktor 100 erhöht werden können, bei gefahrvollen Operationen, bei denen Staubbildung zu befürchten ist, jedoch um den Faktor 100 erniedrigt werden müssen.

Während der Schutz gegen äußere Strahlung, hauptsächlich γ-Strahlung, gemäß der im § 37 behandelten Richtlinien erfolgt und bei dickeren Schutzwänden besondere „Manipulatoren" (vgl. § 68) gebraucht werden müssen, berücksichtigt die Mehrzahl der Verhaltungsmaßregeln im radiochemischen Laboratorium den Schutz gegen Inkorporation.

Tabelle 7.3. *Ungefähre Richtwerte für Mengen radioaktiver Stoffe, die in Laboratorien verschiedener Konstruktion verarbeitet werden können*

Gefährlichkeit (in abnehmender Reihenfolge)	Radiochemisches Standardlaboratorium	„Warmlaboratorium"	„Heiß"laboratorium
Klasse 1	maximal 10 µC	maximal 10 mC	unbegrenzt
Klasse 2	maximal 100 µC	maximal 100 mC	unbegrenzt
Klasse 3	maximal 1 mC	maximal 1 C	unbegrenzt
Klasse 4	maximal 10 mC	maximal 10 C	unbegrenzt

Einfachere radiochemische Laboratorien und deren Arbeitsregeln

Konventionelle Arbeitsplätze und Abzüge können provisorisch mit Wänden aus Blei- oder Eisenziegeln ausgestattet werden oder permanent eingerichtet werden durch Einführen von Bleiverstärkungen in Tischplatten und dergleichen (bei genügender Belastbarkeit). Der Luftstrom der Ventilation am Abzug soll bei voller Arbeitsöffnung die lineare Geschwindigkeit von 1 m/sec haben und darf keine rückschlagenden Wirbel bilden, welches durch besondere Leitbleche verhindert werden kann.

Es empfiehlt sich, Abzüge ohne verschiebbare große Fenster zu benutzen und den Zugang nur durch *kleine* Schiebefenster zu erhalten, da hierdurch der Luftdurchsatz verringert, die -geschwindigkeit aber erhöht wird.

An Schutzkleidung ist oft ein gewöhnlicher Laboratoriumsrock ausreichend, vorzugsweise hochgeschlossen, sicherheitshalber oft mit einer Plastschürze verstärkt. Diese „aktiven" Arbeitskleider sind zweckmäßigerweise als solche zu kennzeichnen und nicht in Meßräume und andere inaktive Laboratorien zu überführen.

Gummihandschuhe sind weitgehend zu verwenden und nach Gebrauch zweckmäßigerweise an der Hand zu waschen, mit Saugpapier zu trocknen sowie auf etwaige verbleibende Radioaktivität zu untersuchen und notfalls weiter zu reinigen, ehe sie abgezogen werden. Beim An- und Abziehen dürfen Innen- und Außenseite nicht einander berühren, radioaktiv verunreinigte Handschuhe sind in gesonderten Behältern aufzubewahren und zur Reinigung zu geben bzw. zu vernichten. Der Gebrauch von Gummihandschuhen befreit nicht von der Notwendigkeit, die Hände zu waschen und auf Radioaktivität zu prüfen. In jedem Fall ist die Verwendung von Pinzetten und Zangen beim Hantieren mit radioaktiven Präparaten zu empfehlen, teils um direkte Berührung zu vermeiden, teils als Abstandsschutz.

In „warmen" Laboratorien ist mitunter die Verwendung von „Overalls" und Überschuhen angebracht, die ebenfalls nicht in „inaktive Zonen" überführt werden dürfen.

Zum Schutz gegen Inhalation ist die radioaktive Arbeit weitgehend unter Abzügen (lineare Luftströmung $\sim$1 m/sec) auszuführen. Bei der Möglichkeit der Staubbildung geringeren Gefährlichkeitsgrades sind Atemschutz- (Gasmasken), bei gefährlicheren Stoffen „glove-boxen" (s. unten) zu verwenden.

Um die Gefahr der Überführung von Radioaktivität in den Magen-Darmtrakt zu vermeiden, geschieht das Pipettieren radioaktiver Lösungen mit Sicherheitspipetten, also nicht durch Ansaugen mit dem Mund, sondern mit Injektionsspritzen, Gummisaugball und dergleichen. Überdies ist Essen, Trinken, Rauchen, die Benutzung von Lippenstift und dergleichen im radioaktiven Laboratorium nicht zulässig. Auch dürfen hier keinerlei Nahrungsmittel oder Eß- oder Trinkgefäße aufbewahrt werden.

Verunreinigungen durch radioaktive Stoffe (mitunter mit dem unglücklich gewählten Ausdruck „Verseuchung" bezeichnet) soll durch besondere Arbeitsregeln weitgehend vermieden werden, die nicht nur der Sicherheit, sondern auch der Zuverlässigkeit der Arbeit gelten, wobei es wesentlich ist, die unkontrollierte Überführung von unsichtbaren radioaktiven Spuren zu verhindern. Behälter und Arbeitsflächen sollen leicht zu reinigen sein: Außer bruchsicheren Kunststoffbehältern werden Wannen aus rostfreiem Stahl oder emailliertem Blech zur Aufnahme von Flaschen, Gläsern und Arbeitsgeräten verwendet. Auf diese Art wird die Verunreinigung durch Verschütten von Tropfen oder durch Auslaufen von Glasbehältern örtlich begrenzt. Die Wannen und die Oberfläche des Arbeitstisches sind mit absorbierendem Papier (auf undurchlässiger Kraftpapierunterlage) zu belegen, das in regelmäßigen Zeitabständen erneuert wird.

Die Arbeitsflächen selber bestehen aus lösungsresistentem, leicht zu reinigendem Kunststoff, die Fußböden aus Asphalt- oder Vinylplatten. Wand- und Deckenanstrich sollen abwaschbar sein. Wo die Entwicklung radioaktiver Schwebstoffe erwartet wird, also in Abzügen, empfiehlt sich die Verwendung von abziehbaren Schutzschichten in Form von speziellen Lacken, oft kombiniert mit Gewebeschichten, oder von klebenden Kunststoffolien.

Behälter, in denen sich radioaktive Präparate oder Lösungen befinden, sind als solche mit Spezialklebestreifen zu kennzeichnen. Bei kurzzeitiger Verwendung geschieht die Kennzeichnung mit Fettstift. Alle Gefäße, in denen sich radioaktive Präparate länger als einige Tage befinden, sind unter Angabe von Art und Menge des darin enthaltenen Radionuklids zu beschriften.

Beim Reinigen muß streng zwischen „aktiven" und „inaktiven" Glassachen unterschieden werden. Stark verunreinigte Glasgeräte werden im Falle kurzlebiger Radionuklide zwecks Abklingen der Radioaktivität beiseite gestellt, bei langlebigen Radionukliden ist notfalls das Gerät in den Abfall zu geben.

Flüssiger radioaktiver Abfall, dessen Konzentration nicht so verschwindend gering ist, daß sie — nach Kontrollmessung — die Abführung durch das übliche Ablaufsystem zuläßt, wird in besondere Leitungen (zu Sammeltanks) gegeben, oder in größeren Behältern gesammelt und im Rahmen der Abfallbeseitigung verarbeitet (vgl. § 74).

Fester radioaktiver Abfall wird ebenfalls in speziell gekennzeichneten Behältern (medizinische Abfalleimer, fußbedient, mit verschweißbaren Plasttüten ausgelegt) aufbewahrt und der zentralen Abfallbeseitigung (vgl. § 74) zugeführt.

Radiochemische Arbeit erfordert äußerste Genauigkeit und Sorgfalt. Häufiges Aufräumen sowie gewissenhafte Beschriftungen und Protokollführung verhindern, daß die Übersicht über einen komplizierten Trennungsgang verlorengeht.

Bei schnell durchzuführenden Operationen (kurze zu erfassende HZ) muß der entsprechende Versuch ganz besonders sorgfältig geplant und vorbereitet werden. Alle Behälter und Instrumente sind vorher übersichtlich zu ordnen, der Versuchsgang ist, falls kompliziert und noch nicht oft erprobt, schriftlich niederzulegen und in leicht erkennbarer Weise im Laboratorium anzubringen („flow-sheet").

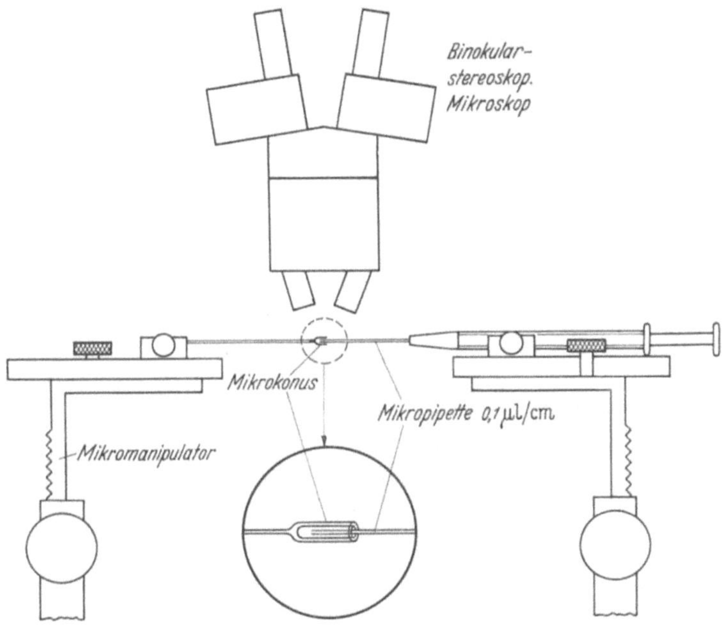

Abb. 93. Ausführung ultramikrochemischer Fällungen unter dem Mikroskop
(nach CUNNINGHAM und WERNER)

Für die Protokollführung gelten die üblichen Regeln eines festen Labortagebuches, das im radiochemischen Laboratorium verbleiben sollte und durch ein Meßtagebuch (Meßraum) zu ergänzen ist. Die eigentlichen Radioaktivitätsmeßgeräte sind (außer Monitoren zur annähernden Orientierung) außerhalb des chemischen Laboratoriums in geeigneten Meßräumen, geschützt vor Verunreinigung und Korrosion, unterzubringen. Beim Übergang zwischen Aktivlaboratorium und Meßraum sind die einschlägigen Regeln zu beachten; zweckmäßig ist die Aufteilung von chemischer- und Meßarbeit auf verschiedene Personen.

Ultramikrochemie

Häufig werden in der „glove-box" (s. Abb. 94, 95) mikrochemische oder gar ultramikrochemische Arbeiten mit µg/µl-Volumina ausgeführt

(§ 65, 66). In diesem Fall müssen chemische Operationen unter dem Mikroskop durchgeführt werden, das auf einen Ansatz der box aufgesetzt werden kann. Die Fällung geringster Mengen geschieht in Röhrchen, in die

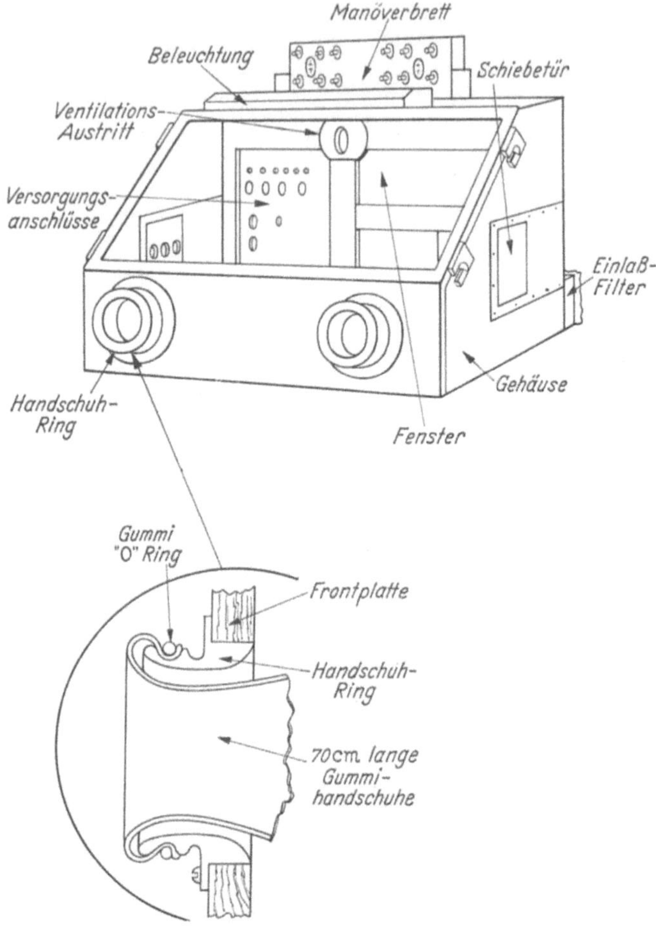

Abb. 94. Die „Berkeley glove box"

die Reagenzien mittels einer sehr feinen Capillare eingeführt werden können. Rohr und Capillare werden durch Mikromanipulatoren miteinander in Berührung gebracht (Abb. 93). Die Trennung von Niederschlag und Lösung geschieht durch Mikrozentrifugen; die Wägung geringer Niederschläge mit Ultramikrowaagen auf dem Prinzip der Quarzfadentorsionswaage mit einer Empfindlichkeit im Bereich 10^{-9} bis 10^{-8} g.

Die Glove-Box

Schutz gegen Inkorporation wird erhalten durch Verwendung von „Glove"-Boxen [glove (engl.) = Handschuh], welche aus einem dichten Kasten mit großem Beobachtungsfenster und zwei Löchern zur Befestigung eines Paares armlanger Handschuhe bestehen (vgl. Abb. 94). (Bei Handschuherneuerung wird der neue Handschuh auf den alten gezogen und mit Spannband festgesetzt, ehe der alte abgenommen

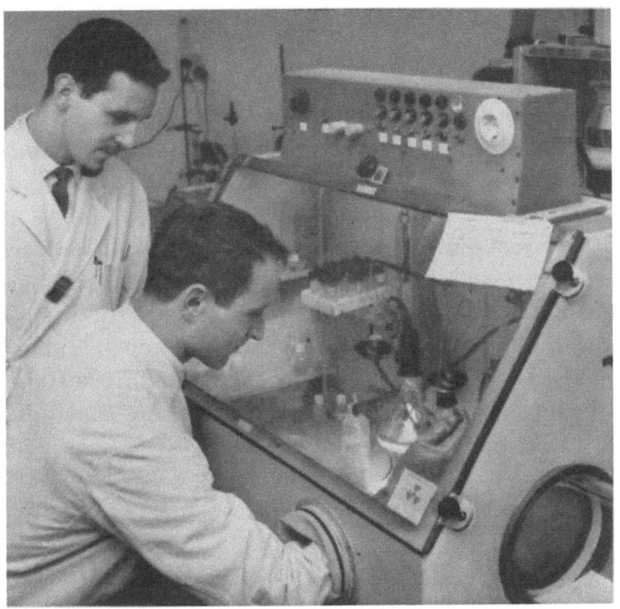

Abb. 95. Praktische Arbeit in der Glove box (Arbeitsanweisung „flow-sheet" rechts oben am Fenster)

wird.) Durch Evakuierung wird in der Glove-Box ein Unterdruck entsprechend einigen Zentimetern Wassersäule gehalten, so daß bei geringen Undichtigkeiten kein radioaktives Aerosol oder Gas ausdringen kann. Für Katastrophenfälle ist die Möglichkeit stärkerer Evakuierung vorzusehen. Die Arbeit wird mit einem zweiten Paar Gummihandschuhe innerhalb der langen Handschuhe ausgeführt, außerdem dürfen keine offenen Wunden an den Händen vorliegen, so daß dreifacher Schutz gegen Inkorporation vorliegt: durch die Haut, Gummihandschuhe und Glove-Box-Handschuhe.

Die Glove-Box kann mit Anschlüssen für Gas, Wasser und Elektrizität und einer speziellen Ausrüstung versehen werden, die der jeweils geplanten Arbeit angepaßt ist (Abb. 95). Eine Standardausrüstung für chemisches Arbeiten sollte gewisse Vorratslösungen umfassen (Reagentien, destilliertes Wasser) sowie Heizplatte, Zentrifuge mit Zentrifugengläsern und Gestell, Pipetten, Pinzetten, Ionenaustauscherkolonnen usw. Im allgemeinen verbleibt die Ausrüstung in der Box, damit keine gefährliche Aktivität nach außen gebracht werden kann. Das Einführen und Herausführen von zu verarbeitendem Material geschieht durch eine besondere Schleuse. Staubende α-Strahler werden hierbei in undurchdringlichen wärmeversiegelten Plasthüllen eingeschlossen.

Wesentlich ist die Verwendung von ausreichend effektiven Filtern zum Auffangen radioaktiven Staubes, wobei speziell entwickelte Cellulose-Asbestfilter noch bei Durchsauggeschwindigkeiten von 1 m/sec Staubteilchen kleiner als 1 μ zu 99,95% zurückhalten müssen.

Filter aus Glasfasern halten höheren Temperaturen und sogar einem geringen Brand in der Glove-Box stand. Brände können bei Arbeiten mit pyrophoren Metallen vorkommen, wenn die Schutzatmosphäre versagt. Die ausreichende Dichte der Box muß geprüft werden, ehe sie in Betrieb genommen wird, beispielsweise dadurch, daß man den Gasstrom mißt, der verbraucht wird, um einen gewissen Überdruck aufrechtzu erhalten. In diesem Zusammenhang sind die Abdichtungen wichtig; auch wenn für hohe Anforderungen die Box aus gepreßtem Stahlblech hergestellt werden kann (statt aus Holz), so sind doch immer Öffnungen vorhanden, z. B. zwischen dem Fenster und dem übrigen Rahmen. Diese müssen mit Gummileisten abgedichtet werden, die gegen die Kontaktflächen (mittels ,,filling-strip'') gepreßt werden.

Kapitel 8

Wichtige Systeme der Radiochemie

61. Radionuklidproduktion (Änderung der Kernladungszahl)

In den folgenden beiden Paragraphen werden Eigenschaften und Darstellung einiger wichtiger Radionuklide besprochen.

Ein wesentlicher Gesichtspunkt ist die erreichbare spezifische Aktivität. Diese kann naturgemäß höher sein (und praktisch ,,trägerfreie'' Radionuklide können hergestellt werden), wenn Kernladungszahl des bestrahlten Stoffes und des entstehenden Radionuklides nicht gleich sind.

Dieses ist bei fünf der in Forschung und Medizin am meisten verwendeten Radionuklide der Fall, nämlich bei H-3, C-14, P-32, S-35 und J-131/32, weshalb diese Nuklide, die den überwiegenden Anteil der gesamten Radionuklidproduktion für wissenschaftliche Zwecke ausmachen, zunächst besprochen werden. *H-3* (Tritium) (HZ: 12,26 a) wird vorzugsweise durch den mehrfach erwähnten Kernprozeß Li-6 (n, α) H-3 hergestellt, dessen Wirkungsquerschnitt für langsame Neutronen 950 b beträgt. Hierbei erfolgt die Bestrahlung des Li z. B. als

Li—Mg-Legierung, aus der nach der Bestrahlung bei erhöhter Temperatur das entstandene Tritium abgepumpt und hiernach — etwa an pyrophorem Uran — adsorbiert wird. Bei erhöhten Temperaturen kann eine Kolonne aus diesem Material zur gaschromatographischen Trennung des Tritiums von leichten Wasserstoffisotopen benutzt werden, wonach das Tritium zu 95% rein (entsprechend 2,7 C/ml) erhältlich ist. Tritium ist sehr billig, beim Bezug größerer Mengen kostet 1 mC etwa 3 Pfennig. Die geringe β-Strahlungsenergie (18 keV) erfordert Messung in gasförmigem Zustand oder — nach Auflösung der entsprechenden Verbindung — in Flüssigkeitsszintillatoren.

C-14 (5568 a HZ) wird hergestellt gemäß: N-14 (n, p) C-14 (1,78 b). Zur Bestrahlung wird oft Be_3N_2 verwendet, aus dem beim Auflösen in Säure verschiedene Kohlenstoffverbindungen frei werden, die leicht zu CO_2 zu oxydieren sind (z. B. an CuO). Die Absorption der radioaktiven Kohlensäure geschieht als Na_2CO_3 oder $BaCO_3$. Es ist 25% reines C-14 erhältlich, entsprechend einer spezifischen Aktivität von 1 C/g Kohlenstoff: Beim Bezug größerer Mengen kostet 1 mC etwa 80 DM. Die β-Energie von 145 keV läßt die Messung in der Gasphase oder die Verwendung dünnwandiger Zählrohre wünschenswert erscheinen.

P-32 (14,3 d HZ) wird vorzugsweise durch: S-32 (n, p) P-32 ($\sim$30 mb), seltener durch Cl-35 (n, α) P-32 (3 mb) hergestellt. Wie in § 57 erwähnt, kann bei der Bestrahlung von feinkörnigem Schwefel mit Vorteil der Rückstoß bei der Kernumwandlung zur Isolierung der radioaktiven Phosphoratome benutzt werden. Eine andere Möglichkeit ist die Trennung Schwefel/Phosphor durch Fällungschromatographie (nach Oxydation zu den entsprechenden Anionen) beim Passieren einer Kationenaustauscherkolonne, die mit Eisenionen beladen ist. Die Sulfationen passieren die Kolonne, Phosphationen werden adsorbiert (fällungsmäßig festgehalten) und können dann durch Hydroxylionen verdrängt werden.

In der Praxis werden spezifische Aktivitäten von 1000 C/g P erreicht; 1 mC kostet beim Bezug größerer Mengen etwa 3 DM. Die Messung von P-32 bereitet keine Schwierigkeiten, da die β-Energie 1,71 MeV beträgt.

S-35 (87 d HZ) wird ebenfalls durch Bestrahlung von Chlor (etwa als KCl) gemäß dem Prozeß Cl-35 (n, p) S-35 hergestellt. Der Aktivierungsquerschnitt ist 21 mb für Spaltneutronen. Die Abtrennung des entstehenden Sulfates von entstandenem K-40 geschieht durch Kationenaustauscher,die Abtrennung des Cl-36 durch Destillation als HCl. Eine andere Möglichkeit ist die Bestrahlung von CCl_4 und die Extraktion von S-35 mit Bromwasser als Sulfat, das als $BaSO_4$ gefällt werden kann. Die Messung von S-35 geschieht mit dünnwandigen Zählrohren (β-Energie: 167 keV). S-35 kann praktisch trägerfrei erhalten werden, spezifische

Aktivitäten von > 1000 C/g werden angegeben und beim Bezug größerer Mengen ist der Preis etwa 5 DM je mC.

J-131 (8,05 d HZ; Haupt-γ-Energie: 637 keV; Haupt-β-Energie: 608 keV) entsteht aus Te-131 (durch Bestrahlung von Te-130 mit langsamen Neutronen gebildet), kommt aber auch als Uranspaltprodukt vor (vgl. § 64). Die chemische Verarbeitung beschränkt sich — gegebenenfalls nach der Vorisolierung von Te-131 — auf die Trennung J/Te. Jod kann durch trockene Destillation aus bestrahltem Tellurmetall oder Telluroxyd abgetrennt werden. Eine andere Möglichkeit ist gemeinsame Oxydation von Te und J in wäßriger Lösung, gefolgt von Reduktion (mit Oxalsäure), wobei nur das intermediär gebildete Jodat zum Element reduziert wird und abdestilliert werden kann.

J-132 wird von Te-132 abgetrennt, welches als Uranspaltprodukt in größeren Mengen zu erhalten ist. Die HZ dieses Isotopes beträgt nur 2,26 h, was für viele medizinische Versuche, bei denen die Strahlenbelastung auf ein Minimum reduziert werden soll, ein Vorteil ist. Für J-132 werden β-Energien zwischen 730 keV und 2,12 MeV angegeben, die Haupt-γ-Intensitäten liegen bei 670 und 780 keV. Te-132 hat mit 77,7 h eine bedeutend längere HZ als Te-131 [30 h bzw. 25 min (Grundzustand)], was die Möglichkeit einer wiederholten Isolierung des J-132 ergibt. Diese Abtrennung geschieht durch Adsorption von TeO_3^{2-} an Al_2O_3, wonach das sich bildende J-132 als Jodid mit Wasser oder Ammoniak eluiert werden kann. 1 mC Te-132 kostet etwa 80 Pfennig, oder 10 DM, wenn es präpariert zur periodischen Abtrennung von J-132 geliefert wird.

Hiermit sind erstmalig **Uranspaltprodukte** in größerem Umfange zu nutzbringender Verwendung gelangt, andere Uranspaltprodukte, die in steigendem Maße kommerziell ausgenutzt werden können (vgl. § 64 und § 74), sind Cs-137, Sr-90, Kr-85, Pm-147 und Ba-140.

Ba-140 (12,8 d HZ) hat Bedeutung als Mutternuklid des γ-Strahlers La-140. Zur Isolierung des Bariums aus Brennstoffelementen werden ähnliche Fällungsreaktionen benutzt, wie sie auch bei der Analyse der Uranspaltprodukte besprochen wurden (Konzentrationsfällung der Nitrate). Hierbei wird zunächst auch *Sr-90* (28 a HZ) mitgewonnen, das als β-Strahlungsquelle verwendet werden kann und durch dessen Entfernung der radioaktive Abfall erheblich entgiftet wird (§ 74).

Das gleiche gilt bei der Gewinnung von *Cs-137* (30 a HZ), das als γ-Strahler Co-60 zum Teil ersetzen wird. Die Gewinnung von Sr-90 und Cs-137 kann geschehen durch Auslaugen des — durch die thermische Zersetzung des nach ursprünglicher Auflösung des aluminiumhaltigen Brennstoffelementes in HNO_3 entstandenen $Al(NO_3)_3$ zu Al_2O_3 — vorliegenden Adsorbens (vgl. § 74).

Auch *Kr-85* mit der langen HZ von 10,6 a kann praktisch eine Rolle spielen (radioaktive Leuchtbirnen). Es kann aus Brennstofflösungen durch Trägergasströme entfernt und durch fraktionierte Adsorption und Desorption an gekühlten Adsorbentien von Xenon getrennt werden, wie im § 66 beschrieben.

Ein anderer weicher β-Strahler ist *Pm-147* (2,65 a HZ), das ebenfalls zur Aktivierung von Phosphoren benutzt werden kann. Es wird nach der Trennung von anderen Uranspaltprodukten als Fluorid ausgefällt und durch Umfällung sukzessive von mitgefälltem Am befreit.

Auch lineare Elektronenacceleratoren (§ 19) können zur Isotopenproduktion benutzt werden. Hierbei sind besonders die durch Brems-γ-strahlung hervorgerufenen Kernphotoreaktionen (§ 20) interessant, da hier Isotope mit Neutronenunterschuß entstehen. Es sind Maschinen käuflich, die Elektronenenergien von 25 MeV mit 10 kW Effekt erreichen und mit denen in günstigen Fällen bei Sättigungsbestrahlungen Aktivitäten von mehreren 100 mC/g erhalten werden.

62. Radionuklidproduktion ohne Änderung der Kernladungszahl

Durch Aktivierung mit langsamen Neutronen entstehen Radionuklide praktisch im gesamten Periodischen System der Elemente. Im folgenden werden nur einige von größerer praktischer Bedeutung genannt, nämlich die der Metalle Natrium, Calcium, Eisen, Kobalt und Gold.

Na-24 wird mit 0,5 b aus Na-23 gebildet. Seine HZ ist 15 h, sowohl seine β-Strahlung (1,39 MeV, aber in geringem Umfange auch 4,17 MeV) wie seine γ-Strahlung (1,37 MeV, 2,26 MeV und in geringem Maße auch 3,7 MeV) gehören zu energiereichsten radioaktiven Strahlungen.

Na-24 wird in üblichen Reaktoren mit etwa 0,5 mC/g Na erhalten. Die (einwöchige) Bestrahlung von 10 g Natriumkarbonat, eine übliche Bestrahlungseinheit, kostet bei verschiedenen Isotopenproduktionszentren annähernd 50 DM.

[Langlebiges *Na-22* (HZ: 2,6 a) dagegen kann aus Mg-24 durch (d, α)-Prozeß hergestellt werden und wird von Mg durch Ionenaustausch abgetrennt. Die spezifische Aktivität kann 1 C/g Na betragen, der Preis beträgt allerdings für geringe Mengen mehrere hundert DM/mC.]

Ca-45 (HZ: 153 d) ist ein reiner β^--Strahler von 253 keV Energie. Der Aktivierungsquerschnitt für Ca-44 ist 0,6 b für thermische Neutronen, infolgedessen übersteigt die spezifische Aktivität bei Bestrahlung natürlichen Calciums nicht 1 mC/g (Bestrahlungseinheit 20 g $CaCO_3$). Bei Bestrahlung von angereichertem Ca-44 werden 250 mC/g angegeben, 0,1 mC kosten etwa 250 DM.

Die alternative Darstellung ist Sc-45 (n, p) Ca-45, wobei die Trennung durch Extraktion als TTA-Komplex in Benzol geschehen kann (Sc bei p_H 5; Ca bei p_H 8). Auf diese Art kann praktisch trägerfreies Ca-45 erhalten werden (vgl. § 56).

Für biologische und medizinische Anwendung vorzuziehen wäre *Ca-47* mit 4,7 d HZ, das außerdem in 16% aller Zerfälle 1,31 MeV γ-Strahlung zeigt. Das Ausgangsisotop Ca-46 kommt im natürlichen Isotopengemisch jedoch nur zu $3,2 \cdot 10^{-3}$% vor, sein Aktivierungsquerschnitt beträgt etwa 0,25 b, so daß nur geringe spezifische Aktivitäten möglich sind. Infolgedessen muß die zu bestrahlende Probe an Ca-46 angereichert werden, welches spezifische Aktivitäten von 500 μC pro mg $CaCO_3$ möglich macht, allerdings zu hohen Preisen. Die Produktion von Ca-47 ist grundsätzlich auch durch den Prozeß: Ti-50 (n, α) Ca-47 möglich, jedoch beträgt der Querschnitt dieser Reaktion nur $2 \cdot 10^{-6}$ b.

Fe ergibt bei Neutronenbestrahlung die beiden Isotope *Fe-55* (2,9 a HZ; K-Einfang) und *Fe-59* (45 d HZ; β^-: 0,27 und 0,46 MeV, γ: (0,19), 1,10 und 1,29 MeV). Der Einfangsquerschnitt von Fe-54 ist 2,2 b, die Isotopenhäufigkeit 5,9%, der Einfangquerschnitt von Fe-58 jedoch nur 0,9 b und die Isotopenhäufigkeit 0,33%. Infolgedessen werden in letzterem Fall bei einfacher Neutronenaktivierung Aktivitäten von 1 mC/g Fe nicht überschritten, während zur Erzielung höherer spezifischer Aktivitäten entweder Szilard-Chalmers-Prozesse (vgl. § 57) oder die (n, p)-Reaktion mit Co-59 verwendet werden müssen (0,3 mb). Auch Fe-55 kann praktisch trägerfrei durch (n, p)-Prozeß aus Mn-55 hergestellt werden (spezifische Aktivitäten: 50 mC/g oder mehr).

Co-60 (5,25 a HZ; β^-: 306 keV; γ: 1,17, 1,33 MeV) entsteht mit einem Einfangquerschnitt von 20 b aus Co-59 bei Bestrahlung mit thermischen Neutronen.

Die Bestrahlung in Radionuklidproduktionsreaktoren ($5 \cdot 10^{12}$ nv) führt bei 2 bis 3 Jahren Bestrahlung zur spezifischen Aktivität $\sim$10 C/g. In Materialprüfreaktoren sollte man schon nach einem Jahr Bestrahlung bis zu 50 C/g erhalten.

Hier wird die Produktion als zusätzliche Beschickung durchgeführt, um die Betriebskosten des teuren Reaktors teilweise zu decken. Die Kosten müssen, auch bei geschickter Ausnutzung, 100 DM/C überschreiten. (Dies ist noch ein erheblicher Fortschritt gegenüber dem etwa 1000fach höheren Preis für Radium.)

Hohe spezifische Aktivitäten lassen sich bei der Bestrahlung von Au-197 mit langsamen Neutronen erreichen, da der Einfangquerschnitt 98 b beträgt. *Au-198* kann so mit spezifischen Aktivitäten von mehr als 15 C/g geliefert werden, der Preis für 1 C liegt bei etwa 100 DM. Die Hauptstrahlungsenergien sind 960 keV β- und 411 keV γ-Strahlung.

63. Einiges zur Chemie der Radioelemente

Radioaktive Isotope kommen in größerem Ausmaße und mit mitunter beträchtlicher spezifischer Aktivität vor bei den Elementen mit den Ordnungszahlen 82 (Blei) bis 92 (Uran). [$_{82}$Pb, $_{83}$Bi, $_{84}$Po, $_{85}$At, $_{86}$Rn, $_{87}$Fr, $_{88}$Ra, $_{89}$Ac, $_{90}$Th, $_{91}$Pa, $_{92}$U.] Von diesen elf Elementen werden Blei und Wismut als stabile Elemente angesehen, ihre Chemie wird infolgedessen in den Lehrbüchern der anorganischen und analytischen Chemie behandelt. Das gleiche gilt für Thorium und Uran, welche Elemente auf Grund der Langlebigkeit einiger ihrer Isotope in beträchtlichen Mengen auf der Erde vorkommen. Die Elemente 85 (Astatium) und 87 (Francium), erst vor verhältnismäßig kurzer Zeit (1940 bzw. 1939) entdeckt, existieren nur in Form verhältnismäßig kurzlebiger Isotope und können infolgedessen nur in Spuren untersucht werden.

Als die eigentlichen „Radioelemente" werden hiernach die Elemente- 84 (Polonium), -86 (Radon), -88 (Radium), -89 (Aktinium) und -91 (Protaktinium) betrachtet.

Im folgenden werden jedoch alle genannten Elemente in der Ordnungsfolge der Kernladungszahl kurz besprochen (in einigen Fällen unterscheiden sich die angegebenen HZ — neuere Werte — geringfügig von den Werten der Abb. 10).

Blei hat als verwendbare Isotope ausreichend langer HZ, die den natürlich radioaktiven Zerfallsreihen (§ 10) zugehörigen Isotope Pb-210 (RaD) und Pb-212 (ThB) mit 20 a bzw. 10,6 h HZ. Pb-210 kann in reiner Form leicht trägerfrei isoliert werden aus alten Radonpräparaten, da es als schließliches Zerfallsprodukt der Radiumemanation auftritt. Die Reinigung von seinen Folgeprodukten, den Isotopen Bi-210 und Po-210 geschieht am einfachsten durch elektrochemische Ausfällung dieser Elemente auf Nickel- bzw. Silberblechen.

Die geringe Strahlungsenergie (β: 20 keV, γ: 47 keV) erschwert die direkte Messung des Isotopes, das leichter indirekt durch seine Folgeprodukte bestimmt wird.

Pb-212 wird im allgemeinen leicht und trägerfrei aus „hochemanierenden" (vgl. § 79) Radiothorpräparaten gewonnen, da es sich aus dem entweichenden Thoron an einer negativ geladenen Metallplatte niederschlagen läßt.

Wismut. Die obenerwähnten Bleiisotope sind die Mutternuklide von Bi-210 und -212 (RaE: 5,0 d HZ; ThC: 60,5 min HZ). Eine andere Möglichkeit der Darstellung von Bi-210 ist Neutronenaddition an stabiles Bi-209 (Einfangquerschnitt für thermische Neutronen 30 mb). Zur Anreicherung des Radioisotops müssen dann Rückstoßprozesse benutzt werden.

Polonium das als erstes (1898 von P. und M. CURIE) entdeckte Radioelement wird hauptsächlich als Po-210 (RaF: 138 d HZ) untersucht (wenn auch zur Zeit nicht weniger als 22 Poloniumisotope angenommen werden); es entsteht aus Bi-210 durch β^--Zerfall, weshalb es entweder aus der Uran-Radiumzerfallsreihe oder durch Neutronen- oder Deuteronenbestrahlung von Bi-209 hergestellt werden kann. Aus bestrahltem Bi oder Bi_2O_3 läßt sich Po durch Sublimation des Metalles (bei 500 °C im Vakuum) oder des Oxydes (bei 800 °C in Luft) leicht abtrennen. Die Trennung aus Lösungen erfolgt durch elektrochemische oder elektrolytische Abscheidung auf Silber oder Gold. Po zeigt in wäßrigen Lösungen die Valenzen 6^+, 4^+, 3^+ und 2^+; neigt sehr zur Komplexbildung und Radiokolloidbildung (vgl. § 50). Die hohe spezifische Aktivität von Po-210, verbunden mit der α-Strahlung von 5,3 MeV, führt zu Gesundheitsgefahren beim Umgang mit diesem Nuklid (vgl. § 35). Po-210 ist eine sehr konzentrierte Energiequelle, die als Wärmequelle in thermoelektrischen Generatoren für besondere Zwecke benutzt worden ist. Aus 1,76 kC Po-210 sind vom thermischen Effekt (49 W) 2,53 W als elektrische Leistung herausgezogen worden. Ein solcher vollständig selbständiger Generator liefert schon während der ersten HZ von Po annähernd 5 kWh, wiegt nur etwa 2 kg, und seine Leistung ist 10mal höher als die gleichschwerer Silber-Zink-Batterien. Gegen Anwendung in Satelliten spricht die Gesundheitsgefahr bei Beschädigung der Poloniumenergiequelle.

Das Element 85 *(Astatium)* (CORSON, MACKENZIE und SEGRÉ 1940) wird vorzugsweise durch Bi-209 $(\alpha, 2n)$ als At-211 hergestellt, das mit der HZ von 7,5 h zu den längstlebigen Isotopen gehört. Als „Ekajod" zeigt Astatium die Eigenschaften eines Halogenes, ähnelt außerdem etwas Polonium. Das gleichzeitige Auftreten der 5,86 MeV α-Energie von At-211 und der 7,43 MeV α-Energie von Po-211 ist ein sicheres Identifikationszeichen.

Astatium kann aus geschmolzenem Wismut abdestilliert werden, löst sich in organischen Lösungsmitteln, bildet schwerlösliche Silberverbindungen. Wie Jod wird es in der Schilddrüse angereichert und könnte infolgedessen zu einer örtlich sehr konzentrierten α-Bestrahlung von Schilddrüsenkrebs benutzt werden (vgl. § 76).

Element 86 soll gemäß der üblichen Konvention nach seinem längstlebigen Isotop *Radon* genannt werden, doch wird auch die Bezeichnung *Emanation* verwendet. Die drei Isotope Rn-219 (Aktinon), Rn-220 (Thoron) und Rn-222 (Radon) gehören den natürlich radioaktiven Zerfallsreihen an (§ 10). Der Siedepunkt der Emanation liegt bei −65 °C. Radon ist in Form von in Capillaren eingeschmolzenem Gas früher oft für Krebsbehandlung verwendet worden. Neuerlich sind von Edelgasen chemische Koordinationsverbindungen (Clathrate) bekannt, wie z.B. $Rn \cdot 6 H_2O$, das bei 0 °C 1 atm Druck aufweist. Auch mit Toluol und Hydrochinon bilden sich Koordinationsverbindungen.

Element 87 *(Francium)* wurde als Fr-223 (AcK, 22 min HZ; neuerer Wert als in Abb. 10) in der Aktiniumzerfallsreihe entdeckt (PEREY 1939). Franciumisotope mit höherer Massenzahl müssen sehr kurzlebig sein und sind bisher nicht aufgefunden worden. Bei geringeren Massen als Fr-223 nehmen die Halbwertszeiten ebenfalls ab, bis bei Fr-212 (19,3 min HZ) die zweitlängste HZ gefunden wird. Es liegt also der interessante Fall vor, daß das schwerste und das leichteste Isotop eines Elementes am stabilsten ist, was hier auf die starke Einwirkung der „magischen" Neutronenzahl 126 zurückzuführen ist (vgl. § 11, Abb. 17).

Francium ist das schwerste Alkalimetall und verhält sich chemisch ähnlich wie Cäsium. Es kann mit Cäsium als Träger mittels bekannter Alkalifällungsreagenzien wie Perchlorat (ClO_4^-), Chloroplatinat ($[PtCl_6]^{2-}$) und Chlorostannat ($[SnCl_6]^{2-}$) ausgefällt werden. Die anschließende Trennung vom Cs-Träger erfolgt z.B. mit einem Kationenaustauscher, an dem Fr stärker adsorbiert wird.

Element 88 *(Radium)* ist in § 10 besprochen worden; wie erwähnt, ähnelt sein chemisches Verhalten dem des nächsttieferen Erdalkalimetalls: Barium, jedoch bietet die Trennung der beiden Elemente voneinander nach Einführung von Adsorptionskolonnen, Ionenaustauscherkolonnen sowie Mehrstufenextraktionsverfahren keine Schwierigkeit mehr.

Element 89 *(Aktinium)*: Ac-227, ein „weicher" β^--Strahler: (46 keV), 22 a HZ, entsteht aus Pa-231 und kommt in Pechblende zu 0,14 mg/t vor (Entdecker: DEBIERNE sowie GIESEL, um 1900).

Das Isotop kann auch durch Neutronenbestrahlung von Ra-226 (Einfangquerschnitt 23 b) über Ra-227, das β^--aktiv ist, entstehen und beispielsweise als TTA-Komplex abgetrennt werden.

Der geeignete Träger für Aktinium ist Lanthan; die Trennung dieser beiden ähnlichen Erden wird am besten durch Komplexelution vom Kationenaustauscher durchgeführt: Ac ist basischer und wird erst bei pH 3,76 mit (0,25 M) Ammoniumcitrat eluiert, La schon bei pH 3,09.

Die Chemie des *Thoriums* (Element 90) in Lösung ist im wesentlichen die Chemie seiner vierwertigen Kationen. Man hat versucht, andere Wertigkeitsstufen des Thoriums nachzuweisen, insbesondere das dreiwertige Thorium, ein wesentliches Glied bei der Verifizierung der Aktinidenhypothese (§ 65), doch ist dieses bisher nicht einwandfrei geglückt. Th(IV) hydrolysiert stark und ähnelt Zr(IV) und Ce(IV). Thorium bildet wie diese schwerlösliche Phosphate, Jodate, Fluoride und neigt zur Bildung starker Komplexe, so z.B. schon mit Oxalsäure und Kohlensäure.

Das Hauptisotop ist Th-232, als Tracer geeignet ist Th-234 (§ 10). Ein weiteres wichtiges Thoriumisotop ist Th-228 (Radiothor), mit dem der Teil der Thoriumzerfallsreihe beginnt, der zu verhältnismäßig kurzlebigen Nukliden mit hoher spezifischer Aktivität führt. Dieses Isotop spielt auch eine Rolle bei der zweckmäßigen Wahl der „Abkühlungszeit" von Thoriumbrutstoff vor der Gewinnung von U-233 (§ 69).

Element 91: *Protaktinium* (HAHN und MEITNER 1918) zeigt überwiegend die Wertigkeitsstufe V. Die Chemie ähnelt der des Tantals, Protaktinium neigt sehr zur Bildung von kolloidalen Lösungen. Das Hauptisotop Pa-231 mit 31 000 a HZ kommt in der Natur vor und findet sich in Pechblende mit einem Gehalt von etwa 200 mg/t, vergleichbar mit dem Gehalt an Radium.

Protaktinium-233 tritt als Zwischenstufe bei der Entstehung von U-233 aus Th-232 auf (§ 69).

Die Chemie des *Urans* (Element 92) findet sich in den Lehrbüchern der anorganischen und analytischen Chemie. Hochschmelzende Uranverbindungen werden in § 72 besprochen werden. Das Verhalten des Urans in Lösungen ist gekennzeichnet durch die Möglichkeit des Auftretens der Wertigkeitsstufen 6^+, 4^+ und 3^+ (5^+ neigt zur Disproportionierung). U(VI) tritt allerdings nur als UO_2^{2+} auf, entspricht also einem zweiwertigen Kation. Die Hauptisolierungsmethoden durch Fällung basieren auf der Bildung schwerlöslicher Doppelacetate von Uranyl und Natrium, Zink oder Magnesium oder der Ausfällung von Ammoniumdiuranat $[(NH_4)_2U_2O_7]$. Vierwertiges Uran kann als Oxalat gefällt werden oder maßanalytisch durch Titration mit Kaliumpermanganat bestimmt werden.

Von großer praktischer Bedeutung (Isotopentrennung durch Gasdiffusion) ist die Bildung des stabilen Uranhexafluorides UF_6.

64. Zur analytischen Chemie von Uranspaltprodukten

Die Bedeutung der analytischen Chemie der Uranspaltprodukte bestand und besteht unter anderem in: 1. der Entdeckung und näheren Untersuchung der Kernspaltung (vgl. § 23), 2. der Kontrolle der Effektivität von Kernbrennstoff-Aufbereitungsprozessen (vgl. § 69), 3. der Vorbereitung von Verfahren der Herstellung zwecks technischer Verwendung (vgl. § 74), 4. der Untersuchung von radioaktivem „fall-out" (vgl. § 34).

Die im folgenden referierten Analysenmethoden entstammen zum größeren Teil den Arbeiten von HAHN und STRASSMANN, die mit einer verhältnismäßig kleinen Zahl von Mitarbeitern (darunter GÖTTE, SEELMANN-EGGEBERT) in den Jahren 1939—1945 im wesentlichen zu den gleichen Ergebnissen kamen wie der sehr viel größere Forscherstab des Manhattan-Projektes in den USA.

Bei der Spaltung von U-235 mit langsamen Neutronen treten eine große Anzahl Spaltprodukte auf, die 37 verschiedene Elemente ($_{30}$Zink bis $_{66}$Dysprosium) umfassen, wobei 1958 297 verschiedene Isotope (ohne Isomere) bekannt waren. Gemäß der Ausbeutenverteilungskurve, die bei Spaltung mit langsamen Neutronen zwei ausgeprägte Maxima zeigt (vgl. Abb. 96) im Gebiet der Massen 90 bis 102 bzw. 133 bis 144 mit Ausbeuten $> 5\%$ (Totalausbeute $= 200\%$), müssen hauptsächlich die in diesen Massengebieten liegenden chemischen Elemente beachtet werden, d. h.

in der leichten Gruppe: Br, Kr, Rb, Sr, Y, Zr, Nb, Mo, Tc und Ru;

in der schweren Gruppe: Sb, Te, J, Xe, Cs, Ba, La, Ce, Pr, Nd und Pm.

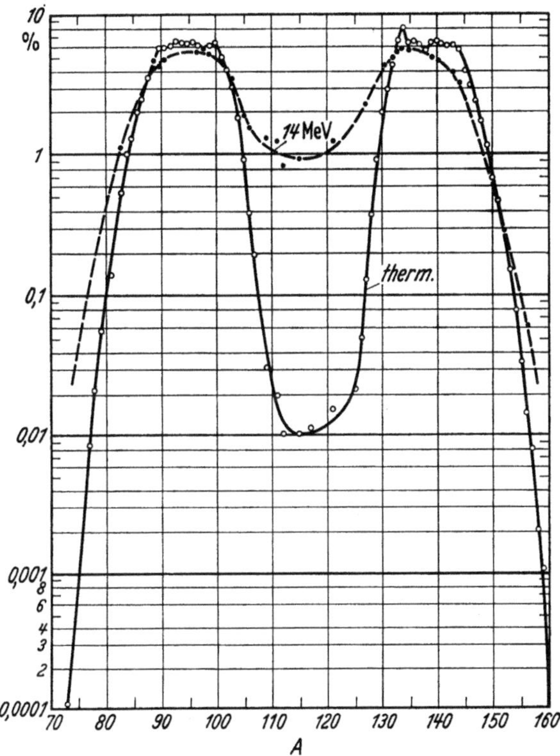

Abb. 96. Die Ausbeute der verschiedenen Massenzahlen bei der Spaltung von U-235 mit thermischen bzw. schnellen Neutronen

Offensichtlich kommen viele Spaltprodukte in Form chemischer Homologe vor, gehörend zu den Gruppen VII, 0, I, II und III des Periodischen Systems, also je zwei Halogene, Edelgase, Alkalimetalle, Erdalkalimetalle und (Seltene) Erden. Hiernach setzen die Spaltprodukte großer Häufigkeit in der leichten Gruppe in den Nebengruppen IV bis VII fort (Zr, Nb, Mo, Tc, Ru), während in der schweren Gruppe die Lanthanidenreihe folgt. Es erscheint also zweckmäßig, zunächst die Gruppentrennungen zu behandeln und später erst die Isolierung des einzelnen Elementes. Ein vollständiger Trennungsgang wird nur benutzt werden, wenn Spaltungsausbeuten an ein und derselben Probe quantitativ bestimmt werden sollen.

Bei Verarbeitung größerer Mengen bestrahlten Urans empfiehlt sich in jedem Fall die Voranreicherung der Spaltprodukte in ihrer Gesamtheit: Wenn Uranylnitrat bestrahlt worden ist, sollte dieses zweckmäßigerweise mit Ätherextraktion abgetrennt werden, wobei die Spaltprodukte im wäßrigen Auszug bleiben.

Bei der chemischen Trennung und Identifikation der verschiedenen Spaltelemente machen sich typisch radiochemische Gesichtspunkte geltend, wie unter anderem die Notwendigkeit, die Trennung innerhalb einer mitunter recht kurzen Zeit auszuführen; die Forderung nach äußerster radiochemischer Reinheit (keine unerwünschte Mitfällung oder Adsorption darf eintreten); Berücksichtigung der genetischen Zusammenhänge (einige Spaltprodukte entstehen teils direkt bei der Spaltung, teils durch den Zerfall anderer Spaltprodukte und werden auf diese Art mitunter während des Ganges der Analyse nachgebildet).

Die meisten Spaltprodukte sind Glieder von Zerfallsreihen, die bis zu sieben Elemente umfassen können.

An Trennverfahren werden die seinerzeit hauptsächlich verwendeten Fällungsverfahren behandelt; die später in den Vordergrund getretenen Verfahren des Ionenaustausches und der Lösungsmittelextraktion sind zunächst weniger benutzt worden. Diese würden in einigen Fällen heutzutage den Vorzug haben (ebenso physikalische Trennmethoden, etwa auf Grund verschiedenen Dampfdruckes der entsprechenden Elemente und ihrer Verbindungen), insbesondere, wenn äußerste Geschwindigkeit bei der Trennung chemisch sehr ähnlicher Elemente gefordert wird.

Die Edelgase Krypton und Xenon, die mit ihren Folgeprodukten etwa ein Viertel der gesamten Spaltaktivität umfassen, werden auf Grund ihres Aggregatzustandes aus den Spaltprodukt-Lösungen abgetrennt.

Die Gase können aus der Lösung des neutronenbestrahlten Uransalzes unter Erwärmung innerhalb weniger Sekunden mit Wasserstoff ausgetrieben und in eine Meßkammer überführt werden, etwa

1. in einen dichten Glasbehälter mit eingeführtem GM-Zählrohr oder

2. direkt in ein (Proportional)-Zählrohr, in welchem Fall vorzugsweise eine Mischung von Methan und Argon als Austreibungsgas verwendet wird.

Methode 1 erlaubt das Einführen von Absorptionsfolien zwischen Zählrohr und konzentrisch umgebender Meßkammer und eine ungefähre Bestimmung der β-Energien. Methode 2 ist vorzuziehen bei der Bestimmung kurzer Halbwertszeiten und schwacher Aktivitäten.

Da gleichzeitig Isotope von Kr und Xe gemessen werden, ist eine Trennung der beiden Gase wünschenswert, etwa durch fraktionierte Adsorption an gekühlter Adsorptionskohle, an welcher Xe schon bei −20 °C (Eiskochsalzmischung) praktisch quantitativ adsorbiert wird, während die Adsorption von Kr flüssige Luft (−192 °C) benötigt.

Auf Grund der genetischen Beziehungen zwischen den Edelgasen und ihren Folgeprodukten (Alkalimetalle und Erdalkalimetalle) können die Gase auch indirekt bestimmt werden. Hierbei werden — nach Adsorptionstrennungen an verschieden tief gekühlter Kohle — auch die Folgeprodukte (Rb und Sr einerseits, Cs und Ba andererseits) voneinander getrennt gemessen. Wenn die Folgeprodukte in geeigneter Form aufgefangen werden (an einem negativ elektrisch geladenen Blech oder an Adsorptionskohle), können (bei reproduzierten Bedingungen der Austreibung) aus der jeweiligen Anfangsaktivität der Alkalimetalle bei verschiedenen Abtrennungszeitpunkten auch die Halbwertszeiten der zugehörigen Edelgase bestimmt werden.

Analog können durch Untersuchung der zeitlichen Veränderlichkeit der „Edelgasausbeute" die Halbwertszeiten der in der Zerfallsreihe vor ihnen stehenden Halogene bestimmt werden.

Die Isolierung der Edelgasfolgeprodukte kann außer durch Austreibung aus einer Lösung bestrahlten Urans auch aus „hochemanierenden" festen Uranverbindungen geschehen (die Emaniermethode wird in § 79 besprochen). Hierfür wird Ammoniumdiuranat verwendet, das durch schnelle Ausfällung aus Uranlösungen bei Zimmertemperatur mit großer spezifischer Oberfläche anfällt. Das vorsichtig getrocknete Uranat wird in dünner Schicht in einem geeigneten Behälter ausgebreitet, und die durch den Zerfall der radioaktiven Gase in Form positiver Ionen entstehenden Spaltprodukte auf einer negativ geladenen Metallplatte (in ausreichendem Abstand, um Überführung durch Rückstoß zu vermeiden) aufgesammelt. Falls die Aufsammlung während der Neutronenbestrahlung geschieht, darf die Metallplatte selber nicht nennenswert aktiviert werden; zumindest sollten die dadurch entstehenden Radionuklide eine lange Halbwertszeit haben und mit einfachen chemischen Mitteln abgetrennt werden können. Als geeignete Metalle sind Blei und Cadmium verwendet worden. Vom Blei wird die aktive Schicht mit verdünnter Salzsäure abgelöst und nach Zusatz von Trägern für die Alkalien und Erdalkalien wird das Blei mit H_2S entfernt, wonach die Spaltprodukte den weiter unten besprochenen Trennungen unterworfen werden können.

Abtrennung und Isolierung der Halogene Brom und Jod. Hierbei wird zur Gruppentrennung der Umstand benutzt, daß freie Halogene leicht zu destillieren und mit organischen Lösungsmitteln zu extrahieren sind (wie auch die Bildung schwerlöslicher Silberverbindungen mit Halogenidionen).

Die Trennung von Brom und Jod benutzt mit Vorteil die für die beiden Elemente verschiedenen Potentiale (§ 51) der sukzessiven Oxydation $Br^-(J^-) \rightarrow Br_2(J_2) \rightarrow BrO_3(JO_3^-) \rightarrow (JO_4^-)$.

Die Phasentrennung der beiden Elemente in ihren verschiedenen Oxydationsstufen erfolgt dann wie oben, wobei meistens ein Element in elementarer Form destilliert (oder extrahiert) wird.

Bei kleineren Mengen bestrahlten Uranates wird dieses direkt in heißer 20%iger Schwefelsäure gelöst, und die Halogene können nun nach Zusatz einiger Milligramm Träger abdestilliert werden. Starke Oxydationsmittel (auch Br_2) oxydieren Jodid bis zu nichtflüchtigem Jodat: Wenn also der schwefelsauren Uranlösung einige Milligramm KBr und die äquivalente Menge $KBrO_3$ zugeführt werden, kann das Brom abdestilliert und in einer Vorlage mit $NaHSO_3$ zu Bromid reduziert und dann in gewöhnlicher Weise als Silberbromid ausgefällt werden, während Jod als Jodat im Destillationsrückstand bleibt. Alternativ kann nach gelinder Oxydation ausschließlich Jod destilliert werden, etwa nach Zusatz von KJ und $NaNO_2$ (oder $FeCl_3$ oder KJO_3) als Oxydationsmittel.

Die Destillation des molekularen Halogens kann durch Extraktion, etwa mit CCl_4, ersetzt werden.

Statt dosierter (schrittweiser) Oxydation kann analog abgestufte Reduktion der höheren Oxydationszustände erfolgen, z. B. nach zunächst vollständiger Oxydation mit NaOCl und HNO_3 zu JO_4^- und BrO_3^-. Hiernach wird mit $NH_2 \cdot OH \cdot HCl$ Perjodat zu J_2 reduziert, welches mit CCl_4 extrahiert werden kann. Nach Reduktion des J_2 kann Rückextraktion in eine Wasserphase erfolgen.

Brom wird als Bromid zunächst nicht mit CCl_4 extrahiert, sondern erst nach der Oxydation zu Br_2 mit HNO_3 und $KMnO_4$.

Im Gegensatz zu Brom hat Jod langlebige Mutternuklide, Isotope des Tellurs. Dieses ermöglicht Reindarstellung von Jod, ja praktisch Reindarstellung einzelner Jod*isotope* je nach Bestrahlungs- und Wartezeit. Hauptsächlich werden Te-131 (30 h HZ) und Te-132 (77 h HZ) als Mutternuklide von J-131 (8,05 d HZ) und J-132 (2,3 h HZ) benutzt.

Das radioaktive Te wird mit Kupfer als Träger aus saurer Lösung mit H_2S ausgefällt, und der Niederschlag in Salpetersäure zu telluriger Säure (H_2TeO_3) gelöst. Nach Abdampfen überschüssiger HNO_3 und Aufnahmen des Rückstandes mit verdünnter H_2SO_4 kann nachgebildetes Jod abdestilliert werden.

Die Ausfällung von H_2TeO_3 kann nach Zugabe entsprechenden Trägers auch direkt aus der Uranlösung mit schwefliger Säure erfolgen.

Für wiederholte Abtrennung des Jodes von Tellur sind mit Vorteil chromatographische Methoden zu verwenden (§ 62).

Direkte Vorabtrennung der radioaktiven Halogene aus einer Lösung neutronenbestrahlten Urans kann durch Fällung mit Silberionen geschehen. Zu diesem Zwecke werden die Halogene mit schwefliger Säure vorher reduziert. Das Trägersilberbromid wird mit Zn und H_2SO_4

wieder reduziert und im Filtrat des Silberrückstandes kann die Abtrennung der Halogene wie oben erfolgen.

Die Alkalimetalle Rubidium und Cäsium. Auch bei den Alkalimetallen ist eine physikalische Vorreinigung durch obenbeschriebene Isolierung aus den Edelgasen empfehlenswert. Sie können nach Trägerzusatz als Perchlorat ausgefällt werden. Nach Auflösung der Fällung kann weitere Reinigung durch „Scavenger"-(Reinigungs-)Fällungen von Eisenhydroxyd und Barium-Strontium-Karbonat geschehen, gefolgt von neuerlicher Perchloratfällung. Cs kann verhältnismäßig rein mit dem spezifischen Reagens $BiJ_3 + HJ$ isoliert werden. Im Filtrat kann Bi mit H_2S ausgefällt werden, wonach Rb als $RbClO_4$ isoliert wird.

Zur gleichzeitigen Isolierung von Rb und Cs führt die schnellere Fällung mit Chlorostannat aus 25%iger HCl. Alternativ kann Cs mit Silicowolframsäure isoliert und im Filtrat Rb nach Trägerzugabe mit einer alkoholischen Lösung von $SnCl_4$ gefällt werden.

Wenn die Isolierung nicht über die Gase erfolgt, beginnt sie vorteilhaft mit dem wäßrigen Extrakt einer ätherischen Uranylnitratlösung; das mit in Lösung gegangene Uran wird als Natriumdiuranat, Natriumuranylacetat oder Oxinat ausgefällt, in dessen Filtrat sich die Alkalimetalle befinden, die jedoch noch durch Fällungen mit H_2S und $(NH_4)_2CO_3$ von Verunreinigungen befreit werden müssen.

Abtrennung der Erdalkalimetalle Strontium und Barium. Hier wird der Unterschied zwischen radiochemischen und konventionellen Trennmethoden besonders deutlich. In der analytischen Chemie würden Sulfat-, Oxalat- oder Karbonatfällungen verwendet werden, welches in vorliegendem Fall jedoch wegen Mitfällung und Adsorption radioaktiver Verunreinigungen nicht zu empfehlen wäre. Stattdessen werden Fällungen der Nitrate und Chloride mit konzentrierter HNO_3 bzw. HCl verwendet. So können z.B. die Erdalkalimetalle nach Zusatz isotopen Trägers mit rauchender Salpetersäure als Nitrate ausgefällt werden. Diese werden umgefällt und weiter gereinigt durch „Scavenger"-Fällungen von $Fe(OH)_3$, da während der Verarbeitung als Folgeprodukte der Erdalkalien Seltene Erden entstanden sein können.

Dann kann Ba spezifisch als $BaCrO_4$ ausgefällt, in konzentrierter HCl wieder aufgelöst und in alkoholischer oder ätherischer Lösung mit Überschuß an konzentrierter HCl in der Kälte endgültig ausgefällt werden. Im Filtrat des $BaCrO_4$-Niederschlages wird Strontium als $SrCO_3$ gefällt.

Die Isolierung des Ba kann auch direkt durch $BaCl_2$-Fällungen mittels HCl erfolgen, welches nach nur einer Umfällung praktisch rein erhalten wird (nur in Nitratlösungen wird Sr mitgeführt) und schon ~ 4 min nach Bestrahlungsende zur Messung gelangt.

Abtrennung der Seltenen Erden und des Yttriums. Gegebenenfalls erfolgt zunächst Anreicherung, etwa durch Extraktion der ätherischen Lösung bestrahlten Uranylnitrates mit Wasser, gefolgt von einer $Fe(OH)_3$-Trägerfällung, die nach Auflösen und Zugabe von Erdalkali-Rückhalteträger mit kohlensäurefreiem Ammoniak zweimal umgefällt wird, um auch die letzten Spuren der Erdalkalimetalle zu entfernen. Nach Auflösung der Fällung werden die mit H_2S fällbaren Kationen unter Zusatz von Wismutträger entfernt. Das eisenhaltige Filtrat wird erst jetzt mit Trägern für Zr, La und Y versetzt, und Zr in neutraler Lösung mit $(NH_4)_2S_2O_3$ gefällt (welche Fällung zu wiederholen ist). Hierdurch werden Th-234 und die Spaltisotope des Zr und Nb entfernt. Eine neuerliche Hydroxydfällung im Filtrat schlägt die Summe der Seltenen Erden (und Y) nieder, wonach die Seltenen Erden von Y durch Ausfällung der Kaliumdoppelsulfate abgetrennt werden können. Das Yttrium kann, eventuell nach einer weiteren Abtrennung vierwertiger Ionen mit Natriumsubphosphat, als Oxalat gefällt werden. Die Seltenen Erden sind innerhalb zulässiger Zeit nicht mehr durch Fällungsmethoden voneinander zu trennen mit Ausnahme des Cers, das, zum vierwertigen Zustand oxydiert, als basisches Ceriacetat oder Cerijodat gefällt werden kann.

Während dieser Trennungsgang von HAHN und STRASSMANN verwendet wurde, beruhen die entsprechenden Trennungen der amerikanischen Literatur auf der Trägerfällung der Seltenen Erden als Fluoride in salpetersaurer Lösung. Die Fluoride werden mit konzentrierter HNO_3 und H_3BO_3 aufgelöst, wobei sich BF_4^- bildet. Aus dieser Lösung wird Ce nach Oxydation mit $KClO_3$ und HJO_3 als $CeJO_3$ gefällt.

$CeJO_3$ wird mit HNO_3 aufgelöst und mit H_2O_2 reduziert und nach Oxydation und Zusatz von La-Rückhalteträger umgefällt. Nach neuerlicher Auflösung und Reduktion werden die Jodationen mit Zr entfernt, wodurch auch eventuell Spuren Th-234 beseitigt werden. Hiernach wird Ce als Hydroxyd und schließlich als Oxalat isoliert.

Die dreiwertigen Seltenen Erden, von Ce durch Jodatfällungen befreit, werden als Hydroxyde ausgefällt (nach Vernichtung etwaigen Überschusses an Jodationen mit SO_2). Die Trennung zwischen Y und den Lanthaniden erfolgt durch Doppelkarbonatbildung, wobei Y in der Lösung als komplexes Karbonatanion verbleibt, welches mit konzentrierter HCl zerlegt werden kann, wonach Y als Hydroxyd und schließlich als Oxalat isoliert wird. Die Lanthanide können nach der Auflösung des Doppelkarbonats in konzentrierter HCl als Oxalate ausgefällt werden.

Innerhalb der Reihe der Seltenen Erden kommen acht verschiedene Elemente als radioaktive Spaltprodukte vor, wenn man Cer als leicht abtrennbar nicht mitzählt. Die schnelle und quantitative Trennung dieser Elemente voneinander ist nur durch Kolonnenmethoden, d. h. durch Ionenaustausch (mit komplexierender Elution) oder Extraktion, möglich (vgl. § 56).

Einige weitere wichtige Spaltprodukte

Im folgenden werden noch einige weitere Spaltprodukte besprochen, die mit großer Ausbeute entstehen und aus verschiedenen Gründen von Bedeutung sind:

Zirkonium-95 (65 d HZ) bietet besonders bei kerntechnischen Prozessen erhebliche Schwierigkeiten (Verunreinigung von Pu und U). Dessen analytische Bestimmung ist infolgedessen von Interesse: Aus der das Zr enthaltenden Lösung wird durch Zusatz von La und HF die Summe der Seltenen Erden abgetrennt, und Zr wird später durch Zusatz von Bariumionen als schwerlösliches $BaZrF_6$ isoliert. Dieses wird mit H_3BO_3 aufgelöst, und die Fällung mehrfach wiederholt. Ba wird mit H_2SO_4 abgetrennt, Zr als Hydroxyd isoliert. Die endgültige Reindarstellung kann mit Kupferron geschehen.

Die analytische Abtrennung des Folgeproduktes Nb-95 (35 d HZ) geschieht nunmehr leicht, z.B. mittels Extraktion (nur Zr wird mit 0,5 M TTA aus 2 M HNO_3 extrahiert), Papierchromatographie (größere Löslichkeit von Nb in HF/Methyläthylketon) oder Kationenaustauscher (vorzugsweise Elution von Nb mit 0,1 M $HCl + 0,3\%$ H_2O_2).

Ruthenium-106 spielt ebenfalls eine Rolle bei technischen Trennprozessen. Bei der Analyse geringerer Mengen kann die Möglichkeit ausgenutzt werden, daß RuO_4 abdestilliert werden kann. Die Halogene müssen hierbei bis zum Halogenat oxydiert sein, um nicht bei der Destillation ebenfalls überzugehen, welches durch eine Mischung von 70%iger $HClO_4$ mit einem geringen Zusatz von Natriumwismutat erzielt wird. Das überdestillierte Ru kann zu tieferen Oxyden (RuO_2, Ru_2O_3) mit Alkohol reduziert werden, und durch Auflösung mit HCl erhält man eine Ru^{4+}-Lösung, aus welcher das Ru als Metall mittels Magnesiumpulver ausgefällt werden kann.

Tellur. Te als Mutterelement der häufig verwendeten Jodisotope J-131 und J-132 muß mitunter in reiner Form isoliert werden. Es wird von seinem tieferen Homolog Se befreit durch Abdestillation von $SeBr_4$ mit HBr. Das verbleibende Te wird zum Metall reduziert und in HNO_3 aufgelöst. Durch Zusatz von Ammoniak erhält man Tellurationen, welche auch bei der Dekontamination von Ru mittels einer $Fe(OH)_3$-Fällung in Lösung verbleiben. Die Reduktion mit SO_2 ergibt metallisches Te, das nach Auflösung in HNO_3 und Wiederholung obenangegebener Reinigungsprozedur umgefällt wird.

Wenn Uran als Metall bestrahlt wurde, ist eine schnelle Abtrennung des radioaktiven Tellurs möglich auf Grund der Flüchtigkeit von H_2Te, das bei Auflösung des Urans in HCl entsteht.

65. Transurane; Neptunium und Plutonium

Eine der größten wissenschaftlichen Errungenschaften der „Kern"-Chemie ist der Ausbau des Periodischen Systemes. In einem Zeitraum von 23 Jahren (1939 bis 1961) sind nicht nur die „fehlenden" Elemente 43, 61, 85 und 87 aufgefunden worden, sondern das System ist auch um elf weitere Elemente mit den Ordnungszahlen 93 bis 103 erweitert worden ($_{93}$Np, $_{94}$Pu, $_{95}$Am, $_{96}$Cm, $_{97}$Bk, $_{98}$Cf, $_{99}$Es, $_{100}$Fm, $_{101}$Md, $_{102}$—, $_{103}$Lw).

Bis zum Element 100 sind pro Element zwischen 7 und 15 Isotope bekannt.

Bei diesen „Transuranen" handelt es sich um „synthetische" Elemente, welche ohne menschliche Mitwirkung praktisch nicht auf der Erde vorkommen [mit Ausnahme sehr geringer Mengen Np-237 und Pu-239 in Uranmineralien durch die Einwirkung (auf U-238) von Neutronen aus spontanen Spaltungen oder aus (α, n)-Prozessen mit leichten Elementen, die im gleichen Mineral vorkommen].

Die Transurane können in die „Aktinidenreihe" (analog der Lanthanidenreihe bei den Seltenen Erden) eingeordnet werden. Die zugrunde liegende Annahme ist, daß bei dem auf das Element 89 (Aktinium) folgenden Element (Thorium) erstmalig das $5f$-Niveau besetzt wird (möglicherweise beginnt die Auffüllung erst bei Pa und U, dann aber mit zwei bzw. drei Elektronen) und nun mit fortschreitender Ordnungszahl weiter aufgefüllt wird mit bis maximal 14 Elektronen (Element 103) analog der Lanthanidenreihe $_{57}$La(Ce)—$_{71}$Lu. Die Valenzelektronen werden überwiegend aus dem $7s$- und $6d$-Niveau genommen (mit zwei bzw. ein bis zwei Elektronen besetzt), was die Wertigkeit 3^+ zur Folge haben sollte, welche jedoch in Wirklichkeit erst ab Element 95 (Americium) überwiegt, denn es treten — im Gegensatz zur Lanthanidenreihe — im Beginn der Aktinidenserie eine Reihe höherer Wertigkeiten bevorzugt auf (vgl. Tabelle 8.1). Dies ist dadurch zu erklären, daß im Beginn der Reihe die Bindungsenergie der $5f$-Elektronen noch nicht größer ist als die der $6d$-Elektronen, während bei der Lanthanidenreihe die $4f$-Elektronen stets fester gebunden sind als die $5d$-Elektronen.

Tabelle 8.1. *Oxydationszustände der Lanthanide und Aktinide*
(Die häufigsten Oxydationszustände in Fettdruck, unsichere Zustände in Klammern)

Lanthanide

Kernladungszahl	57	58	59	60	61	62	63	64	65	66	67	68	69	70	71
Element	La	Ce	Pr	Nd	Pm	Sm	Eu	Gd	Tb	Dy	Ho	Er	Tm	Yb	Lu
Oxydationszustand						2	2							2	
	3	3	3	3	3	3	3	3	3	3	3	3	3	3	3
		4	4						4						

Aktinide

Kernladungszahl	89	90	91	92	93	94	95	96	97	98	99	100	101	102	103
Element	Ac	Th	Pa	U	Np	Pu	Am	Cm	Bk	Cf	Es	Fm	Md	—	Lw
Oxydationszustand	3	(3)	(3)	3	3	3	3	3	3	3	3	3	3		
		4	4	4	4	4	(4)	4	4						
			5	5	5	5	5								
				6	6	6	6								

Die Analogie von Aktiniden- und Lanthanidenreihe zeigt sich bei mehreren wichtigen physikalischen und chemischen Größen, von denen folgende erwähnt seien:

Die Radien der Ionen gleicher Wertigkeit nehmen in beiden Reihen stetig ab mit zunehmender Kernladung (da die äußeren Elektronen, deren Zahl sich ja nicht ändert, zunehmend angezogen werden), „Aktinidenkontraktion" analog zur „Lanthanidenkontraktion" (vgl. Abb. 97).

Die (von den Ionenradien abhängigen) chemischen Eigenschaften zeigen ein analoges Bild: z. B. die Konstanten der Komplexbildung dreiwertiger Ionen mit EDTA (Tabelle 7.2), die Reihenfolge der Elution dreiwertiger Ionen mit NH_4-α-Hydroxyisobutyrat (Abb. 98) und die Extraktion von Chloro- und Nitratokomplexen dreiwertiger Ionen mit TBP.

Schon frühzeitig konnte zumindest ein Transuranelement mit Sicherheit festgestellt werden. U-238 ging durch Neutronenaddition in das β^--strahlende U-239 über (FERMI; HAHN, MEITNER und STRASSMANN), welches das Element 93(-239) bilden mußte, das seinerseits als β^--aktiv befunden wurde (MACMILLAN und ABELSON). Beide Nuklide verblieben mangels Spaltrückstoß (§ 57) in bestrahlten dünnen Uranfolien.

Element 93-(239) mußte Element 94(-239) bilden, dessen Radioaktivität an europäischen Forschungsinstituten zunächst nicht gefunden werden konnte.

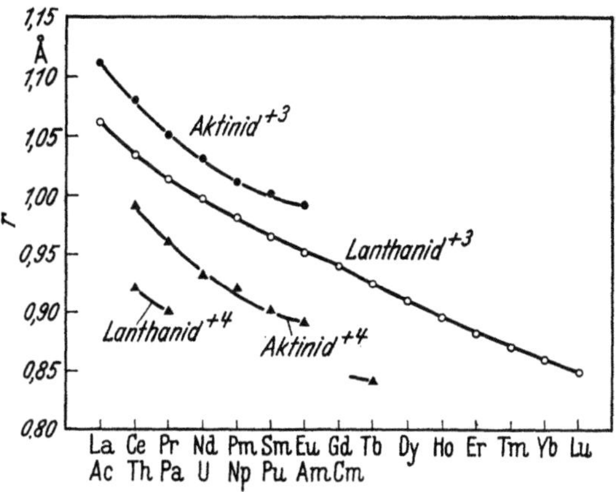

Abb. 97. Die Ionenradien der Aktinide (ZACHARIASEN 1954) und Lanthanide (TEMPLETON und DAUBEN 1954)

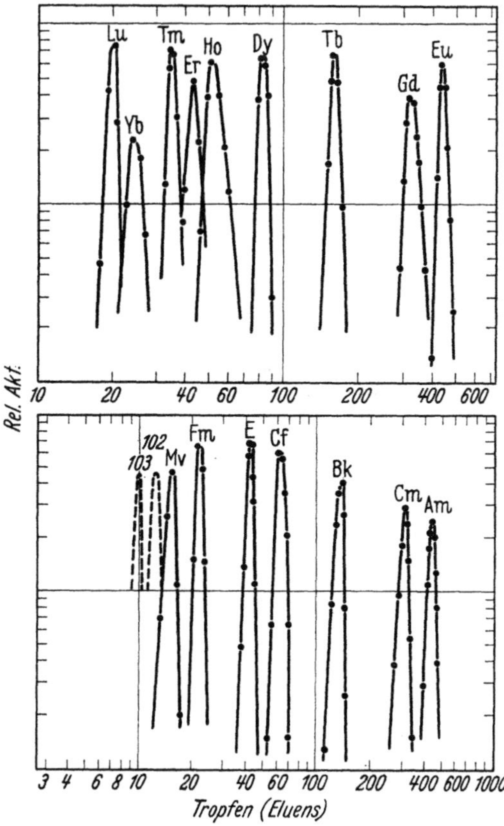

Abb. 98. Elution dreiwertiger Ionen der Lanthaniden- (obere Abbildung) bzw. Aktinidenreihe (untere Abbildung) mit NH_4-α-hydroxy-isobutyrat von einer Dowex-50-Kolonne bei 87° C (LAWRENCE Radiation Laboratory)

Nur in den USA, wo die größten Beschleuniger vorhanden waren und für Neutronenquellen zur Verfügung standen, konnten diese beiden Transurane zu näheren Untersuchungen in ausreichenden Mengen hergestellt werden. Seitdem und besonders seit Einführung der Kernreaktoren und verbesserter Beschleuniger für schwere Teilchen, sind in schneller Folge weitere Transurane entdeckt worden, wobei die Herstellung mit zunehmender Ordnungszahl immer schwieriger wird.

Die Entwicklung der Transuranforschung und -chemie ist zum größten Teil der Zusammenarbeit von Physikern (wie LAWRENCE; GHIORSO) und Chemikern (wie SEABORG) am Radiation Laboratory in Berkeley, Calif., USA zu verdanken.

Gemäß der Herstellungsmöglichkeit können die Transuranelemente in drei Gruppen eingeteilt werden:

1. Elemente 93 bis 96 (Np, Pu, Am und Cm); vor 1945 entdeckt und nunmehr in wägbarer Menge zugänglich;

2. Elemente 97 und 98 (Bk und Cf), welche in geringen wägbaren Mengen zur Verfügung stehen;

3. Elemente 99 bis 103 (Es, Fm, Md, Element 102 und Lw), von denen nur eine geringe Anzahl von Atomen hergestellt worden sind.

Element 93: Neptunium. Außer Np-239, dessen chemische Natur 1940 untersucht wurde, konnte ein Isotop langer HZ $(2{,}2 \cdot 10^6$ a$)$ durch U-238 $(n, 2n)$ U-237 $(\beta^-) \rightarrow$ Np-237 entdeckt (1940) und in μg-Mengen isoliert werden (1944).

Im Kernreaktor kann Np-237 über U-237 hergestellt werden, entweder durch sukzessiven Neutroneneinfang in U-235 und -236 oder durch obige $(n, 2n)$-Reaktion mit U-238; Np-237 entsteht auch durch α-Zerfall von Am-241. Es wird infolgedessen hauptsächlich als Nebenprodukt der Kernbrennstoffaufbereitung gefunden: bei den üblichen Verfahren wird Np schon frühzeitig von U und Pu abgetrennt und ist infolgedessen in Spaltproduktlösungen vorhanden. In neuerer Zeit werden die Verfahren so abgeändert, daß Np schon vorher gewonnen werden kann.

Die Chemie des Neptuniums ähnelt in vielem der des Plutoniums (s. weiter unten). Auch hier liegen verschiedene Oxydationszustände vor $(3^+$ bis $6^+)$, die mit Hilfe von Oxydations-Reduktionscyclen die Trennung des Neptuniums sowohl von den Spaltprodukten wie auch von Uran und Plutonium ermöglichen. Eine Sonderstellung hat der praktisch nur beim Neptunium einigermaßen beständige fünfwertige Zustand $(NpO_2{}^+)$, führend zu einem Ion von verhältnismäßig geringer Ladung, das folglich alle daraus resultierenden Eigenschaften, wie geringe Tendenz zu Komplexbildung und geringe Adsorption an Kationenaustauschern zeigt.

Der sechswertige Zustand (NpO_2^{2+}) ist vergleichbar dem Uranylion, während Np(III) und Np(IV) den entsprechenden Plutoniumionen ähneln. Im einzelnen betragen die Redoxpotentiale für das Paar Np(III)/(IV): -155 mV; für Np(IV)/(V): -239 mV; für Np(V)/(VI): -1137 mV. Offensichtlich ist Np(V), also das Ion NpO_2^+, besonders bevorzugt, da es durch Oxydation von Np(IV) leicht entstehen kann, seinerseits aber nur mit sehr starken Oxydationsmitteln weiter oxydiert wird.

Aus den Werten können auch die Redoxpotentiale zwischen zwei voneinander weiter entfernten Stufen berechnet werden: Np(III)/(V) (-447 mV); Np(III)/(VI): -677 mV, da diese Redoxpotentiale gleich der halben bzw. einem Drittel der Summe der entsprechenden Zwischenpotentiale sind.

Obige Angaben zeigen, daß Np(III) schon an Luft zu Np(IV) oxydiert wird, daß letzteres leicht, aber langsam zu Np(V), dieses aber nur schwierig, jedoch mit größerer Geschwindigkeit (Elektronenübergang) zu Np(VI) oxydiert werden kann [etwa mit Ce(IV)].

Die Möglichkeit der Disproportionierung, d.h. die Umwandlung eines intermediären Oxydationszustandes in beiderseits benachbarte, ist aus den Redoxpotentialen festzustellen. So ist für: $2\,Np(V)\rightarrow Np(IV)+Np(VI)$ das Disproportionierungspotential -400 mV, entsprechend einer geringen Tendenz zur Disproportionierung.

Durch Absorptionsspektren können die verschiedenen Oxydationsstufen des Np-Ions in Lösung nebeneinander unterschieden werden, da sie alle Absorption im sichtbaren Gebiete aufweisen. Np(III) ist blau, Np(IV) gelb-grün, Np(V) grün und Np(VI) rot-gelb, mit steigender Ladung wird das Maximum der Absorption zur kürzeren Wellenlänge verschoben. Die scharf definierten Absorptionslinien können zur qualitativen und quantitativen Analyse des Np-Ions in Lösung benutzt werden: Np(III) (nach abnehmender Intensität): 787,5, 552, 661 und 602 mμ. Np(IV): 743 mμ (sehr stark); Np(V): 617 und Np(VI) 557 mμ.

Die verschiedenen Oxydationszustände des Neptuniums hydrolysieren in der Reihenfolge: IV, VI, III und V. Diese Reihenfolge liegt also bei Hydroxydfällungen vor wie auch bei der Bildung von Anionenkomplexen.

Folglich werden von Anionenaustauschern überwiegend Np(IV) und Np(VI) aufgenommen. Die größere Stabilität der höheren Oxydationszustände ermöglicht die Trennung von Pu, da geeignete Reduktionsmittel zu Np(IV) und Pu(III) führen, welch letzteres kaum Chlorokomplexe bildet. Auf diese Art kann am Anionenaustauscher Np abgetrennt und später mit verdünnter HCl eluiert werden.

Umgekehrt ermöglicht die geringe effektive Ionenladung von Np(V)O_2^+ leichte Abtrennung von Uran am Kationenaustauscher. So kann z.B. nach Auflösung der LaF_3-Trägerfällung mit H_2SO_4 und verdünnter HNO_3 das oxydierte Np an einer Kationenaustauschersäule adsorbiert werden, bei der Elution mit 1 bis 2 molarer HNO_3 aber in einer Position eluiert werden, die einem einwertigen Ion entspricht. Der vierwertige Zustand — Np(IV) — ermöglicht alternativ selektive Adsorption aus einer Uranlösung am Kationenaustauscher, wobei das Uran und ein Teil der Spaltprodukte mit verdünnter Salzsäure eluiert werden können, welche nicht das Np entfernt.

Für analytische Zwecke kann Np durch Fällung auf folgende Art isoliert werden:

Mit LaF_3 als Träger fällt reduziertes Np mit, während UO_2^{2+} in Lösung verbleibt. (Lanthanide und Zr werden mitgefällt.) LaF_3 wird mit HNO_3/H_3BO_3 oder konzentrierter KOH in Lösung gebracht (in letzterem Fall muß das entstandene Hydroxyd in Säure aufgelöst werden). In der Lösung wird Np schon in der Kälte mit $KBrO_3$ in $H_2SO_4 +$ HF zu Np(V) oxydiert, welches nicht mit LaF_3 fällt, während Pu nur langsam — zu Pu(IV) — oxydiert wird und mit LaF_3 fällt. Ist Pu mit in Lösung zu halten, wird die Oxydation mit $KBrO_3$ in der Wärme durchgeführt, wodurch Pu(VI) entsteht, welches nicht mit LaF_3 niedergeschlagen wird.

Bei der technischen Herstellung von Np wird Lösungsmittelextraktion und zur weiteren Reinigung Ionenaustausch verwendet.

Np(VI) und Np(IV) werden mit Hexon oder TBP extrahiert. Nach Reduktion kann Np (wie auch Pu) in eine wäßrige Lösung überführt werden; schließlich wird mit Ferrosulfat Pu zu Pu(III), Np zu Np(IV) reduziert, das selektiv mit Hexon und Tributylamin extrahiert werden kann.

Das Element 94 (Plutonium). Die ersten chemischen Versuche wurden mit Pu-238 (86.4 a HZ) ausgeführt, das erstmalig 1941 aus U-238 durch einen $(d, 2n)$-Prozeß hergestellt wurde (SEABORG, WAHL, KENNEDY). Im vierwertigen Zustand ähnelte dieses neue Element dem Thorium, es konnte jedoch durch kräftige Oxydation mit $K_2S_2O_8$ und Ag als Katalysator zu höheren Wertigkeitsstufen oxydiert und so von Thorium deutlich unterschieden und getrennt werden. 1942 wurde es Plutonium genannt.

Bei den fortgesetzten Untersuchungen konzentrierte sich das Interesse auf Pu-239 (24300 a HZ), das als Zerfallsprodukt von Np-239 nach Bestrahlung großer Mengen Uransalze (im Zyklotron) isoliert werden konnte. 0,5 µg Pu-239 wurden rein hergestellt, und 1941 wurde gezeigt, daß dieses Isotop mit langsamen Neutronen spaltbar ist und daß der Spaltungsquerschnitt noch den von U-235 übertraf; die HZ wurde aus der spezifischen Aktivität bestimmt. Eine Kettenreaktion mit diesem Isotop war denkbar, und es wurde dadurch zur Alternative zu U-235 bei der Herstellung von Kernwaffen. Als 1942 die Kettenreaktion in natürlichem Uran verwirklicht wurde, waren dadurch auch die Voraussetzungen für eine Plutonium-239-Produktion in großem Umfang gegeben („Metallurgical Project").

Die Einzelheiten des Produktionsprozesses mußten vorbereitenderweise mit äußerst geringen Mengen zyklotronproduzierten Plutoniums studiert werden.

Das Prinzip des Prozesses ist die Mitfällung von Pu(IV) mit $BiPO_4$. Nach Auflösung der Mischfällung und Oxydation des Pu zu Pu(VI) mit $K_2Cr_2O_7$ in saurer Lösung kann Bi durch Phosphatfällung wieder entfernt werden, während Pu in Lösung verbleibt. Nach der Reduktion mit Fe(II)-Ionen wird die Mischfällung wiederholt, und durch mehrere solche Oxydations-Reduktionscyclen wird Pu sukzessive von den Spaltprodukten befreit (weitgehende Trennung von Uran geschah bereits durch die erste Phosphatfällung). Später wird LaF_3 als Träger für die restlichen Spaltprodukte und nach der Reduktion des Pu zu Pu(III) oder Pu(IV) auch als Träger für Pu selbst verwendet. Schließlich wird das LaF_3 mit KOH aufgelöst und nach Oxydation in saurer Lösung das reine Pu als Peroxyd mit H_2O_2 ausgefällt.

Für die Isolierung von reaktorproduziertem Plutonium mittels $BiPO_4$-Prozeß wurde 1944 eine „pilot plant" in Oak Ridge in Betrieb genommen, die einige Gramm produzierte, mit denen die Eigenschaften des reinen Metalles bestimmt werden konnten. Zur gleichen Zeit wurden große plutoniumproduzierende Reaktoren und auch eine Anlage zur Isolierung des Plutoniums in Hanford gebaut, die zur Jahreswende 1944/45 in Gebrauch genommen wurde und schon im Beginn 1945 Plutonium für Kernwaffen herstellte.

Die Oxydationspotentiale der verschiedenen Plutonium Redoxpaare sind einander ähnlich: III/IV (-982 mV); IV/V (-1172 mV); V/VI (-913 mV); III/VI (-1023 mV) und IV/VI (-1043 mV).

Für das Gleichgewicht zwischen III/IV und VI lautet die Reaktionsgleichung: $3\,Pu(IV) \rightleftharpoons 2\,Pu(III) + Pu(VI)$. Da bei der Bildung von Pu(VI) Sauerstoff aufgenommen werden muß, ist die Nettoreaktion: $3\,Pu^{4+} + 2\,H_2O \rightleftharpoons 2\,Pu^{3+} + PuO_2^{2+} + 4\,H^+$. Das Gleichgewicht ist von der Wasserstoffionenkonzentration abhängig und mit höherer Azidität wird Pu(IV) überwiegen. In 0,5 M HCl befinden sich im Gleichgewicht 61% Pu(IV), 27% Pu(III), 13% Pu(VI) und nur weniger als 1% Pu(V). Da bei Einstellung des Gleichgewichts Pu-O-Bindungen gebildet und gelöst werden müssen, wird der Gleichgewichtszustand nur langsam, bei Zimmertemperatur erst nach etwa 150 Std erreicht.

Die Geschwindigkeit der Bildung von Pu(IV) aus Pu(III) ist nach obigem Gleichgewicht p_H-abhängig, die HZ der Reaktion beträgt 21 h in

0,25 M HCl, jedoch nur 6 h in 1,5 M HCl bei vergleichbarer Pu-Konzentration ($1,5 \cdot 10^{-3}$ M).

Im folgenden einige Angaben über wesentliche Eigenschaften der verschiedenen Oxydationszustände:

Pu(III). Die Eigenschaften sind etwa vergleichbar mit denen von Cer(III) und Praseodym. Die Hydrolysenkonstante für die Reaktion $Pu^{3+} + H_2O \rightleftharpoons Pu(OH)^{2+} + H^+$ liegt in der Größenordnung 10^{-7}. In alkalischen Lösungen wird $Pu(OH)_3$ gefällt mit dem Löslichkeitsprodukt von etwa $2 \cdot 10^{-20}$.

Pu(IV) hydrolysiert erheblich, Gleichgewichtskonstante [bei Ionenstärke 1 — ($HClO_4$)] bei 25 °C:

$$\frac{[PuOH^{3+}] \cdot [H^+]}{[Pu^{4+}]} = 0,031.$$

Im späteren Stadium der Hydrolyse tritt Fällung von $Pu(OH)_4$ (schon bei p_H 2 in 10^{-3} M Lösung) auf. Das Löslichkeitsprodukt wird zu $7 \cdot 10^{-56}$ abgeschätzt.

Bei geringen Säurekonzentrationen haben die Hydrolysenprodukte von Pu(IV) die Neigung zu polymerisieren und Kolloide zu bilden. Hierbei verschwindet das charakteristische Absorptionsmaximum bei 470 mµ und starke kontinuierliche Absorption unterhalb 500 mµ tritt ein. Die Radiokolloidbildung von $5 \cdot 10^{-3}$ M Pu(IV) in 0,2 M HCl erreicht innerhalb einiger Tage die Gleichgewichtskonzentration von etwa 90%.

Die Polymerisation des Plutoniums ist irreversibel (?) und beruht auf der Bildung von Sauerstoffbrücken zwischen den Plutoniumionen. Es ist umstritten, ob das polymere Plutonium eine Zwischenstufe bei der Ausfällung des Hydroxydes ist. Angeblich ist Ausfällung von Hydroxyd aus monomerer Lösung und Wiederauflösung zur monomeren Form möglich. Zur Fällung des polymeren vierwertigen Plutoniums ist nur etwa 20% der stöchiometrischen Menge des entsprechenden Anions nötig, was einen verhältnismäßig hohen Grad von Polymerisation bedeutet. Offenbar ist das Polymere positiv geladen und wird stark an negativ geladenen Oberflächen wie z. B. Papier oder Quarz aus wäßrigen Lösungen adsorbiert. Die Teilchengrößenverteilung des kolloidalen Plutoniums ist nur größenordnungsmäßig bekannt, Maximalwerte für das Molekulargewicht von $2 \cdot 10^7$ sind gefunden worden durch Zentrifugation, andererseits aber auch Molekulargewichte von $4 \cdot 10^5$ durch Diffusionsexperimente. Bei höherem Säuregrad verringert sich die Größe der Kolloidteilchen.

Einmal entstanden, sind die Polymere schwer abzubauen. Für Hochpolymere kann sogar in 10 M HNO_3 die HZ des Abbaus bei Zimmertemperatur etwa 10 h betragen, während bei 90 °C schon in 6 M HNO_3 schnell abgebaut wird.

Pu (V). Dieser Oxydationszustand kann bei geringen Aciditäten in meßbaren Mengen vorkommen und reagiert mit Pu(IV) zu Pu(VI) und Pu(III) mit einer Gleichgewichtskonstante von 10,7 in 0,1 M $HClO_4$ bei 25 °C. Dieses Gleichgewicht ist abhängig von der Acidität und stellt sich verhältnismäßig schnell ein, da nur Elektronenüberführung geschieht. Wenn die anfängliche Konzentration von Pu(III) sehr gering ist, tritt statt dessen Disproportionierung von 2 Pu(V) zu Pu(IV)+Pu(VI) ein, eine Reaktion, die allerdings langsam verläuft, da Pu-Sauerstoffbindungen gelöst werden müssen. In Gegenwart größerer Mengen Pu(III) reagiert Pu(V) mit Pu(III) zu Pu(IV).

Die verschiedenen Oxydationsstufen des Plutoniums haben charakteristische Farben in Lösung: Pu(III) ist blau-violett gefärbt, Pu(IV) an sich rot-braun, jedoch erscheint es im allgemeinen grün durch Bildung kolloidaler Lösungen, Pu(VI) ist rötlich gefärbt, in alkalischer Lösung erscheint es dunkelbraun.

Die Hauptabsorptionslinien für analytische Zwecke sind die folgenden, wobei Wellenlänge und molarer Extinktionskoeffizient angegeben werden:

Pu(III): 560 mµ: (36); 600 mµ: (35)
Pu(IV): 470 mµ: (49,6), 655 mµ: (34,4)
Pu(V): 569 mµ: (17,1)
Pu(VI): 833 mµ: (300).

Bei Trennungen durch Fällung ist die verschiedene Fähigkeit der verschiedenen Oxydationszustände, Mischkristalle zu bilden, von Bedeutung: So bildet Pu(IV), dagegen aber nicht Pu(VI) Mischkristalle mit LaF_3; Pu(IV) bildet auch Mischkristalle mit Phosphaten von Zirkon, Wismut, Thorium; mit Oxalaten der Seltenen Erden, des Wismuts, Thoriums und Urans; mit Jodaten von Zirkon, Eisen und Thorium. LaF_3 ist der am meisten verwendete Träger für Pu, besonders bei der analytischen Bestimmung; in diesem Fall ist die Trennung von Uran besonders gut, wenn die Fällung in schwefelsaurer Lösung geschieht, da Uran lösliche Sulfatkomplexe bildet.

Auf das Ionenaustausch- und Extraktionsverhalten der verschiedenen Oxydationsstufen des Plutoniums wird in § 70 eingegangen werden.

66. Transurane: Americium bis Californium

Nach der Herstellung von Plutonium in ausreichenden Mengen war die Möglichkeit gegeben, auch höhere Transurane zu synthetisieren. Es ergab sich, daß Transplutoniumelemente praktisch nicht zu höheren Oxydationsstufen als 3+ zu oxydieren sind. Diese Erkenntnis war die Voraussetzung für ihre Abtrennung und Identifikation.

Element 95 (Americium). Durch sukzessive Neutronenaddition an Pu-239 mit darauffolgendem β^--Zerfall von Pu-241 entsteht El-95(-241) (470 a HZ) (SEABORG, JAMES, MORGAN und GHIORSO 1944). Das Element wurde „Americium" genannt in Analogie zum entsprechenden Lanthanid (Europium). Auf Grund der Stabilität von Am(III) kann Americium leicht von Plutonium getrennt werden. Wenn z.B. Pu zu Pu(VI) oxydiert wird, bleibt es in Lösung, wenn Am als AmF_3 (eventuell mit LaF_3-Träger) ausgefällt wird. Das Fluorid wird „metatisiert" mit KOH und in Säure gelöst. Verunreinigungen werden mit H_2S entfernt. Es verbleibt die Trennung Am/La, die mit Ionenaustauschern möglich ist.

Ionenaustauscher ermöglichen die laufende Abtrennung des Am-241 von Pu-241 (13 a HZ): Adsorption des Pu als Anionkomplex aus 8 M HNO_3 kann geschehen, wobei das Am jeweils durch Elution mit 8 M HNO_3 abgetrennt wird. Diese Elution kann oft wiederholt werden, jedoch wird die Kapazität des Ionenaustauschers nach einigen Jahren durch die intensive α-Strahlung herabgesetzt. Außerdem werden auch die Zerfallsprodukte der α-strahlenden Plutoniumisotope, nämlich U-235, U-236 und U-237 eluiert.

Die Trennung des Americiums von Aktiniden und Seltenen Erden ist aus 8 M LiCl + 0,1 M HCl an Anionenaustauschern möglich. Hierbei passieren die Lanthanide zuerst die Kolonne und erst hierauf das Americium und die höheren Aktinide. Die höheren Oxydationsstufen von U, Np, Pu werden adsorbiert. Aus 20 M LiCl-Lösung wird auch Am adsorbiert und von großem Überschuß von Lanthan abgetrennt. Allerdings haben die konzentrierten Lösungen den Nachteil hoher Viscosität bei schlechter Packung der Kolonnen. Außerdem entsteht eine kräftige Neutronenstrahlung durch (α, n)-Prozeß mit Li-6.

Infolgedessen ist folgendes Verfahren vorzuziehen: Am wird aus 5 M NH_4SCN am Ionenaustauscher Dowex 1 adsorbiert, während die Seltenen Erden nicht in der Säule verbleiben. Am kann später mit 0,1 M HCl eluiert werden. Die geeignete Art der Vorreinigung ist also die Adsorption des Am und der Seltenen Erden auf einer Kationenaustauschersäule, von der Am dann mit 5 M NH_4SCN entfernt wird.

Elution vom Kationenaustauscher mit Chelatbildnern, (Milchsäure, α-hydroxy-isobuttersäure) ergab unzureichende Trennung Am/Pm (Promethium ist eine Hauptverunreinigung bei der Isolierung aus bestrahltem Uran). Besser ist die Verwendung sehr konzentrierter HCl oder LiCl-Lösungen, da Elution auf Grund bevorzugter Bildung von Chlorkomplexen bei Aktiniden leichter erfolgt als bei Lanthaniden.

Komplexbildung mit TTA trennt Americium von Lanthan, da bei pH 3,3 (0,2 M/TTA) 70% des Americiums, aber nur wenige Prozent La bei einmaliger Extraktion in die Benzol-TTA-Phase gehen. Vierwertige Ionen werden schon bei geringerem p_H ($< 2,5$) entfernt.

Auf Grund der intensiven weichen (60 keV-) γ-Strahlung könnte Am-241 technische Verwendung finden (§ 75).

Element 96 (Curium). In der Mitte des Jahres 1944 wurde das Element 96 (in Analogie zu Gadolinium Curium genannt) hergestellt durch die Reaktion Pu-239 (α, n) Cm-242 (SEABORG, JAMES und GHIORSO).

Ein geeigneter Prozeß ist die Neutronenanlagerung (im Reaktor) an Am-241 mit β^--Zerfall des entstandenen Am-242.

Die chemische Trennung des Cm von Am stieß zunächst auf Schwierigkeiten, da noch keine effektiven Trennmethoden für Transuranelemente gleicher Valenz vorhanden waren. In reiner Form wurde Americium 1945 und Curium 1947 isoliert. Auf Grund der verhältnismäßig geringen HZ der zunächst entdeckten Isotope (Cm-242: HZ 163 d) war es schwierig, wägbare Mengen herzustellen. (1 g Cm-242 entspricht 3,6 kC.)

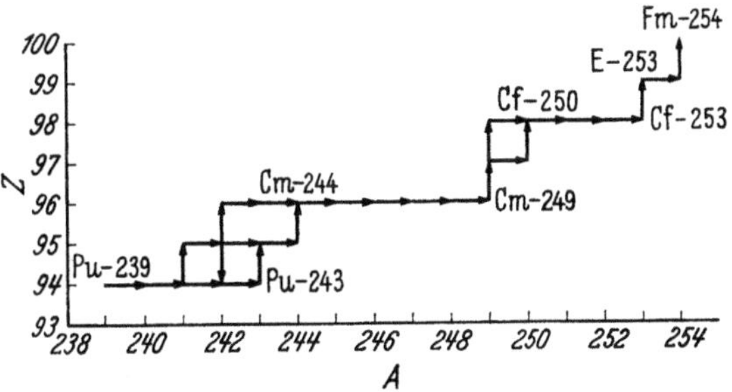

Abb. 99. Der Aufbau der schwersten Elemente durch sukzessiven Neutroneneinfang, gefolgt durch β^--Zerfall

Später sind jedoch schwerere Isotope längerer HZ (Am-243: 8000 a; Cm-244: 19 a) hergestellt worden durch Bestrahlung von Pu-239 im Hochflußreaktor MTR (ab 1952).

Da der Neutroneneinfangsquerschnitt für Transurane im allgemeinen zwischen 10 und 1000 b liegt, wird Pu-239 bei Neutronenbestrahlung sukzessive und vollständig in höhere Pu-, Am- und Cm-Isotope verwandelt. Die maximale Konzentration von Pu-242 beispielsweise tritt nach einem Jahr auf, die von Am-243 nach 2 Jahren und die von Cm-244 nach 4 Jahren Bestrahlung bei $3 \cdot 10^{14}$ n/cm² u. sec. Offenbar ist bei ausreichend hohem Neutronenfluß der Kernreaktor das geeignete Mittel zur Herstellung der Transurane in größeren Mengen. Für die Abtrennung der Curiumisotope von Americium (die gemeinsame Abtrennung von bestrahltem Plutonium ist bei Americium eingehend besprochen) wird hauptsächlich komplexierende Elution (mit Citrat, Lactat oder — am besten — mit dem Ammoniumsalz der α-hydroxy-isobuttersäure) vom Kationenaustauscher verwendet. Cm wird als Anionkomplex in 10 bis 16 M HNO_3 auch stärker als Am mit TBP extrahiert ($K_D \sim 100$ bei 7 M $NaNO_3$ und 0,4 M HNO_3) und kann so im Gegenstromverfahren abgetrennt werden.

Cm(III) ist noch stabiler als Am(III), welches mit $K_2S_2O_8$ und Ag zu Am(VI) oxydiert wird und dann nicht zusammen mit LaF_3 gefällt wird.

Element 97 (Berkelium) und 98 (Californium). Bei Curium tritt β^--Instabilität erst bei der Masse 249 ein, welches bedeutet, daß Cm-242 sukzessiv sieben Neutronen einfangen muß, ehe das nächst höhere Element gebildet wird (vgl. Abb. 99); ein empfindlicher „Engpaß" beim Aufbau höherer Elemente in wägbaren Mengen, welcher infolgedessen erst mit dem hohen Neutronenfluß des MTR möglich war.

Die Elemente 97 und 98 wurden jedoch schon vorher durch das abgekürzte Verfahren der Bestrahlung von Am-241 bzw. Cm-242 mit He-Ionen von 35 MeV entdeckt [THOMPSON, (STREET), GHIORSO und SEABORG 1949/50]. Durch $(\alpha, 2n)$-Prozeß entstanden auf diese Art die Isotope $_{97}243$ und $_{98}244$. Element 97 wurde „Berkelium" (nach Berkeley, wo es entdeckt wurde) Element 98 „Californium" genannt. 1958 konnten Berkelium-249 und Californium (249 bis 251) in Mengen von 0,23 bzw. 0,05 µg isoliert werden aus 8 g Pu-239, das beinahe 5 Jahre lang im MTR bestrahlt worden war.

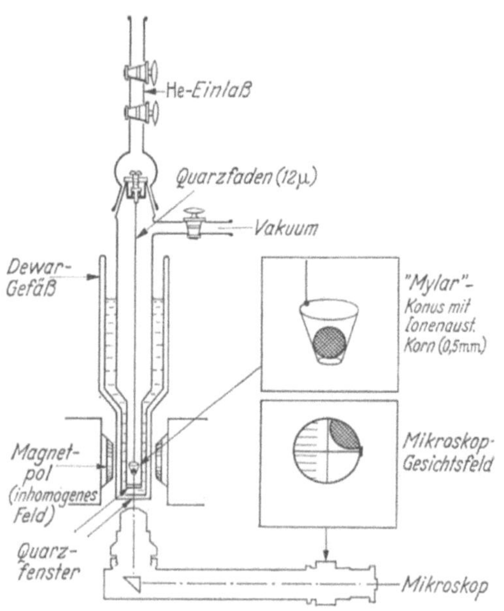

Abb. 100. Apparat zur Messung der magnetischen Suszeptibilität von Bk und Cf (nach THOMPSON und CUNNINGHAM)

Mit diesen Mengen wurde das magnetische Moment von Bk^{3+} und Cf^{3+} in Lösung bestimmt durch Messung der Suszeptibilität der geringen Ionenmengen, adsorbiert an einem Ionenaustauscherkorn (vgl. Abb. 100), das beim „Einschalten" des inhomogenen Magnetfeldes nur um einige µ verschoben wurde.

Die für das magnetische Moment erhaltenen Werte stimmen gut überein mit den aus der Annahme der Gültigkeit der Aktinidenhypothese (sukzessive Auffüllung der $5f$-Niveaus) berechneten (vgl. Abb. 101).

Auch die Absorptionsspektren von Bk- und Cf-Ionen in wäßrigen Lösungen sind gemessen worden. Die Intensitäten der Linien nehmen ab Cm in der zweiten Hälfte der Aktinidenreihe ab, welches darauf zurückzuführen ist, daß die wachsende Kernladung die 5f-Elektronenschale zunehmend anzieht analog zu den Verhältnissen in der Lanthanidenreihe.

Die Ionenaustauschtrennung Bk/Cm ist leichter als die von Cm/Am (ebenfalls in Analogie zu den Verhältnissen in der Lanthanidenreihe). Bk kommt wie Tb auch in vierwertigem Zustand vor. Von den Lanthaniden können diese typisch dreiwertigen Transcuriumelemente durch Bildung komplexer Chloride in 13 M HCl oder konzentrierter LiCl-Lösung getrennt werden (größerer Beitrag der 5f-Schale als der 4f-Schale zu kovalenten Bindungen).

Californium hat zwei sehr interessante Isotope: Cf-252 (HZ für α-Zerfall: 2 Jahre) zeigt spontane Spaltung mit der HZ von etwa 66 Jahren. Hieraus kann berechnet werden, daß 1 μg Cf-252 etwa $2 \cdot 10^8$ n/min aussendet (im Durchschnitt vier pro Spaltung), also einer Ra—Be-Neutronenquelle von etwa 100 mg Ra entspricht. Eine solche Menge Cf entsteht zwar erst bei sehr starker Neutronenbestrahlung von 10 g Pu-239 im Zeitraum von 5 bis 10 Jahren, in Pu-*Reaktoren* jedoch

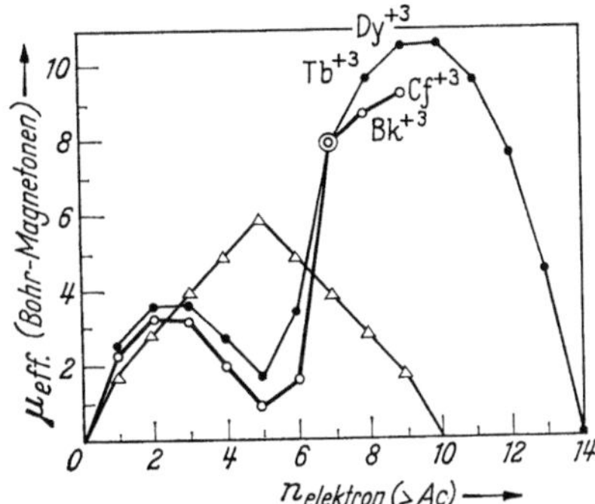

Abb. 101. Die effektiven magnetischen Momente dreiwertiger Lanthanid- (gefüllte Kreise theoretische Werte bei „f-Schalen"-Auffüllung) und Aktinidionen (offene Kreise). Im ersten Fall genaue, im zweiten Fall befriedigende Übereinstimmung zwischen Experiment und Theorie. Dreiecke: „d-Schalen"-Auffüllung

kann bei einer Leistung von 20 MW nach 10 Jahren „Aufbauzeit" für die intermediären Nuklide jeden Monat 30 mg Cf-252 mit einer Neutronenaktivität von 10^{11} n/sec hergestellt werden, eine für viele Forschungszwecke ausreichende und sehr einfach zu handhabende Neutronenquelle. Cf-252 trägt daher zur Motivierung neuer Hochflußreaktoren (10^{15} bis 10^{16} nv) bei.

Spontane Spaltung (Spontane Fission = SF) tritt zunehmend bei schweren Kernen besonders vom g-g-Typ auf: so zerfällt Cf-254 mit 56 Tagen HZ. [Eine ähnliche HZ hat man für Verringerung der Lichtemission bei der Explosion von „Supernovae" gefunden und es wird als möglich angesehen, daß unter diesen Umständen Cf-254 gebildet sein könnte. Allerdings wird auch der Zerfall von Be-7 (53 d HZ) in Betracht gezogen.]

67. Transcaliforniumelemente

Für die Herstellung höherer Transuranelemente sind folgende Möglichkeiten vorhanden:

1. Sukzessiver Neutroneneinfang durch die Bestrahlung im Kernreaktor, gefolgt von β^--Zerfall. Als Ausgangsnuklid wird vorzugsweise Pu-242; neuerdings Cm-244 gewählt, um das kurzlebige Cm-242 zu umgehen.

2. Bestrahlung schwerer Elemente mit Helium- oder schwereren Ionen (Lithium bis Neon) in Zyklotronen oder linearen Acceleratoren.

3. Eine interessante Methode ist die schlagartige Addition einer großen Anzahl Neutronen bei den extrem hohen Neutronenflüssen thermonuklearer Explosionen. Hier hat U-238 bis zu 17 Neutronen eingefangen zu U-255 innerhalb von μsec: kurze Zeiten verglichen mit der β-Lebensdauer der intermediären Kerne. U-255 zerfällt durch sukzessiven β^--Zerfall zu Nukliden der gleichen Masse und meßbarer Lebensdauer, die erst bei den Kernladungen 99 und 100 auftritt.

Die Elemente 99 (Einsteinium) und 100 (Fermium). So wurden die ersten Isotope der Elemente 99 und 100 im radioaktiven „fall-out" der amerikanischen thermonuklearen Explosion (am 1. November 1952) aufgefunden. Die Elemente wurden zu Ehren von ALBERT EINSTEIN und ENRICO FERMI Einsteinium und Fermium genannt. Die zunächst entdeckten Isotope waren Es-253 (20 d HZ, 6,6 MeV α) und Fm-255 (20 h HZ, 7,1 MeV α). Die Trennung und die Identifikation dieser neuen Elemente geschah mittels komplexierender Elution von Kationenaustauschern mit Ammoniumcitrat.

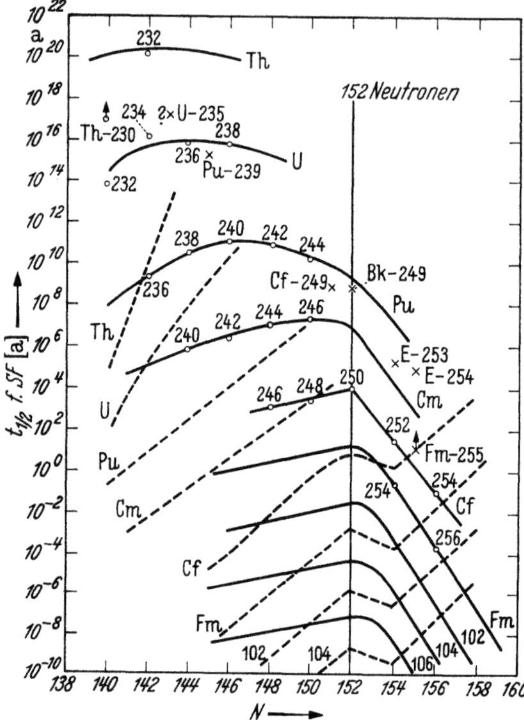

Abb. 102. Halbwertsweiten für spontane Spaltung (und α-Zerfall: gestrichelt) für schwere (hauptsächlich g-g-) Kerne als Funktion der Neutronenzahl (nach GHIORSO)

Von diesen beiden Elementen kann nur Einsteinium in wägbaren Mengen isoliert werden (Es-254: HZ 280 d); alle Fermiumisotope dagegen haben kurze Halbwertszeiten, welches einen ernsthaften Engpaß bei dem Aufbau noch höherer Elemente darstellt. Das Überschreiten einer neuen „magischen" Zahl von 152 Neutronen trägt zur zunehmenden Instabilität schwerer Fm-Isotope gegen spontane Spaltung bei (vgl. Abb. 102).

Einsteinium und Fermium sind auch durch Neutroneneinfang im Reaktor (1953) sowie durch Bestrahlung mit schweren Ionen (*Kernreaktionen* U+N→Es; U+O→Fm; Bk+He→Es; Cf+He→Fm) hergestellt werden. (Statt des Symbols Es ist in den Abbildungen das ältere (E) verwendet.)

Element 101 (Mendelevium). Zur Herstellung von Md war Es-253 das geeignete Ausgangsnuklid, das seinerseits aus Pu-239 innerhalb von 2 Jahren in einer Menge von 10^{-12}g hergestellt wurde (1955). Die abgetrennte (unsichtbare) Menge Es-253 wurde auf eine Goldfolie elektrolysiert; die Erhöhung der Kernladungszahl von 99 auf 101 geschah durch Bestrahlung mit 200 μA/cm² ($\sim$40 MeV) Heliumionen. Der Impuls der Heliumionen wurde den neu entstandenen Kernen mitgeteilt, die auf einer Auffängerfolie isoliert werden konnten. Nach Auflösung dieser Folie konnte eine Ionenaustauschertrennung durchgeführt werden.

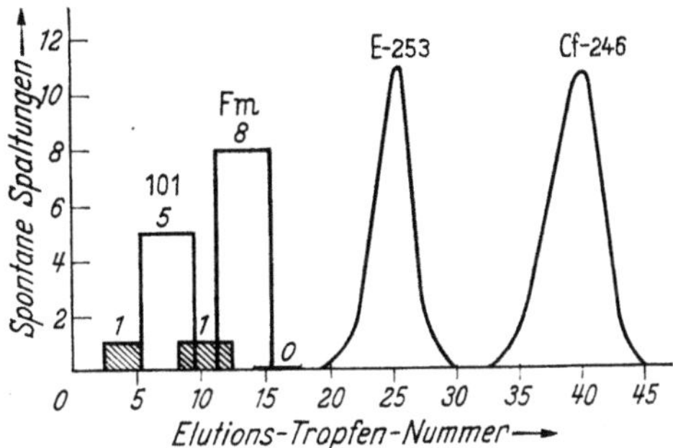

Abb. 103. Identifikation von Md durch Ionenaustauschertrennung (Elution mit NH₄-α-hydroxybutyrat von einer Dowex-50-Kolonne, nach GHIORSO, HARVEY, CHOPPIN und SEABORG)

Aus dem erwarteten Wirkungsquerschnitt (10^{-27} cm²), der Anzahl der bestrahlten Atome (10^9), dem Ionenfluß (10^{14} α cm^{-2} sec^{-1}) und der Bestrahlungsdauer (10^4 sec) konnte abgeschätzt werden, daß nur etwa ein Atom Md pro Experiment entstehen würde. Dieses stimmte mit den experimentellen Ergebnissen überein, und zu den ersten chemischen Trennungen wurden die Ausbeuten von drei Bestrahlungen vereint.

Für eindeutige Identifikation des Md im Ionenaustauscherfiltrat wurden als Referenzsubstanzen geringe Mengen Californium und Einsteinium zugesetzt. In dem Eluat traten in den zu El-100 und El-101 gehörenden Positionen zwei klar voneinander getrennte Fraktionen auf, welche im ersten obengenannten Versuch insgesamt fünf bzw. acht spontane Spaltungen zeigten. Die Aktivität zerfiel in beiden Fällen mit der HZ von etwa 3 h, welches so zu deuten ist, daß es sich teils um primär gebildetes Fm-256 und teils um Fm-256 handelte, das durch Elektroneneinfang ($\sim$1,5 h HZ) aus Md-256 entstanden war (vgl. Abb. 103).

Das Bemerkenswerte an diesen Versuchen ist, daß die chemische Identifikation auf das Verhalten einiger weniger Atome gegründet werden konnte. Dieses ist — trotz der statistischen Schwankungen im chemischen Verhalten bei Elementartrennprozessen — zulässig, da bei der Ionenaustauschertrennung der Übergang zwischen der festen und gelösten Phase so oft geschah, daß ein ausreichend statistisch gesicherter Wert für das Verhalten der wenigen Atome erhalten wurde. Die hohe Empfindlichkeit der Messung der spontanen Spaltung (kein Nulleffekt vergleichbarer Ionisierungsdichte) war ein günstiger Umstand.

Kürzlich ist auch Md-255 entdeckt worden. Auch dieses Isotop zeigt Elektroneneinfang (mit etwa $1/_2$ h HZ). Die Identifikation dieser Nuklide durch Energiemessung der spontanen Spaltung ist bisher noch nicht geglückt.

Da ausreichende Mengen von Fermium als Bestrahlungsprobe nicht erhalten werden können, kann der Aufbau höherer Elemente durch Neutronenaddition nur bis zum Element 100, durch Bestrahlung mit α-Teilchen nur bis Element 101 führen. Um zu Element 102 und höheren Elementen zu gelangen, müssen schwerere Ionen als Projektile verwendet werden. Hierbei muß ein Kompromiß gefunden werden unter Berücksichtigung der verschiedenen Möglichkeiten, die erwünschte Protonenzahl aus der des bestrahlten Kernes und der des Projektils zusammenzusetzen: Ein zu bestrahlendes Nuklid von möglichst hoher Ordnungszahl wird notwendigerweise nur in geringer Menge erhalten werden können; dagegen erfordern schwerere Projektile größere technische Hilfsmittel zu hinreichender Beschleunigung und haben den Nachteil, daß der Wirkungsquerschnitt für Reaktionen, bei denen nach Einfang des schweren Teilchens nur Neutronen abgespalten werden, mit zunehmender Masse des Projektils abnimmt.

Einige leichtere Partikel haben außerdem den Vorteil, daß sie Neutronenüberschuß enthalten, wie z.B. Li-7 und Be-9, während C-12, O-16 und Ne-20 keinen Neutronenüberschuß haben. (Aber auch in diesen Fällen ist natürlich die Verwendung angereicherter schwerer Isotope als Projektile zu erwägen.) Der Neutronenüberschuß des Projektils kommt dem produzierten Kern zugute, und es wird durch Bestrahlung mit Projektilen mit Neutronenüberschuß im allgemeinen ein Kern mit längerer HZ erhalten.

Versuche, **Element 102** durch Bestrahlung von U-238 mit Ne-22 herzustellen, sind ergebnislos verblieben, dagegen wurde zunächst die Bildung durch Bestrahlung von Cm-244 mit C-13-Ionen angegeben. Diese Versuche, die in Stockholm ausgeführt wurden, sollten zu Element 102 mit der Masse 251 oder 253 und etwa 10 min HZ, α-Energie: 8,5 MeV führen („Nobelium").

In den USA konnten diese Ergebnisse nicht bestätigt werden, dagegen wurde die Produktion von Element 102, Masse 254 durch Bestrahlung von Cm-246 mit C-12-Ionen angegeben. Die Identifikation geschah

mittels einer eleganten Technik: Die Curiumprobe, elektrolytisch auf
einer sehr dünnen Nickelfolie ausgefällt, wurde mit C-Ionen bestrahlt
und das Reaktionsprodukt auf einem negativ geladenen Metallband
aufgefangen. Wenn das entstandene Nuklid ein α-Strahler ist, wird
etwa die Hälfte aller entstandenen Kerne durch α-Rückstoß wieder vom
Bande entfernt. Diese wurden auf einer zweiten Folie aufgefangen,
die ihrerseits auf negativem Potential gegenüber dem Metallband war.
Diese Folie wurde nach dem Versuch in Stücke zerschnitten, deren
Radioaktivität die Berechnung der Lebenslänge des primären Produktes
mit Hilfe der Wanderungsgeschwindigkeit des Metallbandes erlaubt
(vgl. Abb. 104).

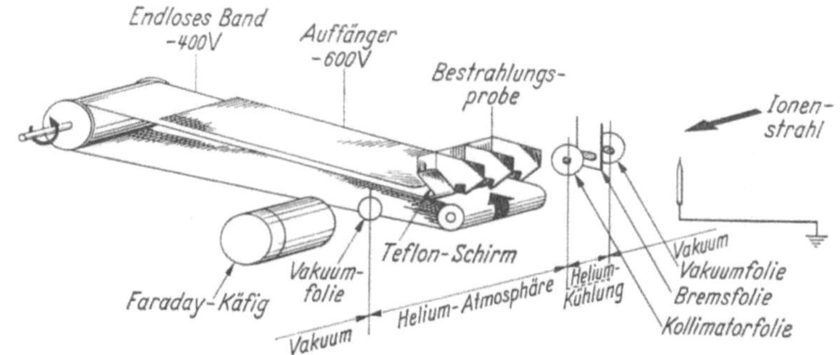

Abb. 104. Isolierung des Elementes 102 und seine Identifikation nach α-Strahlungsrückstoß
(nach Ghiorso, Sikkeland, Walton und Seaborg 1958)

Als Folgeprodukt des durch Bestrahlung entstandenen Kernes wurde
Fm-250 festgestellt, und infolgedessen mußte der ursprüngliche Produktkern Element 102, Isotop 254 sein. Seine HZ wurde nach der oben-
skizzierten Methode zu etwa 3 sec abgeschätzt. In einem Versuch
konnten 9 Atome Fm-250 aufgefunden werden, welches bedeutet, daß
zumindest die doppelte Anzahl Atome des Elementes 102 hergestellt
worden war (da die α-Rückstoßausbeute maximal 50% beträgt).

Element 103 (Lawrencium) wurde 1961 von Ghiorso, Sikkeland,
Larsh u. Latimer nach Bestrahlung von 3 µg Cf mit 70 MeV-Borionen
mittels eines geladenen Metallbandes (s. oben) vor Halbleiterdetektoren
(§ 46) gebracht und durch E_α: 8,6 MeV (8 sec HZ) identifiziert. Kontroll-
bestrahlungen [Am (C, xn); Cf $(C; \alpha, xn)$] schlossen Md und El-102 aus.

Vorstellungen über höchste Transuranelemente

Wahrscheinlich können höchstens nur noch wenige weitere Elemente
entdeckt werden. Eine chemische Identifikation kann wahrscheinlich
nicht mehr durchgeführt werden für Elemente schwerer als 103 oder im
besten Fall 104 oder 105. Als wahrscheinlich aufzufindende Kerne werden
auf Grund derzeitiger Kenntnisse über die Stabilität der schwersten

Kerne, Kerne wie $102^{257,259}$; $103^{260,262}$; $104^{259,261}$; $105^{257-264}$ angegeben. Aus zeitlichen Gründen wird unter Umständen keine Ionenaustauschertrennung mehr durchgeführt werden können, sondern es werden Rückstoßtrennungen verwendet werden müssen. Vielleicht können dagegen die Folgekerne durch Ionenaustausch oder ähnliche chemische Methoden identifiziert werden. Eventuell können die neuen Elemente bestimmt werden auf Grund physikalischer Eigenschaften, wie Dampfdruck, Transportgeschwindigkeit gasförmiger Ionen, Reaktionen mit Oberflächen und dergleichen.

Die chemischen Eigenschaften können mit Hilfe des Periodischen Systems vorhergesagt werden; die schweren Aktinide 102 und 103 ähneln in ihren Eigenschaften den vorangegangenen Elementen, 102 könnte möglicherweise im zweiwertigen Zustand auftreten und in diesem Fall mit Yb(II) als Träger ausgefällt werden.

Das Hafniumhomolog Element 104 könnte von den Aktiniden beispielsweise durch die Löslichkeit seines Fluorides abgeschieden werden. Als Ausgangsprodukt für die Herstellung der schweren Transurane könnte Cf-252 verwendet werden und Langzeitbestrahlung in Reaktoren von extrem hohem Neutronenfluß wäre wünschenswert.

Kapitel 9

Chemische Kerntechnik (Reaktorchemie)

68. Besondere Gesichtspunkte bei der Arbeit mit hochradioaktiven Stoffen

Wie in § 37 und 60 erwähnt, müssen Strahlenschutzmaßnahmen getroffen werden, deren Umfang gegeben wird durch die maximal zulässige Strahlungsdosis einerseits und die Radioaktivität der bearbeiteten Stoffe andererseits.

Während äußere Bestrahlung leicht zu kontrollieren ist, dürfte die Inkorporation das Hauptgefahrenmoment bei gewöhnlichen radiochemischen Arbeiten, insbesondere bei solchen mit α-Strahlern, darstellen. In jedem Fall ist es notwendig, sich ausreichende Kenntnisse und Fähigkeiten beim Umgang mit radioaktiven Stoffen zu verschaffen; Gefahren werden oft überschätzt und Kontrollmöglichkeiten unterschätzt. Psychisch labile, zu Zwangsvorstellungen neigende oder zerstreute Personen sind erwiesenermaßen ungeeignet für radiochemische Arbeit.

Manipulatoren

Der äußere Strahlenschutz wird in der Praxis erreicht durch die Verwendung von Abschirmmaterial und von Fernsteuerungswerkzeugen: „Manipulatoren". Die Bewegungen der menschlichen Hand sollten durch

einen Manipulator so vollständig wie möglich nachgeahmt werden können: Verschiebung in den drei Raumkoordinaten, Rotation um diese
Koordinaten sowie Greif- und Loslaßbewegung. Ein Manipulator soll
außerdem ein Gefühl für die Stärke eines Griffes vermitteln, beispielsweise mit Hilfe von Federn, die außerdem die Öffnung der Greifklauen
des Manipulators besorgen.

Die einfachste Ausführung ist der Kugelmanipulator, bei dem die
Manipulatorstange durch eine Kugel aus Blei oder anderem Schwer-

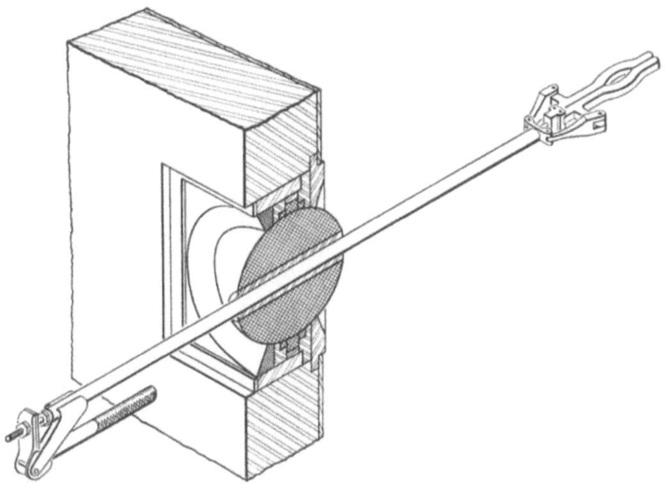

Abb. 105. Kugel-(„ball socket")-Manipulator mit Durchführung durch eine Bleischutzwand

metall hindurchgeführt ist, welche in einem entsprechenden Lager in
der Schutzwand beweglich ist (Abb. 105). Die Rotation der Kugel erlaubt
Verschiebungen des Manipulators in Höhen- und Seitenlage, Bewegungen
in der Längsrichtung sind möglich durch Verschiebung der Stange in
der Kugel. Die Greifbewegung wird durch einfache Hebelstangen übertragen. Der Manipulator ist billig und kann in Bleiwänden bis zu 25 cm
Dicke verwendet werden, etwa mit einer Kugel aus Wolframlegierung
(oder „abgereichertem" Uran), die zur Verringerung von Reibungswider-
ständen auf strömender Luft „gelagert" ist. Durch Austausch der
Greifklauen gegen Spezialwerkzeuge kann der Manipulator für mehrere
Zwecke verwendet werden.

Bei der Durchführung durch dicke Betonmauern müssen andere
Konstruktionen verwendet werden. Ein Beispiel ist der „rectanguläre"
Manipulator, dessen Kraft für Verschiebungen in den drei Raumkoordinaten, Rotation um zwei Achsen (und eine schwingende Bewegung
des Greifers um die dritte Achse) von Elektromotoren gegeben und elektrisch gesteuert wird. Die einzige Verbindung mit dem Operateur ist

ein elektrisches Kabel, das zu einem Manövertisch führt, von dem aus die verschiedenen Bewegungen gesteuert werden. Die Verschiebung in den Horizontalkoordinaten geschieht wie bei einem beweglichen Kran (Laufkatze), der auf Schienen läuft und auch auf der Querstange zwischen diesen verschiebbar ist. Auch die Greifkraft kann elektrisch manövriert werden; die mechanische Rückkopplung und Entwicklung des

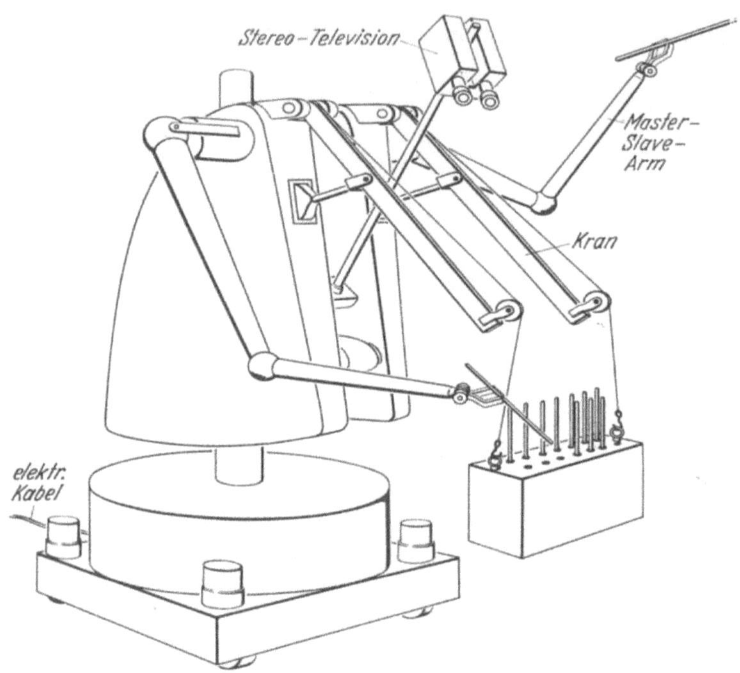

Abb. 106. „Slave Robot"-Manipulator Argonne National Laboratory Modell 5 (nach GOERTZ)

Greifgefühles durch eine Feder geschieht beim Drehen des Spannungsteilers eines Transformators.

Für geringere Belastungen (10 kg) vorgesehen, aber leichter zu bedienen ist der sog. „Master-Slave-Manipulator"; bekannteste Ausführung: Argonne National Lab. Modell 8 (s. a. Abb. 108). Die Bewegungen des „Master"-Teiles werden völlig naturgetreu auf den „Slave"-Teil überführt. Der Manipulator erlaubt gleichzeitig und unabhängig voneinander die sieben obengenannten Bewegungen. Die Kraftüberführung geschieht mechanisch durch Metallbänder oder Stahlkabel; durch reichliche Verwendung von Kugellagern wird der Reibungswiderstand herabgesetzt. Ein Gegengewicht im Masterteil balanciert und fixiert den Manipulator in beliebiger Lage. Der „Slave"-Teil kann durch einen Plastüberzug gegen Korrosion geschützt werden, die 2 m lange Wanddurchführung kann jedoch nicht vollständig abgedichtet werden.

Für vollständig dichte „heiße Zellen" ist ein elektrischer Master-Slave-Servomanipulator entwickelt worden. Dieser kann betrachtet werden als eine Kombination des mechanischen Master-Slave (da auch hier die Bewegung des Master-Teils naturgetreu vom Slave-Teil übernommen wird) und des rectangulären Manipulators, da die Kraftüberführung elektrisch geschieht und nur ein Kabel durch die Schutzwand geführt wird.

Durch Montage eines Servomanipulators „Sklaven" auf ein fahrbares Chassis erhält man einen vollständigen „Slave-Robot" (vgl. Abb. 106), der für größere heiße Zellen gebraucht wird und auch mit einer stereoskopischen Farbenfernsehkamera ausgerüstet werden kann. Dieser Apparat kann Reparaturen ausführen an Anlagen, die nicht direkt zugänglich sind, er kann einen anderen Slave-Robot reparieren und — falls zumindest noch ein Arm und ein Kran funktionsfähig sind — kann er auch sich selber reparieren.

Beobachtung ferngesteuerter radioaktiver Arbeit

Es werden Schutzfenster verwendet, die gegen Verfärbung durch die starke Strahlung stabilisiert sein müssen. Vorzugsweise wird Bleiglas (maximale Dichte: 6,2) verwendet sowie Glaswannen, gefüllt mit Zinkbromidlösung (Dichte 2,5). Die hohen Brechungskoeffizienten lassen die Abstände verkürzt erscheinen, so kann ausreichende Sehschärfe erhalten werden bei intensiver Beleuchtung des Arbeitsgebiets (vorzugsweise mit Natriumdampflampen).

Wenn es sich um schwer zugängliche Apparatteile einer größeren Anlage handelt, sind Periskope vorzuziehen. Auch Fernsehen wird verwendet, das beliebigen Abstand zwischen dem Gegenstand und dem Operator erlaubt. Hierbei ist auch dreidimensionales Fernsehen verwendet worden, beispielsweise mit Polarisationsfilter über dem Fernsehschirm und in der Spezialbrille des Beobachters.

Heiße Zellen

Es gibt einige Übergangsformen zwischen gewöhnlichen radiochemischen Arbeitsplätzen und heißen Zellen, abhängig vom Strahlungsniveau. Im Curieniveau können gewöhnliche Abzüge zu kleineren „warmen" Zellen umgebaut werden dadurch, daß ein transportabler Strahlenschutz mit eingesetztem Fenster und Manipulator vor die Frontöffnung des Abzuges gerollt werden kann und ausreichend dichter Abschluß erzielt wird.

Geeigneter sind Abzüge, die von Beginn für den Verwendungszweck gebaut und für die verhältnismäßig starken Bodenbelastungen von 5 bis 10 t/m² ausgelegt worden sind. Die Ventilation-Absaugleitungen sind aus korrosionsfestem Plastmaterial. Ein- und Ausführen starker Präparate in solchen Abzügen kann durch eine Öffnung in der Rückwand geschehen, die von einem besonderen Versorgungsgang aus beschickt wird. Wenn das Laboratorium in der Nähe eines Reaktors liegt, sollte zweckmäßigerweise die Auffangstation der Rohrpost direkt im Abzug montiert werden.

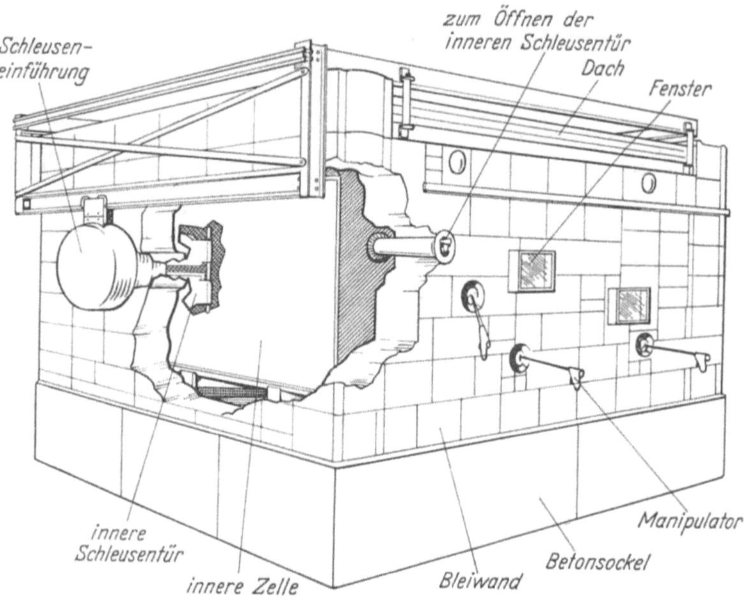

Abb. 107. Bleizelle (Harwell) (nach SIMMONDS)

Multicurieaktivitäten

Bei höheren Aktivitäten erhebt sich die Frage nach der Wahl zwischen Bleiziegeln oder Wänden aus Beton als Abschirmmaterial. Dieses bedingt gleichzeitig die Wahl zwischen Kugelmanipulatoren und Master-Slave-Manipulatoren.

Blei ist bis zu Dicken von 25 cm (Aktivitäten im kC-Niveau) verwendet worden. Im Prinzip sind solche Anlagen demontierbar und das Material mehrfach verwendbar; in der Praxis sind solche Zellen im allgemeinen stationär (vgl. Abb. 107). Die Bodenbelastung bei extrem dicken Bleiwänden kann bis zu 20 t/m² betragen. Die Belastung würde reines Blei deformieren und im allgemeinen wird eine Legierung von 4% Antimon verwendet.

Als Beton kann gewöhnlicher Beton (Dichte 2,2), Barytbeton (3,5), Eisenerzbeton (4,0), Eisenphosphate (4,8) und Stahleinmischung im Beton (5,5) verwendet werden. Hierbei sind die schweren Stoffe teuer und nur in Sonderfällen zu verwenden, in denen Raum eingespart werden muß.

In größeren Forschungsanlagen werden Zellen zu einem heißen Laboratorium zusammengebaut mit Überführungsmöglichkeiten zwischen den verschiedenen Zellen durch Wagen oder Transportbänder. Die Zufuhr der radioaktiven Präparate zur Verteilungszelle oder dem Transportband geschieht mit Hilfe eines hydraulischen Liftes von unten

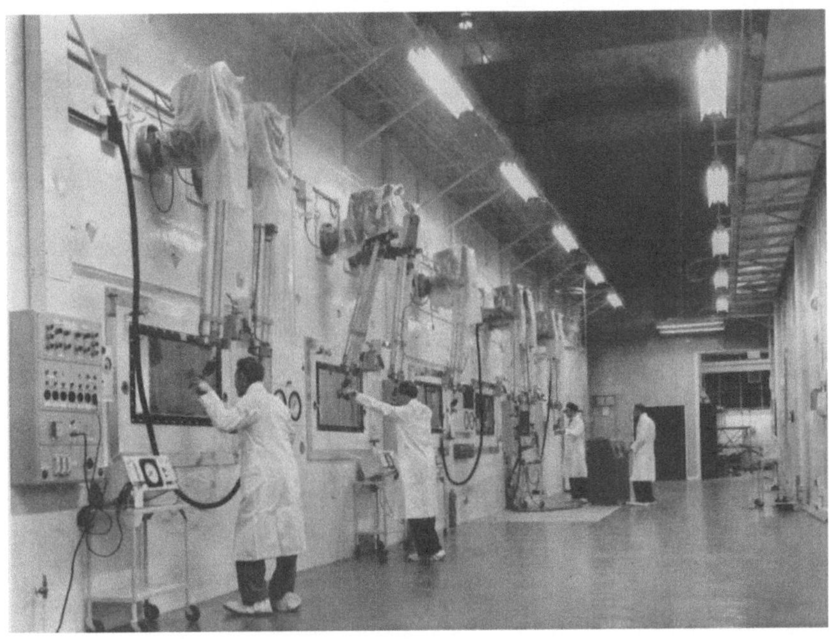

Abb. 108. „Heißes" Laboratorium (Wiedergabe mit Genehmigung des AERE Harwell)

oder mittels eines Kranes von oben. Im allgemeinen wird unterschieden zwischen dem Arbeitsgebiet in den eigentlichen Zellen, dem Operationsgebiet, in dem sich das Bedienungspersonal aufhält sowie dem „Beladungsgebiet" auf der Rückseite der Zellen. Die eigentliche chemische Arbeit wird vom Operationsgebiet aus durchgeführt, beispielsweise mit je einem Paar Master-Slave-Manipulatoren für jede Zelle (vgl. Abb. 108). In diesem Fall ist die Höhe der heißen Zellen durch die Konstruktion der Manipulatoren gegeben und muß zu etwa 4 m veranschlagt werden. Die Zelle selbst darf nur betreten werden, wenn sämtliche radioaktiven Präparate hinter besonderen Schutzmauern aufbewahrt sind. Bei Betreten der Zelle muß, auch wenn die radioaktiven Präparate herausgenommen oder hinter besonderen Schutzwänden versenkt sind, mit Rücksicht auf Inkorporationsgefahr ein besonderer Schutzanzug mit

eigener Luftversorgung verwendet werden. Diese „Taucheranzüge"
müssen unter einem schwachen Überdruck gehalten werden, damit
auch bei Verletzung der luftdichten Haut keine Inkorporation geschieht.

Die sog. (α-γ)-Zellen werden für die Verarbeitung von bestrahltem
Plutonium benutzt. Hier ist absolute Dichtigkeit der Zelle Bedingung und
infolgedessen müssen elektrische Servomanipulatoren verwendet werden.
Man geht dazu über, das ganze α-γ-Laboratorium als eine Einheit zu
bauen, die sowohl das eigentliche Arbeitsgebiet, wie ein Reparatur-
und Kontrollgebiet, Lager, Dekontamination usw. umfaßt. Größere
heiße Zellen sind schon für metallurgische Prozesse im Zusammenhang
mit Kernbrennstoffregenerierung konstruiert worden, in welchen die
ganze Zelle unter Argon gehalten wird (§ 71).

69. Kernbrennstoffaufbereitung, Allgemeines

Der Kernbrennstoff einer Reaktorfüllung wird im allgemeinen nur
teilweise ausgenutzt und muß ein oder mehrere Male regeneriert werden.
Dies gilt besonders für natürliches Uran. Wenn der Brennstoffwert
natürlichen Urans aus dem Gehalt an U-235 berechnet wird, kann aus der
Anzahl Spaltungen, deren Energieentwicklung und dem Energieäquivalent berechnet werden, daß 1 kg U-235 ungefähr $2,3 \cdot 10^7$ kWh oder
1000 „Megawatt-Tage" liefert. 1000 MWd/t entsprechen also etwa 15%
Abbrand des U-235 in Natururan.

Wenn außer dem U-235 auch das im Natururan gebildete Pu-239
verbraucht wird, sollte ein Abbrand von 10 000 MWd/t oder mehr möglich sein. In der Praxis ist der Wert erheblich geringer, insbesondere
bei Uranmetall, da hier oft mechanische Veränderungen die Lebenslänge des Brennstoffelementes begrenzen. Außerdem bilden sich stark
neutronenabsorbierende Spaltprodukte wie Xe-135 (welches auf Grund
seiner kurzen HZ von 9,2 h im laufenden Reaktor einen Gleichgewichtswert erreicht) und Sm-151, dessen Menge auf Grund der langen HZ
(80 a) stetig zunimmt.

Auch die Transuranelemente motivieren die Regenerierung von
Natururan, einerseits sind sie starke Neutronenabsorber, andererseits
wird besonders Pu-239 zur weiteren Verwendung isoliert.

Die Kernbrennstoffregeneration umfaßt also die Befreiung des Brennstoffes von Spaltprodukten, gegebenenfalls die Isolierung reinen Plutoniums und die für die Produktion neuer Brennstoffelemente ausreichende Reinigung des Brennstoffes.

Die Bedeutung der Spaltprodukte

Die Spaltprodukte erschweren die chemischen Trennprozesse auf
Grund ihrer starken Strahlung. Nach langer Betriebszeit und 20 d

Wartezeit beträgt diese 500 kC/MW-Reaktoreffekt (vgl. Abb. 109). Im allgemeinen werden die Brennstoffelemente 100 d gelagert, ehe die chemische Aufbereitung beginnt, wobei die Strahlungsdosis durch meterdicke Betonwände ausreichend herabgesetzt werden muß.

Die nach 100 d Wartezeit vorhandenen radioaktiven Spaltprodukte gehören im wesentlichen zu einer geringen Anzahl Elemente. In erster Linie sind es Sr-90 und Cs-137, die mit je 20% beitragen; Ce-144 und Nb-95 mit über 10%; dann folgen Zr-95, Sr-89, Ce-141, Ru-103, Ru-106. Alle anderen Spaltprodukte sind bis auf $1^0/_{00}$ oder weniger zerfallen. J-131 (8,0 d HZ, leichtflüchtig und physiologisch wirksam) ist praktisch vollständig zerfallen, ein wesentlicher Grund für die angegebene Wartezeit.

Die γ-Strahlung wird hauptsächlich von Isotopen der Elemente Zr, Nb und Ru (Rh) ausgesandt, welche gleichzeitig bei den meisten Trennverfahren am schwersten abzutrennen sind. Die gesamte Radioaktivität von 1 t Uran nach 1000 MWd Energieproduktion entspricht nach 100 d Wartezeit über 500 kC β-Strahlung und 200 kC γ-Strahlung.

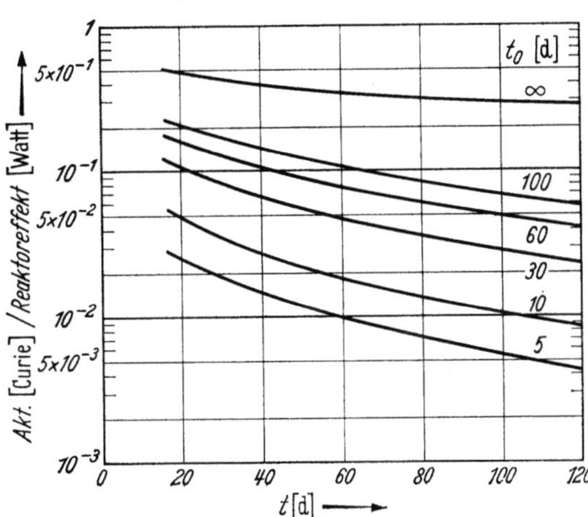

Abb. 109. Spaltproduktaktivität in Natururan als Funktion der „Abkühlungs"-Zeit (t) für verschiedene Betriebsdauern (t_0)

Die Bedeutung der schweren Elemente

Bei 25% Abbrand von Natururan werden 5% der gesamten Neutronen durch den Aufbau der Transplutoniumelemente (vgl. § 66) verbraucht.

Einige schwere Elemente beeinflussen auch die notwendige Wartezeit:

1. Bei natürlichem Uran müssen zwei Faktoren berücksichtigt werden:

a) Aus U-238 entsteht durch (n, $2n$)-Prozeß der β-Strahler U-237 mit 6,75 d HZ, welcher den Umgang mit dem Element Uran erschweren würde und durch 100 d Wartezeit zerfallen gelassen werden muß.

b) Np-239 (2,3 d HZ) muß vollständig zerfallen, um maximale Ausbeute an Pu-239 zu ergeben.

2. Beim Abtrennen von U-233 aus bestrahltem Thorium sind die Verhältnisse noch komplizierter: U-233 entsteht über Pa-233 (27,4 d

HZ) und kann infolgedessen nur dann vollständig gewonnen werden, wenn dieses vollständig zerfällt (Wartezeit: 1 a). Die gleiche Wartezeit ist nötig, um das durch sukzessiven Neutroneneinfang in Th-232 gebildete Th-234 abklingen zu lassen (HZ: 24,1 d).

Eine so lange Wartezeit ist jedoch ungeeignet wegen der Komplikationen, die durch das Vorkommen von U-232 (α-Strahler, 74 a HZ) entstehen. Dieses wird gebildet über Th-232 $(n, 2n)$ Th-231, welches durch β^--Zerfall in das langlebige Pa-231 übergeht. Dieses fängt mit großem Querschnitt Neutronen ein und bildet Pa-232 (1,31 d HZ), das in U-232 zerfällt. Letzteres führt also zu hoher spezifischer α-Aktivität des Sekundärbrennstoffes U-233.

Ein anderer unerwünschter und bei längerer Wartezeit sich bemerkbar machender Prozeß ist der Zerfall von U-232 zu Th-228 (Radiothor), bekannt aus der Thoriumreihe, welches zu Folgekernen mit β- und α-Strahlung führt und so die spezifische Aktivität des zurückzugewinnenden Brutstoffes Thorium in unangenehmer Weise erhöht.

Es ist also eine verhältnismäßig frühzeitige Regeneration zweckmäßig; das wertvolle Pa-233 wird als solches isoliert und das daraus gebildete U-233 später wieder gewonnen und mit der Hauptmenge U-233 vereinigt. So wird Th-232 verhältnismäßig rein gehalten, das Uran kann periodisch gereinigt werden.

Zur Chemie der technischen Trennprozesse

Vorwiegend werden Verfahren der Trennung aus wäßrigen Lösungen benutzt; doch treten in neuerer Zeit auch Trennungen durch Hochtemperaturverfahren in den Vordergrund. Zur ersten Gruppe gehören die Fällungsmethoden, die Lösungsmittelextraktion und der Ionenaustausch, letzterer meist nur als komplettierende Methode, die für Konzentration und endgültige Reinigung einzelner Komponenten benutzt wird. Zur zweiten Gruppe gehören die Fluoriddestillation, die Extraktion mit Metall- oder Salzschmelzen und die oxydative Schlackenbildung.

In jedem Fall wird als erster Schritt mechanische Bearbeitung des Kernbrennstoffes notwendig sein, die Kapselung der Brennstoffelemente muß meistens entfernt werden, das Material muß durch Zerschneiden in kleinere Stücke in für die Auflösung geeignete Form gebracht werden und wird dann in Säuren aufgelöst bzw. zum Hochtemperaturtrennverfahren vorbereitet.

70. Trennungen aus wäßrigen Lösungen

Die Aufgaben sind die weitgehende Trennung der Spaltprodukte und des Plutoniums von als Kernbrennstoff benutztem natürlichem Uran; die Trennung der Uranspaltprodukte von angereichertem Uran und die Abtrennung der Thoriumspaltprodukte und des U-233 von Thorium-232 als Brutstoff.

Hauptsächlich wird Lösungsmittelextraktion verwendet: Eine Lösung geeigneter Zusammensetzung wird einer „Extraktionskolonne" zugeführt und mittels organischer Lösungsmittel werden Komplexe von Uran und Plutonium abgetrennt und durch „scrubbing" gereinigt. Die organische Phase passiert dann eine „Verteilungskolonne" („parti-

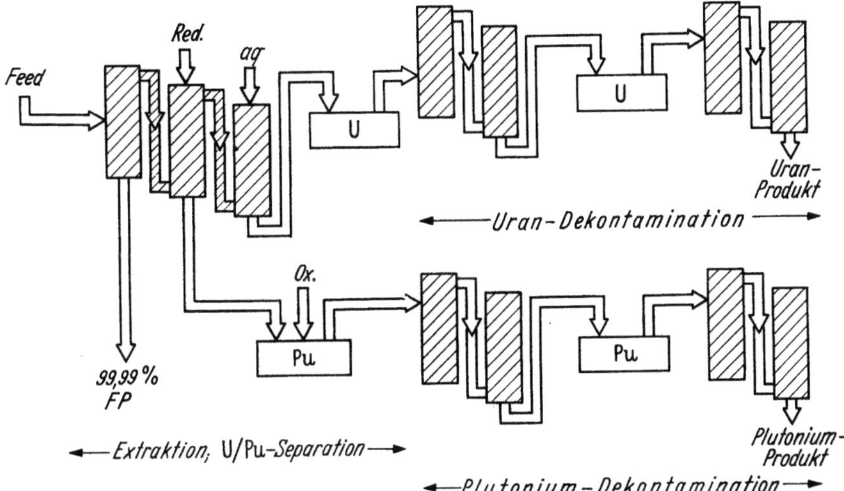

Abb. 110. Schematische Darstellung der Kernbrennstoffaufbereitung (Uranreinigung und Plutonium-gewinnung) durch Lösungsmittelextraktion (im wesentlichen nur der Verlauf der Hauptprodukte wiedergegeben, dagegen meistens nicht die Zufuhr von Extraktionsmittel, „Scrub"- und „Stripping"-Lösung)

tion"), auf welcher durch ein Reduktionsmittel Pu in nicht extrahierbares Pu(III) überführt wird. Die Plutoniumlösung wird dann zwecks Befreiung von restlichen Spaltprodukten einer Anzahl Extraktionscyclen unterworfen, das gleiche geschieht mit dem Uran, das auf der „stripping"-Kolonne in die wäßrige Phase überführt worden ist. Eine vollständige konventionelle Kernbrennstoffregenerationsanlage kann also eine größere Anzahl (zwischen 6 und 12) Kolonnen umfassen (vgl. Abb. 110).

Das *Extraktionsmittel* soll folgende Forderungen erfüllen:

1. Verschiedene Selektivität für die zu trennenden Stoffe.
2. Große Extraktionskapazität gegenüber wäßrigen Lösungen.
3. Unmischbarkeit mit Wasser.
4. Eine Dichte, die von der des Wassers verschieden ist.
5. Geringe Oberflächenspannung und daher leichte Aufteilung in kleine Tropfen, um schnellen Austausch zu erzielen, welcher überdies durch hohe Diffusionskoeffizienten im Lösungsmittel begünstigt wird.

6. Geringer Dampfdruck.
7. Keine Explosionsgefahr.
8. Leichte Reinigung, etwa durch fraktionierte Destillation.
9. Stabilität gegen chemische und Strahlungseinwirkung.
10. Nicht zu hoher Preis.

Nur eine geringe Anzahl organischer Lösungsmittel erfüllen diese Forderungen in ausreichendem Maße: Ursprünglich wurde für kerntechnische Extraktionen meistens Methyl-isobutyl-keton („Hexon") verwendet, das jedoch in neuerer Zeit weitgehend durch Tri-n-butylphosphat ersetzt worden ist („TBP"). Hexon hat (außer geringeren Extraktionskoeffizienten) den Nachteil, daß der Siedepunkt verhältnismäßig tief liegt, daß es etwas in Wasser löslich ist und mit HNO_3 explosive Verbindungen bildet.

TBP hat ungefähr das gleiche spezifische Gewicht wie Wasser und muß mit mittelschweren Paraffinfraktionen (Kerosin, Ligroin) auf eine Konzentration von 15 bis 40% TBP verdünnt werden. Es löst sich nur zu 0,6 Vol-% in Wasser, nimmt dagegen Wasser bis zu 7 Vol-% auf. Bei der Wahl der verdünnenden Paraffinfraktion muß beachtet werden, daß kein höherer Gehalt an aromatischen oder ungesättigten Kohlenwasserstoffen vorliegt, da diese nach Nitrierung mit starker Salpetersäure Komplexe bilden können mit einigen der Spaltprodukte, die auf diese Art unerwünschterweise extrahiert werden.

Außerdem setzen Verunreinigungen und Abbauprodukte die Eignung von TBP herab. So reduziert Butanol Pu(IV) zu Pu(III). Dibutylphosphat als Verunreinigung bildet sehr starke Komplexe, nicht nur mit Pu(IV) und U(VI) sondern auch mit Zirkonium, das in diesem Fall sehr schwer wieder zu entfernen ist. Monobutylphosphat führt zu Fällungen mit Uran und Plutonium.

Der zunächst technisch eingeführte Extraktionsprozeß war der „*Redoxprozeß*". (Der Name gibt an, daß mehrfacher Wechsel zwischen verschiedenen Reduktions- und Oxydationszuständen das wesentliche dieses — wie auch späterer — Prozesse ist.) Das Extraktionsmittel ist „Hexon".

Mit $Na_2Cr_2O_7$ wird Plutonium in Pu(VI) überführt, das am besten von Hexon extrahiert wird und nicht so leicht hydrolysiert wie Pu(IV). Infolgedessen kann die Acidität gering gehalten und ein Teil der Spaltprodukte schon jetzt durch hydrolytische Fällung entfernt werden. Bevor die Brennstofflösung den Kolonnen zugeführt wird, müssen durch Filtration feste Verunreinigungen (beispielsweise Kieselsäure) entfernt werden, da sie bei der Extraktion stören. In der ersten Kolonne verbleiben die Spaltprodukte und $Na_2Cr_2O_7$ in der wäßrigen Phase [$Al(NO_3)_3$-Lösung], während die organische Phase mit ihrem Gehalt an U, Pu und

HNO_3 auf die nächste Kolonne überführt wird. Hier wäscht eine Lösung von $Al(NO_3)_3$, diesmal mit Zusatz eines Reduktionsmittels (Hydroxylamin, Ferrosulfamat), das Plutonium aus der organischen Phase heraus, während das Uran in einer dritten Kolonne durch salpetersaure „stripping"-Lösung wieder in die wäßrige Phase überführt wird.

Eine hartnäckig beim Uran (und Plutonium) verbleibende Verunreinigung ist Spalt-Ruthenium, welches das stabile Ion $Ru(NO)^{+3}$ bildet, komplexiert mit einer bis fünf Nitratgruppen sowie einer entsprechenden Anzahl Wassermolekülen und in dieser Form (aber auch als Dinitrokomplex) stark vom Hexon extrahiert wird und nach dem ersten Schritt des Redoxprozesses 75 bis 90% der totalen beim Uran verbleibenden β-Aktivität ausmacht. Da sein Verteilungskoeffizient in 1 M HNO_3 saurer $Al(NO_3)_3$-Lösung den Wert 1 erreicht, wird die Trennung bei hohen p_H-Werten ausgeführt. Bei 0,2 M HNO_3 „Unterschuß", welches bedeutet, daß ein entsprechender HNO_3-Zusatz den natürlichen p_H-Wert der ($\sim$1 M) $Al(NO_3)_3$-Lösung wieder herstellen würde, geht der Verteilungskoeffizient auf 10^{-3} herunter.

Das Problem wird durch die Gleichgewichte zwischen den verschiedenen RuNO-Nitratkomplexen kompliziert, die in wäßriger und organischer Phase vorliegen; der Austausch zwischen den Phasen geschieht jedoch schnell. Das Gleichgewicht zwischen der Mononitrato- und der Dinitratoverbindung z. B. stellt sich mit einer Halbwertszeit von etwa 12 Std ein, welches die Bedeutung des Zeitfaktors bei Extraktionsprozessen, bei denen Ruthenium in HNO_3 vorliegt, demonstriert.

Zum „Purex"-Prozeß. Hexon als kerntechnisches Extraktionsmittel ist nunmehr weitgehend von TBP verdrängt. $K_{D(o/a)}$ ist gegenüber 1 M Uranylnitratlösung: 1,8 für TBP ($\sim$20 Vol.-%) und 0,16 für Hexon.

Für die meisten Spaltprodukte liegt der Koeffizient der Extraktion mit TBP in der Größenordnung 10^{-3}, nach 6 Monaten „Abkühlungszeit" stellen Zirkonium, Niob und Ruthenium den Hauptteil der extrahierten Aktivität dar. Charakteristische Verhältnisse sind die folgenden: Bei der Gleichgewichtseinstellung zwischen einer 1 M HNO_3-Lösung von 200 g U/l mit einer 30%igen TBP-Lösung (in Kerosin) — wobei 60% des TBP durch Komplexbildung mit Uran gebunden werden — ergeben sich die Verteilungsfaktoren: U(VI): 6,1; Pu(IV): 1,5; Zr: 0,02 und Ru: 0,01; erst dann folgen die übrigen Spaltprodukte und Pu(III).

Bei der technischen Ausführung des Purex-Prozesses wird nach Auflösung des Brennstoffes in HNO_3 (und Filtration) $NaNO_2$ zugesetzt und U und Pu mit TBP extrahiert. Die weitere Trennung verläuft analog dem Redox-Prozeß, d.h. Trennung zwischen U und Pu nach der Reduktion von Pu und weiterer Reinigung von Uran und Plutonium auf besonderen

Kolonnen. Zur Endreinigung und Konzentrierung des Pu dienen Ionenaustauscherkolonnen (s. weiter unten). Dekontaminationsfaktoren von
$3 \cdot 10^6$ (Uran) und $5 \cdot 10^7$ (Plutonium) werden angegeben.

Die mit TBP extrahierten Metallkomplexe enthalten Nitrat- und
TBP-Gruppen. Aus der Abhängigkeit des Verteilungskoeffizienten von
der TBP-Konzentration (vgl. §53) kann, wie schon oben erwähnt, die Anzahl der TBP-Moleküle, mittels Variation der Nitratkonzentration die Anzahl der Nitrato-

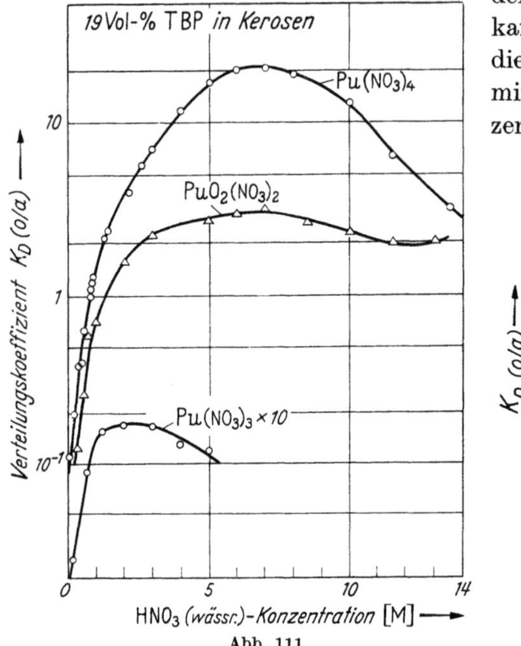

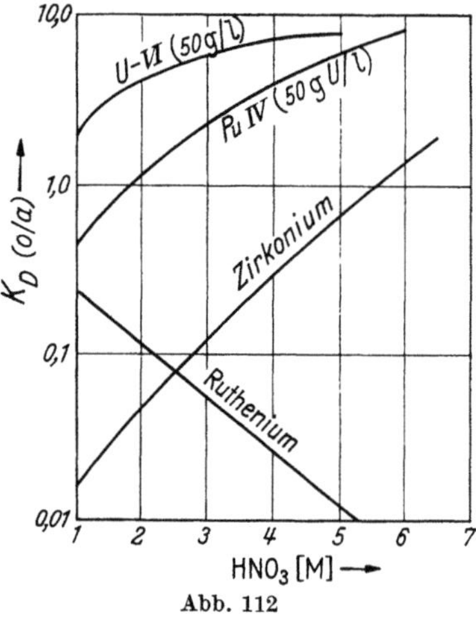

Abb. 111. Koeffizienten der Verteilung zwischen 19 Vol-% TBP in Kerosin und wäßriger HNO₃ zunehmender Molarität für die verschiedenen Oxydationsstufen des Plutoniums (nach BEST, McKAY und WOODGATE)

Abb. 112. Extraktion von Spaltstoffen und Hauptverunreinigungen mit TBP ($\sim$ 20 Vol-%); die Werte für Zr und Ru beziehen sich auf reine Lösungen und erniedrigen sich in Gegenwart von Uran, die Ru-Extraktion hat ein Maximum bei $p_H \sim 1$ und nimmt in „acid-deficient"-Lösungen wieder ab

gruppen pro Komplex bestimmt werden. (Für etwas abweichende
Bedingungen ist die Abhängigkeit der Verteilungsfaktoren von der
HNO₃-Molarität auf Abb. 112 wiedergegeben, aus der nur der Verlauf
entnommen werden sollte, da die Angaben verschiedener Autoren voneinander abweichen.)

Da die Menge des extrahierenden TBP begrenzt ist (eine 20%ige
Lösung ist nur 0,73 M), nimmt der Verteilungskoeffizient ab bei hohen
HNO₃- ($>$5 M) und Urankonzentrationen, und der Verteilungskoeffizient für Uran ist proportional zum Quadrat der Konzentration von
freiem TBP, da der extrahierte Komplex zwei Moleküle TBP enthält.

Als die am meisten extrahierbaren und bei hoher NO₃-Konzentration
(HNO₃, Al(NO₃)₃) überwiegenden Komplexe des Spaltrutheniums werden

die Tetra- und Pentanitratkomplexe angenommen, deren Verteilungskoeffizient jedoch in konzentrierter HNO_3 abnimmt, da HNO_3 selber TBP-Komplexe bildet (vgl. § 53).

TBP als Extraktionsmittel hat sich auch bei der Abtrennung von U-233 von Th-232 durchgesetzt („Thorex"-Prozeß). Hier ist es besonders wichtig, daß TBP von aromatischen Verbindungen frei ist, da sonst eine dritte Phase auftreten (aus polymerisiertem Thoriumnitrat TBP-Komplex) und extrahiert werden kann. Das extrahierte Th wird durch verdünnte HNO_3 in die Wasserphase überführt; Uran verbleibt in der organischen Phase, die dann in einer dritten Kolonne („stripping"-Kolonne) vom Uran befreit wird, welches später am Kationenaustauscher gereinigt wird. In diesem Fall wird für U-233 ein totaler Dekontaminationsfaktor von 10^9 gefordert.

Extraktion mit Aminen („flüssigen Anionenaustauschern")

Sekundäre Amine mit Zusatz von langkettigen Alkoholen sowie tertiäre Amine werden für die Extraktion von Plutonium und für die Abtrennung der Spaltprodukte, im allgemeinen in HCl-Lösung, in Aussicht genommen. Als spezifische Plutonium-Extraktionsmittel (aber auch für Extraktion von Uran) scheinen die Amine in der erzielten Dekontamination dem TBP überlegen zu sein, doch ist auch hier die Trennung von Ruthenium nicht besonders gut. Plutonium wird als Pu(VI) ($Na_2 Cr_2O_7$ als Oxydationsmittel) aus 4,8 M HCl extrahiert und später in die Wasserphase von 0,1 M HCl zurückgeführt.

Die Aminextraktion ist besonders günstig bei der Extraktion von Brennstoff, bei dem das verbrauchte Uran nicht wiedergewonnen werden soll, sondern nur das entstandene Plutonium. Auch Brennstoff-Legierungskomponenten wie Aluminium, Eisen, Nickel und Chrom werden als Nitrate nicht durch tertiäre Amine extrahiert. Auf Grund der hohen Extraktionsverteilungskoeffizienten ist der Zusatz von aussalzenden Stoffen nicht notwendig und ein weiterer Vorteil ist, daß tertiäre Amine weitgehend strahlungsbeständig sind.

Für die Extraktion von *Kationen* sind Mono- und Dialkylphosphorsäuren geeignet, wohl in erster Linie zur Gewinnung von Uran. 0,1 M D2EHPA [di(2-äthylhexyl)phosphorsäure] im Kerosin zeigt einen Verteilungskoeffizienten > 100 für die Extraktion von U(VI) aus wäßriger 0,5 M Sulfatlösung bei p_H 1.

Einzelheiten der technischen Ausführung (Kontaktoren)

Meistens werden „pulsierende" Kolonnen benutzt, bei denen der gleiche Trenneffekt bei kürzerer Länge als bei „gepackten" Kolonnen erzielt wird, wodurch Raum- und Kostenersparnis erreicht wird, da die Extraktionskolonnen von mächtigen Strahlenschutzwänden umgeben sein müssen.

Im Vergleich zum „Mixer-Settler" (s. unten) hat die Extraktionskolonne den Vorteil, daß eine kernphysikalisch „sichere" Geometrie leicht erreicht werden kann, bei der auch bei hoher Konzentration der Kernbrennstofflösung eine Kettenreaktion nicht möglich ist.

Mittels eines Pulsgenerators wird dem Flüssigkeitsstrom eine pulsierende Bewegung überlagert. Die beiden Phasen werden innig miteinander vermischt mit Hilfe perforierter Platten, durch deren Löcher die Flüssigkeiten gepreßt und in kleine Tröpfchen aufgeteilt werden (vgl. Abb. 113). Bei jedem Puls wird die eine Phase in das ursprünglich von der anderen Phase besetzte Gebiet gepreßt. Die Effektivität

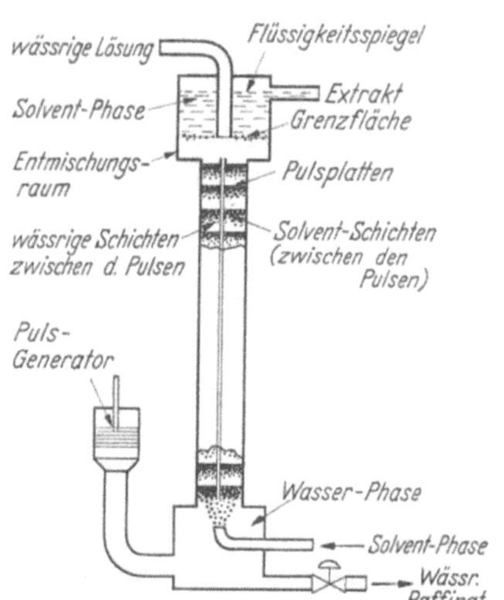

Abb. 113. Pulsierende Kolonne zur Lösungsmittelextraktion (nach Van Dijck)

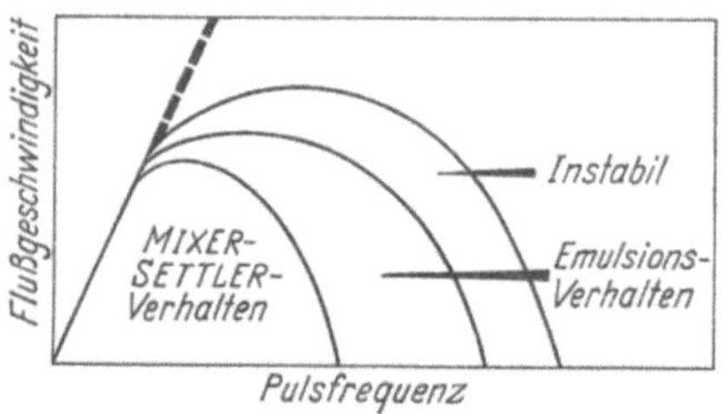

Abb. 114. Die verschiedenen Wirkungsbereiche der pulsierenden Extraktionskolonne

einer pulsierenden Kolonne ist u. a. abhängig von der Strömungsgeschwindigkeit sowie der Amplitude und der Frequenz der Pulse. Bei geringen Werten der Pulsfrequenz können sich die Phasen zwischen den perforierten Platten durch Sedimentation voneinander trennen, ehe der nächste Puls ankommt („Mixer-Settler"-Wirkung).

Effektivere Trennung liegt bei höheren Pulsfrequenzen vor (Vergrößerung der in der Zeiteinheit wirksamen Phasengrenzfläche); bei noch höheren Frequenzen werden Tropfenform und -größe unregelmäßig und Koalescenz von kleinen zu größeren Tropfen kann die Effektivität der Extraktion wieder herabsetzen (vgl. Abb. 114). Die Höhe eines theoretischen Bodens beträgt bei pulsierenden Extraktionskolonnen einige Dezimeter.

Außerordentliche Sorgfalt muß auf die Konstruktion und Zusammensetzung der technischen Apparaturen verwendet werden. Korrosionsempfindliche bewegliche Teile (Ventile, Pumpen) müssen in möglichem Maße vermieden werden. Auflösungsgefäße und Rohrleitungen müssen aus Spezial-Stählen (resistent gegen salpetersaure Lösungen) hergestellt werden mit hohem Gehalt (20 bis 25%) an Nickel und Chrom und

Legierungszusätzen (Niob, Silicium, Mangan). Das fugenlose Schweißen derartiger Stähle muß in Argongasatmosphäre durchgeführt, und alle Schweißstellen müssen mittels Röntgen- oder γ-Strahlung kontrolliert werden. Die in Gang gesetzte Apparatur wird überwacht und gesteuert durch eine große Anzahl Manöverorgane von einem Kontrollstand aus und muß ohne Zwischenfälle jahrelang laufen können. (Bei der Kernbrennstoffaufbereitungsfabrik in Hanford ist der Betrieb in 15 Jahren insgesamt nur einen Monat unterbrochen gewesen.) Sollten doch Reparaturen notwendig sein, werden diese bei direkter Wartung („maintenance") an Ort und Stelle ausgeführt, wozu aus Strahlenschutzgründen vorherige weitgehende Dekontamination notwendig ist. Dieses wird besonders für kleinere Experimentanlagen in Frage kommen, man hat aber trotz der Zeitverluste einen großen Wirkungsgrad (z. B. 95% bei der Idaho Reprocessing Plant) erreichen können.

Bei Anlagen für sehr große Mengen mit gut durchgearbeiteten Prozessen wird Wartung und Reperatur der Apparaturen ferngesteuert durchgeführt („remote maintenance"), jeder Einzelteil soll innerhalb 24 Std ferngesteuert ersetzt werden können.

Mixer-Settler-Batterien

Allmählich gewinnen auch Mixer-Settler Eingang in die technische Kernbrennstoffaufbereitung: Vor der Bearbeitung der Lösungen müssen auch hier feste Verunreinigungen entfernt werden, etwa durch Ausfällung von MnO_2 (Reduktion von Permanganat), welches außer festen Teilchen auch einige Spaltprodukte wie Ruthenium, Zirkonium und Niob teilweise entfernt.

Die Mixer-Settler-Batterie (Abb. 115) hat gewisse Vorteile verglichen mit Extraktionskolonnen: Sie ist kompakter, der Prozeß kann unterbrochen werden, ohne daß eine bereits erreichte Trennung wieder zunichte

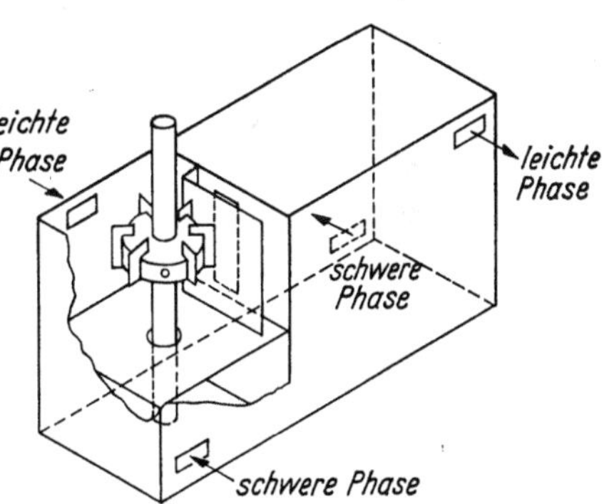

Abb. 115. Pumpender „Mixer-Settler" (Einheit einer Batterie) (nach COPLAN)

gemacht wird, die verschiedenen Trennschritte sind leicht zu analysieren und die Versuchsbedingungen leichter zu variieren. Außerdem können auch die in kleinem Maßstab erhaltenen Ergebnisse ohne weiteres auf technische Dimensionen überführt werden. Die Kontaktoreffektivität (durchgesetzte Lösungsmenge pro Volumeneinheit der Apparatur) ist mit der der pulsierenden Kolonne vergleichbar.

Zu große Strömungsgeschwindigkeiten müssen vermieden werden; in diesem Fall kann die schwere Phase sich nicht ausreichend absetzen, und Rückmischung kann dadurch eintreten, daß ein Teil der schweren Phase zusammen mit der in entgegengesetzter Richtung strömenden leichten Phase durch die obere Öffnung der Settler-Kammer abtransportiert wird („Backmixing").

Man hat auch versucht, die Effektivität von Mixer-Settlern durch Verwendung von Ultraschall zu erhöhen. Auf diese Art können kleine Tropfen von 10 μ Durchmesser erzielt werden, die jedoch zu langsam sedimentieren: Die Ultraschalldurchmischung muß offenbar mit Umrührung oder Durchmischung durch strömendes Gas kombiniert werden.

Verwendung von Ionenaustauschern bei kerntechnischen Trennungen

Für die Endkonzentrierung und Reinigung der im Vergleich zum Uran geringen Mengen Plutonium werden mit Vorteil Ionenaustauscher verwendet, womit Konzentrationen von 50 g/l erreicht werden. Anionenaustauscher werden bevorzugt, da sie eine gute Trennung Uran/Plutonium ergeben, und als Endprodukt eine verdünnt salpetersaure Lösung erhalten wird, die einfach zu verarbeiten ist.

Zunächst müssen aus dem Extraktionsprozeß stammende Sulfamationen durch Adsorption des Pu auf Kationenaustauschern entfernt werden. Der Anionenaustauscher entfernt dann auch die sonst hartnäckig mitfolgenden Spaltprodukte Zr, Ce(IV) sowie etwaiges Th.

Es ist versucht worden, die Anionenaustauschermethode als Primärmethode für die Isolation von Pu aus bestrahltem U zu verwenden. Durch Verwendung erhöhter Temperatur werden Produktionsgeschwindigkeit, Konzentrierung und Dekontamination verbessert, und durch einen Anionenaustauschercyclus kann ein DKF (Dekontaminationsfaktor) $>5 \cdot 10^3$ (Spaltprodukte) und $>5 \cdot 10^4$ (Reinigung des Pu von U) erreicht werden.

Anionenaustausch ist als Haupttrennmethode (statt eines Purex-Prozesses) in pilot-plant-Skala verwendet worden (Durchsatz von 50 kg Uran/d). Aus 8 M HNO_3 wird hauptsächlich Pu adsorbiert; der größte Teil des Urans und der Spaltprodukte passiert die Kolonne. Der restliche Teil wird mit starker HNO_3 entfernt und Pu mit 0,2 M Hydroxylaminlösung eluiert. Jedoch verbleiben Zirkonium und Niob hartnäckig beim Plutonium und weitere Dekontamination durch Adsorptionstrennung auf einer Silicagelkolonne ist nötig. Offenbar ist der Ionenaustauscherprozeß noch nicht geeignet, den Extraktionsprozeß in seiner Gesamtheit zu ersetzen.

Verwendung stationärer Wasserphasen

Man hat vorgeschlagen, an Stelle der Kolonne 2 des Extraktionsverfahrens (Verteilung Uran/Plutonium) eine Adsorptionsmittelkolonne (Silicagel) zu verwenden, welche die extrahierende Wasserphase stationär bindet und durch welche die organische Phase strömt (vgl. § 56). Jedoch verbleiben die Spaltprodukte nicht vollständig in der stationären Wasserphase, sondern etwa 12% des Zirkoniums folgen primär mit dem Uran und 2% bei der späteren Elution des Plutoniums mit. Auch die Dekontamination des Urans von Ruthenium zeigt im Einzelversuch nur einen DKF von 1,2.

71. Hochtemperaturtrennverfahren

Infolge der üblichen „Abkühlungszeit" von 100 Tagen sowie der für die direkte (manuelle) Wiederverarbeitung des Brennstoffes geforderten Dekontamination (DKF von 10^7 bis 10^9) sind die Verfahren des § 70 umständlich, zeitraubend und dadurch doppelt kostspielig unter Berücksichtigung der hohen „Investierungskosten" des so aus dem Gebrauch gezogenen Kernbrennstoffes. Bei Kernbrennstoffaufbereitungen, bei denen nicht äußerste Dekontaminierung von Spaltprodukten notwendig ist, sondern bei denen mitunter nur die ausreichende Beseitigung (etwa 90%) der Neutronengifte beabsichtigt wird, sind andere Verfahren vorzuziehen, bei denen ein großer Teil der chemischen Umwandlungen vermieden wird.

Allerdings werden diese Verfahren erst allmählich einer technischen Erprobung unterzogen.

Die Fluoriddestillation

Hier wird die Leichtflüchtigkeit von UF_6 ausgenützt. Das metallische Uran wird (z.B. in BrF_3) aufgelöst und UF_6 bei 100 °C und erhöhtem Druck abdestilliert. Hierbei geht nur ein unbedeutender Teil der Spaltprodukte (hauptsächlich Te als TeF_6) über.

Durch Umdestillierung wird das Uran weiterhin gereinigt und mittels fraktionierter Destillation völlig von noch verbliebenen Verunreinigungen getrennt. UF_6 kann für die Anreicherung von U-235 in Gasdiffusionsanlagen verwendet oder auch leicht zu UF_4 reduziert werden, das Ausgangsmaterial zur Herstellung von metallischem Uran (vgl. § 72).

Der Fluoridprozeß ist besonders geeignet für hochangereichertes Uran, wobei etwaiges Plutonium nicht dem Uran folgt, sondern aus dem Rückstand extrahiert werden muß. Primär gebildetes PuF_6 wird durch BrF_3 zu (nicht flüchtigem) PuF_4 reduziert.

Der Fluoridprozeß stellt hohe Anforderungen an die Korrosionsbeständigkeit der Auflösungs- und Destillationsgefäße; im allgemeinen wird die Nickellegierung „Monel" oder reines Nickel verwendet.

Die Auflösung von Brennstoffelementen, insbesondere aus Legierungen angereicherten Urans, kann auch in Fluoridschmelzen geschehen. Zirkonlegierungen können in eutektischen Schmelzen aus NaF und LiF unter Einleiten wasserfreier HF aufgelöst werden, wobei sich Tetrafluoride bilden. Einleitung von elementarem Fluor bei 600° C oxydiert Uran zu UF_6, das abdestilliert werden kann. Hierauf folgt ein Adsorptions-Desorptionscyclus an NaF zur Entfernung von Ru und Nb. Dies wäre auch die gegebene Aufbereitungsweise für Kernbrennstoff von Salzschmelzenreaktoren auf Fluoridbasis.

Der Gesamtdekontaminationsfaktor kann bei dem Fluoriddestillationsprozeß aus Salzschmelzen in Laboratoriumsskala den Wert 10^6 erreichen; die Wirksamkeit des Prozesses erreicht also annähernd die der Verfahren des § 70. Dieses ist nicht der Fall bei den folgenden Methoden.

Extraktion der Spaltprodukte mit Metallschmelzen

Spaltprodukte können aus geschmolzenem Uranmetall teilweise durch Extraktion mit Metallschmelzen, z.B. Ag oder Mg entfernt werden, welche für den größten Teil der Spaltprodukte $K_D > 1$ zeigen. Die leichtflüchtigen Halogene und Alkalimetalle werden bei diesen Temperaturen (1200°C) abdestilliert. Plutonium wird zum Teil mit Magnesium extrahiert und kann durch Abdestillieren des Mg wiedergewonnen werden.

Metallschmelzen können auch aus feinverteiltem festen Brennstoff extrahieren. So hat man z.B. aus einer U—Pu-Legierung, durch Hydrierung und Dehydrierung in sehr feinkörniges Pulver umgewandelt, mit geschmolzenem Mg einen Teil des Plutoniums extrahiert und über porösen Graphit filtriert.

Auch die fraktionierte Kristallisation aus Schmelzen von Bi, Hg und Zn ist als Methode der Trennung des Urans von den Spaltprodukten untersucht worden, wobei Uran aus einer Zinkschmelze, weitgehend befreit von den meisten Spaltprodukten (mit Ausnahme von Ru), auskristallisiert. Aus der U—Zn-Legierung kann das Zn abdestilliert und Uran in reiner Form wiedergewonnen werden.

Extraktion mit Salzschmelzen

Plutonium kann aus geschmolzenem Uran bei etwa 1300°C nach Oxydation mit UF_4 mit (eutektischer) Li—Ca-Fluoridschmelze extrahiert werden, da die freie Bildungsenergie pro Äquivalent für PuF_3

größer ist als für UF_4 (vgl. Tabelle 9.1). Auch manche Spaltprodukte (Ausnahme u. a. Nb und Te) werden so extrahiert.

Salzschmelzen als Extraktionsmittel sollen auch bei der kontinuierlichen Regenerierung der Bi—U-Legierung des Flüssigmetallreaktors (vgl. § 29) verwendet werden. Hierbei wird die Metallschmelze bei 400 °C mit einem Eutektikum der Chloride von Mg, Na und K in Kontakt gebracht. Das Oxydationsmittel ist $MgCl_2$, dessen freie Bildungsenergie pro Äquivalent (vgl. Tabelle 9.1) geringer ist als die der unedlen Spaltprodukte und das von diesen zu Mg-Metall reduziert wird in echter chemischer Reaktion, für die Gleichgewichtskonstanten angegeben werden können. Das Oxydationspotential wird durch Zugabe von Mg zur U-Bi-Legierung kontrolliert und es werden die Alkalien, Erdalkalien und Seltenen Erden (ihr Verteilungsfaktor nimmt ab mit der entsprechenden Potenz der Mg-Konzentration) extrahiert, und so werden 55% der gesamten nichtflüchtigen Spaltprodukte beseitigt, unter denen sich die mit dem größten Neutronenabsorptionsquerschnitt befinden. Verteilungsfaktoren von 10^2 sind möglich (für Ce z. B. bei 20 ppm Mg in Bi).

Tabelle 9.1. *Beträge freier Bildungsenergien* (in kcal pro Äquivalent) (Oxyde und Fluoride: bei 1500 °K, Chloride bei 500 °K)

PuO_2	96	UF_4	85	$BiCl_3$	22,2
ZrO_2	97	ZrF_4	90	UCl_4	53,9
UO_2	99	PuF_3	96	$MgCl_2$	66,8
SrO	102	MgF_2	100	$LaCl_3$	75,4
Ce_2O_3	107	CeF_3	111	$BaCl_2$	92,8

Die extrahierten Spaltprodukte können mit metallischem Blei unter Zusatz reduzierender Stoffe wie Ca oder Mg rückextrahiert werden.

Oxydierende Schlackenbildung als Extraktionsprozeß

Die freie Energie (pro Äquivalent) für die Bildung der Oxyde der Lanthanide und des Strontiums ist größer als die der Uranoxyde. Wenn also eine begrenzte Menge Sauerstoff der Schmelze verunreinigten metallischen Uranes zugeführt wird, kann ein Teil der Spaltprodukte als Oxydschlacke isoliert werden, wobei Edelgase, Halogene und Alkalimetalle entweichen und nur die Edelmetalle und Plutonium in der Uranschmelze verbleiben (vgl. Abb. 116).

Sauerstoff kann zugeführt werden als Gas durch Zusatz von Oxyden oder aus dem Oxyd-Tiegelmaterial. Die Trennung von Schlacke und Metallschmelze kann durch Ausstoß der Schmelze oder durch Auflösung der Schlacke in Salpetersäure geschehen.

Auch die Bildung von Halogenidschlacken kommt infrage, da die freie Bildungsenergie der Halogenide der ersten drei Gruppen des Periodischen Systems im Vergleich zu UCl_3 und UCl_4 noch größer ist als die der Oxyde im Vergleich zu UO_2.

Für den „Experimentellen Brutreaktor" EBR II (vgl. Abb. 45, § 30)
wird als primärer Trennprozeß Schlackenbildung mit Zirkonoxyd (3 bis
4 Std bei 1300 °C) vorgesehen. Die flüchtigen Spaltprodukte werden an
feinkörnigen Zeolithen („Molekülsieben") adsorbiert; aus dem gereinigten Metall wird im geschlossenen Cyclus der neue Brennstoff in Form metallischer Elemente hergestellt. Beim Uranmetall verbleibendes, durch Spaltung entstandenes Zr, Mo und die Edelmetalle werden als erwünschte Legierungszusätze betrachtet. Selbstverständlich muß der gesamte Prozeß ferngesteuert und — bis zum Erhalten kompakten Metalles — unter Argon-Schutzgasatmosphäre durchgeführt werden.

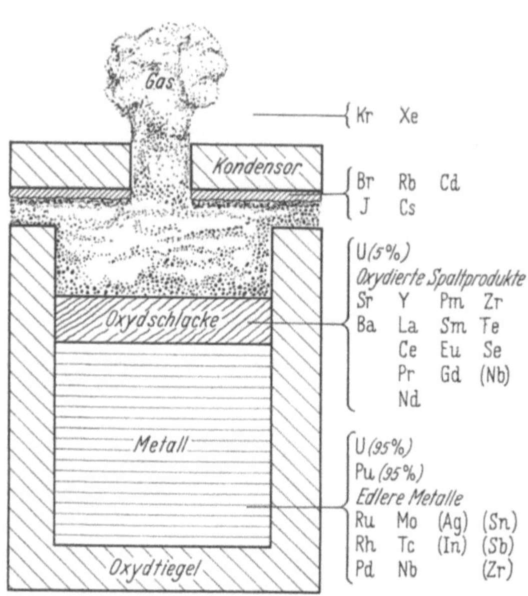

Abb. 116. Entfernung „unedler" Spaltprodukte aus geschmolzenem Uran durch kontrollierte Bildung von Oxydschlacken

„Trockene" Regenerierung von Uranoxyd und -karbid

Die bei sehr hohen Temperaturen noch stabilen „keramischen" Kernbrennstoffe sollten weitgehend regeneriert werden können unter Ausnutzung der Beweglichkeit der Spaltprodukte im festen Gitter bei hohen Temperaturen (vgl. § 79).

Während bei Edelgasen, Halogenen, Alkalimetallen und eventuell auch einigen Erdalkalien die Diffusion in ausreichend kleinen Körnern und der Dampfdruck der Elemente ausreichend sein sollte für die Entfernung im inerten Trägergasstrom (im Falle UO_2 ist eventuell Oxydation zu U_3O_8 mit späterer Reduktion erwägenswert), ist für die Entfernung der stark neutronenabsorbierenden Lanthanide Diffusion in eine „Matrix" aus Graphit, MgO oder dergleichen angebracht mit folgender Phasentrennung. Dieses Gebiet ist noch unzureichend bearbeitet.

72. Reaktorwerkstoffchemie

Bei der Konstruktion und dem Betrieb von Kernreaktoren ist die Kenntnis der folgenden Materialgruppen und ihres chemischen Verhaltens von Bedeutung:

1. Kernbrennstoff (und Strukturmaterial der Brennstoffelemente);
2. Moderator (Reflektor);
3. Kühlmittel;
4. weiteres Reaktorstrukturmaterial;
5. Abschirmungsmaterial.

Kernbrennstoff

Eingangs soll in Kürze Vorkommen, Darstellung und Eigenschaften des Uranes besprochen werden.

Uran kommt verhältnismäßig reichlich in der Erdkruste vor (durchschnittlicher Gehalt $4 \cdot 10^{-6}$, d.h. $4\,g/t$), aber meist in niedrigen Konzentrationen in Eruptivgesteinen (Granit), deren Bearbeitung wirtschaftlich nicht lohnend erscheint. Dagegen liegt starke Anreicherung in hydrothermalen Vorkommen vor: Zu den bekanntesten gehören die in Joachimsthal, in Kanada (Großer Bärensee) sowie im Kongo (Katangagebiet).

In den Vereinigten Staaten kommen Uranminerale vom durchschnittlichen Gehalt 3000 bis 5000 g/t im Coloradoplateau vor; auch in Frankreich sind verhältnismäßig reiche Vorkommen entdeckt worden.

In Schweden gibt es große Vorkommen (Ölschiefer, Urangehalt: 200 bis 300 g/t, die gesamte Uranmenge etwa 10^6 t).

Die „Prospektierung" von Uranmineralen wird durch die γ-Strahlung der Uranfolgeprodukte erleichtert und kann mittels GM-Zähler oder Szintillationsdetektor, in letzterem Fall sogar aus größerer Höhe (Flugzeuge) geschehen.

Die Jahresproduktion der Erde liegt in der Größenordnung 10000 t Uran, der Vorrat an hochprozentigem zugänglichem Uranmineral entspricht 1 bis 2 Millionen t Uran, der Herstellungspreis beträgt hier etwa 200 DM/kg.

Die Darstellungsverfahren

Sämtliche Darstellungsverfahren beginnen mit der Auslakung von Mineralkonzentraten (nach Zerkleinern, Mahlen und eventuell Flotationssichten) mit Säure oder Lauge.

Aus sauren Lösungen kann Uran als Diuranat mit Lauge oder als $U_3(PO_4)_4$ mit Orthophosphat gefällt werden. Die alternative bzw. weitere Reinigung geschieht mittels Anionenaustauscher oder Lösungsmittelextraktion. Beim Anionenaustauschprozeß, auch als primäre Trennmethode verwendet („resin in pulp"), wird Uran bereits bei der Auslaugung des Erzes als Sulfatkomplex adsorbiert und später mit sauren Chlorid- oder Nitratlösungen eluiert. Alternativ kann die Extraktion mit „flüssigen Anionenaustauschern" (tertiären Aminen), „Amex"-Verfahren, verwendet werden.

Bei basischer Auslaugung (Soda) geht Uran als komplexes Karbonat in Lösung, aus der es mit Säure wieder ausgefällt oder direkt mittels Anionenaustauscher gereinigt werden kann. Die Endreinigung geschieht auch hier mit Extraktionsverfahren (TBP).

Das Endprodukt (nach Zersetzung eingedampften Nitrates bzw. gefällten Peroxydes und Wasserstoffreduktion) höherer Oxyde (UO_3, U_3O_8) ist im allgemeinen UO_2, welches direkt als Kernbrennstoff angewendet werden kann (s. unten). Alternativ wird es mit HF in UF_4 umgewandelt, welches entweder zur Darstellung (mit F_2) von UF_6 für Gasdiffusionsanlagen für die Anreicherung von U-235 dient oder zu Uranmetall reduziert wird.

Die direkte Reduktion von UO_2 mit Wasserstoff ist nicht möglich, da die freie Bindungsenergie pro Äquivalent für UO_2 bedeutend größer ist als die für H_2O. Dagegen könnten Magnesium oder Calcium UO_2 reduzieren.

Besser ist jedoch die Reduktion von UF_4 mit Mg oder Ca. Die entstehenden Erdalkalifluoride schmelzen schon bei 1260 bzw. 1418 °C und infolgedessen ist bessere Phasentrennung zwischen Uranmetall und Schlacke möglich als im Fall der Bildung der hochschmelzenden Oxyde (MgO: 2800 °C; CaO: 2580 °C).

Mg ist billiger und leichter in ausreichender Reinheit zu erhalten. Die Reduktion muß in geschlossenem Druckbehälter ausgeführt werden, da Mg leicht destilliert; da die Reaktion endotherm ist, muß Wärme zugeführt werden.

Das erhaltene Uranmetall wird in Vakuumöfen umgeschmolzen und aus Graphittiegeln gegossen, um restliche Schlacke und gelöstes Gas zu entfernen. Aus dem Guß können die Brennstoffelementkerne durch Walzen oder Ziehen hergestellt werden (mitunter nach Legierung mit geeigneten Zusätzen — s. weiter unten).

An Reaktoruran werden hohe Reinheitsforderungen gestellt. Dies gilt besonders die Abwesenheit von Stoffen mit hohem Absorptionsquerschnitt wie Bor. In der Einheit „Boräquivalent", d.h. die Menge, die einem Teil pro Million (ppm) Bor entspricht, gibt man die maximal zulässige Verunreinigung an verschiedenen Elementen an. Zulässig sind zwei Boräquivalent, entsprechend einer Verunreinigung von $2 \cdot 10^{-6}$ B, aber auch $8 \cdot 10^{-3}$ Al. Die Analyse von Reaktoruran zeigt Verunreinigungen der Größenordnung 10 bis 50 ppm für verhältnismäßig „ungefährliche Stoffe" wie C, Fe, Al, O und Si, während der Gehalt an Ag und B nur einige Zehntel ppm beträgt.

Die Eigenschaften von Uranmetall

Uran kommt in drei Modifikationen vor: α-Phase (bis 662° C), β-Phase (662 bis 772 °C) und γ-Phase, zwischen 772 °C und dem Schmelzpunkt bei 1133 °C.

Die α-Phase hat orthorhombische, die β-Phase tetragonale und die γ-Phase kubische Struktur. Die γ-Phase hat ausreichende mechanische Stabilitätseigenschaften und kann nach Legierungszusätzen von Molybdän und Niob auch bei Zimmertemperatur bestehen. Die α-Phase ist anisotrop: Mikrokristallite im Brennelement haben die Neigung, in einer Vorzugsrichtung ausgerichtet zu werden, welches zu makroskopischen Deformationen führt. In jedem Fall ist feinkörnige Struktur wünschenswert.

Die Umwandlung zwischen den verschiedenen Modifikationen begünstigt Deformation des Probekörpers bei periodischer Erhitzung und Abkühlung. Wiederholte thermische Kreisläufe führen zu erheblichen Dimensionsveränderungen, auch wenn keine Umwandlungspunkte passiert werden und geben Hinweise auf die Resistenz der Probe gegen Strahlungsschäden (vgl. § 73), welche weitgehend der Resistenz gegen die Einwirkung thermischer Kreisläufe ähnelt. Ein Körper aus Uranmetall, 3000mal zwischen 50 und 500 °C erhitzt und abgekühlt, kann das sechsfache der ursprünglichen Länge erreichen.

Wenn der Neutronenverlust zulässig ist, sind geringe Legierungszusätze (Al, Cr, Si) zweckmäßig, um Dimensionsveränderungen des Uranmetalles durch thermische Kreisläufe oder Strahlenschäden zu verringern.

Plutonium beginnt Verwendung als Kernbrennstoff zu finden; die Eigenschaften von Plutoniummetall sind eingehend erforscht worden. Es kommt in sechs verschiedenen Modifikationen mit den Gleichgewichtstemperaturen bei 122, 206, 319, 451 und 476 °C vor. Der Schmelzpunkt des Metalles liegt bei 640 °C. Die thermischen Ausdehnungskoeffizienten der verschiedenen Modifikationen sind zum Teil positiv, zum Teil negativ. Das reine Metall ist also kaum als Brennstoff geeignet. Wegen der hohen spezifischen Energieentwicklung wird Plutonium als Legierung mit Elementen guter Wärmeleitfähigkeit (Al) verwendet ($PuAl_4$, dispergiert in Al). Auch PuO_2/UO_2 Misch-Sinterkörper erlauben hohen Abbrand.

Strukturmaterial (Brennstoffumhüllung)

Uranmetall reagiert mit Wasser bereits bei 50 bis 70 °C und muß vor der Verwendung mit einem Material gekapselt werden, das bei Reaktortemperatur resistent gegen Wasser (bzw. Kühlgas) ist. Von diesem Material wird ausreichende Haltfestigkeit und geringer Neutronenabsorptionsquerschnitt verlangt. Von Metallen ist gemäß letzterer Forderung Beryllium am geeignetesten (σ für thermische Neutronen: 10 mb), gefolgt von Magnesium (63 mb), Zirkonium (180 mb), Aluminium (230 mb), Niob (1100 mb), Molybdän (2500 mb) sowie rostfreiem Stahl. Bei höheren Temperaturen lassen jedoch die mechanischen Eigenschaften der tiefschmelzenden Metalle Magnesium und Aluminium stark nach, so daß bei 500 °C Aluminium schon an letzter Stelle obiger Reihe steht und auch Magnesium von Zirkonium, Niob und Molybdän übertroffen wird. Allerdings macht die Anwendung der Metalle ab Niob den Gebrauch von angereichertem Uran notwendig. Beryllium und Zirkonium sind also kerntechnisch wichtige Metalle, deren Technologie in diesem Zusammenhang große Fortschritte gemacht hat.

In wassermoderierten und -gekühlten Reaktoren geringeren Effektes werden hauptsächlich Aluminium und dessen Legierungen verwendet auf Grund von unter anderem befriedigender Korrosionsbeständigkeit. „Reflektal" (0,5 % Mg) (unter anderem im schwedischen Forschungsreaktor R 1 verwendet) ist bis zu 100 °C verwendbar; Aluminiumnickellegierungen sind widerstandsfähig bis 300 °C. In Wasser mit erhöhtem Druck und Temperatur wird oft die Zirkoniumlegierung mit 1,5 % Zinn „Zircaloy 2" verwendet.

Bei gasgekühlten Reaktoren ist bei mäßigen Temperaturen (400 °C) Magnesium als „Magnox" (1 % Al) verwendet worden mit ausreichender Resistenz gegen CO_2 (Calder Hall, vgl. § 29). Bei höheren Temperaturen tritt leicht lokale Legierungsbildung zwischen dem Brennstoff und dem Umhüllungsmaterial durch Diffusion im festen Zustand ein (beispielsweise diffundiert Aluminium in Uran). Die mechanisch abweichenden Eigenschaften der Legierungsphase können den Kontakt zwischen Brennstoff und Hülle verschlechtern, aber die Inter-Diffusion kann weitgehend verhindert werden mit einer Sperrschicht, beispielsweise aus Al_2O_3.

„Keramische" Brennstoffe

Die geringe mechanische Stabilität, die Empfindlichkeit gegen Wasser und die verhältnismäßig geringe Temperaturbeständigkeit metallischen Urans läßt die Verwendung von Uranverbindungen mit hohem Schmelzpunkt und chemischer Widerstandsfähigkeit als geeignete Alternative erscheinen. Offenbar kommen nur solche Verbindungen in Betracht, welche hohen Urangehalt und gleichzeitig geringen Neutronenabsorptionsquerschnitt zeigen.

Urandioxyd. UO_2 (Schmelzpunkt $\sim 2800°C$) hat ein kubisches Gitter, ist resistent gegen Wasser, dagegen empfindlich gegen Sauerstoff, welcher (bei 1000°C) bis zur Zusammensetzung $UO_{2,20}$ ohne Strukturänderung aufgenommen wird. Die Oxydation zu U_4O_9 ändert die Struktur nur geringfügig, während weitere Oxydation zu U_3O_8 die Struktur grundlegend ändert und auch hartgesinterte UO_2-Proben vollständig zerfallen läßt. UO_2 wird als Reaktorbrennstoff in Form gesinterter Stäbe oder Tabletten von nur geringem Durchmesser (~ 1 cm) verwendet, da sonst — auf Grund der schlechten Wärmeleitfähigkeit des Oxydes

($8 \cdot 10^{-3}$ cal cm^{-1} sec^{-1} grad^{-1} bei 500°C) bei hohen Oberflächentemperaturen die Gefahr des Aufschmelzens im Innern des Elementes vorhanden ist. Mehr als 93% der maximalen Dichte (10,96) können durch Sintern in Wasserstoffatmosphäre bei etwa 1600°C erzielt werden. Hierbei werden zusammenhängende Poren geschlossen (dieses ist wichtig, um den Auslaß von Spaltprodukten zu verringern). UO_2 ist beständiger als U-Metall gegen Deformation durch gebildete Spaltprodukte (Gase): Auch das 5 bis 10fache Volumen Spaltgas (bei Normalbedingungen) wird noch zum größten Teil gelöst und entweicht nur langsam durch Diffusion (vgl. § 79). UO_2 wird im allgemeinen in Hüllen aus Zircaloy gekapselt; der Abbrand von Oxydbrennstoffelementen kann unter günstigen Bedingungen 10000 MWd/t erreichen.

Uranmonokarbid. UC hat ebenfalls einen hohen Schmelzpunkt (2250 °C) und außerdem eine Wärmeleitfähigkeit, die etwa gleich der des Uranmetalles ist ($8 \cdot 10^{-2}$ cal cm^{-1} sec^{-1} grad^{-1} bei 20 °C). Die Darstellung kann entweder durch Reaktion von UO_2 und Graphit bei 1900 °C im Vakuum, oder durch Reaktion von Uranmetall und Graphit bei 1100 °C geschehen. UC_2 dagegen ist weniger geeignet und sollte nicht als Verunreinigung des UC vorkommen, da es mit Feuchtigkeit reagiert.

Man plant, UC als Brennstoffmaterial im „Pebble-bed"-Hochtemperaturreaktor zu verwenden, wobei es in sphärische Graphitbehälter eingebettet wird, die dicht gegen das Entweichen von Spaltprodukten schließen sollen. In bezug auf die Diffusion von Spaltgasen verhält sich UC etwa wie UO_2.

Einiges über Moderatoren und Reflektoren

Die gleichen Stoffe, die zur Moderierung von Neutronen geeignet sind, werden auch für deren Reflektion verwendet. Hauptsächlich kommen folgende Stoffe in Frage: Leichter Wasserstoff, schwerer Wasserstoff (beide hauptsächlich in Form von Wasser), Beryllium (entweder als Metall oder Oxyd), Kohlenstoff (als Graphit).

Auf Grund der geringen Masse der leichten Wasserstoffkerne ist H_2O der beste Moderator mit Rücksicht auf die Abbremsung der Neutronen; der Neutronenabsorptionsquerschnitt für thermische Neutronen ist doch verhältnismäßig hoch (0,6 b), infolgedessen kann leichtes Wasser nur zusammen mit angereichertem Brennstoff verwendet werden.

D_2O dagegen ist hervorragend als Moderator und hat außerdem sehr geringen Neutronenabsorptionsquerschnitt (2,6 mb für thermische Neutronen). Ein Nachteil ist der verhältnismäßig hohe Preis, der eine Millioneninvestierung pro Reaktor bedingt.

Deuterium kommt zu 150 ppm in gewöhnlichem Wasser vor und kann mittels geeigneter Prozesse angereichert werden. Ein solcher ist z. B.

die Elektrolyse von Wasser (ursprünglich primär für die Herstellung von Wasserstoff benutzt), wobei Deuterium als Nebenprodukt im Rückstand angereichert wird. Diese Methode war die erste in technischer Skala verwendete (Norsk Hydro in Rjukan, Norwegen) (600 DM/kg D_2O).

Nunmehr sind billigere Prozesse zugänglich, z.B. solche, die auf der Austauschreaktion: $H_2S + HDO \rightleftarrows HDS + H_2O$ basieren. Das schwere Isotop reichert sich in der wäßrigen Phase an, in der es fester gebunden ist; durch Ausbau des Prozesses als Gegenstrom-Kolonnenprozeß kann schwerer Wasserstoff in reiner Form erhalten werden (Preis etwa 230 DM/kg).

Beryllium kommt als Be-Al-Silikat Beryll in der Natur vor. Die Darstellung ist wegen der hohen Giftigkeit des Elementes und seiner Verbindungen mit Gefahren verknüpft. Der Schmelzpunkt des Metalles (1280 °C) ist höher als der des Al und Mg, die Korrosionsbeständigkeit hervorragend; Beryllium kann in Wasser bis zu 250° und in Luft bis zu 600 °C verwendet werden.

Berylliumoxyd ist sehr temperaturbeständig (Smp: 2550 °C) und hat gute Wärmeleitfähigkeit (10^{-1} cal cm^{-1} sec^{-1} grad^{-1} bei 500 °C und Maximaldichte). Bisher hat der hohe Preis die Verwendung von Beryllium in Kernreaktoren in größerem Umfange verhindert, aber man kann erwarten, daß Beryllium mit erhöhter Produktionskapazität zunehmende Verwendung findet.

Graphit. Reiner Kohlenstoff hat für thermische Neutronen den Absorptionsquerschnitt 3,2 mb. Dieser Wert ist praktisch mit reinem Reaktorgraphit (4 bis 5 mb) erreicht worden, wobei der in Poren eingeschlossene Stickstoff als Verunreinigung bemerkbar wird.

Graphit wird im allgemeinen aus einer Mischung von sehr reinen Ausgangsstoffen, Kokungsprodukten und Teeren hergestellt, die nach Zusatz von reinem Öl zu einer Paste gemischt werden, aus welcher durch Strangpressung die beabsichtigten Gegenstände (Rohre, Stäbe, Ziegel usw.) geformt werden können. Nach Vorerhitzung wird der Gegenstand graphitisiert in elektrischen Öfen durch direkten Stromdurchgang, wobei Stromstärken bis zu mehreren 10000 A und Temperaturen von 3000 °C erreicht werden.

Nach dieser Behandlung sind die Gegenstände mechanisch stabil und können mit Werkzeugmaschinen zu geeigneter Zeit bearbeitet werden. Auf Grund seiner thermischen und chemischen Stabilität sowie der guten Wärmeleitfähigkeit (0,3 cal cm^{-1} sec^{-1} grad^{-1} bei 20°C) wird Graphit in großem Maße in gasgekühlten Reaktoren verwendet: Bei höheren Temperaturen muß jedoch die zwischen CO_2 und Graphit auftretende Kohlenmonoxydbildung berücksichtigt werden.

Kontrollstabmaterial. Die Kontrollstäbe heterogener Reaktoren stellen mengenmäßig nur einen kleinen Teil des Reaktors dar; von ihrem einwandfreien Zustand hängt jedoch der sichere Betrieb ab.

Die wesentliche Komponente, der Neutronenabsorber, soll möglichst zeitlich konstante (oder vorausbestimmbar abnehmende) hohe Absorption zeigen für das gesamte Neutronenspektrum (vgl. Abb. 34, § 22). Dies ist erfüllt bei *Bor* (σ_{th}: 755 b), das allerdings (durch n, α-Prozeß) Helium speichert und bei längerem Gebrauch mechanisch stark beansprucht wird. Es wird meist zusammen mit Trägermetall (rostfreiem Stahl) als Legierungszusatz oder Karbiddispersion verwendet.

Cadmium befriedigt nur bei der Absorption langsamer Neutronen ($\sigma_{th} = 2550$ b), ein weiterer Nachteil ist sein tiefer Schmelzpunkt (321°C).

Hafnium, das bei der zunehmenden Produktion reinen Zirkoniums als abzutrennende Verunreinigung in größerer Menge anfällt, hat hohen Schmelzpunkt ($\sim 2000°$ C), und ziemlich hohen Absorptionsquerschnitt (σ_{th}: 105 b); im übrigen ähnliche hervorragende mechanische Eigenschaften wie Zirkonium. Im Laufe der Bestrahlung bilden sich Nuklide mit hohem Absorptionsquerschnitt. Das gleiche gilt für einige Seltene Erden, insbesondere

Europium (σ_{th}: 4600 b), bei dem durch Neutroneneinfang von Eu-151 und Eu-153 sowie β^--Zerfall Eu- und Gd-Isotope von ebenfalls sehr hohem Absorptionsquerschnitt entstehen.

Kühlmittel (Wärmeträger). Wasser ist bei der Besprechung der Moderatoren erwähnt. — An Kühlgasen werden wegen geringer Neutronenabsorption und geringer chemischer Reaktivität besonders verwendet: He, N_2, CO_2. Ein Nachteil ist in jedem Fall die schlechte Wärmeleitfähigkeit.

Aus letztgenanntem Gesichtspunkt vorteilhaft sind Metallschmelzen. Hier wäre reines Li-7 (σ_{th} 33 mb) vorteilhaft, ist zur Zeit aber noch nicht in ausreichenden Mengen verfügbar.

Meist wird Natrium verwendet, das in Legierungen mit Kalium schon bei Zimmertemperatur flüssig ist. Die harte γ-Strahlung des entstehenden Na-24 ist ein Nachteil, ebenfalls die große chemische Reaktivität mit Sauerstoff und Wasser.

Organische Flüssigkeiten wie Terphenyl, verwendbar bis zu 400 bis 500 °C, haben den Vorteil geringer Reaktivität, dagegen ist ihre Zersetzung durch Strahlung zu beachten (vgl. § 73).

73. Fragen der Betriebs- und Stahlenchemie des Kernreaktors

Ein Kernreaktor ist mechanisch unkompliziert; die Hauptbetriebsprobleme sind einerseits durch die strengen Sicherheitsanforderungen gegeben, andererseits durch Erscheinungen chemischer und physikalisch-chemischer Art, die zum Teil Folge der radioaktiven Strahlung sind.

Es folgen in Kürze einige Angaben über die Einwirkung der Strahlung auf die mechanischen und chemischen Eigenschaften von Reaktorkomponenten und die Strahlenbeeinflussung der zugrundeliegenden Aggregatzustände. Es handelt sich hauptsächlich um den festen und flüssigen Zustand, in zweiter Linie um Reaktionen zwischen diesen Zuständen (Korrosionserscheinungen), die durch Kernstrahlung indiziert und beschleunigt werden können.

Die Reaktionsfähigkeit und die mechanischen Eigenschaften von Festkörpern sind mit Art und Umfang der Gitterfehlordnung (vgl. § 79) verknüpft, welche durch Einwirkung von Kernstrahlung in vielen Fällen erhöht wird.

Hierbei ist in erster Linie der Einfluß von schnellen Neutronen und Spalttrümmern zu betrachten.

Wenn ein schnelles Neutron mit Atomen des Kristallgitters zusammenstößt, werden primär eine Anzahl Gitteratome (in ionisierter Form) beschleunigt, die ihrerseits (sekundär) mit anderen zusammenstoßen und diese ebenfalls aus ihrer Gleichgewichtslage entfernen.

Die Wechselwirkung der primären und sekundären Projektile mit dem Kristallgitter kann eingeteilt werden in drei Gruppen: Stoßeffekte, Erhitzung und Ionisationseffekte.

Bleibende Folge eines Stoßeffektes ist die Verschiebung eines Atoms aus seiner durch die Kristallstruktur gegebenen Gleichgewichtslage in eine Zwischengitterlage. Hierbei wird gleichzeitig eine Leerstelle im Grundgitter und ein Zwischengitteratom geschaffen („Frenkel-Defekt"); die Energie, die hierfür notwendig ist, ist erheblich größer als die für die Bildung einer Leerstelle an der Oberfläche des entsprechenden Kristalles mit folgender Eindiffusion in das Innere. Bei mittelschweren Metallen ist die Schwellenenergie für Stoßentfernung im Kristallinneren experimentell (Beobachtung eines Leitfähigkeitssprunges während der Bestrahlung von Metallen mit Elektronen zunehmender Energie) zu etwa 25 eV bestimmt worden. Die Gesamtzahl der durch ein Neutron von 1 MeV erzeugten Gitterdefekte in Kupfer kann zu etwa 1000 abgeschätzt werden. In schweren Metallen kann gegen Ende der Bahnen die freie Weglänge von der Größenordnung der Gitterkonstante werden, und ein Störgebiet kurzzeitiger lokaler Aufschmelzung entstehen („displacement spike").

In der Wirkung ähnlich, aber in der Art hiervon verschieden ist die Entstehung begrenzter Störbereiche durch direkte Überführung der Energie des einfallenden Atoms auf das Gitter ohne Verschiebung der Gitteratome in permanente Fehlordnungsanlagen („thermal spike"). Bereiche, umfassend etwa 1000 Atome, werden innerhalb sehr kurzer

Zeit (10^{-12} sec) auf Temperaturen der Größenordnung 1000 °C erhitzt: Lokales Schmelzen tritt ein, welches gleichzeitig zu weitgehendem „Ausheilen" (d. h. Rückgang in Gleichgewichtslagen) der örtlich entstandenen Gitterdefekte führt. Allerdings sind neuerdings gegen die Annahme von „thermal spikes" Bedenken geltend gemacht worden, teils auf Grund experimenteller Untersuchungen (mangelnde Auslösung kristallographischer Umwandlungen in der Nähe von Gleichgewichtstemperaturen), teils auf Grund von Berechnungen an Modellsubstanzen.

Ein Teil des Energieverlustes (bei Protonen z. B. der überwiegende Anteil) ist zurückzuführen auf Wechselwirkung mit den Elektronen des Festkörpers (Ionisation), wodurch freie Elektronen und Elektronen„löcher" entstehen. In metallischen Leitern verschwinden die Ionisationseffekte schnell und als Endresultat verbleibt nur die Erwärmung, während in Isolatoren die freigemachten Elektronen an Gitterfehlstellen angelagert werden können, wodurch sichtliche Veränderungen (Verfärbung) eintreten können, die erst durch Wärmebehandlung zurückgehen. Hierbei können zwei Mechanismen eine Rolle spielen: Freigemachte Elektronen werden von Gitterionen zu einem neutralen Atom aufgenommen (mit folgender Färbung durch Kolloidbildung) oder es entstehen ungewöhnliche Oxydationszustände. Das Auftreten neuer Absorptionsbanden kann auch dem Einfang von Elektronen durch Anionenleerstellen bzw. von Defektelektronen durch Kationenleerstellen zugeschrieben werden. Die Verfärbung ist ein Maß für die empfangene Strahlungsdosis und kann zu Dosimetern für hohe Strahlungsdosen benutzt werden, da etwa 10^6 r in den meisten Fällen notwendig sind, um klar sichtbare Verfärbung zu erzielen. Nachteilig ist der Effekt bei Strahlenschutzgläsern; durch geringen Zusatz von Cer wird er hintangehalten.

Die Verlagerung eines Teiles der Gitteratome aus der Normallage führt zu Änderungen der Eigenschaften des Festkörpers: Kristallstruktur (Überstruktur in Legierungen) kann geändert werden, der elektrische Widerstand und die Härte von Metallen wird erhöht, die Wärmeleitfähigkeit von Ionenkristallen wird verringert.

Zu den Strahlenschäden kommt der Einfluß der durch Kernreaktion entstandenen gitterfremden Atome hinzu, der in einigen Fällen zu markanten Effekten führen kann, wie bei der Bestrahlung von Halbleitern, deren Leitungstypus durch geringe Spuren von Verunreinigungen geändert wird. Aus Germanium entsteht durch Bestrahlung mit thermischen Neutronen Gallium, und auf diese Art wird der ursprüngliche Gehalt an Elektronendon(at)oren (Arsen) überkompensiert, wodurch der Halbleiter vom n-Typ (Elektronenüberschuß) zum p-Typus (Elektronendefektleitung) übergeht. Dieses tritt bei kommerziellen (n-Typ)-Germanium-Halbleitern bei etwa 10^{16} schnellen Neutronen pro cm^2 ein.

Gemäß der Empfindlichkeit gegen Strahlung können Festkörper in verschiedene Gruppen eingeteilt werden: Die Strahlungsdosis 10^{14} nvt schnelle (epithermische) Neutronen entspricht etwa 10^5 rad. Hierbei werden Transistoren bereits funktionsuntauglich. Auch Glas beginnt Verfärbung zu zeigen, ist aber noch bei 10^{20} nvt mechanisch haltbar.

Beginnende Strahleneinwirkungen auf Kunstharze, Gummi und Graphit sind im Bereich 10^{15} bis 10^{17} nvt festzustellen. Strahlenschäden an Metallen, Legierungen und keramischen Stoffen werden im Bereich 10^{19} bis 10^{21} nvt bemerkbar.

Reaktorkomponenten

Auf Grund der Wirkung der Spalttrümmer muß der Strahlenschaden beim Brennstoffelement am größten sein. Bei Uran und seinen Legierungen macht sich die Wirkung der Strahlung in Änderungen der mechanischen Eigenschaften, in Verformung und Kristallwachstum bemerkbar. Dichte und Wärmeleitfähigkeit nehmen ab.

Es wird angenommen, daß die Deformation auf anisotroper Diffusion von Fehlstellen (Zwischengitterionen und Leerstellen) im Gitter des α-Urans beruht. Hierbei können die Leerstellen zu Versetzungslinien kondensieren und dadurch die Verformbarkeit vergrößern.

Von den anisotropen Gestaltsveränderungen unterschieden wird die Volumenvergrößerung durch den Druck des entstandenen Spaltgases.

Umfangreiche Untersuchungen sind am Moderator Graphit ausgeführt worden. Die Schichtenstruktur des Graphits (Schichten der C-Atome in Zwischengitterräumen von 3,35 Å) erlaubt einfache Modellvorstellungen über die Natur des Strahlenschadens. Aus ihrer Gleichgewichtslage entfernte Atome begeben sich in Zwischenschichtenlagen, und der Abstand zwischen den Gitterschichten nimmt annähernd linear mit der Bestrahlungsdosis zu. Da Graphit meistens polykristallin vorliegt, bleibt die makroskopisch festgestellte Ausdehnung hinter der Erwartung zurück. Wärmebehandlung führt zum Ausheilen des Strahlenschadens, da sich hier die Defektpaare (Leerstellen und Zwischengitteratome) wieder vereinigen. Ebenfalls günstig ist Bestrahlung bei höheren Temperaturen.

Die aus der Gleichgewichtslage entfernten Atome ($10^{-2}\%$/MWd/t) entsprechen einem erhöhten Energieinhalt des Graphits, der nach Moderatorverwendung entsprechend 2400 MWd/t etwa 500 cal/g beträgt (1 MWd/t bedeutet in diesem Fall die Dosis des Graphites, die unter den Bedingungen empfangen wird, unter denen U-metall 1 MWd/t liefern würde und entspricht — auf einen Hanford-Reaktor bezogen — $\sim 6{,}5 \cdot 10^{17}$ nvt). Die bis 500 MWd/t gespeicherte Energie wird schon bei Wärmebehandlung bei 200°C zum großen Teil frei (Wigner-Energie), wobei für gute Wärmeableitung gesorgt werden muß, um Überhitzung des Graphits und der umgebenen Struktur zu vermeiden. Von der nach der Bestrahlungsdosis 10^{21} nvt gespeicherten Energie können nur 40% durch Erhitzung auf 1000°C freigemacht werden.

Die Reaktion von Graphit mit Sauerstoff wird durch Strahlungsschäden erheblich, die mit CO_2 geringfügig beschleunigt.

Einwirkung von Kernstrahlung auf wäßrige Lösungen

Wasser kann unter dem Einfluß ionisierender Strahlung gemäß der „Radikalreaktion": $H_2O \rightarrow H + OH$ zerlegt werden. Aus den Radikalen bildet sich Wasserstoff bzw. Wasserstoffperoxyd und die „Vorwärtsreaktion" kann summarisch geschrieben werden: $2 H_2O \rightarrow H_2 + H_2O_2$. Größenordnungsmäßig wird von 100 eV absorbierter Strahlungsenergie eine Reaktion induziert („G-Faktor" 1). Die Gesamtausbeute ist abhängig von sekundären Reaktionen der entstandenen Radikale und Moleküle: $H_2 + OH \rightarrow H_2O + H$; $H_2O_2 + H \rightarrow H_2O + OH$; summarisch $H_2O_2 + H_2 \rightarrow 2 H_2O$. Diese „Rekombinationsreaktion" verläuft schnell bei hoher Temperatur und hoher Konzentration von H und OH.

H- und OH-Radikale können jedoch mit Radiolyseprodukten und Verunreinigungen des Wassers reagieren: $OH + H_2O_2 \rightarrow H_2O + HO_2$; $H + HO_2 \rightarrow H_2O_2$. Offenbar wird durch Zusatz von Wasserstoff die Rekombinationsreaktion gefördert und die Radiolyse des Wassers zurückgedrängt. Bei tieferer Temperatur überwiegt jedoch die Vorwärtsreaktion und die Entwicklung von Knallgas ist möglich, da Wasserstoffgas entsteht und Peroxyd unter Freiwerden von Sauerstoff zerfällt. Bei höheren Temperaturen verläuft die Rekombinationsreaktion schneller, außerdem wird in Metallbehältern (Reaktor) dem System Wasserstoff durch beschleunigte Korrosion an Metalloberflächen zugeführt, an denen überdies katalytisch die Vereinigung von Wasserstoff und Sauerstoff erfolgen kann.

Strahlungschemische Reaktionen treten ein mit (im Wasser von Reaktoren gelöstem) Stickstoff, wobei einerseits Salpetersäure ($N_2 + 6 H_2O \rightarrow 2 HNO_3 + 5 H_2$) andererseits auch Ammoniak ($N_2 + 3 H_2 \rightarrow 2 NH_3$) gebildet werden kann. Bei Temperaturen unterhalb 100 °C überwiegt die Salpetersäurebildung (in der Gasphase oberhalb des Wasserspiegels). Bei höheren Temperaturen verlaufen beide Reaktionen in der wäßrigen Phase, wobei Salpetersäurebildung von größerem Sauerstoffgehalt, Ammoniakbildung von höherem Wasserstoffgehalt des Wassers begünstigt wird. Im ersten Fall sinkt der p_H-Wert des Wassers, im zweiten Fall steigt er.

Die skizzierten strahlungschemischen Reaktionen sind von Bedeutung für Korrosionserscheinungen.

Korrosionserscheinungen in heterogenen Reaktoren

Korrosionsvorgänge in einem Reaktor müssen weitgehend vermieden werden, denn die Korrosionsprodukte führen zu starker Radioaktivität in den Wasserkühl- und -reinigungssystemen. (Bei der Verwendung von Wasser als Moderator und Kühlmittel sind Verunreinigungen >1 ppm nicht zulässig.) Korrosionsprodukte müssen daher, z. B. durch Zirkulation des Wassers über Ionenaustauscheranlagen, abgefangen werden. Um das Reinigungssystem nicht zu überfordern, darf die Korrosionsgeschwindigkeit 20 mg/dm² und Monat nicht überschreiten. Die Ausfällung von Korrosionsprodukten auf Brennelementen würde die Wärmeüberführung und Flüssigkeitswiderstand ändern. Korrosion führt zur Bildung von Metalloxyd, oft als zusammenhängende Deckschicht, deren weiterer Zuwachs durch Diffusion der Metallionen bestimmt wird. Bei größeren Dicken kann die Oxydschicht abblättern und die Korrosion sprungartig zunehmen. Die Ausbildung der Oxydschicht ist unter anderem abhängig vom p_H-Wert des Wassers, leicht alkalische Lösungen sind korrosionshemmend, der Sauerstoffgehalt des Wassers muß gering gehalten werden ($< 0,05$ ppm), Wasserstoff dagegen wirkt korrosionshemmend.

Rostfreier Stahl hat äußerst geringe Löslichkeit, bildet aber ein überwiegend aus Fe_3O_4 bestehendes Korrosionsprodukt. Durch Bildung kolloidaler Lösungen, die in Zonen hoher Strahlungsdichte koagulieren, kann das Korrosionsprodukt in Reaktorsystemen „überführt" (d.h. aufgelöst und an anderer Stelle wieder niedergeschlagen) werden. Bei p_H 10 werden Koagulation und Ausfällung verhindert.

Daher sollte der Kationenaustauscher der Reinigungsanlage zunächst in NH_4-Form vorliegen, um beim Austausch einen p_H-Wert von 8 bis 11 im Wasser aufrecht zu erhalten. Durch die Zufuhr von Ammonium und das entstehende Ammoniak bildet sich strahlungschemisch Wasserstoff, welcher weiter günstig auf die Stabilität des Wassers gegen Strahlung und die Korrosionserscheinungen einwirkt.

Probleme des homogenen Reaktors

Hier wird im allgemeinen eine wäßrige Lösung von UO_2SO_4 als Brennstoff verwendet, die ziemlich korrodierend ist. Der Angriff auf das Gefäßmaterial ist proportional zur Strahlungsdichte bei der Korrosion von Zircaloy 2, bei dem die Bildung des Zirkonoxyds etwa proportional der Fehlstellenkonzentration verläuft, welche ihrerseits proportional zur Strahlungsdichte ist.

Die Korrosion von Zircaloy-2 und rostfreiem Stahl bei hohen Neutronenflüssen, Temperaturen und Drucken ist erheblich, so daß beim Betrieb größerer Homogenreaktoren während langer Zeiten eine Temperatur von 250°C kaum überschritten werden kann.

Ein ständiger Gehalt an Knallgasblasen im Reaktorkern ist zu erwarten, und der Reaktoreffekt ist dadurch begrenzt, daß die Konzentration der Gasblasen und die „effektive Dichte" der Brennstofflösung nicht vorausbestimmt und bei plötzlichem Verschwinden der Gasblasen ein überkritischer Zustand erreicht werden kann. Ein Vorteil der Knallgasbildung ist die Entfernung der Spaltedelgase und -halogene, die in Absorptionsfiltern aufgefangen werden.

Das entweichende Knallgas muß in katalytischen Rekombinationsanlagen verbrannt werden, um Knallgasexplosionen zu vermeiden und Ausfällung von Uranylperoxyd zu umgehen. Außerdem sollte die Rekombinationsreaktion (s. oben) begünstigt werden, was durch Zusatz von 10^{-3} M Kupfersalz geschehen kann, welches zu einer Erhöhung der Rekombinationsgeschwindigkeit mit dem Faktor 10^5 führt.

Das Knallgasproblem ist so für Reaktorleistungen von 1 MW ausreichend gelöst werden.

Organische Verbindungen als Moderatoren

Strahlungschemische Erscheinungen begrenzen den Verwendungsbereich organischer Moderatoren. Hier sind bei inerten organischen Kohlenwasserstoffen Korrosionserscheinungen von geringerer Bedeutung, die thermische Stabilität von Polyphenylen wie z.B. *o*- und *p*-Terphenyl reicht bis nahezu 500 °C. Die Strahlungseinwirkung besteht hauptsächlich in Polymerisationsvorgängen unter Wasserstoffentwicklung: Verkokung ist weit fortgeschritten nach einer Dosis von 10^{19} nvt (thermisch). Mit zunehmender Molekülgröße nimmt aber die Widerstandsfähigkeit gegen Strahlung zu und ein Polymeren-Gehalt von 30 % erscheint optimal. Korrosion des Gefäßmaterials kann durch den beim Strahlungsabbau entstandenen Wasserstoff geschehen.

Bei dem geplanten Reaktor OMRE rechnet man damit, daß täglich 1,5 % des Kühlmittels gereinigt und 0,5 % ersetzt werden müssen.

Korrosion durch Metallschmelzen

Auch geringe Löslichkeit des Gefäßmaterials wird unzulässig, wenn durch Ausfällen an Stellen tieferer Temperatur im Laufe der Zeit ein erheblicher Bruttotransport entsteht. Hierbei wird die Diffusion der gelösten Komponente durch adhärierende Schmelzschichten als zeitbestimmend angenommen. Durch Zusatz von Inhibitoren kann Auflösungs- und Ausfällungsgeschwindigkeit herabgesetzt werden, wie z.B. durch Zusatz von Zr und Mg, welche die Korrosion von Eisen in Wismutschmelzen weitgehend verhindern.

Graphit wird von Natriummetallschmelzen stark angegriffen, wenn sich im gleichen System Eisen oder Zirkonium befindet, welche den gelösten Kohlenstoff chemisch binden. Infolgedessen ist die direkte Berührung von Na-Metall und Graphit im allgemeinen nicht zulässig. Auch chemische Reaktionen zwischen in der Schmelze gelöstem Sauerstoff und (sonst gegen Natrium beständigen) Metallen können unter Bildung von Oxydschichten vorkommen. Daher muß die Natriumschmelze von Sauerstoff befreit werden mit Hilfe eines Kontaktors aus Titan-Zirkonium-Legierung. Auf diese Art wird auch gelöster Stickstoff entfernt. Sauerstoff und Wasserstoff können auch dadurch beseitigt werden, daß das gebildete Natriumoxyd und Natriumhydrid in einer Kühlfalle abgeschieden werden.

74. Radioaktive Abfalls- und Nebenprodukte

In radiochemischen Laboratorien, Reaktoranlagen und besonders in Werken der Kernbrennstoffaufbereitung fallen radioaktive Abfallprodukte an, im allgemeinen in gelöster Form. Bei unkontrolliertem

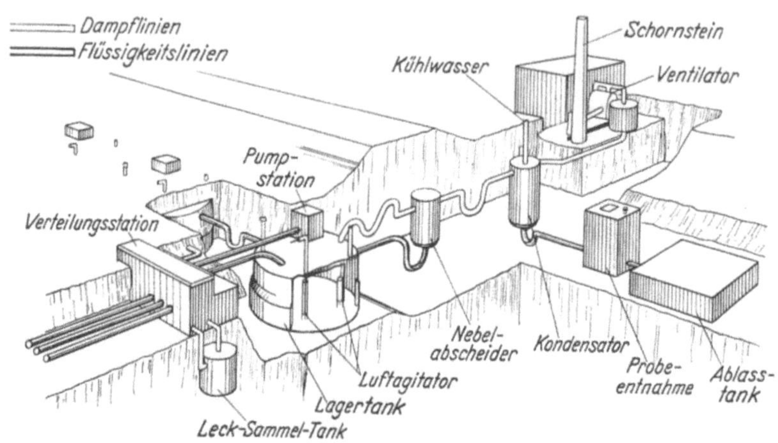

Abb. 117. Lagerung hochradioaktiven flüssigen Abfalls (nach PILKEY, PLATT und ROHRMANN)

Auslaß in Wasserläufe und die Atmosphäre stellen sie eine Gesundheitsgefahr dar und müssen infolgedessen behandelt werden unter Berücksichtigung der zugelassenen äußeren und inneren Strahleneinwirkung für breite Bevölkerungsschichten (vgl. § 33).

Im Prinzip könnte eine ausreichend geringe Konzentration in Wasser durch Verdünnung erzielt werden (,,Dilute and dispersal"-Technik). Die Berechnungen zeigen jedoch, daß beispielsweise bei $2 \cdot 10^6$ MW installierter Reaktorenergie (entsprechend einer Spaltprodukttagesproduktion von 3 t) die in 50 Jahren akkumulierte Menge Sr-90 ein Verdünnungsvolumen von 5% der Weltmeere benötigen würde. Ungehinderter Auslaß ins Meer ist also keine Langzeitlösung des Problems. Eine vollständige Abtrennung von Sr-90 von den restlichen Spaltprodukten würde die Lage erheblich verbessern, da dann eine Lagerungszeit von 13 Jahren ausreichen würde, um die Lösung der restlichen Spaltprodukte mit etwa 2,5 km³ Wasser auf MPC zu verdünnen; doch schon 1% verbleibendes Sr-90 erhöht die notwendige Wartezeit auf 450 Jahre.

Die Gefahren durch Vorkommen von Transuranen (Pu-238 und Am-241) werden auf Grund der langen Halbwertszeiten nur unbedeutend durch die Lagerungszeit beeinflußt. Langzeitlagerung stark aktiver

Abfallslösungen ist kostspielig und unsicher (Abb. 117). Die hierdurch entstehenden Kosten pro kWh durch Kernspaltung produzierter elektrischer Energie liegen dann bei etwa 10% der Gesamtkosten, können jedoch bei Konzentrierung noch einmal auf $^1/_{10}$ reduziert werden.

Auf lange Sicht ist nur weit getriebene Konzentrierung und Isolierung des radioaktiven Abfalls eine annehmbare Lösung („Concentrate and Confine"-Technik). Hierbei kann man unterscheiden zwischen Methoden, die verhältnismäßig schwach aktiven Abfall konzentrieren und solchen, bei denen die endgültige Beseitigung des Konzentrates durchgeführt wird („Final Waste Disposal"), wonach Ausbreitung durch Lösungs- oder Zerstäubungsprozesse nicht mehr während der bis zum völligen Abklingen der Radionuklide notwendigen Lagerungszeit auftreten kann.

Die Konzentrierung des radioaktiven Abfalls kann auf verschiedene Arten geschehen:

1. Wie aus der konventionellen Abwasserbehandlung bekannt, können Verunreinigungen an Schlamm, Bimsstein, Schlacke und ähnlichem oberflächenreichem Material adsorbiert werden. Ähnliche Anlagen können möglicherweise für die teilweise Reinigung schwach radioaktiver Abfallslösungen verwendet werden.

2. Wirksamer ist Mitfällung oder Adsorption an oberflächenreichen Fällungen (wie Hydroxyd-, Sulfat- und Sulfidfällungen).

3. Wenn nicht zu große Mengen Fremdsalze vorliegen, kann radioaktives Abwasser an Ionenaustauschern fast völlig gereinigt werden. Das Volumen beladenen organischen Austauschermaterials kann durch Oxydation auf trockenem oder feuchtem Wege erheblich reduziert werden; Adsorption an organischem Austauscher erlaubt endgültige Fixierung durch Entstehen unlöslicher Produkte nach „Brennen" bei hohen Temperaturen (s. unten).

Bei der Reinigung von radioaktivem Ablaufwasser muß die natürliche Radioaktivität der Gewässer berücksichtigt werden (vgl. § 34). Diese rührt her von Kalium-40 und Radionukliden der Uran- und der Thoriumserie (sowie dem künstlichen „fallout"). Es ist unsinnig, eine gründlichere Reinigung des Abwassers zu verlangen als die, die dem natürlichen Radioaktivitätsgehalt des entsprechenden Wasserlaufes entspricht. Charakteristische Werte für Regenwasser sind 10^{-6}, für Grundwasser $2 \cdot 10^{-7}$ und für Flußwasser $2 \cdot 10^{-8}$ µC/ml. Offenbar geschieht durch den Kreislauf Regenwasser/Grundwasser/Flußwasser beim Durchdringen der Erdschichten eine weitgehende Reinigung; überdies zerfallen die Folgeprodukte der radioaktiven Emanation während des Prozesses. Unter Berücksichtigung dieser Werte kann der zulässige

Ausstoß von radioaktivem Abfallswasser teils aus dem maximal erlaubten Gehalt an dem entsprechenden Radioisotop, teils aus dem Fluß des entsprechenden Abwassers und des aufnehmenden Wasserzuges berechnet werden.

Gasförmige Abfallsprodukte

Bei der Auflösung von Brennstoffelementen werden gasförmige Spaltprodukte frei. Diese sind wegen ihrer geringen physiologischen Wirkung und — mit einer Ausnahme: Kr-85 — geringen Halbwertszeit kein Problem auf lange Sicht. Gleichzeitig freiwerdende Dämpfe werden im Rückflußkühler von Säuren befreit und Gase und Schwebstoffe an Glasfaserfiltern adsorbiert. Gleichzeitig muß als physiologisch stark wirksame Komponente radioaktives Jod an Silber adsorbiert und das dabei gebildete unlösliche AgJ aufbewahrt werden, bis J-131 zerfallen ist.

Ausstoß in Erdschichten mit darauffolgender Adsorption

Manche Erdschichten haben eine bedeutende Adsorptionskapazität (z. B. auf Grund eines Feldspatgehaltes). Daher konnten nach eingehenden Adsorptionsuntersuchungen große Mengen radioaktiver Abfallslösungen der Hanford Plutoniumfabrik in Erdschichten abgelassen werden. Die Lösung wurde aus besonderen Einleitungsrohren verteilt, und die einzelnen Elemente in verschiedenen Erdschichten adsorbiert, etwa nach Art einer Adsorptionskolonne. Die Reihenfolge abnehmender Adsorption ist folgende: Plutonium, Seltene Erden, Strontium, Cäsium und schließlich Ruthenium, das am weitesten vordringt (vgl. Abb. 118). Die Dicke der Erdschichten sorgt dafür, daß der Grundwasserspiegel erst nach sehr langer Zeit erreicht wird. Außerdem ist die Flußgeschwindigkeit des Grundwassers so gering (etwa 50 Jahre Transportzeit), daß praktisch keine Aktivität in den Columbia-Fluß gelangt. Bisher sind auf diese Art etwa eine Million Kubikmeter enthaltend einige hundert kC beseitigt worden.

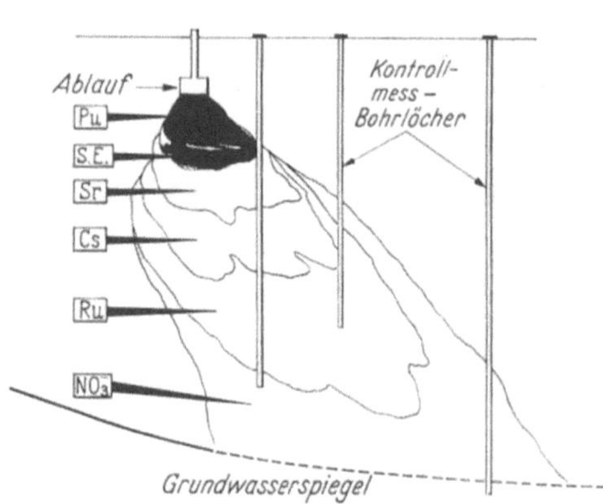

Abb. 118. Auslaß radioaktiver Abfallslösungen in absorbierenden Boden (Hanford) (nach Brown, Parker und Smith)

Fällungen und Adsorption an Fällungen als Reinigungsmethoden

Die Verwendung von Ionenaustauscherkolonnen ist unzweckmäßig für große Volumen schwach aktiver Lösungen (insbesondere wenn diese mit Fremdsalzen verunreinigt sind) wegen der begrenzten Kapazität und Filtriergeschwindigkeit. In diesem Fall sind hauptsächlich Fällungen verwendet worden, da die wichtigsten Spaltprodukte (mit Ausnahme von Cs und Ru) leicht Hydrolysenprodukte bilden, und mit Lauge, Phosphat- oder Sulfidionen ausgefällt werden können.

So wird z. B. bei der Aufbereitungsanlage des AERE Harwell in zentralen Bassins von 1500 m³ die Fällung basischer Phosphate durch Zusatz von NaOH, $Fe_2(SO_4)_3$ und Na-phosphat beim p_H-Wert 9,5 ausgeführt. Der so entstehende radioaktive Schlamm sedimentiert (nach Homogenisierung durch Umrührung) in großen Absetzbassins und das klare Dekantat (von 95 % der α- und 70 % der β-Aktivität befreit) wird in die Themse entlassen, während der Phosphatschlamm filtriert und nach Brikettierung und Einschluß in Tonnen im Meer versenkt wird.

Ähnliche Prinzipien werden in einer verbesserten Dekontaminationsanlage verwendet: Bei diesem „Sludge-Blanket"-Prozeß passiert die radioaktive Lösung von unten eine in Lösung „schwebende Decke" adsorbierender Fällungen. Mit solchen Decken können in einer „pilotplant" 210 Liter pro Stunde gereinigt werden, wobei hintereinander geschaltet ist: 1. ein Behälter mit einer Schwebedecke aus basischem Phosphat (p_H 11,5), die den größten Teil der Spaltprodukte außer Ru und Cs zurückhält; 2. ein Behälter mit einer Fällung aus FeS bei p_H 11, die einen großen Teil des radioaktiven Rutheniums adsorbiert. Die geringe Restaktivität wird durch eine Kolonne von grobkörnigem natürlich vorkommendem Magnesiumsilikat (Vermiculit) filtriert, wobei durch Ionenaustausch radioaktives Cäsium und durch Adsorption kolloidales Zirkon festgehalten wird. Der gesamte Dekontaminationsfaktor beträgt 600 bis 1000 (BURNS und GLUECKAUF).

Reinigung durch Destillation

Bei der Wasserreinigung durch Destillation kann die spezifische Radioaktivität von Abfallslösungen um den Faktor 10^6 herabgesetzt werden. Bisher ist die Methode meist für geringe Volumina hochaktiver Lösungen verwendet worden; sie könnte jedoch auch für große Mengen in Frage kommen, wenn wärmetechnische Verbesserungen der Destillationstechnik dieses wirtschaftlich werden lassen. Durch Vorerhitzung der Lösungen im Wärmewechsler des Kondenswassers und durch Dampfkompression kann der Energieverbrauch auf 11 bis 14 kWh/t Wasser gesenkt werden, und die Methode wird konkurrenzfähig mit chemischen Verfahren (Abb. 119).

Die totalen Kosten (einschließlich Installation und Amortisation) pro Kubikmeter Wasser betrugen bei älteren Destillationsanlagen 40 bis 100 DM, während die chemischen Methoden nur 20% dieses Preises erforderten.

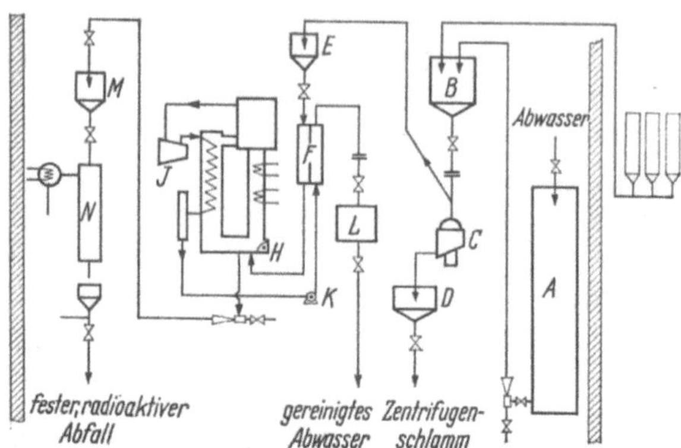

Abb. 119. Prinzip einer Reinigungsanlage für radioaktives Abwasser durch Destillation (Risö, Dänemark). *A* Lagertank; *B* Fällungstank; *C* Zentrifuge; *D* Zentrifugenschlamm; *E* Einlauftank; *F* Vorerhitzer; *H* Umlaufpumpe zur Destillationsanlage; *J* Thermokompresser; *K* Kondensatpumpe; *L* Kondensattank; *M* Konzentrattank; *N* Dünnfilmeindampfer

Die endgültige Beseitigung radioaktiven Abfalls

Zur Fixierung kann die Bildung von schwerschmelzenden unlöslichen Verbindungen auf folgende Art benutzt werden (Brookhaven Nat. Lab.):

1. Durch Reaktion der Spaltprodukte mit dem Al_2O_3, das sich bei Erhitzung des in Abfallslösungen des Redoxprozesses (§ 70) anfallenden Aluminiumnitrates bildet. Diese Reaktion führt zu unlöslichen Doppeloxyden.

Mitunter wird es als zweckmäßig betrachtet, im Zwischenstadium Sr-90 und Cs-137 auszulaugen, um die notwendige Lagerzeit herabzusetzen und um diese Nuklide auf kontrollierte Art nutzbringend zu verwenden (WISWALL).

2. Durch Adsorption der Spaltprodukte an billigen anorganischen Kationenaustauschern, wie Montmorillonit (einem wasserhaltigen Mg-Al-Silikat) mit anschließender Erhitzung und Doppeloxydbildung (WISWALL, GINELL).

Hierzu wird der natürlich vorkommende Ton Montmorillonit durch Strangpressen geformt und nach dem Trocknen in kleine Tabletten zerschnitten. Die Adsorptionskapazität des oberflächenreichen Materials ist $\sim$1 mval/g, die Resistenz der bei der anschließenden Erhitzung gebildeten Verbindung gegen Auslaugung mit Meerwasser abhängig von der Brenntemperatur (nach 950 °C Vorerhitzung 0,15% Auslaugung bei monatelangem Kontakt mit Meerwasser). Der Prozeß ist in halbtechnischer Skala erprobt, man beabsichtigt, die radioaktiven Adsorptionskolonnen an Ort und Stelle zu brennen (mit Hilfe transportabler elektrischer Öfen) und dann in besonders gekennzeichneten Gräben zu vergraben.

3. Im bezug auf Resistenz gegen Auslaugung durch Wasser verschiedener Azidität und Alkalität werden diese Verbindungen noch übertroffen von resistenten Glassorten, in denen die Spaltprodukte homogen verteilt sind (Chalk-River-Prozeß).

Chalk-River-Prozeß

Als glasbildende Stoffe sind die natürlichen Minerale Nephelin und Syenit verwendet worden. Die konzentrierte Abfallslösung wird mit Kalk und diesen Mineralen in geeigneten Verhältnissen gemischt, worauf sich ein Gel bildet. Wenn dieses sukzessiv erhitzt wird, wird zunächst HNO_3 frei (die nach Kondensation wieder verwendet werden kann). Auch etwas Ru destilliert ab und muß in Kühlfallen zurückgehalten werden. Bei höherer Erhitzung (1350 °C) tritt Schmelzen und Glasbildung ein. Die fertigen Glasblöcke können gelagert werden, sobald die Selbsterhitzung ausreichend abgenommen hat (50 W/cm^3). Auslaugungsversuche mit Wasser zeigen, daß die Löslichkeit des Glases nur einige 10^{-8} g/cm^2 und Tag ist, geringer als die kommerzieller Borsilikatgläser.

Verwendung der Nebenprodukte der Kernbrennstoffaufbereitung

Außer der Isolierung wertvoller inaktiver (oder sehr langlebiger) Nuklide, etwa zu den Elementen Rh und Pd (Tc) gehörend, ist die der langlebigen Spaltprodukte (vgl. § 62) in Betracht zu ziehen.

Es läßt sich abschätzen (BOYD), daß bei der Entwicklung des Kraftreaktorprogrammes in den USA bei 10^5 MW(e) installierter Reaktorleistung (1975?) täglich 1 *Megacurie* Cs-137 anfällt. Seit 1958 ist beim Oak Ridge Nat. Lab. (USA) eine pilot-plant in Betrieb, ausgelegt für eine jährliche Produktion von $2 \cdot 10^5$ bis $2 \cdot 10^6$ Curie der wichtigsten Spaltprodukte (Sr-90, Ru-106, Cs-137, Ce-144, Pm-147). Zunächst werden hauptsächlich die Abfallslösungen des Redoxprozesses (§ 70) verarbeitet. Ihr Gehalt an Al- und NH_4-Ionen erlaubt die Ausfällung von Ammoniumalaun (durch Zusatz von Sulfationen), der ein geeigneter Träger für Cs-137 ist. Durch fraktionierte Kristallisation des Alauns (§ 49) und letztliche Ausfällung als $Cs_2(PtCl_6)$ wird das radioaktive Cäsium rein erhalten.

Kapitel 10

Anwendung von Kernstrahlung und Leitisotopen in Technik und Wissenschaft

75. Technische und industrielle Verwendung von Radionukliden

Es ist abgeschätzt worden, daß die Einsparungen durch die Verwendung von Radionukliden in Industrie und Technik — hauptsächlich durch Erreichen effektiverer Arbeitsmethoden — allein in den USA etwa 500 Millionen \$/Jahr betragen (1958): etwa 10 % der Kosten für das ganze Kernenergieprogramm. Vergleichbare Summen werden von der USSR angegeben und prozentuell ähnliche Ersparungen sollten auch in anderen Ländern erzielt werden können. Wenn man hierzu den Nutzen rechnet, den Radionuklide in Forschung und medizinischer Therapie leisten, so mag der gesamte Nutzen der „Isotopentechnik" den der Atomkernenergieentwicklung übertreffen.

Radionuklide als Hilfsmittel bei technischen Prozessen

Zahlreiche technische Anwendungen beruhen auf der leichten Lokalisierung radioaktiver Strahler. Einige Beispiele sollen die Möglichkeiten demonstrieren:

In Hochöfenausmauerungen können zur Kontrolle der Verwitterung γ-Strahler eingebettet und deren Lage später durch Messung an der Außenseite des in Betrieb befindlichen Ofens kontrolliert werden. Falls die Markierungen in verschiedenen Wandtiefen eingesetzt waren, folgt die entsprechende Strahlungsquelle mit, wenn das Ofenfutter an diesem Punkt durch Korrosion in den Schmelzfluß gerät. Auf diese Art kann der Verwitterungsprozeß laufend verfolgt und der Hochofen rechtzeitig außer Betrieb gesetzt werden.

Ein anderes typisches Beispiel ist die Messung von Flüssigkeitsniveaus in Behältern, die nicht direkt eingesehen werden können mit Hilfe eines Flotteurs, an dem ein γ-strahlendes Präparat befestigt ist. An der Deckfläche des Behälters gemessen, ändert sich die Intensität der γ-Strahlung stark mit dem Abstand, also mit der Lage des Flotteurs.

Ausgedehnte Verwendung haben Radionuklide erhalten, um die Grenze zwischen verschiedenen in Ölleitungen aufeinanderfolgenden Ölen festzulegen, etwa mit Co-60 als Naphtat. Beim Annähern des Indicators sprechen die Meßinstrumente an und Stellwerke können die verschiedenen Ölzüge an die betreffenden Verbraucher leiten.

Auch Lecks in Leitungen können dadurch lokalisiert werden, daß man das Rohr unter Druck von radioaktivem Gas setzt, welches beim Ausdringen leicht außerhalb der Leitung nachgewiesen wird.

Alle Verteilungs- und Flußmessungen sind vorteilhaft mit Radionukliden auszuführen, gleich ob es sich um Gas-, Flüssigkeitsströmungen oder um Ablagerung fester Stoffe in Lösungen handelt. In Flußläufen kann mit empfindlichen Szintillationsdetektoren 1 C Radionuklid in 10^7 m³ nachgewiesen werden.

Auch Verschiebungen des Flußbettes können gemessen werden, wenn der Grundschlamm mit z.B. feingemahlenem radioaktiven Glas oder an Sandkörnern adsorbiertem radioaktivem Silber gemischt wird. Auf diese Art hat man feststellen können, daß im Auslauf der Themse eine langsame Rückwärtsbewegung von Bodenschlamm geschieht, welches

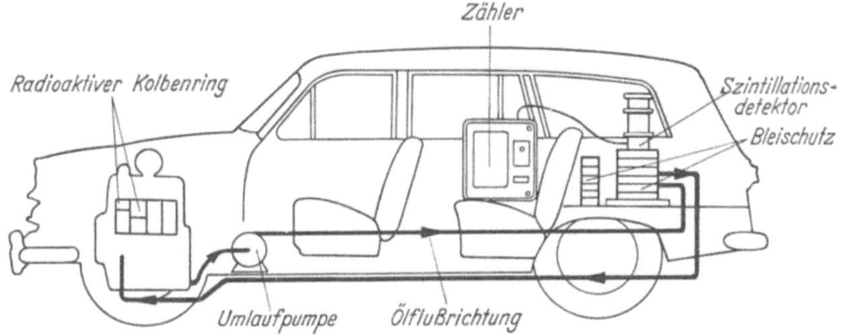

Abb. 120. Messung von Motorverschleiß im fahrenden Kraftwagen (nach DETERDING und CALOW)

Bedeutung hat für Ablauffragen wie auch für die Festlegung geeigneter Fahrrinnen.

Dank der großen Empfindlichkeit radioaktiver Messungen sind Verschleiß- und Abriebstudien ein hervorragendes Anwendungsgebiet für Radionuklide. In der Technik kommen wichtige Abnutzungsvorgänge bei Maschinenteilen, wie z.B. Kolbenringen in Verbrennungsmotoren vor. Hier können radioaktive (reaktorbestrahlte) Kolbenringe verwendet, und der Abrieb im Motor kann unter verschiedenen Bedingungen (Belastung, Temperatur, Drehzahl usw.) festgestellt werden. Hierbei wird das mit der Zeit abgeriebene Metall aus dem Ölsumpf wiedergewonnen und nach geeigneten Isolierungsverfahren radioaktiv gemessen, oder man läßt das Öl laufend einen im Wagen eingebauten Szintillationszähler passieren (Abb. 120, 121). Durch Radioautographie können auch die Stellen im Zylinder, an denen der stärkste Abrieb stattgefunden hat, näher lokalisiert werden.

Ein anderes Beispiel ist der Abrieb von Schnelldrehstählen, wobei radioaktives Wolfram (aus dem Wolframkarbidhartmetall) am Werkstück lokalisiert und gemessen werden kann. Auch der Kugellagerabrieb ist von großer technischer Bedeutung. Hier hat man den äußeren Ring, den inneren Ring und die Kugeln jede für sich durch Bestrahlung radioaktiv indiziert, das abgeriebene Metall aus dem Schmierfett extrahiert und in einem Fall festgestellt, daß der Abrieb der Kugeln $3 \cdot 10^{-6}$ g pro cm² erreicht, ein „Sättigungs"wert, der zwischen 100 und 800 h Laufzeit nur wenig zunimmt.

Auch die geringfügigen Abriebe in Gewehrläufen beim Abfeuern eines Geschosses sind radioaktiv nachgewiesen worden. Ein weiteres Beispiel

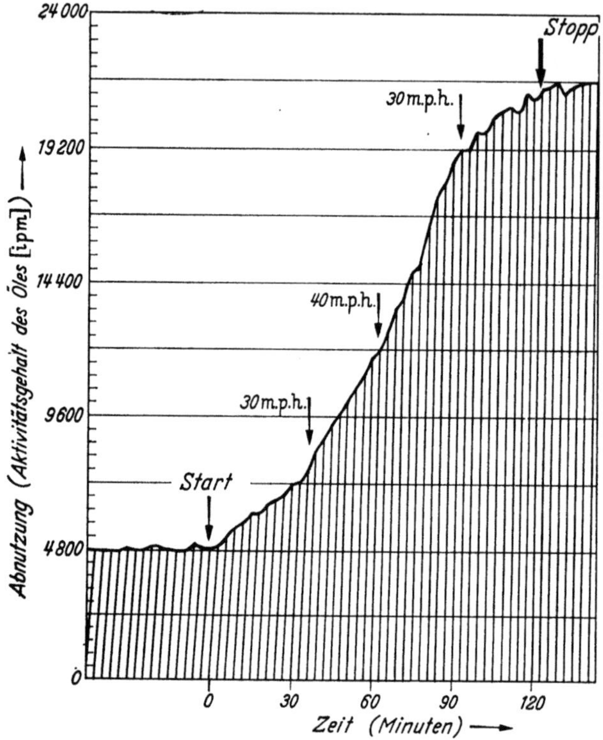

Abb. 121. Abnutzung der radioaktiven Kolbenringe in Abhängigkeit von der Fahrgeschwindigkeit (nach DETERDING und CALOW)

ist der Verbrauch von Autoreifenlaufbahnen, in welche P-32 oder S-35 einvulkanisiert worden sind. Bei S-35, das eine weiche β-Strahlung aussendet, geschieht die Einvulkanisierung zweckmäßigerweise in einer dünnen Gummischicht unterhalb einer dünnen Lauffläche. Die β-Strahlung wird zunächst durch das deckende Gummilager absorbiert, die an der Oberfläche gemessene Aktivität nimmt zu, wenn die obere Lauffläche abgerieben wird, und auf diese Art kann mit geeigneter Apparatur der Reifenverschleiß am fahrenden Kraftwagen schon nach Fahrstrecken von etwa 100 km gemessen werden. Dieses ist schon ein Beispiel der Verwendung der Absorption der radioaktiven Strahlung zu Dickenmessungen (s. weiter unten). Ein ähnliches Beispiel ist die Methode,

Ablagerungen in Verbrennungsmotorzylindern zu messen durch Einführung einer Metallschraube, die auf ihrer Oberfläche mit einem weichen β-Strahler, beispielsweise Ni-63 mit der Halbwertsdicke von 1 mg/cm², versehen ist. Wenn Ablagerungen im Verbrennungsraum sich auf der Stirnfläche dieser Schraube niederschlagen, wird die Strahlungsquelle mit Schichten bedeckt, deren Dicke mittels Strahlungsabsorption quantitativ gemessen werden kann.

Radioautographie (vgl. § 45) wird in der Metallurgie verwendet, um Ausscheidungsprozesse bei der Rekristallisation von Metallschmelzen zu untersuchen, z. B. die von Bleiverunreinigungen in rostfreiem Stahl. Auch nichtradioaktive Stoffe, die erst durch Neutronenbestrahlung einem Kernprozeß unterworfen werden, können lokalisiert werden, wenn die photographische Schicht schon bei der Bestrahlung aufgebracht ist: So ist die Verteilung von Bor in Eisen durch die beim Kernprozeß B-10 (n, α) Li-7 entstehenden α-Teilchen nachgewiesen worden.

Radioaktive Messungen spielen eine große Rolle bei der Untersuchung von Bohrlöchern, insbesondere Ölbohrlöchern. Man kann die natürliche Radioaktivität des durchbohrten Gesteins mit hinabgesenkten

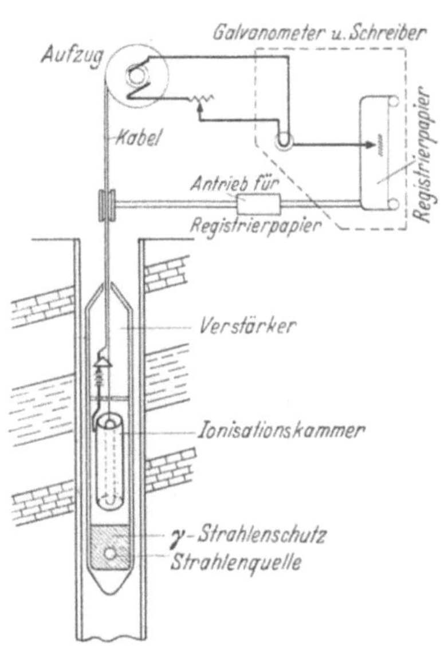

Abb. 122. Untersuchung von Ölbohrlöchern („well logging") durch Messung natürlicher bzw. gestreuter oder induzierter γ-Strahlung (nach FEARON, vgl. ZIMEN: „Angewandte Radioaktivität")

Detektoren messen und den Uran-, Thorium- oder Kaliumgehalt feststellen. Man kann aber auch eine γ-Strahlungsquelle zusammen mit dem Detektor einführen; die Rückstreuung der γ-Strahlung und deren Einwirkung auf den Detektor ist stark abhängig von der Dichte des umgebenden Gesteins: Bei geeigneter Meßanordnung führen Dichteveränderungen zu ebenso großen prozentuellen Veränderungen der gemessenen Aktivität.

Mehrere Informationsmöglichkeiten ergeben sich bei der Einführung von Neutronenquellen zusammen mit Detektoren. Die Neutronenabsorption kann mit einem BF_3-Rohr bestimmt werden; außerdem können verschiedene (n, γ)-Reaktionen eintreten, welche voneinander unterschieden werden können durch genaue Messung der γ-Energien. Beispielsweise werden von den Elementen Mg, Si, H, S, Ca, C und O bei der Erregung mit Neutronen γ-Quanten im Energiegebiet 1,4 bis 6,7 MeV ausgesandt.

Außerdem entstehen γ-Quanten als Folge induzierter Radioaktivität, und bei geeigneter Transportgeschwindigkeit können auch kurze Halbwertszeiten und die aussendenden Elemente quantitativ bestimmt werden, wie z.B. die Elemente U, Si, P, Al, Mg, Fe, Ca und K.

Radionuklide werden in der Ölbohrtechnik verwendet zur Untersuchung der „Strömung von Öl, Wasser und Gasen durch die Gesteinsschichten, wobei z.B. das „Druckwasser" in einem der Ölquelle benachbarten „Treibstollen" radioaktiv indiziert wird.

Verwendung von Radionukliden in der Technik zu Durchstrahlungszwecken

Verglichen mit der früher allein verwendeten Röntgenstrahlung hat die radioaktive Strahlung im allgemeinen den Nachteil der geringeren

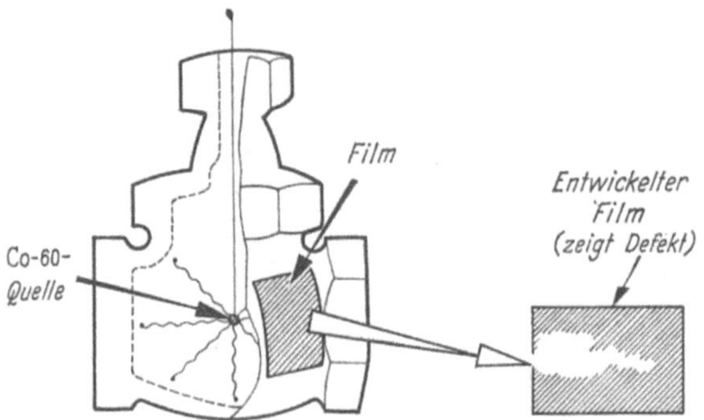

Abb. 123. Schematische Darstellung einer γ-Radiographie

Intensität, welches längere Expositionszeiten notwendig macht. Dem gegenüber stehen viele Vorteile, wie geringere Dimension der Strahlungsquelle, die in viele Gegenstände eingeführt werden kann (vgl. Abb. 123), und die größere Strahlungsenergie: dickere Werkstücke können durchstrahlt werden. Einige Beispiele geeigneter γ-Strahler sind: Am-241 (60 keV), Tm-170 (84 keV), Ir-192 (310 keV), Cs-137 (662 keV) und Co-60 (1,17 und 1,33 MeV). Hiermit kann Stahl in Dicken von Millimeter bis zu Zentimeter durchstrahlt werden, wobei zweckmäßigerweise der photographische Film in „Verstärker"folien aus Blei eingeschlossen wird. Örtliche relative Dichteabweichungen bis hinab zu zwischen 0,5 und 2% können festgestellt werden. Geeignete γ-Strahlung kann auch als Bremsstrahlung starker β-Strahler oder der Elektronen des Betatrons (vgl. § 19) erhalten werden.

Bei geringerer Dicke des entsprechenden Gegenstandes kann die stärker absorbierte β-Strahlung verwendet werden. β-Absorption ist in wasserstoffhaltigem Material auf Grund großer Elektronendichte besonders stark, und auf diese Art können Kohlenwasserstoffanalysen in

günstigen Fällen mit einer Genauigkeit von 0,02 Gewichtsprozent ausgeführt werden.

β-Strahler erlauben Dickenmessungen an dünnen Folien. Als geeignete Nuklide ausreichender Lebenslänge sind zu nennen: Pm-147
(0,23 MeV β-Maximalenergie, Halbwertsdicke in Al 4,5 mg/cm^2), Tl-204
(0,765; 25), (Sr + Y)-90 (2,2; 160), (Ce + Pr)-144 (3,0; 220), (Ru + Rh)-106
(3,5; 270).

Wenn die Messungen als Nullmethode ausgebildet werden (Vergleich
mit einem Bezugsdickenwert, ausschließlich Abweichungen werden registriert), können Meßgenauigkeiten bis zu 0,01% erhalten werden. Da

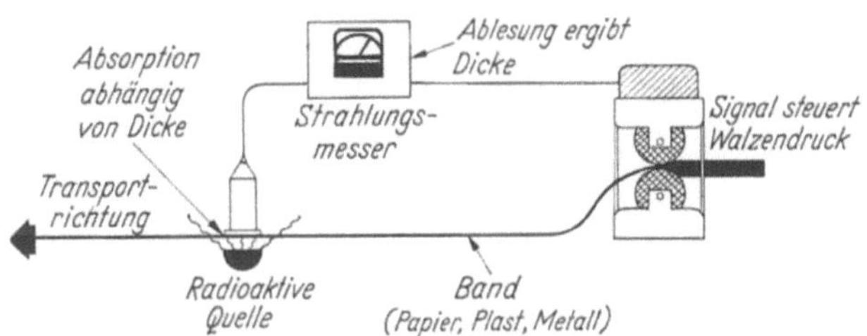

Abb. 124. Schematische Darstellung der laufenden Dickenkontrolle von Walzprodukten

auf diese Art Dickenmessungen auf elektrische Messungen zurückgeführt
werden, ist es einfach, einen steuernden Mechanismus an das Meßinstru-
ment anzuschließen mit Wirkung auf den die Banddicke regulierenden
Mechanismus, wie z.B. die Walzen beim Pressen von Metallblechen.
Auf diese Art kann automatisch die gewünschte Dicke eingestellt und
gehalten werden (vgl. Abb. 124).

Außer der direkten Durchstrahlung wird auch die Rückstreuung von
β- oder γ-Strahlung für Dickenmessungen benutzt. Dies hat den Vorteil, daß das zu untersuchende Präparat nur von einer Seite zugänglich
sein muß. Da die Rückstreuung mit der Wurzel aus der Ordnungszahl
zunimmt, können dünne Schichten schwerer Metalle als Belag auf
Plast oder Papier leicht festgestellt und kontrolliert werden.

76. Die Verwendung von Radionukliden in der Medizin

Die Verwendung und Handhabung von Radionukliden geht zwar zunehmend
in die medizinische Praxis ein („Nuklearmedizin"), doch ist in einigen Fällen die
Mitwirkung des Radiochemikers notwendig, der daher mit den grundsätzlichen
Anwendungsmöglichkeiten auf diesem Gebiet vertraut sein sollte.

Wie bei dem industriellen Anwendungsgebiet kann auch hier die
folgende Einteilung vorgenommen werden:

1. Verwendung der Radionuklide als Leitisotope, beispielsweise in
der medizinischen Diagnostik und

2. Ausnutzung der Wirkung ionisierender Strahlung, ein wichtiger Teil der schon vorher bedeutenden Strahlungstherapie.

Bei der Diagnostik kann weitere Unterteilung geschehen in: Verhalten der radioaktiven Stoffe bei der Zirkulation im Körper, und in Resorptionsvorgänge, welche so qualitativ und quantitativ untersucht werden können. Hierbei wird die Lokalisierung grob durch direkte Radioaktivitätsmessung durchgeführt, genauer mittels sog. ,,scanning''-Methoden (s. weiter unten), die sehr genaue Lokalisierung von Radionukliden in histologischen Präparaten geschieht mittels Radioautographie, in günstigen Fällen mit einer Genauigkeit von einigen Mikron (vgl. § 45).

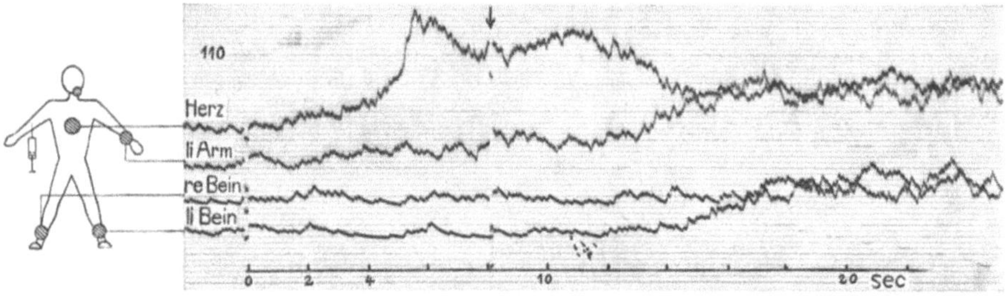

Abb. 125. Durch zirkulierendes ^{24}NaCl an verschiedenen Körperstellen ausgesandte Strahlung als Funktion der Zeit nach Injektion von 200 µC Na-24 in die Vene des rechten Armes (nach WASER und HUNZINGER)

Zirkulations- und Volumenbestimmungen

Für die Bestimmung der Blutzirkulation muß ein Stoff verwendet werden, der nicht resorbiert wird, wie radioaktives Natrium in Form physiologischer Kochsalzlösung. Die Lösung kann in den Arm injiziert und die Erhöhung der Aktivität als Funktion der Zeit in einer anderen Extremität, etwa einem Bein, gemessen werden. Bei normaler Blutzirkulation wird bald ein Gleichgewichtswert erreicht, welcher bei gestörter Zirkulation bis auf 50% des statistischen Normalwertes verringert sein kann. Bei Injektion in den rechten Arm kann etwa nach 5 sec die Radioaktivität im Herzen und nach 15 sec im linken Arm festgestellt werden (vgl. Abb. 125).

Zur Bestimmung des Blutvolumens werden die roten Blutkörperchen mit Radionukliden chemisch indiziert, wobei insbesondere P-32 als Phosphat leicht aufgenommen wird (auch Cr-51 findet Verwendung). Aus der nach Injektion und gleichmäßiger Vermischung im Körper eintretenden Verdünnung kann die Gesamtmenge der roten Blutkörper und aus ihrer unabhängig ermittelten Konzentration auch das gesamte Blutvolumen bestimmt werden. Das Blutvolumen einzelner Extremitäten kann mittels vorübergehender Abschnürung vom Kreislauf bestimmt werden. Auf diese Art ergab sich, daß ein Bein einer Versuchsperson 14% der gesamten Blutmenge enthält, da nach der Freigabe der Zirkulation in diesem Bein die spezifische Radioaktivität des Blutes mit dem entsprechenden Betrage sank.

Bestimmung der Resorption

Die Verteilung von Radioisotopen in der Tiefe des lebenden Organismus wird mittels „scanning"-Technik bestimmt, bei der die kollimierte

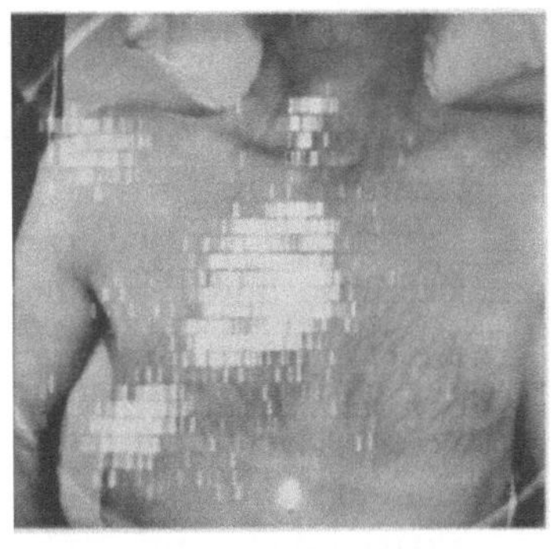

a

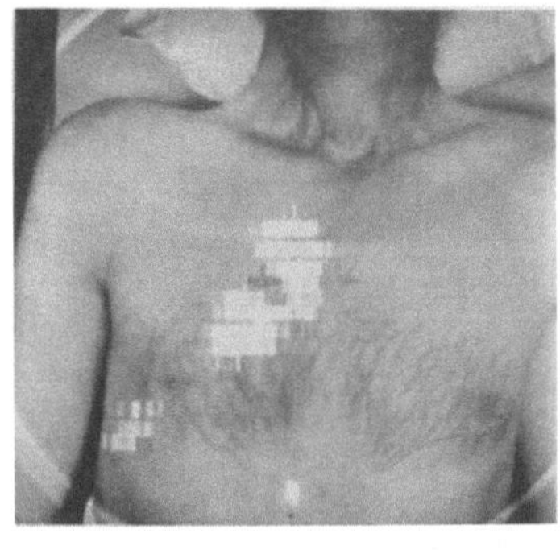

b

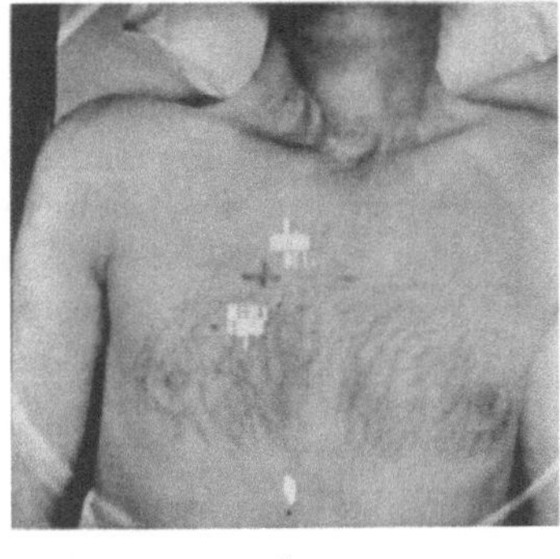

c

Abb. 126 a—c. Genaue differenzierende Lokalisierung von (J-131 anreichernden) Schilddrüsenkrebs-Metastasen durch sukzessive Senkung der Empfindlichkeit des „Szintigraphen" (nach BERNE)

Strahlung mittels eines beweglichen Detektors an der Oberfläche gemessen und registriert wird. Die örtlich verschiedenen Aktivitätswerte werden während der Bewegung des Detektors in der x- und y-Koordinate auf dem Schirm eines Kathodenstrahlrohres abgebildet, wobei die Lichtintensität der Radioaktivitätsintensität proportional ist. Wenn derartige „Szintigramme" mit Hilfe von Referenzpunkten mit einer gewöhnlichen Photographie des entsprechenden Gebietes zusammen kopiert werden, kann die Verteilung des radioaktiven Stoffes unmittelbar veranschaulicht werden. „Szintigraphen" werden bei den meisten gut ausgerüsteten Krankenhäusern benutzt, um die Verteilung von radioaktivem Jod in der Schilddrüse, von radioaktivem Gold in Körperhöhlen (bei interner Krebsbestrahlung), von Radiojod absorbierenden Schild-

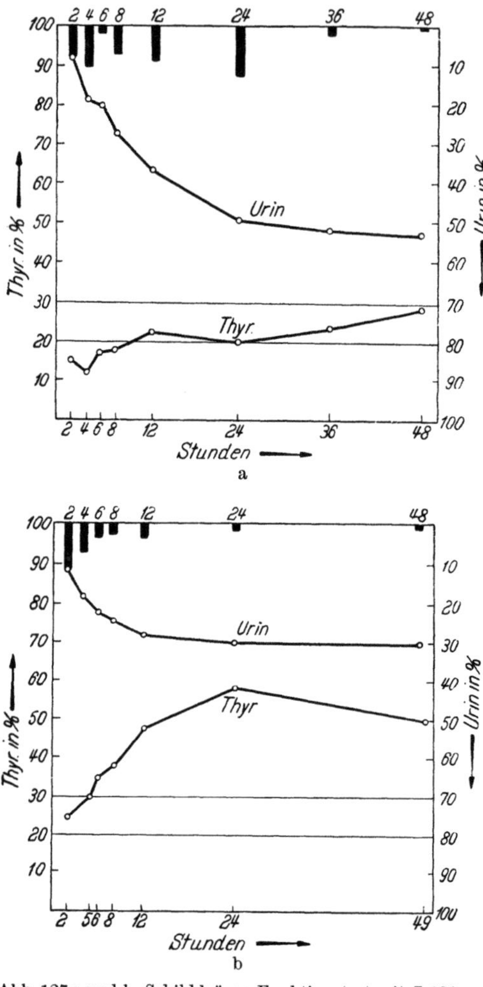

Abb. 127 a und b. Schilddrüsen-Funktionstest mit J-131, a: Normalfall; b: Überfunktion (nach BILLION, OEFF und KLAUER).

drüsenkrebsmetastasen festzustellen, um nur einige Beispiele zu nennen (vgl. Abb. 126).

Die Aufnahme von radioaktivem Jod in der Schilddrüse ist ein Maß für ihre Funktion, welche bestimmend ist für die Stoffwechselgeschwindigkeit und die damit verknüpften physiologischen und mentalen Erscheinungen. Die normale Schilddrüse nimmt innerhalb von 24 Std 20 bis 30% der zugeführten Menge des radioaktiven Jodes auf, während der Rest zum größten Teil mit dem Urin abgeht. Bei Überfunktion der Schilddrüse (Basedowsche Krankheit) beträgt die Aufnahme jedoch 50% und mehr (vgl. Abb. 127). In diesem Fall können größere Mengen J-131 als die beim „Jodtest" üblichen (einige mC statt μC) die Schilddrüsenfunktion in erwünschtem Maße herabsetzen; diese Methode wird aus genetischen Gründen (vgl. § 35) nur bei älteren Patienten angewendet.

Ein Beispiel, bei dem radioaktive Methoden Röntgenmethoden komplettieren, ist die Bestimmung des inneren Herzvolumens durch „scanning" von Serumalbumin, das J-131 enthält. Während das Röntgenbild die äußeren Konturen gibt, wird das innere Volumen von der radioaktiven Lösung ausgefüllt und auf diese Art bestimmt (Abb. 128).

Radiologie

In den Fällen, in denen bei der Behandlung von Tumoren chirurgische Eingriffe nicht indiziert sind, können Radionuklide für innere Bestrahlung verwendet werden. Hierbei werden die Strahlenquellen in das Gewebe eingeführt etwa in Form kleiner korrosionsfester Präparate

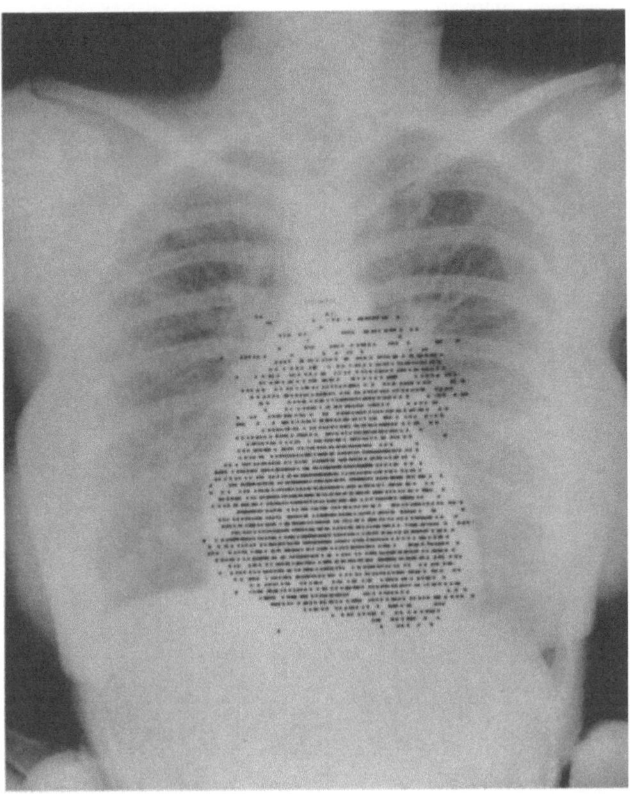

Abb. 128. Abbildung des inneren Volumens eines Menschenherzens mit 100 μC-Jod-131-Serumalbumin, überlagert der entsprechenden Röntgenphotographie (nach MAC INTYRE et al.)

(Radiumnadeln; Co-60-Perlen) oder auch direkt resorbiert (oder angelagert), wobei in vielen Fällen bevorzugte Aufnahme durch die Krebszellen eintritt. Hierzu werden besonders J-131, Au-198 (in Form kolloidaler Goldlösung) und P-32 verwendet, letzteres für die Bekämpfung des Blutkrebses (Leukämie), wodurch eine deutliche Verlängerung der Lebenszeit erzielt werden kann. Intensive innere Bestrahlung kann auch mittels Kernumwandlungen erzielt werden, beispielsweise durch Injektion von Borlösungen mit darauffolgender Reaktorbestrahlung des Organes (Bekämpfung von Gehirntumoren).

Hierbei läuft der Kernprozeß ^{10}B (n, α) ^{7}Li ab, und die entstehenden α-Teilchen mit hoher spezifischer Ionisation greifen die Krebszellen wirkungsvoll an.

Radioaktive Strahlungsquellen komplettieren und ersetzen Röntgenanlagen, wobei Co-60 und in zunehmendem Maße Cs-137 als Strahlungsquellen entsprechend mehreren Kilogramm Radium verwendet und die Expositionszeiten erheblich verkürzt werden. β-Strahler (wie Sr-90 und Y-90) werden zur Bekämpfung von Krankheitszuständen an der Oberfläche des Körpers benutzt.

77. Terrestrische und kosmische Altersbestimmung

Der radioaktive Zerfall wird nicht merkbar durch äußere Umstände beeinflußt, sondern geschieht mit unveränderter Wahrscheinlichkeit seit der Entstehung der Welt und ist infolgedessen geeignet für Zeitmessungen. Die Zeit wird in diesem Fall durch die Anzahl umgewandelter Atome bestimmt, wobei man zwischen verschiedenen Fällen unterscheiden kann:

a) Im Gleichgewichtszustand zwischen Erzeugung und Zerfall eines Radioisotopes (vgl. § 9) wird dieses zum Zeitpunkt t_0 von der Produktionsquelle getrennt, wonach die Aktivität gemäß der Zerfallskonstante abnimmt. Aus der spezifischen Aktivität kann t_0 bestimmt werden (Beispiele: H-3, C-14).

b) Bei t_0 beginnt die Bestrahlung eines Stoffes mit bekanntem Fluß, und die gemäß bekanntem Aktivierungsquerschnitt induzierte Radioaktivität wird nach bekannten Zeitgesetzen gebildet. Aus der spezifischen Aktivität (zu einem späteren Zeitpunkt) kann t_0 bestimmt werden (Beispiel: Cl-36).

c) Ein Radionuklid wird aus einer radioaktiven Zerfallsreihe zur Zeit t_0 isoliert, die bestimmt werden kann durch die Messung dieser Aktivität relativ zu Isotopen des gleichen Elementes mit längerer Halbwertszeit, die nicht der gleichen Zerfallsreihe angehören (Beispiel: Th-230).

d) Ein Radionuklid zerfällt in ein stabiles Nuklid. Durch Bestimmung des Verhältnisses: Tochter- zu Mutternuklid kann das Alter bestimmt werden, wenn die Stoffe in ihrem lokalen Mischungsverhältnis nicht durch physikalische oder chemische Trennprozesse während der entsprechenden Zeitdauer verschoben worden sind (Beispiel: Uran-Blei-Methode).

Radionuklide erlauben auf obengenannte Arten Altersbestimmungen in Zeitbereichen von 10 bis 10^{10} a. Im folgenden werden (geordnet nach HZ und systematischen Gesichtspunkten) die radioaktiven Zerfallsprozesse aufgezählt, die in diesem Zusammenhang hauptsächlich ausgenützt werden:

1. *Tritium = H-3* (HZ: 12,26 a; β^--Energie: 13 keV) wird in der Atmosphäre durch die Neutronen der kosmischen Strahlung aus Stickstoff erzeugt (N-14 (n, t) C-12).

[mit Neutronen (-fluß, -komponente) der kosmischen Strahlung sind die durch Reaktion der Primärstrahlen der kosmischen Strahlung mit Kernen der obersten Schicht der Erdatmosphäre freiwerdenden Neutronen gemeint]

Die Produktionsgeschwindigkeit wird zu 0,1—1 Kern/sec und cm^2 Erdoberfläche abgeschätzt. Hieraus und aus der HZ folgt, daß der Vorrat der ganzen Erde etwa 10 kg beträgt (davon einige 100 g als Gas in der Atmosphäre, welche Menge jedoch z. T. von Wasserstoffbombenexplosionen in den letzten Jahren herrührt). Das Tritium wird auf der Erde niedergeschlagen in Regen mit verschiedenem Tritiumgehalt je nach der Kontaktzeit mit der Atmosphäre. Der Tritiumgehalt ist so klein, daß er erst nach elektrolytischer Anreicherung gemessen werden kann, wobei Deuterium als Indicator für die Effektivität der Anreicherung dient. Wegen der sehr weichen β-Strahlung wird Tritium meistens in Gasform bestimmt (neuerdings auch in Flüssigkeitsszintillatoren): Eine geeignete Gasmischung ist $H_2/CH_4/Ar$, die in große und gut abgeschirmte Zählrohre eingeführt wird. Durch Messung der spezifischen Aktivität kann das Alter von Wasser bestimmt werden und zwischen Regen- und Grundwasser unterschieden werden. Die Methode wird mit altem Brunnenwasser oder alten Weinen bekannter Jahrgänge aus der gleichen Niederschlagsgegend kalibriert.

2. *C-14* (HZ: 5568 a; β^-: 155 keV) ermöglicht die Altersbestimmung von kohlenstoffhaltigem (also hauptsächlich organischem) Material im Altersgebiet 500 bis 40 000 Jahre mit einer Genauigkeit von $\pm$ 200 Jahre. C-14 entsteht ebenfalls aus dem Stickstoff der Luft durch (n, p)-Prozeß (vgl. § 22) mittels der Neutronen der kosmischen Strahlung, die hauptsächlich auf diese Art in der Atmosphäre absorbiert werden. Die Produktionsgeschwindigkeit (im Gleichgewicht = Zerfallsgeschwindigkeit) ist 2,4 Umwandlungen/sec und cm^2 Erdoberfläche. Hiernach gibt es etwa 80 t C-14 auf der ganzen Erde (davon $\sim 2\%$ in der Atmosphäre), verdünnt mit großem Überschuß inaktivem Kohlenstoff (8,2 g/cm^2 Erdoberfläche). Hieraus berechnet sich die spezifische Intensität des mit der Atmosphäre im Kontakt stehenden Kohlenstoffs zu 16 tpm/g C.

Der radioaktive Kohlenstoff der Atmosphäre wird zu CO_2 oxydiert; das von lebenden Organismen aufgenommen wie auch im Wasser aufgelöst wird mit eventuell folgender Sedimentation als Karbonat. Wenn der Stoff von der Produktionsquelle abgetrennt wird, d. h. wenn der Organismus stirbt oder die Kohlensäure des Wassers als unlösliches Karbonat ausgefällt wird, beginnt die Abnahme der spezifischen Aktivität gemäß der HZ von C-14. Durch die Messung der verringerten spezifischen Aktivität kann also das Alter bestimmt werden. Derartige

Bestimmungen sind an einer großen Anzahl von Proben ausgeführt worden, ursprünglich von LIBBY und seiner Schule.

Um die geringen Aktivitäten zu messen, mußten besondere Apparaturen konstruiert werden: Der radioaktive Kohlenstoff wird entweder auf die innere Wand eines Proportionalzählrohres in Form einer dünnen Schicht elementaren Kohlenstoffes aufgelegt oder als CO_2 oder Methan direkt in das Rohr eingeführt. Der Nulleffekt (vgl. § 44) des Rohres muß mit dicken Abschirmungen aus Eisen und Quecksilber herabgesetzt werden; der Beitrag der kosmischen Strahlung zum Nulleffekt wird weitgehend eliminiert durch einen äußeren Kranz von in Antikoinzidenzschaltung geschalteten Schutzzählrohren.

Die mit der C-14-Methode erhaltenen Resultate konnten in einigen Fällen mit historisch und archäologisch sichergestellten Altersbestimmungen verglichen werden (ägyptische Königsgräber; Jahresringe sehr alter Bäume) und es ergab sich, daß die Produktionsgeschwindigkeit von C-14 innerhalb der letzten 10000 Jahre unverändert war. (Die Verdünnung ($\sim 3\%$) des radioaktiven Kohlendioxyds der Atmosphäre durch die Abgase der Industrien während der letzten 100 Jahre muß jedoch beachtet werden, sowie die Erhöhung ($\sim 10\%$) des C-14-Gehaltes als Folge der (Atom- und) Wasserstoffbombenexplosionen der letzten Jahre.)

3. *Cl-36* ($3{,}1 \cdot 10^5$ a HZ) gibt durch seine Bildung die Zeit an, welche chlorhaltige Minerale an der Erdoberfläche gelegen haben. Durch den Neutronenfluß der kosmischen Strahlung bildet sich nämlich eine schwache Chloraktivität (wobei die Abhängigkeit der Neutronenintensität von der Höhe über dem Meeresspiegel beachtet werden muß). Man kann auf diese Art unterscheiden zwischen Mineralen, die lange Zeit auf der freien Erdoberfläche gelegen haben und solchen, die erst in späterer Zeit durch geologische Prozesse dahin transportiert oder dort freigelegt worden sind. In letzterem Fall ist die spezifische Chloraktivität geringer (entsprechend 0,4 gegenüber 2,3 tpm/g Cl Maximalaktivität in einem praktisch vorkommenden Fall), da die Neutronenkomponente der kosmischen Strahlung durch mächtige Gesteinsschichten erheblich verringert wird.

4. „*Ionium*" *(Th-230)* kann zur Altersbestimmung von ozeanischen Sedimenten dienen, falls es beim Sedimentationsprozeß vom Mutternuklid U-234 isoliert worden war. Für derartige Bestimmungen wird die Ausfällung der reinen Thoriumsalze vorgeschlagen, die außer dem langlebigen Th-232 das Isotop Th-230 in verschiedenem Maße, entsprechend dem Alter des Sedimentes, enthalten (HZ: $8 \cdot 10^4$ a). Eventuell restliches Uran muß ebenfalls bestimmt werden und die damit im Gleichgewicht stehende Ioniumaktivität abgezogen werden.

Dies geschieht am einfachsten durch die Messung von UX_1 (Th-234), während Th auch mittels Messung von RdTh (Th-228) (und Folgeprodukte) bestimmt werden kann. Der gesuchte Intensitätsquotient: $\dfrac{\text{[Th-230]-[U-238]}}{\text{[Th-232]}}$ kann so letztlich erhalten werden aus $\dfrac{\text{[Th-230]}}{\text{[Th-232]}} - \dfrac{\text{[Th-234]}}{\text{[Th-228]}}$, wobei der erste Term zwei genaue α-Strahlungs-Messungen, der zweite zwei genaue β-Strahlungs-Messungen erfordert (KOHMAN).

Umwandlung „primärer" Radionuklide

Schließlich können eine Reihe sehr langlebiger Radionuklide zur Altersbestimmung benutzt werden, wobei angenommen wird, daß die lokale Zusammensetzung an Mutter- und Tochternuklid während geologischer Zeiträume nicht gestört worden ist. In diesem Fall ist die Menge des gebildeten Tochternuklids ein Maß für das Alter des entsprechenden Minerales.

Die Halbwertszeiten der Mutternuklide sollten vergleichbar sein mit dem Alter der Erde (5 bis $6 \cdot 10^9$ a), da bei bedeutend geringeren Halbwertszeiten keine ausreichende Mengen des Mutternuklids mehr vorhanden sein würden und bei bedeutend größeren Halbwertszeiten nur geringe Mengen des Tochternuklids vorliegen würde.

Nach Halbwertszeit der Ausgangsnuklide geordnet, kommen folgende Nuklide in Betracht:

a) K-40 (K-Einfang) $\rightarrow$ Ar-40; ($1,3 \cdot 10^9$ a).

b) U-238 (Zerfallsreihe) $\rightarrow$ Pb-206; ($4,5 \cdot 10^9$ a) (auch He wird gebildet).

c) Th-232 (Zerfallsreihe) $\rightarrow$ Pb-208; ($1,4 \cdot 10^{10}$ a) (auch He wird gebildet).

d) Rb-87 (β^-) $\rightarrow$ Sr-87 ($5,0 \cdot 10^{10}$ a).

e) Re-187 (β^-) $\rightarrow$ Os-187 ($6,3 \cdot 10^{10}$ a).

Falls die Bestimmungen auf die Konzentration der gebildeten Edelgase (Helium, Argon) gegründet werden, muß sichergestellt sein, daß kein Verlust durch Diffusion eingetreten ist (bzw. dieser berücksichtigt werden).

Es haben verschiedene Zerfallsreihen mit verschiedenen Halbwertszeiten als Endprodukt verschiedene Bleiisotope (außer den obengenannten hat die mit U-235 beginnende Aktiniumzerfallsreihe Pb-[207] als Endprodukt), so daß auch die Isotopenzusammensetzung von Blei als Maß für das Alter eines Minerals verwendet werden kann, wobei sie auf das praktisch stabile Pb-204 bezogen wird. Die erwähnte Methode ist abhängig von gewissen Annahmen: Versucht man, den Quotienten der Isotopenverhältnisse Pb-206/Pb-204 einerseits und Pb-207/Pb-204 andererseits, also die Dauer des Vorliegens der mit U-238 und U-235 beginnenden Zerfallsreihen, zu bestimmen, so muß der Zeitpunkt berücksichtigt werden, zu dem das auch primär inaktive Blei von den Mutternukliden des radiogenen Bleis durch Erstarrungs- und Konzentrationsvorgänge abgeschieden worden ist. Für jenen Zeitpunkt ist der Ausgangsquotient für ein „Urblei" zu benutzen, und als solches ist das Verhältnis in Eisenmeteoriten verwendet worden. Mit diesem Wert kann aus entsprechenden Gleichungssystemen der Zeitpunkt für die Erstarrung der Erdkruste zu $4{,}5 \cdot 10^9$ a bestimmt werden.

Praktisch der gleiche Wert wird an Steinmeteoriten erhalten und durch unabhängige Bestimmung nach der Ar-40/K-40-Methode bestätigt. Auch die Annahme, daß ursprünglich nicht mehr U-235 als U-238 vorhanden gewesen ist, ergibt einen oberen Grenzwert von $6 \cdot 10^9$ Jahren.

Der Zerfall radioaktiver Atomarten kann auch auf andere Art zur Bestimmung des Alters der Erde benutzt werden: Die Häufigkeit von u-u-Kernen als Funktion der Massenzahl läßt sich als stetige Kurve darstellen. Hierbei fallen heraus die selteneren Vorkommen wie z. B. das von K-40, welches etwa eine Zehnerpotenz geringer ist als aus obengenannter empirischer Extrapolation zu erwarten. Diese Abnahme entspricht einer Zerfallszeit von etwa $5 \cdot 10^9$ a (als Zeit seit der Entstehung der Elemente und der Welt).

Die mit den radioaktiven Methoden erhaltenen Ergebnisse zeigen also, daß das Alter der Erde praktisch gleich dem des Weltalls ist; die Ergebnisse stimmen mit der Theorie der Ausdehnung des Weltalls seit etwa $6 \cdot 10^9$ a überein.

Meteoriten

Die Bestimmung des Alters von Eisenmeteoriten, gegründet auf natürlich-radioaktiven Zerfall, ist verhältnismäßig unsicher wegen des geringen Gehaltes an Uran, Thorium und Blei. Ältere Bestimmungen auf Grund der Annahme, daß der gesamte Heliumgehalt durch radioaktiven Zerfall produziert sei, erwiesen sich als nicht stichhaltig, da Helium auch durch Spallation auf Grund der kosmischen Strahlung in Meteoriten entsteht. (Außer He-4 auch He-3, etwa 25%.) (PANETH, MAYNE.) Um aus dem Gehalt an radiogenem Helium Schlüsse ziehen zu können, muß natürlich auch der Urangehalt genau bekannt sein.

Dieser ist in Eisenmeteoriten sehr gering, was durch empfindliche Aktivierungsanalysen (vgl. § 81) bestimmt wurde. Nach Neutronenbestrahlung im Reaktor entsteht durch Spaltung der geringen Spuren Uran radioaktives Barium, welches mit großer Genauigkeit und Empfindlichkeit gemessen werden kann. Auf diese Art ist der Urangehalt bis herab zu $1 \cdot 10^{-8}$ bestimmt worden (TURKEVICH)].

Neuerdings wird in zunehmendem Maße der Gehalt an Spallationsprodukten zur Bestimmung des Alters von Eisenmeteoriten herangezogen. Hierbei wird die Annahme gemacht, daß der zugrundeliegende Fluß der kosmischen Strahlung während der im Bereich 10^6 bis 10^9 a liegenden Expositionsdauer der Meteorite im Weltall zeitlich konstant war, wofür sich genügend Anhaltspunkte ergeben, da das Vorkommen verschiedener Spallationsprodukte (in „Sättigungskonzentration", Gleichgewicht zwischen Erzeugungs- und Zerfallsgeschwindigkeit) den Bildungsquerschnitten bei Spallation im Laboratorium mit Protonen im Energiebereich 10^9 eV entspricht.

Die Altersbestimmung kann nicht ausschließlich auf die Konzentration der instabilen Spallationsprodukte des Eisens gegründet werden, da die HZ der entstandenen längstlebigen Nuklide (Be-10, Al-26, Cl-36) mit $3 \cdot 10^5$ bis $3 \cdot 10^6$ a klein sind gegen die Expositionsdauer, und Sättigung vorliegt.

Die insgesamt empfangene Bestrahlungsdosis kann dagegen aus der Konzentration stabiler Spallationsprodukte (wie He-3, He-4, Ne-21, Ar-36, Ar-38) entnommen werden. Um hieraus die Bestrahlungszeit zu erschließen, müßte die (als konstant angenommene) Bildungsgeschwindigkeit bekannt sein. Hier kann nun das Verhältnis der Bildungsgeschwindigkeiten zweier Nuklide, beispielsweise He-3 und Cl-36, aus den — im Laboratorium mit 10^9 eV Protonen bestimmten — Bildungsquerschnitten ermittelt werden. Die absolute Bildungsgeschwindigkeit (im Gleichgewicht = Zerfallsgeschwindigkeit) ergibt sich aus der Gleichgewichtskonzentration von Cl-36 und somit ist schließlich die Altersbestimmung möglich.

Temperatur-Zeit-Skalen aus Isotopenmischungsverhältnissen

Im Zusammenhang mit Altersbestimmungen seien die Isotopenanalysen erwähnt, die das Mischungsverhältnis inaktiver Isotope in Sedimenten angeben. Die Gleichgewichtskonzentration der verschiedenen Sauerstoff- und Kohlenstoffisotope beim Austausch zwischen im Meereswasser gelöster Kohlensäure und ausgefälltem Karbonat für die verschiedenen Isotope ist in verschiedenem Ausmaße abhängig von der Temperatur. (Es tritt also eine geringe, aber meßbare Verschiebung im Isotopenmischungsverhältnis ein.) Beispielsweise unterscheidet sich das Verhältnis O-18/O-16 bei Schalentieren, die bei 7 bzw. 30 °C Meereswassertemperatur wachsen, mit $5^0/_{00}$. Nach entsprechender Kalibrierung kann durch Messung der Isotopenzusammensetzung die Temperatur bei der Entstehung von Schalentieren oder ozeanischen Sedimenten angegeben werden. Es kann andererseits eine Beziehung zwischen der Bildungstemperatur und dem Alter des Sedimentes aufgestellt werden, wenn das Alter auf unabhängige Art bestimmt werden kann. So können die zu verschiedenen geologischen Zeiträumen gehörenden Temperaturen aus Isotopenzusammensetzungen nachträglich bestimmt werden. Damit sind aber auch Extrapolationen auf den zukünftigen Temperaturverlauf der Erdkruste möglich (UREY).

78. Einige Beispiele aus chemischer Forschung

Es besteht teilweise Überdeckung dieses Paragraphen mit den Verfahren der Radiochemie, wie in Kapitel 7 behandelt, da naturgemäß die Untersuchung von Verfahren für radiochemische Trennungen auch als Untersuchung der Trennverfahren mittels radioaktiver Indicatoren aufgefaßt werden kann.

Die besonderen Vorzüge radioaktiver Leitisotope sind hauptsächlich zwei Eigenschaften: Die Möglichkeit sehr empfindlichen Nachweises sowie die Möglichkeit, Vorgänge innerhalb einer chemisch homogenen Phase auf Grund der Unterscheidbarkeit zwischen radioaktiven und inaktiven Isotopen zu untersuchen.

Beide Eigenschaften kommen in den im folgenden angeführten Beispielen zur Geltung, die in folgender Reihenfolge besprochen werden: Radiometrische Analysen; Nachweis von Spuren flüchtiger Stoffe (Entdeckung von Hydriden); Lösungs- und Abscheidungsvorgänge an Oberflächen (auch elektrolytisch und elektrochemisch); Mechanismus von Katalysen an Grenzflächen; Isotopenaustausch in chemisch homogener Lösungsphase (Selbstdiffusion); Ermittlung von Komplexstabilitätskonstanten aus Bildungs- und Dissoziationsgeschwindigkeit, bestimmt mit Isotopenaustausch (§ 48).

Analytische Chemie

Eine andere sehr frühe Ausnutzung der Empfindlichkeit radioaktiver Nachweismethoden war die Bestimmung der Löslichkeit schwerlöslicher Stoffe ($PbCrO_4$) zu einer Zeit, da der Isotopiebegriff noch nicht vollständig sichergestellt war (HEVESY und PANETH 1912).

Nach Vermischung des Radioisotopes Pb-212 (ThB) mit einer vorher genau bestimmten Menge Bleis kann nach Ausfällung des schwerlöslichen Salzes die Konzentration des noch in Lösung befindlichen Bleis bestimmt werden bis hinab zu so geringen Konzentrationen, wie sie der gravimetrischen Analyse nicht mehr zugänglich sind.

Durch die Verwendung von Radioisotopen läßt sich die Ausführung analytischer Trennungen vereinfachen. Die ersten Untersuchungen benutzten radioaktives Blei (Pb-210 oder Pb-212), mit dem Sulfat dadurch bestimmt werden kann, daß eine bestimmte Menge der radioaktiven Lösung bekannten Gehaltes der Sulfatlösung zugefügt wird und nach der Fällung von $PbSO_4$ die in der Lösung noch vorhandene Radioaktivität bestimmt wird, woraus die Menge ausgefällten Sulfates berechnet werden kann.

Dieses Verfahren kann beliebig ausgebaut werden. So lassen sich so auch Kationen (z. B. Ba) bestimmen die mit den gleichen Anionen wie Blei schwerlösliche Niederschläge bilden. In diesem Fall wird der Analysenlösung eine genau bekannte überschüssige Menge von SO_4- oder CrO_4-Ionen zufügt. Nach Abfiltrieren des Niederschlages wird der Sulfatüberschuß durch Fällung mit bekannten Mengen radioaktiver Bleilösung bestimmt, die verbrauchte Menge und damit die Menge des zu bestimmenden Kations ermittelt.

Die nächste Möglichkeit ist die Bestimmung eines Anions (z. B. Cl^-) durch Fällung mit einem Überschuß eines Kations (z. B. Ag^+), Bestimmung des Überschusses mit einem zweiten Anion (z. B. CrO_4^{--}), dessen Menge schließlich durch Fällung mit dem radioaktiven Kation (z. B. Pb-212) ermittelt wird. Die Fehler einer derartigen Mehrschrittanalyse addieren sich und die primäre Verwendung eines radioaktiven Indicators, im vorliegenden Fall etwa Ag-110, ist vorzuziehen.

Radiometrische Analysen können auch als Fällungs-Titrationen ausgebildet werden durch laufende Messung der in der Fällungslösung noch vorhandenen Radioaktivität. Beispiele sind die Titration von Magnesium, Silber, Blei, Thorium und Uran mit radioaktivem Phosphat. Bei der Titration durch Zufügen der

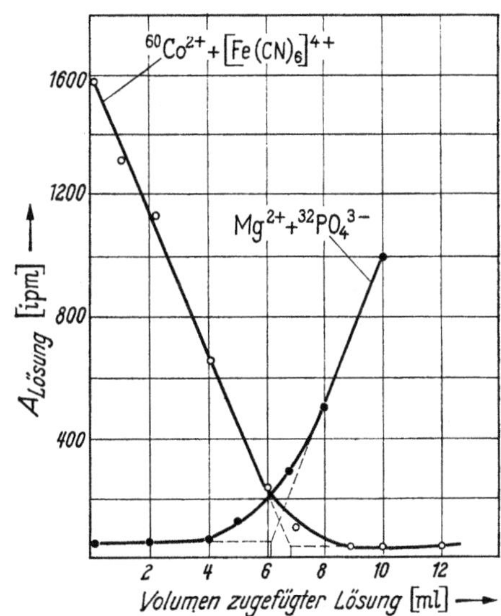

Abb. 129. Fällungstitrationen mit Radioisotopen

radioaktiven Phosphatlösung nimmt die Aktivität erst dann zu, wenn alles Phosphat ausgefällt ist, aus dem Knickpunkt der Kurve: Aktivität in Lösung als Funktion der zugefügten Menge Phosphatlösung läßt sich der Äquivalenzpunkt bestimmen (vgl. Abb. 129). Bei der (umgekehrten) Titration einer radioaktiven Phosphatlösung mit der Lösung des entsprechenden Kations nimmt die Radioaktivität der Lösung ab bis zu einem Wert, gegeben durch das Löslichkeitsprodukt.

Ein frühes Beispiel einer typisch radiochemischen Untersuchung war die Entdeckung der Hydride von Polonium und Wismut. Wenn der „aktive Niederschlag" der Thoriumemanation (vgl. § 10) auf Magnesiummetall abgeschieden wird und dieses in Säure gelöst wird, ist im gereinigten Gasstrom das Vorkommen von radioaktivem Wismut (ThC) festzustellen, das als gasförmiges Hydrid vorliegt. In ähnlicher Weise konnte auch PoH_3 erstmalig nachgewiesen werden (PANETH).

Analysen von großer Empfindlichkeit können auch mit dem Massenspektrometer (§ 5) durchgeführt werden, welches in manchen Fällen die radiometrische Analyse ergänzt. Hierbei kann analog zur optischen Spektroskopie in einer Probe nach Ionenerzeugung mittels Funken im Vakuum der Gehalt an vielen Elementen gleichzeitig festgestellt werden, wobei die untere Nachweisgrenze in der Größenordnung 10^{-10} g liegt. Die Funkenentladung wird zwischen der auf einem Metallträger aufgebrachten Probe und einer zweiten Elektrode aufrechterhalten. Da verschiedene Elemente in verschiedenem Maße ionisiert werden, ist die Verwendung von Standardpräparaten notwendig.

Während die Vakuumfunkenmethode die gleichzeitige Bestimmung vieler Elemente in einer Probe erlaubt, ist für den Nachweis einer bestimmten Verunreinigung in einer Probe die Methode der Isotopenverdünnung vorzuziehen (vgl. § 82). In diesem Fall sinkt die Nachweisgrenze für viele Elemente auf 10^{-12} g und für die Alkalimetalle bis auf 10^{-14} g.

Oberflächenvorgänge

Eine weitere frühe Anwendung der Indicatormethode war die Bestimmung von Oberflächen fester feinkörniger Pulver. Beim Zusatz einer Radioisotopenlösung zu einer (mit ihrer Lösung im Gleichgewicht stehenden) schwerlöslichen Fällung verteilt sich das Radioisotop (*) — durch Austausch mit der obersten Schicht der Gitteratome — zwischen Lösung (L) und Fällung (S) wie die inaktiven Isotope also mit gleichmäßiger „spezifischer" Aktivität. Es gilt: $n_S^*/n_S = n_L^*/n_L$. Hiervon sind alle Werte bekannt bzw. können leicht gemessen werden mit Ausnahme von n_S, der Zahl der gesamten Atome in der Oberflächenschicht, die auf diese Art bestimmt werden kann. Wenn man den Raumbedarf der Oberflächenatome (gemäß der Gitterkonstante) einsetzt, erhält man so die gesamte Oberfläche der entsprechenden Probe und aus der Menge auch die spezifische Oberfläche.

Diese einfache und bequeme Methode basiert jedoch auf einer Reihe vereinfachender Annahmen, die sich nicht immer als berechtigt gezeigt haben.

Einerseits kann Adsorption (mit entsprechender Oberflächenaufladung) der einen Ionensorte (Kationen oder Anionen) der Lösung an der Oberfläche stattfinden (vgl. § 49), andererseits ist die Annahme des Austausches *einer* Oberflächengitterschicht nicht immer berechtigt: Es können auch mehrere Gitterschichten am Austausch teilnehmen. Die Untersuchung dieser „Fehlerquellen" führte zur planmäßigen Verwendung von Radioisotopen zur Untersuchung von Austauschreaktionen in heterogenen Systemen. Rekristallisationsvorgänge und auch Selbstdiffusionsvorgänge im Inneren der Fällungen konnten im Falle hoher Ionenbeweglichkeit wie z.B. von Ag in AgBr gemessen werden (ZIMEN).

Radioaktive Indicatoren sind verwendet worden zur Aufklärung elektrochemischer Vorgänge wie der Bestimmung von kritischen Abscheidungsspannungen, zum Nachweis der Gültigkeit der Nernstschen Gleichung, zur Überprüfung der effektiven Oberfläche und des Abscheidungsvorganges bei Elektroden, der näheren Untersuchung von Korrosion und Passivität, des Mechanismus von elektrolytischen und elektrochemischen Abscheidungen.

Der Austausch von Atomen zwischen Metallen und der Lösung ihrer Ionen zeigt, daß in 0,1 M Lösungen etwa 1000 Gitterschichten am Austausch teilnehmen. Die Geschwindigkeit des Austausches nimmt außerdem mit dem Säuregrad der Lösung zu, wie bei Blei und Gold nachgewiesen. Einige Experimente deuten allerdings an, daß nach einer Vorbehandlung des Metalles mit der gleichen Lösung (ohne radioaktiven Indicator) der Austausch nur auf eine Oberflächenschicht beschränkt sei. Offenbar spielt die Oberflächenbeschaffenheit und insbesondere die Bildung von Lokalelementen hierbei eine große Rolle.

Diese Lokalelemente, die hauptsächlich für feuchte Korrosion verantwortlich sind, können direkt durch Radioautographie nachgewiesen werden, wie am Beispiel eines mit radioaktivem Eisen belegten Eisenmetalles gezeigt wurde. Radioautographien zeigen ebenfalls, daß radioaktives Chrom aus Chromatlösungen sich an als Anoden wirkenden Stellen der Oberfläche abscheidet und eine Oxydation von Eisen herbeiführt (Bildung von gemischten Oxyden), die den weiteren Angriff verhindern.

Die Abscheidung von edleren Metallen auf unedleren durch elektrochemische Verdrängung ist mit Radioelementen untersucht worden, bei deren Reindarstellung sie verwendet wird. Beispiel: Abscheidung von Polonium auf Silber; hier muß der nachteilige Effekt oxydierender Ionen durch Zusatz von Reduktionsmitteln (Hydrazin) verhindert werden. Po kann sogar auf Gold elektrochemisch abgeschieden werden, wenn durch Zusatz von Tioharnstoff komplexe Goldionen gebildet werden (ERBACHER). Ganz allgemein können die aufeinander folgenden Glieder der natürlich-radioaktiven Zerfallsreihen voneinander elektrochemisch getrennt werden, da durch α-Zerfall ein unedleres Element, durch β-Zerfall ein edleres Element entsteht.

Über den Abscheidungszustand von Po auf Au nach Elektrolyse kann genauer Aufschluß erhalten werden durch Ausmessung der Reichweite der Po-α-Strahlung. Bei Abscheidung aus sehr verdünnten Lösungen ist die scheinbare Reichweite erheblich verringert, wenn die Abscheidung auf Gold erfolgt (nicht dagegen bei Silber und nur wenig bei Platin). Es muß hieraus geschlossen werden, daß trotz nicht einmal monomolekularer Belegung die abgeschiedenen Po-Atome an einigen Stellen der Oberfläche tiefer eindringen.

Radioaktive Isotope sind gut geeignet, den Mechanismus katalytisch beschleunigter Reaktionen aufzuklären:

So ist gezeigt worden, daß die (kerntechnisch wichtige) Reaktion zwischen Graphit und CO_2 ($C + CO_2 \leftrightarrow 2\,CO$), oberhalb 700° C in zwei Schritten verläuft. Zunächst verliert das CO_2-Molekül ein Atom Sauerstoff und ein CO-Molekül wird frei, danach wird in einem langsamen Prozeß die zweite CO-Molekel freigemacht. Nur in sehr wenigen Fällen geschieht direkte Reaktion des gesamten Sauerstoffes von Kohlendioxyd mit der Oberfläche unter sofortiger Entwicklung von Kohlenmonoxyd.

Bei der Oxydation von CO an der Oberfläche von MnO_2 (angereichert mit O-18), nimmt gittereigener Sauerstoff des Katalysators nicht an der Reaktion teil, denn in der entweichenden Kohlensäure wurde kein O-18 aufgefunden. Das vorgeschlagene Reaktionsschema $CO + MnO_2 \rightarrow CO_2 + MnO$; $MnO + \frac{1}{2} O_2 \rightarrow MnO_2$ ist also nicht zutreffend.

Auf ähnliche Art konnte bewiesen werden, daß bei der Fischer-Tropsch-Synthese (Herstellung von Kohlenwasserstoffen durch Reduktion von CO mit H_2) an metallischen Katalysatoren nicht die oberflächliche Bildung von Metallkarbiden als Zwischenstufe der Reaktion in Betracht zu ziehen ist. Mit Hilfe oberflächlicher Karbidschichten, indiziert mit C-14, kann nachgewiesen werden, daß von dem Karbidkohlenstoff keine Atome in die Gasphase gelangen, und daß auch bei Verwendung von mit C-14 indiziertem CO sich kein C-14-haltiges Karbid bildet.

Reaktionsmechanismen und -geschwindigkeiten

In der anorganischen und organischen Chemie haben Radioindicatoren Verwendung gefunden zur Aufklärung des Mechanismus von Reaktionen, deren Zwischenprodukte mit anderen Methoden nur schwer festzustellen sind. So hat die Frage, ob der bei der Zersetzung von H_2O_2 durch Reaktion mit PbO_2 freiwerdende Sauerstoff ausschließlich aus dem H_2O_2 herrührt, dadurch positiv entschieden werden können, daß kein schwerer Sauerstoff, der ursprünglich in PbO_2 enthalten war, in die Gasphase gelangte.

Beispiele aus der *organischen* Chemie: Durch Studium der Verseifung von Estern mit Hilfe markierter Gruppen ist festgestellt worden, daß die Bildung des Alkohols erfolgt durch Verbindung eines Protons mit der Oxylgruppe des Esters. Wenn z. B. Amylacetat mit $^{18}H_2O$ verseift wird, findet sich O-18 in der Karboxylsäure wieder und nicht im Alkohol.

Bei der Oxydation von Fettsäuren, z.B. von Propionsäure durch Permanganat, entsteht sowohl Oxalat wie Karbonat. Nach Indizierung der Karboxylgruppe mit C-14 ist gezeigt worden, daß der Kettenbruch innerhalb des Propionsäuremoleküles (in wechselndem Verhältnis) zur Bildung von Kohlensäure sowohl durch Abbruch der Karboxylgruppe wie durch vollständige Oxydation eines Methylradikals führt. Bei der Oxydation der Propionsäure mit Bichromat in saurer Lösung führt der Kettenbruch ausschließlich zur Ablösung der Karboxylgruppe.

Weitgehende Verwendung haben Radioisotope gefunden zur Untersuchung von Reaktionen in homogenen Lösungssystemen. Der Isotopenaustausch (§ 48) erlaubt es, Natur und Geschwindigkeit der Reaktion zwischen gelösten Ionen zu bestimmen und das Vorliegen eines dynamischen Gleichgewichtes zu demonstrieren.

Beispielsweise ist der Austausch radioaktiver Seltener Erden zwischen ihren EDTA-Komplexen und hydratisierten Ionen bei verschiedenen Konzentrationen untersucht worden. Die Geschwindigkeitskonstante der Reaktion (vgl. § 48) ist konzentrationsunabhängig, jedoch abhängig von der Wasserstoffionenkonzentration. Infolgedessen ist die wasserstoffionenkatalysierte Dissoziation des EDTA-Komplexes als zeitbestimmend anzunehmen und für das Produkt von Geschwindigkeitskonstante, Wasserstoffionenkonzentration und Komplexkonzentration gilt ein konstanter Wert, der nur mit der Temperatur veränderlich ist. Die Werte dieser Konstanten verhalten sich wie die EDTA-Komplexbildungskonstanten, deren relative Größe also auf diese Art aus kinetischen Messungen bestimmt werden kann (BETTS).

Der einfachste Fall einer Austauschreaktion in Lösungen ist der Selbstaustausch in chemisch homogenen Systemen (Selbstdiffusion). Die nunmehr meist verwendete Meßmethode ist die sog. „Capillarmethode", bei der die radioaktiv indizierte Lösung sich in einer einseitig geschlossenen Capillare von etwa 1 mm Bohrung und einigen Zentimeter Länge (l) im Kontakt mit einem großen Reservoir der gleichen Lösung (ohne radioaktiven Indicator) befindet. Nach genügend langer Versuchszeit ($Dt/l^2 > 0{,}2$), kann der Diffusionskoeffizient mit ausreichender Genauigkeit gemäß: $D = 0{,}405 \dfrac{l^2}{t} \ln (0{,}8105\, c_0/c)$, berechnet werden, wobei c_0 die ursprüngliche, c die nach der Diffusionszeit t erhaltene Konzentration des Radioindicators in der Capillare ist (ANDERSON und SADDINGTON). Auf diese Art können Veränderungen der Lösungsmittelstruktur sowie der gelösten Ionen untersucht werden, wie z.B. die Bildung großer Komplexionen mit entsprechend verringerter Diffusionskonstante. In der praktischen Radiochemie ergeben sich als aktuelle Fragen die Untersuchung der Komplexe der Aktinide und technischer wichtiger Spaltprodukte (Ruthenium-nitrosyl-Nitratokomplexe) sowie nähere Untersuchung der Radiokolloidbildung (§ 50).

79. Verwendung von Radionukliden in der Festkörperchemie

Die Chemie fester Stoffe ist ein Gebiet, das besonders geeignet ist, den Nutzen der Methode radioaktiver Leitisotope zu demonstrieren: Es hat erst in diesem Zusammenhang seine volle Entwicklung erfahren und bei zunehmender Ausrichtung der Reaktormaterialforschung auf hochtemperaturbeständige Stoffe ergeben sich wichtige Zusammenhänge derartiger Untersuchungen mit kerntechnischen Fragen.

Bekanntlich sind die Atome der festen Stoffe nicht unbeweglich, sondern — in zunehmendem Maße bei Erhöhung der Temperatur — im festen Gitter verschiebbar. So können chemisch gleiche Atome die

Abb. 130. Schematische Darstellung von Selbstdiffusionsbestimmungen mittels Strahlungsabsorption an der Oberfläche des Festkörpers (Darstellung nach „Isotopes", Bibliographie der USA-AEC, 1955)

Plätze wechseln („Selbstdiffusion"), welches nur mit isotopen Indicatoren direkt wahrgenommen werden kann. Austausch kann auch geschehen zwischen verschiedenen Phasen („Reaktion in fester Phase"), welche ebenfalls bei den im allgemeinen geringen Umsätzen am besten mit der empfindlichen Leitisotopmethode bestimmt werden kann.

Die Beweglichkeit der Atome oder Ionen wird ermöglicht durch die „Fehlordnung" des Kristallgitters, wobei die thermodynamisch begründete „reversible" Fehlordnung am besten untersucht ist. Hierbei ist der „Leerstellen"fehlordnungstyp vorherrschend, bei dem ein Anteil (bei hohen Temperaturen etwa $1^0/_{00}$) der regulären Gittergleichgewichtslagen unbesetzt ist, welches die Verschiebung der nächstbenachbarten Atome ermöglicht. Eine andere Fehlordnungsmöglichkeit: Besetzen von „Zwischengitter"positionen, kommt ebenfalls vor. Außerdem kommen Fehlordnungsmischformen vor, und in letzter Zeit haben „Versetzungen" als Quellen und Senken für Fehlstellen zur Erklärung zahlreicher Phänomene geführt.

Selbstdiffusion in fester Phase

Mit radioaktiven Isotopen kann die Selbstdiffusion in festen Stoffen bei Werten des Diffusionskoeffizienten im Bereich 10^{-18} bis 10^{-10} cm²/sec bestimmt werden. Einerseits kann die Konzentrationsverteilung der gemäß einer bestimmten Anfangsbedingung dem System zugesetzten Radioisotope nach dem Diffusionsprozeß durch direkte Messung bestimmt werden (beispielsweise mittels ausreichend dünner Schnitte winkelrecht gegen die „Diffusionsrichtung", oder mittels „Radioautographien" von großer Auflösung); andererseits kann die Absorption der Strahlung im festen Stoff ausgenutzt werden, um die Verschiebung der radioaktiven Atome zu bestimmen, welche zu Verringerung der an der Oberfläche gemessenen Aktivität führt (vgl. Abb. 130).

Der erste Weg liefert meistens genauere Werte, der zweite ist oft bequemer, und die Methode empfindlicher, wenn die Strahlung stark absorbierbar ist (α-Strahlung, Rückstoßstrahlung). Oft wird als Randbedingung die „unendliche dünne" Schicht radioaktiven Materials auf einer Fläche des Probekörpers gewählt. Die Aufbringung erfolgt bei Metallen oft durch Elektrolyse, bei nichtmetallischen Stoffen durch Kondensation aus der Dampfphase im Vakuum (vgl. Abb. 131).

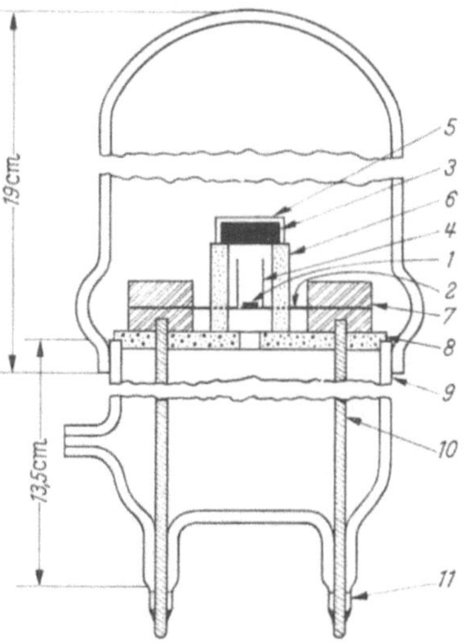

Abb 131. Apparatur zur Herstellung dünner radioaktiver Schichten durch Verdampfung (1 radioaktives Material; 2 Heizband; 3 Probekörper; 4 Kollimator; 5 Schutzkappe; 6 keramisches Rohr; 7 Stahlbacken; 8 keramische Platte; 9 Pyrexschliff; 10 Stromzufuhr (50 A); 11 Kovardurchführung)

Nach Ablauf des Diffusionsversuches bei hoher Temperatur wird der Probekörper winkelrecht zur Diffusionsrichtung unterteilt; die Konzentrationsverteilung des Radioisotopes $\left(C = C_0 \exp\left(-x^2/4\,Dt\right)\right)$ zeigt in der Darstellung $\ln C = f(x^2)$ eine Gerade (vgl. Abb. 132, C: Konzentration, x: Eindringtiefe). Abweichungen weisen darauf hin, daß mehrere Diffusionswege gleichzeitig vorgelegen haben können, wie es beobachtet wird an Sinterkörpern (Gitterdiffusion und Grenzflächendiffusion).

Ein Vorteil der Diffusionsmessung unter Zuhilfenahme der Strahlungsabsorption ist, daß in einigen Fällen die Diffusion direkt messend verfolgt werden kann. In solchen Fällen wird der Detektor auf den Ofen aufgesetzt, der die Diffusionsprobe enthält; der notwendige Schutz gegen Wärmestrahlung kann durch wassergekühlte, dünne Metallfolien bewirkt werden, welche die radioaktive Strahlung in ausreichendem Maße durchlassen. Die laufende Registrierung der Verringerung der

Strahlungsintensität ermöglicht es, zeitliche Veränderungen der Diffusion und dadurch die zugrundeliegenden physikalischen oder chemischen Veränderungen der Probe wahrzunehmen (vgl. Abb. 133).

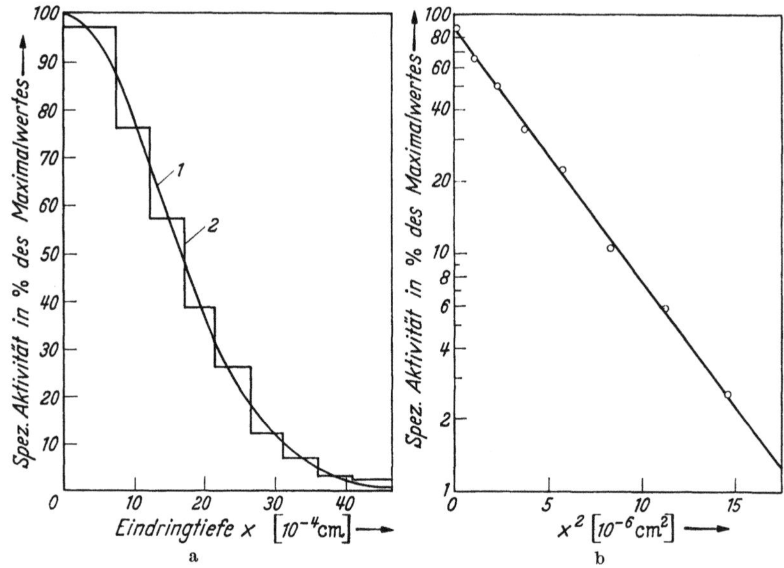

Abb. 132a u. b. Konzentrationsverlauf von Mg-28 in MgO (nach 8 h, 1495° C). a. *1*: Theoretischer Verlauf, *2*: experimentelle Ergebnisse. b: $\log C = f(x^2)$

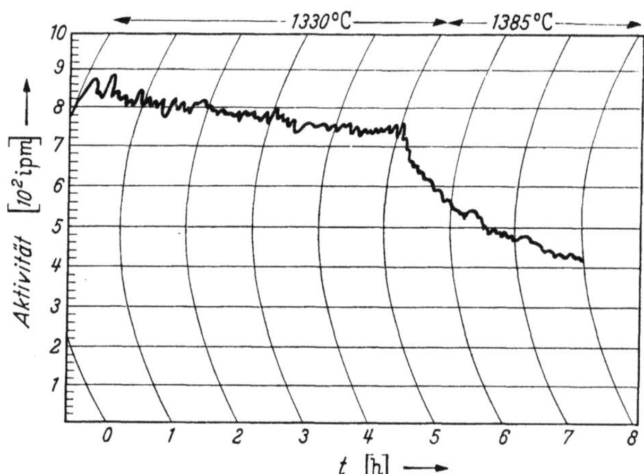

Abb. 133. Originalregistrierkurve bei der laufenden Messung der Diffusion von Ca-45 in Ca₂SiO₄ (starke Erhöhung der SDK bei geringfügiger Temperaturerhöhung — infolge kristallographischer Umwandlung)

Im allgemeinen ändert sich mit der Kristallstruktur auch die Beweglichkeit im Gitter, und so können Temperaturen kristallographischer Umwandlung mitunter auf Grund unstetiger Änderung der Selbstdiffusionskoeffizienten bestimmt werden.

Falls kein Radioisotop von ausreichend absorbierbarer Strahlung zur Verfügung steht und außerdem der Diffusionskoeffizient zu klein ist, um durch direkte Bestimmung des Konzentrationsverlaufes ermittelt zu werden, kann eine Methode verwendet werden, bei der der Übergang zwischen einer ursprünglich homogenen radioaktiv indizierten und einer ursprünglich inaktiven Probe beobachtet wird. Innerhalb eines gewissen Temperaturgebietes, entsprechend einer Diffusionskonstante zwischen 10^{-14} und 10^{-12} cm²/sec, verschweißen auch harte Oxydpreßkörper mit planen Oberflächen soweit, daß ungehinderter Isotopenaustausch über die Phasengrenze hinweg geschehen kann. Nach dem Versuch ist jedoch die Trennung der Kontaktproben an der ursprünglichen Grenzfläche möglich: Die übergegangene Radioaktivität als Funktion der Zeit kann bestimmt und daraus der Diffusionskoeffizient bestimmt werden.

Bei Anlegen eines elektrischen Feldes wird der Radioaktivitätsübergang zwischen den beiden Proben je nach Größe und Ladungssinn der entsprechenden Ionen beschleunigt oder verzögert, und aus dem Transport können sehr geringe Überführungszahlen bestimmt werden.

Selbstdiffusion und Kristallstruktur

Die Abhängigkeit der atomaren Beweglichkeit von der Kristallstruktur wird unter anderem deutlich beim Vergleich der Selbstdiffusion der Kationen in verschiedenen Silikaten, da die Struktur in diesen Fällen bei zunehmender Einlagerung von Metallionen (also Übergang vom „Meta"- zum „Orthosilikat") aufgelockert, und die Aktivierungsenergie Q der Diffusion $\left(D = D_0 \exp(-Q/RT)\right)$ verringert wird.

Kristallographische Umwandlungen machen sich meistens bemerkbar durch Änderungen sowohl von Aktivierungsenergie wie von Fehlstellenkonzentration. Mitunter kann bei Temperaturen kristallographischer Umwandlung erhöhte Festkörperreaktivität beobachtet werden („Hedvall-Effekt"). Hierzu trägt — außer Oberflächenveränderungen — auch die atomare Beweglichkeit bei, die z. B. bei der Diffusion von radioaktivem Pb in $PbSiO_3$ im Umwandlungstemperaturintervall ein relatives Maximum zeigt.

Es ist anzunehmen, daß bei der verhältnismäßig „losen" Struktur von glasigen Silikaten, bei der der Zusammenhalt der SiO_4-Tetraeder durch eingelagerte Metallionen unterbrochen ist, die atomare Beweglichkeit größer ist als in der kristallisierten Form. Selbstdiffusionsmessungen beweisen dies ebenfalls bei $PbSiO_3$, wobei vergleichende Messungen an der Glasphase und der kristallinen Phase zeigen, daß in erstgenanntem Fall die Aktivierungsenergie auf die Hälfte reduziert ist.

Bei der Zusammenstellung der mittels Radioisotopen erhaltenen Werte der Selbstdiffusion von Kationen in Oxyden ergibt sich, daß der

Diffusionskoeffizient am Schmelzpunkt der meisten Oxyde einen vergleichbaren Wert hat (log $D \approx -7$). Man kann also daran denken, innerhalb einer Verbindungsklasse den Schmelzpunkt durch den dazugehörigen Selbstdiffusionskoeffizienten zu definieren. Anscheinend spielen Fehlstellenkonzentration und -beweglichkeit eine bestimmende Rolle bei der Kondensation der Leerstellen zu Dislokationslinien mit herabgesetztem Widerstand gegen Zugspannungen: der Schmelzprozeß tritt ein.

Der Mechanismus von Festkörperreaktionen, untersucht mit Leitisotopen

Bei der Kenntnis der Selbstdiffusion in festen Stoffen kann der Mechanismus für die Bildung neuer Verbindungen durch Reaktionen im festen Zustand bestimmt werden (C. WAGNER). Beispielsweise wird für die Bildung von Oxydschichten durch Reaktion zwischen Metall und Sauerstoff angenommen, daß im allgemeinen die Oxydschicht auf Grund der Diffusion von Metallionen vom Metall durch die Schicht zu der Phasengrenze Oxyd/Sauerstoff (an der neues Oxyd gebildet wird) zunimmt. In diesem Fall kann die Oxydationsgeschwindigkeit identisch sein mit der der Kationen-Selbstdiffusion in der Oxydschicht, welches für mehrere Systeme bewiesen worden ist.

Ein analoger Vorgang kann möglicherweise auch für die Bildung von „höheren Oxyden" wie Silikaten und anderen Doppeloxyden durch Reaktion zwischen den Ausgangsoxyden im festen Zustand verantwortlich sein. Bei „Spinellen" wie Zinkferrit und Nickelchromit ist ausreichende Übereinstimmung zwischen der Diffusionsgeschwindigkeit der beiden Kationen und Bildungsgeschwindigkeit des Spinells gefunden worden; im Fall der Bildung von Silikaten wird diese Forderung nicht erfüllt. Offenbar muß in diesen Fällen mit der Beweglichkeit von Sauerstoff durch die Reaktionsschicht gerechnet werden, welches mit dem inaktiven Leitisotop O-18 näher untersucht werden kann.

Phasengrenzreaktionen zwischen festen Stoffen

Wenn feste Stoffe als feine Pulver miteinander vermischt und erhitzt werden, kann — bevor sich eine stabilisierte Reaktionsschicht bildet, die dann durch Diffusion wächst — die Reaktion als „Phasengrenzreaktion" verlaufen. Die Fehlordnung auf den Kontaktflächen ist so groß und die Oberflächendiffusion so schnell, daß der Austausch an der Phasengrenze als langsamste Teilreaktion zeitbestimmend wird. Dieses führt zu linearen Zeitfunktionen und Aktivierungsenergien, die von der von Diffusionsreaktionen verschieden sind. Man hat mit radioaktiven Leitisotopen feststellen können, daß die Pulverreaktion zwischen Bleioxyd und Kieselsäure bis hinauf zu 400°C als Phasengrenzreaktion verläuft, und daß die beschleunigte Diffusion mehrere hundert Gitterschichten umfaßt.

Diffusion radioaktiver Gase in festen Stoffen

Diffusionsmessungen haben Bedeutung in kerntechnischer Hinsicht im Zusammenhang mit der Reaktionsfähigkeit von Kernbrennstoff und Strukturmaterial bei hohen Temperaturen; so ist z. B. die Diffusion radioaktiver Spaltproduktgase im Kernbrennstoff und umgebendem Hüllenmaterial von unmittelbarem Interesse für den Reaktorbetrieb. Insbesondere Xenon-135 ist ein starkes Reaktorgift, und in einem Hochflußreaktor kann 12 Std nach Abschalten die Neutronenabsorption durch dieses Isotop 1 Neutron jeder Spaltung wegfangen. Dieses blockiert den Reaktor, und von diesem Gesichtspunkt aus wäre es vorteilhaft, das Xenon laufend zu entfernen; Sicherheitsgründe fordern jedoch den Verbleib des radioaktiven Gases in den Brennstoffelementen [bis zur Aufbereitung (vgl. § 72)]. Die Entweichung der Spaltgase Kr und Xe ist besonders an neutronenbestrahlten Uranoxyden untersucht worden. Die

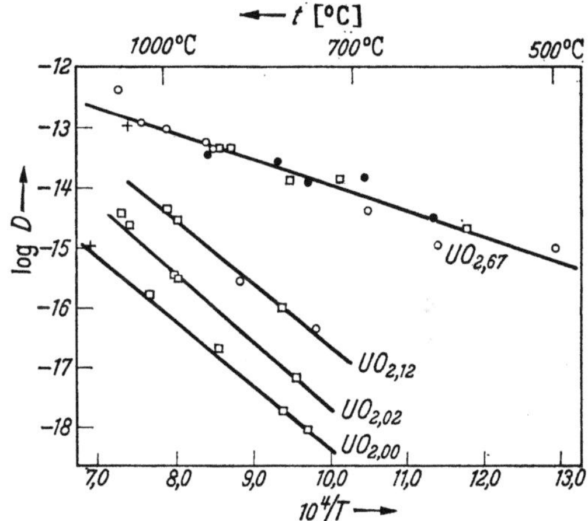

Abb. 134. Diffusion von Spalt-Xenon in Uranoxyden verschiedenen Sauerstoffgehaltes (nach LINDNER und MATZKE)

Diffusionskoeffizienten nehmen mit zunehmendem Sauerstoffgehalt des Oxydes zu, etwa linear zwischen $UO_{2,00}$ und $UO_{2,20}$ und liegen deutlich höher bei U_3O_8, die entsprechende Oxydation fördert also die Entfernung der Spaltgase (vgl. Abb. 134).

Um Ergebnisse für in Betrieb befindliche Brennstoffelemente zu liefern, müßen solche Versuche im arbeitenden Reaktor als „Loop"-Experimente wiederholt werden, da die erhöhte Fehlordnung durch Strahlenschaden des Festkörpers (vgl. § 73) zu anderen Ergebnissen führen kann.

Die Diffusion der Spaltedelgase in Reaktorwerkstoffen ist ein Spezialfall der von ZIMEN (1942) eingeführten „Aktivierungs-Diffusion". Bei dieser Methode werden radioaktive Edelgase durch Bestrahlung und Kernreaktion in einem Festkörper gebildet und anschließend die Diffusion der radioaktiven Atome aus dem Festkörper heraus beobachtet. Kernreaktionen, die zu Edelgasen führen, sind z. B. (n, p)-Reaktionen mit Alkalielementen, (n, α)-Reaktionen mit Erdalkalielementen und die oben erwähnte Bildung von Kr- und Xe-Isotopen bei Spaltungsreaktionen. Aus den gemessenen Diffusionskoeffizienten für die Edelgasdiffusion können Rückschlüsse über die Feinstruktur und Reaktivität der Festkörper gewonnen werden. Gegenüber der Hahnschen Emaniermethode (s. unten) hat die Aktivierungs-Diffusion den Vorteil, daß die Proben bei Neutronenbestrahlung homogen indiziert werden und daß nach Aufhören der Bestrahlung die Edelgasatome nur durch Diffusion (und nicht auch durch Rückstoß bei Zerfall einer Muttersubstanz) aus dem Festkörper entweichen können, was die quantitative Auswertung ver Versuche wesentlich erleichtert.

Wenn es sich ausschließlich um die Untersuchung von Oberflächenveränderungen handelt, kann das radioaktive Gas in beliebige feste Körper oberflächlich eingeführt werden durch eine Hochfrequenzgasentladung, welche das Gas in dünner Schicht auf der Oberfläche des Festkörpers niederschlägt.

Die Emaniermethode

Im Jahre 1925 wurde von O. Hahn die „Emaniermethode" eingeführt, die kurz folgendermaßen beschrieben werden kann: Der zu untersuchende feste Stoff wird möglichst homogen mit einem Radionuklid indiziert, dessen Folgeprodukt ein radioaktives Edelgas ist. Die Indizierung kann leicht durch Mischkristallbildung, aber auch durch Austauschadsorption erfolgen. Dies bedeutet, daß im ersteren Fall die Emanationsabgabe von Stoffen untersucht wird, die mit Radium oder Radiothor Mischkristalle bilden, also Erdalkaliverbindungen, insbesondere Bariumsalze, bzw. Verbindungen von Thorium, Zirkonium und vierwertigem Cer. Ein annähernd homogener Einbau wird auch bei innerer Adsorption an Hydroxydfällungen, insbesondere von $Fe(OH)_3$ erwartet, und so sind (nach Dekomposition) auch die Oxyde des Eisens oft nach der Emaniermethode untersucht worden (u. a. durch Götte).

Für Emanierversuche benutzt werden kann auch die Entwicklung von leichtflüchtigen Radionukliden, wie Jod, nach Indizierung mit Mutternukliden, wie Tellur. So kann das Entweichen von J-132 zum Studium der Veränderung von Sulfaten dienen, die mit radioaktivem (Te-132) Tellurat indiziert wurden. Es bestehen jedoch Unterschiede gegenüber dem Verhalten des Edelgases Emanation: Einerseits tritt keine Komplikation durch α-Rückstoß auf, andererseits ist Jod chemisch reaktiv, es kann leicht unkontrollierbar adsorbiert werden.

Das „Emaniervermögen" ist definiert als der entweichende prozentuelle Anteil der insgesamt gebildeten Emanation. Die Messung des Emaniervermögens erfolgt zweckmäßigerweise mit kontinuierlich registrierenden Apparaturen, wie Elektrometern oder Ionisationskammern mit schreibenden Registriergeräten (Zimen). Die Anwendung der Emaniermethode geschieht hauptsächlich auf folgende Fälle:

1. Bestimmung und insbesondere Beobachtung der Veränderung von Strukturen und Oberflächen von Festkörpern.

2. Indirekte Bestimmung der Edelgasdiffusion.

3. Untersuchung der Reaktion zwischen festen Stoffen.

Auf diese Art sind unter anderem die Dissoziationen von Karbonaten, Oxydhydraten, kristallographische Umwandlungen, Spinellbildungsreaktionen zwischen entsprechend indizierten Ausgangsoxyden untersucht worden (vgl. Abb. 135).

Das Emaniervermögen steigt annähernd exponentiell bei höheren Temperaturen fester Stoffe, und die Frage des Zusammenhangs zwischen Emaniervermögen, Diffusion der Emanationsatome und der Selbstdiffusion der Gitterbausteine ist oft behandelt worden. Theoretische Betrachtungen (FLÜGGE und ZIMEN) fordern, daß die Aktivierungsenergie des Emaniervermögens gleich der halben Aktivierungsenergie der beteiligten Emanationsdiffusion sein, welch letztere auch nach homogener „Rückstoßindizierung" kleiner Kristalle mittels Radiumadsorption direkt gemessen werden konnte mit weitgehender Be-

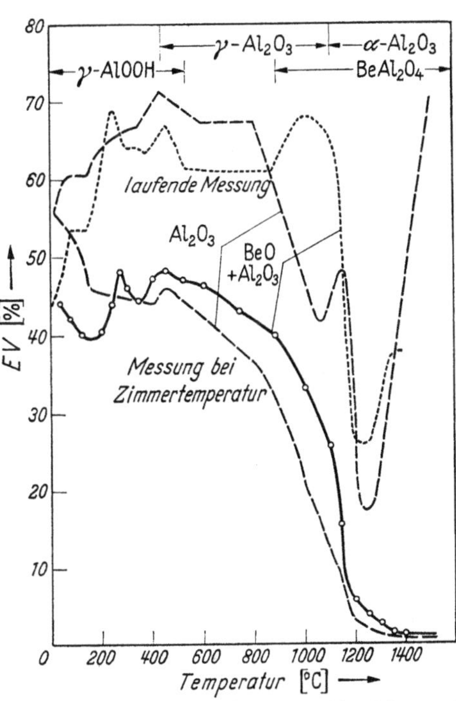

Abb. 135. Emaniervermögen von Aluminiumoxyd (wasserhaltig) bei fortschreitender Dehydratation sowie der Reaktion mit BeO zu Chrysoberyll (nach SCHRÖDER)

stätigung der theoretischen Annahmen. Dagegen ist ein mitunter vermuteter direkter quantitativer Zusammenhang zwischen Emaniervermögen und Selbstdiffusion bisher nicht überzeugend bewiesen worden.

80. Angewandte Strahlenchemie

Die bei der Aufbereitung von Kernbrennstoffen anfallenden Spaltprodukte (§ 74) stellen Quellen in der Größenordnung 10^6 bis 10^7 MeV-Curie γ-Strahlung dar, die benutzt werden können, um strahlungschemische Reaktionen im Produktionsmaßstab zu induzieren.

An technisch wichtigen Reaktionen wäre die Oxydation von Stickstoff zu Stickoxyden sowie die Synthese von Ammoniak aus Stickstoff und Wasserstoff zu nennen. Allerdings sind in diesem Fall die Ausbeuten verhältnismäßig gering: Größenordnung 1 bis 2 t durch Einwirkung einer γ-Strahlungsquelle von 10^6 MeV-Curie während eines Jahres. In diesem Fall wäre die Rückstoßstrahlung der Uranspaltung von größerer technischer Bedeutung: Wenn die reagierenden Gase direkt der Wirkung des Spaltungsrückstoßes ausgesetzt werden, etwa dadurch, daß der Reaktorbrennstoff in Form von sehr feinen Uranglasfasern ausgebildet ist, die vom Synthesegas umspült werden, kann die Strahlungssynthese wirtschaftlich den konventionellen Prozessen (bei hohem Druck und hoher Temperatur) allmählich ebenbürtig werden (HARTECK und DONDES).

Zur Zeit ist der „G-Wert" $\sim$5 (5 reagierende Moleküle pro 100 erg absorbierte Strahlungsenergie) erreicht worden, der wahrscheinlich nicht erheblich überboten werden kann. Man versucht, die chemische Ausbeute dadurch zu verbessern, daß man einen Teil der gebildeten Stickoxyde mit SO_2 reagieren läßt, wodurch schließlich (eventuell zum Teil über Dinitrosyl-pyrosulfat) Schwefelsäure als weiteres wertvolles Produkt entsteht. Bedenklich erscheint die Verunreinigung der Produkte mit den stark radioaktiven Spaltprodukten, doch hat es sich beim „Uranglasfaserreaktor" nach HARTECK und DONDES gezeigt, daß die Glasfasern als Adsorptionsfilter wirken, und hauptsächlich nur mit den Spaltgasen und -halogenen zu rechnen ist.

Erheblich höhere Ausbeuten durch Einwirkung von γ-Strahlung liegen bei Reaktionen der organischen Chemie vor: Einwirkung von 10^6 MeV-Curie/Jahr führt zu der Bildung von 170 t Phenol durch die Oxydation von Benzol mit Luft, und die höchsten Ausbeuten zeigen die Polymerisationsreaktionen: bei der Bildung von Polyäthylen wird die Ausbeute zu 2000 t/Jahr abgeschätzt.

Bei Polymerisationsreaktionen kann man unterscheiden zwischen dem Ingangsetzen des Polymerisationsprocesses und der weiteren Veränderung einmal gebildeter Polymerer durch Bestrahlung. Im ersteren Fall bilden sich durch eine Kettenreaktion Makromoleküle mit hohem Molekülgewicht, im zweiten Fall tritt dann Vernetzung ein.

An aktuellen und technisch wichtigen Reaktionen ist unter anderem untersucht worden die Polymerisation von Acetylen, Acrylamid, Acrylat, Butadien, Äthylen, Metacrylat, Perfluoräthylen, Styrol, Vinylchlorid usw. Hierbei geht die Polymerisation mit abnehmender Leichtigkeit vonstatten in der Reihenfolge Acrylat, Metacrylat, Styrol, Butadien.

Polymerisation kann ausgeführt werden in Gas-, Flüssigkeits- oder Emulsionsphase. Im allgemeinen beschleunigt Temperaturerhöhung die Polymerisation, es ist sogar möglich (z.B. im Falle von Akrylamid), die Bestrahlung zunächst bei tieferer Temperatur durchzuführen und eine heftige Polymerisationsreaktion durch anschließende Erwärmung hervorzurufen, da die ursprünglich gebildeten freien Radikale erst dann reagieren.

Die Längenveränderungen auf Grund der Polymerisation können in Strahlungsdosismessern ausgenutzt werden.

Durch Strahlungseinwirkung können „Propf"polymerisate hergestellt werden, dadurch, daß auf ein fertiges Polymerisat Verzweigungen mit wichtigen Funktionen aufgebracht werden. So kann man beispielsweise auf Polyäthylen Styrolsulfonsäuregruppen aufbringen und so Membranen für Elektrodialyse erhalten. Versuche sind unternommen worden, Naturgummimoleküle mit Polyacrylmethylgruppen zu versehen, um ölbeständigen Gummi zu erhalten.

Eingehend untersucht worden ist die Veränderung von Polymeren unter dem Einfluß von Strahlung, welches zur Bildung höherer Polymerer führen kann. Diese geschieht durch Vernetzung mit Hilfe von primär gebildeten Radikalen. Das Netzwerk zeigt Veränderungen der physikalischen Eigenschaften, im allgemeinen erwünschter Natur, wie höherer Schmelzpunkt und größere mechanische Stabilität. So ist z.B. der Schmelzpunkt von Polyäthylen deutlich über 100 °C erhöht worden. (Allerdings sind verbesserte Polyäthylene auch auf chemischem Wege, beispielsweise nach dem Zieglerschen Tiefdruckverfahren hergestellt worden.)

Strahlungsvernetzung ist unter anderem auch untersucht worden an Polystyrol, Polyamiden, Polypropylen, Polychloropren (Neopren). Ionisierende Strahlung ist auch für die Vulkanisierung von Gummi verwendet worden.

Manche Polymere werden unter dem Einfluß von Strahlung nicht zersetzt, sondern zu geringerer Molekülgröße abgebaut, wie z.B. Polymethylmetacrylat, Polyphenylchlorid, Polytetrafluoräthylen, Cellulose, Stärke, Wolle, Terylen.

Die nötige Bestrahlungsdosis für dergleichen Reaktionen liegt in der Größenordnung 1—1000 Megarad. Bei der Änderung der physikalischen Eigenschaften bestehen Unterschiede zwischen verschiedenen Polymeren. Naturgummi verliert seine Elastizität erst bei 500 Megarad, während die meisten anderen elastischen Stoffe nur 100 Megarad vertragen. Polymerisation wird durch Sauerstoff weitgehend verhindert. Die bei der Bestrahlung im Inneren der Polymeren entstehenden Gase können das Material porös machen.

Die Kinetik der Polymerisation ist in erster Linie abhängig von der Bildung freier Radikale durch Strahlungsabsorption. Als Teilreaktionen können unter anderem unterschieden werden: Kettenbildung und Kettenwachstum, Rückbildung von Monomeren aus Radikalen mit folgender Aufnahme durch das Lösungsmittel, Reaktionen von polymeren Radikalen mit Monomeren. Die Reaktionsgeschwindigkeit ist im allgemeinen nur bei kleinen Umsetzungsgraden konstant und kann später autokatalytisch sehr hohe Werte erreichen. Bei hohen Strahlungsintensitäten wird die Wahrscheinlichkeit, daß Radikale miteinander reagieren, größer, wachsende Ketten können so desaktiviert werden und das Wachstum abgebrochen werden.

Die wirtschaftliche Seite angewandter Strahlungschemie ist stark abhängig von der weiteren Entwicklung der Kraftreaktorprogramme. Damit eine strahlungschemisch-technische Herstellung sich wirtschaftlich lohnen soll, sind G-Werte von etwa 10 (d. h. 10 gebildete Moleküle/100 eV absorbierter Strahlungsenergie) notwendig. Es läßt sich berechnen, daß die γ-Strahlungsintensität eines 1000-Megawattreaktors (insbesondere, wenn man die γ-Strahlung der kurzlebigen Spaltgase während des Reaktorbetriebes in äußeren Schlingen ausnutzen kann) zur Bildung oder Vernetzung von 10 bis 100 t Polymerisationsprodukten in der Stunde führt.

Die genauen Kosten sind schwer zu berechnen, die Investierung in jedem Fall erheblich. Wahrscheinlich werden nur ganz bestimmte Prozesse für strahlungschemische Induktion in Frage kommen, bei denen auf konventionelle Art durch Druck, Temperatur und Katalysatoren eine entsprechende Ausbeute nicht zum gleichen Preise zu erhalten ist.

Technische Verwendung kann ionisierende Strahlung auch für Zwecke der Sterilisation von Lebensmitteln und Arzneimitteln erhalten. Hier (wie auch bei Strahlungssynthesen), besteht ein Wettbewerb zwischen der Strahlung von Radionukliden und der von Elektronenbeschleunigern, mit denen γ-Strahlen beliebiger Energie erhalten werden können (§ 19). Hierbei sind Bestrahlungsdosen von 10^6 rad notwendig, um widerstandsfähige Bakterien abzutöten, während zur Vernichtung von Trichinen $5 \cdot 10^4$ rad ausreichend sind. Für die Konservierung von Fleisch würden die Kosten der Strahlungsbehandlung in der Größenordnung 10 bis 50 Pfg/kg liegen können.

Allerdings kann die Qualität von Nahrungsmitteln durch Bestrahlung ungünstig beeinflußt werden. Verfärbung und Geschmackveränderung treten ein. Letztere wird auf das Entstehen von Schwefelverbindungen geringeren Molekulargewichtes zurückgeführt. Diese Beeinträchtigungen, die auch bei Milchprodukten und Obstsäften auftreten, können dadurch verringert werden, daß vor der Bestrahlung Sauerstoff entfernt oder der Stoff in gefrorenem Zustand bestrahlt wird.

Eine andere Möglichkeit ist Herabsetzung der Bestrahlungsdosis, da auch Dosen von 10^4 bis 10^5 rad schon einen beträchtlichen Einfluß auf die Haltbarkeit von Nahrungsmitteln ausüben.

81. Aktivierungsanalyse

Im Prinzip kann jeder Kernprozeß zu analytischen Bestimmungen des getroffenen Kernes benutzt werden, insbesondere wenn dieser ein Radionuklid von meßbarer Halbwertszeit und Strahlungshärte bildet.

Obwohl auch „Aktivierungsanalysen" mit beschleunigten Ionen durchgeführt werden, entfällt die überwiegende Mehrzahl dieser Bestimmungen (wegen des hohen Wirkungsquerschnittes) auf Reaktionen mit langsamen Neutronen.

Wie in der Tabelle 1 (Anhang) wiedergegeben, treten durch Bestrahlung mit langsamen Neutronen praktisch im gesamten Periodischen System Radionuklide mit meßbaren HZ auf: ein großer Teil von ihnen ist zur analytischen Bestimmung des betreffenden Elementes geeignet.

Die Empfindlichkeit der Methode ist in erster Linie durch den betreffenden Neutronenaktivierungsquerschnitt σ und den zur Verfügung stehenden Neutronenfluß Φ gegeben, gemäß:

$$I = \Phi\sigma(N_L/A)\, m\, (1 - \exp(-\lambda t)) \tag{10.1}$$

Hierbei ist I die bei Bestrahlungsende vorliegende absolute Aktivität, N_L LOSCHMIDTs Zahl, A das Atomgewicht und m die gesuchte Masse. Die Gesamtaktivität I ist auch von der Bestrahlungsdauer t und der Zerfallskonstante λ abhängig und mit Kenntnis aller dieser Größen kann die unbekannte Menge des betreffenden Elementes in Gramm ermittelt werden. Durch geeignete Wahl der Bestrahlungszeit kann die Entstehung anderer unerwünschter Radionuklide weitgehend unterdrückt werden.

Der *Neutronenfluß* Φ soll möglichst hoch sein, da die Empfindlichkeit der Methode Φ direkt proportional ist. Sein aktueller Wert am Bestrahlungsort wird durch Aktivierung eines Standardpräparates bestimmt, bestehend aus dem Element, dessen Vorkommen in der Analysenprobe untersucht werden soll. Hierdurch wird die Analyse reduziert auf Vergleichsmessungen zweier aktiver Proben.

Eine mögliche Fehlerquelle ist die lokale Verringerung des Neutronenflusses durch Stoffe mit hohem Absorptionsquerschnitt in der Nähe der Bestrahlungsproben. Daher sollte der örtliche Verlauf des Neutronenflusses mit geeigneten Indicatoren gemessen worden sein, oder der Bestrahlungsraum ausreichend groß gehalten werden, welches bedeutet, daß der entsprechende Reaktorbestrahlungskanal und eventuell auch benachbarte Kanäle freibleiben müßten.

Die Verringerung des Neutronenflusses durch Absorption in der Analysenprobe kann entweder experimentell eliminiert werden durch Bestrahlung sehr dünner Proben oder rechnerisch kompensiert werden nach Messung der Neutronenabsorption und Extrapolation auf die Schichtdicke Null. Genannte Fehlerquellen können dadurch vermieden werden, daß man einen „internen" Standard benutzt, bei dem der Analysenprobe in homogener Verteilung bekannte geringe Gehalte derjenigen Verunreinigungen zugesetzt worden sind, die man in der Analysenprobe erwartet.

Die zur Verfügung stehenden maximalen Flüsse thermischer Neutronen liegen in der Größenordnung $10^{12}\,n$ cm^{-2} sec^{-1} (Forschungsreaktoren) bis $10^{14}\,n$ cm^{-2} sec^{-1} (Materialprüfreaktoren).

Die Empfindlichkeit der Methode wird ausgedrückt durch die geringste noch nachweisbare Gewichtsmenge des entsprechenden Ele-

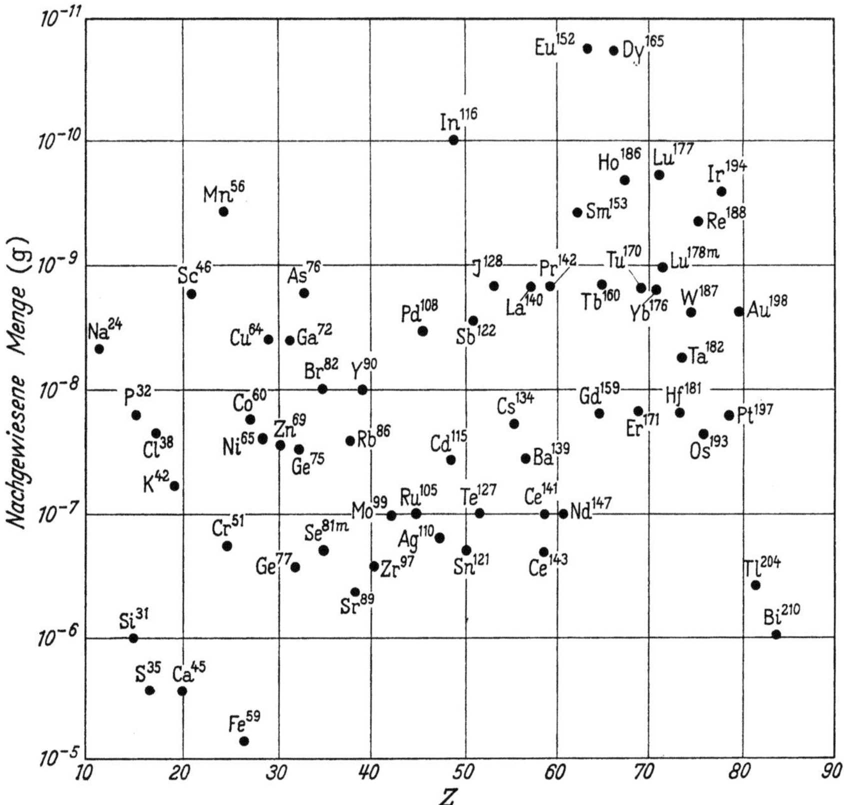

Abb. 136. Empfindlichkeit der Neutronenaktivierungsanalyse bei Entstehen der angegebenen Radionuklide durch Reaktorbestrahlung (nach MEINKE)

mentes [wahlweise durch die hierzu nötige Konzentration der Analysenlösung in µg/ml (1 µg/ml einer 10%igen Lösung = 10 ppm)] in der Analysenprobe, z.B. unter der Annahme des Neutronenflusses $1 \cdot 10^{12}\,n$ cm^{-2} sec^{-1} und einer meßbaren Mindestaktivität von 60 ipm bei 25% GM-Zählrohr-Geometrie (vgl. Abb. 136).

Der *Neutronenaktivierungsquerschnitt* ist für die meisten Reaktionen mit langsamen Neutronen tabellarisch festgehalten. Die Werte für σ_{th} liegen zwischen 10^{-3} und 10^4 b; die Empfindlichkeit (Nachweisgrenze) zwischen 10^{-12} und 10^{-5} g, entsprechend 10^{-6} bis 10 ppm; der übliche Bereich ist 10^{-1} bis 10 ppm.

In vielen Bestrahlungslagen des Kernreaktors ist die gleichzeitige Wirkung von thermischen und schnellen Neutronen in Form verschiedener Reaktionen mit verschiedenen radioaktiven Produkten zu beachten. Man kann Detektoren benutzen, bei denen Aktivierung von gewissen Neutronenenergien an auftritt (Schwellenwertdetektoren). Obwohl die Wirkungsquerschnitte für schnelle Neutronen im allgemeinen < 1 mb, kommen in einigen Fällen [Schwefel (n, p)- und Chlor (n, α)-Reaktionen] so hohe Wirkungsquerschnitte vor, daß sie zur Aktivierungsanalyse ausgenutzt werden können (vgl. Tabelle 3, Anhang).

Die experimentelle Berücksichtigung der Störung der Aktivierung mit thermischen Neutronen durch schnelle Neutronen geschieht durch eine Kontrollbestrahlung: Wegfiltern der langsamen Neutronen mit Cadmiumfolie, welches leichter auszuführen ist als die vollständige Moderierung schneller Neutronen. Bei dieser Kontrollbestrahlung wird also nur der Störeffekt erhalten, der dann bei der Analyse berücksichtigt werden kann.

Die *Bestrahlungszeit* wird gemäß der Halbwertszeit gewählt, da Bestrahlung über viele HZ überflüssig und wegen des „Anwachsens" unerwünschter längerlebiger Radionuklide unzweckmäßig ist. Bei kurzlebigen Substanzen ist in Abb. 136 der Wert für Sättigungsbestrahlung, bei langlebigen für 1 bis 4 Wochen Aktivierungsdauer angegeben.

Zur Messung der Aktivität

In günstigen Fällen kann die zur Analyse benutzte Atomart schon selektiv durch Radioaktivitätsmessung bestimmt werden, wenn nämlich eine extrem weiche oder harte und von allen anderen Verunreinigungen leicht zu unterscheidende β-Strahlung entsteht, oder ausreichend starke und von anderen Energien leicht zu unterscheidende γ-Spektrallinien gemessen werden können.

In diesen Fällen braucht die Analysenprobe nicht chemisch bearbeitet zu werden, was bei schwer aufschließbaren Stoffen Zeit spart, und die Zerstörung wertvoller Proben vermeidet. Eine „zerstörungsfreie" Analyse wird möglich bei der Bestimmung von Spuren stark neutronenaktivierbarer Elemente im Grundmaterial mit geringem Neutronenaktivierungsquerschnitt wie z.B. Spuren von Metall in organischem Material (Beispiele: Kupfer in Celluloseestern, Arsen in tierischem Gewebe). Für quantitative Bestimmungen höchster Genauigkeit darf die γ-Spektrometrie nicht überschätzt werden. Bei einer Bestimmung der Höhe von Photolinienmaxima ist die Genauigkeit etwa 10%, bei der Bestimmung der Fläche unter den Maxima etwa 5%.

In vielen Fällen ist jedoch chemische Abtrennung und „Anreicherung" des betreffenden Elementes notwendig. Da Spuren erwartet werden, ist die Zugabe eines isotopen Trägers zweckmäßig, der bei bekannter vorgegebener Menge zur Kontrolle der Ausbeute dient.

Beispiel einer Neutronenaktivierungsanalyse

Bei sehr reinem Eisen, wie es z.B. durch Zonenschmelzen hergestellt wird, können Verunreinigungen hinterbleiben, die mit der gewöhnlichen Spektralanalyse nicht mehr zu erfassen sind. Insbesondere Mn, Cu, Ga und Sb sind schon bei einem Neutronenfluß von 10^{12} nv mit etwa 100facher Empfindlichkeit durch Aktivierungsanalyse nachzuweisen. Die in Frage kommenden Verunreinigungen lassen sich nach den HZ in Gruppen einteilen, etwa an Hand der Tabelle 1, Anhang. Aussichtsreich erscheint der Nachweis von Mn, Cd, Ni, Si; Ga, Cu, Zn, Sn; Sb, Cd, Mo; Cr, Co.

Hieraus ergibt sich die Wahl einer geeigneten Bestrahlungszeit falls das eine oder andere Element hervortretend vor anderen nachgewiesen werden soll; besonders günstig ist der Umstand, daß Eisen selbst erst verhältnismäßig gering und nach langer Bestrahlung aktiviert wird.

Bei kurzer Bestrahlungsdauer ist ein weiterer Vorteil der Umstand, daß von der erstgenannten Gruppe zumindest Nickel in Form des Isotops Ni-65 γ-spektrometrisch mit Energien von 0,37 und 1,49 MeV nachweisbar ist, auch Mangan (Mn-56) hat verhältnismäßig starke γ-Linien bei 0,85 und 1,81 MeV.

Zu genauerer Analyse ist ein chemischer Trennungsgang notwendig, da nach Bestrahlung von 1 g Eisen während einer Woche im Neutronenfluß $3 \cdot 10^{12}$ nv nachgewiesen werden: Antimon: 10^{-9}, Kupfer: 10^{-9}, Gallium: 10^{-9}, Mangan: 10^{-8}, Molybdän: $4 \cdot 10^{-8}$, Nickel: $5 \cdot 10^{-7}$ Teile pro 1 Teil Eisen. Beim Trennungsgang (nach ALBERT) wird das Eisen in HNO_3 aufgelöst und (nach Abrauchen) mit achtfachem Gewichtsüberschuß Oxalsäure komplexiert. In dieser Lösung werden nach Trägerzusatz die Sulfide der Schwermetalle gefällt und mit HBr und H_2SO_4 hieraus die Bromide von Se, Hg, As und Sb abdestilliert. Mit NH_4S wird das Cd mit H_2S, Te, Au und Pd gefällt und aus der Schwefelwasserstoffgruppe (nach Reduktion) Ag als AgCl, Cu als Salicylat, Mo mit α-benzoin-oxim und Bi als Phosphat gefällt.

Alternativ wird Fe als Chlorid und Äther extrahiert und Ga durch Hydroxydfällung abgetrennt. Dann wird in starker Salzsäure mit Cu oder As als Träger Wo gefällt und mit α-benzoin-oxim umgefällt. Mit NH_4S fallen die entsprechenden Metalle, die nach Auflösen selektiv bestimmt werden (Ni mit Dimethylglyoxim. Cd als Sulfid in 0,3 M HCl, Co mit α-nitroso-β-Naphtol und Zink als Anthranilat). In dem Filtrat dieser Fällung befinden sich die Erdalkalien und Alkalien.

Weitere Beispiele von Neutronenaktivierungsanalysen

Ihrem ganzen Charakter nach eignet sich die Neutronenaktivierungsanalyse besonders für die Serienanalyse einer großen Anzahl Proben, bei denen stets die gleichen Verunreinigungen erwartet werden. Dies gilt besonders für die Bestimmung von Metallen in organischem Material. Kupfer wurde schon erwähnt, ein anderes Beispiel ist Quecksilber, welches Cellulose zugesetzt wird, um Zersetzung durch Mikroorganismen zu vermeiden.

Der Arsengehalt normaler Knochensubstanz ist zu $1{,}5 \cdot 10^{-6}\%$ gefunden worden, während der von Lungengewebe $3{,}5 \cdot 10^{-5}\%$ beträgt. Auch die Verteilung von Arsenspuren in Haaren kann so ermittelt werden.

Auch Alkalimetalle können leicht in organischem Material bestimmt werden, wobei zwischen Natrium und Kalium auf Grund der harten β-Strahlung von K-42 unterschieden werden kann.

Der Nachweis von Schwermetallverunreinigungen in Leichtmetallen ist sehr gut mit Neutronenaktivierungsanalysen zu führen, da z.B. Magnesium und Aluminium mit Neutronen keine Isotope längerer HZ in erheblicher Ausbeute ergeben. Infolgedessen lassen sich Verunreinigungen wie Kupfer und Nickel sehr gut nachweisen. Auch Silber kann auf Grund des hohen Querschnittes bei der Bildung von Ag-108 schon mit den geringen Fluß einer Ra—Be-Neutronenquelle nachgewiesen werden.

Insbesondere einige Seltene Erden sind mit großer Empfindlichkeit nachzuweisen und bei diesen ist die Neutronenaktivierungsanalysenmethode auch seinerzeit durch HEVESEY eingeführt worden. Ionenaustauscher-Komplexelutionen (vgl. § 56) müssen zusätzlich benutzt werden. Ein Beispiel ist der Nachweis von 10^{-5} Teilen Thulium in reinem Erbium.

Sehr hohe Reinheitsforderungen werden an Halbleiter gestellt und man hat Verunreinigungen der Größenordnung $10^{-7}\%$ in Silizium oder Germanium durch Aktivierungsanalyse feststellen können.

Die Messung des Gehaltes und die Prüfung der homogenen Verteilung von Thallium und Natriumjodidkristallen ist ebenfalls durch Aktivierungsanalyse möglich, wobei Thallium-204 (4 a HZ) gemessen wird.

Als Neutronenbestrahlungsanalyse kann auch die Bestimmung von Lithium (Li-6) angesehen werden. Wie in § 22 erwähnt, läuft hier mit 950 b die Reaktion: Li-6 (n, α) H-3 ab. Die Tritonen von 2,9 MeV Energie können leicht mit Szintillatoren (ZnS) registriert werden; haben außerdem in gewöhnlichen Kernemulsionen Spurenlängen von $40 \cdot 10^{-4}$ cm und sind leicht vom Untergrund zu unterscheiden. Diese Analyse erfordert allerdings, daß der Szintillationsdetektor (Zinksulfidschirm und Photomultiplikator) bzw. die Photoplatte während der Bestrahlung registriert, da keine Radioaktivität induziert wird. Die Analyse läßt sich schon mit Po—Be-Neutronenquellen ausführen. Bei Bestrahlung im Kernreaktor können noch 10^{-5} Gewichtsteile Li nachgewiesen werden. Ganz analog kann auch B-10 durch Bestrahlung mit Neutronen bestimmt werden.

Obige Li-Reaktion kann auch zur aktivierungsanalytischen Bestimmung von Sauerstoff beitragen: Wenn die Probe (Metall oder Legierung) in Lithiumfluorid eingebettet und im Reaktor bestrahlt wird, liegt Sekundärtritonenbestrahlung durch den obenerwähnten Prozeß [Li-6 (n, α) H-3] vor. Die Tritonen reagieren gemäß O-16 (t, n) F-18 $(\beta^+,$ 112 min HZ). Außer Positronenstrahlung (694 keV) wird Vernichtungs-γ-Strahlung (510 keV) ausgesandt. Infolgedessen kann der Nachweis von Fluor und so indirekt der des ursprünglich vorhandenen Sauerstoffs durch γ-Szintillationsspektrometrie geführt werden und auf diese Art sind Sauerstoffspuren von $10^{-4}\%$ in verschiedenen Metallen nachgewiesen worden.

Eine andere Möglichkeit ist die Bestrahlung mit Protonen [O-18 (p, n) F-18]. Man hat so Papierchromatogramme (nach Überführung auf eine Kontaktplatte aus Tantal) nach Protonenbestrahlung auf ursprünglich als Leitisotop zugesetztes O-18 analysiert und auf diese Art den Gang der entsprechenden organischen Stoffe im Laufe einer Biosynthese verfolgen können.

Auch das Edelgas Argon kann in Konzentrationen von 10^{-6} g/cm^3 durch Neutronenaktivierung mit Hilfe des durch (n, γ)-Reaktion entstehenden A-41 (HZ: 109 min) bestimmt werden.

Außer (n, γ)-Prozessen können (wie oben erwähnt) auch (n, p)-Prozesse aktivierungsanalytisch verwendet werden, von denen einige schon mit langsamen Neutronen ablaufen. Ein bekanntes Beispiel ist die Entstehung von C-14 aus N-14, wobei gleichzeitig anwesender Kohlenstoff auf Grund des 10^5-mal geringeren Aktivierungsquerschnittes nicht nennenswert stört.

(n, p)-Reaktionen mit schnellen Neutronen können zum Nachweis von Phosphor durch das entstehende Si-31, zum Nachweis von Schwefel durch das entstehende P-32 dienen.

In neuerer Zeit hat man auch die Entstehung von kurzlebigen Atomarten bei der Neutronenaktivierungsanalyse herangezogen. Dieses hat unter anderem den Vorteil, daß die bestrahlte Probe nach kurzer Zeit wieder inaktiv wird, erfordert aber schnelle Überführung der Probe vom Bestrahlungs- zum Meßorte mittels Rohrpost. Die Behälter aus Polyäthylen oder Nylon werden geöffnet, und die Probe schnellstens in die Meßposition eines Vielkanalanalysators überführt. Besondere Sorgfalt bei der ausschließlichen Auswertung der γ-Spektren ist auf die Vermeidung von Rückstreuungsenergiemaxima zu legen.

Für Neutronenaktivierungsanalysen ist in vielen Fällen die Neutronenerzeugung mit Beschleunigern (§ 21) ausreichend (MEINKE). Verhältnismäßig billige Maschinen ($\sim 10^5$ DM) beschleunigen D- oder T-Ionen auf 100 keV, Stromstärke ~ 1 mA, was mit einem Zirkonium-Tritium-„target" einen lokal begrenzten Neutronenfluß von 10^9 n cm^{-2} sec^{-1} ergeben kann.

82. Neutronenabsorptionsanalyse; Isotopenverdünnungsanalyse

Wie die Zerfallskonstante, so stellt auch der Absorptionsquerschnitt für Neutronen eine unveränderliche Eigenschaft des entsprechenden Atomkerns dar, die folglich zum Nachweis eines Nuklids und des zugehörigen Elementes benutzt werden kann. Bei bekanntem Ab-

sorptionsquerschnitt, der vorteilhafterweise erheblich größer sein sollte
als der anderer Nuklide der Analysenprobe, kann die Anzahl der
absorbierenden Atomkerne in der Volumeneinheit berechnet und damit
der Gehalt der Probe an dem entsprechenden Element bestimmt werden.

Die Elemente mit hohem Absorptionsquerschnitt wie z.B. Lithium,
Bor, Cadmium und einige Seltene Erden sind durch Absorptionsanalyse
am leichtesten zu erfassen. Schon 0,25 mg Gd oder 1 mg B in einer
Probe von 1 cm² Fläche bewirken eine Verringerung des thermischen
Neutronenflusses um 5%. Bei Bor kann überdies die Isotopenzusammensetzung durch Neutronenabsorption bestimmt werden, da sich die Absorptionsquerschnitte der beiden Isotope (B-10, B-11) stark voneinander unterscheiden, das gleiche ist bei Lithium (Li-6, Li-7) der Fall.

Bei Nukliden mit scharf ausgeprägten Resonanzlinien muß die Analyse mit Neutronen bekannter Energie ausgeführt werden. Thermische Neutronen können am

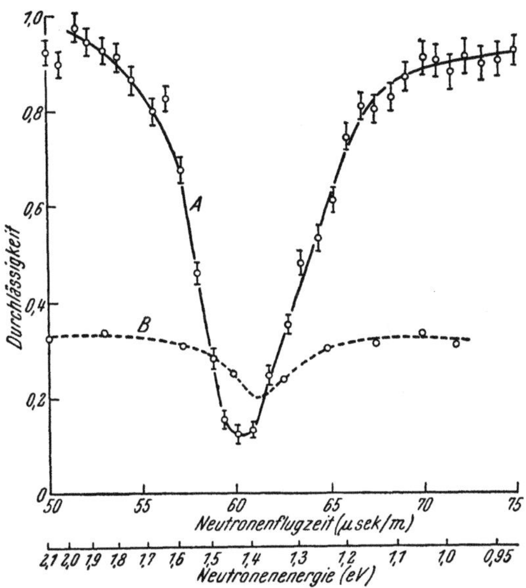

Abb. 137. Quantitative Bestimmung von Radium durch Absorption von Neutronen der Resonanzenergie (nach TAYLOR und HAVENS, vgl. auch BRODA und SCHÖNFELD „Radiochemische Methoden der Mikrochemie")

besten durch einen Cadmiumabsorber ausgeblendet werden, der in
Dicken von etwa 1 mm Neutronen mit geringerer Energie als 0,4 eV
praktisch völlig absorbiert. Auf diese Art können Nuklide mit Resonanzlinien oberhalb des thermischen Gebietes bestimmt werden ohne
Störung der Analyse durch gleichzeitig anwesende Nuklide mit hohem
Absorptionsquerschnitt für thermische Neutronen. Neutronen höherer
Energie als 0,4 eV können auch noch zumindest zum Teil durch einen
Borabsorber zurückgehalten werden (vgl. Abb. 34).

Größte Genauigkeit wird durch Verwendung monochromatischer
Neutronenstrahlung erzielt, wobei mechanische Geschwindigkeitsselektoren (vgl. § 21) verwendet werden können.

In Abb. 137 ist das Ergebnis einer Indium-Bestimmung durch selektive Absorption von Neutronen mit 1,4 eV Energie wiedergegeben, wobei
die eine Kurve einer Eichprobe von reinem Indium, die zweite einer

Probe von Zinn mit 0,03% Indium zuzuordnen ist (nach TAYLOR und HAVENS). Außer Indium sind auch einige Seltene Erden, des Kobalt, Silber, Rhodium und Cadmium leicht zu bestimmen, wie aus der Höhe und Schärfe der Resonanzabsorptionslinien hervorgeht.

Isotopenverdünnungsanalyse

Isotopenverdünnungsanalysen sind mit Vorteil dann anzuwenden, wenn die Bestimmung eines Elementes (oder einer Verbindung) im Gemisch mit anderen, chemisch sehr ähnlichen Elementen (oder Verbindungen) nicht durch quantitative Trennung möglich ist, ferner in Fällen, in denen sehr geringe Konzentrationen die ausreichende Überschreitung des Löslichkeitsproduktes bei Fällungsreaktionen verhindern.

Nach homogener Vermischung („Verdünnung") einer unbekannten Menge des Isotopes X mit einer bekannten Menge des Isotopes Y kann nach auch nur teilweiser Isolierung des Elementes (dem X und Y angehören) aus dem sich ergebenden Isotopenmischungsverhältnis die ursprünglich vorhandene Menge von X und damit die des zugehörigen Elementes bestimmt werden. Hierbei kann das in Spuren (1) zugesetzte Isotop Y durch Massenspektrometrie (Spuren im Bereich $1:10^9$ sind so mit dem Massenspektrometer erfaßbar) oder radioaktive Messung leicht bestimmbar sein; der Zusatz kann aber auch aus einem Überschuß eines oder einer Mischung von inaktiven Isotopen bestehen (2).

Fall 1 wird als einfache (direkte) Verdünnungsanalyse, Fall 2 als umgekehrte Isotopenverdünnung bezeichnet.

Im folgenden soll der Ausgangszustand (in der Menge zu bestimmendes Element) mit dem Index a, das zugesetzte Isotopengemisch (oder Reinisotop) mit dem Index b und das nach der Vermischung erhaltene und isolierte sowie auf die endgültige Isotopenzusammensetzung hin analysierte Isotopengemisch mit dem Index c bezeichnet werden.

Offenbar gilt gemäß der Erhaltung der Masse für die Anzahl der indizierenden, im folgenden der Einfachheit halber als radioaktiv (*) bezeichneten Atome $n_c^* = n_a^* + n_b^*$ und analog für die Anzahl der inaktiven Atome $n_c = n_a + n_b$. Also gilt auch

$$\frac{n_c^*}{n_c} = \frac{n_a^* + n_b^*}{n_a + n_b} \tag{10.2}$$

Der Wert der linken Seite der Gleichung, die „spezifische" Radioaktivität nach der Vermischung ist unabhängig von der Menge des schließlich isolierten und untersuchten Materials, die Gleichung gilt also auch bei unvollständiger Isolierung.

Im folgenden handelt es sich darum, die Atomanzahl (Menge) des ursprünglich in der Analysenprobe vorhandenen Elementes, gegeben durch n_a, zu ermitteln.

1. Zunächst werden zwei wichtige Fälle der einfachen Verdünnungsanalyse (bei welcher der Zusatz einer kleinen bekannten Menge des Indicators zur Analysenprobe erfolgt), betrachtet.

a) Die Analysenprobe sei ursprünglich frei vom Indicator (etwa inaktiv), die Menge des zugesetzten Indicators sei sehr klein (etwa Zusatz von „trägerfreiem" Radioisotop). Da $n_a^* = 0$ und $n_b \ll n_a$, vereinfacht sich (10.2) zu:

$$n_a = n_c \frac{n_b^*}{n_c^*}. \tag{10.3}$$

Dies bedeutet, daß die unbekannte Menge sich aus der unvollständig isolierten Menge und der Verringerung der Radioaktivität gegenüber dem ursprünglichen Zusatz ergibt, oder mit anderen Worten aus der ursprünglich zugesetzten Radioaktivität und der resultierenden spezifischen Radioaktivität $s_c (= n_c^*/n_c)$. Die Ausbeute der endgültigen Isolierung und Trennung von anderen Elementen braucht nicht quantitativ zu sein, auch Verunreinigungen stören nicht, wenn Indicatorisotop und die Summe der anderen Isotope getrennt voneinander bestimmt werden können (massenspektrometrisch, Vorliegen von mehreren Radioisotopen), während bei der Bestimmung des endgültigen Isotopenverhältnisses aus der spezifischen Aktivität (Radioaktivität pro Masseneinheit) die Verunreinigung durch wägbare Fremdstoffe außerhalb der Analysenfehlergrenze vermieden werden muß.

b) Die Analysenprobe sei wiederum anfänglich inaktiv ($n_u^* = 0$), die Menge n_b jedoch nicht gegenüber n_a zu vernachlässigen. In diesem Fall folgt aus (10.2):

$$n_a = n_b \left(\frac{s_b}{s_c} - 1 \right). \tag{10.4}$$

2. Die „umgekehrte" Isotopenverdünnungsanalyse hat ein Hauptanwendungsgebiet bei der Isolierung von Radionukliden (§ 49).

In diesem Fall gilt $n_b^* = 0$ und $n_b \gg n_a$, woraus folgt:

$$n_a^* = n_b \frac{n_c^*}{n_c} = n_b s_c. \tag{10.5}$$

Hierbei muß die Isolierung des ursprünglich in der Lösung vorhandenen Radionuklids in radioaktiv reiner Form erfolgen und homogene Verteilung innerhalb der Fällung sichergestellt sein.

An Anwendungen der Isotopenverdünnungsanalyse in der anorganisch-analytischen Chemie sind zu nennen Spurenanalysen, z.B. die Bestimmungen des Gehaltes von Seewasser an Li, Rh und Sr (letztgenanntes Element kommt zu etwa $10^{-5}\%$ vor).

Auch der Gehalt von Lösungen der Aufbereitung von an U-235 angereicherten Kernbrennstoffelementen an den verschiedenen Uranisotopen kann nach Zusatz eines sonst nicht in diesen Lösungen vorhandenen Uranisotopes, etwa U-233, bestimmt werden.

Gut zu verwenden ist die Isotopenverdünnungsanalyse auch in den Fällen, in denen quantitative Trennung von einander chemisch verwandten Elementen schwierig ist, Beispiele sind Untersuchungen der Trennungen Niob/Tantal, wobei die Radioisotope Nb-95 und Ta-182 verwendet worden sind.

Auch in der organischen Chemie ist die Isotopenverdünnungsanalyse angewendet worden hauptsächlich in Fällen, in denen quantitative Trennung von einander ähnlichen Molekülsorten schwierig ist, z.B. bei der Bestimmung der Aminosäuren in Eiweißhydrolysaten, verschiedener Penicillinarten nebeneinander usw.

Anhang

Tabellenzusammenstellung

Tabelle 1. *Durch Einfang langsamer Neutronen gebildete Radionuklide*

Derartige Aufstellungen sollen unter anderem die Zuordnung der durch Bestrahlung mit langsamen Neutronen gebildeten Radioaktivitäten zum entsprechenden Nuklid erleichtern. Die gebräuchlichsten Leitisotope des jeweiligen Elementes sind halbfett gesetzt. [Unter Benutzung der Zusammenstellung von R. C. GEIGER und R. C. PLUMB: Nucleonics 14 (1956) Februar, S. 30.]

HZ	Nuklid	HZ	Nuklid	HZ	Nuklid	HZ	Nuklid
< 1 min		17 min	Se-81	6,9 h	Mo-93	4,2 d	Yb-175
7,6 sec	N-16	17,8 min	Rb-88	7,5 h	Er-171	4,3 d	Pt-193
11 sec	F-20	18 min	Br-80	9,13 h	**Xe-135**	4,8 d	Ca-47
13 sec	In-116	20,2 min	Ga-70	9,2 h	**Eu-152**	5,0 d	**Bi-210**
18 sec	Se-77	21 min	Sb-124	9,3 h	Te-127	5,3 d	**Xe-133**
20 sec	Sc-46	22 min	Pd-111			6,8 d	**Lu-177**
24,2 sec	Ag-110	23,3 min	Th-233	0,5 bis 2 d		9,4 d	Er-169
29 sec	O-19	23,5 min	**U-239**	12 h	Ge-77	10 d	Sn-125
40 sec	Ne-23	24 min	Sm-155	12,4 h	**K-42**	11,3 d	**Nd-147**
44 sec	Rh-104	25 min	Se-83	12,8 h	**Cu-64**	11,3 d	Ge-71
57 sec	Ge-77	25 min	Te-131	13,6 h	Pd-109	12,0 d	Ba-131
		25,0 min	**J-128**	13,8 h	Zn-69	14,3 d	**P-32**
1 bis 10 min		31 min	Pt-199	14,2 h	Ga-72	14,5 d	Sn-171
1,1 min	Se-83	37,5 min	**Cl-38**	15,0 h	**Na-24**	16,0 d	Os-191
1,2 min	In-114	40 min	Sn-123	17,0 h	Zr-97	17,0 d	Pd-103
1,3 min	Sb-124	49 min	Cd-111	18,0 h	Gd-159	19,5 d	Rb-86
1,3 min	Dy-165	52 min	Zn-69	18 h	Re-188	27,8 d	**Cr-51**
1,4 min	Ir-192	54,1 min	In-116	18 h	Pt-197		
2,2 min	Zn-71	57 min	Se-81	19,0 h	Ir-194	30 d bis 1 a	
2,27 min	**Al-28**			19,2 h	Pr-142	32 d	**Ce-141**
2,3 min	Ag-108	1 bis 10 h		24 h	W-187	32 d	Yb-169
3,6 min	Cr-55	72 min	Te-129	27 h	As-76	33 d	Te-129
3,6 min	Gd-161	77 min	Kr-87	27,3 h	**Ho-166**	35 d	A-37
3,76 min	V-52	82 min	Ge-75	27,5 h	Sn-121	41 d	Ru-103
3,9 min	Xe-137	85 min	Ba-139	30 h	Te-131	43 d	Cd-115
4,2 min	Tl-206	1,8 h	Yb-177	31 h	Os-193	45 d	**Fe-59**
4,5 min	Rh-104	1,8 h	Nd-149	34 h	**Ce-143**	46 d	Hf-181
5,0 min	S-37	1,82 h	Ar-41	34,5 h	Kr-79	47 d	Hg-203
5,14 min	Cu-66	2,32 h	**Dy-165**	35,9 h	**Br-82**	49 d	In-114
5,5 min	Hg-205	2,57 h	**Ni-65**	40 h	**La-140**	53 d	Sr-89
5,8 min	Ti-51	2,58 h	**Mn-56**	47 h	**Sm-153**	58 d	Te-125
6,6 min	Nb-94	2,62 h	**Si-31**			60 d	**Sb-124**
8,5 min	Ca-49	2,80 h	Sr-87	2 d bis 30 d		65 d	**Sr-85**
9,5 min	Mg-27	2,9 h	Cd-117	2,21 d	Cd-115	65 d	**Zr-95**
		3,2 h	Pb-209	2,63 d	**Y-90**	72 d	Tb-160
10 min bis 1 h		3,2 h	Cs-134	2,7 d	**Au-198**	73 d	W-185
10 min	Sn-125	3,7 h	Lu-176	2,8 d	Mo-99	74 d	Ir-192
10,4 min	Co-60m	4,4 h	Kr-85	2,8 d	Ru-97	85 d	Sc-46
14,3 min	Mo-101	4,5 h	Ru-105	2,8 d	Sb-122	87 d	**S-35**
16,4 min	Ta-182m	4,6 h	Br-80	3,8 d	Re-186	97 d	Os-185
		6,7 h	Cd-107			110 d	Te-123

Tabelle 1 (Fortsetzung)

HZ	Nuklid	HZ	Nuklid	HZ	Nuklid	HZ	Nuklid
110 d	Te-127	230 d	Gd-153	2,7 a	Tl-204	5570 a	**C-14**
111 d	Ta-182	250 d	Sn-119	2,96 a	Fe-55	$2,43 \cdot 10^4$ a	Pu-239
112 d	Sn-113	250 d	**Zn-65**	5,1 a	Cd-113	$1,62 \cdot 10^5$ a	**U-233**
123 d	Se-75	270 d	**Ag-110**	5,28 a	**Co-60**	$3,1 \cdot 10^5$ a	Cl-36
129 d	**Tm-170**			9,4 a	Kr-85	$7,4 \cdot 10^5$ a	**Al-26**
130 d	Sn-123	$>$1 a		10 a	Ba-133	$2,7 \cdot 10^6$ a	**Be-10**
140 d	W-181	1,10 a	Sm-145	12,3 a	**H-3**	$2,4 \cdot 10^7$ a	U-236
140 d	Ce-139	1,10 a	Sn-121	90 a	Pu-238	$7,1 \cdot 10^8$ a	U-235
152 d	**Ca-45**	2,3 a	Cs-134	265 a	Ar-39	$1,3 \cdot 10^9$ a	K-40

Tabelle 2. *Haupt-γ-Photo-Energien radioaktiver Nuklide*

[Nach G. W. SMITH und D. R. FARMELO, Nucleonics **16** (1958) Februar, S. 80]

Photolinie (keV) c: komplex	Nuklid	HZ	σ Ausgangskern (barns) bzw. Spaltausbeute (%)	Photonenausbeute pro Zerfall (wenn $<$ 90%)	Radioaktiver Folgekern
37	Br-80m	4,58 h	2,9 b		Br-80
40	Rh-103m	57 m	2,9 %		
47	Pb-210	22 a			Bi-210
49	Br-80m	4,58 h	2,9 b		Br-80
52	Rh-104m	4,4 m	12 b		Rh-104
58	Gd-159	18 h	4 b		
68 c	Ta-182	112 d	21 b		
77	Pt-197	10 h	1,1 b		
80	Ho-166	27,3 h	60 b		Er-166 m
81	Xe-133	5,27 d	6,5 %		
84	Tm-170—Yb-170m	129 d	125 b		
84	Th-228	1,9 a		28	Ra-224
87	Pd-109	13,6 h	12 b		Ag-109m
89	Lu-176m—Hf-176m	3,7 h—kurz	40 b		
89	Te-127m	110 d	0,09 b		Te-127
92	Nd-147	11,3 d	1,8 b, 2,6 %		Pm-147
93	Th-234	24,1 d		20	Pa-234
94	U-235	$7,1 \times 10^8$ a			Th-231
100	Sm-153	47 h	140 b		Eu-153 m
103	Gd-153	236 d	$<$ 125 b		
105	Pa-233	27,4 d	$\sim$50 b		U-233
105	Sm-155	2,4 m	5,5 b		Eu-155
106	Te-129m	33,5 d	0,015 b, 0,34 %		Te-129
110	Te-126m	58 d	5 b		
112	Lu-177	6,8 d	4×10^3 b		
113 c	Er-171	7,5 h	9 b		Tm-171
123 c	Eu-154	16 a	420 b		
128	Cs-134m	3,2 h	0,016 b		Cs-134
129	Os-191	16,0 d	8 b		
132	Hf-181	46 d	10 b		Ta-181m$_2$m$_1$
134	Ce-144	290 d	6,0 %	30	Pr-144
136 c	Se-75	127 d	26 b		As-75

Tabelle 2 (Fortsetzung)

Photo-linie (keV) c: komplex	Nuklid	HZ	σ Ausgangskern (barns) bzw. Spaltausbeute (%)	Photonen-ausbeute pro Zerfall (wenn < 90%)	Radioaktiver Folgekern
140	Tc-99m	6,04 h	5,8%		Tc-99
142	Ce-141	32,8 d	0,3 b, 5,7%	67	
147	Te-131	24,8 m	0,22 b, 2,9%	55	I-131
150	Cd-111m	49 m	0,2 b		Cd-111m₁
150	Kr-85m	4,36 h	0,1 b, 1,1%		Kr-85
155	Re-188	16,9 h	70 b		
160	Ba-140	12,8 d	4,0 b, 6,3%	60	La-140
160	Xe-131m	12,0 d	2,9%		
162	Ba-139	85,0 m	0,5 b, 6,2%	26	La-139
176	Se-83	25 m	0,0004 b		Br-83
177	Te-131m	30 h	0,42%		Te-131
180	Ta-182m	16,5 m	0,03 b		Ta-182
184	U-235	$7,1 \times 10^8$ a			Th-231
188	Ra-226	1622 a		6	Rn-222
190	In-114m	49 d	56 b		Cd-114
191	Mo-101	14,6 m	0,20 b, 5,4%		Tc-101
206	Lu-177	6,8 d	4×10^3 b		
216c	Hf-180m	5,5 h	75 b		Hf-180
231	Te-132	77,7 h	4,4%	40	I-132
234	Xe-133m	2,3 d	6,5%		Xe-133
239	Pb-212	10,6 h		~ 80	Bi-212
244c	Eu-152	13 a	7×10^3 b		
246	Cd-111m	49 m	0,2 b		
250	Xe-135	9,13 h	5,9%		Cs-135
250	Sm-155	24 m	5,5 b		Eu-155
260c	Ge-77	12 h	0,2 b		As-77
265	Ge-75	82 m	0,5 b		
265c	Se-75	127 d	26 b		As-75
279	Hg-203	47 d	3,8 b		
284	I-131	8,05 d	2,9%		Xe-131m
285	Pm-149	50 h	1,3%		
290	Ce-143	33 h	1,0 b, 5,4%		Pr-143
305	Kr-85m	4,36 h	0,1 b, 1,1%		Kr-85
307	Tc-101	14 m	5,4%		
310c	Pa-233	27,4 d	50 b		U-233
316c	Ir-192	74,4 d	700 b		
320	Nd-147	11,3 d	1,8 b, 2,6%		Pm-147
325	Cr-51	27 d	11 b	9	
326	Sn-125	9,5 m	0,2 b		Sb-125
330c	Ir-194	19 h	130 b		
335	Cd-115—In-115m	53 h—4,5 h	1,1 b		
350	Bi-211	2,16 m		16	Tl-207
360	Gd-159	18 h	4 b		
364	I-131	8,05 d	2,9%	80	Xe-131m
370	Ni-65	2,56 h	2,6 b	15	
370	Se-83	25 m	0,004 b		Br-83
388	Sr-87m	2,8 h	1,3 b		Sr-87
393	Sn-113	118 d	1,3 b		In-113m
410c	Kr-87	78 m	2,7%		Rb-87
412	Au-198	2,69 d	96 b		Hg-198

Tabelle 2 (Fortsetzung)

Photo-linie (keV) c: komplex	Nuklid	HZ	σ Ausgangskern (barns) bzw. Spaltausbeute (%)	Photonen-ausbeute pro Zerfall (wenn <90%)	Radioaktiver Folgekern
440	Zn-69m	13,8 h	0,1 b		Zn-69
444 c	Hf-180m	5,5 h	75 b		Hf-180
450	I-128	25 m	6,3 b	7	
468 c	Ir-192	74,4 d	700 b		
479	Be-7	52,9 d		11	
480	W-187	23,9 h	34 b		
490	La-140	40,0 h	8,4 b		
498	Ru-103	39,8 d	1,2 b, 2,9%		Rh-103m
513	Sr-85	65 d	1,0 b		Rb-85m
513	Ru-106—Rh-106	1 a—30 sec	0,38%	11	
520	Si-31	2,65 h	0,11 b		
520	Xe-135m	15,6 m	6,3%		Xe-135
530	I-133	20,9 h	6,5%		Xe-133. 133m
530	Nd-147	11,3 d	1,8 b, 2,6%		Pm-147
537	Ba-140	12,8 d	6,3%, 4,0 b	30	La-140
541	Br-82	35,7 h	3,5 b		
549	As-76	26,5 h	4,2 b	50	
550	Sr-91	9,7 h	5,8%		Y-91
560 c	Ge-77	12 h	0,2 b		As-77
564	Sb-122	2,75 d	7 b		
605	Sb-124	60 d	2,5 b	50	
609 c	Bi-214	19,7 m			Po-214
620 c	Br-82	35,9 h	2,6 b		
624	Ru-106—Rh-106	1 a—30 sec	0,38%	12	
637	I-131	8,05 d	2,9%	9	Xe-131m
657	Ag-110m	270 d	2,8 b		Ag-110
662	Cs-137—Ba-137m	33 a—2,6 m	5,9%		La-137
673	I-132	2,26 h	600 b		
690	W-187	23,9 h	34 b		Re-187
700	Te-131	24,8 m	0,22 b	45	I-131
720	Zr-95	65 d	0,10 b, 6,3%		Nb-95
726	Ru-105	4,5 h	0,7 b, 0,85%		Rh-105m
740	Mo-99	68 h	0,13 b, 6,1%	20	Tc-99
764	Nb-95	35 d	15 b, 6,3%		
770 c	Br-82	35,9 h	2,6 b		
775	Zr-97—Nb-97m	17,0 h—60 sec	6,1%		Nb-97
796	Cs-134	2,3 a	26 b	~80	
829	Pb-211	36,1 m		13	Bi-211
830 c	Ga-72	14,3 h	4,6 b		
835	Mn-54	291 d			
835	Ga-72	14,3 h	3,4 b		Ge 72m
845	Mn-56	2,58 h	13,4 b		
880	Sc-46	84 d	12 b		
910 c	Rb-88	17,8 m	0,14 b		
950	Cd-115—In-115m	53 h—4,5 h	1,1 b		
950	Se-83	25 m	0,004 b		Br-83
960	Mo-101	14,6 m	0,20 b, 5,4%		Tc-101
960 c	Tb 160	73 d	44 b		

Tabelle 2 (Fortsetzung)

Photo-linie (keV) c: komplex	Nuklid	HZ	σ Ausgangskern (barns) bzw. Spaltausbeute (%)	Photonen-ausbeute pro Zerfall (wenn $< 90\%$)	Radioaktiver Folgekern
1000c	Dy-165	2,32 h	$2,7 \times 10^3$ b		
1080	Rb-86	18,7 d	0,7 b	20	
1097	Fe-59	46 d	0,9 b	50	
1110	Zn-65	245 d	0,5 b	45	
1110	Sc-46	84 d	12 b		
1120c	Eu-154	16 a	$4,2 \times 10^2$ b		
1120	Ni-65	2,56 h	2,6 b	30	
1120c	Ta-182	112 d	21 b		
1172	Co-60	5,27 a	20 b		
1270c	In-116m	54 m	150 b	75	In-116
1270	I-135	6,75 h	6,3%		Xe-135, 135m
1277	Na-22	2,60 y			
1290	Ar-41—K-41m	109 m—kurz	0,53 b		
1295	Fe-59	45,0 d	0,9 b	50	
1332	Co-60	5,27 a	20 b		
1360	Ho-166	27,3 h	60 b	11	Er-166m
1380	Na-24	14,90 h	0,56 b		
1400	V-52	3,77 m	4,5 b		
1440c	Cs-138	32,9 m	5,7%		
1490	Ni-65	2,56 h	2,6 b	15	
1530	K-42	12,44 h	1,0 b	20	
1570	Cl-38	37,3 m	0,6 b	31	
1600	Cl-38	37,3 m	0,6 b	31	
1600	La-140	40,3 h	8,4 b		
1610	Pr-142	19,21 h	10 b		
1780	Al-28	2,27 m	0,23 b		
1800	I-135	6,75 h	6,3%		Xe-135, 135m
1810	Mn-56	2,58 h	13,4 b	30	
1850c	Rb-88	17,8 m	0,14 b		
2150	Cl-38	37,3 m	0,6 b	47	
2620	Tl-208	3,1 m			
2760	Na-24	14,90 h	0,56 b		
2800c	Rb-88	17,8 m	0,14 b		

Tabelle 3. *Effektive Querschnitte für Aktivierungen mit schnellen Neutronen (Spaltneutronenspektrum)*

(Nach R. S. ROCHLIN, Nucleonics **17** (1959) Jan. S. 54)

A. Exoenergetische Reaktionen $\left(Schwellenenergie\ E_S = -\dfrac{Q(A+1)}{A} < 0 \right)$

Reaktion		HZ	E_S (MeV)	$\sigma_{\mathrm{effektiv}}$ (mb)
N-14 (n, p)	C-14	5568 a	$-0,56$	1750 (thermisch)
Cl-35 (n, p)	S-35	87 d	$-0,62$	16
Cl-35 (n, α)	P-32	14,3 d	$-0,92$	3,0—4,1
Ti-47 (n, p)	Sc-47	3,4 d	$-0,096$	0,21
Fe-54 (n, p)	Mn-54	291 d	$-0,16$	11—56
Fe-54 (n, α)	Cr-51	27,8 d	$-0,862$	0,37
Ni-58 (n, p)	Co-58	72 d	$-0,64$	40—225

Tabelle 3 (Fortsetzung)

Reaktion		HZ	E_S (MeV)	σ_{effektiv} (mb)
Ni-58 (n, p)	Co-58m	9,0 h	$-0,64$	13
Ni-58 (n, α)	Fe-55	2,9 a	$-3,06$	0,17
Co-59 (n, α)	Mn-56	2,58 h	$-0,44$	0,14
Cu-63 (n, α)	Co-60	5,4 a	$-1,59$	0,72
Zn-64 (n, p)	Cu-64	12,8 h	$-0,22$	22—35
Zn-67 (n, p)	Cu-67	59 h	$-0,214$	0,27
Zn-68 (n, α)	Ni-65	2,56 h	$-0,93$	0,020
Ge-72 (n, α)	Zn-69	13,8 h	$-1,12$	< 1
Mo-92 (n, p)	Nb-92	10 d	$-0,416$	1,3
Mo-92 (n, α)	Zr-89	79 h	$-3,00$	0,017
Nb-93 (n, α)	Y-90	64 h	$-4,87$	0,024
Cs-133 (n, α)	J-130	12,6 h	$-4,22$	$2,4—5 \cdot 10^{-4}$
Tl-203 (n, p)	Hg-203	48 d	$-0,297$	0,002

B. Endoenergetische Reaktionen ($E_S > 0$)

Reaktion		HZ	E_S (MeV)	σ_{effektiv} (mb)
Be-9 (n, α)	He-6	0,82 sec	0,71	10
B-11 (n, α)	Li 8	0,84 sec	7,24	0,085
O-16 (n, p)	N-16	7,5 sec	10,22	$1,4—1,9 \cdot 10^{-2}$
O-17 (n, p)	N-17	4,14 sec	8,47	$5,2—9,3 \cdot 10^{-3}$
F-19 (n, p)	O-19	30 sec	4,21	0,5—0,99
F-19 (n, α)	N-16	7,5 sec	1,57	4,5
Na-23 (n, p)	Ne-23	40 sec	3,76	0,7—1,0
Na-23 $(n, 2n)$	Na-22	2,6 a	12,98	0,006
Na-23 (n, α)	F-20	11,6 sec	4,07	0,4—0,47
Mg-24 (n, p)	Na-24	15 h	4,95	1,0—1,3
Mg-25 (n, p)	Na-25	62 sec	3,1	2,0
Al-27 (n, p)	Mg-27	10,2 min	1,90	2,8—3,43
Al-27 (n, α)	Na-24	15 h	3,27	0,44—0,60
Si-28 (n, p)	Al-28	2,4 min	4,01	4
Si-29 (n, p)	Al-29	6,7 min	3,1	2,7
P-31 (n, p)	Si-31	170 min	0,72	19—31
P-31 (n, α)	Al-28	2,4 min	2,02	0,75—1,43
S-32 (n, p)	P-32	14,3 d	0,95	21—154
S-34 (n, α)	Si-31	170 min	1,24	1,2—3,0
Cl-37 (n, p)	S-37	5,0 min	3,6	0,24
Sc-45 (n, α)	K-42	12,5 h	0,61	< 5
Ti-46 (n, p)	Sc-46	85 d	1,61	4,10
Ti-48 (n, p)	Sc-48	44 h	3,28	0,077
Ti-48 (n, α)	Ca-45	164 d	2,02	0,0055
Ti-50 (n, α)	Ca-47	4,7 d	3,58	0,0002
V-51 (n, α)	Sc-48	44 h	2,14	$1—8 \cdot 10^{-2}$
Mn-55 $(n, 2n)$	Mn-54	291 d	10,33	0,05(?)
Fe-56 (n, p)	Mn-56	2,58 d	2,94	0,44
Co-59 (n, p)	Fe-59	45 d	0,79	0,25—5,7
Ni-58 $(n, 2n)$	Ni-57	36 h	12,0	0,0012
Ni-60 (n, p)	Co-60	5,4 a	2,07	$< 2—5$
Ni-62 (n, α)	Fe-59	45 d	0,884	$1,3—14 \cdot 10^{-2}$
Ge-70 $(n, 2n)$	Ge-69	39,6 h	11,9	1,5
Ge-72 (n, p)	Ga-72	14,1 h	3,27	$< 10^{-2}$
Mo-95 (n, p)	Nb-95	35 d	0,15	$< 0,1$
Cd-110 (n, p)	Ag-110	270 d	2,12	$\sim 0,1$
Ba-132 (n, p)	Cs-132	6,2 d	~ 0	5,3
Ba-136 (n, p)	Cs-136	13 d	2,06	0,0015
Ta-181 (n, α)	Lu-178	22 min	?	$8,5 \cdot 10^{-5}$
Th-232 $(n, 2n)$	Th-231	25,6 h	6,3	12,4
U-238 $(n, 2n)$	U-237	6,6 d	6,09	4,7

Tabelle 4. *Wichtige physikalische Grundkonstanten*
[Nach COHEN, DuMOND, LAYTON u. ROLLETT, Rev. Mod. Phys. **27**, 363 (1955),
BEARDEN u. THOMSON, Nuovo Cim. **5** (Suppl.), 267 (1957) und COHEN u. DuMOND,
Phys Rev. (Letters) **1**, 291, 382 (1958)]

Symbol	Konstante	Wert
c	Lichtgeschwindigkeit	$2{,}997\,929 \times 10^{10}$ cm sec^{-1}
e	Ladung des Elektrons	$4{,}802\,73 \times 10^{-10}$ esE
e/m_e	Verhältnis der Masse zur Ladung des Elektrons (spezifische Ladung des Elektrons)	$5{,}272\,97 \times 10^{17}$ esE g^{-1}
$e/m_e c$	s. oben	$1{,}758\,88 \times 10^7$ emE g^{-1}
$F = N_L\, e/c$	Faradaysche Konstante (Phys. Skala)	$9652{,}18$ emE g^{-1} Val^{-1}
h	Plancksches Wirkungsquantum (Plancksche Konstante)	$6{,}624\,91 \times 10^{-27}$ erg sec
$k = R/N_L$	Boltzmann-Konstante	$1{,}380\,40 \times 10^{-16}$ erg Grad^{-1}
$\lambda_{\text{Compton}} = h/m_e c$	Compton-Wellenlänge des Elektrons	$2{,}426\,20 \times 10^{-10}$ cm
$M_e = N_L\, m_e$	Atomgewicht des Elektrons (Phys. Skala)	$5{,}487\,71 \times 10^{-4}$
M_H	Atomgewicht des Wasserstoffs (Phys. Skala)	$1{,}008\,1451$
M_n	Atomgewicht des Neutrons (Phys. Skala)	$1{,}008\,983$
M_p	Atomgewicht des Protons (Phys. Skala)	$1{,}007\,5963$
M_p/M_e	Massenverhältnis Proton-Elektron	$1836{,}10$
m_e	Ruhemasse des Elektrons	$9{,}1082 \times 10^{-28}$ g $= 0{,}510\,985$ Mev
$\mu_n = eh/4\pi\, m_p\, c$	Kernmagneton	$5{,}050\,20 \times 10^{-24}$ erg Gauß$^{-1}$
$\mu_0 = eh/4\pi\, m_e\, c$	Bohrsches Magneton	$9{,}2727 \times 10^{-21}$ erg Gauß$^{-1}$
N_L	LOSCHMIDTs Zahl (Phys. Skala)	$6{,}025\,02 \times 10^{23}$ Mol^{-1}
R	Konstante der idealen Gase (Phys. Skala)	$8{,}3170 \times 10^7$ erg Mol^{-1} Grad^{-1}

(Bei Benutzung der neuen, einheitlichen Atommassenskala — C-12 als Bezugsmasse — sind die Massenwerte der bisherigen physikalischen Skala mit $0{,}999\,682\,134$ zu multiplizieren.)

Tabelle 5. *Energieumrechnungsfaktoren*

	erg	kcal	MeV	TME	MWd
1 erg	1	$2{,}39 \cdot 10^{-11}$	$0{,}624 \cdot 10^6$	$0{,}670 \cdot 10^6$	$1{,}16 \cdot 10^{-18}$
1 kcal (Kilokalorie)	$4{,}19 \cdot 10^{10}$	1	$2{,}61 \cdot 10^{16}$	$2{,}81 \cdot 10^{16}$	$4{,}84 \cdot 10^{-8}$
1 MeV (Mega-Elektronenvolt)	$1{,}602 \cdot 10^{-6}$	$3{,}827 \cdot 10^{-17}$	1	$1{,}074$	$1{,}85 \cdot 10^{-24}$
1 TME (10^{-3} Atomgewichtseinheiten)	$1{,}49 \cdot 10^{-6}$	$3{,}56 \cdot 10^{-17}$	$0{,}931$	1	$1{,}73 \cdot 10^{-24}$
1 MWd (Megawattag)	$8{,}64 \cdot 10^{17}$	$2{,}06 \cdot 10^7$	$5{,}39 \cdot 10^{23}$	$5{,}79 \cdot 10^{23}$	1

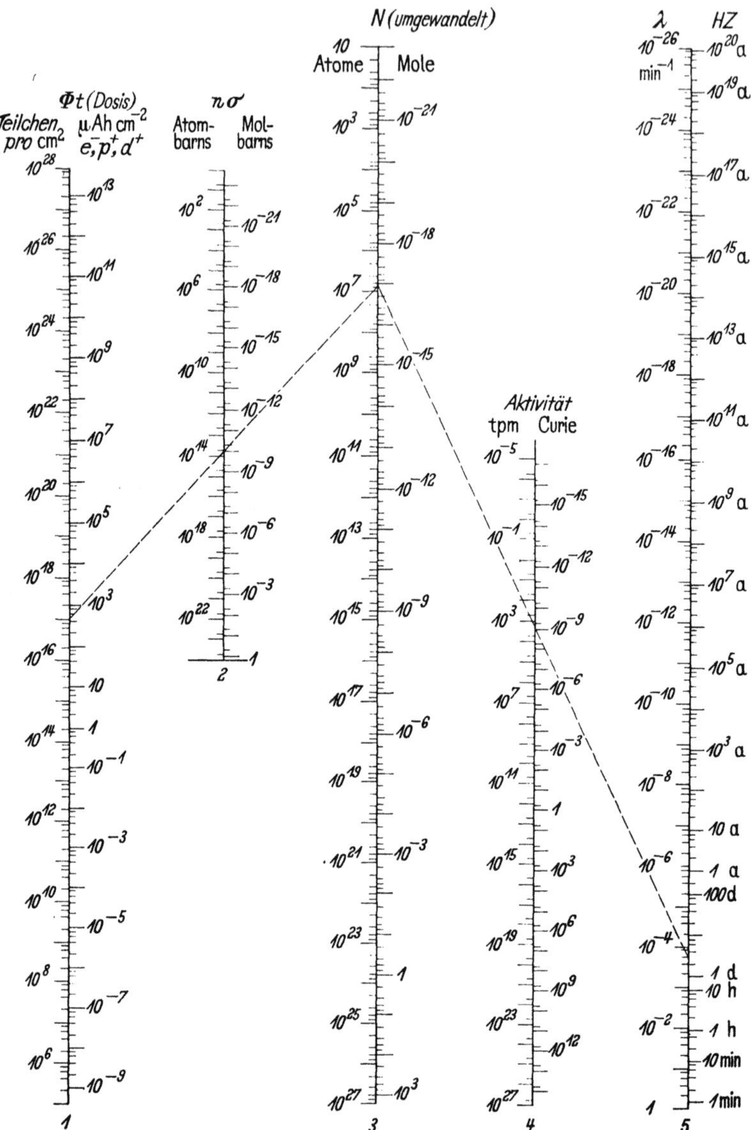

Abb. 138. Nomogramm zur Berechnung von durch Bestrahlung erzeugter Radioaktivität [nach E. C. FREILING, Nucleonics **14,** 65 (Aug. 1956)]. Dieses Nomogramm ist auch für die Auswertung von Aktivierungsanalysen geeignet (vgl. § 81, Gl. 10.1), wie das angegebene Beispiel zeigt: 10^{17} Die Bestrahlungsdosis von thermischen Neutronen pro cm² (Leiter 1) erzeugt in einer uranhaltigen Probe 1500 tpm Np-239 (Leiter 4). Ausgehend von der HZ von Np-239 (: 2,34 d, Leiter 5) wird festgestellt, daß diese Aktivität $7 \cdot 10^6$ Atomen entspricht (Leiter 3). Aus der Dosis und der absoluten Aktivität wird das Produkt nσ als Schnittpunkt mit Leiter 2 zu 10^{-10} Mol-barns bestimmt. Da σ_{th} (U-238) = 2,8 barns, ist n = $3,6 \cdot 10^{-11}$ Mol, d. h. $8,5 \cdot 10^{-9}$ g U-238 waren vorhanden

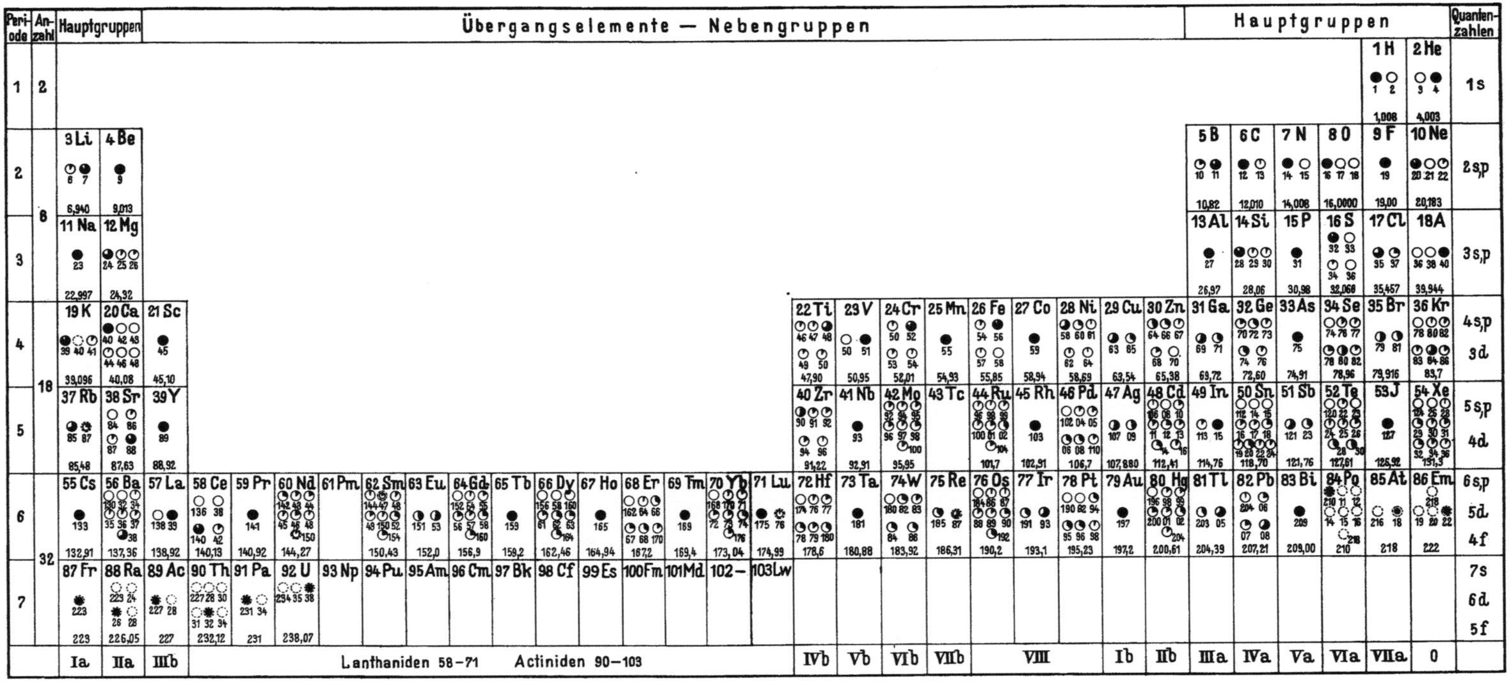

Abb. 139. Periodisches System und Isotopenzusammensetzung der Elemente [nach K. E. ZIMEN, Svensk Kemisk Tidskrift **62**, 187 (1950)]
(Füllungsgrad des Kreises gibt den Anteil des Isotops am entsprechenden Element an; gestrichelte Kreise bedeuten instabile Isotope)

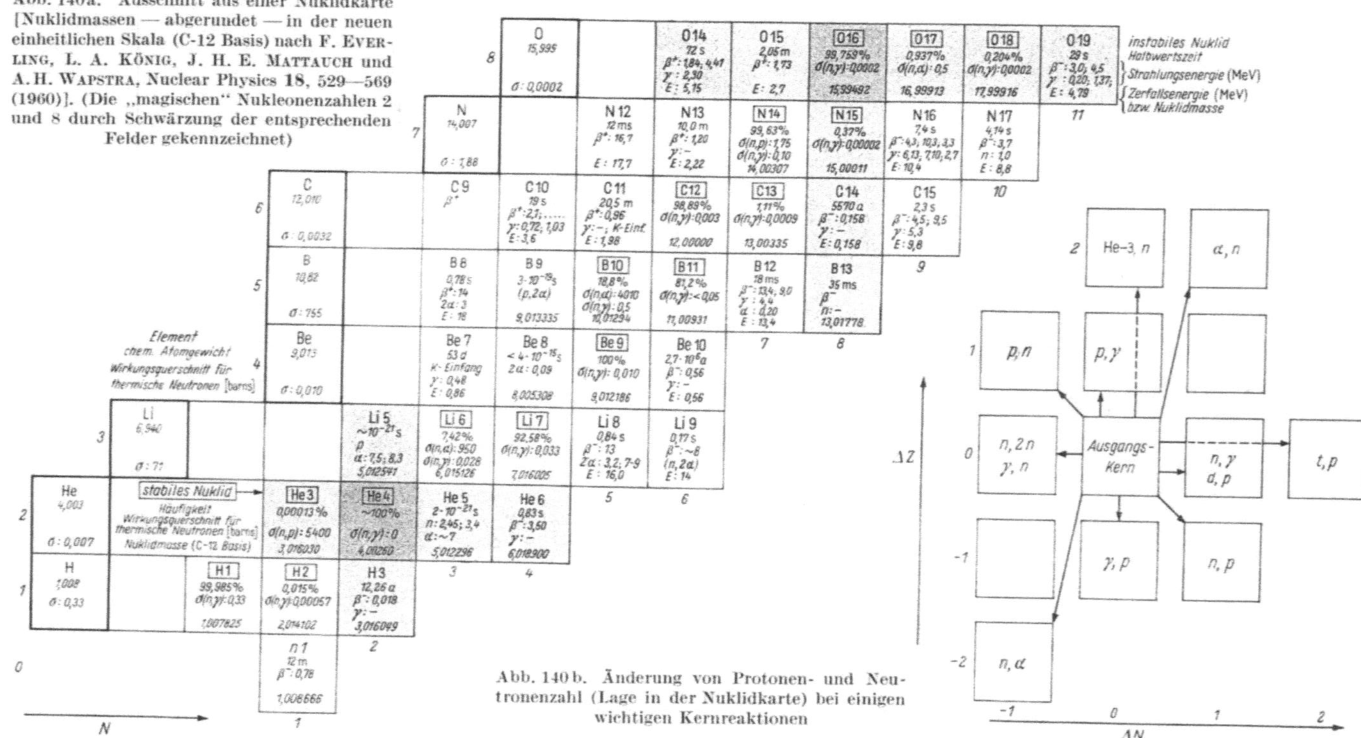

Abb. 140b. Änderung von Protonen- und Neutronenzahl (Lage in der Nuklidkarte) bei einigen wichtigen Kernreaktionen

Liste einiger Symbole und Abkürzungen

Teil I (Kapitel 1—6)

A	Aktivität (Maß für die Menge der in der Zeiteinheit registrierten radioaktiven Strahlung) 22	
B	Potentialwallhöhe 33	
B^2	Maß für die „Krümmung" des Neutronenflusses 86	
BE	Bindungsenergie 16	
β_i	Anteil der von einem Spaltprodukt gelieferten (verzögerten) Neutronen 86	
C	Kapazität 134	
Γ	„Breite" eines Kernenergieniveaus 56	
Γ_γ	partielle Niveaubreite für γ-Emission 72	
Γ_n	partielle Niveaubreite für Neutronenstreuung 72	
d	Koinzidenzverlust 144	
$d_{\frac{1}{2}}$	Halbwertsdicke 39	
E	Energie 10ff.	
E	el. Feldstärke 2, 131	
E_{max}	Maximalenergie von β-Strahlen 39, 40, 41	
e/m	Ladung/Masse 2	
ε	Neutronen-Multiplikationsfaktor, durch Spaltung mit schnellen Neutronen 83	
ε	Abweichung des aktuellen Meßwertes vom Mittelwert 142	
f	FERMIs Integralfunktion 45	
f	Faktor der thermischen Ausnutzung 84	
H	magnet. Feldstärke 2, 107	
HZ	Halbwertzeit 22	
h	Plancksches Wirkungsquantum 7	
η	Zahl der pro absorbiertem Neutron freiwerdenden Neutronen 83	
i	Stromstärke 107	
j	Gesamtdrehimpulsquantenzahl 19	
k_∞	Neutronen-Reproduktionsfaktor, ohne Oberflächenverluste 83	
$\varkappa$	Paarbildungs-Absorptionskoeffizient 51	
L	Diffusionslänge thermischer Neutronen im Reaktor 86	
l	Bahndrehimpulsquantenzahl 18	
λ	Materiewellenlänge 7, 71	
λ	Zerfallskonstante 22	
λ_0	Compton-Wellenlänge 50	
MPBB	maximal zulässige Strahlerkonzentration im Körper (z.B. in $\mu C/kg$) 113	
MPC	maximal zulässige Strahlerkonzentration (z.B. in $\mu C/ml$) 112	
MPD	maximal zulässige Strahlungsdosis (z.B. in rad) 112	
MPL	maximal zulässiger Strahlungspegel (z.B. in rad/h) 112	
μ	Absorptionskoeffizient 39, 147	
n	Hauptquantenzahl 17	
n	Atomzahl pro Volumeneinheit 6, 49	
nv	Einheit des Neutronenflusses ($cm^{-2}\ sec^{-1}$) 87	
ν	Zahl der pro Spaltung freiwerdenden Neutronen 83	
ν	Neutrino 42	

ξ logarithmisches Energiedekrement bei Neutronenbremsung 84
P Drehimpuls 7
p Elektronenimpuls 43
p Neutronen-Bruchteil, der den Resonanzeinfang in U-238 überlebt 83
p Wahrscheinlichkeit 141, 142
Q Reaktionsenergie 21
q Neutrinoimpuls 43
R Kernradius 15
R Reichweite von α-Strahlen 30, 31
R_{max} Maximalreichweite von β-Strahlen 39, 40, 41
rhm   Röntgen pro Stunde in 1 m Abstand von der Strahlungsquelle 122
ϱ Dichte 39
rad   Einheit der Strahlungsenergieabsorption (100 erg/g Absorber) 110
s Eigendrehimpulsquantenzahl 18
σ mikroskop. Wirkungsquerschnitt 58, 72
σ Wurzel aus dem Mittelwert der pro Zeiteinheit eintretenden Zerfälle 142, 143
Σ makroskop. Wirkungsquerschnitt 58
τ mittlere Lebenszeit 22, 56
τ „Reaktorperiode" 86
W Energie in $m_0 c^2$ 44
w Wahrscheinlichkeit 22
Φ Teilchenfluß 58
Z Kernladungszahl 6
Ω Raumwinkel 146
ω Winkelgeschwindigkeit 60

Teil II (Kapitel 7—10)

α relatives freies Lösungsvolumen einer Ionenaustauscherkolonne 196
α Elementartrenneffekt 201
D Koeffizient der Verteilung zwischen organischer und wäßriger Phase 181, 203
D Koeffizient der homogenen Verteilung in Kristallen 164
D_L Koeffizient der Diffusion in Lösungen 194
D_R Koeffizient der Diffusion im Ionenaustauscher 194
E Volumen einer extrahierenden Lösung („Extractant") 181
E^0 Standardredoxpotential 175
E_{exc} Anregungsenergie eines Moleküls 206
F Umsatz in Bruchteilen des Gleichgewichtswertes 161
F Molare freie Energie 177
$\mathfrak{F}$ FARADAYs Konstante 177
F Volumen einer zu extrahierenden Lösung („Feed") 181
F Mittlere Geschwindigkeit der Strömung in einer Austauscherkolonne 197
f Dekontaminationsfaktor 182
η Viskosität 171
HETP   Höhe eines theoretischen Bodens 197
K Komplexbildungskonstante 179
K_D Faktor der Verteilung zwischen Ionenaustauscher und Lösung 187
k Geschwindigkeitskonstante in $\sec^{-1}$ 161
λ Koeffizient der „logarithmischen" Verteilung einer Mikrokomponente in einem Kristall 165

λ	Faktor der Verteilung zwischen Ionenaustauscher und komplexierender Lösung 179
λ_0	Faktor der Verteilung eines Ions zwischen Ionenaustauscher und nicht komplexierender Lösung 179
Q	vom Ionenaustauscher aufgenommene Ionen-Menge 194
Q	Aktivierungsenergie 321
R	Reaktionsgeschwindigkeit in Mol lit^{-1} sec^{-1} 161
ϱ	Dicke eines adhärierenden Flüssigkeitsfilmes 194
ϱ	Extraktionsgrad 181
s	spezifische Radioaktivität 337
τ	Zeitparameter $(D_R t/r^2)$ 195
v	Lösungsvolumen 198
X	Konzentration der Festionen im Ionenaustauscher (Kapazität) 194
ω	Winkelgeschwindigkeit 171

Literatur

(Bei der folgenden Zusammenstellung von Literatur zum erweiterten Studium wird kein Anspruch
auf Vollständigkeit erhoben)

Literatur zu den Kapiteln 1—3
(Das Atom und der Atomkern; Radioaktivität; Kernreaktionen)

1. HALLIDAY, D.: Introductory Nuclear Physics, 2. Aufl. New York: J. Wiley
   & Sons 1955. Eine kurze, aber hervorragende Einführung in das Gebiet der
   Kernphysik.
2. KAPLAN, I.: Nuclear Physics. Reading: Addison-Wesley 1955. Leicht verständliche moderne Einführung, entstanden aus Vorlesungen am Brookhaven
   National Laboratory.
3. EVANS, R. D.: The Atomic Nucleus. New York: McGraw Hill 1959. Umfangreiche Darstellung, basierend auf einer seit 20 Jahren am Massachusetts Institute of Technology gehaltenen Vorlesung.

Ähnlichen Inhalt in abgekürzter Form hat das Buch:
4. SCHINDEWOLF, U.: Physikalische Kernchemie. Braunschweig: F. Vieweg
   & Sohn 1959.

Für vertiefte Studien zu empfehlen ist:
5. BLATT, J.M., u. V.F. WEISSKOPF: Theoretical Nuclear Physics. New York:
   J. Wiley & Sons 1952.
6. SCHPOLSKI, E.W.: Atomphysik, Teil II, Abschnitt 18—24. Berlin: Deutscher
   Verlag der Wissenschaften 1956. Übersetzung aus dem Russischen, pädagogisch
   geschickte Darstellung.
7. HERTZ, G. (Herausgeber): Grundlagen und Arbeitsmethoden der Kernphysik.
   Berlin: Akademie-Verlag 1957. Wiedergabe einer Vortragsreihe 1955 (HERTZ,
   MACKE, RICHTER, WEISS, HARTMANN, BARWICH, BORN, LÖSCHE).
8. HERTZ, G. (Herausgeber): Lehrbuch der Kernphysik.
   Band I: Experimentelle Verfahren, 1958.
   Band II: Physik der Atomkerne, 1960.
   Band III: Angewandte Kernphysik, noch nicht erschienen.
   Leipzig: B.G. Teubner. Umfassende Darstellung, zahlreiche Mitarbeiter.

Über die klassische Periode der Kernphysik unterrichten:
9. RUTHERFORD, E., J. CHADWICK u. C.D. ELLIS: Radiations from Radioactive
   Substances. Cambridge: University Press 1930. Abdruck: 1951.
10. GAMOW, G., and C.L. CRITCHFIELD: Theory of Atomic Nucleus and Nuclear
    Energy Sources. Oxford: Clarendon Press 1949. Zur Entwicklung der Kern-
    physik und der Radioaktivitätsforschung.
11. BEYER, R.T. (Zusammenstellung): Foundations of Nuclear Physics. New
    York: Dover Publications 1949. Photoabdruck von 13 klassischen Veröffent-
    lichungen im Zeitraum 1911—1939.

12. Meyer, S.T., u. G. Schweidler: Radioaktivität, 2. Aufl. Leipzig u. Berlin: B.G. Teubner 1927. Umfassendes Werk über natürliche Radioaktivität mit zahlreichen Zitaten und eingehender Behandlung der Arbeiten aus der Frühzeit der Radioaktivitätsforschung.

Neuere leicht verständliche Darstellungen:

13. Riezler, W.: Einführung in die Kernphysik, 5. Aufl. München: R. Oldenbourg 1953.

14. Friedlander, G., and J. Kennedy: Nuclear and Radiochemistry. New York: J. Wiley Sons 1956. International weit verbreitetes Standardbuch, deckt auch den Bereich der Kapitel 6—7, 10.

15. Guillin, R.: Physique nucléaire appliquée. Paris: Editions Eyrolles 1960. Klare moderne Darstellung der Grundlagen und Anwendungen der Kernphysik mit Behandlung der Kernreaktionen und elementaren Reaktorphysik

Neueste Ergebnisse der einschlägigen Forschung sind behandelt in:

16. Flügge, S. (Herausgeber): Handbuch der Physik. Bd. 38/1: Äußere Eigenschaften der Atomkerne, 1958.
    Bd. 39:   Bau der Atomkerne, 1957.
    Bd. 33:   Korpuskularoptik, 1956.
    Bd. 34:   Korpuskeln und Strahlung in Materie II, 1958.
    Bd. 38/2: Neutronen und β-Strahlen, 1959.
    Bd. 40:   Kernreaktionen I, 1957.
    Bd. 42:   Kernreaktionen III, 1957.
    Bd. 44:   Instrumentelle Hilfsmittel der Kernphysik I 1959.
    Bd. 45:   Instrumentelle Hilfsmittel der Kernphysik II 1958.
    Berlin-Göttingen-Heidelberg: Springer.

Literatur zu Kapitel 4
(Kernkettenreaktionen und Kernreaktoren)

1. Glasstone, S.: Principles of Nuclear Reactor Engineering. New York: van Nostrand 1955. Eine von Glasstone unter Mitarbeit von Mitgliedern des Oak Ridge National Laboratory vorbildlich verfaßte zusammenfassende Darstellung sämtlicher Aspekte der Kernenergie, der grundwissenschaftlichen, physikalischen, chemischen, technologischen und konstruktiven Gesichtspunkte.

2. Glasstone, S., and M. Edlund: The Elements of Nuclear Reactor Theory. New York: van Nostrand 1955. Klare eingehende Einführung in die Kernreaktortheorie. Ins Deutsche übersetzt von W. Glaser u. H. Grumm als: Kernreaktortheorie. Wien: Springer 1961.

3. Stevenson, R.: Introduction to Nuclear Engineering. Einfache Einführung in die theoretischen und technischen Probleme des Kernreaktors.

4. Riezler, W., u. W. Walcher: Kerntechnik (Physik, Technologie, Reaktoren). Stuttgart: B.G. Teubner 1958. Sehr umfangreiche Darstellung aller Aspekte der Kerntechnik unter Mitwirkung von 39 Fachgenossen.

5. Cap, F.: Physik und Technik der Atomreaktoren. Wien: Springer 1957. Zusammenfassung von Vorlesungen an der Universität Innsbruck.

6. Glasstone, S.: Sourcebook on Atomic Energy, 2. Aufl. New York: van Nostrand 1958. Gesamtüberblick über das Gebiet der Kernwissenschaften unter besonderer Berücksichtigung der Reaktoren.

7. WEINBERG, A.M., and E.P. WIGNER: The Physical Theory of Neutron Chain Reactors. Chicago: The University of Chicago Press 1958. Klassisches Werk der Neutronen- und Reaktorphysik.

Leicht lesliche Einführungen, z.T. elementaren Charakters:

8. LITTLER, D.J., and J.F. RAFFLE: An Introduction to Reactor Physics. London: Pergamon Press 1955. Kurze Darstellung, die aber Wesentliches enthält.

9. JACOBS, A.M., D.E. KLEIN and F.J. REMICK: Basic Principles of Nuclear Science and Reactors. Princeton: van Nostrand 1960.

10. LIVERHANT, S.E.: Elementary Introduction to Nuclear Reactor Physics. New York: J. Wiley & Sons 1960.

11. ENGEL, H., u. K.O. THIELHEIM: Kernenergie-Technik. München: Verlag Moderne Industrie 1960.

12. SCHMIDT, K.R.: Nutzenergie aus Atomkernen, Bd. I u. II. Berlin: W. de Gruyter & Co. 1959, 1960. Umfangreiche Darstellung, Betonung technisch-konstruktiver Gesichtspunkte.

13. International Atomic Energy Agency: Directory of Nuclear Reactors.
Wien 1959 Vol. I: Power Reactors
Wien 1960 Vol. II: Research, Test and Experimental Reactors.

14. GLASSTONE, S., and R. LOVBERG: Controlled Thermonuclear reactions. Princeton: van Nostrand 1960. Unter Benutzung der Ergebnisse der 2. Genfer Konferenz 1958.

Literatur zu Kapitel 5
(Strahlengefährdung und Strahlenschutz)

An empfehlenswerter Literatur zu erwähnen ist:

1. SCHUBERT, J., and R.E. LAPP: Radiation, what it is and how it affects you. London: Heineman 1957. Eine populär-wissenschaftliche, einwandfreie und moderne Darstellung von Strahlenschutzfragen.

2. RAJEWSKI, B.: Wissenschaftliche Grundlagen des Strahlenschutzes. Karlsruhe: G. Braun 1957. 35 Vorträge einer Tagung in Frankfurt a.M., Juni 1956. Umfassende Beleuchtung verschiedener Aspekte des Strahlenschutzes mit stark hervortretender medizinischer Betrachtungsweise.

3. PRICE, B.T., C.C. HORTON and K.T. SPINNEY: Radiation shielding. London: Pergamon Press 1957. Die physikalischen Grundlagen und die praktische Ausführung von Strahlungsabschirmung.

4. Report of the United Nations Scientific Committee On The Effects Of Atomic Radiation. New York 1958. Übersichtliche Darstellung, herausgegeben von einem internationalen Komitee, über die Grundlagen des Strahlenschutzes, den natürlichen Strahlungspegel und die genetischen Effekte der Strahlung, basierend auf der Arbeit einer größeren Zahl Kommissionen der beteiligten Länder.

In deutscher Übersetzung unter dem Titel:

5. Strahlenbelastung des Menschen, als Heft 8 der Reihe I: „Strahlenschutz", des Bundesministers für Atomkernenergie und Wasserwirtschaft. München: Gersbach & Sohn 1960. Als Heft 14 der gleichen Reihe ist 1960 erschienen:

6. Sicherheitsmaßnahmen beim Umgang mit Radioisotopen, als Übersetzung von:

7. Safe Handling of Radioisotopes. No. 1 der Safety Series der International Atomic Energy Agency. Wien: 1958.

8. HINE, G.J., and G.L. BROWNELL: Radiation Dosimetry. New York: Academic Press 1956. Umfangreiche Darstellung der physikalischen und meßtechnischen Aspekte des Strahlenschutzes.

Literatur zu Kapitel 6
(Radioaktivitätsbestimmungen)

1. PRICE, W.J.: Nuclear Radiation Detection. New York: McGraw Hill 1958. Behandlung moderner Meßtechnik, der hierbei verwendeten Detektoren und Geräte.
2. FÜNFER, E., u. H. NEUERT: Zählrohre und Szintillationszähler. Karlsruhe: G. Braun 1959. Moderne, vollständige Zusammenfassung.
3. TAYLOR, D.: The Measurement of Radioisotopes. New York: Wiley & Sons 1951. Kurze leicht faßliche Übersicht, verfaßt vom früheren Vorstand der Elektronikgruppe AERE Harwell.
4. SIEGBAHN, K. (Herausgeber): β- and γ-Ray Spectroscopy. Amsterdam: North Holland Publishing Comp. 1955. Ein Querschnitt durch die moderne experimentelle Kernphysik. Enthält für den Praktiker wichtige Angaben über Detektoren, insbesondere Proportionalzählkammern und Szintillationsdetektoren.
5. HARTMANN, W., u. F. BERNHARD: Photovervielfacher und ihre Anwendung in der Kernphysik. Berlin: Akademie-Verlag 1957. Moderne Monographie über Photovervielfacher und Szintillationsdetektoren.
6. YAGODA, H.: Radioactive Measurements with Nuclear Emulsions. New York: Wiley & Sons 1949. Eingehende Monographie.
7. JOOS, G., u. H. SCHOPPER: Grundriß der Photographie und ihrer Anwendungen, besonders in der Kernphysik. Frankfurt a.M.: Akademische Verlagsgesellschaft 1958.
8. KMENT, V., u. A. KUHN: Technik des Messens radioaktiver Strahlung. Leipzig: Akademische Verlagsgesellschaft 1960. Umfangreiche Behandlung von Detektoren und elektronischen Meßgeräten.
9. CROUTHAMEL, C.E.: Applied Gamma-Ray Spectrometry. London and New York: Pergamon Press 1960. Enthält u. a. umfassende Tabellen mit Abbildung zahlreicher γ-Spektren.
10. FLÜGGE, S. (Herausgeber): Hdb. der Physik, Bd. 45: Instrumentelle Hilfsmittel der Kernphysik II. Berlin-Göttingen-Heidelberg: Springer 1958. Moderne Artikel über die verschiedenen Detektoren, aber auch über die Nebel- und die Blasenkammer.
11. International Atomic Energy Agency: L'Electronique Nucléaire. Wien: JAEA 1959. Internationale Konferenz Paris 1958.

Literatur zu Kapitel 7
(Übliche Verfahren der Radiochemie)

Bei der Betrachtung der einschlägigen Literatur können drei Perioden unterschieden werden:

Die klassische Periode der Radioaktivität, bei der z. T. auch die radiochemischen Verfahren in den Lehrbüchern der Radioaktivität abgehandelt wurden. Hier ist zu erwähnen:

1. SODDY, F.: Die Chemie der Radioelemente. Leipzig: Johann Ambrosius Barth 1912.

2. HENRICH, F.: Chemie und chemische Technologie radioaktiver Stoffe. Berlin: Springer 1918.

3. HEVESEY, G. v., u. F. PANETH: Lehrbuch der Radioaktivität. Leipzig: Johann Ambrosius Barth 1923.

4. MEYER, S. T., u. E. SCHWEIDLER: Radioaktivität. Leipzig: B. G. Teubner 1927

Die nächste Periode spiegelt den großen Aufschwung wieder, den die radiochemische Forschung während des 2. Weltkrieges nahm. Eine große Menge von Material ist niedergelegt in:

5. National Nuclear Energy Series, Abt. IV, Bd. 9 (behandelt die Radiochemie der Spaltprodukte), Bd. 14 A (behandelt die Chemie der Aktinide), Bd. 14 B (enthält die Chemie der Transuranelemente).

6. Radioactivity Applied to Chemistry, herausgeg. von A. C. WAHL u. N. A. BONNER. New York: J. Wiley 1951. Enthält Beiträge von 12 Autoren, wobei der damalige Stand der Isotopenaustauschreaktionen, der Fällungsreaktionen, Radiokolloidbildung und Rückstoßtrennmethoden u. a. behandelt wird.

7. WHITEHOUSE, W. J., and J. L. PUTMAN: Radioactive Isotopes. Oxford: Clarendon Press 1953.

An zusammenfassenden Darstellungen der neuesten Zeit sind zu erwähnen:

8. BRODA, E., u. T. SCHÖNFELD: Radiochemische Methoden der Mikrochemie, in Bd. II des Handbuches der mikrochemischen Methoden. Wien: Springer 1955. Gründliche Erfassung umfangreicher Literatur über spezielle radiochemische Trennverfahren und Indikatoruntersuchungen.

9. BRESLER, S. J.: Die radioaktiven Elemente. Berlin: VEB-Verlag Technik 1957. Vorwiegende Behandlung chemischer Gesichtspunkte, mitunter Hervorhebung der Ergebnisse russischer Autoren.

10. HAÏSSINSKY, M.: La Chimie Nucléaire et ses Applications. Paris: Masson & Cie 1957. Umfassende Darstellung von Grundlagen, Methoden und Anwendungen der Kern- und Radiochemie, wobei auch die Strahlenchemie verhältnismäßig eingehend behandelt wird.

11. COOK, G. B., and J. F. DUNCAN: Modern Radiochemical Practice. Oxford: Clarendon Press 1952.

Zur Praxis des Radiochemikers:

12. BLEULER, E., and G. J. GOLDSMITH: Experimental Nucleonics. New York: Rinehart & Co. 1952. Anweisungen für meßtechnische, chemische und physikalische Versuche.

13. SEELMANN-EGGEBERT, W., H. GÖTTE, F. BAUMGÄRTNER, D. GEITHOFF u. H. MÜNZEL: Radiochemischer Isotopenkurs. Düsseldorf: Selbstverlag der Physikalischen Studiengesellschaft mbH. 36 Versuchsvorschriften eines sechswöchigen Kurses.

14. FAIRES, R. A., and B. H. PARKS: Radioisotope Laboratory Techniques. London: G. Newnes Ltd. 1960, ins Deutsche übersetzt als:

15. Arbeitsmethoden im Radioisotopenlaboratorium. Braunschweig: F. Vieweg & Sohn 1961.

16. OVERMAN, R. T., and H. M. CLARK: Radioisotope Techniques. New York: MacGraw Hill 1960. Vorwiegend praktische Hinweise für die Ausführung radioaktiver Versuche, verwendet die Unterrichtserfahrungen des Oak Ridge Institute of Nuclear Studies.

Zum näheren Studium chemisch-analytischer Fragen sind zu Rate zu ziehen u. a.:

17. BJERRUM, J., G. SCHWARZENBACH and L. G. SILLÉN: Stability Constants of Metal-ion Complexes. London: The Chemical Society.
Part I: Organic Ligands, 1957.
Part II: Inorganic Ligands, 1958.

18. MARTELL, A. E., and M. CALVIN: Chemistry of the Metal Chelate Compounds. Englewood Cliffs, N.J.: Prentice Hall Inc. 1952. Grundlegendes Werk der Chelatchemie, ins Deutsche übersetzt (von H. SPECKER) als:

19. Die Chemie der Metallchelat-Verbindungen. Weinheim: Verlag Chemie 1958.

20. HELFFERICH, F.: Ionenaustauscher. Bd. I: Grundlagen. Weinheim: Verlag Chemie 1959. Moderne vollständige Darstellung mit vielen Literaturzitaten. Ersetzt zum großen Teil die ältere Ionenaustauscherliteratur.

21. MORRISON, G. H., and H. FREISER: Solvent Extraction in Analytical Chemistry. New York: J. Wiley & Sons 1957.

Literatur zu Kapitel 8
(Wichtige Systeme der Radiochemie)

Zur Produktion und zum Bezug von Radionukliden:

1. International Directory of Radioisotopes. Vol. I: Unprocessed and processed radioisotope preparations and special radiation sources. Vol. III: Compounds of C-14, H-3, I-131, P-32 and S-35. Wien: The International Atomic Energy Agency 1959.

Radioelemente:

2. RODDEN, C. J. (Herausgeber): Analytical Chemistry of the Manhattan Project. National Nuclear Energy Series (= NNES) Div. VII, Vol. 1. New York-Toronto-London: McGraw-Hill 1950.

3. KATZ, J. J., and E. RABINOWITCH: The Chemistry of Uranium. NNES Div. VII, Vol. 5. New York-Toronto-London: McGraw-Hill 1951.

4. BAGNALL, K. W.: Chemistry of the Rare Radioelements. London: Butterworth's Scientific Publ. 1957.

Uranspaltprodukte:

5. HAHN, O., F. STRASSMANN u. W. SEELMANN-EGGEBERT: Die chemische Abscheidung der bei der Spaltung des Urans entstehenden Elemente und Atomarten. Z. Naturforsch. 1, 545—556 (1946).

6. CORYELL, C. D., and N. SUGARMAN (Herausgeber): Radiochemical Studies: The Fission Products. NNES Div. IV, Vol. 9 (3 parts). New York-Toronto-London: McGraw-Hill 1951.

Aktinide, insbesondere Transurane:

7. SEABORG, G. T., and J. J. KATZ: The Actinide Elements. NNES Div. IV, Vol. 14 A. New York-Toronto-London: McGaw-Hill 1954.

8. SEABORG, G. T., J. J. KATZ and W. M. MANNING: The Transuranium Elements. NNES Div. IV, Vol. 14 B. New York-Toronto-London: McGraw-Hill 1949.

9. KATZ, J. J., and G. T. SEABORG: The Chemistry of the Actinide Elements. New York: J. Wiley & Sons 1957; London: Methuen & Co. 1957. Ausführliches Standardwerk.

10. SEABORG, G. T. et al. (BOYD, CUNNINGHAM, HINDMAN, HYDE, KEENAN): The New Elements. J. Chem. Educ. 36, 2—44 (1959).

Literatur zu Kapitel 9
(Chemische Kerntechnik [Reaktorchemie])

1. BENEDICT, M., and T. H. PIGFORD: Nuclear Chemical Engineering. New York-Toronto-London: McGraw-Hill 1957. Grundlagen der chemischen Kerntechnik.

2. GLASSTONE, S.: Principles of Nuclear Reactor Engineering.
Chapter VII: Processing of Nuclear Reactor Fuel.
Chapter VIII: Nuclear Reactor Materials.
New York: van Nostrand 1955. Klare, gedrängte Darstellung wesentlicher Teile.

3. MARTIN, F. S., and G. L. MILES: Chemical Reprocessing of Nuclear Fuels. London: Butterworth's Scientific Publ. 1958. Leicht lesliche Einführung.

4. BRUCE, F. R., J. M. FLETCHER, H. H. HYMAN (and J. J. KATZ) (Herausgeber): Process Chemistry (Series III of Progress in Nuclear Energy). London: Pergamon Press 1956 (Vol. 1), 1958 (Vol. 2), 1961 (Vol. 3).

5. FINNISTON, H. M., and J. P. HOWE (Herausgeber): Metallurgy and Fuels (Series V of Progress in Nuclear Energy). London: Pergamon Press 1956 (Vol. 1), 1959 (Vol. 2), 1961 (Vol. 3).

Die unter 4. und 5. genannten Werke sind umfangreiche, aktuelle Darstellungen unter Mitarbeit zahlreicher Autoren und teilweiser Verwendung der Ergebnisse der Genfer Konferenzen über die friedliche Ausnutzung der Atomkernenergie 1955 und 1958.

6. Symposium on the Reprocessing of Irradiated Fuels, Symposium Brussels 1957. Oak Ridge: AEC Technical Information Service Extension USAEC report TID-7534. (Erhältlich vom Office of Technical Services, Department of Commerce, Washington 25, D.C.) 3 Bände, die Trennungen in wäßrigen Medien, Hochtemperaturverfahren, Hilfsprozesse, Konstruktionseinzelheiten und Abfallbeseitigung behandeln.

7. AEC Symposium for Chemical Reprocessing of Irradiated Fuels from Power-, Test- and Research Reactors. USAEC report TID-7583 (s. oben).

8. LAWROWSKI, ST. et al.: Reactor Fuel Reprocessing, a quarterly Technical Progress Review. Washington 25: Superintendent of Documents, U.S. Government Printing Office. Erscheint vierteljährlich seit 1958.

9. NIESE, S., M. BEER, D. NAUMANN u. R. KÖPSEL: Extraktive Aufarbeitung bestrahlter Kernbrennstoffe. Berlin: Akademie-Verlag 1960. Erste deutschsprachige Zusammenstellung der ausgedehnten Literatur.

10. USAEC: Chemical Processing and Equipment. New York-Toronto-London: McGraw-Hill 1955. Eingehende Behandlung von Einzelheiten der Idaho Reprocessing Plant und anderer amerikanischer Anlagen.

Zur Arbeit mit hochradioaktiven Stoffen:

11. The American Nuclear Society, Hot Laboratory Division: Proceedings of the 8th Conference on Hot Laboratories and Equipment. Oak Ridge: USAEC Office of Technical Information Extension 1960. Report TID-7599. Diess seit 1951 fast jährlich stattfindenden Konferenzen geben einen wesentlichen Teil der Originalliteratur auf diesem Gebiet.

12. Hot Labs—Special Report. Nucleonics **12**, No. 11, 35—100 (1954). Gute Übersicht über die verschiedenen Gesichtspunkte bei der Konstruktion und Arbeitsweise heißer Zellen.

13. WALTON, G.N. (Herausgeber): Glove Boxes and Shielded Cells. London: Butterworth's Scientific Publ. 1958. Berichte eines Symposiums in Harwell 1957, hauptsächlich der Verarbeitung von α-Strahlern gewidmet.

14. JAEGER, TH.: Grundzüge der Strahlenschutztechnik. Berlin-Göttingen-Heidelberg: Springer 1960. Hauptsächlich für Bauingenieure gedacht, behandelt das Buch u. a. den neuesten Stand der Konstruktion von radiochemischen Laboratorien und heißen Zellen.

15. SADDINGTON, K., and W.L. TEMPLETON: Disposal of Radioactive Waste. London: G. Newnes Ltd. 1958. Kurze Einführung in Problemstellung und Methoden.

16. GLUECKAUF, E. (Herausgeber): Atomic Energy Waste, its Nature, Use and Disposal. London: Butterworth's Scientific Publ. 1961. Eingehende Analyse durch Beträge von 20 Autoren.

Reaktorwerkstoffkunde

17. EPPRECHT, W.: Werkstoffkunde der Kerntechnik. Basel: Birkhäuser 1961. Eine der wenigen zusammenfassenden Darstellungen dieses Gebietes in deutscher Sprache.

Literatur zu Kapitel 10

(Anwendung von Kernstrahlung und Leitisotopen in Technik und Wissenschaft)

Allgemeine Zusammenfassungen:

1. HAHN, O.: Applied Radiochemistry. Ithaca: Cornell University Press 1936. Klassische Zusammenfassung.

2. ZIMEN, K.E.: Angewandte Radioaktivität. Berlin-Göttingen-Heidelberg: Springer 1952. Übersicht über die Grundlagen und Anwendungen der Isotopentechnik.

3. 2nd Radioisotope Conference, Oxford 1954. London: Butterworth's Scientific Publ. 1954. Anwendungen in Medizin, Biologie, Chemie, Physik und Technik.

4. EXTERMANN, R.C. (Herausgeber): Radioisotopes in Scientific Research, Proceedings of the First (UNESCO) International Conference, Paris 1957. London: Pergamon Press 1958. 4 Bände mit mehr als 200 Beiträgen: Physics and Industry; Chemistry and Geology; Biology and Medicine; Plant Biology.

5. International Atomic Energy Agency in cooperation with UNESCO: Conference on the Use of Radioisotopes in the Physical Sciences and Industry, Kopenhagen September 1960. Erscheint demnächst in Buchform.

Technische und industrielle Anwendungen:

6. BRODA, E., u. T. SCHÖNFELD: Die technischen Anwendungen der Radioaktivität. Berlin: VEB Verlag Technik 1956.

7. JEFFERSON, S.: Radioisotopes, a new Tool for Industry. London: G. Newnes Ltd. 1957, 1960. Kurze, aber illustrative Übersicht.

Anwendungen in Medizin und Biologie:

8. HEVESY, G. DE: Radioactive Indicators. New York: Interscience Publishers 1948. Behandelt hauptsächlich Anwendungen in Physiologie und Biochemie.

9. KAMEN, M.D.: Radioactive Tracers in Biology. New York: Academic Press 1957. Standardwerk, enthält auch die Herstellung der meist verwendeten Leitisotope.

10. SCHWIEGK, H. (Herausgeber): Künstliche radioaktive Isotope in Physiologie, Diagnostik und Therapie. Berlin-Göttingen-Heidelberg: Springer 1953. Umfassendes Werk.

11. HAHN, F.L. (Herausgeber): Therapeutic Use of Artificial Radioisotopes. New York: J. Wiley & Sons 1956. 19 Beiträge verschiedener Experten.

12. Progress in Nuclear Energy. Series VI: Biological Sciences, Series VII: Medical Sciences. London: Pergamon Press, ab 1956. Enthält z.T. Ergebnisse der Genfer Konferenzen.

13. International Atomic Energy Agency: Medical Radioisotope Scanning. Wien: IAEA 1959. Berichte von einem Symposium in Wien 1959.

14. International Atomic Energy Agency: Radioisotope Teletherapy Equipment — International Directory. Wien IAEA 1959.

Anwendungen in der Geologie:

15. FAUL, H. (Herausgeber): Nuclear Geology. New York: J. Wiley & Sons 1954.

Zur Aktivierungsanalyse:

16. PAYNE, B.R. (Herausgeber): Radioactivation Analysis. London: Butterworth's Scientific Publ. 1960. Ein Symposium der IAEA in Wien 1959 mit Beiträgen von zwölf Experten.

Die Genfer Konferenzen zur friedlichen Ausnutzung der Atomkernenergie

Proceedings of the International Conference on the Peaceful Uses of Atomic Energy Geneva 1955 (16 volumes). New York: United Nations Publications 1955.
Im Rahmen vorliegender Schrift von Interesse:
  Vol. 7: Nuclear Chemistry and the Effects of Irradiation.
  Vol. 8: Production Technology of the Materials Used for Nuclear Energy.
  Vol. 9: Reactor Technology and Chemical Processing.
  Vol. 14: General Aspects of the Use of Radioactive Isotopes; Dosimetry.
  Vol. 15: Applications of Radioactive Isotopes and Fission Products in Research and Industry.

Proceedings of the Second International Conference on the Peaceful Uses of Atomic Energy, Geneva 1958 (33 volumes). New York: United Nations Publications 1958.

Besonders von Interesse:
  Vol. 4: Production of Nuclear Materials and Isotopes.
  Vol. 6: Basic Metallurgy and Fabrication of Fuels.
  Vol. 14: Nuclear Physics and Instrumentation.
  Vol. 15: Physics in Nuclear Energy.
  Vol. 17: Processing Irradiated Fuels and Radioactive Materials.
  Vol. 18: Waste Treatment and Environmental Aspects of Atomic Energy.
  Vol. 19: The Use of Isotopes: Industrial Use.
  Vol. 20: Isotopes in Research: Dosimetry.
  Vol. 23: Radiological Protection.
  Vol. 28: Basic Chemistry in Nuclear Energy.
  Vol. 29: Chemical Effects of Radiation.
  Vol. 30: Fundamental Physics.
  Vol. 32: Controlled Fusion Devices.

Einige wichtige Zeitschriften u. dgl.

Zusammenfassende Artikel in dem jährlich mit einem Band erscheinenden: Annual Review of Nuclear Science. Stanford: Annual Reviews Inc. seit 1951.

Referatzeitschrift:

Nuclear Science Abstracts. Oak Ridge: Technical Information Service Extension. Seit 1948.

Fachzeitschriften:

1. Nucleonics. New York: McGraw-Hill. Aktuelle Übersichten, in letzter Zeit Betonung der technischen Gesichtspunkte.
2. Nuclear Science and Engineering. New York: Academic Press. Originalarbeiten, hauptsächlich auf dem kerntechnisch-wissenschaftlichen Gebiet.
3. Journal of Inorganic and Nuclear Chemistry. London: Pergamon Press. Zur Zeit die wichtigste Zeitschrift für den Radiochemiker.
4. International Journal of Applied Radiation and Isotopes. London: Pergamon Press. Isotopentechnische, aber auch radiochemische Arbeiten.
5. Nuclear Instruments. Amsterdam: North Holland Publ.
6. Journal of Nuclear Materials. Amsterdam: North Holland Publ. Eine erst 1959 etablierte, aber schon jetzt bedeutungsvolle Zeitschrift für wissenschaftliche Untersuchungen der kerntechnischen Werkstoffe.
7. Zeitschrift für Naturforschung. Tübingen: Selbstverlag. 1946 gegründete physikalische Zeitschrift, die außer kernphysikalischen auch kernchemische und radiochemische Originalarbeiten enthält.
8. Atompraxis. Karlsruhe: G. Braun. Originalarbeiten, u. a. auf dem Gebiet des medizinischen Strahlenschutzes.
9. Atomkernenergie. München: K. Thiemig.
10. Kernenergie. Berlin: VEB Deutscher Verlag der Wissenschaften. Gesamtgebiet der Kernwissenschaften, u. a. Übersetzungen russischer Arbeiten.
11. Nukleonik. Berlin: Springer. Neu eingeführte Zeitschrift für das Gesamtgebiet.
12. Die Atomwirtschaft. Düsseldorf: Verlag Handelsblatt. Vorwiegend Übersichtsartikel.

Namenverzeichnis

Sachverzeichnis

Einige im Text vorkommende Nuklide